疯狂前端开发讲义

jQuery+AngularJS+Bootstrap前端开发实战

李刚 编著

电子工业出版社
Publishing House of Electronics Industry
北京·BEIJING

内 容 简 介

本书基于《疯狂 Ajax 讲义（第3版）》部分升级而来，全书升级了 HTML 5.1 支持的 XMLHttpRequest，jQuery 升级到 3.1。本书的重点是新加入的两个目前十分主流的前端框架：AngularJS 和 Bootstrap。本书详细、全面地介绍了 AngularJS 和 Bootstrap 的知识，由于这两个框架是本书的重点，因此本书花了近 400 多页来介绍它们的功能和用法，这部分内容独立出来完全可以作为 AngularJS 和 Bootstrap 的学习手册。

全书主要就是讲解 jQuery 3.1、AngularJS 1.6、Bootstrap 3.3 这三个最常用的前端框架，并针对每个框架都提供了实用的案例，让读者理论联系实际。这部分内容是"疯狂软件教育中心"的标准讲义，既包含了实际前端开发的重点和难点，也融入了大量学习者的学习经验和感悟。笔者以丰富的授课经验为基础，在讲解时深入浅出，力求使读者真正掌握前端开发的精髓。

本书最后提供了两个综合性案例：图书管理系统和电子拍卖系统，这两个项目都综合利用了 jQuery、AngularJS、Bootstrap 前端开发技术，并在后端采用了最流行、最规范的轻量级 Java EE 架构：控制器层->业务逻辑层->数据持久化层。这两个案例对实际项目具有极好的指导价值和借鉴意义。案例既提供了 IDE 无关的、基于 Ant 管理的项目源码，也提供了基于 Eclipse IDE 的项目源码，最大限度地满足读者的需求。如果在阅读本书时遇到任何技术问题，都可登录 http://www.crazyit.org 与本书庞大的读者群交流。

本书并非针对零基础的读者，本书不再包含 HTML、CSS、JavaScript 相关知识，这些知识是阅读本书的基础。本书适合有初步 HTML、CSS、JavaScript 基础的读者，或对企业应用前端开发不太熟悉的开发人员。如果您已经掌握本书上篇：《疯狂 HTML 5/CSS 3/JavaScript 讲义》的内容，将非常适合阅读本书。

未经许可，不得以任何方式复制或抄袭本书之部分或全部内容。
版权所有，侵权必究。

图书在版编目（CIP）数据

疯狂前端开发讲义：jQuery+AngularJS+Bootstrap 前端开发实战 / 李刚编著. —北京：电子工业出版社，2017.10
ISBN 978-7-121-32680-6

Ⅰ. ①疯… Ⅱ. ①李… Ⅲ. ①网页制作工具—JAVA 语言—程序设计②网页制作工具—超文本标记语言—程序设计 Ⅳ. ①TP393.092.2②TP312.8

中国版本图书馆 CIP 数据核字（2017）第 223292 号

策划编辑：张月萍
责任编辑：牛　勇
印　　刷：北京天宇星印刷厂
装　　订：北京天宇星印刷厂
出版发行：电子工业出版社
　　　　　北京市海淀区万寿路 173 信箱　　　邮编：100036
开　　本：787×1092　1/16　　印张：33.5　　字数：900 千字
版　　次：2017 年 10 月第 1 版
印　　次：2021 年 5 月第 10 次印刷
定　　价：79.00 元

凡所购买电子工业出版社图书有缺损问题，请向购买书店调换。若书店售缺，请与本社发行部联系，联系及邮购电话：（010）88254888，88258888。
质量投诉请发邮件至 zlts@phei.com.cn，盗版侵权举报请发邮件至 dbqq@phei.com.cn。
本书咨询联系方式：010-51260888-819，faq@phei.com.cn。

前　　言

现在企业应用开发越来越重视前端开发，很多企业已经独立出一个专门的岗位：前端开发工程师，前端开发工程师专门负责企业应用的前端编程。前端工程师与美工不同，美工负责的是应用界面的规划和设计，他们只负责做出静态的界面构图，有时也包括规划界面交互效果，但美工通常并不懂编程实现；而前端开发工程师则负责使用 HTML 5、CSS、JavaScript 以及各种前端框架来实现整个前端界面：包括应用界面的搭建、用户交互的实现，这些内容其实都属于 JavaScript 编程。

有些初学者往往容易混淆美工和前端开发工程师的区别：他们以为会用网页设计工具制作网页就算前端开发工程师。实际上会用网页设计工具既算不上美工，也算不上前端开发工程师。美工的重点在"美"，他们需要有扎实的美术功底，他们可用任何工具来"设计"静态界面，甚至可直接在纸上绘制界面草图，因此网页制作工具只是其中的工具之一；而前端开发工程师往往并不使用网页设计工具，他们通常会使用专门的代码编写工具，他们用 HTML、CSS 来编写静态界面，再使用 JavaScript 或各种前端框架来实现界面的动态交互效果。因此，前端开发工程师的本质依然是程序员，他们常用 JavaScript 以及各种 JavaScript 框架，如 jQuery 和 AngularJS 等。

这里必须说明，前端开发并不简单，原因主要有如下两点：

➢ JavaScript 作为一门编程语言，有其自身的优势和特点，要想真正掌握并熟练使用它，有一定的难度。

➢ 各浏览器之间存在一定的差异（虽然这种差异正在被相应的规范减少），而且同一个浏览器的不同版本之间也存在较大差异（如 IE 8、IE 9、IE 10 等），这同样给广大开发者带来了较大的困难。

正因为前端开发存在的复杂性，使得前端开发的相关框架也相当活跃，除了最主流的 jQuery 之外，其他还有如 AngularJS、Bootstrap 等。尤其是 jQuery，目前它已经超出一般框架的概念，甚至变成了某种规范，很多前端框架底层都会借鉴或依赖 jQuery。

AngularJS 则是一个非常实用的前端框架，这个框架不是一种简单的工具，它甚至会强迫开发者采用一种优雅的前端架构，这也是笔者对这个框架情有独钟的原因。

对于初级甚至中级的前端开发者来说，他们有一定的 JavaScript 代码功底，如果单纯交代他们实现一个前端功能，他们可能也可以实现出来，但他们的实现风格要么乱七八糟，要么"随心所欲"：今天可能这样实现，明天可能会那样实现——如果整个前端都由一个开发者完成，这样做可能问题不大。但实际企业应用的前端往往需要多人协作开发，这时各前端开发者的风格不统一就会带来巨大的沟通成本，从而导致项目进度受阻。

AngularJS 的价值就在于此，AngularJS 可以极好地规范前端开发的风格，AngularJS 对前端开发进行分层，它将前端开发分为 Controller 层、Service 层、DAO 层和 Model 层，Model 对象则与 HTML 页面（视图）上 HTML 元素进行双向绑定，这样开发者可通过 Controller 调用 Service、DAO 与后端交互，获取后端数据之后，只要修改其中 Model 对象的值，视图页面也会随之动态改变。这个设计架构层次非常清晰，而且具有一定的"强制性"，整个前端团队一旦采用 AngularJS 框架，那么整个前端开发风格会变得简单、清晰，所有团队成员都能采用一致的开发风格，这就是 AngularJS 的魅力所在。

Bootstrap 则更像一个 CSS 框架，使用起来非常方便。对于大部分前端开发者，最令人头疼的可能并不是"如何实现"某个界面,而是不清楚到底"要实现什么"界面?怎样的界面才能算得上优雅、美观?而 Bootstrap 正好解决了这个痛点,该框架提供了大量优雅、美观的 CSS 样式,开发者直接应用这些 CSS 样式即可实现优雅、美观的页面。从这个角度来看,Bootstrap 的上手非常简单,甚至不要求开发者掌握 JavaScript 知识,只要开发者略懂 CSS 样式即可,因此 Bootstrap 完全是真正简单且强大的前端框架。

本书有什么特点

　　本书只是一本介绍前端开发的图书,不是一本关于所谓"思想"的书,更不是一本看完之后可以"吹嘘、炫耀"的书——因为本书并没有堆砌一堆"深奥"的新名词、一堆"高深"的思想,本书保持了"疯狂 Java 体系"的一贯风格:操作步骤详细,编程思路清晰,语言平实。

　　本书带给读者的只是 9 个字:"看得懂、学得会、做得出",本书并不能让你认识一堆新名词,只帮助你掌握扎实的企业前端开发基础。对于本书,光"看"是不够的,一定要"做",阅读本书的同时,应该把所有知识点的配套示例都做出来,这样才能真正掌握本书的知识。

　　无论如何,读者在阅读本书时遇到知识上的问题,都可以登录疯狂 Java 联盟(http://www.crazyit.org)与广大 Java 学习者交流,笔者也会通过该平台与大家一起交流、学习。访问 www.broadview.com.cn/32680 下载相关资源。

　　除此之外,本书还有如下几个特点。

1. 通俗易懂,适合自学

　　该书吸收了大量学习者的学习体会和心得,并重点讲解了学习过程中难以理解和掌握的知识点,降低了学习者的学习难度。

2. 知识丰富,内容全面

　　本书全面、详细地介绍了 jQuery 3.1、AngularJS 1.6、Bootstrap 3.3 三个框架,它们是企业开发中最主流的前端框架,具有很强的代表性。掌握本书内容即可具备扎实的前端开发功底。

3. 深入实用,实践性强

　　本书并不是一本前端开发的入门图书,本书全面、深入地介绍了企业开发中最主流、最具代表性的前端框架,并将它们真正融入 Java 企业应用开发中,这对实际企业应用开发具有极好的指导意义。

本书写给谁看

　　本书并非针对零基础的读者,如果您具有 HTML 5、CSS 3、JavaScript 基础,认真学习此书即可让您成为前端开发的实战型人才;如果已经阅读过本书上篇:《疯狂 HTML 5/CSS/JavaScript 讲义》,阅读本书非常合适。如果完全没有 HTML、CSS、JavaScript 基础知识,建议您暂时不要购买、阅读此书。

2017-07-28

目 录 CONTENTS

第1章 前端开发与 Ajax 技术 1
1.1 重新思考 Web 应用 2
1.1.1 应用系统的发展史 2
1.1.2 传统 Web 应用的优势和缺点 3
1.2 重新设计 Web 应用 4
1.2.1 富 Internet 应用 4
1.2.2 改进的服务器通信 5
1.2.3 丰富的客户端交互 6
1.3 前端开发介绍 7
1.3.1 XMLHttpRequest 简介 7
1.3.2 前端开发的核心技术 7
1.3.3 前端 Ajax 的特征 9
1.3.4 Ajax 带来的优势 10
1.4 前端开发体验：Ajax 聊天室 11
1.4.1 实现业务逻辑组件 12
1.4.2 注册、登录控制器 15
1.4.3 注册、登录视图 16
1.4.4 异步发送请求 17
1.4.5 聊天控制器 18
1.4.6 解析服务器响应 21
1.4.7 何时发送请求 21
1.5 前端开发的技术难点 24
1.6 本章小结 25

第2章 HTML 5 增强的 XMLHttpRequest 对象 26
2.1 XMLHttpRequest 对象的方法和属性 27
2.1.1 XMLHttpRequest 对象的方法 27
2.1.2 XMLHttpRequest 对象的属性 30
2.1.3 XMLHttpRequest 对象的事件 32
2.2 发送请求 33
2.2.1 发送简单请求 33
2.2.2 发送 GET 请求 34
2.2.3 发送 POST 请求 36
2.2.4 发送 XML 请求 37
2.2.5 发送表单数据 40
2.2.6 发送 Blob 对象 42
2.3 处理响应 44
2.3.1 处理响应的时机 44
2.3.2 使用文本响应 44
2.3.3 使用 JSON 响应 45
2.3.4 使用 Blob 或 ArrayBuffer 响应 48
2.4 XMLHttpRequest 对象的运行周期 50
2.5 跨域请求和安全性问题 50
2.5.1 跨域请求 50
2.5.2 安全性问题 53
2.5.3 性能问题 54
2.6 本章小结 56

第3章 jQuery 库详解 57
3.1 jQuery 入门 58
3.1.1 理解 jQuery 的设计 58
3.1.2 下载和安装 jQuery 59
3.1.3 让 jQuery 与其他 JavaScript 库共存 60
3.2 获取 jQuery 对象 61
3.2.1 jQuery 核心函数 61
3.2.2 jQuery 与 jQuery.holdReady 62
3.2.3 以 CSS 选择器访问 DOM 元素 63
3.2.4 以伪类选择器访问 DOM 元素 65
3.2.5 表单相关的选择器 70
3.3 jQuery 操作类数组的工具方法 72
3.3.1 过滤相关方法 74
3.3.2 仿 DOM 导航查找的相关方法 76
3.3.3 串联方法 78
3.4 jQuery 支持的方法 79
3.4.1 jQuery 命名空间的方法 80
3.4.2 数据存储的相关方法 83
3.4.3 操作属性的相关方法 84
3.4.4 操作 CSS 属性的相关方法 86
3.4.5 操作元素内容的相关方法 89
3.4.6 操作 DOM 节点的相关方法 90
3.5 jQuery 事件相关方法 96
3.5.1 绑定事件处理函数 96
3.5.2 特定事件相关的方法 98
3.5.3 事件对象 99
3.6 动画效果相关的方法 100
3.6.1 简单动画和复杂动画 100
3.6.2 操作动画队列 103
3.7 jQuery 的回调支持 104

3.7.1 回调支持的基本用法 104
3.7.2 创建 Callbacks 对象支持的选项 106
3.8 Ajax 相关方法 108
    3.8.1 三个工具方法 108
    3.8.2 使用 load 方法 109
    3.8.3 jQuery.ajax(options)与 jQuery.ajaxSetup(options) 111
    3.8.4 使用 get/post 方法 112
3.9 jQuery 的 Deferred 对象 115
    3.9.1 jQuery 的异步调用 115
    3.9.2 为多个耗时操作指定回调函数 119
    3.9.3 为普通对象增加 Defered 接口 119
    3.9.4 jQuery 对象的 promise 方法 120
3.10 扩展 jQuery 和 jQuery 插件 121
3.11 本章小结 122

第 4 章 基于 jQuery 的应用：电子相册系统 123
4.1 实现持久层 124
    4.1.1 实现持久化类 124
    4.1.2 配置 SessionFactory 126
4.2 实现 DAO 组件 127
    4.2.1 开发通用 DAO 组件 127
    4.2.2 DAO 接口定义 130
    4.2.3 完成 DAO 组件的实现类 131
4.3 实现业务逻辑层 132
    4.3.1 实现业务逻辑组件 132
    4.3.2 配置业务逻辑组件 134
4.4 实现客户端调用 135
    4.4.1 访问业务逻辑组件 135
    4.4.2 处理用户登录 136
    4.4.3 获得用户相片列表 138
    4.4.4 处理翻页 140
    4.4.5 使用 jQuery 实现文件上传 141
    4.4.6 加载页面时的处理 144
4.5 本章小结 145

第 5 章 AngularJS 详解 147
5.1 AngularJS 入门 148
    5.1.1 理解 AngularJS 的基本设计 148
    5.1.2 下载和安装 AngularJS 149
5.2 表达式 150
    5.2.1 简单表达式 150
    5.2.2 复合对象表达式 151
    5.2.3 AngularJS 表达式的容错性 152
    5.2.4 AngularJS 表达式与 JavaScript 表达式 152
5.3 模块与控制器 153
    5.3.1 模块的加载 153
    5.3.2 控制器初始化$scope 对象 155
    5.3.3 $rootScope 作用域 157
    5.3.4 $watch 方法的使用 158
5.4 过滤器 159
    5.4.1 内置过滤器 159
    5.4.2 在表达式中使用过滤器 160
    5.4.3 在指令中使用过滤器 162
    5.4.4 自定义过滤器 162
5.5 函数 API 164
    5.5.1 扩展型函数 164
    5.5.2 jqLite 函数 168
    5.5.3 判断型函数 169
5.6 指令 170
    5.6.1 表单相关的指令 170
    5.6.2 表单的输入校验 175
    5.6.3 事件相关的指令 178
    5.6.4 流程控制相关的指令 179
    5.6.5 绑定相关的指令 183
    5.6.6 DOM 及 DOM 状态相关指令 187
    5.6.7 自定义指令 193
    5.6.8 自定义指令的 scope 属性 195
    5.6.9 自定义指令的 transclude 属性 197
    5.6.10 自定义指令的 link 和 compile 属性 198
    5.6.11 自定义指令的 controller 和 controllerAs 属性 202
    5.6.12 自定义指令的 require 属性 203
5.7 调用内置服务 205
    5.7.1 $animate 服务 205
    5.7.2 $cacheFactory 服务 207
    5.7.3 $compile 服务 209
    5.7.4 $document、$window、$timeout、$interval 和$rootElement 211
    5.7.5 $parse 服务 214
    5.7.6 $interpolate 服务 214
    5.7.7 $log 服务 215
    5.7.8 $q 服务 216
    5.7.9 $templateCache 服务 218

为了提升用户体验，出现了一种新类型的 Web 应用，那就是 RIA。这些应用程序吸收了桌面应用程序的反应快、交互性强的优点，改进了 Web 应用程序用户交互差的缺点，可以提供一种更丰富、更具有交互性和响应性的用户体验。

可以将 RIA 架构理解为运行于 B/S 结构上的 C/S 应用。应用客户端采用标准的浏览器，但在浏览器内支持类似 C/S 应用的操作，所以 RIA 应用可以提供强大的功能，让用户有高交互性、高效率响应的体验。同时，RIA 又是基于 Internet 浏览器的应用，所以，用户使用 RIA 非常方便。

使用 RIA，用户无须安装任何的客户端软件，只需拥有浏览器即可。一个典型的富客户端应用是地图。大部分 Web 地图支持鼠标的拖动和放大、缩小。地图随着鼠标的拖动而移动——明显加载了新的数据，但页面本身却无须重新加载。如果鼠标拖动得太远，可能出现部分空白区域，但这种空白只是因为地图区域在加载，而不是整个页面在加载。

当使用鼠标单击地图上的提示点时，地图上会出现该点的更详细的介绍。图 1.4 显示了高德地图中的广州地图。

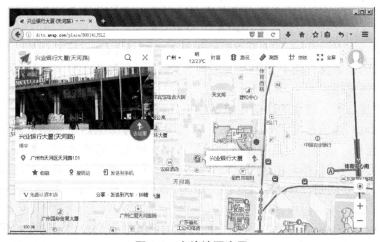

图 1.4 高德地图应用

RIA 代表着目前 Web 应用的发展趋势，RIA 应用相当于同时吸收了 C/S 结构和 B/S 结构优势后的产物：RIA 应用既能利用 B/S 应用中数据安全、系统更新方便的优势，也能利用 C/S 应用中界面美观、交互丰富的特点，因此 RIA 应用是目前 Web 应用的主流。

为了开发出 RIA 应用，仅依靠传统服务端编程是远远不够的，此时必须对传统的客户端表现界面进行改进——传统的客户端表现界面通常使用静态 HTML 页面来实现，这种静态 HTML 页面主要具有如下两个劣势：

> 无法与服务器实时地进行异步数据通信。
> 传统 HTML 页面界面比较丑陋，缺乏用户交互性。

▶▶ 1.2.2 改进的服务器通信

传统的 Web 应用亟须改变的就是浏览器与服务器的通信方式，传统的同步请求—响应的通信方式无法满足 RIA 应用的网络通信要求。

2005 年开始出现的 Ajax 正是对传统 Web 通信方式的改进，Ajax 使用 XMLHttpRequest 异步发送请求，XMLHttpRequest 发送请求不要求重新加载页面。

XMLHttpRequest 发送请求后，无须等待服务器响应，而是可以继续原来的操作。在服务器完成响应后，客户端使用 JavaScript 通过 XMLHttpRequest 获取服务器响应。

图 1.5 显示了异步发送请求的示意图。

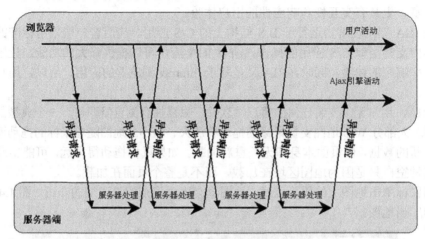

图 1.5 异步发送请求

Ajax 除了异步发送请求外，还能动态加载服务器响应数据。使用 Ajax 能避免频繁刷新页面，服务器响应的是数据，而不是整个页面内容。Ajax 负责获取服务器数据，然后将服务器数据动态加载到浏览器中。

此外，客户端与服务器端的通信还包括如下几种方式：

- **WebSocket 通信技术**。WebSocket 会在服务器与浏览器之间建立基于 TCP 协议的 Socket 连接，该连接一旦建立，浏览器可以实时地向服务器发送数据，服务器也可随时向浏览器发送数据。由此可见，WebSocket 可在浏览器和服务器之间进行双向的数据传输。重要的是，WebSocket 已经成为 HTML 5 技术规范之一，被所有主流浏览器所支持。
- **Server-sent Events 技术**。这是一种简单的服务器推送技术，这种推送技术只允许服务器将数据推送给浏览器，浏览器无法向服务器发送数据，因此这种技术规范也被称为服务器推送技术。与 WebSocket 相比，服务器推送技术更简单一些，但功能也弱一些。一般来说，WebSocket 适用于需要进行复杂双向数据通信的场景。对于简单的服务器数据推送场景，使用服务器推送事件就足够了。
- **COMET 技术**。COMET 技术采用的是长轮询的实现。这种实现方式在每次请求时，服务器端会保持该连接在一段时间内处于打开状态，而不是在响应完成之后就立即关闭。这样做的好处是在连接处于打开状态的时间段内，服务器端产生的数据更新可以被及时地返回给浏览器。当上一个长连接关闭之后，浏览器会立即打开一个新的长连接来继续请求。不过 COMET 技术的实现在服务器端和浏览器端都需要第三方库的支持。但遗憾的是，COMET 技术目前还没有成为 Web 规范。

▶▶ 1.2.3 丰富的客户端交互

除了改进的服务器端通信之外，现代 Web 应用还必须具有如下两个特征：

- 优雅、美观的用户界面。
- 丰富的客户端交互。

为了实现上述两个特点，HTML 5 做出了巨大的努力，HTML 5 添加了大量新的元素和属性，这些新元素和新属性极大地丰富了 Web 的前端开发，而且增强了用户交互性。此外，HTML

5 引入的<canvas.../>元素可使用 JavaScript 在客户端绘制图形，这就为客户端界面增加了更多的可能性。

此外，新出现的 CSS 3 也新增了大量前端界面相关的特性，这些特性增强了前端开发的功能，使得开发者可以实现更优雅、美观的界面。

除了 HTML 5、CSS 3 这些标准的规范之外，关于前端开发的大量框架层出不穷，这些框架通常简单、易用，而且具有很好的跨浏览器特征，并支持响应式布局，因此有经验的开发者通常都会熟练地使用这些前端框架来开发客户端界面。

1.3 前端开发介绍

当下的前端开发通常都会借助 Ajax 技术，Ajax 并没有太多新的内容，但 Ajax 丰富了前端开发的功能。Ajax 使用 XMLHttpRequest 异步发送请求，同时允许动态加载服务器响应。

▶▶ 1.3.1 XMLHttpRequest 简介

Ajax 的核心是 XMLHttpRequest 对象，该对象在 Internet Explorer 5 中首次被引入，HTML 5 已将它制定为正式的规范。XMLHttpRequest 提供了异步通信的能力，浏览器中的 JavaScript 可通过该对象异步向服务器发送请求，也可通过该对象读取服务器响应。

通过使用 XMLHttpRequest 对象，浏览器通过客户端脚本与服务器交换数据，而 Web 页面无须频繁重新加载，Web 页面的内容也由客户端脚本动态更新。

异步，是指基于 Ajax 的应用与服务器通信的方式。对于传统的 Web 应用，每次用户发送请求，向服务器请求获得新数据时，浏览器都会完全丢弃当前页面，而等待重新加载新的页面。而在服务器完全响应之前，用户浏览器将一片空白，用户的动作必须中断。而异步是指用户发送请求后，无须等待，请求在后台发送，不会阻塞用户当前活动。用户无须等待第一次请求得到完全响应，即可发送第二次请求。

使用 Ajax 的异步模式，浏览器不必等用户请求操作，无须重新下载整个页面，一样可以显示服务器的响应数据。Ajax 使用 JavaScript 来回传送数据，XMLHttpRequest 是 Ajax 的核心，JavaScript 则是 Ajax 技术的黏合剂。整个 Ajax 应用的工作过程如下：

① JavaScript 脚本使用 XMLHttpRequest 对象向服务器发送请求。发送请求时，既可以发送 GET 请求，也可以发送 POST 请求。

② JavaScript 脚本使用 XMLHttpRequest 对象解析服务器响应数据。

③ JavaScript 脚本通过 DOM 动态更新 HTML 页面。也可以为服务器响应数据增加 CSS 样式表，在当前网页的某个部分加以显示。

Ajax 技术的核心就是 XMLHttpRequest 对象。

▶▶ 1.3.2 前端开发的核心技术

1. JavaScript

前端开发的核心技术是 JavaScript，不掌握 JavaScript 前端开发就无从谈起——所有浏览器都支持客户端 JavaScript 运行。对于前端开发，用户界面的动态更新、用户交互等操作，无一例外都需要使用 JavaScript 实现，因此一个合格的前端开发人员，必须熟练掌握 JavaScript 编程。

此外，JavaScript 脚本也是 Ajax 技术中一个重要部分。JavaScript 主要完成 Ajax 如下事情：

- 创建 XMLHttpRequest 对象。
- 通过 XMLHttpRequest 对象向服务器发送请求。
- 创建回调函数，监视服务器响应状态，在服务器响应完成后，回调函数启动。
- 回调函数通过 DOM 动态更新 HTML 页面。

> **提示：**
> 如果读者需要学习 JavaScript 编程相关知识，可以阅读"疯狂 Java 体系"的《疯狂 HTML 5/CSS 3/JavaScript 讲义》一书。

2. DOM

DOM（Document Object Model）是操作 HTML 文档和 XML 文件的一组 API，它提供了文件的结构表述。通过使用 DOM，可以采用编程方式操作文档结构，可以改变文档的内容。

HTML 页面以一种结构化方式组织在一起，HTML 页面的内容以节点方式组织。Web 程序开发者可以增加文件的节点、属性及事件，从而实现对 HTML 页面的动态更新，例如 document 就代表"HTML 文件本身"，而 table 对象则代表 HTML 的表格对象等。

HTML 页面中 DOM 模型的主要功能是允许 JavaScript 动态操作 HTML 文档。通过 DOM 可将 HTML 页面视为一组包含父子关系的节点。JavaScript 可以访问每个节点，修改节点内容及其属性，也可以新增节点和删除节点。这些 DOM 操作将直接对应 HTML 页面内容的改变。简而言之，DOM 提供了动态改变 HTML 页面内容的方法。

DOM 也是前端开发的基础技术。没有 DOM，JavaScript 在获取服务器数据后无法动态更新 HTML 页面，获得的数据无法显示在用户的当前浏览页面中。事实上，DOM 也是 JavaScript 获取页面数据的方式。在 JavaScript 发送请求之前，已经需要使用 DOM 来获取请求数据了。

> **提示：**
> 如果需要学习 DOM 模型的相关知识，可以阅读"疯狂 Java 体系"的《疯狂 HTML 5/CSS 3/JavaScript 讲义》一书。

3. CSS 3

CSS（Cascading Style Sheets，级联样式单）也是前端开发必须掌握的基础技术。实际上，HTML 页面本身就离不开 CSS，如果想让 HTML 页面更美观，就需要 CSS 的配合。CSS 3 增加了大量前端界面相关的特性，可以实现更美观、绚丽的界面。

在 Web 页面中采用 CSS 技术，可以有效地对页面的布局、字体、颜色、背景和其他效果实现更加精确的控制。通过 CSS 技术，只要对相应的代码做一些简单的修改，就可以改变同一页面的不同部分。CSS 技术的优点主要有：

- 目前几乎所有浏览器都支持 CSS 技术。
- 支持丰富的表现效果。以前一些采用图片实现的效果，现在完全可以通过 CSS 实现，从而提供更快的下载速度。
- 页面的字体更漂亮，内容更容易编排，页面效果更加美观。
- 支持更好的页面布局。
- 同一个 CSS 文件可以同时控制多个页面，从而避免重复更新每个页面。

CSS 主要的工作是让页面的表现更友好。虽然 CSS 并不是 Ajax 所必需的，但对于实际应用，用户界面的友好是非常重要的，因而 CSS 也是必不可少的技术。

> **提示：** 如果读者需要学习 CSS 3 模型的相关知识，可以阅读"疯狂 Java 体系"的《疯狂 HTML 5/CSS 3/JavaScript 讲义》一书。

1.3.3 前端 Ajax 的特征

传统的 Web 应用已经存在了很多年，而针对传统 Web 应用的改进一刻也没有停止过。可能有一些技术在很多方面与 Ajax 非常相似，但它们并不是 Ajax。下面介绍 Ajax 应用的基本特征。

1. 异步发送请求

异步发送请求是 Ajax 应用最核心的技术。如果抛开异步发送请求这个特征，那么不管页面做得多么丰富多彩，外表上多么像桌面应用，也都不可能是 Ajax 应用。

Ajax 应用的巨大改进之处，在于给用户提供的连续体验。用户发送请求后，还可以在当前页面浏览，或者继续发送请求，即使服务器响应还没有完成。而服务器响应完成后，浏览器并不是重新加载整个页面，而是仅加载需要更新的部分。

2. 服务器响应是数据，而不是页面内容

与传统的 Web 应用不同的是，服务器不再生成整个 Web 页面。这是一种非常"浪费"的行为，这种浪费不仅对用户不利，对服务器也一样。用户从服务器完整下载了一个 Web 页面，随着服务器响应的到来，用户再次重新下载新的页面，也许这两个页面的基本内容完全相同，只有极个别的数据需要修改，但用户不得不下载全部页面，而服务器则不得不提供对应的带宽给用户下载。

例如对于一个实时的股票行情显示系统，每隔一段时间需要实时刷新当前的股票行情。当前页面的大部分内容，如图片、Flash 动画等都无须改变，甚至股票名称也无须改变，需要改变的仅仅是当前的股票价格。但在传统的 Web 应用里，每隔一段时间都需要重复下载整个页面，这将导致服务器负载加重，而用户则处于一种不连续的体验中。

在 Ajax 应用中，网络负载主要集中在应用加载期，也就是页面第一次下载时。一旦页面下载成功，则相当于在客户端部署了复杂的应用。而后面的操作将是相当迅速的，客户端的 JavaScript 负责与服务器通信，从服务器获取必须更新的部分数据，而不再是整个页面内容。因此，Ajax 的累积网络流量比传统 Web 应用要小得多。

3. 浏览器中的是应用，不是简单视图

在传统的 Web 应用中，浏览器只是简单视图，负责显示系统状态，并收集用户信息提交给服务器，浏览器没有任何逻辑功能。当然在传统的 Web 应用中，也不允许浏览器中包含逻辑。因为在页面中包含逻辑，则随着用户请求的提交，页面被丢弃，所有的逻辑都将被丢失。

在传统的 Web 应用中，浏览器没有包含逻辑，更不能包含用户的会话状态。因为如果将状态保存在客户端，则随着页面的刷新，用户会话状态将丢失。

Ajax 应用则完全不同，浏览器不仅可以包含简单逻辑，甚至可以保存用户会话状态。因为 Ajax 应用有个特点：无须刷新页面即可完成内容的动态更新。

例如一个简单在线购物系统，用户的购物车就是典型的会话状态。在传统的 Web 应用里，都会采用 session 保存会话状态，即将用户的状态信息保存在服务器端。每次用户购买物品，都必须提交一次请求，从而将购买物品提交到服务器 session 中。而在 Ajax 应用中则无须使用

session，Ajax 应用可采用 JavaScript 的变量保存用户购买的所有物品信息，而用户每次购买的物品信息也无须提交给服务器 session，而是直接修改浏览器中的 JavaScript 变量。在这种情况下，Web 页面既保存了用户的状态信息，又处理了部分业务逻辑。直到用户提交购买，数据需要持久化时，JavaScript 才将请求发送到服务器。

Ajax 应用在初始化时，需要加载大量的 JavaScript 代码。这些 JavaScript 代码中已经包含了部分业务逻辑，它们将在后台默默工作，负责处理部分事务，异步提交请求，以及读取服务器响应数据，动态更新页面。

▶▶ 1.3.4 Ajax 带来的优势

Ajax 技术采用异步发送请求的方式，代替采用表单提交来更新 Web 页面的方式。

下面是一个关于级联菜单的应用场景，所谓级联菜单就是如图 1.6 所示的菜单。

级联菜单右边的菜单项会根据左边菜单的改变而改变。随着左边菜单的改变，右边的菜单需要级联改变。如图 1.7 所示，当左边选中"英国"时，右边的下拉菜单也随之改变。

图 1.6 级联菜单示范

图 1.7 级联菜单的改变

在 Ajax 技术出现之前，客户端只能通过提交表单或者采用地址栏输入 URL 的方式来发送 HTTP 请求。不管采用哪种形式发送请求，都将导致页面被重新加载。在这种情况下，当用户选择第一个下拉列表框的某个选项时，程序无法即时向服务器发送请求——否则，将导致该页面被重新加载。

为了实现当用户选择第一个下拉列表框的某个选项时，第二个下拉列表框的选项随之改变，页面必须在一开始就加载第二个列表框所有可能出现的选项。通常会一次性将第二个下拉列表框的所有数据全部读取出来并写入数组，然后根据用户的操作，通过 JavaScript 控制显示对应的列表项。

> 提示：读者可以参考 codes\01\1.3\cascadeMenu.html 的文件代码，查看该文件的 JavaScript 代码可发现，该页面里已经包含了第二个列表框所有可能出现的选项。

假设第一个列表框包含 200 个国家，而每个国家又包含 100 个城市。那么，该页面就需要在一开始就加载 20200（200×100＋200）个选项值。也许某个浏览者属于中国，他根本不可能选择其他国家的城市，那么该页面加载的 199 个国家的城市就没有用处。如果更大呢？结果将更加糟糕。这样一次加载的方式将读取大量冗余数据，既增加了服务器负载，也浪费了网络带宽，更浪费了客户端的内存（浏览器中的 JavaScript 必须定义大数组来存放数据）。如果遇到菜单有很多级，每一级菜单又有上百个子菜单，那么这种资源的浪费将以几何级数增长。

如果换成 Ajax 方案，将完全可以避免这些问题：页面无须一次加载所有的子菜单，可以在加载时只加载最左边的菜单。当用户单击了左边选择国家的下拉菜单后，异步向服务器发送请求，从服务器获取该菜单的子菜单。当用户单击第二级菜单时，再次异步向服务器发送请求，从服务器获取该菜单的全部子菜单，依次类推。通过这种方法，可避免一次加载全部菜单项，从而可提供更好的性能。

Ajax 应用特别适用于交互较多、频繁读数据、数据分类良好的 Web 应用。大体上，使用 Ajax 技术有如下优势：

> 减轻了客户端的内存消耗。Ajax 的根本理念是"按需取数据"，所以最大可能地减少了冗余请求，避免了客户端内存加载大量冗余数据。
> 无刷新更新页面。通过异步发送请求，避免了频繁刷新页面，从而减少了用户的等待时间，给用户提供一种连续的体验。
> Ajax 技术可以将传统的服务器的工作转嫁到客户端（例如购物车的状态），从而减轻服务器和带宽的负担，节约空间和带宽租用成本。
> Ajax 基于标准化技术，几乎所有浏览器都支持这种技术，无须下载插件或虚拟机程序。

"按需取数据"的模式降低了数据的实际读取量。传统的 Web 应用里，服务器的每次响应都是一个完整的页面；而在基于 Ajax 技术的 Web 应用里，服务器的响应只是必须更新的数据。

如果服务器响应数据过大，传统 Web 应用将会在页面重新加载时出现白屏。由于 Ajax 采用异步的方式发送请求，页面的更新由 JavaScript 操作 DOM 完成，因而在读取数据的过程中浏览器也不会出现白屏，而是保持原来的页面状态（也可使用 Loading 提示框让用户了解读取状态）。在数据接收完成后，页面才开始更新部分内容，这种更新是瞬间完成的，用户甚至感受不到更新延迟。

学生提问：即使使用 Ajax 技术，客户端和服务器一样有网络通信延迟，尤其是当网络状况不好时，通信延迟将更严重，这时用户一样感受不到更新延迟吗？

答：在使用 Ajax 技术时，用户发送异步请求之后，用户活动不受任何影响，用户可以继续原来的动作，服务器响应何时到达客户端，客户端如何将这些响应在页面上更新出来——这些过程对用户是透明的。从底层网络通信来看，网络通信延迟依然存在；但从用户的体验角度来看，Ajax 技术带给浏览者连续的体验，无须因为发送请求而暂停活动。

企业通过使用 Ajax，可以增强网站的功能，改善用户体验。用户可以通过滚动屏幕浏览大量的信息，可以更方便地将物品拖入在线购物车或者在线配置产品，而这些都无须刷新页面。事实上，相当多的企业都已开始考虑使用 Ajax 技术来改善用户的体验了。

关于 Ajax 技术对传统 Web 应用的改善，下面将通过一个最简单的应用来演示。下面的聊天室应用将分别采用传统 Web 方式和 Ajax 技术加以实现，这样读者既可以感受到 Ajax 应用开发的大概过程，也可以作为浏览者感受 Ajax 所带来的改善。

1.4 前端开发体验：Ajax 聊天室

本示例聊天室需要实现的功能有两个：第一个功能是对用户的管理，包括用户登录、用户注册等；第二个功能是管理用户的聊天信息，系统需要保存用户最近的聊天信息。

通常情况下，系统会将用户信息、聊天信息都保存在数据库里。本应用为了简单起见，用户信息以 Properties 文件进行保存，而聊天信息只保存在内存中（使用一个 LinkedList 保存用户的聊天信息）。

该聊天室一样遵循 MVC 的开发模式：客户端向控制器发送请求，控制器负责拦截用户请求，调用 Model 处理用户请求，控制器根据 Model 的处理结果，决定向用户呈现怎样的界面。B/S 聊天室的业务逻辑非常简单，包含如下三个简单功能：

> **用户注册**。向保存用户名、密码的文件中增加一条记录。
> **用户登录**。判断用户输入的用户名、密码是否正确，正确则允许登录聊天，否则拒绝聊天。
> **用户聊天**。发送消息让所有的用户看到。

聊天室的组件关系如图 1.8 所示。

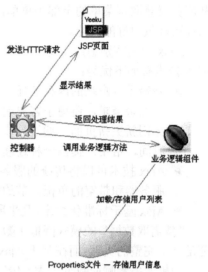

图 1.8 聊天室的组件关系

> **注意：** 本示例是一个 Web 应用，因此必须部署在 Web 服务器中才能正确运行。本书采用 Tomcat 8.5.x（Tomcat 7.0.X 系列不行）作为 Web 服务器。关于 Tomcat 8.5.X 的下载和安装，请参考"疯狂 Java 体系"的《轻量级 Java EE 企业应用实战》。

▶▶ 1.4.1 实现业务逻辑组件

系统没有采用数据库存放用户信息，而是使用 Properties 文件存放用户名、密码。所有的用户登录验证、新用户注册都需要通过 Properties 文件校验。业务逻辑组件提供了如下方法用于加载属性文件。

程序清单：codes\01\1.4\ajaxchat1\WEB-INF\src\org\crazyit\chat\service\ChatService.java

```java
// 读取系统用户信息
private Properties loadUser() throws IOException
{
    if (userList == null)
    {
        // 加载 userFile.properties 文件
        File f = new File("userFile.properties");
        // 如果文件不存在，新建该文件
        if (!f.exists())
        {
            f.createNewFile();
        }
        // 新建 Properties 文件
        userList = new Properties();
        // 读取 userFile.properties 文件里的用户信息
        userList.load(new FileInputStream(f));
    }
    return userList;
}
```

上面的程序中粗体字代码用于读取 userFile.properties 文件中的用户名、密码信息。这个方法是个工具方法，用于加载所有用户名、密码。userList 保存了当前系统中所有用户名、密码的列表，它是 ChatService 对象的实例属性，是一个 Properties 对象——其中属性名是用户名，属性值是密码。

如果系统的注册用户非常多，则属性文件非常大，userList 也将非常大，可能导致系统的性能下降，而此时采用数据库来保存用户名和密码将更合适。本示例仅为了比较传统 B/S 聊天室和 Ajax 聊天室的差别，因此没有使用数据库。

> **提示：**
> 使用 Properties 文件保存用户名、密码也不能处理多用户并发注册的情形。如果想让该系统更加实用，建议改为使用数据库来保存用户名、密码。

此外，还有对应的方法用于将 userList 保存到 Properties 文件中，每次用户注册成功后都应该将新注册的用户保存到 Properties 文件中。保存 userList 的方法如下。

程序清单：codes\01\1.4\ajaxchat1\WEB-INF\src\org\crazyit\chat\service\ChatService.java

```java
// 保存系统所有用户
private boolean saveUserList() throws IOException
{
    if (userList == null)
    {
        return false;
    }
    // 将 userList 信息保存到 Properties 文件中
    userList.store(new FileOutputStream("userFile.properties"),
        "Users Info List");
    return true;
}
```

上面的粗体字代码用于将 userList 对象中的用户名、密码信息保存到 userFile.properties 文件中。

上面的两个方法都是系统进行持久化的方法，只不过此处的持久化无须访问数据库，而只是使用 Properties 文件来保存持久化信息。业务逻辑对象必须向控制器提供的方法有：

- boolean validLogin(String user, String pass)。用于判断用户名、密码是否可以成功登录。
- boolean addUser(String name, String pass)。用于注册用户时向 Properties 文件中增加记录。
- String getMsg()。用于获取系统所保存的所有用户的聊天信息。
- void addMsg(String user, String msg)。用于增加聊天信息。聊天信息是瞬态信息，系统没有对聊天信息完成持久化，但每个用户的发言应该被增加到聊天信息里。

本系统的业务逻辑组件直接依赖上面的工具方法进行持久化，所以无须依赖持久化组件。本系统中业务逻辑组件 ChatService 的代码如下。

程序清单：codes\01\1.4\ajaxchat1\WEB-INF\src\org\crazyit\chat\service\ChatService.java

```java
public class ChatService
{
    // 使用单例模式来设计 ChatService
    private static ChatService cs;
    // 使用 Properties 对象保存系统的所有用户
    private Properties userList;
    // 使用 LinkedList 对象保存聊天信息
    private LinkedList<String> chatMsg;
    // 构造器私有
    private ChatService()
    {
    }
```

```java
// 通过静态方法返回唯一的ChatService对象
public static ChatService instance()
{
    if (cs == null)
    {
        cs = new ChatService();
    }
    return cs;
}
// 验证用户的登录
public boolean validLogin(String user , String pass)
    throws IOException
{
    // 根据用户名获取密码
    String loadPass = loadUser().getProperty(user);
    // 登录成功
    if (loadPass != null
        && loadPass.equals(pass))
    {
        return true;
    }
    return false;
}
// 新注册用户
public boolean addUser(String name , String pass)
    throws Exception
{
    // 当userList为null时，初始化userList对象
    if (userList == null)
    {
        userList = loadUser();
    }
    // 如果userList是已经注册的用户
    if (userList.containsKey(name))
    {
        throw new Exception("用户名已经存在，请重新选择用户名");
    }
    userList.setProperty(name , pass);
    saveUserList();
    return true;
}
// 获取系统中所有聊天信息
public String getMsg()
{
    // 如果chatMsg对象为null，表明不曾开始聊天
    if(chatMsg == null)
    {
        chatMsg = new LinkedList<>();
        return "";
    }
    StringBuilder result = new StringBuilder();
    // 将chatMsg中所有聊天信息拼接起来
    for (String line: chatMsg)
    {
        result.append(line + "\n");
    }
    return result.toString();
}
// 用户发言，添加聊天信息
public void addMsg(String user , String msg)
{
    // 如果chatMsg对象为null，初始化chatMsg对象
    if (chatMsg == null)
```

```
        {
            chatMsg = new LinkedList<>();
        }
        // 最多保存 40 条聊天信息,当超过 40 条时,将前面的聊天信息删除
        if (chatMsg.size() > 40)
        {
            chatMsg.removeFirst();
        }
        //添加新的聊天信息
        chatMsg.add(user + "说:" + msg);
    }
    // 下面省略了 loadUser 和 saveUserList 两个工具方法
    ...
}
```

▶▶ 1.4.2 注册、登录控制器

系统的控制器使用 Servlet 充当,Servlet 负责拦截用户请求,然后调用 ChatService 对象处理用户请求,根据处理结果,将请求 forward 到合适的页面显示。本系统包含三个用例:用户注册、用户登录和用户聊天。三个用例分别对应三种请求。系统为每个请求配置一个控制器。控制器的运行结构大致相似,下面以注册所用的控制器为例进行讲解。

程序清单:codes\01\1.4\ajaxchat1\WEB-INF\src\org\crazyit\chat\web\RegServlet.java

```
@WebServlet(urlPatterns={"/reg.do"})
public class RegServlet extends HttpServlet
{
    public void service(HttpServletRequest request,
        HttpServletResponse response)throws IOException,ServletException
    {
        // 设置使用 utf-8 字符集来解析请求参数
        request.setCharacterEncoding("utf-8");
        // 取得用户的两个请求参数
        String name = request.getParameter("name");
        String pass = request.getParameter("pass");
        // 进行服务器端的输入校验
        if (name == null || name.trim().equals("")
            || pass == null || pass.trim().equals(""))
        {
            request.setAttribute("tip", "用户名和密码都不能为空");
        }
        else
        {
            try
            {
                // 调用 ChatService 对象的 addUser 方法来增加用户
                // 如果注册成功
                if(ChatService.instance().addUser(name , pass))
                {
                    request.setAttribute("tip", "注册成功,请登录系统");
                }
                // 如果注册失败
                else
                {
                    request.setAttribute("tip", "无法正常注册,请重试");
                }
            }
            catch(Exception e)
            {
                request.setAttribute("tip", e.getMessage());
            }
```

```
            forward("/reg.jsp", request, response);
        }
        // 执行转发请求的方法
        private void forward(String url , HttpServletRequest request,
            HttpServletResponse response)throws ServletException,IOException
        {
            // 执行转发
            request.getRequestDispatcher(url)
                .forward(request,response);
        }
    }
```

正如上面的程序中粗体字代码所示，该 RegServlet 调用 ChatService 对象的 addUser()方法来注册新用户，也就是控制器调用业务逻辑组件方法来处理用户请求。

LoginServlet 控制器与此类似，LoginServlet 则调用 validLogin()方法和 getMsg()方法来验证登录和显示聊天信息。

LoginServlet 调用 getMsg()方法获取聊天记录后，将聊天记录放置到 HttpServletRequest 的 msg 属性中。JSP 页面则直接通过如下的表达式语言来输出聊天信息：

```
${requestScope.msg}
```

为了使用该 Servlet，上面 Servlet 中第一行粗体字代码使用 Annotation 将该 Servlet 映射到 reg.do，可将注册表单的 action 属性设置为 reg.do。在提交表单时，org.crazyit.chat.web.RegServlet 将调用业务逻辑组件，然后再处理用户请求。

▶▶ 1.4.3　注册、登录视图

视图负责收集用户请求信息，向服务器发送请求。在发送 HTTP 请求之前，视图页面还可完成基本的客户端输入校验，HTML 5 规范已新增了大量属性来实现客户端输入校验。视图还负责显示处理结果。

本聊天室有三个视图，分别对应用户登录、用户注册和用户聊天三个用户界面。其中用户登录、用户注册两个视图非常相似，都负责收集用户名、密码，并将其发送到服务器，只是请求处理的逻辑有区别。因此两个视图只有请求的控制器不同。如图 1.9 所示是输入用户名、密码不匹配后的登录界面。

图 1.9　用户名、密码不匹配的登录界面

上面的视图除了包含基本的登录表单之外，并在表单控件中增加了相关属性来实现输入校验。

程序清单：codes\01\1.4\ajaxchat1\index.jsp

```
<div style="width:540px;border:1px solid black;background-color:#ddd;">
<div style="color:red">
${requestScope.tip}
</div>
<form id="loginForm" method="post" action="login.do">
<table>
<tr>
```

```html
            <td colspan="2" align="center">
                请输入用户名和密码登录
            </td>
        </tr>
        <tr>
            <td>用户名：</td>
            <td><input id="name" type="text" name="name" required/></td>
        </tr>
        <tr>
            <td>密  码：</td>
            <td><input id="pass" type="text" name="pass" required/></td>
        </tr>
        <tr>
            <td colspan="2" align="center">
                <input type="submit" value="提交"/>
                <input type="reset" value="重设"/>
            </td>
        </tr>
    </table>
    <br/>
    <div align="center">
    <a href="reg.jsp">注册新用户</a>
    </div>
</form>
</div>
```

▶▶ 1.4.4 异步发送请求

异步发送请求是前端 Ajax 编程最核心的内容，Ajax 使用 XMLHttpRequest 对象异步发送请求。由于 XMLHttpRequest 对象已经被 HTML 制定为标准规范，因此所有主流浏览器都已支持该对象。

关于 XMLHttpRequest 对象更详细的信息，请参看第 2 章相关内容。为了使用 XMLHttpRequest 对象，必须先创建 XMLHttpRequest 对象。

程序清单：codes\01\1.4\ajaxchat1\chat.html

```javascript
// 创建 XMLHttpRequest 对象
var xhr = new XMLHttpRequest();
```

一旦 XMLHttpRequest 对象创建成功，系统就可以使用 XMLHttpRequest 对象发送请求。XMLHttpRequest 对象发送请求与传统的方法不同，使用传统方法发送请求时需要提交表单，或者请求新的网络页面——这都将导致浏览器重新发送请求，重新加载新页面。而 XMLHttpRequest 对象发送请求则通过 JavaScript 代码完成，这就避免了页面的刷新——这也是异步发送请求的核心技术。

XMLHttpRequest 对象包含 send()方法，该方法负责发送请求。在发送请求之前，应先与请求的 URL 取得连接，XMLHttpRequest 对象通过 open()方法打开与请求 URL 的连接。下面是使用 XMLHttpRequest 对象发送请求的 JavaScript 代码。

程序清单：codes\01\1.4\ajaxchat1\chat.html

```javascript
// 创建 XMLHttpRequest 对象
var xhr = new XMLHttpRequest();
// 发送请求函数
function sendRequest()
{
    var input = document.getElementById("chatMsg");
    // input 是用户输入聊天信息的单行文本框
    var chatMsg = input.value;
```

```
    // 定义发送请求的目标 URL
    var url = "chat.do";
    // 通过 open 方法取得与服务器的连接
    // 发送 POST 请求
    xhr.open("POST", url, true);
    // 设置请求头，发送 POST 请求时需要该请求头
    xhr.setRequestHeader("Content-Type",
        "application/x-www-form-urlencoded");
    // 指定处理服务器响应的事件处理函数
    xhr.onload = processResponse;
    // 清空输入框的内容
    input.value = "";
    // 发送请求，send 的参数包含许多的 key-value 对
    // 即以：请求参数名=请求参数值的形式发送请求参数
    xhr.send("chatMsg=" + chatMsg);
}
```

上面的程序中第一行粗体字代码使用 open() 方法打开与请求资源的连接，因为本系统采用 POST 方式发送请求参数，所以在请求里增加了 Content-Type 请求头，并将该请求头的值设为 application/x-www-form-urlencoded，这是为了保证将请求参数以合适的格式发送。程序中的粗体字代码是发送 POST 请求的完整过程。

一般而言，使用 XMLHttpRequest 对象发送请求应按如下步骤进行：

① 使用 open() 方法连接服务器 URL。
② 调用 setRequestHeader() 方法为请求设置合适的请求头。根据不同的请求，可能需要设置不同的请求头。
③ 为 load 事件注册事件处理函数。当服务器响应返回时，load 事件处理函数将会被触发。
④ 调用 send() 方法发送请求。

通过上面的程序我们发现，在使用 Ajax 发送请求时，其过程比传统 Web 应用略复杂。传统 Web 应用发送请求有两种形式：

➢ 在浏览器的地址栏中输入请求地址后按回车键发送 GET 请求。
➢ 提交表单发送 POST 或 GET 请求，具体发送何种请求取决于表单元素的 method 属性。

上面发送请求的方式都比较简单，基本无须编写任何程序代码。在改为使用 Ajax 发送请求后，需要先创建 XMLHttpRequest 对象，再使用该对象来发送异步请求。

学生提问：前端开发是不是会带来更大的工作量？

答：不可否认，前端开发必然给整个应用带来更大的工作量。在传统 Web 应用中，用户发送请求无须编写任何代码（顶多就是定义一个表单），但在现代 Web 应用中，必须使用 JavaScript 程序来发送请求；不仅如此，前端还需要处理服务器响应，前端必须通过程序来获取并加载服务器响应。

▶▶ 1.4.5 聊天控制器

对于传统 B/S 聊天室，控制器处理用户请求后，将其转发到另一个视图页面来显示处理结果。对于基于 Ajax 的聊天室，控制器可以不再转发请求，对于仅需要生成较少数据的响应，控制器自己生成响应数据。此时服务器响应的不再是完整的页面，而仅仅是必须更新的数据。

Ajax 主要用于改善用户体验，是一种表现层技术，其并不会影响底层的技术。对于 Java EE

应用而言，使用 Ajax 并不需要对中间层的任何组件做任何修改，更不需要对底层的 DAO 对象、Domain Object 进行修改。使用 Ajax 和使用 Hibernate、MyBatis 或 Spring 等框架没有任何冲突，结合 Ajax 技术后的 Java EE 应用将更加完美，可以带给用户更好的体验。Ajax 也可以与 Struts 2、Spring MVC、JSF 等框架结合使用。事实上，Struts 2、JSF 都已提供了良好的 Ajax 支持。

对于本系统，系统的业务逻辑组件 ChatService 没有任何改变，此处不再赘述。控制器 ChatServlet 则有简单的改变：对于 Ajax 系统，服务器响应无须是整个页面内容，可以仅是必需的数据，ChatServlet 不能将请求转发到 chat.jsp 页面。此处 ChatServlet 有两个选择：

> 直接生成简单的响应数据。
> 转向一个简单的 JSP 页面，使用 JSP 页面生成简单的响应。

本节将给出两种实现方式，通过对比这两种方式，你可以决定选择一种实现方式。

1. 直接使用控制器生成响应数据

在这种模式下，Servlet 直接通过 response 获取页面输出流，通过输出流生成字符响应。在这种方式下，无须转发请求，系统处理更加简单。下面是直接生成响应的 Servlet 代码。

程序清单：codes\01\1.4\ajaxchat1\WEB-INF\src\org\fkjava\chat\web\ChatServlet.java

```java
@WebServlet(urlPatterns={"/chat.do"})
public class ChatServlet extends HttpServlet
{
    public void service(HttpServletRequest request,
        HttpServletResponse response)throws IOException,ServletException
    {
        // 设置使用 utf-8 字符集来解析请求参数
        request.setCharacterEncoding("utf-8");
        String msg = request.getParameter("chatMsg");
        if ( msg != null && !msg.equals(""))
        {
            // 取得当前用户
            String user = (String)request.getSession(true)
                .getAttribute("user");
            // 调用 ChatService 的 addMsg 来添加聊天消息
            ChatService.instance().addMsg(user , msg);
        }
        // 设置响应内容的类型
        response.setContentType("text/html;charset=utf-8");
        // 获取页面输出流
        PrintWriter out = response.getWriter();
        // 直接生成响应
        out.println(ChatService.instance().getMsg());
    }
}
```

该 Servlet 是一个非常简单的 Servlet，它负责获取请求参数，调用 ChatService 对象的业务方法，输出所有的聊天记录。上面的程序中粗体字代码直接生成对客户端的响应。值得指出的是，该 Servlet 与生成 HTML 页面的 Servlet 存在的区别为：该 Servlet 没有生成任何 HTML 标签，没有生成任何页面效果，仅仅向客户端输出一个字符串。

此外，上面的代码有两个值得注意的地方：

> Ajax 使用 XMLHttpRequest 对象发送请求，在发送请求时所有参数使用 UTF-8 字符集编码，因此 request 调用 setCharacterEncoding("utf-8")来设置编码所用的字符集，通过如此设置才可以获取正确的请求参数。

➢ 生成响应时，一定要使用 response 的 setContentType()方法设置响应内容和编码方式。尤其值得指出的是，不能仅使用 response.setHeader("Charset","utf-8");语句，仅使用该语句只能设置采用 UTF-8 字符集进行编码，但并没有指定响应内容是 HTML 页面。

对于上面的控制器，虽然生成了表现层内容，但并未生成完整的 JSP 页面，而是返回了模型数据，因而无须使用额外的 JSP 页面。

> **注意：**
> 因为该响应数据是普通文本数据，而且响应数据相当简单，所以可以直接使用控制器生成客户端响应。但如果生成的响应非常复杂，即响应数据的数据量很大，而且具有丰富的表现格式，则应该考虑生成 JSON 格式的响应。

2. 使用 JSP 页面生成响应

对于当前示例，这种做法很难说不是多此一举。控制器将请求转发到另外的 JSP 页面，而 JSP 页面仅仅负责输出聊天信息。下面是这种方法下的控制器代码。

程序清单：codes\01\1.4\ajaxchat2\WEB-INF\src\org\crazyit\chat\web\ChatServlet.java

```java
@WebServlet(urlPatterns={"/chat.do"})
public class ChatServlet extends HttpServlet
{
    public void service(HttpServletRequest request,
        HttpServletResponse response)throws IOException,ServletException
    {
        // 设置使用 utf-8 字符集来解析请求参数
        request.setCharacterEncoding("utf-8");
        String msg = request.getParameter("chatMsg");
        if ( msg != null && !msg.equals(""))
        {
            // 取得当前用户
            String user = (String)request.getSession(true)
                .getAttribute("user");
            // 调用 ChatService 的 addMsg 来添加聊天消息
            ChatService.instance().addMsg(user , msg);
        }
        // 将全部聊天信息设置成 request 属性
        request.setAttribute("chatList" ,
            ChatService.instance().getMsg());
        // 转发到 chatreply.jsp 页面
        forward("/chatreply.jsp" , request , response);
    }
    // 执行转发请求的方法
    private void forward(String url , HttpServletRequest request,
        HttpServletResponse response)throws ServletException,IOException
    {
        // 执行转发
        request.getRequestDispatcher(url)
            .forward(request,response);
    }
}
```

这个 Servlet 与前一个 Servlet 基本相同，只是这个 Servlet 在处理用户请求结束后并未直接生成响应，而是将请求转发到 chatreply.jsp 页面，然后在 JSP 页面中输出聊天信息。该 JSP 页面代码如下所示：

程序清单：codes\01\1.4\ajaxchat2\chatreply.jsp

```
<%@ page contentType="text/html;charset=GBK" errorPage="error.jsp"%>
<%-- 输出当前的聊天信息 --%>
${requestScope.chatList}
```

这个 JSP 页面的作用也相当有限，仅仅完成简单的输出。由此可见，使用该 JSP 页面并不是十分必要。

▶▶ 1.4.6 解析服务器响应

服务器响应被生成简单的文本，而 XMLHttpRequest 对象包含一个属性 responseText，该属性可获取服务器响应被生成的文本。在解析服务器响应之前，必须先判断服务器响应是否正确，例如生成状态码为 404 等的错误响应是没有意义的。为了判断服务器响应是否正确，XMLHttpRequest 对象提供了 status 属性，该属性是服务器响应对应的状态码，其中 200 表明响应正常，而 404 表明资源丢失，500 表明内部错误等。关于 XMLHttpRequest 对象的详细介绍请参考第 2 章的相关内容。

判断完响应状态后，可以使用 responseText 属性获取服务器响应文本，并将该文本输出到页面显示。下面是解析、处理服务器响应的 JavaScript 代码。

程序清单：codes\01\1.4\ajaxchat1\chat.html

```javascript
// 处理返回信息函数
function processResponse()
{
    // 服务器响应正确（当服务器响应正确时，返回值为 200 的状态码）
    if (xhr.status == 200)
    {
        // 使用 chatArea 多行文本域显示服务器响应的文本
        document.getElementById("chatArea").value
            = xhr.responseText;
    }
    else
    {
        // 提示页面不正常
        window.alert("您所请求的页面有异常。");
    }
}
```

上面的程序中第一行粗体字代码先判断 XMLHttpRequest 对象的 status 是否为 200，200 表明服务器生成了正确的响应。

此时，浏览器的页面通过 JavaScript 与服务器进行的通信基本完成。客户端通过 sendRequest 函数向服务器发送请求，服务器通过 ChatServlet 处理用户请求，处理完用户请求后，有两种做法：Servlet 直接生成响应，或者将请求转发到 JSP 页面生成响应。

在服务器处理请求完成且服务器生成了正确的响应后，客户端通过 DOM 操作将服务器响应加载到视图页面上。

▶▶ 1.4.7 何时发送请求

虽然定义了请求发送的方法，但没有定义何时发送请求。根据聊天室的特点，请求应该定时发送——因为即使本人没有参与聊天，他也希望看到其他人的聊天记录。但该请求与前面介绍的请求存在少许差别，这种定时发送请求的方法无须读取聊天记录，无须发送聊天信息。

下面的代码是定时发送请求的 JavaScript 代码，这种方法不发送任何请求参数。

程序清单：codes\01\1.4\ajaxchat1\chat.html

```
function sendEmptyRequest()
{
    // 定义发送请求的目标 URL
    var url = "chat.do";
    // 发送 POST 请求
    xhr.open("POST", url, true);
    // 设置请求头，发送 POST 请求时需要该请求头
    xhr.setRequestHeader("Content-Type",
        "application/x-www-form-urlencoded");
    // 指定处理服务器响应的事件处理函数
    xhr.onload = processResponse;
    // 发送请求，不发送任何参数
    xhr.send(null);
    // 指定 0.8s 之后再次发送请求
    setTimeout("sendEmptyRequest()" , 800);
}
```

上面的程序中粗体字代码也用于发送请求，只是该代码发送请求时不再发送任何请求参数。值得指出的是，sendEmptyRequest()函数在最后调用了 setTimeout("sendEmptyRequest ()" , 800)，setTimeout()是 JavaScript 的计时器，该代码表示系统将在 0.8s 后再次执行 sendEmptyRequest() 函数。因此，该函数一旦开始执行，将会不断地重复执行。因为每次函数执行结束后，都将在 0.8s 后再次被调用。

自动发送的请求应在进入聊天室后被立即发送，可以设置页面加载后立即执行该函数，因此我们会在该页面的<body.../>元素中增加 onload ="sendEmptyRequest()";属性。

此外，还有需要获取用户聊天信息和发送参数的请求。这种请求应该在按下"提交"按钮或在聊天文本框中按下回车键时发送。要在按下回车键后发送请求很简单：只需要为该按钮定义 onclick 事件即可。如需在文本框中按下回车键时发送请求，则应为聊天文本框指定键盘处理函数，该函数监控文本框中所有的键盘事件，其代码如下：

程序清单：codes\01\1.4\ajaxchat1\chat.html

```
function enterHandler(event)
{
    // 获取用户单击键盘的"键值"
    var keyCode = event.keyCode ? event.keyCode
        : event.which ? event.which : event.charCode;
    // 如果是回车键
    if (keyCode == 13)
    {
        sendRequest();
    }
}
```

整个聊天室 HTML 页面的代码如下：

程序清单：codes\01\1.4\ajaxchat1\chat.html

```
<!DOCTYPE html>
<html>
<head>
    <meta http-equiv="Content-Type" content="text/html; charset=utf-8" />
    <title>聊天页面</title>
</head>
<body onload="sendEmptyRequest();">
<div style="width:780px;border:1px solid black;text-align:center">
<h3>聊天页面</h3>
<p>
```

```html
<textarea id="chatArea" name="chatArea" cols="90"
    rows="30" readonly="readonly"></textarea>
</p>
<div align="center">
    <input id="chatMsg" name="chatMsg" type="text" focus
    size="90" onkeypress="enterHandler(event);"/>
    <input type="button" name="button" value="提交"
    onclick="sendRequest();"/>
</div>
</div>
<script type="text/javascript">
// 创建 XMLHttpRequest 对象
var xhr = new XMLHttpRequest();
// 发送请求函数
function sendRequest()
{
    var input = document.getElementById("chatMsg");
    // input 是用户输入聊天信息的单行文本框
    var chatMsg = input.value;
    // 定义发送请求的目标 URL
    var url = "chat.do";
    // 通过 open 方法取得与服务器的连接
    // 发送 POST 请求
    xhr.open("POST", url, true);
    // 设置请求头，发送 POST 请求时需要该请求头
    xhr.setRequestHeader("Content-Type",
        "application/x-www-form-urlencoded");
    // 指定处理服务器响应的事件处理函数
    xhr.onload = processResponse;
    // 清空输入框的内容
    input.value = "";
    // 发送请求，send 的参数包含许多的 key-value 对
    // 即以：请求参数名=请求参数值的形式发送请求参数
    xhr.send("chatMsg=" + chatMsg);
}
function sendEmptyRequest()
{
    // 定义发送请求的目标 URL
    var url = "chat.do";
    // 发送 POST 请求
    xhr.open("POST", url, true);
    // 设置请求头，发送 POST 请求时需要该请求头
    xhr.setRequestHeader("Content-Type",
        "application/x-www-form-urlencoded");
    // 指定处理服务器响应的事件处理函数
    xhr.onload = processResponse;
    // 发送请求，不发送任何参数
    xhr.send(null);
    // 指定 0.8s 之后再次发送请求
    setTimeout("sendEmptyRequest()" , 800);
}
// 定义处理响应的回调函数
function processResponse()
{
    // 服务器响应正确（当服务器响应正确时，返回值为 200 的状态码）
    if (xhr.status == 200)
    {
        // 使用 chatArea 多行文本域显示服务器响应的文本
        document.getElementById("chatArea").value
            = xhr.responseText;
    }
    else
```

```
        {
            // 提示页面不正常
            window.alert("您所请求的页面有异常。");
        }
    }
    function enterHandler(event)
    {
        // 获取用户单击键盘的"键值"
        var keyCode = event.keyCode ? event.keyCode
            : event.which ? event.which : event.charCode;
        // 如果是回车键
        if (keyCode == 13)
        {
            sendRequest();
        }
    }
</script>
</body>
</html>
```

至此，基于 Ajax 的聊天室已基本完成。Ajax 聊天室的客户端请求在后台异步发送，客户端读取服务器响应也通过 JavaScript 完成。整个过程不会阻塞用户的聊天，即使服务器的响应变慢，客户端依然可发送请求或者查看原有的聊天记录，无须等待下载页面。如图 1.10 所示为该聊天室的运行效果。

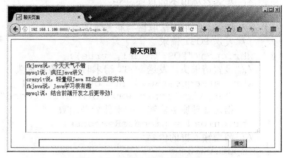

图 1.10 聊天室的运行效果

1.5 前端开发的技术难点

开发了上面这个简单的前端 Ajax 聊天室之后，下面可以分析一下前端 Ajax 编程和传统 Web 编程的联系和区别。

从本质上来说，Ajax 应用依然基于请求/响应的架构，这是由 HTTP 协议所决定的，不会因为采用了 Ajax 技术而发生任何改变。不管是传统 Web 应用，还是增加了 Ajax 技术的 Web 应用，都是先由客户端发送 HTTP 请求，然后由服务器生成对客户端的响应——这个大致的流程是不会改变的。

传统 Web 编程和 Ajax 编程的区别主要在于以下三点。

1. 客户端发送请求的方式不同

传统 Web 应用发送请求通常有两种方式：采用提交表单的方式发送 GET 请求或 POST 请求；让浏览器直接请求网络资源发送 GET 请求。在采用 Ajax 的现代 Web 应用中，应用需要使用 XMLHttpRequest 对象来发送请求。

2. 服务器生成的响应不同

在传统 Web 应用中，服务器的响应总是完整的 HTML 页面：从<html>标签开始，然后是<head>...</head>，然后是<body>...</body>，最后由</html>结束。在采用 Ajax 技术之后，服务器响应不再是完整的 HTML 页面，而只是必须更新的数据，因此服务器生成的响应可能只是简单的文本（当然也可以是 JSON 格式或 XML 格式的文本）。

3. 客户端加载响应的方式不同

传统 Web 应用具有每个请求对应一个页面的特点，而且服务器响应就是一个完整的 HTML 页面，所以浏览器可以自动加载并显示服务器响应。在采用 Ajax 技术后，服务器响应只是必须更新的数据，故客户端必须通过程序来动态加载服务器响应。

图 1.11 显示了 Ajax 应用与传统 Web 应用的主要区别。

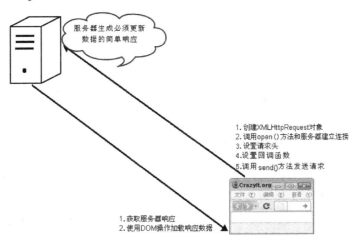

图 1.11 Ajax 应用与传统 Web 应用的主要区别

从图 1.11 可以看出，服务器端的改变最小：传统 Web 应用服务器响应为完整的 HTML 页面，而 Ajax 应用中服务器响应只是必须更新的数据——这没有任何的编程难度！甚至更简单了，因为服务器响应无须生成烦琐的 HTML 页面，只需输出简单响应即可。

前端开发的重点在客户端也就是 JavaScript 编程，客户端的 JavaScript 编程分为两个部分：发送请求和处理响应。在客户端使用 JavaScript 发送请求时，程序按固定步骤执行类似代码即可——几乎每次发送都执行完全类似的代码，因此这也不是编程难点。关键在于使用 DOM 操作加载响应数据，这才是 Ajax 编程的难点。

本书后面会介绍一些前端框架，它们都对使用 XMLHttpRequest 对象发送请求提供了良好的封装，只需要一行代码即可成功发送异步请求，这就更突出了前端编程唯一的难点：使用 DOM 加载响应数据。有些前端框架还提供了一些简化 DOM 操作的 JavaScript 函数，但使用 DOM 加载响应数据依然是前端编程最难以处理的部分。

由此可见，一旦理解了前端开发，就会对前端开发技术有清晰的认识：前端开发比传统 Web 应用编程略为复杂，这种复杂主要体现在如何使用 DOM 来动态加载服务器响应——因此需要重点掌握 JavaScript 编程和 DOM 操作。

1.6 本章小结

本章简单介绍了应用程序开发的发展历史，介绍了 C/S、B/S 两种结构应用的优缺点。通过比较，介绍了 B/S 结构的应用取代 C/S 结构的应用的客观原因。同时也介绍了 B/S 结构应用面临的问题，从而引入前端开发技术：前端开发技术正是为了完善传统 B/S 结构应用而出现的。前端开发技术重点在于两方面的改进：改进了传统的请求发送方式和更美观、交互性更强的 UI 界面。本章后面介绍了一个简单的前端 Ajax 开发示例，通过该示例你可以体会前端开发的技术重点。

CHAPTER 2

第2章
HTML 5 增强的
XMLHttpRequest 对象

本章要点

- XMLHttpRequest 对象的基本知识
- XMLHttpRequest 对象的常用属性
- XMLHttpRequest 对象的常用方法
- XMLHttpRequest 对象的事件
- 发送 GET 请求
- 发送 POST 请求
- GET 请求和 POST 请求的区别
- 发送 XML 请求
- 发送表单数据
- 发送 Blob 请求
- 处理服务器响应的时机
- 使用普通文本响应
- 使用 JSON 响应
- 使用 Blob 或 ArrayBuffer 等二进制响应
- XMLHttpRequest 对象的生命周期
- XMLHttpRequest 对象的问题及解决方法

XMLHttpRequest 对象可用于发送异步请求，也是 Ajax 技术的核心。异步发送请求是根本，不刷新页面动态加载只是表面现象。从第 1 章我们可以发现，前端 Ajax 应用要使用 XMLHttpRequest 对象异步发送请求，既可以发送 GET 请求，也可以发送 POST 请求，也可以发送请求参数。与传统 Web 应用中发送请求不同，XMLHttpRequest 对象必须以编程方式发送请求。在请求发送出去之后，服务器响应会在合适的时候返回，但客户端浏览器不会自动加载这种异步响应，必须先调用 XMLHttpRequest 对象的 responseText、responseXML 或 response 来获取服务器响应，再通过 DOM 操作将服务器响应动态加载到当前页面中。

XMLHttpRequest 对象已经广泛应用于各种 Web 应用的开发，现在 XMLHttpRequest 对象已经被 W3C 制定成标准的 Web 规范，得到了所有浏览器的支持。

2.1 XMLHttpRequest 对象的方法和属性

XMLHttpRequest 对象包含了一些基本的属性和方法，XMLHttpRequest 对象正是通过这些属性和方法与服务器通信的。XMLHttpRequest 对象是 Ajax 与服务器异步通信的核心。

通过 XMLHttpRequest 对象与服务器的异步通信，可避免每次发送请求都对应一个页面的模式，从而允许在一个页面中多次发送异步请求，每次只从服务器读取必需的信息。通过使用 Ajax，既可以减轻服务器的负担，又可以加快响应速度，缩短用户等待时间。

▶▶ 2.1.1 XMLHttpRequest 对象的方法

XmlHttpRequest 对象的方法并不多，下面是其基本方法：
- abort()。停止发送当前请求。
- getAllResponseHeaders()。获取服务器返回的全部响应头。
- getResponseHeader("headerLabel")。根据响应头的名字，获取对应的响应头。
- open("method","URL"[,asyncFlag[,"userName"[, "password"]]])。建立与服务器 URL 的连接，并设置请求的方法，以及是否使用异步请求。如果远程服务需要用户名、密码，则提供对应的信息。
- overrideMimeType(mimetype)。覆盖服务器所返回的数据的 MIME 类型。
- send(content)。发送请求。其中 content 是请求参数。早期 XMLHttpRequest 对象只能发送字符串参数或 XML Document。HTML 5 扩展了 send()方法的功能，现在该方法还可发送表单数据、Blob 对象、文件和 ArrayBufferView 对象。
- setRequestHeader("label", "value")。在发送请求之前，先设置请求头。

下面依次介绍这些常用方法的具体用法。

在请求被发送之后，getAllResponseHeaders 和 getResponseHeader 这两个方法，可用于获取服务器响应头。

虽然 getAllResponseHeaders 方法用于返回全部的响应头，但其返回值并不是一个数组，也不是一个对象，而是一个字符串——由所有响应头的"名:值"对所组成的字符串，即如下形式：

```
Content-Type: text/html;charset=utf-8 Content-Length: 31
Date: Sat, 28 Jan 2017 15:14:53 GMT
```

具体有多少个响应头，取决于生成响应的程序设置了多少。如下面的 HTML 页面所示，该页面向服务器异步发送请求，处理响应时将所有的响应头全部输出。

程序清单：codes\02\2.1\getAllResponseHeaders\first.html

```html
<body>
<select name="first" id="first" onchange="change(this.value);">
    <option value="1" selected="selected">中国</option>
    <option value="2">美国</option>
    <option value="3">日本</option>
</select>
<div id="output"></div>
<script type="text/javascript">
    // 创建 XMLHttpRequest 对象
    var xhr = new XMLHttpRequest();
    // 事件处理函数，当下拉列表选择改变时，触发该事件
    function change(id)
    {
        // 设置请求响应的 URL
        var uri = "second.jsp?id=" + id;
        // 打开与服务器响应地址的连接
        xhr.open("POST", uri, true);
        // 设置请求头
        xhr.setRequestHeader("Content-Type"
            , "application/x-www-form-urlencoded");
        // 设置处理响应的回调函数
        xhr.onload = processResponse;
        // 发送请求
        xhr.send(null);
    }
    // 定义处理响应的回调函数
    function processResponse()
    {
        // 如果服务器响应正常
        if (xhr.status == 200)
        {
            // 信息已经成功返回，开始处理信息
            var headers = xhr.getAllResponseHeaders();
            //通过警告框输出响应头
            alert("响应头的类型： " + typeof headers + "\n"
                + headers);
            // 在页面输出所有响应头
            document.getElementById("output").innerHTML = headers;
        }
        else
        {
            // 页面不正常
            window.alert("您所请求的页面有异常。");
        }
    }
</script>
</body>
```

上面的代码中第一行粗体字代码指定当下拉列表框的所选项发生改变时将会触发 change()函数，该函数会向服务器 second.jsp 页面发送异步请求。系统采用 POST 方法发送请求，当请求得到响应后，使用 getAllResponseHeaders()方法获取所有的请求头，并将请求头以警告框和页面输出两种方式输出。

上面的页面是级联下拉列表的示例。当选择不同国家时，该国家对应的城市将在下面显示，该应用的 second.jsp 页面的代码如下：

程序清单：codes\02\2.1\getAllResponseHeaders\second.jsp

```jsp
<%@ page contentType="text/html; charset=utf-8" language="java" %>
```

```jsp
<%
String idStr = (String)request.getParameter("id");
int id = idStr == null ? 1 : Integer.parseInt(idStr);
System.out.println(id);
switch(id)
{
    case 1:
%>
上海$广州$北京
<%
    break;
    case 2:
%>
华盛顿$纽约$加州
<%
    break;
    case 3:
%>
东京$大阪$福冈
<%
    break;
}
%>
```

上面的页面只是一个简单的 JSP 页面，该页面将会对客户端异步请求生成响应。客户端获取服务器响应后，并未处理响应数据，而是获取了响应头。响应头通过两种方式输出：一种是通过警告对话框；另一种是通过页面<div.../>元素加载。

在浏览器中浏览该页面，并改变下拉列表框的选中选项，将弹出如图 2.1 所示的警告框，该框的第一行是所获取响应头的类型。后面各行是所有响应头以及对应的值。

图 2.1 获取全部响应头

上面的程序发送请求时调用了 setRequestHeader()方法设置请求头。在发送 POST 请求时应设置对应的编码方式。XMLHttpRequest 对象提供的 open()方法和 send()方法主要用于发送请求，发送请求的相关知识将在 2.3 节中介绍。

> 本章所介绍的都是完整的 Web 应用，因此读者需要掌握足够的 Java Web 知识，包括如何部署 Web 应用，如何开发 JSP、Servlet 程序等。如果读者还没有这方面的知识，请先阅读"疯狂 Java 体系"的《轻量级 Java EE 企业应用实战》。

就笔者教过的很多学生来看，他们在调试 Ajax 应用时往往容易陷入一个怪圈：一直调试 HTML 页面的 JavaScript 脚本，对服务器响应却不甚理会。实际上，在调试 HTML 页面的 JavaScript 脚本之前，应该先保证服务器响应正确，例如我们此处直接请求服务器的 second.jsp 页面，将可看到图 2.2 所示页面。

图 2.2 先保证服务器响应正确

> **提示**：由于 JavaScript 代码本身具有一定的复杂性，如果不能先保证服务器响应完全正确，而是一开始就直接纠缠于 HTML 页面的 JavaScript 代码，则可能因为服务器本身没有返回正确的响应，从而将前端开发的调试引入歧途。

▶▶ 2.1.2 XMLHttpRequest 对象的属性

XMLHttpRequest 对象的属性也很简单，Ajax 技术通过 XMLHttpRequest 对象的这些简单属性实现与服务器的异步通信。

XMLHttpRequest 对象常用的属性如下。

➢ readyState：该属性用于获取 XMLHttpRequest 对象的处理状态。该属性可能返回如表 2.1 所示的属性值。

表 2.1 readyState 属性值及对应的意义

readyState 属性值	意义
0	XMLHttpRequest 对象还未开始发送请求
1	XMLHttpRequest 对象开始发送请求
2	XMLHttpRequest 对象的请求发送完成
3	XMLHttpRequest 对象开始读取服务器的响应
4	XMLHttpRequest 对象读取服务器响应结束

➢ responseType：该属性用于设置服务器返回的响应类型。
➢ response：该属性用于获取服务器响应。不同 responseType 对应的 response 如表 2.2 所示。

表 2.2 responseType 与 response

reponseType 属性值	response 属性
""	response 属性返回 DOMString，这是默认值
"arraybuffer"	response 属性返回 ArrayBuffer 二进制数据
"blob"	response 属性返回 Blob 对象
"document"	response 属性返回 Document 对象，与 responseXML 返回值相同
"json"	response 属性返回 JavaScript 对象，该对象通过解析服务器响应的 JSON 字符串得到
"text"	response 属性返回 DOMString，这是默认值

➢ responseText：该属性用于获取服务器的响应文本。
➢ responseXML：该属性用于获取服务器响应的 XML 文档对象。
➢ responseURL：该属性返回服务器响应来自的 URL。
➢ status：该属性是服务器返回的状态码，只有服务器的响应已经完成时，才会有该状态码。
➢ statusText：该属性是服务器返回的状态文本信息，只有当服务器的响应已经完成时，才会有该状态文本信息。
➢ timeout：设置 XMLHttpRequest 对象发送请求的超时时长，以 ms 为单位。
➢ ontimeout：绑定事件处理函数的属性。该属性用于指定 XMLHttpRequest 对象发送请求超时后触发的事件处理函数。
➢ upload：该属性返回 XMLHttpRequest 对象的上传进度。通过为该对象的 progress 事件注册事件处理函数，可以实时监听 XMLHttpRequest 对象的上传进度。

> withCredentials：该属性设置跨站点访问的请求是否应该使用安全凭证（如 Cookie、授权头或 TLS 客户端证书等）。设置该属性对相同站点的请求不会有任何影响。

当服务器的响应完成后，JavaScript 还需要判断服务器响应的情况。这是因为服务器响应也有很多种情况，见图 2.3 所示的常见提示页面。

图 2.3 所示是使用浏览器访问一个并不存在的资源时，服务器自动生成的错误提示页。在该页面的上面有 "HTTP Status 404" 字符串，表明服务器响应的状态码为 404，404 表示资源不存在——即使资源不存在，服务器一样会生成响应。也就是说，即使获取服务器响应已经完成，但从服务器获取的响应信息依然有可能是错误的。

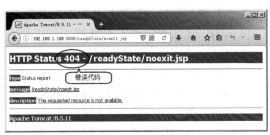

图 2.3　系统错误提示页

为了判断服务器的响应是否正确，可以检测 XMLHttpRequest 对象的 status 属性，将上面 HTML 页面的回调函数改为如下形式：

程序清单：codes\02\2.1\status\first.html

```
// 定义处理响应的回调函数
function processResponse()
{
    // 输出服务器相应的状态码和状态提示
    alert(xhr.status + "\n" + xhr.statusText);
}
```

上面的回调函数表明，当服务器响应完成时，将通过警告对话框输出服务器响应的状态码和状态提示。为了使服务器响应生成错误信息，将 sencond.jsp 页面修改成如下形式，该页面中的粗体字代码将引发空指针异常。

程序清单：codes\02\2.1\status\second_bk.jsp

```jsp
<%@ page contentType="text/html; charset=utf-8" language="java" %>
<%
// 定义一个空字符串。
String a = null;
// 让下面的语句引发空指针异常
out.println(a.length());
%>
```

再次在浏览器中浏览 first.html 页面，并改变下拉列表的选项，从而向服务器发送请求，此时在浏览器中可看到如图 2.4 所示的对话框。

如果将服务器的响应页面 second.jsp 改回原来的形式，服务器即可生成正常响应。在浏览器中发送请求，将可看到如图 2.5 所示的警告框。

图 2.4　服务器内部错误的 status

图 2.5　服务器正常响应的 status

通过检测 XMLHttpRequest 对象的 status 属性，即可判断服务器的响应是否正常。当服务器的响应正常时，JavaScript 才应该读取服务器响应信息，并将响应信息动态加载到目标页面。服务器常用的状态码及其对应的含义如下。

- 200：服务器响应正常。
- 304：该资源在上次请求之后没有任何修改。这通常用于浏览器的缓存机制，使用 GET 请求时尤其需要注意。
- 400：无法找到请求的资源。
- 401：访问资源的权限不够。
- 403：没有权限访问资源。
- 404：需要访问的资源不存在。
- 405：需要访问的资源被禁止访问。
- 407：访问资源需要代理身份验证。
- 414：请求的 URL 太长。
- 500：服务器内部错误。

通过上面的介绍可以得到一个结论：如果想通过 JavaScript 获取服务器响应，只要为 XMLHttpRequest 对象的 load 事件注册事件处理函数即可。获取服务器响应之后，还应判断服务器响应是否正确，要判断服务器响应是否正确，可判断 XMLHttpRequest 对象的 status 属性。当 status 值为 200 时，服务器响应正确，否则响应不正常。

> ※注意：※
> 实际应用中往往需要对服务器响应不正常的情况进行处理，例如弹出出错提示，告诉浏览者服务器响应出错。如果服务器响应出现了错误，但页面没有输出任何提示，用户会困惑不已。

▶▶ 2.1.3 XMLHttpRequest 对象的事件

正如在前面代码中所看到的，通过为 XMLHttpRequest 对象的 load 事件注册事件处理函数，当该对象获取服务器响应完成时，load 事件处理函数被触发。实际上，HTML 5 为 XMLHttpRequest 对象定义了非常系统的事件，这些事件及对应的触发时机如下。

- progress：当 XMLHttpRequest 对象处于与服务器通信过程时会触发为该事件注册的事件处理函数。
- load：当 XMLHttpRequest 对象获取服务器响应完成时触发为该事件注册的事件处理函数。
- error：当 XMLHttpRequest 对象与服务器通信出错时触发为该事件注册的事件处理函数。
- abort：当 XMLHttpReques 对象取消与服务器通信时触发为该事件注册的事件处理函数。
- readystatechange：当 XMLHttpReques 对象的 readyState 属性发生改变时触发为该事件注册的事件处理函数。

早期使用 XMLHttpRequest 对象时，要通过为 readystatechange 事件注册事件处理函数来获取服务器响应，在该事件处理函数中判断 readystate 等于 4（表示服务器响应成功完成）才能获取服务器响应。

现在获取服务器响应更加简单，程序只要为 load 事件注册事件处理函数即可：XMLHttpRequest 对象获取服务器响应完成时才会触发 load 事件处理函数——相当于 readyState 等于 4 时才会触发 load 事件处理函数。

2.2 发送请求

Ajax 与传统 Web 应用的第一个区别在于发送请求的方式不同：传统 Web 应用采用表单或请求某个资源的方式发送请求；而 Ajax 则采用异步方式在后台发送请求。下面我们将详细介绍 Ajax 发送请求的各种细节。

▶▶ 2.2.1 发送简单请求

所谓简单请求，是指不包含任何参数的请求。这种请求通常用于自动刷新的应用，例如证券交易所的实时信息发送。这种请求通常用于公告性质的响应，公告性质的响应不需要客户端的任何请求参数，而是由服务器根据业务数据自动生成。对于简单请求，因为无须发送请求参数，所以采用 POST 和 GET 方式并没有太大区别。不管发送怎样的请求，XMLHttpRequest 对象都应该按如下步骤来做：

① 初始化。
② 打开与服务器的连接。打开连接时，指定发送请求的方法：采用 GET 或 POST；指定是否采用异步方式。
③ 设置监听 XMLHttpRequest 对象状态改变的事件处理函数。
④ 发送请求。如采用 POST 方法发送请求，可发送带参数的请求。

下面的应用模拟了一个简单的证券价格公告牌，下面的代码是服务器的响应页面，该页面随机产生三个数字，假设这三个数字就是对应的三个股票的报价。将这三个数字以"$"符号隔开后发送到客户端。下面是服务器页面的代码。

程序清单：codes\02\2.2\simple\second.jsp

```
<%@ page contentType="text/html; charset=utf-8" language="java"%>
<%@ page import="java.util.Random"%>
<%
// 创建伪随机器，以系统时间作为伪随机器的种子
Random rand = new Random(System.currentTimeMillis());
// 生成三个伪随机数字，并以$符号隔开后发送到客户端
out.println(rand.nextInt(10) + "$" + rand.nextInt(10)
    + "$" + rand.nextInt(10));
%>
```

服务器响应生成三个伪随机数字，三个数字以$符号隔开，因此客户端页面只需要定时向服务器发送简单请求即可，发送这种请求无须任何请求参数。客户端页面代码如下。

程序清单：codes\02\2.2\simple\first.html

```
<body>
mysql 的虚拟股票价格：<div id="mysql"
    style="color:red;font-weight:bold;"></div>
tomcat 的虚拟股票价格：<div id="tomcat"
    style="color:red;font-weight:bold;"></div>
jetty 的虚拟股票价格：<div id="jetty"
    style="color:red;font-weight:bold;"></div>
<script type="text/javascript">
// 创建 XMLHttpRequest 对象
var xmlrequest = new XMLHttpRequest();
// 用于发送简单请求的函数
function getPrice()
{
    var uri = "second.jsp";
    // 打开与服务器的连接
```

```
        xmlrequest.open("POST", uri, true);
        // 指定处理服务器响应的回调函数
        xmlrequest.onload = processResponse;
        // 发送请求
        xmlrequest.send();
    }
    // 定义处理服务器响应的回调函数
    function processResponse()
    {
        if(xmlrequest.status == 200)
        {
            // 将服务器响应以$符号分隔成一个字符串数组
            var prices = xmlrequest.responseText.split("$");
            // 将服务器的响应通过页面显示。
            document.getElementById("mysql").innerHTML=prices[0];
            document.getElementById("tomcat").innerHTML=prices[1];
            document.getElementById("jetty").innerHTML=prices[2];
            // 设置1秒钟后再次发送请求
            setTimeout("getPrice()", 1000);
        }
    }
    // 指定页面加载完成后执行getPrice()函数
    document.body.onload = getPrice;
</script>
</body>
```

上面的应用用于发送简单请求，请求不包含任何参数。发送请求时 open()方法的第一个参数决定了发送请求的方式，例如本应用指定以 POST 方式发送请求。

open 方法通常有三个参数：第一个参数指定发送请求的方式——只能是 POST 或 GET，通常建议采用 POST 方式；第二个参数指定发送请求的服务器资源的地址；第三个参数只能为 true 或 false，用于指定是否采用异步方式发送请求。

该应用演示了一个自动刷新的页面，大约每隔 1s 页面的股票报价会刷新一次，页面效果如图 2.6 所示。

图 2.6　模拟的股票报价

▶▶ 2.2.2　发送 GET 请求

通常情况下，GET 请求用于从服务器上获取数据，POST 请求用于向服务器发送数据。GET 请求将所有请求参数转换成一个查询字符串，并将该字符串添加到请求的 URL 之后，因而可在请求的 URL 后看到请求参数名、请求参数值。如果将某个表单的 action 属性设置为 GET，则请求会将表单中各字段的名和值转换成字符串，并附加到 URL 之后。

➢ GET 请求传送的数据量较小，一般不能大于 2KB。POST 传送的数据量较大，通常认为 POST 请求参数的大小不受限制，但往往取决于服务器的限制。通常来说，POST 请求的数据量总比 GET 请求的数据量大。

➢ POST 请求则通过 HTTP POST 机制，将请求的参数及对应的值放在 HTML Header 中传输，用户看不到明码的请求参数值。

当使用 Ajax 发送异步请求时，建议使用 POST 请求，而不是 GET 请求。发送 GET 方式请求有如下两个注意点：

➢ 通过 open 方法打开与服务器的连接时，设置使用 GET 方法。

➢ 如需要发送请求参数，应将请求参数转成查询字符串，并追加到请求 URL 之后。

下面的示例是个级联菜单，但这个级联菜单与传统级联菜单有区别，区别在于：Ajax 的级联菜单无须一次将所有的菜单信息加载到页面中，而是每次改变父菜单时页面会异步地向服务器发送请求，然后再根据服务器响应来动态加载子菜单。

> **提示：**
> 按照 XMLHttpRequest 规范，使用 send() 方法发送 GET 请求时，无须为 send() 方法传入任何参数；但早期有些浏览器却不能如此，它要求使用 send() 方法发送不带参数的请求时，必须传入 null 作为 send() 方法的参数。

这里采用 GET 请求将父菜单的 ID 作为参数发送，下面是服务器的响应页面，这里并未让服务器响应页面从数据库读取——后台数据库访问可仿照传统 Java EE 架构。服务器响应页面的代码如下。

程序清单：codes\02\2.2\get\second.jsp

```jsp
<%@ page contentType="text/html; charset=utf-8" language="java" %>
<%
String idStr = (String)request.getParameter("id");
int id = idStr == null ? 1 : Integer.parseInt(idStr);
System.out.println(id);
switch(id)
{
    case 1:
%>
上海$广州$北京
<%
    break;
    case 2:
%>
华盛顿$纽约$加州
<%
    break;
    case 3:
%>
东京$大阪$福冈
<%
    break;
}
%>
```

该 JSP 页面作为服务器响应非常简单：先读取请求参数，当请求 id 为 1 时，返回三个中国城市；当请求 id 为 2 时，返回三个美国城市；当请求 id 为 3 时，返回三个日本城市。客户端的 HTML 页面则通过 XMLHttpRequest 对象向服务器发送请求，并将请求动态显示在 HTML 文档中。下面是对应的 HTML 页面的代码。

程序清单：codes\02\2.2\get\first.html

```html
<body>
<select name="first" id="first" size="4"
    onchange="change(this.value);">
    <option value="1" selected="selected">中国</option>
    <option value="2">美国</option>
    <option value="3">日本</option>
</select>
<select name="second" id="second" size="4">
</select>
<script type="text/javascript">
    // 创建 XMLHttpRequest 对象
```

```
            var xhr = new XMLHttpRequest();
            // 事件处理函数,当下拉列表选择改变时,触发该事件
            function change(id)
            {
                // 设置请求响应的 URL
                var uri = "second.jsp?id=" + id;
                // 设置处理响应的回调函数
                xhr.onload = processResponse;
                // 打开与服务器响应地址的连接
                xhr.open("GET", uri, true);
                // 发送请求
                xhr.send();
            }
            // 定义处理响应的回调函数
            function processResponse()
            {
                if (xhr.status == 200)
                {
                    // 将服务器响应以$符号分隔成字符串数组
                    var cityList = xhr.responseText.split("$");
                    // 获取用于显示菜单的下拉列表
                    var displaySelect = document.getElementById("second");
                    // 将目标下拉列表清空
                    displaySelect.innerHTML = "";
                    // 以字符串数组的每个元素创建 option,
                    // 并将这些选项添加到下拉列表中
                    for (var i = 0 ; i < cityList.length ; i++)
                    {
                        // 创建一个<option.../>元素
                        var op = document.createElement("option");
                        op.innerHTML = cityList[i];
                        // 将新的选项添加到列表框的最后
                        displaySelect.appendChild(op);
                    }
                }
                else
                {
                    // 页面响应不正常
                    window.alert("您所请求的页面有异常。");
                }
            }
        </script>
    </body>
```

在该页面中,第一段粗体字代码用于发送 GET 方式的 Ajax 请求,第二段粗体字代码的实质是 DOM 操作,用于动态加载服务器响应。

在浏览器中浏览该页面,并改变第一个下拉列表框的选中项,将可看到如图 2.7 所示效果。

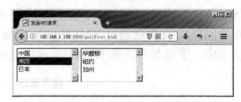

图 2.7 发送 GET 异步请求

▶▶ 2.2.3 发送 POST 请求

如上所述,POST 请求的适应性更广,其可使用更大的请求参数,而且通常不能直接看到 POST 请求的请求参数。因此在使用 Ajax 发送请求时,尽量采用 POST 方式而不是 GET 方式发送请求。发送 POST 请求通常需要执行如下三个步骤:

① 使用 open 方法打开连接时,指定使用 POST 方式发送请求。
② 设置正确的请求头,对于 POST 请求通常应设置 Content-Type 请求头。

③ 发送请求，把请求参数转换为查询字符串，将该字符串作为 send()方法的参数。

对于上面的应用，同样可以采用 POST 方式来发送请求，只需更改一个请求的发送方法，如下所示。

程序清单：codes\02\2.2\post\first.html

```
// 事件处理函数，当下拉列表选择改变时，触发该事件
function change(id)
{
    // 设置请求响应的 URL
    var uri = "second.jsp;
    // 设置处理响应的回调函数
    xhr.onload = processResponse;
    // 设置以 POST 方式发送请求，并打开连接
    xhr.open("POST", uri, true);
    // 设置 POST 请求的请求头
    xhr.setRequestHeader("Content-Type"
        , "application/x-www-form-urlencoded");
    // 发送请求
    xhr.send("id="+id);
}
```

其余的部分则无须改变，应用的执行效果与采用 GET 方式发送请求的效果完全一样。事实上，即使采用 POST 方式发送请求，一样可以将请求参数附加在请求的 URL 之后。将 change()函数改为如下形式也可。

```
function change(id)
{
    // 设置请求响应的 URL
    var uri = "second.jsp?id="+id;
    // 设置处理响应的回调函数
    xhr.onload = processResponse;
    // 设置以 POST 方式发送请求，并打开连接
    xhr.open("POST", uri, true);
    // 设置 POST 请求的请求头
    xhr.setRequestHeader("Content-Type"
        , "application/x-www-form-urlencoded");
    // 发送请求
    xhr.send();
}
```

2.2.4 发送 XML 请求

对于请求参数为大量 key-value 对的情形，笔者更加倾向于使用简单的 POST 请求。但对于某些极端的情形，如请求参数特别多，而且请求参数的结构关系复杂，则可以考虑发送 XML 请求。XML 请求的实质还是 POST 请求，只是在发送请求的客户端页面将请求参数封装成 XML 字符串的形式，服务器端则负责解析该 XML 字符串。当然，服务器获取 XML 字符串后，可借助于 dom4j 或 JDOM 等工具来解析。

下面对前述的级联菜单应用进行简单修改，修改后的级联菜单允许一次选取多个国家。如果一次选取了多个国家，则服务器返回多个国家对应的城市——请求参数采用 XML 文档发送。客户端页面需要增加一个 createXML()函数，该函数根据用户选取的国家，创建一个 XML 字符串，其代码如下。

程序清单：codes\02\2.2\xmlRequest\first.html

```
// 定义创建 XML 文档的函数
function createXML()
```

```
{
    // 开始创建 XML 文档, countrys 是根元素
    var xml = "<countrys>" ;
    // 获取 first 元素,并获取其所有的子节点(选项)
    var options = document.getElementById("first").childNodes;
    var option = null ;
    // 遍历国家下拉列表的所有选项
    for (var i = 0 ; i < options.length; i ++)
    {
        option = options[i];
        // 如果某个选项被选中
        if (option.selected)
        {
            // 在 countrys 的根节点下增加一个 country 的子节点
            xml = xml + "<country>" + option.value + "<\/country>";
        }
    }
    // 结束 XML 文档的根节点
    xml = xml + "<\/countrys>" ;
    // 返回 XML 文档
    return xml;
}
```

该函数遍历 first 列表框的所有选项,对于已经选中的选项,则将其选项值添加为 XML 文档 countrys 节点的一个子节点,最后返回拼接的 XML 字符串。

> **注意:**
> 在生成 XML 字符串时,为了避免系统对正斜杠(/)进行特殊处理,使用了转义,即在正斜杠前增加反斜杠(\)。

为了让 first 下拉列表可以支持多选,并且不是每次选中后都发送请求,将该页面的 HTML 代码进行简单修改,为 first 下拉列表增加 multiple="multiple" 属性(该属性保证可以在下拉列表中多选),并增加一个按钮用于发送 Ajax 请求。修改后的下拉列表和按钮代码如下。

程序清单:codes\02\2.2\xmlRequest\first.html

```html
<!-- 支持多选的下拉列表框 -->
<select name="first" id="first" size="5" multiple="multiple">
    <option value="1" selected="selected">中国</option>
    <option value="2">美国</option>
    <option value="3">日本</option>
</select>
<!-- 用于发送 Ajax 请求的按钮 -->
<input type="button" value="发送" onClick="send();" />
<!-- 被级联改变的下拉列表框 -->
<select name="second" id="second" size="5" />
</select>
```

单击"发送"按钮将触发 send()函数,该函数用于发送 XML 请求,代码如下。

程序清单:codes\02\2.2\xmlRequest\first.html

```javascript
// 创建 XMLHttpRequest 对象
var xhr = new XMLHttpRequest();
// 定义发送 XML 请求的函数
function send()
{
    // 定义请求发送的 URL
    var uri = "second.jsp";
```

```
    // 打开与服务器的连接
    xhr.open("POST", uri, true);
    // 设置请求头
    xhr.setRequestHeader("Content-Type"
        , "application/x-www-form-urlencoded");
    // 设置处理响应的回调函数
    xhr.onload = processResponse;
    // 发送 XML 请求
    xhr.send(createXML());
}
```

从上面的代码可以看出，发送的 XML 请求实际上依然是 POST 请求，只是请求参数不再以 param=value 的形式被发送，而是直接采用 XML 字符串作为参数。这意味着服务器端不能直接获取请求参数，而是必须以流的形式获取请求参数。下面是处理 XML 请求的 JSP 页面代码。

程序清单：codes\02\2.2\xmlRequest\second.jsp

```jsp
<%@ page contentType="text/html; charset=utf-8" language="java" %>
<%@ page import="java.io.*,org.dom4j.*,org.dom4j.io.XPPReader,java.util.*"%>
<%
// 定义一个 StringBuffer 对象，用于接收请求参数
StringBuffer xmlBuffer = new StringBuffer();
String line = null;
// 通过 request 对象获取输入流
BufferedReader reader = request.getReader();
// 依次读取请求输入流的数据
while((line = reader.readLine()) != null )
{
    xmlBuffer.append(line);
}
// 将从输入流中读取的内容转换为字符串
String xml = xmlBuffer.toString();
// 以 dom4j 开始解析 XML 字符串
Document xmlDoc = new XPPReader().read(
    new ByteArrayInputStream(xml.getBytes()));
// 获得 countrys 节点的所有子节点
List countryList = xmlDoc.getRootElement().elements();
// 定义服务器响应的结果
String result = "";
// 遍历 countrys 节点的所有子节点
for(Iterator it = countryList.iterator(); it.hasNext();)
{
    Element country = (Element)it.next();
    // 如果发送的该节点的值为 1，表明选中了中国
    if (country.getText().equals("1"))
    {
        result += "上海$广州$北京";
    }
    // 如果发送的该节点的值为 2，表明选中了美国
    else if(country.getText().equals("2"))
    {
        result += "$华盛顿$纽约$加洲";
    }
    // 如果发送的该节点的值为 3，表明选中了日本
    else if(country.getText().equals("3"))
    {
        result += "$东京$大阪$福冈";
    }
}
// 向客户端发送响应
out.println(result);
%>
```

上面的JSP页面先从HttpServletRequest获得输入流，通过输入流获取请求字符串（格式为XML），然后使用dom4j来解析该XML字符串。

获取了XML字符串后，解析XML字符串的选择很多：SAX、DOM、dom4j、JDOM和JAXP都可以胜任，这样就可以取得更多、更复杂的请求参数。关于如何使用Java程序解析XML文档的详细介绍请参阅"疯狂Java体系"的《疯狂XML讲义》一书。

在最极端的情形下，客户端的XML请求字符串可能不是直接生成，而是从已有的XML文档中取得，这需要借助于浏览器的XML解析器处理XML文档，然后发送解析得到的XML内容。

▶▶ 2.2.5 发送表单数据

HTML 5规范增强了XMLHttpRequest对象的功能，允许发送POST请求的send()方法发送整个表单数据——此时程序会将整个表单内所有表单域转换成请求参数并提交给服务器。

HTML 5为表单数据提供了FormData类，只要在创建该对象时传入一个表单对象，FormData即可将该表单对象封装成表单数据。

使用XMLHttpRequest对象发送整个表单数据的核心示例代码如下：

```
// 创建FormData对象
var formData = new FormData(document.querySelector("#loginForm"));
xhr.send(formData);
```

当使用XMLHttpRequest对象发送整个表单数据时，默认采用multipart/form-data方式提交请求，这相当于将<form.../>元素的enctype属性设置为multipart/form-data，也就是采用上传文件的方式提交请求，因此发送整个表单数据时，不要设置application/x-www-form-urlencoded请求头。

下面示例演示了如何将整个表单内所有表单域提交给服务器。下面是表单页面的代码。

程序清单：codes\02\2.2\sendForm\first.html

```
<body>
<form id="bookForm">
    书名：<input type="text" name="name"/><p>
    价格：<input type="text" name="price"/><p>
    作者：<input type="text" name="author"/><p>
    出版时间：<input type="month" name="publishDate"/><p>
    图书封面：<input type="file" name="cover" accept="image/*"/><p>
    <button type="button" onclick="send();">提交</button>
</form>
<progress id="prog" value="0" min="0" max="100" style="display:none"></progress>
<div id="show"></div>
<script type="text/javascript">
// 创建XMLHttpRequest对象
var xhr = new XMLHttpRequest();
var prog = document.querySelector("#prog");
// 定义发送表单数据的函数
function send()
{
    // 定义请求发送的URL
    var uri = "second.jsp";
    // 打开与服务器的连接
    xhr.open("POST", uri, true);
    xhr.upload.onprogress = function(e){
        // 根据上传进度改变进度条的值
        prog.value = (e.loaded / e.total) * 100;
        // 上传完成，隐藏进度条
```

```
            if(e.loaded >= e.total)
                prog.style.display = "none";
        }
        // 指定处理服务器响应的回调函数
        xhr.onload = processResponse;
        var formData = new FormData(document.querySelector("#bookForm"));
        formData.append("append", "附加参数");
        // 发送表单数据
        xhr.send(formData);
        prog.style.display = "";
    }
    // 定义处理服务器响应的回调函数
    function processResponse()
    {
        if(xhr.status == 200)
        {
            document.querySelector("#show").innerHTML
                = xhr.responseText;
        }
    }
</script>
</body>
```

在上面的页面代码中，第一行粗体字代码将页面上<form.../>元素包装成 FormData 对象，该对象用于封装整个表单的数据，而 XMLHttpRequest 对象则可以将该对象提交给服务器。第二行粗体字代码则为 FormData 额外附加了一个请求参数：append，该参数也会随着 FormData 一同提交给服务器。

再次提醒读者：使用 XMLHttpRequest 对象发送表单时，表单的 enctype 是 multipart/form-data，因此上面并未设置 Content-Type 为 application/x-www-form-urlencoded 的请求头。

如果表单中包含文件上传域，则在网络状态不好的情况下，文件上传可能需要一定时间才能完成，因此本例为 XMLHttpRequest 对象的 upload 的 progress 事件注册了事件处理函数，这样即可实时监控 XMLHttpRequest 的上传进度。

由于发送表单时 enctype 被设为 multipart/form-data，因此服务器端程序也需要按上传文件的方式进行处理。下面是处理文件上传的 Servlet。

程序清单：codes\02\2.2\sendForm\WEB-INF\src\org\crazyit\web\SecondServlet.java

```java
@WebServlet(name="second" , urlPatterns={"/second.jsp"})
@MultipartConfig
public class SecondServlet extends HttpServlet
{
    public void service(HttpServletRequest request ,
        HttpServletResponse response)
        throws IOException , ServletException
    {
        request.setCharacterEncoding("utf-8");
        // 获取普通请求参数
        String name = request.getParameter("name");
        String author = request.getParameter("author");
        String price = request.getParameter("price");
        String publishDate = request.getParameter("publishDate");
        String append = request.getParameter("append");
        // 获取文件上传域
        Part part = request.getPart("cover");
        // 获取包含原始文件名的字符串
        String fileNameInfo = part.getHeader("Content-Disposition");
        // 提取上传文件的原始文件名
        String fileName = fileNameInfo.substring(
            fileNameInfo.indexOf("filename=\"") + 10 , fileNameInfo.length() - 1);
```

```
        // 将上传的文件写入服务器
        part.write(getServletContext().getRealPath("/uploadFiles")
            + "/" + UUID.randomUUID()
            + fileName.substring(fileName.lastIndexOf("."))); // ①
        response.setContentType("text/html;charset=utf-8");
        PrintWriter out = response.getWriter();
        out.println("书名: " + name
            + "<p>作者: " + author
            + "<p>价格: " + price
            + "<p>出版日期: " + publishDate
            + "<p>附加参数: " + append
            + "<p>上传文件的类型为: " + part.getContentType()
            + "<p>上传文件的大小为: " + part.getSize()
            + "<p>上传文件的文件名为: " + fileName);
        out.flush();
    }
}
```

上面 Servlet 的处理非常简单，先获取用户提交的请求参数，并将上传的文件保存在服务器上。然后将获取的请求参数值、上传文件的类型、大小、文件名作为响应，输出给客户端。

在浏览器中浏览 first.html 页面，为所有表单域填写合适的值并选择要上传的图片，然后单击页面上的"提交"按钮，即可看到如图 2.8 所示的效果。

图 2.8 发送表单

服务器端 Servlet 负责将用户上传的文件写入 Web 应用的 uploadFiles 目录下，如果用户打开 Web 应用根目录下的 uploadFiles 文件夹，即可看到刚刚上传的图片。

▶▶ 2.2.6 发送 Blob 对象

如果不需要提交整个表单，只需要提交单张图片或其他二进制数据，则可通过 XMLHttpRequest 对象发送 Blob 对象来实现。

下面是发送 Blob 对象的 HTML 页面代码。

程序清单：codes\02\2.2\sendBlob\first.html

```
<body>
图书封面: <input type="file" name="cover" id="cover" accept="image/*"/><p>
<button type="button" onclick="send();">上传</button>
<progress id="prog" value="0" min="0" max="100" style="display:none"></progress>
```

```
<div id="show"></div>
<script type="text/javascript">
// 创建 XMLHttpRequest 对象
var xhr = new XMLHttpRequest();
// 定义发送 Blob 对象的函数
function send()
{
    // 定义请求发送的 URL
    var uri = "second.jsp";
    // 打开与服务器的连接
    xhr.open("POST", uri, true);
    // 为上传进度的改变注册事件处理函数
    xhr.upload.onprogress = function(e){
        // 根据上传进度改变进度条的值
        prog.value = (e.loaded / e.total) * 100;
        // 上传完成，隐藏进度条
        if(e.loaded >= e.total)
            prog.style.display = "none";
    }
    // 指定处理服务器响应的回调函数
    xhr.onload = processResponse;
    // 发送 Blob 对象
    xhr.send(document.querySelector("#cover").files[0]);
    prog.style.display = "";
}
// 定义处理服务器响应的回调函数
function processResponse()
{
    if(xhr.status == 200)
    {
        document.querySelector("#show").innerHTML
            = xhr.responseText;
    }
}
</script>
</body>
```

上面粗体字代码将用户选择的图片，也就是 File 对象发送给服务器，而 File 本身就是 Blob 对象的子类，因此这行粗体字代码正是利用 XMLHttpRequest 对象的 send()方法来发送 Blob 对象的。

send()方法发送的 Blob 对象将直接以二进制数据提交给服务器，因此服务器端的处理程序也只能用处理二进制流的方式进行处理。下面是服务器端 Servlet 的代码。

程序清单：codes\02\2.2\sendBlob\WEB-INF\src\org\crazyit\web\SecondServlet.java

```
@WebServlet(name="second" , urlPatterns={"/second.jsp"})
public class SecondServlet extends HttpServlet
{
    public void service(HttpServletRequest request ,
        HttpServletResponse response)
        throws IOException , ServletException
    {
        // 获取上传文件的 MIME 类型
        String contentType = request.getContentType();
        // 获取请求对应的输入流，用于读取二进制数据
        InputStream inputStream = request.getInputStream();
        // 获取上传文件的扩展名，此处只处理图片，其他文件全部以.bin 结尾
        String suffix = contentType.startsWith("image/") ?
            "." + contentType.substring(6) : ".bin";
        // 完成文件上传
        Files.copy(inputStream, Paths.get(getServletContext().getRealPath("/uploadFiles")
```

```
            + "/" + UUID.randomUUID() + suffix));
    response.setContentType("text/html;charset=utf-8");
    PrintWriter out = response.getWriter();
    out.println("<p>上传文件的类型为: " + contentType
        + "<p>上传文件的大小为: " + request.getContentLength());
    }
}
```

正如上面粗体字代码所表示的，该 Servlet 会通过二进制流的方式读取请求数据。

在浏览器中浏览 first.html 页面，选择要上传的图片，然后单击页面上的"提交"按钮，即可看到如图 2.9 所示的效果。

同样，用户上传的文件将会被保存在 Web 应用根目录下的 uploadFiles 文件夹下。

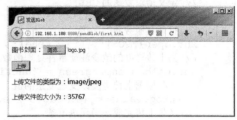

图 2.9　发送 Blob 对象

2.3　处理响应

完整的异步通信包括发送请求、与服务器交互和获取服务器响应三个步骤。当服务器获得客户端请求参数后，开始处理。服务器处理结束并生成响应后，客户端必须获取服务器响应，并对服务器响应进行处理，然后将响应动态加载到当前页面上。

▶▶ 2.3.1　处理响应的时机

获取服务器的响应很简单，主要依赖于两个属性：responseText 和 responseXML。当然，并不是任意时刻调用 XMLHttpRequest 对象的这两个属性都可以获取服务器响应。如果服务器还没有完成响应，或者没有生成正确的响应，则调用这两个属性将不能获取正确的响应。

在 XMLHttpRequest 对象与服务器的通信过程中，一旦 XMLHttpRequest 获取了服务器响应，就会激发该对象的 load 事件处理函数。

服务器完成响应后，还需要判断响应是否正确，这可借助于 XMLHttpRequest 对象的 status 属性判断，该属性代表服务器响应的状态码。不同的状态码及对应含义请参看 2.1.2 节。前面已经介绍过，服务器响应正确的状态码为 200。如果没有发送请求，而是直接从浏览器缓存读取响应，则状态码为 304。由此可见，当 status 状态码为 200 或 304 时，客户端就可以开始处理服务器的响应了。因此在 Ajax 应用中常常可以见到如下代码片段：

```
// 判断处理服务器响应的时机是否成熟
if (xhr.status == 200 || xhr.status == 304)
{
    ...
}
```

▶▶ 2.3.2　使用文本响应

一旦处理服务器响应的时机成熟，就可以获取服务器响应了。获取服务器响应主要借助于 XMLHttpRequest 对象的如下属性。

➢ responseText：生成普通文本响应。
➢ responseXML：生成 XML 响应。
➢ response：生成 JSON、Blob 等多种类型的响应。具体生成哪种响应，取决于 XMLHttpRequest 对象的 responseType 属性。

responseText 属性用于生成文本响应，该属性将返回服务器响应的字符串。

文本响应适用于响应简单字符串的情形。在这种情形下，服务器响应是普通文本内容，基本不会包含太多格式。如果需要对文本字符串进行处理，则客户端需要自己分析该字符串，并将这段字符串解析成更复杂的表现形式。

关于使用文本响应的示例，可以参看 2.2 节的示例，该示例的 JSP 页面都生成普通文本响应，而客户端根据$分解这些文件，然后以分解得到的字符串数组创建下拉列表。

▶▶ 2.3.3 使用 JSON 响应

如果服务器需要生成特别复杂的响应，则可生成 XML 响应。生成 XML 响应需要借助于 XMLHttpRequest 对象的 responseXML 属性，该属性生成一个 XML 文档对象。

几乎所有的浏览器都提供了解析 XML 文档对象的方法，借助于浏览器解析 XML 文档的能力，JavaScript 可以访问 XML 文档的节点值，一旦访问到 XML 文档的节点值，就可以通过 DOM 将其动态加载到页面中来显示。

早期 Ajax 技术曾使用 XML 响应，但随着 JSON 技术的广泛应用，使用 XML 响应的缺点逐渐凸显。使用 XML 响应主要有如下缺点。

> ➤ 同样的数据，转换为 XML 格式比转换为 JSON 格式的数据量更大。
> ➤ 使用 XML 响应必须在服务器端生成符合 XML 格式的字符串，编程复杂。
> ➤ 浏览器获取 XML 响应之后，需要使用 DOM 解析 XML 响应，编程复杂。

鉴于上面 3 个理由，现在 Ajax 技术已逐步使用 JSON 响应来取代传统的 XML 响应。当服务器响应数据量较大，而且响应数据有复杂的结构关系时，使用 JSON 响应是很好的选择。

> **提示：** 如果读者希望了解有关 JSON 的知识，则可以参考"疯狂 Java 体系"的《疯狂 HTML 5/CSS 3/JavaScript 讲义》一书。

下面给出一个让用户根据种类查看图书的示例，该示例的服务器响应是 N 本图书信息，该响应具有数据量较大，而且具有复杂的结构关系的特征，为此考虑使用 JSON 响应进行处理。

下面是提供服务器相应的 Servlet 代码。

程序清单：codes\02\2.3\jsonResponse\WEB-INF\src\org\crazyit\ajax\web\ChooseBookServlet.java

```java
@WebServlet(urlPatterns={"/chooseBook"})
public class ChooseBookServlet extends HttpServlet
{
    public void service(HttpServletRequest request ,
        HttpServletResponse response)
        throws IOException , ServletException
    {
        String idStr = (String)request.getParameter("id");
        int id = idStr == null ? 1 : Integer.parseInt(idStr);
        List<Book> books = new BookService().getBookByCategory(id);
        response.setContentType("application/json;charset=utf-8");
        PrintWriter out = response.getWriter();
        out.println(new JSONArray(books));
    }
}
```

程序中的第一行粗体字代码调用了 BookService 的 getBookByCategory()方法来获取图书信息。BookService 是本示例提供的业务逻辑组件，它的 getBookByCategory()方法可以根据种类 ID 获取该种类下的所有图书。程序第二行粗体字代码设置服务器响应的 Content-Type 为 JSON

数据;程序中的第三行粗体字代码先调用 JSONArray 对象封装 books 集合,再将 books 集合转换为 JSON 格式的字符串。

> **提示:** JSONArray 类来自 JSON 的官网(www.json.org)提供的 Java 支持。读者既可以直接使用该示例的 WEB-INF\lib 目录下的 json.jar 包(JSON 的 Java 支持包),也可以自行登录 JSON 官网下载 JSON 的 Java 支持。

BookService 类是一个简单的业务逻辑组件,它直接使用了一个 Map 来模拟系统数据库。BookService 类的代码如下。

程序清单:codes\02\2.3\jsonResponse\WEB-INF\src\org\crazyit\ajax\service\BookService.java

```java
public class BookService
{
    // 模拟内存中的数据库
    static Map<Integer , List<Book>> bookDb =
        new LinkedHashMap<>();
    static
    {
        // 初始化 bookDb 对象
        List<Book> list1 = new ArrayList<>();
        List<Book> list2 = new ArrayList<>();
        List<Book> list3 = new ArrayList<>();
        list1.add(new Book(1 , "疯狂Java讲义" , "李刚" , 109));
        list1.add(new Book(2 , "轻量级Java EE企业应用实战" , "李刚" , 99));
        list1.add(new Book(3 , "疯狂Android讲义" , "李刚" , 89));
        list2.add(new Book(4 , "西游记" , "吴承恩" , 23));
        list2.add(new Book(5 , "水浒" , "施耐庵" , 20));
        list3.add(new Book(6 , "乌合之众" , "古斯塔夫.勒庞" , 16));
        list3.add(new Book(7 , "不合时宜的考察" , "尼采" , 18));
        bookDb.put(1 , list1);
        bookDb.put(2 , list2);
        bookDb.put(3 , list3);
    }
    public List<Book> getBookByCategory(int categoryId)
    {
        return bookDb.get(categoryId);
    }
}
```

当服务器向浏览器生成符合 JSON 格式的字符串以后,只要将 XMLHttpRequest 对象的 responseType 属性设为 json,接下来即可通过该对象的 response 属性获取服务器响应,该属性返回根据服务器响应的 JSON 字符串解析得到的 JavaScript 对象(或数组)。

得到 JavaScript 对象或 JavaScript 数组之后,接下来使用 DOM 将响应显示出来即可。

下面是发送请求和处理响应的页面代码。

程序清单:codes\02\2.3\jsonResponse\viewBook.html

```html
<body>
<select name="category" id="category" size="4"
    onchange="change(this.value);">
    <option value="1" selected="selected">编程类</option>
    <option value="2">小说类</option>
    <option value="3">哲学类</option>
</select>
<table border="1" style="border-collapse:collapse;width:600px">
    <thead>
        <tr>
```

```html
            <th>ID</th>
            <th>书名</th>
            <th>作者</th>
            <th>价格</th>
        </tr>
    </thead>
    <tbody id="book">
    </tbody>
</table>
<script type="text/javascript">
// 创建 XMLHttpRequest 对象
var xhr = new XMLHttpRequest();
// 事件处理函数,当下拉列表选择改变时,触发该事件
function change(id)
{
    // 设置请求响应的 URL
    var uri = "chooseBook"
    // 设置处理响应的回调函数
    xhr.onload = processResponse;
    // 设置以 POST 方式发送请求,并打开连接
    xhr.open("POST", uri, true);
    // 设置服务器响应的类型
    xhr.responseType = "json"
    // 设置 POST 请求的请求头
    xhr.setRequestHeader("Content-Type"
        , "application/x-www-form-urlencoded");
    // 发送请求
    xhr.send("id=" + id);
}
// 定义处理响应的回调函数
function processResponse()
{
    if (xhr.status == 200)
    {
        var bookTb = document.getElementById("book");
        // 删除 bookTb 原有的所有行
        bookTb.innerHTML = "";
        // 获取服务器的 JSON 响应
        var books = xhr.response;
        // 遍历数组,每个数组元素生成一个表格行
        for (var i = 0, len = books.length; i < len; i++)
        {
            var tr = bookTb.insertRow(i);
            // 依次创建 4 个单元格,并为单元格设置内容
            var cell0 = tr.insertCell(0);
            cell0.innerHTML = books[i].id;
            var cell1 = tr.insertCell(1);
            cell1.innerHTML = books[i].name;
            var cell2 = tr.insertCell(2);
            cell2.innerHTML = books[i].author;
            var cell3 = tr.insertCell(3);
            cell3.innerHTML = books[i].price;
        }
    }
    else
    {
        // 页面响应不正常
        window.alert("您所请求的页面有异常。");
    }
}
</script>
</body>
```

该程序中的第一行粗体字代码设置服
务器响应类型为 JSON，第二行粗体字代码
通过 response 属性获取服务器响应，该属性
返回 JavaScript 对象或 JavaScript 数组（通
过解析服务器响应的 JSON 字符串得到），
剩下的事情就是标准的 DOM 编程了。

图 2.10　使用 JSON 格式响应

在浏览器中查看该页面，并选择任意一
个图书种类，即可看到该页面会动态加载该
种类下的所有图书，如图 2.10 所示。

一旦获取了服务器响应，不管是文本响应还是 JSON 响应，JavaScript 都能解析响应内容。
正如前面所介绍的，使用文本响应，从服务器获取的是普通字符串，普通字符串在所有浏览器
中都能通用；如果使用 JSON 响应，则返回符合 JSON 规范的字符串。

如果响应的数据量较大，而且具有复杂的结构关系，使用 JSON 响应是一种不错的选择。

▶▶ 2.3.4　使用 Blob 或 ArrayBuffer 响应

如果服务器响应不是文本内容，也不是 JSON 字符串，而是二进制数据，可将
XMLHttpRequest 对象的 responseType 属性设为 blob 或 arraybuffe，这样就可以获取服务器响
应的二进制数据了。

如果将 responseType 属性设为 blob，则 response 属性返回的是一个 Blob 对象；如果将
responseType 属性设为 arraybuffer，那么 response 属性返回的是一个 ArrayBuffer 对象。

实际上，使用 ArrayBuffer 响应与使用 Blob 响应的区别并不大，因为它们都用于获取服务
器响应的二进制数据。唯一区别在于，使用 ArrayBuffer 可能更加灵活一些，因为 HTML 5 为
ArrayBuffer 提供了大量 TypedArray 工具类，通过它们可以修改 ArrayBuffer 中的字节数据。由
此可见，如果获取服务器响应的二进制数据后，无须对这些数据进行修改，使用 Blob 响应与
使用 ArrayBuffer 响应的效果是一样的。

下面的示例演示了在一个服务器端生成二进制响应数据的情形。XMLHttpRequest 对象将
会以 Blob 响应来获取服务器数据。

下面是服务器响应 Servlet 类的代码。

程序清单：codes\02\2.3\jsonResponse\WEB-INF\src\org\crazyit\ajax\servlet\ImageServlet.java

```
@WebServlet(urlPatterns={"/imageServlet"})
public class ImageServlet extends HttpServlet
{
    public void service(HttpServletRequest request ,
        HttpServletResponse response)
        throws IOException , ServletException
    {
        String imgName = request.getParameter("imgName");
        // 获取要访问的图片
        String path = getServletContext().getRealPath("/WEB-INF/images")
            + "/" + imgName;
        // 将被访问图片数据输出到 response 输出流中
        Files.copy(Paths.get(path), response.getOutputStream());
    }
}
```

该程序中最后一行粗体字代码负责将指定图片的数据复制到 response 输出流中，这表明服
务器端将会生成二进制数据作为响应。

下面的 HTML 页面将会使用 XMLHttpRequest 对象获取 Blob 响应,通过 Blob 响应可得到服务器响应的二进制数据。下面是 HTML 页面的代码。

程序清单：codes\02\2.3\jsonResponse\first.html

```html
<body>
    <button onclick="getImage('logo.jpg');">查看图片</button>
    <div id="show"></div>
<script type="text/javascript">
// 创建 XMLHttpRequest 对象
var xhr = new XMLHttpRequest();
// 事件处理函数，当单击按钮时触发该事件处理函数
function getImage(imageName)
{
    // 设置请求响应的 URL
    var uri = "imageServlet"
    // 设置处理响应的回调函数
    xhr.onload = processResponse;
    // 设置以 POST 方式发送请求，并打开连接
    xhr.open("POST", uri, true);
    // 设置服务器响应的类型
    xhr.responseType = "blob"
    // 设置 POST 请求的请求头
    xhr.setRequestHeader("Content-Type"
        , "application/x-www-form-urlencoded");
    // 发送请求
    xhr.send("imgName=" + imageName);
}
// 定义处理响应的回调函数
function processResponse()
{
    if (xhr.status == 200)
    {
        // 获取页面上显示图片的 div 元素
        var showEle = document.querySelector("#show");
        // 清空 div 元素的内容
        showEle.innerHTML = "";
        var img = document.createElement("img");
        img.src = URL.createObjectURL(xhr.response);
        showEle.appendChild(img);
    }
    else
    {
        // 页面响应不正常
        window.alert("您所请求的页面有异常。");
    }
}
</script>
</body>
```

该程序中的第一行粗体字代码将 XMLHttpRequest 对象的 responseType 属性设置为 blob,这意味着通过该对象获取的服务器响应为 Blob 对象；第二行粗体字代码调用 response 属性获取服务器响应，并调用 URL 的 createObjectURL()方法将 Blob 对象转换成 URL 字符串，这样即可使用<img.../>元素将该图片显示出来。

在浏览器中浏览该图片,并单击页面上的"显示图片"按钮，即可看到如图 2.11 所示的效果。

图 2.11 使用 Blob 响应

2.4 XMLHttpRequest 对象的运行周期

Ajax 技术的核心就是 XMLHttpRequest 对象，了解了 XMLHttpRequest 对象的运行周期，就了解了 Ajax 应用的运行机制。

① Ajax 应用总是从创建 XMLHttpRequest 对象开始，XMLHttpRequest 对象的作用如同其名字所暗示的，可以通过客户端脚本来发送 HTTP 请求。Ajax 应用的第一步总是创建一个 XMLHttpRequest 实例，然后使用它来发送请求，这种请求可以是 GET 方式的，也可以是 POST 方式的。

② XMLHttpRequest 对象发送完请求之后，服务器的响应何时到达？这需要借助于 JavaScript 的事件机制。还是回到 XMLHttpRequest 对象上来，它是一个普通的 JavaScript 对象，也可以触发事件。当它成功获得服务器响应后，该对象上注册的 load 事件处理函数被触发。

③ 通过 JavaScript 的事件机制，使用事件处理函数可以获得服务器响应的数据。当 XMLHttpRequest 对象的 status 属性为 200 时，表明服务器响应是正确的；否则表明服务器响应出现错误。

④ 进入事件处理函数后，事件处理函数必须借助于 XMLHttpRequest 对象来获取服务器响应，调用 responseText 属性、responseXML 属性或 response 属性即可获取服务器的响应。至此，XMLHttpRequest 对象的运行周期结束。

⑤ JavaScript 通过 DOM 操作将服务器响应动态地加载到 HTML 页面中。

整个过程，从发送 HTTP 请求，到监控服务器的响应状态，再到获取服务器响应数据，XMLHttpRequest 对象一直是 Ajax 技术的灵魂。

图 2.12 显示了 XMLHttpRequest 对象的运行周期。

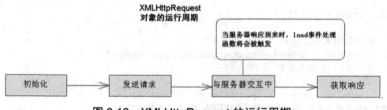

图 2.12 XMLHttpRequest 的运行周期

2.5 跨域请求和安全性问题

虽然 Ajax 非常有用，但由于 JavaScript 本身存在跨浏览器问题，而且 XMLHttpRequest 对象在不同的浏览器中也有不同实现，因此 Ajax 应用必须考虑跨浏览器的问题。此外还有 Ajax 的异步通信带来的安全性问题，以及大量 JavaScript 脚本运行时的性能问题，这些都需要 Ajax 开发者认真对待。

▶▶ 2.5.1 跨域请求

在 HTML 5 以前，使用 XMLHttpRequest 对象获取另一个域的数据是不太可能的。但 HTML 5 改进了这个设计，HTML 5 为 XMLHttpRequest 对象增加了跨域数据通信的能力——只要服务器端响应的数据允许被跨域访问即可。

下面示例将会把服务器响应和客户端 HTML 页面分别放在不同的应用中，并将两个应用部署在不同的服务器中，这样可以示范 XMLHttpRequest 跨域请求的效果。下面是服务端的响应页面。

程序清单：codes\02\2.5\server\second.jsp

```jsp
<%@ page contentType="text/html; charset=utf-8" language="java" %>
<%
response.addHeader("Access-Control-Allow-Origin",
    "http://localhost:8888");
String idStr = (String)request.getParameter("id");
int id = idStr == null ? 1 : Integer.parseInt(idStr);
System.out.println(id);
switch(id)
{
    case 1:
%>
上海$广州$北京 cc
<%
    break;
    case 2:
%>
华盛顿$纽约$加州
<%
    break;
    case 3:
%>
东京$大阪$福冈
<%
    break;
}
%>
```

该页面的代码没有任何特别的地方，只是在第一行设置了一个名为 Access-Control-Allow-Origin 的响应头，该响应头用于说明该响应页面可以被哪些域进行跨域访问，此处将该响应头的值设为 http://localhost:8888，这表明该页面的响应可以被 http://localhost:8888 这个域访问。

如果希望某个页面能被所有域访问，也可添加如下响应头。

```
response.addHeader("Access-Control-Allow-Origin", "*");
```

该响应头的值使用了星号作为通配符，这表明该页面可以被所有域进行跨域访问。

此外，如果希望 Java Web 应用中的大量页面都能够被跨域访问，其实没必要在每个页面分别设置响应头，而是应该使用 Filter 为所有被过滤的页面设置 Access-Control-Allow-Origin 响应头。

对于上面的服务器端响应页面，已经设置了其可以被 http://localhost:8888 域访问，接下来只要将客户端应用保存在该域下即可。客户端的 HTML 页面基本没有太大的改变，只要将 XMLHttpRequest 对象发送请求的地址改为另一个域的响应页面即可。下面是客户端 HTML 页面的代码。

程序清单：codes\02\2.5\client\first.html

```html
<body>
<select name="first" id="first" size="4"
    onchange="change(this.value);">
    <option value="1" selected="selected">中国</option>
    <option value="2">美国</option>
    <option value="3">日本</option>
</select>
<select name="second" id="second" size="4">
</select>
<script type="text/javascript">
    // 创建 XMLHttpRequest 对象
    var xhr = new XMLHttpRequest();
```

```
        // 事件处理函数，当下拉列表选择改变时，触发该事件
        function change(id)
        {
            // 设置请求响应的 URL
            var uri = "http://192.168.1.188:8888/server/second.jsp";
            // 设置处理响应的回调函数
            xhr.onload = processResponse;
            // 设置以 POST 方式发送请求，并打开连接
            xhr.open("POST", uri, true);
            // 设置 POST 请求的请求头
            xhr.setRequestHeader("Content-Type"
                , "application/x-www-form-urlencoded");
            // 发送请求
            xhr.send("id="+id);
        }
        // 定义处理响应的回调函数
        function processResponse()
        {
            if (xhr.status == 200)
            {
                // 将服务器响应以$符号分隔成字符串数组
                var cityList = xhr.responseText.split("$");
                // 获取用于显示菜单的下拉列表
                var displaySelect = document.getElementById("second");
                // 将目标下拉列表清空
                displaySelect.innerHTML = "";
                // 以字符串数组的每个元素创建 option，
                // 并将这些选项添加到下拉列表中
                for (var i = 0 ; i < cityList.length ; i++)
                {
                    // 创建一个<option.../>元素
                    var op = document.createElement("option");
                    op.innerHTML = cityList[i];
                    // 将新的选项添加到列表框的最后
                    displaySelect.appendChild(op);
                }
            }
            else
            {
                // 页面响应不正常
                window.alert("您所请求的页面有异常。");
            }
        }
    </script>
</body>
```

该程序中的粗体字代码指定了 XMLHttpRequest 对象发送请求的 URL 地址，该 URL 地址正是被对应设置了允许跨域访问的响应页面。

在浏览器中浏览该页面，可以看到如图 2.13 所示的效果。

图 2.13　跨域访问的 XMLHttpRequest

注意图 2.13 所示访问的客户端应用的域名：只能是 http://localhost:8888——因为该域才是

服务器端响应允许跨域访问的域。如果使用 http://127.0.0.1:8888/client/first.html 来访问该页面，虽然浏览器可以正常打开 first.html 页面，但由于该域不是服务器端响应允许跨域访问的域，因此 first.html 页面将无法通过 XMLHttpRequest 对象获取服务器端响应。

▶▶ 2.5.2 安全性问题

Ajax 应用依然是一个基于 B/S 结构的应用，B/S 结构的应用总是面临着很多的安全性问题。除了传统的安全性问题外，Ajax 应用还面临如下安全性问题：

- 数据在网络上传输的安全。
- 客户端调用远程服务的安全。

1. 数据在网络上传输的安全

当请求参数在网络上传输时，都是以明码的方式传输的。如果请求的只是一些不太重要的数据，采用普通的 HTTP 请求即可满足要求。但如果这些数据涉及特别机密的信息，例如信用卡的账户、口令等，则需要对这些数据进行加密。

一个正常的路由器不应该修改传输的数据包。除了数据包的包头和路由信息之外，路由器不会查看任何信息，但一个恶意的路由器则可能会读取传输的内容，从而获取用户的信用卡账户、口令等信息，甚至可能修改路由信息，将用户的请求重定向到一个恶意站点等。通常，普通的 HTTP 请求只适合于普通的页面浏览，对于机密的数据，则不应该使用 HTTP 请求完成。

与 HTTP 请求对应的是安全连接 HTTPS。这种传输协议是建立在安全 Socket 通信上的 HTTP 协议，它在明码的 HTTP 上增加了一层包装，使用公匙—密匙对加密传输的数据。HTTPS 协议由 Netscape 开发并内置于其浏览器中，用于对数据进行压缩和解压操作，并返回网络上送回的结果。HTTPS 实际上应用了 Netscape 的安全套接字层（SSL）作为 HTTP 应用层的子层（HTTPS 使用端口 443，而不是像 HTTP 那样使用端口 80 来进行通信）。SSL 使用 40 位关键字作为 RC4 流加密算法，这对于商业信息的加密是合适的。HTTPS 和 SSL 支持使用 X.509 数字认证，如果有必要，用户可以确认发送者是谁。

当使用 HTTPS 传输数据时，恶意路由一样可以看到传输的数据内容，但因为数据已经进行了加密，因此即使被看到危险也不是很大。

HTTPS 是安全的超文本传输协议，即使用 SSL 加密后的超文本传输协议，浏览器都可以支持这种协议下的网络文档，前提是具备对方提供的安全证书。

但使用 HTTPS 协议不得不考虑计算开销。HTTPS 需要使用 SSL 对数据加密和解密，这种计算上的开销，在客户端不会有大问题，因为客户端的闲置资源总是比较多。但在服务器端的话却不得不考虑，特别是对于一个高并发的大型应用来说。通常的做法是，仅使用 HTTPS 协议传输关键资源，普通资源则采用普通的 HTTP 协议传输。

虽然如此，HTTPS 依然是网络上传输敏感数据的推荐解决方案。尽管使用 HTTPS 可能会使服务器的性能有所降低，但对于敏感数据而言，以性能换取更高的安全性还是值得的。

2. 客户端调用远程服务的安全

在传统的 Java EE 应用中，所有的请求都发送到控制器，而控制器负责权限检查和控制，没有权限的请求将被拒绝。

那 Ajax 的请求到底发送给谁？是否可以将业务逻辑层对象直接暴露给 Ajax 引擎调用？通过前面的介绍我们知道，Ajax 技术允许客户端完成部分服务器的工作，那么是否可以采用 JavaScript 来检查用户权限呢？如果用户拥有足够的权限，就允许他访问业务逻辑组件的服务；

如果用户没有足够的权限,则客户端脚本就拒绝他访问业务逻辑组件的服务。

使用客户端脚本控制权限不是一个好思路。Cracker 可以轻松绕过 JavaScript 的权限检查,然后直接调用业务逻辑组件的方法。如果一定要让 Ajax 引擎访问业务逻辑组件,则建议将权限检查推后到业务逻辑组件中进行。

事实上,笔者依然坚持将 Ajax 的应用局限在 Java EE 应用的表现层,而不要扩散到其他层中。所有请求只能发送给应用的控制器,而不是直接访问业务逻辑组件。采用这种严格的分层,不仅更符合传统的 Java EE 应用的架构,也更利于安全控制。

所有的 Ajax 请求都发送给控制器,控制器负责系统的安全。控制器负责检查调用者是否有访问资源的权限,而所有的业务逻辑组件都隐藏在控制器的后面,这种策略能提供更好的安全性和解耦性。

▶▶ 2.5.3 性能问题

这里所说的性能,主要是客户端 JavaScript 的运行性能,服务器端的响应性能不在本节讨论范围之内。虽然很多人认为,JavaScript 主要在客户端运行,因此无须花太多时间关注 JavaScript 的运行性能,但作为一个负责任的程序员,还是应该尽量为浏览者节省资源。下面是关于客户端 JavaScript 性能优化的一些小技巧。

- 关于 JavaScript 的循环。循环是一种常用的流程控制,JavaScript 提供了三种循环:for(; ;)、while( )、for(in)。在这三种循环中,for(in)的效率最差,因为它需要查询 Hash 键,因此应尽量少用 for(in)循环;for(; ;)和 while()循环的性能基本持平。当然,推荐使用 for 循环,如果循环变量递增或递减,不要单独对循环变量赋值,而应该使用嵌套的++或--运算符。
- 如果需要遍历数组,应该先缓存数组长度,将数组长度放入局部变量中,避免多次查询数组长度。
- 局部变量的访问速度要比全局变量的访问速度更快,因为全局变量其实是 window 对象的成员,而局部变量是放在函数的栈里的。
- 尽量少使用 eval,每次使用 eval 需要消耗大量时间,这时候使用 JavaScript 所支持的闭包可以实现函数模板。
- 尽量避免对象的嵌套查询。对于 obj1.obj2.obj3.obj4 这个语句,需要进行至少 3 次查询操作:先检查 obj1 中是否包含 obj2,再检查 obj2 中是否包含 obj3,然后检查 obj3 中是否包含 obj4……这不是一个好策略,应该尽量利用局部变量,将 obj4 以局部变量保存,从而避免嵌套查询。

使用运算符时,尽量使用+=、-=、*=、\=等运算符号,而不要直接进行赋值运算。

- 当需要将数字转换成字符时,采用如下方式:"" + 1 。从性能上来看,将数字转换成字符时,有如下公式:("" +) > String() > .toString() > new String()。String()属于内部函数,所以速度很快;.toString()要查询原型中的函数,所以速度逊色一些;new String()需要重新创建一个字符串对象,速度最慢。
- 当需要将浮点数转换成整型时,应该使用 Math.floor()或者 Math.round()这两个方法,而不是使用 parseInt()——该方法用于将字符串转换成数字。而且 Math 是内部对象,所以 Math.floor()其实并没有多少查询方法和调用时间,速度是最快的。
- 尽量使用 JSON 格式来创建对象,而不是 var obj = new Object()方式。因为前者是直接复制,而后者需要调用构造器,因而前者的性能更好。
- 当需要使用数组时,也尽量使用 JSON 格式的语法,即直接使用如下语法定义数组:

[param,param,param,...]，而不是采用 new Array(param,param,...)语法。因为使用 JSON 格式的语法是引擎直接解释的，而后者则需要调用 Array 的构造器。

➢ 对字符串进行循环操作，如替换和查找，应使用正则表达式。因为 JavaScript 的循环速度比较慢，而正则表达式的操作是用 C 写成的 API，性能比较好。

最后有一个基本的原则：对于大的 JavaScript 对象，因为创建时时间和空间的开销都比较大，所以应尽量考虑采用缓存。例如 XMLHttpRequest，这个对象对于 Ajax 而言是个相当重要的对象，而且重用率极高，则考虑使用池的技术管理。下面是使用池的技术管理 XMLHttpRequest 的示例代码。

程序清单：codes\02\2.6\xmlrequestPool.js

```javascript
// 定义一个ajax对象，该对象缓存多个XMLHttpRequest
var ajax =
{
    // 定义第一个属性，该属性用于缓存XMLHttpRequest对象的数组
    xhrPool: [],
    // 定义对象的第一个方法，该方法返回一个XMLHttpRequest对象
    getInstance:function()
    {
        // 从XMLHttpRequest对象池中取出一个空闲的XMLHttpRequest
        for (var i = 0; i < this.xhrPool.length; i++)
        {
            // 如果XMLHttpReuqest的readyState为0，或者为4，
            // 都表示当前的XMLHttpRequest对象为闲置的对象
            if (this.xhrPool[i].readyState == 0 ||
                this.xhrPool[i].readyState == 4)
            {
                return this.xhrPool[i];
            }
        }
        // 如果没有空闲的，将再次创建一个新的XMLHttpRequest对象
        this.xhrPool[this.xhrPool.length] = new XMLHttpRequest();
        // 返回刚刚创建的XMLHttpRequest对象
        return this.xhrPool[this.xhrPool.length - 1];
    },
    // 定义对象的第二个方法： 发送请求(方法[POST,GET],地址,数据,回调函数)
    send: function(method, url, data, callback)
    {
        var xhr = this.getInstance();
        with(xhr)
        {
            try
            {
                // 增加一个额外的randnum请求参数，用于防止IE缓存服务器响应
                if (url.indexOf("?") > 0)
                {
                    url += "&randnum=" + Math.random();
                }
                else
                {
                    url += "?randnum=" + Math.random();
                }
                // 打开与服务器的连接
                open(method, url, true);
                // 使用POST请求方式
                if (method == "POST")
                {
                    // 设定请求头
                    setRequestHeader('Content-Type',
```

```
                    'application/x-www-form-urlencoded');
            send(data);
        }
        // 采用 GET 请求
        if (method == "GET")
        {
            send(null);
        }
        // 设置状态改变的回调函数
        onload = function()
        {
            //当服务器的响应完成时,以及获得了正常的服务器响应时
            if ((xhr.status == 200 ||
                xhr.status == 304))
            {
                // 如果服务器响应正确,调用回调函数处理响应
                callback.call(null , xhr);
            }
        }
    }
    catch(e)
    {
        alert(e);
    }
    }
};
```

该程序中粗体字代码使用了一个数组来缓存已有的 XMLHttpRequest 对象,该数组就是一个 XMLHttpRequest 对象池。每次需要发送请求时,将从 XMLHttpRequest 对象池中取出一个闲置的 XMLHttpRequest 对象;如果当前的对象池中没有闲置的 XMLHttpRequest 对象,则创建一个新的 XMLHttpRequest 对象。

每次使用该对象,只需要将这段 JavaScript 代码包含在需要使用的页面中,然后直接通过如下方式发送请求:

```
// 直接发送请求
ajax.send("POST", url, data, callback);
```

其中 callback 是用于处理响应的回调函数,URL 是所请求的服务器 URL,data 是需要发送的请求参数数据,POST 是请求参数的发送方法。

2.6 本章小结

本章主要介绍了 HTML 5 中增强的 XMLHttpRequest 对象,该对象也是 Ajax 技术的核心。本章详细介绍了 XMLHttpRequest 对象的常用属性,包括 readyState、status、statusText、responseType、responseText、responseXML 和 response,掌握这些属性是使用 XMLHttpRequest 对象的基础;也详细介绍了该对象的各种方法,这些方法也是 Ajax 编程的基础。

本章后面介绍了如何使用 XMLHttpRequest 对象发送请求,包括如何发送不带参数的简单请求,如何发送 GET 请求、POST 请求、XML 请求、表单请求、Blob 请求;将请求发送出去后,程序还需要监控 XMLHttpRequest 对象来决定处理响应的时机。当服务器响应到来时,使用 XMLHttpRequest 对象的 responseText、responseXML 或 response 属性可获取服务器响应,再使用 DOM 操作将服务器响应动态加载到当前页面上。

CHAPTER 3

第 3 章
jQuery 库详解

本章要点

- 理解 jQuery 的优雅设计
- 下载和安装 jQuery
- 获取 jQuery 的工具函数
- jQuery 访问 DOM 对象支持的选择器
- jQuery 访问类数组对象的工具方法
- jQuery 过滤类数组的工具方法
- jQuery 提供的类 DOM 导航的工具方法
- jQuery 命名空间包含的方法
- jQuery 数据存储的方法
- jQuery 操作通用属性的方法
- jQuery 操作 CSS 样式的方法
- jQuery 更新 HTML 页面内容的方法
- jQuery 提供的事件编程支持
- jQuery 提供的动画效果方法
- jQuery 提供的 Callbacks 对象
- Callbacks 对象与回调函数列表
- 使用 load 方法发送异步请求
- 使用 jQuery.ajax 控制异步请求的各种选项
- 使用 get/post 方法发送异步请求
- 使用 Deferred 对象来管理回调函数
- 为普通对象增加 Deferred 接口
- 扩展 jQuery 的方法

jQuery库是一个非常优秀的JavaScript库，也是一个纯粹的JavaScript代码库，可以在任何Web应用中使用该库。jQuery可以做到跨浏览器运行，开发者只要面向jQuery编程，JavaScript脚本即可在不同浏览器之间自由切换。

不仅如此，jQuery还采用了一种非常优雅的解决方案：使用jQuery库之后，开发者操作的对象不再是原始的DOM元素，而是jQuery对象。通过这种方式，开发者无须理会不同浏览器处理DOM对象时存在的差异，而是直接以jQuery对象所支持的属性和方法操作DOM对象。

除此之外，jQuery还提供了一些工具方法用来简化数组、字符串的操作。jQuery库对Ajax也提供了良好的支持，使用jQuery同样也无须手动创建XMLHttpRequest对象，只需指定发送请求的URL和处理服务器响应的回调函数即可，jQuery将负责完成剩下的工作。

3.1 jQuery 入门

jQuery的最大特点在于它的优雅设计，如果理解了jQuery的设计，那么使用jQuery就是比较简单的事情了。因此，下面将首先从jQuery的设计讲起。

3.1.1 理解 jQuery 的设计

几乎每个初次学习jQuery的读者都会发现，jQuery提供了一个$()函数，该函数专门用于获取页面上的DOM元素。看下面的jQuery入门示例。

程序清单：codes\03\3.1\jqueryQs.html

```
<body>
<div id="lee"></div>
<script type="text/javascript" src="../jquery-3.1.1.js">
</script>
<script type="text/javascript">
    var target = $("#lee")
    target.html("我要学习jQuery")
        .height(60)
        .width(160)
        .css("border" , "2px solid black")
        .css("background-color" , "#ddddff")
        .css("padding" , 20);
</script>
</body>
```

这段代码中的第一行粗体字代码使用$()函数获取页面上id为lee的DOM对象，后面的粗体字代码依次调用height、width、css等方法处理该对象，程序的运行结果如图3.1所示。

从这个运行结果可以发现，使用jQuery动态操作HTML页面非常简单。但读者很容易产生疑惑：程序中那些粗体字代码如何来理解？

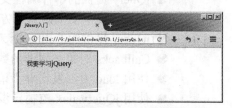

图 3.1 使用 jQuery 操作页面元素

程序中的target对象到底是什么？怎么会有height()、width()、css()这些方法呢？

事实是，上面这个程序已经体现了jQuery的优雅设计！程序中的target对象并不是DOM对象，而是一个jQuery对象，因此它可以调用height()、width()、css()等方法。由此可见，jQuery的$()函数并非简单地获取DOM元素，$()函数不仅可以获取页面上一个或多个DOM元素，而且还要将这些DOM元素包装成jQuery对象，这样即可面向jQuery对象编程，调用jQuery对象的方法了。$()函数其实是 jQuery()函数的简化别名。

研究了上面这个程序后，即可明白 jQuery 的设计：使用 jQuery 之后，JavaScript 操作的不再是 HTML 元素对应的 DOM 对象，而是包装 DOM 对象的 jQuery 对象。JavaScript 通过调用 jQuery 对象的方法来改变它所包装的 DOM 对象的属性，从而实现动态更新 HTML 页面。由此可见，使用 jQuery 动态更新 HTML 页面只需如下两个步骤：

① 获取 jQuery 对象。jQuery 对象通常是对 DOM 对象的包装。

② 调用 jQuery 对象的方法来改变自身。当 jQuery 对象被改变时，jQuery 包装的 DOM 对象随之改变，HTML 页面的内容也就随之更新了。

还有一点需要指出，jQuery 很多改变自身属性的方法（类似于 Java 里的 setter 方法）都有返回值，就是返回该对象本身，因此可以连续多次调用改变自身属性的方法。例如在上面的程序中连续调用 height()、width()、css()方法来改变 target 对象。

以上就是使用 jQuery 的基本思路，开发者只要掌握两点即可：①获取 jQuery 对象；②jQuery 有哪些可用的方法，这也是本章将要详细介绍的。

下面将从 jQuery 的下载和安装开始讲起。

▶▶ 3.1.2 下载和安装 jQuery

由于 jQuery 也是一个纯粹的 JavaScript 库，因此下载和安装 jQuery 与安装其他 JavaScript 库完全相同。登录 jQuery 的官方站点 http://jquery.com，在该站点可下载开发中的 jQuery 的最新版本。

目前 jQuery 依然在维护、升级的有 3 个版本，依次是：

➢ 1.X，兼容 IE 6、IE 7、IE 8，这是目前使用最广泛的 jQuery。但 jQuery 官方对该版本的 jQuery 只做简单的 Bug 修复，不会增加新功能。如果开发者希望兼容早期的 IE 浏览器，则只能使用 jQuery 1.X 系列。2016 年 5 月 21 日发布了最新的 jQuery 1.12.4。

➢ 2.X，不兼容 IE 8 及更早版本的 IE 浏览器，该版本的 jQuery 应用并不广泛。jQuery 官方对该版本的 jQuery 只做简单的 Bug 修复，不会增加新功能。一般没必要使用该版本的 jQuery。2016 年 5 月 21 日发布了最新的 jQuery 2.2.4。

➢ 3.X，这是目前主流的 jQuery，不兼容 IE 8 及更早版本的 IE 浏览器，支持最新的浏览器特性。目前官方主要更新维护的就是该版本，2016 年 9 月 23 日发布了 jQuery 3.3.1。

本书成书之时，jQuery 的最新版本是 3.3.1，这是本书所使用的 jQuery 版本。

登录 jQuery 在 GitHub 的托管站点：https://github.com/jquery/jquery，然后单击页面上"xxx releases"链接，即可根据需要下载任意版本的 jQuery。

下载完成后即可得到一个 jQuery 库的压缩 zip 包，解压该 zip 包后，即可在解压路径的 dist 目录下找到如下 4 个 JavaScript 库。

➢ jquery.min.js：该版本是去除注释后的 jQuery 库，文件体积较小，实际项目运营时推荐使用该版本。

➢ jquery.js：该版本的 jQuery 库没有压缩，而且保留了注释。学习 jQuery 及有兴趣研究 jQuery 源代码的读者可以使用该版本。

➢ jquery.slim.min.js：该版本是 jquery.min.js 的"瘦身"版本，其实就是去除了 Ajax 支持等功能的 jQuery 库。

➢ jquery.slim.js：该版本是 jquery.js 的"瘦身"版本，同样去除了 Ajax 支持等功能，同时保留了注释。

本书为便于读者学习，会详细介绍 jQuery 的 Ajax 支持，因此使用 jquery.js 这个版本。

除此之外，在浏览器地址栏中输入 http://docs.jquery.com/，可看到 jQuery 库的在线文档，该文档主要包括 Get Start（快速入门）和 jQuery API Reference（API 参考）两个部分，读者也可参考该文档来学习 jQuery 的用法。

jQuery 库的安装比较简单，只要在 HTML 页面中导入 jQuery 的 JavaScript 文件即可。

一旦导入了 jQuery 库，开发者就可以在自己的脚本中使用 jQuery 库提供的功能了。为了导入 jQuery 类库，应在 HTML 页面的开始位置增加如下代码：

```
<!-- 引入一个 JavaScript 函数库 -->
<script type="text/javascript"src="jquery-3.1.1.js">
</script>
```

注意，src 属性在不同的安装中可能会有小小的变化，如果 jquery-3.1.1.js 文件名被改变了，或者它与 HTML 页面并不是放在同一个路径下，则应该在上述代码的基础上做相应的修改，让 src 属性指向 jquery-3.1.1.js 脚本文件所在的位置。

▶▶ 3.1.3　让 jQuery 与其他 JavaScript 库共存

如果需要让 jQuery 和其他 JavaScript 库（如 Prototype）共存，则有一个小小的问题需要解决，就是$()函数。由于 jQuery 中的$()函数的功能很强大，而且返回的是一个 jQuery 对象，而其他 JavaScript 库中的$()函数返回的不是 jQuery 对象（如 Prototype 的$()函数返回的是一个 DOM 对象），因此必然引起冲突。

为了解决 jQuery 中的$()函数和其他 JavaScript 库中的$()函数的冲突问题，需要取消 jQuery 中的$()函数，为此 jQuery 提供了如下方法：

```
// 取消 jQuery 中的$()函数
jQuery.noConflict();
```

建议将上面的代码放在 JavaScript 代码的第一行，这行代码会取消 jQuery 的$()函数——其实只是取消了 jQuery()函数的$()别名，因此依然可以使用 jQuery()来代替原来的$()。

除此之外，多次重复书写 jQuery()也是很烦琐的事情，jQuery 还允许开发者为 jQuery()指定一个别名，如以下代码所示。

程序清单：codes\03\3.1\jqueryQs2.html

```
<body>
<div id="lee"></div>
<script type="text/javascript" src="../jquery-3.1.1.js">
</script>
<script type="text/javascript">
    // 给 jQuery()函数指定别名为 lee
    var lee = jQuery.noConflict();
    var target = lee("#lee");
    target.html("我要学习 jQuery")
        .height(60)
        ...
</script>
</body>
```

如第一行粗体字代码所示，程序为 jQuery 函数指定别名为 lee，这就允许后面的程序使用 lee()函数来代替 jQuery()函数了，如程序中第二行粗体字代码所示。

通过这种方式，我们可以让 jQuery 和其他 JavaScript 库共存。

3.2 获取 jQuery 对象

从前面的介绍可以看出,使用 jQuery 的第一步就是获取 jQuery 对象,从 jQuery 库中获取 jQuery 对象主要有如下两种方式:

- 使用$()函数或用 jQuery 对象提供的利用父子关系返回的 jQuery 对象。
- jQuery 对象的调用方法改变自身后将再次返回该 jQuery 对象。

本节主要介绍第一种获取 jQuery 对象的方式,即便如此,使用$()函数获取 jQuery 对象的方式仍然很多,它既支持 CSS 1~CSS 3 选择器来访问 DOM 元素,也支持使用 XPath 语法来访问 DOM 元素——$()函数会将这些 DOM 元素包装成 jQuery 对象后返回。

3.2.1 jQuery 核心函数

正如前面介绍的,jQuery()函数是获取 jQuery 对象的重要途径。该函数主要有如下用法。

- jQuery(expression, [context]):该函数获取 expression 对应的将 DOM 对象包装成的 jQuery 对象。其中 expression 既支持 CSS1-3 选择器,也支持 XPath 语法,功能非常丰富。由于 expression 表达式可能对应单个 DOM 元素,也可能对应多个 DOM 元素,因此该方法可能返回将单个 DOM 对象包装成的 jQuery 对象,也可能返回将多个 DOM 对象包装成的 jQuery 对象。context 是个可选参数,如果指定了该参数,则表明仅获取 context 的子元素。
- jQuery(elements):将一个或多个 DOM 元素包装为 jQuery 对象。elements 既可以是单个的 DOM 对象,也可以是多个 DOM 对象。该方法返回包装这些 DOM 对象的 jQuery 对象。
- jQuery(html, [ownerDocument]):该函数根据 html 参数(该参数是个 HTML 字符串)创建一个或多个 DOM 对象,返回包装这些 DOM 对象的 jQuery 对象。其中 ownerDocument 是可选参数,指定使用 ownerDocument(document 对象)来创建 DOM 对象。
- jQuery(html, props):该函数根据 html 参数(该参数是个 HTML 字符串)创建一个或多个 DOM 对象,返回包装这些 DOM 对象的 jQuery 对象。其中 props 是一个形如 {prop:value, prop2:value}的对象,该对象指定的属性将被附加到根据 HTML 字符串所创建的 DOM 对象上。
- jQuery(object):把普通对象包装成 jQuery 对象。

下面的代码示范了 jQuery 函数的几种用法。

程序清单:codes\03\3.2\$.html

```
<body>
<div id="lee"></div>
<div id="yeeku"></div>
<script type="text/javascript" src="../jquery-3.1.1.js">
</script>
<script type="text/javascript">
// 获取所有<div.../>标签对应的 DOM 对象
$("div").append("新增的内容");
// 直接将一个 DOM 对象包装成 jQuery 对象
$(document.getElementById('lee'))
    .css("background-color" , "#aaffaa")
    .css("border" , "1px solid black");
// 使用 HTML 字符串创建一个 DOM 对象,并将其添加到 body 元素内
```

```
$("<input type='button' value='单击我'/>")
    .appendTo(document.body);
// 使用 HTML 字符串创建一个 DOM 对象,并在创建时添加属性
$("<input/>",
    {
        type:"button" ,
        value: "有惊喜",
        click: function(){alert("惊喜时刻! ");}
    })
    .appendTo(document.body);
</script>
</body>
```

在浏览器中浏览上述页面,可看到如图 3.2 所示结果。

其中的粗体字代码在使用$()函数获取了 jQuery 对象之后,还调用了 jQuery 对象的 appendTo()、append()等方法,这些方法在后面会有更详细的介绍,此处不再赘述。

在页面中创建第二个按钮时为 click 属性指定了事件处理函数,如果单击该页面上"有惊喜"按钮,将可以看到如图 3.3 所示对话框。

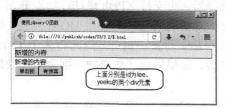

图 3.2 jQuery()函数的 4 种用法

图 3.3 动态绑定的 JavaScript 事件处理函数

值得指出的是,在 jQuery 的第一种用法 jQuery(expression, [context])中,需要指定一个 expression,该表达式能支持的形式相当多,下一节将详细介绍这些用法。

▶▶ 3.2.2 jQuery 与 jQuery.holdReady

jQuery()核心函数还有一个用法。

➢ jQuery(callback):其是$(document).ready()的缩写,其中 callback 指定一个函数,在页面加载完成时自动激发 callback,该函数返回将页面 document 对象包装成的 jQuery 对象。

例如如下代码可以保证当页面装载完成后自动执行某些代码:

```
// 指定页面装载完成后自动回调该函数
$(function()
{
    alert("页面装载完成! ");
});
```

在浏览器中浏览该页面将会看到,jQuery 可以保证页面装载完成后自动调用上面代码。

除此之外,jQuey 还为该函数提供了如下配套函数。

➢ jQuery.holdReady(true|false):指定是否需要延迟 jQuery 的 ready()事件绑定的事件处理函数。需要指出的是,程序可以多次调用 holdReady(true)来延迟 ready 事件的事件处理函数。如果绑定了多个 holdReady(true),则需要多次调用 holdReady(false)来解除延迟,否则 ready()事件绑定的事件处理函数将不会被激发。

看如下代码。

程序清单:codes\03\3.2\holdReady.html

```
<body>
<script type="text/javascript" src="../jquery-3.1.1.js">
```

```
</script>
<script type="text/javascript">
// 延迟 ready() 事件处理函数
$.holdReady(true);
// 指定页面装载完成后自动回调该函数
$(() => {
    alert("页面装载完成！");
});
// 设置 2s 后取消延迟 ready() 事件处理函数
window.setTimeout("$.holdReady(false);", 2000);
</script>
</body>
```

该页面代码本来可以立即执行 alert("页面装载完成！");的，但由于页面开始使用了 holdReady(true)来延迟 ready()事件，并指定在 2s 后才取消延迟，因此该页面需要在 2s 之后才能弹出提示框。

jQuery.holdReady 是一个非常有用的函数，当程序需要在页面装载完成，并且某些脚本和代码动态加载完成后才激发指定函数时，就可以使用 jQuery.holdReady 了。例如如下代码：

```
$.holdReady(true);
$.getScript("fkjava.js", function(){
    $.holdReady(false);
});
```

这里的代码保证只有 fkjava.js 被动态加载完成后，才能解除 ready()事件的延迟。

▶▶ 3.2.3 以 CSS 选择器访问 DOM 元素

每个 CSS 选择器可以对应一个或多个 HTML 元素，如果以该 CSS 选择器作为参数，$(selector)将可以获取由该选择器对应的一个或多个 HTML 元素包装成的 jQuery 对象。

与前面的 CSS 选择器类似的是，$()可支持如下几种参数形式。

- #id：返回由指定 id 对应的 HTML 元素包装成的 jQuery 对象。类似于 CSS 中 ID 选择器的功能。
- tagName：返回由所有 tagName 标签对应的所有 HTML 元素包装成的 jQuery 对象数组。类似于 CSS 中元素选择器的功能。
- tagName[attribute]：返回由 tagName 标签生成且由包含 attribute 属性的所有 HTML 元素包装成的 jQuery 对象数组。以下几个都类似于 CSS 中属性选择器的功能。
- tagName[attribute=value]：返回由 tagName 标签生成且由 attribute 属性等于 value 的所有 HTML 元素包装成的 jQuery 对象。
- tagName[attribute!=value]：返回由 tagName 标签生成且由 attribute 属性不等于 value 的所有 HTML 元素包装成的 jQuery 对象。
- tagName[attribute^=value]：返回由 tagName 标签生成且由 attribute 属性值以 value 开头的所有 HTML 元素包装成的 jQuery 对象。
- tagName[attribute$=value]：返回由 tagName 标签生成且由 attribute 属性值以 value 结尾的所有 HTML 元素包装成的 jQuery 对象。
- tagName[attribute*=value]：返回由 tagName 标签生成且由 attribute 属性值包含 value 的所有 HTML 元素包装成的 jQuery 对象。
- tagName[attributeFilter1][attributeFilter2]...：返回由 tagName 标签生成且由具有 attributeFilter1、attributeFilter2 等任意一个属性特征的所有 HTML 元素包装成的 jQuery 对象。其中，attributeFilter1、attributeFilter2 支持前面任意一个有效的属性定义。

- .className：返回由所有 class 属性为 className 的所有 HTML 元素包装成的 jQuery 对象。类似于 CSS 中 class 选择器的功能。
- outerSelector innerSelector：返回由 outerSelector 选择器之内的所有 innerSelector（不管处于多少层之内）对应的 HTML 元素包装成的 jQuery 对象。类似于 CSS 中的包含选择器的功能。
- parentSelector>childSelector：返回由直接位于 parentSelector 选择器之内第一层 childSelector 对应的 HTML 元素包装成的 jQuery 对象。类似于 CSS 中的子选择器的功能。
- prevSelector+nextSelector：返回由紧跟在 prevSelector 之后的第一个 nextSelector 对应的 HTML 元素包装成的 jQuery 对象。类似于 CSS 中兄弟选择器的功能。
- prevSelector~siblingsSelector：返回由位于 prevSelector 之后的所有 siblingsSelector 对应的 HTML 元素包装成的 jQuery 对象。类似于 CSS 中兄弟选择器的功能。
- selector1, selector2...selectorN：同时指定多个选择器，返回由匹配任何一个选择器的所有 HTML 元素包装成的 jQuery 对象。类似于 CSS 中选择器组合的功能。
- *：返回由所有 HTML 元素包装成的 jQuery 对象。相当于 CSS 中通配符选择器的功能，这个不常用。
- :header：返回由 h1、h2、h3 之类的标题元素包装成的 jQuery 对象。
- :root：返回该文档的根元素。HTML 的根元素总是<html.../>元素，因此$(":root")总是返回 HTML 文档的根元素。例如如下代码用于将整个 HTML 文档背景设为蓝色。

```
$(":root").css("background-color","blue");
```

上面的很多选择器都可同时匹配多个 HTML 元素，而使用上面这些选择器作为$()函数的参数时$()函数都将简单地返回 jQuery 对象。这是因为 jQuery 对象不只可以包装单个的 DOM 元素，也可包装多个 DOM 元素，此时的 jQuery 对象有点类似于数组。如果程序直接操作包装多个 DOM 元素的 jQuery 对象，那么这些 DOM 元素都会随之改变。

以下程序示范了上面几种选择器的用法。

程序清单：codes\03\3.2\selector.html

```
<body>
<ul>
    <li id="java">疯狂 Java 讲义</li>
    <li id="javaee" class="test">轻量级 Java EE 企业应用实战</li>
    <li id="ajax">疯狂前端开发讲义</li>
    <li id="xml">疯狂 XML 讲义</li>
    <li id="ejb">经典 Java EE 企业应用实战</li>
    <li><span id="android">疯狂 Android 讲义</span></li>
</ul>
<script type="text/javascript" src="../jquery-3.1.1.js">
</script>
<script type="text/javascript">
// 获取 id 为 java 的元素
$("#java").append("<b> 是 id 为 java 的元素</b>");
// 获取所有包含 id 属性的<li.../>元素，为它们增加背景色
$("li[id]").css("background-color" , "#bbbbff");
// 获取 class 属性为 test 的元素，并为它们增加边框
$(".test").css("border" , "3px dotted black");
// 同时获取 id 为 xml、android 的元素
$("#xml,#android").append("<b>是 id 为 xml、android 其中之一的元素</b>");
// 获取 ul 之内，id 为 ajax 的元素
```

```
$("ul #android").append("<br /><b>位于ul之内、id为android的子元素</b>");
// 获取ul之内,id为ajax的直接子元素
$("ul>#ajax").append("<b>位于ul之内、id为ajax的子元素</b>")
    .css("border" , "2px solid black");
// 获取id为ajax之后的所有li元素
$("#ajax~li").css("background-color" , "#ff5555");
</script>
</body>
```

该程序示范了$()所支持的几种选择器的用法。在浏览器中浏览该页面,将可看到如图 3.4 所示效果。

图 3.4 使用$()支持的各种选择器

上面介绍了$()函数的基本用法。可以看出,$()函数支持的许多选择器都会一次返回多个 HTML 元素对应的 jQuery 对象,为此 jQuery 还支持在原有的选择器上增加额外的限定。

▶▶ 3.2.4 以伪类选择器访问 DOM 元素

下面介绍的这些伪类选择器的意义基本等同于 CSS 3 中所定义的伪类选择器,在使用这些伪类选择器时通常会结合使用前面介绍的选择器,前面的选择器往往可以匹配一个以上的 HTML 元素,而以下伪类选择器则用于增加额外的限制。但在某些情况下,jQuery 也可以直接使用伪类选择器来获取 DOM 元素。

- :first:返回由匹配指定选择器第一个 HTML 元素包装成的 jQuery 对象。
- :last:返回由匹配指定选择器最后一个 HTML 元素包装成的 jQuery 对象。
- :not(selector):返回由匹配指定选择器但去除 selector 选择器匹配 HTML 元素的所有 HTML 元素包装成的 jQuery 对象。
- :lang(lang_code):返回由匹配指定选择器且指定了对应语言代码的 HTML 元素包装成的 jQuery 对象。如果单独使用该伪类选择器,将返回由所有指定了对应语言代码的 HTML 元素包装成的 jQuery 对象。
- :focus:返回由匹配指定选择器且当前获得焦点的 HTML 元素包装成的 jQuery 对象。如果单独使用该伪类选择器,将返回由所有当前获得焦点的 HTML 元素包装成的 jQuery 对象。
- :even:返回由匹配指定选择器且索引为奇数的 HTML 元素包装成的 jQuery 对象。元素索引从 0 开始。
- :odd:返回由匹配指定选择器且索引为偶数的 HTML 元素包装成的 jQuery 对象。
- :eq(index):返回由匹配指定选择器且索引为 index 的 HTML 元素包装成的 jQuery 对象。
- :gt(index):返回由匹配指定选择器且索引大于 index 的所有 HTML 元素包装成的 jQuery 对象。
- :lt(index):返回由匹配指定选择器且索引小于 index 的所有 HTML 元素包装成的 jQuery 对象。

- :animated：返回由匹配指定选择器且当前正在执行动画效果的 HTML 元素包装成的 jQuery 对象。如果单独使用该伪类选择器，将返回由所有正在执行动画效果的 HTML 元素包装成的 jQuery 对象。
- :contains(text)：返回由匹配指定选择器且包含 text 文本的 HTML 元素包装成的 jQuery 对象。如果单独使用该伪类选择器，将返回由所有包含 text 文本的 HTML 元素包装成的 jQuery 对象。
- :empty：返回由匹配指定选择器且不包含任何内容（包含字符串也不行）的 HTML 元素包装成的 jQuery 对象。如果单独使用该伪类选择器，将返回由所有不包含任何内容（包含字符串也不行）的 HTML 元素包装成的 jQuery 对象。
- :has(selector)：返回由匹配指定选择器且包含 selector 对应 HTML 元素的所有 HTML 元素包装成的 jQuery 对象。

注意：

:has(selector)限定不是返回 selector 所匹配的 HTML 元素，而是返回由包含 selector 所匹配 HTML 元素的 HTML 元素包装成的 jQuery 对象。

- :parent：返回由匹配指定选择器且包含子元素或者文本的所有 HTML 元素包装成的 jQuery 对象。
- :hidden：返回由匹配指定选择器且当前不可见的 HTML 元素包装成的 jQuery 对象。
- :visible：返回由匹配指定选择器且当前可见的 HTML 元素包装成的 jQuery 对象。
- :target：返回由正在被访问的命名锚点的目标元素包装成的 jQuery 对象。

下面的代码示范了以上伪类选择器的用法。

程序清单：codes\03\3.2\restrict.html

```html
<body>
<ul>
    <li id="java">疯狂 Java 讲义</li>
    <li id="javaee" class="test">轻量级 Java EE 企业应用实战</li>
    <li id="ajax">疯狂前端开发讲义</li>
    <li id="xml">疯狂 XML 讲义</li>
    <li id="ejb">经典 Java EE 企业应用实战</li>
    <li><span id="android">疯狂 Android 讲义</span></li>
</ul>
<script type="text/javascript" src="../jquery-3.1.1.js">
</script>
<script type="text/javascript">
// 访问 ul 元素下第一个 li 子元素。
$("ul>li:first").append("<b> 是 ul 元素之内第一个 li 子元素</b>");
// 访问 ul 元素之内，没有 id 属性的 li 子元素
$("ul>li:not([id])").append("<b> 是 ul 元素之内、没有 id 属性 li 子元素</b>");
// 访问 ul 元素之内，索引为偶数的 li 子元素，并为它们添加背景色
$("ul>li:even").css("background-color", "#ccffcc");
// 访问 ul 元素之内，索引大于 4 的 li 子元素(元素索引从 0 开始)
$("ul>li:gt(4)").append("<br/><b> 是 ul 元素之内、索引大于 4 的 li 子元素</b>")
    .css("border" , "1px dashed black");
// 访问 ul 元素之内，且包含 span 元素的 li 子元素
$("ul>li:has('span')").append(
    "<br/><b> 是 ul 元素之内、且包含 span 元素的 li 子元素</b>");
// 访问 li 元素之内，且可见的 span 子元素
$("li>span:visible").append(
```

```
          "<b> 是 li 元素之内，且可见的 span 子元素</b>")
        .css("background-color" , "#bbbbbb");
    </script>
</body>
```

该程序同时使用了选择器和伪类选择器。在浏览器中浏览该页面，可看到如图 3.5 所示效果。

图 3.5　使用伪类选择器的效果

:lang 伪类选择器是 jQuery 1.9 新增的，它用于根据语言代码来访问 HTML 元素。下面代码示范了:lang 伪类选择器的作用。

程序清单：codes\03\3.2\lang.html

```
<body>
<div lang="en">fkjava.org is a good training center!</div>
<div lang="en-US">FKjava.org is a good training center!</div>
<p lang="en">FKjava.org is a good training center!</p>
<script type="text/javascript" src="../jquery-3.1.1.js">
</script>
<script type="text/javascript">
// 访问所有 lang 属性值以 en 开头的元素
$(":lang(en)").css("border" , "1px dashed black");
// 访问 lang 属性值以 en 开头的 p 元素
$("p:lang(en)").css("background-color" , "grey");
</script>
</body>
```

该程序中的第一行粗体字代码根据:lang(en)来获取元素，这样将会获取所有 leng 属性为 en 或以 en 开头的元素，因此该页面中 2 个<div.../>和一个<p.../>元素都能匹配。

该程序中的第二行粗体字代码根据 p:lang(en)来获取元素，这样将会获取所有 leng 属性为 en 或以 en 开头的 p 元素，因此该页面中只有一个<p.../>元素可以匹配。

在下面的 5 个伪类选择器中，:first-child、:last-child 和:first、:last 有点相似，且:nth-child、:nth-last-child 比较有用。

➢ :nth-child(index/even/odd/equation)：这个伪类选择器的功能比较强大，它有如下 4 种用法：
  - :nth-child(n)：返回由匹配指定选择器且是其父节点内的第 n 个 DOM 节点包装成的 jQuery 对象，其中 n 为从 1 开始的元素索引。
  - :nth-child(even)：返回由匹配指定选择器且在其父节点内的节点索引为偶数的 HTML 元素包装成的 jQuery 对象。
  - :nth-child(odd)：返回由匹配指定选择器且在其父节点内的节点索引为奇数的 HTML 元素包装成的 jQuery 对象。
➢ :nth-child(xn+m)：返回由匹配指定选择器且在其父节点内的节点索引为 $xn+m$ 的 HTML

元素包装成的 jQuery 对象,其中 x、m 可变。例如 3n+1,则匹配索引为 1、4、7 等的元素。

- :nth-last-child(index/even/odd/equation):这个选择器与:nth-child 的功能大致相似,只不过该选择器是倒过来计算索引。
- :first-child:返回由匹配指定选择器且是其父节点的第一个 HTML 元素的 HTML 元素包装成的 jQuery 对象。
- :last-child:返回由匹配指定选择器且是其父节点的最后一个 HTML 元素的 HTML 元素包装成的 jQuery 对象。
- :only-child:返回由匹配指定选择器且是其父元素中唯一的 HTML 元素(如果该父元素下有多个子元素则不会被匹配)的 HTML 元素包装成的 jQuery 对象。

下面的程序示范了以上伪类选择器的用法。

程序清单:codes\03\3.2\restrict2.html

```html
<body>
<ul>
    <li id="java">疯狂 Java 讲义</li>
    <li id="javaee" class="test">轻量级 Java EE 企业应用实战</li>
    <li id="ajax">疯狂前端开发讲义</li>
    <li id="xml">疯狂 XML 讲义</li>
    <li id="ejb">经典 Java EE 企业应用实战</li>
    <li><span id="android">疯狂 Android 讲义</span></li>
</ul>
<span>疯狂 Java 联盟</span>
<script type="text/javascript" src="../jquery-3.1.1.js">
</script>
<script type="text/javascript">
// 访问父元素内索引为第 1、4、7 等的 li 元素
$("li:nth-child(3n+1)").css("border" , "1px dashed black");
// 访问父元素内索引为倒数第 1、4、7 等的 li 元素
$("li:nth-last-child(3n+1)").css("background-color" , "grey")
    .css("padding" , "10px");
// 访问页面中 span 元素且该 span 元素的父元素下仅包含该 span 元素
$("span:only-child()").append(" <b>是作为父元素唯一子元素的 span 元素</b>");
</script>
</body>
```

在浏览器中可看到如图 3.6 所示效果。

图 3.6 使用伪类选择器的效果

jQuery 1.9 还新增了如下几个伪类选择器::first-of-type、:last-of-type、:nth-of-type、:nth-last-of-type、:only-of- type。它们的作用有点类似于:first-child、:last-child、:nth-child、:nth-last-child,但又略有不同。

➢ :first-of-type:返回匹配指定选择器且是其父节点内的第一个同类型的元素。

- :last-of-type：返回匹配指定选择器且是其父节点内的最后一个同类型的元素。
- :nth-of-type(index/even/odd/equation)：返回匹配指定选择器且是其父节点内的第 *n* 个、偶数个、奇数个或特定公式个同类型的元素。
- :nth-last-of-type()：与前一个伪类选择器的作用类似，只是倒过来计算索引而已。
- :only-of-type：返回匹配指定选择器且是其父节点内的唯一同类型的元素。

如下代码示范了:nth-of-type()伪类选择器的用法。

程序清单：codes\03\3.2\restrict3.html

```html
<body>
<div>body 里第一个 div</div>
<p>aaa</p>
<div>
    <div id="java">疯狂 Java 讲义</div>
    <p>bbb</p>
    <div id="javaee" class="test">轻量级 Java EE 企业应用实战</div>
    <p>ccc</p>
    <div id="ajax">疯狂前端开发讲义</div>
    <div id="xml">疯狂 XML 讲义</div>
    <div id="ejb">经典 Java EE 企业应用实战</div>
    <div><span id="android">疯狂 Android 讲义</span></div>
</div>
<span>疯狂 Java 联盟</span>
<script type="text/javascript" src="../jquery-3.1.1.js">
</script>
<script type="text/javascript">
// 访问父元素内第 1、4、7……个 div 元素
$("div:nth-of-type(3n+1)").css("border" , "1px dashed black");
</script>
</body>
```

上面粗体字代码先使用 div 选择器，该选择器匹配页面上所有<div.../>元素，接下来使用:nth-of-type(3n+1)伪类选择器，这就要求该<div.../>元素必须是父元素内第 1、4、7……个<div.../>元素，这表明只有如下几个元素。

- <div>body 里第一个 div</div>：<body.../>元素内第 1 个<div.../>元素。
- <div id="java">疯狂 Java 讲义</div>：<div.../>元素内第 1 个<div.../>元素。
- <div id="xml">疯狂 XML 讲义</div>：<div.../>元素内第 4 个<div.../>元素。

再看如下测试代码。

程序清单：codes\03\3.2\restrict4.html

```html
<body>
<div id="n1">
    <div id="n2" class="abc">
        <label id="n3">label1</label>
        <span id="n4" class="abc">span1</span>
        <span id="n5">span2</span>
    </div>
    <div id="n6">
        <span id="n7">span1</span>
        <span id="n8" class="abc">span2</span>
        <span id="n9">span3</span>
    </div>
    <div id="n10">
        <span id="n11" class="abc">span1</span>
        <span id="n12">span2</span>
    </div>
    <div id="n13" class="abc">简单</div>
```

```
        </div>
        <script type="text/javascript" src="../jquery-3.1.1.js">
        </script>
        <script type="text/javascript">
        // 访问父元素内第 1、4、7……个 div 元素
        $(".abc:nth-of-type(3n+1)").css("border" , "1px dashed black");
        </script>
    </body>
```

上面程序中粗体字代码首先使用了.abc 选择器，该选择器可以匹配 ID 为 n2、n4、n8、n11、n13 的这些元素，其中 n2 是其父元素内第 1 个同类型的子元素，n13 是父元素内第 4 个同类型的子元素（div 元素），因此这两个元素匹配:nth-of-type(3n+1)伪类选择器。

ID 为 n4 的元素虽然不是其父元素内的第 1 个元素，但它是其父元素内的第 1 个同类型的子元素（第一个是 label 元素），因此 n4 也匹配:nth-of-type(3n+1)伪类选择器。

ID 为 n8 的元素是其父元素内的第 2 个同类型的子元素，因此 n8 不匹配:nth-of-type(3n+1)伪类选择器。

ID 为 n11 的元素是其父元素内的第一个子元素（自然也是第一个同类型的子元素），因此 11 匹配:nth-of-type(3n+1)伪类选择器。

通过这个示例，读者应该能明白另外几个 of-type 类型的伪类选择器的意义了。

▶▶ 3.2.5 表单相关的选择器

以下各选择器专门用于匹配各种表单控件。

➤ :input：返回由所有 input、textarea、select 和 button 元素包装成的 jQuery 对象。

提示：
该选择器已经过时了，因为它不是 CSS 规范里的，只是 jQuery 的扩展选择器，所以它不能利用原生 DOM 的性能优势，故性能较差。如果希望使用该选择器，则可以考虑使用.filter(":input")方法来代替。

➤ :text：返回由所有 type="text"的 input 元素包装成的 jQuery 对象。

提示：
该选择器已经过时了，因为它不是 CSS 规范里的，只是 jQuery 的扩展选择器，所以它不能利用原生 DOM 的性能优势，故性能较差。如果希望使用该选择器，则可以考虑使用[type="text"]之类的属性选择器代替。

➤ :password：返回由所有 type="password"的 input 元素包装成的 jQuery 对象。

提示：
该选择器已经过时了，因为它不是 CSS 规范里的，只是 jQuery 的扩展选择器，所以它不能利用原生 DOM 的性能优势，故性能较差。如果希望使用该选择器，则可以考虑使用[type="password"]之类的属性选择器代替。

➤ :radio：返回由所有 type="radio"的 input 元素包装成的 jQuery 对象。

提示：
该选择器已经过时了。因为它不是 CSS 规范里的，只是 jQuery 的扩展选择器，所以它不能利用原生 DOM 的性能优势，故性能较差。如果希望使用该选择器，则可以考虑使用[type="radio"]之类的属性选择器代替。

- :checkbox：返回由所有 type="checkbox" 的 input 元素包装成的 jQuery 对象。

提示：
该选择器已经过时了，因为它不是 CSS 规范里的，只是 jQuery 的扩展选择器，所以它不能利用原生 DOM 的性能优势，故性能较差。如果希望使用该选择器，则可以考虑使用[type="checkbox"]之类的属性选择器代替。

- :submit：返回由所有 type="submit" 的 input 元素包装成的 jQuery 对象。

提示：
该选择器已经过时了，因为它不是 CSS 规范里的，只是 jQuery 的扩展选择器，所以它不能利用原生 DOM 的性能优势，故性能较差。如果希望使用该选择器，则可以考虑使用[type="submit"]之类的属性选择器代替。

- :image：返回由所有 type="image" 的 input 元素包装成的 jQuery 对象。

提示：
该选择器已经过时了，因为它不是 CSS 规范里的，只是 jQuery 的扩展选择器，不能利用原生 DOM 的性能优势，故性能较差。如果希望使用该选择器，则可以考虑使用[type="image"]的属性选择器代替。

- :reset：返回由所有 type="reset" 的 input 元素包装成的 jQuery 对象。

提示：
该选择器已经过时了，因为它不是 CSS 规范里的，只是 jQuery 的扩展选择器，不能利用原生 DOM 的性能优势，故性能较差。如果希望使用该选择器，则可以考虑使用[type="reset"]的属性选择器代替。

- :button：返回由所有按钮元素（包括 type="button" 的 input 元素）包装成的 jQuery 对象。

提示：
该选择器已经过时了，因为它不是 CSS 规范里的，只是 jQuery 的扩展选择器，不能利用原生 DOM 的性能优势，故性能较差。如果希望使用该选择器，则可以考虑使用.filter(":button")方法代替。

- :file：返回由所有文件域包装成的 jQuery 对象。

提示：
该选择器已经过时了，因为它不是 CSS 规范里的，只是 jQuery 的扩展选择器，不能利用原生 DOM 的性能优势，故性能较差。如果希望使用该选择器，则可以考虑使用[type="file"]的属性选择器代替。

- :hidden：返回由所有不可见元素以及指定了 type="hidden" 的 input 元素包装成的 jQuery 对象。

> **注意：** :hidden 选择器不仅可以匹配表单控件，而且还可以匹配所有不可见的元素，包括<meta..../>等元素。

- :enabled：返回由所有可用的（未指定 disabled 属性）的表单控件包装成的 jQuery 对象。
- :disabled：返回由所有不可用的（指定了 disabled 属性）的表单控件包装成的 jQuery 对象。
- :checked：返回由所有指定了 checked 属性的表单控件包装成的 jQuery 对象。
- :selected：返回由所有指定了 selected 的表单控件包装成的 jQuery 对象。

下面的程序示范了上述选择器的用法。

程序清单：codes\03\3.2\ formElement.html

```html
<body>
<input id="user" type="text" /><br />
<input id="pass" type="password" /><br />
<textarea id="intro"></textarea><br />
<select id="gender" size="3" style="width:80px">
    <option value="male" selected>男</option>
    <option value="female">女</option>
</select><p>
<input id="pass" type="checkbox" checked value="xx"/><br />
<script type="text/javascript" src="../jquery-3.1.1.js">
</script>
<script type="text/javascript">
// 获取所有的 input、textarea、button 元素
$(":input:not('select')").val("test");
// 获取所有指定了 selected 属性的元素
$(":selected").css("border" , "2px dashed black");
// 获取所有指定了 checked 属性的元素,并取消它们的选中状态
$(":checked").prop("checked" , false);
</script>
</body>
```

在浏览器中浏览该页面，可看到如图 3.7 所示的效果。

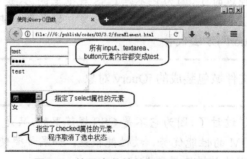

图 3.7 使用表单控件相关的选择器

3.3 jQuery 操作类数组的工具方法

很多时候，jQuery 的$()函数都返回一个类似数组的 jQuery 对象，例如$("div")将返回由页面中所有<div.../>元素包装成的 jQuery 对象，这个 jQuery 对象实际上包含了多个<div.../>元素对应的 DOM 对象。在这种情况下，jQuery 提供了以下几个常用属性和方法来操作作为类数组

的 jQuery 对象。
- ➢ length：该属性返回 jQuery 里包含的 DOM 元素的个数。
- ➢ context：该属性返回获取该 jQuery 对象传入的 context 参数。
- ➢ jquery：该属性返回 jQuery 的版本。
- ➢ each(fn(index))：该方法是一个迭代器函数，它将使用 fn 函数迭代处理 jQuery 里包含的每个元素。在 fn 函数里使用 this 来代表当前正在处理的 DOM 元素，如果想获取该 DOM 元素对应的 jQuery 对象，使用$(this)即可。fn 是一个形如 fn(index){}的函数，其中 index 代表 jQuery 里元素的索引，该索引从 0 开始。
- ➢ get()：该方法返回由 jQuery 里包含的所有 DOM 元素组成的数组。
- ➢ get(index)：该方法返回 jQuery 里包含的第 index+1 个 DOM 元素（第一个元素的索引为 0）。

> **注意：**
> 上面的两个方法非常重要,它们可以将 jQuery 对象再次恢复成 DOM 对象。根据前面的介绍可知，jQuery 的思路是把所有 DOM 对象包装成 jQuery 对象来处理，这种方式简单优雅，但总有些地方有失灵活。如果开发者需要操作 DOM 元素，则可通过这两个方法把 jQuery 对象转换成 DOM 对象。尤其需要指出的是，get()方法总是返回一个数组——即使原始的 jQuery 对象里只有一个 DOM 对象，调用 jQuery 对象的 get()方法也将返回一个长度为 1 的数组。

- ➢ index(element|selector)：该方法返回 element 元素（或匹配 selector 选择器的元素）在当前 jQuery 对象中的索引，其中 element 既可以是 jQuery 里包含的多个 DOM 对象之一，也可以是由任一 DOM 对象包装成的 jQuery 对象。
- ➢ toArray()：将该 jQuery 对象中包含的所有 DOM 对象转换为数组。

下面的程序示范了如何使用这些工具方法来操作作为类数组的 jQuery 对象。

程序清单：codes\03\3.3\arrayMethod.html

```html
<body>
<div>
    <div id="java">疯狂 Java 讲义</div>
    <div id="javaee">轻量级 Java EE 企业应用实战</div>
    <div id="ajax">疯狂前端开发讲义</div>
    <div id="xml">疯狂 XML 讲义</div>
    <div id="ejb">经典 Java EE 企业应用实战</div>
    <div id="android">疯狂 Android 讲义</div>
</div>
<script type="text/javascript" src="../jquery-3.1.1.js">
</script>
<script type="text/javascript">
// 获取 div 之内所有的 div 元素，并迭代处理每个元素
$("div>div").each(function(i)
{
    this.innerHTML += " 添加的内容" + i;
});
// 返回 div 内的 div 元素的个数，下面将输出 6
console.log($("div>div").length);
// 获取 div 内的第二个 div 元素，下面将输出"轻量级 Java EE 企业应用实战..."
console.log($("div>div").get(1).innerHTML);
// 获取 id 为 java 的 div 元素。注意：$("#java").get()返回一个数组
```

```
console.log($("#java").get()[0].innerHTML);
// 返回所有 div 元素内 id 为 ejb 的 div 元素的索引,下面将输出 4
console.log($("div>div").index($("#ejb")));
</script>
</body>
```

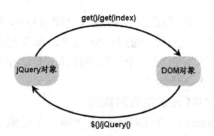

图 3.8 jQuery 对象与 DOM 对象的相互转换

上面程序中的粗体字代码已经清楚地列出了各工具方法的用法,并给出了各方法的输出结果和原因,读者可参考该程序来掌握这些方法的用法。

经过前面的介绍,我们知道 jQuery 对象和 DOM 对象之间可按图 3.8 所示方式进行转换。

▶▶ 3.3.1 过滤相关方法

下面是一组对类数组的 jQuery 对象进行过滤的方法,这些方法将会过滤掉 jQuery 对象里包含的部分 DOM 对象。假如某个 jQuery 对象里包含 5 个 DOM 对象,则调用这些过滤方法后,该 jQuery 对象里可能就只包含 3 个 DOM 对象了。

- ➤ eq(position):该方法返回由 jQuery 里包含的第 position +1 个元素包装成的 jQuery 对象。
- ➤ filter(expr):从 jQuery 对象里删除所有不匹配 expr 的 DOM 对象。其中 expr 可以是任意合法的 selector 选择器,也可以是包含多个元素的数组,还可以是包含多个元素的 jQuery 对象。
- ➤ filter(fn(index)):这是一个迭代器函数,它将使用 fn 函数迭代处理 jQuery 里包含的每个元素。在 fn 函数里使用 this 来代表当前正处理的 DOM 元素,如果想获取该 DOM 元素对应的 jQuery 对象,使用$(this)即可。fn 是一个形如 fn(index){}的函数,其中 index 代表 jQuery 里元素的索引,该索引从 0 开始。如果将当前元素传入 fn 函数后返回 true,则该元素被保留,否则将被删除。
- ➤ first():该方法绘制由 jQuery 对象中包含的第一个元素包装成的 jQuery 对象。
- ➤ is(expr):用 expr 来检查该 jQuery 对象包含的元素集合,如果其中任意一个元素符合 expr,就返回 true;如果没有元素符合,或者表达式无效,就返回 false。其中 expr 可以是任意合法的 selector 选择器,也可以是包含多个元素的数组,还可以是包含多个元素的 jQuery 对象。
- ➤ is(fn(index)):该方法是一个迭代器函数,它将使用 fn 函数迭代处理 jQuery 里包含的每个元素,在 fn 函数里使用 this 来代表当前正处理的 DOM 元素,如果想获取该 DOM 元素对应的 jQuery 对象,使用$(this)即可。fn 是一个形如 fn(index){}的函数,其中 index 代表 jQuery 里元素的索引,该索引从 0 开始。如果将任意一个元素传入 fn 函数后返回 true,则该方法返回 true。
- ➤ last():该方法绘制由 jQuery 对象中包含的最一个元素包装成的 jQuery 对象。
- ➤ map(callback(index)):该方法用于将 jQuery 对象里包含的一系列 DOM 对象转换成其他对象(这些对象既可包含原始 DOM 对象,也可不包含原始 DOM 对象)。callback 函数会依次处理 jQuery 里包含的每个 DOM 对象,每次函数执行后的返回值将作为新

jQuery 对象里包含的新元素。callback 是一个形如 callback(index){}的函数，其中 index 代表 jQuery 里元素的索引，该索引从 0 开始。
- not(selector|elements|jQuery)：从 jQuery 对象里删除所有匹配 expr 的 DOM 对象。其中 expr 可以是任意合法的 selector 选择器，也可以是包含多个元素的数组，还可以是包含多个元素的 jQuery 对象。该方法与 filter(expr)方法的作用完全相反。
- not(fn(index))：这是一个迭代器函数，它将使用 fn 函数迭代处理 jQuery 里包含的每个元素。在 fn 函数里使用 this 来代表当前正处理的 DOM 元素，如果想获取该 DOM 元素对应的 jQuery 对象，使用$(this)即可。fn 是一个形如 fn(index){}的函数，其中 index 代表 jQuery 里元素的索引，该索引从 0 开始。如果将当前元素传入 fn 函数后返回 true，则该元素被删除，否则将被保留。该方法与 filter(fn(index))方法的作用完全相反。
- slice(start, end)：返回由 jQuery 里索引从 start 开始到 end 结束的 DOM 元素组成的 jQuery 对象。

下面的程序示范了相关过滤方法的用法。

程序清单：codes\03\3.3\filter.html

```html
<body>
<div>
    <div id="java">疯狂 Java 讲义</div>
    <div id="javaee">轻量级 Java EE 企业应用实战</div>
    <div id="ajax">疯狂前端开发讲义</div>
    <div id="xml">疯狂 XML 讲义</div>
    <div id="ejb">经典 Java EE 企业应用实战</div>
    <div id="android">疯狂 Android 讲义</div>
</div>
<script type="text/javascript" src="../jquery-3.1.1.js">
</script>
<script type="text/javascript">
// 对 div 内的 div 元素的第四个元素设置字号为 24
$("div>div").eq(3).css("font-size" , "24pt");
// 对 div 内的 div 元素进行过滤，必须满足 id 为 ajax
$("div>div").filter("#ajax").css("background-color" , "#aaa");
// 对 div 内的 div 元素进行过滤，要求 div 内的字符串长度大于 8
$("div>div").filter(function()
{
    return this.innerHTML.length > 8;
}).css("border" , "1px solid black");
// 对 div 内的 div 元素进行过滤，必须满足 id 不为 ajax
$("div>div").not("#ajax").css("font-weight" , "bold");
// 对 div 内的 div 元素进行过滤，取出索引从 3 到 5 的元素
$("div>div").slice(3 , 5).height(60);
// 将 div 内的 div 元素映射到另一个类数组的 jQuery 对象
// 此处使用了箭头函数作为 callback 函数
var result = $("div>div").map(i => i);
console.log(result);
</script>
</body>
```

该程序中完成不同功能的方法分别使用了不同的 CSS 样式。在浏览器中浏览该页面，可看到如图 3.9 所示的效果。

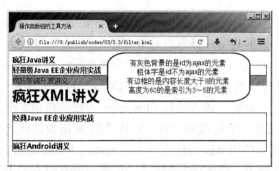

图 3.9 使用 jQuery 的过滤方法

最后一行粗体字代码使用 map()方法对 jQuery 所包含的多个元素进行转换，转换函数使用了箭头函数：map(i => i)，这意味着 jQuery 原来包含的每个元素直接被转换成它的索引。在浏览器的控制台中可以看到最后的输出如下。

```
Object { 0: 0, 1: 1, 2: 2, 3: 3, 4: 4, 5: 5, length: 6, prevObject: Object }
```

从该输出可以看出，$("div>div")原来一共包括 6 个 div 元素，现在每个<div.../>元素都被转换成了该元素对应的索引。

▶▶ 3.3.2 仿 DOM 导航查找的相关方法

在 DOM 模型中，可以利用节点之间的父子关系进行导航，通过这种导航关系可以找到当前节点的兄弟节点、父节点和子节点等。DOM 模型的导航关系虽然简单明了，但用起来依然比较烦琐，jQuery 进一步简化了这种导航关系。在 jQuery 中可以利用如下方法找到当前 jQuery 对象（可能包含一个或多个 DOM 对象）的兄弟节点、父节点、子节点对应的 jQuery 对象。

- children([selector])：查找当前 jQuery 对象（实际是该对象包含的 DOM 对象）内的全部后代元素。如果指定了 selector 选择器，则只查找匹配 selector 选择器的后代元素。返回由符合条件的 DOM 元素包装成的 jQuery 对象。
- closest(selector|jQuery|element)：查找距离当前 jQuery 对象最近且符合传入参数的元素。该方法的参数既可以是任何合法的选择器，也可以是原生的 DOM 元素，还可以是另一个 jQuery 对象。该方法返回由符合条件的 DOM 元素包装成的 jQuery 对象。
- contents()：查找当前 jQuery 对象（实际是该对象包含的 DOM 对象）内的全部内容，包括 DOM 元素和文本。如果 jQuery 包装的 DOM 元素是<iframe.../>，则获取该 iframe 所装载的文档的内容。
- find(selector|element|jQuery)：查找当前 jQuery 对象（实际是该对象包含的 DOM 对象）内能匹配传入参数的所有后代元素。该方法的参数既可是任何合法的选择器，也可是原生的 DOM 元素，还可是另一个 jQuery 对象。返回由符合条件的 DOM 元素包装成的 jQuery 对象。
- next([selector])：查找紧跟当前 jQuery 对象（实际是该对象包含的 DOM 对象）之后的元素。如果指定了 selector 选择器，则该元素必须匹配 selector 选择器。返回由符合条件的 DOM 元素包装成的 jQuery 对象。
- nextAll([selector])：查找当前 jQuery 对象（实际是该对象包含的 DOM 对象）之后的所有兄弟元素。如果指定了 selector 选择器，则只找出匹配 selector 选择器的兄弟元素。返回由符合条件的 DOM 元素包装成的 jQuery 对象。
- nextUntil([selector|element] [, filter])：查找当前 jQuery 对象（实际是该对象包含的 DOM

对象）之后匹配 selector 的元素或 element 元素之前的所有兄弟元素。如果指定了 filter 选择器，则只找出匹配 filter 选择器的兄弟元素。返回由符合条件的 DOM 元素包装成的 jQuery 对象。

➢ offsetParent()：查找当前 jQuery 对象的最近且能定位（如 CSS 样式中 position 属性值为 relative 或 absolute 的元素）的祖先元素。返回由符合条件的 DOM 元素包装成的 jQuery 对象。

➢ parent([selector])：查找当前 jQuery 对象（实际是该对象包含的 DOM 对象）的父元素。如果指定了 expr 选择器，则该父元素还必须匹配 expr 选择器。返回由符合条件的 DOM 元素包装成的 jQuery 对象。

➢ parents([selector])：查找当前 jQuery 对象（实际是该对象包含的 DOM 对象）的所有祖先元素。如果指定了 expr 选择器，则只找出匹配 expr 的祖先元素。返回由符合条件的 DOM 元素包装成的 jQuery 对象。

➢ parentsUntil([selector|element] [, filter])：查找当前 jQuery 对象（实际是该对象包含的 DOM 对象）中匹配 selector 的元素或 element 元素的所有祖先元素。如果指定了 filter 选择器，则只找出匹配 filter 的祖先元素。返回由符合条件的 DOM 元素包装成的 jQuery 对象。

➢ prev([selector])：查找紧邻当前 jQuery 对象（实际是该对象包含的 DOM 对象）之前的元素。如果指定了 expr 选择器，则该元素必须匹配 expr 选择器。返回由符合条件的 DOM 元素包装成的 jQuery 对象。

➢ prevAll([selector])：查找当前 jQuery 对象（实际是该对象包含的 DOM 对象）之前的所有兄弟元素。如果指定了 expr 选择器，则只找出匹配 expr 选择器的兄弟元素。返回由符合条件的 DOM 元素包装成的 jQuery 对象。

➢ preUntil([selector|element] [, filter])：查找当前 jQuery 对象（实际是该对象包含的 DOM 对象）之前匹配 selector 的元素或 element 元素之后的所有兄弟元素。如果指定了 filter 选择器，则只找出匹配 filter 选择器的兄弟元素。返回由符合条件的 DOM 元素包装成的 jQuery 对象。

➢ siblings([selector])：查找当前 jQuery 对象（实际是该对象包含的 DOM 对象）前后的所有兄弟元素。如果指定了 selector 选择器，则只找出匹配 selector 选择器的兄弟元素。返回由符合条件的 DOM 元素包装成的 jQuery 对象。

提示：
siblings([selector]) 方法返回的结果相当于 prevAll([selector]) 和 nextAll([selector]) 方法返回结果的总和。

下面的程序示范了上面这些 DOM 导航相关方法的用法。

程序清单：codes\03\3.3\find.html

```
<body>
<div>
    <div id="java">疯狂 Java 讲义</div>
    <div id="javaee">轻量级 Java EE 企业应用实战</div>
    <div id="ajax">疯狂前端开发讲义</div>
    <div id="xml">疯狂 XML 讲义</div>
    <div id="ejb">经典 Java EE 企业应用实战</div>
    <div id="android">疯狂 Android 讲义</div>
```

```
</div>
<script type="text/javascript" src="../jquery-3.1.1.js">
</script>
<script type="text/javascript">
// 获取body>div内的所有内容（包括节点和文本），实际返回div下的6个子div
$("body>div").contents().css("background-color" , "#ddd");
// 获取id为ajax的节点的下一个兄弟节点
$("#ajax").next().css("border" , "2px dotted black");
// 获取id为ajax的节点后面且id为android的节点之前的所有兄弟节点
$("#ajax").nextUntil("#android").css("font-size" , "20pt");
// 获取id为ajax的节点的上一个兄弟节点
$("#ajax").prev().css("border" , "2px solid black");
// 获取id为ajax的节点之前且id为java的节点之后的所有兄弟节点
$("#ajax").prevUntil("#java").height(50);
// 获取id为ajax的节点且id为java的兄弟节点
$("#ajax").siblings("#java")
    .append("<b> 是 ID 为 ajax 的节点的兄弟节点（且其 id 为 java）</b>");
// 取出所有div元素的父元素，将会输出body元素和一个div元素
$("div").parent().each(function()
{
    alert($(this).html());
});
</script>
</body>
```

在浏览器中浏览该页面，将可看到弹出两个对话框，分别输出<body.../>元素内容和包含6个<div.../>的父<div.../>的内容，并且可以看到如图3.10所示效果。

从上面的程序可以看出，使用 jQuery 的仿 DOM 导航方法可以更简单、更便捷地访问当前节点的兄弟节点、父节点和子节点，而且这些方法的返回值依然是 jQuery 对象，因此可以直接调用 jQuery 对象提供的工具方法。

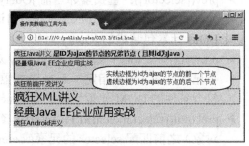

图 3.10　使用 jQuery 的仿 DOM 导航方法

▶▶ 3.3.3　串联方法

前面的过滤、导航等方法都会对原有的jQuery对象进行"破坏"——通常都会减去原jQuery对象中包含的部分 DOM 对象。下面的方法则能以不同方式找到被进行"破坏"操作之前的jQuery 对象。

➢ add(selector|elements|html|jQuery[, context])：为原来的 jQuery 对象添加新的 DOM 元素。该方法的参数既可以是任何合法的选择器，也可以是原始的 HTML 代码（该方法将会把 HTML 代码转化为 DOM 对象后添加到 jQuery 里），也可以是未经包装的 DOM 元素，还可以是另一个 jQuery 对象（该方法会将另一个 jQuery 中包含的 DOM 元素添加到原有的 jQuery 对象中）。如果指定了 selector 参数，则可以指定 context 参数，以只在指定 context 中查找匹配的 DOM 元素。

jQuery 1.9 修改了该方法，修改后的 add()方法返回的 jQuery 对象总会按照这些 DOM 节点在 document（文档）中的顺序来排列它们。

- andBack()：该方法通常与前面介绍的查找方法结合使用，作用是将查找之前的结果和查找之后的结果混合在一起。
- end()：该方法通常也是和前面的过滤、查找方法结合使用，用于将 jQuery 对象恢复到上一次执行过滤、查找方法之前的状态。

> **提示：**
> end()方法的作用有点类似于"撤销"操作，在对某个 jQuery 对象调用 end()方法之后，该 jQuery 对象的状态将恢复到调用 end()前执行某个方法之前的状态。

如下的代码示范了这两个方法的用法。

程序清单：codes\03\3.3\undo.html

```html
<body>
<div style="padding:20px">
    <div id="java">疯狂 Java 讲义</div>
    <div id="javaee">轻量级 Java EE 企业应用实战</div>
    <div id="ajax">疯狂前端开发讲义</div>
    <div id="xml">疯狂 XML 讲义</div>
    <div id="ejb">经典 Java EE 企业应用实战</div>
    <div id="android">疯狂 Android 讲义</div>
</div>
<script type="text/javascript" src="../jquery-3.1.1.js">
</script>
<script type="text/javascript">
// 将文档中 id 为 java 的元素和 HTML 字符串合并成一个 jQuery 对象
// 将两个元素插在<body.../>元素的前面
$("#java").add("<p>新加的元素</p>").prependTo("body");
// 获取 id 为 ajax 的节点的下一个兄弟节点，再将 id 为 ajax 的节点与此链为一体。
// 实际返回 id 为 ajax 的节点，以及 id 为 ajax 的下一个节点
$("#ajax").next().addBack().css("border" , "2px solid black");
// 先获取 ajax 节点的下一个节点，再次使用 end()方法重新获取之前的 ajax 节点
// 实际返回的就是$("#ajax")的结果
$("#ajax").next().end().css("background-color" , "#ffaaaa");
</script>
</body>
```

在浏览器中浏览该页面，可以看到如图 3.11 所示的效果。

从图 3.11 可以看出，程序中第一行粗体字代码将页面上 id 为 java 的<div.../>元素和 HTML 字符串包装成一个 jQuery 对象，并将该 jQuery 对象插入到<body.../>前面，因此这两个元素都将不再位于任何<div.../>之内。

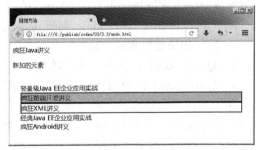

图 3.11 链接方法

第二行粗体字代码获取页面上 id 为 ajax 的元素，再调用 next()方法获取该元素的下一个元素，然后调用 addBack()方法将两个元素合并在一起并包装成 jQuery 对象之后返回。因此第二行粗体字代码获取的实际上是 id 为 ajax 的元素及后一个元素。

3.4 jQuery 支持的方法

前面都是在介绍如何获取 jQuery 对象，一旦获取了 jQuery 对象，就可直接调用 jQuery 的

方法来操作 DOM 了。jQuery 提供了大量方法用以简化 DOM 操作，从而开发者可以用更一致、更精练的代码来动态改变 HTML 页面。

3.4.1 jQuery 命名空间的方法

jQuery 还提供了一个 jQuery 命名空间，开发者可以直接使用 jQuery 命名空间下的如下属性和方法。

> **提示：** 读者可以把 jQuery 命名空间下的方法当成 jQuery 的类方法，也就是说，开发者可以直接采用"jQuery.方法名"或"$.方法名"的形式来调用这些工具方法。

- jQuery.support：该属性返回一个 JavaScript 对象，该对象中包含了浏览器是否支持某个特性。例如 jQuery.support.ajax 返回 true，表明用户浏览器支持创建 XMLHttpRequest 对象。该属性返回的对象包含了如下常用属性。
  - ajax：如果用户浏览器支持创建 XMLHttpRequest 对象，即可返回 true。
  - cors：如果可以创建 XMLHttpRequest 对象，并且该属性有 withCredentials 属性，则该属性返回 true。
- jQuery.error(string)：该方法用于抛出一个 Error 对象，传入 string 参数将作为关于 Error 对象的描述。
- jQuery.globalEval(code)：用于执行 code 代码。该方法的功能类似于 JavaScript 提供的 eval()函数。
- jQuery.isArray(object)：判断 object 是否为数组，如果是则返回 true。
- jQuery.isEmptyObject(object)：判断 object 是否为空对象（不包含任何属性），如果是则返回 true。
- jQuery.isFunction(obj)：判断 obj 是否为函数，如果是则返回 true。
- jQuery.isNumeric(value)：判断 value 是否为数值，如果是则返回 true。
- jQuery.isPlainObject(object)：判断 object 是否为普通对象（用{}语法或 new Object 创建的对象），如果是则返回 true。
- jQuery.isWindow(obj)：判断 obj 是否为窗口，如果是则返回 true。
- jQuery.isXMLDoc(node)：判断 node 是否位于 XML 文档内，或 node 本身就是 XML 文档，如果是则返回 true。
- jQuery.noop()：代表一个空函数。
- jQuery.now()：返回代表当前时间的数值。

除了上面这些基本的工具方法之外，jQuery 命名空间下还提供了如下工具方法，这些工具方法并不是用于操作 DOM 的，而是用于操作普通的字符串、数组和对象的，但这些方法对简化开发者的 JavaScript 编程一样大有裨益。

1. 字符串、数组和对象相关工具方法

以下方法主要用于操作字符串、数组和对象。

- jQuery.trim(str)：截断字符串前后的空白。
- jQuery.each(object, callback)：该方法用于遍历 JavaScript 对象和数组（不是遍历 jQuery 对象）。其中 object 就是要遍历的对象或数组，callback 是一个形如 function(index, val){}的函数，其中 index 是对象的属性名或数组的索引，val 为对应的属性值或数组元素。

如果想中途退出 each() 遍历，则让 callback 函数返回 false 即可，这样其他返回值将被忽略。

- jQuery.extend(target, object1, [objectN])：用于将 object1、objectN 的属性合并到 target 对象里。如果 target 里有和 object1、objectN 同名的属性，则 object1、objectN 的属性值将覆盖 target 的属性值；如果 target 中不包含 object1、objectN 里所包含的属性值，则 object1、objectN 的属性值将会被添加到 target 对象里。
- jQuery.grep(array, callback, [invert])：该方法用于对 array 数组进行筛选。callback 是一个形如 function(val, index){} 的函数，其中 index 是对象的属性名或数组的索引，val 为对应的属性值或数组元素。grep 将会依次把 array 数组元素的索引和值传入 callback 函数，如果 callback 函数返回 true 则保留该数组元素，否则删除数组元素。如果将 invert 指定为 true，则当 callback 函数返回 true 时，反而会删掉该数组元素。
- jQuery.inArray(value, array)：用于返回 value 在 array 中出现的位置。如果 array 中不包含 value 元素，则返回-1。
- jQuery.makeArray(obj)：用于将类数组对象（例如 HTMLCollection 对象）转换为真正的数组对象。类数组对象有 length 属性，其元素索引为 0~length-1。
- jQuery.map(array, callback)：该函数用于将 array 数组转换为另一个数组。callback 是一个形如 function(val, index){} 的函数，其中 index 是数组的索引，val 为数组元素。map 将会依次把 array 数组元素的索引和值传入 callback 函数，每次传入 callback 函数后的返回值将作为新数组的元素——这样就产生了一个新数组。
- jQuery.merge(first, second)：合并 first 和 second 两个数组。将两个数组的元素合并到新数组里并不会删除重复值。
- jQuery.type(obj)：返回 obj 代表的类型。当 obj 不存在或为 undefined 时返回"undefined"；当 obj 为 null 时返回"null"；当 obj 为 true 或 false 时返回"boolean"；当 obj 为数值时返回"number"；当 obj 为字符串时返回"string"；当 obj 为函数时返回"function"；当 obj 为数组时返回"array"；当 obj 为日期时返回"date"；当 obj 为正则表达式时返回"regexp"。
- jQuery.parseJSON(string)：将符合 JSON 规范的字符串解析成 JavaScript 对象或数组。
- jQuery.parseXML(string)：将符合 XML 规范的字符串解析成 XML 节点。
- jQuery.unique(array)：删除 array 数组中的重复值。
- jQuery.uniqueSort(array)：删除 array 数组中的重复值，从 jQuery 3.0 开始，jQuery 推荐使用 uniqueSort() 代替原有的 unique() 方法。

下面的代码示范了上述工具方法的用法。

程序清单：codes\03\3.4\tools.html

```
<body>
<script type="text/javascript" src="../jquery-3.1.1.js">
</script>
<script type="text/javascript">
// 测试 jQuery.support
document.writeln("浏览器是否支持创建 XMLHttpRequest："
    + $.support.ajax + "<br />");
// 测试 jQuery.support
document.writeln("XMLHttpRequest 是否有 withCredentials："
    + $.support.cors + "<br />");
// 去除字符串前后的空白
document.writeln("$.trim('   ddd'));的结果是"
```

```
        + $.trim("    ddd") + "<br />");
    // 遍历数组
    $.each(["java" , "ajax" ,"java ee"] , function(index, val)
    {
        document.writeln("['java' , 'ajax' ,'java ee']的第"
            + index + "个元素为:" + val + "<br />");
    });
    // 以指定函数过滤数组
    var grepResult = $.grep(["java" , "ajax" ,"java ee"]
        , function(val, index)
    {
        // 当数组元素的字符个数大于 5 时被保留
        return val.length > 5;
    });
    document.writeln("['java' , 'ajax' ,'java ee']中数组元素的"
        + "字符个数大于 5 的还有:"
        + grepResult + "<br />");
    // 以旧数组创建新数组
    var mapResult = $.map(["java" , "ajax" ,"java ee"]
        , function(val, index)
    {
        // 将数组元素和索引值连缀在一起作为新的数组元素
        return val + index
    });
    document.writeln("以['java' , 'ajax' ,'java ee']创建的新数组为:"
        + mapResult);
    // 创建 div 元素
    var div = $("<div>aa<div>");
    // 以相同的两个 div 创建数组
    var divArr = [div , div];
    document.writeln("divArr.length 的值为:" + divArr.length + "<br />");
    // 执行$.uniqueSort 去除重复元素
    document.writeln("$.uniqueSort(divArr).length 的结果为:"
        + $.uniqueSort(divArr).length + "<br />");
    var str = "aa";
    // 以两个相同的字符串创建数组
    var strArr = [str , str];
    document.writeln("strArr.length 的值为:"
        + strArr.length + "<br />");
    // 执行$.uniqueSort 去除重复元素
    document.writeln("$.uniqueSort(strArr).length 的结果为:"
        + $.uniqueSort(strArr).length + "<br />");
    // 解析 JSON 字符串
    var result = $.parseJSON('[{"name":"孙悟空","age":500},'
        + '{"name":"白骨精","age":21}]');
    for(var i = 0 ,len = result.length ; i < len ; i++)
    {
        document.writeln("第" + i + "个角色的年龄是:"
            + result[i].name + ", 年龄是:"
            + result[i].age + "<br/>");
    }
</script>
</body>
```

运行该程序将可看到如图 3.12 所示的结果。

图 3.12 使用 jQuery 命名空间下的工具方法

▶▶ 3.4.2 数据存储的相关方法

jQuery 允许把 jQuery 对象当成一个临时的"数据存储中心",开发者能以 key:value 对的形式将数据存储到 jQuery 对象里,并从 jQuery 对象里取出之前存储的数据,也可以删除之前存储的数据。存入 jQuery 对象里的数据既可以是基本类型值,也可以是数组、JavaScript 对象等。jQuery 对象支持的数据存储相关方法如下。

- data(name, value):向 jQuery 对象里存储 name:value 的数据对。
- data(object):向 jQuery 对象中一次存入多个 name:value 数据对。其中 object 是一个形如{name:value...}的对象。
- data(name):获取 jQuery 对象里存储的 key 为 name 的数据。
- data():获取 jQuery 对象中存储的所有数据。该方法返回一个{name:value...}形式的对象。
- removeData([name]):删除 jQuery 对象里存储的 key 为 name 的数据。
- removeData([list]):删除 list 所列出的多个 key 对应的数据。list 既可是多个 key 组成的数组,也可是空格隔开的多个 key。

除此之外,jQuery 命名空间下也提供了一些数据存储相关的工具方法,这些工具方法用于将数据存储到某个元素上。jQuery 命名空间下的数据存储相关方法如下:

- jQuery.data(element, key, value):在 element 元素中存储 key:value 数据对。
- jQuery.data(element, key):获取 element 元素中指定 key 对应的 value 值。
- jQuery.data(element):获取 element 元素中所有 key:value 对。
- jQuery.removeData(element [,key]):删除 element 元素中指定 key 对应的数据项。
- jQuery.hasData(element):判断 element 元素中是否已存储数据。

下面的代码示范了 jQuery 的数据存储相关方法。

程序清单:codes\03\3.4\data.html

```
<body>
<div>
    最有趣的人物是<span></span>,
    它的年龄是:<span></span>
</div>
<script type="text/javascript" src="../jquery-3.1.1.js">
</script>
<script type="text/javascript">
    var target = $("<div>java</div>");
    // 向 jQuery 对象里添加 book 数据
    target.data("book" , "疯狂 Java 讲义");
```

```
            // 访问jQuery对象里的book数据,将输出"疯狂Java讲义"
            console.log(target.data("book"));
            // 删除jQuery对象里的book数据
            target.removeData("book");
            // 再次访问jQuery对象里的book数据,将输出"undefined"
            console.log(target.data("book"));
            // 获取页面上第一个div元素
            var div = $("body>div")[0];
            // 向div元素中存储多个key:value对
            $.data(div, "test", { name: "孙悟空", age: 500 });
            // 访问div元素中存储的数据
            $("span:first").text(jQuery.data(div, "test").name);
            $("span:last").text(jQuery.data(div)["test"].age);
            // 删除div元素中的数据
            $.removeData(div);
            // 判断div元素中是否有数据
            console.log($.hasData(div));
        </script>
    </body>
```

运行该程序,将可看到如图3.13所示的结果。

图3.13 使用数据存储相关的方法

从图3.13最后的false输出可以看出,当程序调用$.removeData(div)删除div元素中的所有数据之后,再次通过$.hasData(div)判断div元素中是否有数据将返回false。

▶▶ 3.4.3 操作属性的相关方法

下面这组方法是操作DOM对象属性的通用方法,可以操作DOM对象的通用属性,例如title、alt、src等。

- ➢ attr(name):访问jQuery对象里第一个元素的name属性。如果jQuery对象里包含的DOM对象都没有name属性,则该方法返回undefined。name可以是title、alt、src、href等属性。
- ➢ attr(map):用于为jQuery对象里的所有DOM对象同时设置多个属性。其中map是一个形如{name1:value1,name2:value2... }的对象,例如{"src":"logo.jpg"}。
- ➢ attr(name, value):用于为jQuery对象里的所有DOM对象设置单个属性。其中name是需要设置的属性名,value是需要设置的属性值。
- ➢ attr(key, fn):用于为jQuery对象里的所有DOM对象设置单个属性,但不是直接给定属性值,而是提供fn函数,由fn函数来计算各元素的属性值。Fn函数是一个形如function(index){}的函数,其中index代表各DOM元素在jQuery对象中的索引。
- ➢ removeAttr(name):删除jQuery对象里所有DOM对象里的name属性。
- ➢ prop(propName):访问jQuery对象里第一个元素的propName属性。如果jQuery对象

里包含的 DOM 对象都没有 propName 属性，则返回 undefined。name 可以是 title、alt、src、href 等属性。
- prop(properties)：用于为 jQuery 对象里的所有 DOM 对象同时设置多个属性。其中 properties 是一个形如{name1:value1,name2:value2...}的对象，例如{"src":"logo.jpg"}。
- prop(name, value)：用于为 jQuery 对象里的所有 DOM 对象设置单个属性。其中 name 是需要设置的属性名，value 是需要设置的属性值。
- prop(key, fn)：用于为 jQuery 对象里的所有 DOM 对象设置单个属性，但不是直接给定属性值，而是提供 fn 函数，由 fn 函数来计算各元素的属性值。Fn 函数是一个形如 function(index){}的函数，其中 index 代表各 DOM 元素在 jQuery 对象中的索引。
- removeProp(propName)：删除 jQuery 对象里所有 DOM 对象里的 propName 属性。

> **提示：**
> attr()与 prop()系列方法的功能非常相似，它们的区别也很微妙，有时候笔者也不能确定到底应该使用哪个。可参考 jQuery 官方文档的说明：在 jQuery 1.6 之前，attr()系列方法充当了 prop()系列方法的功能；在 jQuery 1.6 之后，attr()系列方法专门用于操作元素的 Attribute 属性。而 prop()系列方法则专门用于操作 Property 属性。

下面的程序示范了动态改变页面中<img.../>元素 src 属性的情况。

程序清单：codes\03\3.4\attr.html

```html
<body>
<img/><img/>
<div>
    <img/><img/><img/>
</div>
<script type="text/javascript" src="../jquery-3.1.1.js">
</script>
<script type="text/javascript">
    // 获取 body 下的 img 元素，并为这些 img 元素设置 src 属性
    $("body>img").attr("src" , "logo.jpg")
        .attr("alt" , "疯狂Java联盟");
    // 获取 div 下的 img 元素，并为这些 img 元素设置 src 属性
    $("div>img").prop("src" , function(index)
    {
        return index + 1 + ".gif";
    });
</script>
</body>
```

在该程序中，两次使用了 jQuery 的 attr()方法，前一个方法为<img.../>元素的 src 属性设置固定值，后一个方法使用函数为<img.../>元素设置 src 属性。在浏览器中浏览该页面，可看到如图 3.14 所示的效果。

该示例程序使用了 attr()系列方法来改变<img.../>元素的 src 属性，但实际上完全可以使用 prop()系列方法来改变<img.../>

图 3.14　使用 attr()方法修改<img.../>元素的 src 属性

元素的 src 属性。从这个示例来看，attr()系列方法与 prop()系列方法没有区别。但在某些极端情况下，两组方法可能存在区别，建议读者根据情况分别尝试使用两组不同的方法。

▶▶ 3.4.4 操作 CSS 属性的相关方法

jQuery 提供了以下操作 DOM 元素 CSS 样式的方法，包括直接访问、修改 DOM 元素的 class 属性。另外，还提供了访问、修改 DOM 元素内联 CSS 属性的方法。并且还提供了大量直接访问、修改 DOM 元素大小和位置的方法。

jQuery 提供的操作 CSS 属性的相关方法如下。

- addClass(class)：将指定的 CSS 定义添加到 jQuery 对象包含的所有 DOM 对象上。
- hasClass(class)：判断该 jQuery 对象是否包含至少一个具有指定 CSS 定义的 DOM 对象。只要该 jQuery 对象里有一个 DOM 对象具有该 CSS 定义，则返回 true，否则返回 false。
- removeClass(class)：删除 jQuery 对象所包含的所有 DOM 对象上的指定 CSS 定义。
- toggleClass(class)：如果 jQuery 对象包含的所有 DOM 对象上具有指定的 CSS 定义，则删除该 CSS 定义，否则添加该 CSS 定义。
- css(name)：返回该 jQuery 对象包含的第一个匹配的 DOM 对象上名为 name 的 CSS 属性值（也就是返回该 DOM 对象的 style.name 属性值）。如果在 jQuery 对象里找到的第一个 DOM 对象具有 style.name 属性值，则返回该值，否则返回 undefined。
- css(name, value)：为 jQuery 对象包含的所有 DOM 对象设置单个 CSS 属性（设置它们的内联 CSS 属性）。如 target.css("border" , "1px solid black");。
- css(properties)：为 jQuery 对象包含的所有 DOM 对象同时设置多个 CSS 属性（设置它们的内联 CSS 属性）。properties 是一个形如 {key1:val1,key2:val2...} 的对象，如 {border:"1px solid black"}。
- offset()：获取 jQuery 对象包含的第一个匹配的 DOM 对象相对于该文档的位置。该方法返回一个形如 {left:n,top:m} 的对象。
- position()：获取 jQuery 对象包含的第一个匹配的 DOM 对象相对于其父元素的位置。该方法返回一个形如 {left:n,top:m} 的对象。
- scrollTop()：获取 jQuery 对象包含的第一个匹配的 DOM 对象的 scroll top 值（该属性值会考虑垂直滚动条中滑块的位置）。
- scrollTop(val)：设置 jQuery 对象里包含的所有 DOM 对象的 scroll top 值。
- scrollLeft()：获取 jQuery 对象包含的第一个匹配的 DOM 对象的 scroll left 值（该属性值会考虑水平滚动条中滑块的位置）。
- scrollLeft(val)：设置 jQuery 对象里包含的所有 DOM 对象的 scroll left 值。
- height()：返回 jQuery 对象里第一个匹配的元素的当前高度（以 px 为单位）。
- height(val)：设置 jQuery 对象里所有元素的高度，val 的单位为 px。
- width()：返回 jQuery 对象里第一个匹配的元素的当前宽度（以 px 为单位）。
- width(val)：设置 jQuery 对象里所有元素的宽度，val 的单位为 px。
- innerHeight()：返回 jQuery 对象里第一个匹配的元素的内部高度（以 px 为单位）。内部高度就是该元素的高度减去边框宽度，再减去垂直 padding 的大小。
- innerWidth()：返回 jQuery 对象里第一个匹配的元素的内部宽度（以 px 为单位）。内部宽度就是该元素的宽度减去边框宽度，再减去水平 padding 的大小。
- outerHeight([options])：获取 jQuery 对象里第一个匹配元素的外部高度（包括边框宽度和默认的 padding 大小），该方法对隐藏元素同样有效。如果 options 为 true，则元素的页边距也会算在外部高度之内。

➢ outerWidth([options])：获取 jQuery 对象里第一个匹配元素的外部宽度（包括边框宽度和默认的 padding 大小），该方法对隐藏元素同样有效。如果 options 为 true，则元素的页边距也会算在外部宽度之内。

这些操作 DOM 元素 CSS 属性的方法简单清晰，而且在前面的程序中也使用了部分操作 CSS 属性的方法，故此处的示例程序仅示范这里的部分方法。

程序清单：codes\03\3.4\css.html

```
<body>
<div id="test1">
    整体添加 CSS 样式的元素
</div><br/>
<div id="test2">
    采用 css(properties) 方法添加 CSS 样式的元素
</div><br/>
<div id="test3" style="position:absolute;">
    可以自由移动的元素
</div>
<script type="text/javascript" src="../jquery-3.1.1.js">
</script>
<script type="text/javascript">
    // 为 id 为 test1 的元素设置 class="text"
    $("#test1").addClass("test");
    // 为 id 为 test2 的元素设置内联 CSS 样式
    $("#test2").css({border:"1px solid black" , color:"#888"});
    // 获取 id 为 test3 的元素
    var target = $("#test3")
        // 设置背景色
        .css("background-color" , "#cccccc")
        .css("padding" , 10)
        // 设置宽度
        .width(200)
        // 设置高度
        .height(80)
        // 设置位置
        .css("left" , 40)
        .css("top" , 64);
    // 获取 target 的位置
    var posi = target.position();
    console.log("target 的 X 座标为:" + posi.left + "\n"
        + "target 的 Y 座标为:" + posi.top);
</script>
</body>
```

在浏览器中浏览该页面，可看到如图 3.15 所示的效果。

图 3.15 使用 jQuery 的 CSS 相关方法

jQuery 命名空间下还提供了一个 jQuery.cssHooks 工具方法，该工具方法允许开发者自定义设置 CSS 样式的代码，从而开发者可以创建自定义的 CSS 属性。例如在 CSS 3 规范中允许用户自定义渐变背景，但不同浏览器对渐变背景的支持情况并不相同，此时就可通过 jQuery.cssHooks 来开发自定义的 CSS 属性。

jQuery.cssHooks 工具方法的用法如下：

```
$.cssHooks["customCss"] = {
    get: function( elem, computed, extra ) {
        // 实现获取自定义 CSS 属性值的代码。
    },
    set: function( elem, value ) {
        // 实现设置自定义 CSS 属性的代码
    }
}
```

在上面的语法格式中，customCss 是自定义的 CSS 属性名，程序需要分别定义 get 和 set 两个函数，分别用于获取自定义的 CSS 属性值和设置自定义的 CSS 属性值。

下面的程序示范了如何自定义 CSS 属性。

程序清单：codes\03\3.4\cssHook.html

```html
<body>
<div>疯狂 Java 讲义</div>
<div>轻量级 Java EE 企业应用实战</div>
<script type="text/javascript" src="../jquery-3.1.1.js">
</script>
<script type="text/javascript">
(function($)
{
    var _patterns =
    {
        "msie": "progid:DXImageTransform.Microsoft.Gradient(" +
            "StartColorStr='{0}', EndColorStr='{1}', GradientType=0)",
        "mozilla": "-moz-linear-gradient(top, {0} 0%, {1} 100%)",
        "opera": "-o-linear-gradient(top, {0} 0%, {1} 100%)",
        "webkit": "-webkit-linear-gradient(top, {0} 0%, {1} 100%)",
        "unknown": "-ms-linear-gradient(top, {0} 0%, {1} 100%)"
    };
    // 定义一个获取浏览器名称的函数
    var browserName = function()
    {
        if (/firefox/.test(navigator.userAgent.toLowerCase()))
            return "mozilla";
        else if(/opera/.test(navigator.userAgent.toLowerCase()))
            return "opera";
        else if(/webkit/.test(navigator.userAgent.toLowerCase()))
            return "webkit";
        // 判断是否为早期版本的 IE
        else if(/msie/.test(navigator.userAgent.toLowerCase()))
            return "msie";
        else return "unknown";
    }
    // 定义函数，针对不同浏览器生成不同 CSS 属性值
    var genCssString = function(colorStr, browser)
    {
        // 获取不同浏览器对应的 CSS 属性值模板
        var reStr = _patterns[browser];
        if (!reStr) return null;
        // 将 colors 按逗号分隔成两个字符串
        var colors = colorStr.split(',');
        if (colors.length != 2) return;
```

```
                // 将{0}占位符替换成colors[0]
                // 将{1}占位符替换成colors[1]
                return reStr.replace(/\{0\}/, colors[0])
                    .replace(/\{1\}/, colors[1]);
        };
        $.cssHooks["lineGradBackground"] =
        {
            get: function (elem, computed, extra)
            {
                return elem.style.background;
            },
            set: function (elem, value)
            {
                // 获取浏览器版本
                var b = browserName();
                // 根据不同浏览器设置不同的background属性值
                // 对于早期版本的IE浏览器,应该使用filter属性
                elem.style[b == "msie" ? "filter" : "background"]
                    = genCssString(value, b);
            }
        };
    })(jQuery);
    $("body>div").width(300)
        .height(40)
        .css("padding" , 30);
    $("body>div:first").css("lineGradBackground", "#e2f, #efe");
    $("body>div:last").css("lineGradBackground", "#fff, #111");
    </script>
</body>
```

在这段代码中的最后两行粗体字代码用于设置自定义的CSS属性——lineGradBackground,该属性可以在不同浏览器中为元素设置渐变背景。该程序可以在 IE、Firefox、Opera、Chrome 等浏览器中运行。浏览该页面,可以看到如图 3.16 所示的效果。

图 3.16 使用自定义属性定义渐变背景

▶▶ 3.4.5 操作元素内容的相关方法

jQuery 还提供了以下方法来访问或设置 DOM 元素的内容,包括访问或设置这些 DOM 元素的 innerHTML 属性、文本内容和 value 属性。

- ➢ html():返回 jQuery 对象包含的第一个匹配的 DOM 元素的 HTML 内容(也就是返回其 innerHTML 属性值)。不能在 XML 文档中使用该方法,可以在 HTML 文档中使用。
- ➢ html(val):设置 jQuery 对象包含的所有 DOM 元素的 HTML 内容(也就是同时设置它们的 innerHTML 属性值)。不能在 XML 文档中使用该方法,可以在 HTML 文档中使用。
- ➢ text():返回 jQuery 对象包含的所有 DOM 元素的文本内容(会剔除该 DOM 元素里所有的 XML、HTML 标签)。该方法对 XML 文档和 HTML 文档都有作用。
- ➢ text(val):设置 jQuery 对象包含的所有 DOM 元素的文本内容。该方法对 XML 文档和 HTML 文档都有作用。
- ➢ val():返回 jQuery 对象包含的第一个匹配的 DOM 元素的 value 值,实际上就是返回表单控件的 value 属性值。该方法可返回字符串和数组(例如多选框和允许多选的下

拉列表框)。

- val(val):为 jQuery 对象包含的所有 DOM 元素设置单个 value 属性值,实际上就是设置表单控件的 value 属性值。
- val(Array<String>):为 jQuery 对象包含的所有 DOM 元素设置多个 value 属性值。主要用于操作复选框和允许多选的下拉列表框。

下面的程序示范了操作元素内容的相关方法的用法。

程序清单:codes\03\3.4\content.html

```html
<body>
<div></div><div></div>
<input id="book" name="book" type="text" /><br />
<input id="desc" name="desc" type="text" /><br />
<select id="gender">
    <option value="male">男人</option>
    <option value="female">女人</option>
</select><br />
<select id="publish" multiple="multiple">
    <option value="phei">电子工业出版社</option>
    <option value="ptpress">人民邮电出版社</option>
</select><br />
<script type="text/javascript" src="../jquery-3.1.1.js">
</script>
<script type="text/javascript">
// 设置 body 下的 div 元素的内容
$("body>div").html("疯狂前端开发讲义");
// 设置所有 input、select 和 textarea 的值
$(":input").val("疯狂 XML 讲义");
// 为所有的<select.../>元素设置 value 值
$("select").val(["female" , "ptpress" , "phei"]);
// 仅获取 jQuery 元素的 text 部分,下面将输出 java:疯狂 Java 讲义
console.log($("<div>java:<span>疯狂 Java 讲义</span></div>").text());
</script>
</body>
```

在浏览器中浏览该页面,可看到如图 3.17 所示的效果。

图 3.17 使用 jQuery 操作元素内容的方法

▶▶ 3.4.6 操作 DOM 节点的相关方法

在 DOM 操作中最常见的操作就是对节点的操作,包括创建节点、复制节点、插入节点和删除节点等,而 jQuery 也提供了大量相关方法来简化对 DOM 节点的操作。

1. 在指定节点内插入新节点

以下方法都用于在指定节点内插入新节点。

- append(content)：在 jQuery 对象包含的所有 DOM 节点内的尾部插入 content 内容。其中 content 既可以是 HTML 字符串，也可以是 DOM 元素，还可以是 jQuery 对象。
- append(function(index, html))：使用 function(index , html)函数迭代处理 jQuery 所包含的每个节点，在每个节点的尾部依次插入 function(index , html)函数的返回值。function(index , html)函数中的 index、html 参数表示当前正在被迭代处理的 DOM 节点的索引和 DOM 节点内容。
- appendTo(selector)：将当前 jQuery 对象包含的 DOM 元素添加到与 selector 匹配的所有 DOM 内部的尾端。

> 注意：append()方法是在当前 jQuery 对象内部插入其他元素；而 appendTo()方法是将当前 jQuery 对象插入到其他元素内部。A.append(B)的作用与 B.appendTo(A)的作用类似。

- prepend(content)：在 jQuery 对象包含的所有 DOM 节点内的顶部插入 content 内容，其中 content 既可以是 HTML 字符串，也可以是 DOM 元素，还可以是 jQuery 对象。
- prepend(function(index, html))：使用 function(index , html)函数迭代处理 jQuery 所包含的每个节点，在每个节点的顶部依次插入 function(index , html)函数的返回值。function(index , html)函数中的 index、html 参数表示当前正在被迭代处理的 DOM 节点的索引和 DOM 节点内容。
- prependTo(selector)：将当前 jQuery 对象包含的 DOM 元素添加到与 selector 匹配的所有 DOM 的内部的顶端。

下面的程序示范了这些方法的功能。

程序清单：codes\03\3.4\append.html

```
<body>
<div id="test1"> test1 </div>
<div id="test2" style="border:1px solid black;">id 为 test2 的元素</div>
<script type="text/javascript" src="../jquery-3.1.1.js">
</script>
<script type="text/javascript">
    // 直接将一段 HTML 字符串添加到 id 为 test1 的元素的内部的尾端
    $("#test1").append("<b>疯狂 XML 讲义</b>");
    // 创建一个<span.../>元素
    var span = document.createElement("span");
    span.innerHTML = "疯狂 Java 讲义"
    // 将一个 DOM 元素添加到 id 为 test1 的元素的内部的顶端
    $("#test1").prepend(span);
    // 将 id 为 test1 的元素添加到 id 为 test2 的元素内部的尾端
    $("#test1").appendTo("#test2");
</script>
</body>
```

在浏览器里浏览该页面，可看到如图 3.18 所示的效果。

图 3.18　在节点内部插入内容

如果使用 append(function(index, html))、prepend(function(index, html)) 方法则可以为不同元素添加不同的内容，例如下面的页面代码。

程序清单：codes\03\3.4\append2.html

```html
<body>
<div>1</div>
<div>2</div>
<div>3</div>
<script type="text/javascript" src="../jquery-3.1.1.js">
</script>
<script type="text/javascript">
    // 定义一个数组
    var books = [
        {name: "疯狂Java讲义" , price:109},
        {name: "轻量级Java EE企业应用实战" , price:89},
        {name: "疯狂Android讲义" , price:89}]
    // 使用函数为不同div元素动态添加不同的内容
    $("body>div").append(function(i)
    {
        // i 代表 jQuery 对象中正在迭代处理的元素的索引，因此为 0、1、2...
        return "<b>书名是《" + books[i].name
            + "》,价格是:" + books[i].price;
    });
</script>
</body>
```

在浏览器中浏览该页面，可以看到如图 3.19 所示的效果。

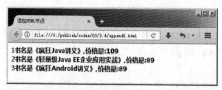

图 3.19　使用函数为不同节点动态添加不同内容

2. 在指定节点外添加节点

以下方法用于在目标节点的前后添加新节点。

- after(content)：在该 jQuery 对象包含的所有 DOM 节点之后添加 content 内容。其中 content 既可以是 HTML 字符串，也可以是 DOM 对象，还可以是 jQuery 对象。
- after(function(index))：使用 function(index) 函数迭代处理 jQuery 所包含的每个节点，在每个节点的后面依次添加 function(index) 函数的返回值。function(index) 函数中的 index 参数表示当前正在被迭代处理的 DOM 节点的索引。
- before(content)：在该 jQuery 对象包含的所有 DOM 节点之前添加 content 内容。其中 content 既可以是 HTML 字符串，也可以是 DOM 对象，还可以是 jQuery 对象。
- before(function(index))：使用 function(index) 函数迭代处理 jQuery 所包含的每个节点，在每个节点的前面依次添加 function(index) 函数的返回值。function(index) 函数中的

index 参数表示当前正在被迭代处理的 DOM 节点的索引。
- ➤ insertAfter(selector)：将当前 jQuery 对象包含的所有 DOM 节点插入到与 selector 匹配的所有节点之后。
- ➤ insertBefore(selector)：将当前 jQuery 对象包含的所有 DOM 节点插入到与 selector 匹配的所有节点之前。

下面的程序示范了以上几个插入方法的用法。

程序清单：codes\03\3.4\insert.html

```
<body>
<div id="test1" style="border:1px dotted black;">id 为 test1 的元素</div><br />
<div id="test2" style="border:1px solid black;">id 为 test2 的元素</div>
<hr />
<script type="text/javascript" src="../jquery-3.1.1.js">
</script>
<script type="text/javascript">
    // 直接将一段 HTML 字符串插入到 id 为 test1 的元素的前面
    $("#test1").before("<b>疯狂前端开发讲义</b>");
    // 直接将一段 HTML 字符串插入到 id 为 test1 的元素的后面
    $("#test1").after("<b>疯狂 XML 讲义</b>");
    // 将 id 为 test2 的元素插入 hr 元素之后
    $("#test2").insertAfter("hr");
    // 使用函数在不同节点前添加不同内容
    $("body>div").before(function(i)
    {
        return "<div style='font-size:14pt'>" + i + "</div>";
    });
</script>
</body>
```

在浏览器中浏览该页面，可以看到如图 3.20 所示的结果。

图 3.20　示范 jQuery 的插入方法

3. 包裹

下面的方法可以将当前 jQuery 对象里包含的 DOM 节点包裹起来，也就是在这些 DOM 节点之前插入开始标签，在其之后插入结束标签。

- ➤ wrap(wrappingElement)：包裹当前 jQuery 对象包含的每个 DOM 节点。其中 node 既可以是有开始标签和结束标签的 HTML 字符串，例如<div></div>；也可以是这些标签所对应的 DOM 元素。
- ➤ wrap(function(index))：使用 function(index)函数迭代处理 jQuery 所包含的每个节点。依次使用 function(index)函数的返回值来包裹 jQuery 对象包含的每个节点。function(index)函数中的 index 参数表示当前正在被迭代处理的 DOM 节点的索引。
- ➤ wrapAll(wrappingElement)：包裹当前 jQuery 对象包含的所有 DOM 节点。其中 node 既可以是有开始标签和结束标签的 HTML 字符串，例如<div></div>；也可以是这些标签所对应的 DOM 元素。

> **注意：** wrap()和 wrapAll()的区别在于，wrap()是把 jQuery 对象里的每个 DOM 元素都进行包裹，jQuery 对象里有几个元素就包裹几次；而 wrapAll()是将 jQuery 对象里的所有 DOM 元素当成一个整体进行包裹，不管 jQuery 对象里有多少个 DOM 元素都只包裹一次。

- wrapInner(wrappingElement)：包裹当前 jQuery 对象包含的每个节点的内部成分——即不再包裹节点的全部，而是仅包裹节点内部的部分。
- wrapInner(function(index))：使用 function(index)函数迭代处理 jQuery 所包含的每个节点。依次使用 function(index)函数的返回值来包裹 jQuery 对象包含的每个节点的内部成分（不是包裹节点的全部，而是仅包裹节点内部的部分）。function(index)函数中的 index 参数表示当前正在被迭代处理的 DOM 节点的索引。
- unwrap()：该方法是 wrap()方法的逆向操作，它会去除 jQuery 对象中所有 DOM 节点的父元素。

下面的页面代码示范了包裹相关方法的用法。

程序清单：codes\03\3.4\wrap.html

```
<body>
<span id="test1">id 为 test1 的元素</span><br />
<span id="test2">id 为 test2 的元素</span>
<script type="text/javascript" src="../jquery-3.1.1.js">
</script>
<script type="text/javascript">
// 在每个 span 元素之外再包裹一个带点线边框的 div 元素
$("span").wrap("<div style='border:1px dotted black'></div>");
// 将每个 span 元素内部成分再包裹一个灰色背景的 span 元素
$("span").wrapInner("<span style='background-color:#ddd'></span>");
</script>
</body>
```

在浏览器中执行该页面代码可得到如下页面代码：

```
<div style="border: 1px dotted black;"><span id="test1">
<span style="background-color:#ddd;">
id 为 test1 的元素</span></span></div><br>
<div style="border: 1px dotted black;"><span id="test2">
<span style="background-color:#ddd;">
id 为 test2 的元素</span></span></div>
```

4. 替换

下面的方法用于替换 DOM 节点。

- replaceWith(newContent)：将当前 jQuery 对象包含的所有 DOM 对象替换成 newContent。其中 newContent 既可以是 HTML 字符串，也可以是 DOM 对象，还可以是 jQuery 对象。
- replaceWith(function(index))：使用 function(index)函数迭代处理 jQuery 所包含的每个节点，依次使用 function(index)函数的返回值来替换 jQuery 对象包含的每个节点。function(index)函数中的 index 参数表示当前正在被迭代处理的 DOM 节点的索引。

➢ replaceAll(selector)：将当前 jQuery 对象包含的所有 DOM 对象替换成与 selector 匹配的元素。

5. 删除

下面的方法用于删除指定的 DOM 节点。

➢ empty()：删除当前 jQuery 对象包含的所有 DOM 节点里的内容（仅保留每个 DOM 节点的开始标签和结束标签）。
➢ remove([selector])：删除当前 jQuery 对象包含的所有 DOM 节点。如果指定了 selector 选择器，则只删除与 selector 选择器匹配的 DOM 节点。
➢ detach([selector])：该方法的功能与 remove([selector])方法相似，区别只在于 detach()方法会保留被删除元素上关联的 jQuery 数据，当需要在后面某个时刻重新插入该被删除元素时，则该方法会比较有用。

6. 复制

下面的方法用于复制 DOM 节点。

➢ clone([withDataAndEvents])：复制当前 jQuery 对象里包含的所有 DOM 元素并且选中这些复制出来的副本。当需要把 DOM 文档中元素的副本添加到其他位置时，这个函数非常有用。其中 withDataAndEvents 参数是可选的，如果该参数为 true，则会复制 DOM 元素上的事件处理函数。

程序清单：codes\03\3.4\remove.html

```html
<body>
<div><span id="test1">id 为 test1 的元素</span>Java</div>
<span id="test2">id 为 test2 的元素</span>
<script type="text/javascript" src="../jquery-3.1.1.js">
</script>
<script type="text/javascript">
// 将 div 元素内容全部清空
$("div").empty()
    // 重新添加字符串
    .append("重新添加");
// 删除所有 id 为 test2 的 span 元素
$("span").remove("#test2");
// 取得页面中的 div 元素，并复制该元素
$("div").clone()
    // 添加背景色
    .css("background-color" , "#cdcdcd")
    // 添加到 body 元素尾部
    .appendTo("body");
</script>
</body>
```

在浏览器中浏览该页面，可看到如图 3.21 所示的结果。

图 3.21　删除、复制节点

在图 3.21 中所看到的第二个有灰色背景的元素，就是新复制出来的元素。

3.5 jQuery 事件相关方法

jQuery 对 JavaScript 事件模型进行了简化，提供了一致的事件模型，从而允许开发者以更简洁的方式进行事件编程。

▶▶ 3.5.1 绑定事件处理函数

jQuery 为事件编程提供了如下方法。

- ready(fn)：指定当 jQuery 所对应的 DOM 对象装载完成时执行 fn()函数。在 fn 函数中可以为 jQuery 函数起个别名，这样可避免多个 JavaScript 库并存时的命名冲突。

> **注意：**
> 这个函数一个常见的使用场景是$(document).ready(function(){...});，这行代码指定在页面装载完成时立即执行 ready()方法里指定的函数。值得指出的是，一定要保证在<body.../>元素中没有指定 onload 属性，否则不会触发$(document).ready()里指定的函数。同一个页面中可以无限次地调用$(document).ready()方法，多次注册的函数会按照（代码中的）先后顺序依次执行。

- on(events [, selector] [, data], handler(eventObject))：为当前 jQuery 对象中匹配 selector 的所有子元素的一个或多个事件绑定事件处理函数 handler。其中 fn 是一个形如 function(event){}的函数，其中 event 表示触发该函数的事件；data 是个可选参数，它是个形如{key1:val1,key2:val2...}的对象。函数 fn 可通过 event.data 来访问 data 对象，通过指定 data，可以向事件处理函数传入更多数据。

> **注意：**
> 对于 fn 函数，如果该函数想同时阻止事件的默认行为和事件冒泡，则让该函数返回 false 即可；如果只想取消默认行为，则调用 event 的 preventDefault() 方法即可；如果只想阻止冒泡，则调用 event 的 stopPropagation()方法即可。jQuery 3.0 删除了 bind()方法、delegate()方法而使用 on()方法代替，删除了 unbind()方法、undelegate()方法，使用 off()方法来代替。

- off(events [, selector] [, handler(eventObject)])：这是 on()方法的反向操作，它用于从当前 jQuery 对象包含的 DOM 元素中删除绑定的事件处理函数。该函数的 selector、handler 两个参数都是可选的，如果没有指定任何参数，则删除 jQuery 对象中所有 DOM 元素上的事件处理函数；如果指定了 selector，则只删除匹配 selector 的 DOM 元素上的事件处理函数；如果指定了 handler，则只删除该事件处理函数。
- one(type, data, fn)：该方法与 bind()方法的作用基本一致。与 bind 的区别是，无论如何，这个事件处理函数只会执行一次。也就是说，使用 one()绑定的事件处理函数被激发一次后，jQuery 将会解除 one()方法绑定的事件处理函数。
- trigger(type, [data])：以编程方式触发当前 jQuery 对象包含的所有 DOM 对象上的 type 事件，该方法可以触发由 bind()绑定的自定义事件。除此之外，该函数也会导致 DOM 元素执行同名的事件动作。例如我们使用 trigger()触发一个表单的 submit 事件，则该表单将会被提交（如果要阻止这种默认行为，可让事件处理函数返回 false）。data 是一个可选的数组类型的参数,可以将该参数传给绑定在 DOM 对象上的事件处理函数。
- triggerHandler(type, [data]):该方法与 trigger 的作用基本相似,只是调用该方法来触发 type 事件时,不会导致 DOM 元素执行同名的事件动作。
- hover(over, out):该方法为当前 jQuery 对象包含的每个 DOM 元素的 onmouseover、onmouseout 事件绑定事件处理函数。其中 over、out 都是函数,分别绑定到 onmouseover、onmouseout 事件上作为事件处理函数。
- toggle([speed],[easing],[fn]):切换 jQuery 对象包含的 DOM 元素的显示/隐藏状态。其中 speed 参数指定"隐藏/显示"动画效果的速度,默认是 0ms,可能的值包括 slow、normal、fast;easing 参数指定切换效果,默认是 swing 字符串,也可指定为 linear 字符串。fn 为在动画完成时执行的函数,每个元素的动画完成后执行一次 fn 函数。此外,该方法还支持传入一个 boolean 参数值,用于控制元素的显示、隐藏,其中 true 表示显示,false 表示隐藏。

下面的程序示范了以上几个绑定事件处理函数的用法。

程序清单:codes\03\3.5\event.html

```html
<body>
<input id="test1" type="button" value="单击我"/><br />
<input id="test2" type="button" value="切换右边复选框的勾选状态"/>
<input id="check" type="checkbox" value=""/><br />
<input id="test3" type="button" value="激发 toggle"/><br />
<div id="tg" style="width:300px;height:120px;background-color:gray;">
</div>
<script type="text/javascript" src="../jquery-3.1.1.js">
</script>
<script type="text/javascript">
// 指定页面加载完成时执行的函数
$(document).ready(function()
{
    alert("页面加载完成!");
});
// 为 id 为 test1 的元素的 click 事件绑定事件处理函数
$("#test1").on("click" , {book:"疯狂前端开发讲义"}
    , function(event)
{
    alert("id 为 test1 的按钮被单击!\n" +
        "事件为: " + event +
        "\n 事件上 data 的 book 属性为: " + event.data.book);
});
// 为 id 为 test2 的元素的 click 事件绑定事件处理函数
$("#test2").on("click" , function(event)
{
    // 使用代码触发 id 为 check 的元素的单击事件,而且执行默认行为
    $("#check").trigger("click");
});
// 使用 toggle 为 id 为 test3 的元素绑定 3 个事件处理函数。
$("#test3").on("click" , function(event)
{
    // 切换 id 为 tg 的元素的显示/隐藏状态
    $("#tg").toggle("slow", "linear", function(){
        console.log("动画完成!")
    });
});
</script>
</body>
```

在该程序中分别示范了 ready、on、trigger、toogle 等方法的用法，读者可以在浏览器中浏览该页面，并通过与页面中的按钮等元素交互来进一步认识 jQuery 在事件编程方面的优化。

▶▶ 3.5.2 特定事件相关的方法

除了上面介绍的通用的绑定事件处理函数之外，jQuery 还提供了大量与特定事件相关的函数，如表 3.1 所示。

表 3.1 为特定事件绑定的处理函数

特定设备	绑定事件处理函数
鼠标	click()、.dblclick()、hover()、mousedown( )、mouseenter()、mouseleave()、mousemove()、mouseout()、mouseover()、mouseup()、focusin()、focusout()
键盘	focusin()、focusout()、keydown()、keypress()、keyup()
表单	blur()、change()、focus()、select()、submit()
HTML 文档	load()、ready()、unload()
浏览器	resize()、scroll()

绑定事件处理函数的语法都遵循.xxx([eventData], handler(eventObject))的格式。下面的程序示范了如何为特定事件绑定事件处理函数。

程序清单：codes\03\3.5\concreteEvent.html

```
<body>
<input id="test1" type="button" value="单击我"/><br />
<div id="test2">
    鼠标悬停、移出将触发指定函数
</div>
<script type="text/javascript" src="../jquery-3.1.1.js">
</script>
<script type="text/javascript">
$("#test1").click(function(event)
{
    alert("id为test1的按钮被单击" + event)
})
.click();
// 使用 hover 为 id 为 test2 的元素绑定两个事件处理函数
// 当鼠标移入该元素时触发第一个函数，移出该元素时触发第二个函数
$("#test2").css("border" , "1px solid black")
    .css("background-color" , "#cccccc")
    .width(200)
    .height(80)
    .hover(function(event)
    {
        alert("鼠标移入该元素之内！");
    },
    function()
    {
        alert("鼠标移出该元素！");
    }
);
</script>
</body>
```

在该程序中对$("#test1")对象执行了两次 click 方法：第一次调用 click 方法时传入了一个匿名函数，这表明将该匿名函数绑定为$("#test1")的 click 事件处理函数；第二次调用 click 方法时没有传入任何参数，这表明将使用代码触发$("#test1")的 click 事件。

除此之外，程序还使用 hover()方法为$("#test2")对象绑定了两个事件处理函数：当鼠标移

入该元素时，触发第一个事件处理函数；当鼠标移出该元素时，触发第二个事件处理函数。

通过这个程序不难看出，jQuery 提供的 click、blur、change、dblclick 等方法的用法非常简单。如果调用这些方法时指定了函数作为参数，则该函数将作为 jQuery 对象里 DOM 对象的事件处理函数；如果没有指定函数，就通过代码触发 jQuery 对象里 DOM 对象的事件。

▶▶ 3.5.3 事件对象

如果使用原生 JavaScript 编程，则在不同浏览器中获取事件对象的方法并不相同。例如在 IE 浏览器中，可通过隐式的全局 event 对象来获取事件；在 Firefox、Opera 等浏览器中，则通过事件处理函数的第一个参数来获取事件。

jQuery 消除了不同浏览器上的事件差异。在 jQuery 中，事件对象总是作为参数被传入事件处理函数，不仅如此，原生事件的大量属性也会被复制到 jQuery 的事件中。

jQuery 事件大致包含了以下几种属性和方法。

- ➤ currentTarget：表示在事件冒泡阶段中事件对象所处的 DOM 元素。
- ➤ data：表示通过 bind()、on()、delegate()等方法绑定事件处理函数时传入的 data 参数。
- ➤ delegateTarget：返回在 jQuery 中绑定事件处理函数的对象。
- ➤ isDefaultPrevented()：判断是否调用了事件对象的 preventDefault()方法，即是否阻止了默认行为。
- ➤ isImmediatePropagationStopped()：判断是否调用了事件对象的 stopImmediatePropagation()方法，即是否立即停止事件传播。
- ➤ isPropagationStopped()：判断是否调用了事件对象的 stopPropagation()方法，即是否阻止事件传播。
- ➤ pageX：返回鼠标指针距离文档左边界的距离。
- ➤ pageY：返回鼠标指针距离文档上边界的距离。
- ➤ preventDefault()：调用该方法阻止事件的默认行为。
- ➤ relatedTarget：返回参与该事件的所有其他 DOM 元素。
- ➤ result：返回该事件触发的事件处理函数执行后的返回值。
- ➤ stopImmediatePropagation()：调用该方法立即停止事件传播。
- ➤ stopPropagation()：调用该方法停止事件传播。
- ➤ target：返回触发该事件的初始事件源。
- ➤ timeStamp：返回 1970-01-01 到浏览器创建该事件时的时间差，以 ms 为单位。
- ➤ type：返回事件的类型。
- ➤ which：对于鼠标、键盘事件，该属性返回激发该事件的鼠标键或键盘键。

下面是一个用键盘控制"飞机移动"的小例子，为了让键盘控制飞机移动，需要根据激发键盘事件的按键进行相应处理。下面是该示例的代码。

程序清单：codes\03\3.5\eventObj.html

```
<body>
<script type="text/javascript" src="../jquery-3.1.1.js">
</script>
<script type="text/javascript">
// 指定页面加载完成后执行该函数
$(function()
    {
        // 获取页面上包含飞机图片的 div 元素
        var target = $("body>div:first");
```

```
        // 为body元素的keydown事件绑定事件处理函数
        $("body").keydown(function(event)
        {
            switch(event.which)
            {
                // 按下向左键
                case 37:
                    target.offset({left:target.offset().left - 4
                        , top:target.offset().top});
                    break;
                // 按下向上键
                case 38:
                    target.offset({left:target.offset().left
                        , top:target.offset().top - 4});
                    break;
                // 按下向右键
                case 39:
                    target.offset({left:target.offset().left + 4
                        , top:target.offset().top});
                    break;
                // 按下向下键
                case 40:
                    target.offset({left:target.offset().left
                        , top:target.offset().top + 4});
                    break;
            }
        });
    })
</script>
<div style="position:absolute;">
    <img src="plane.png" alt="飞机"/></div>
</body>
```

在浏览器中浏览该页面,并单击键盘上的"上、下、左、右"按键,即可控制屏幕上飞机的移动。如图3.22所示。

除此之外,JavaScript 原生事件的下列属性也会被复制到 jQuery 事件中: altKey、bubbles、button、cancelable、charCode、clientX、clientY、ctrlKey、currentTarget、data、detail、eventPhase、metaKey、offsetX、offsetY、

图 3.22 鼠标控制飞机移动

originalTarget、pageX、pageY、prevValue、relatedTarget、screenX、screenY、shiftKey、target、view、which。当然,由于并不是所有事件都具备上面列出的全部属性,因此使用 jQuery 事件对象来访问上面属性时也可能返回 undefined。

3.6 动画效果相关的方法

jQuery 还提供了一些动画效果相关的方法,通过使用这些方法,可以开发出更加友好的UI 界面,例如可以实现各种"渐变"动画。

3.6.1 简单动画和复杂动画

jQuery 提供的简单动画效果相关的方法如下。

➢ show([duration] [, easing] [, callback]):将 jQuery 对象里包含的隐藏的 DOM 元素以动画

方式显示出来。
- ➤ hide([duration] [, easing] [, callback])：将 jQuery 对象里包含的显示的 DOM 元素以动画方式隐藏起来。
- ➤ toggle([duration] [, easing] [, callback])：该方法是 show(duration [, easing] [, callback])、hide(duration [, easing] [,callback])两个方法的综合版本。
- ➤ toggle(showOrHide)：向该方法传入的参数控制显示或隐藏 jQuery 对象包含的 DOM 元素。
- ➤ slideDown([duration] [, easing] [, callback])：该方法将会不断增加当前 jQuery 对象所匹配 DOM 元素的高度，直至这些 DOM 元素完全显示出来。
- ➤ slideUp([duration] [, easing] [, callback])：该方法将会不断减小当前 jQuery 对象所匹配 DOM 元素的高度，直至这些 DOM 元素完全隐藏起来。
- ➤ slideToggle([duration] [, easing] [, callback])：该方法是 slideDown([duration] [, easing] [, callback])、slideUp([duration] [, easing] [, callback])两个方法的综合版本。如果当前 jQuery 匹配的元素处于隐藏状态，就使用"卷帘"动画将其显示出来；如果它们处于显示状态，就使用"卷帘"动画将其隐藏起来。
- ➤ fadeIn([duration] [, easing] [, callback])：将 jQuery 对象匹配的 DOM 元素以"渐显"的方式显示出来（也就是不断调整透明度）。
- ➤ fadeOut([duration] [, easing] [, callback])：将 jQuery 对象匹配的 DOM 元素以"渐隐"的方式隐藏起来（也就是不断调整透明度）。
- ➤ fadeTo(duration, opacity [, easing] [, callback])：将 jQuery 对象匹配的 DOM 元素的透明度调整到 opacity 值（opacity 是一个 0~1 的浮点数）。
- ➤ fadeToggle([duration] [, easing] [, callback])：该方法是 fadeIn([duration] [, easing] [, callback])、fadeOut([duration] [, easing] [, callback])两个方法的综合版本。如果当前 jQuery 匹配的元素处于隐藏状态，就使用"渐入"动画将其显示出来；如果它们处于显示状态，就使用"渐出"动画将它们隐藏起来。

上面这些方法都可以使用如下三个参数。
- ➤ duration：指定该动画的持续时间，可以是"slow"、"normal"或"fast"三个字符串其中之一，也可以是表示动画持续时长的毫秒数，如 1000。
- ➤ easing：指定该动画所使用擦除效果的名称（需要插件支持），jQuery 默认只支持"linear"和 "swing"两个值。
- ➤ callback：指定在动画完成时激发的函数。

上面这些方法都可以完成一些简单常用的动画效果。下面的程序示范了这些方法的用法。

程序清单：codes\03\3.6\effect.html

```html
<body>
<script type="text/javascript" src="../jquery-3.1.1.js">
</script>
<input type="button" value="toggle"
   onclick="$('#test1').toggle(1000);"/><br />
<div id="test1">使用 toggle 控制的元素</div>
<input type="button" value="slide down"
   onclick="$('#test2').slideDown(1000);"/>
<input type="button" value="slide up"
   onclick="$('#test2').slideUp(1000);"/><br />
<div id="test2">使用 Slide 动画控制的元素</div>
<input type="button" value="fade in"
   onclick="$('#test3').fadeIn(1000);"/>
<input type="button" value="fade out"
```

```
                onclick="$('#test3').fadeOut(1000);"/><br />
<div id="test3">使用 Fade 动画控制的元素</div>
</body>
```

在浏览器中运行上述页面,即可看到 toggle、slideUp、slideDown、fadeIn 和 fadeOut 等几种动画效果。使用上面的函数,开发者可以非常方便地实现与用户交互的动画。

除了上面几个实现简单动画的方法之外,还有以下几个更复杂的方法,通过它们可以进行更复杂的控制。

> animate(params[,duration[,easing]][,callback]):该函数用于创建自定义动画。其中 params 是一个形如{prop1:endVal1,prop:endVal2...}的 JavaScript 对象,用于指定当前 jQuery 对象包含的 DOM 对象在动画结束后的状态;duration 用于指定动画持续时间;easing 用于指定动画所使用擦除效果的名称(需要插件支持);jQuery 默认只支持"linear" 和 "swing"两个值。callback 指定动画结束后激发的回调函数。

> animate(params, options):该函数是前一个函数的另一种形式。其中 params 与前一个函数的该参数完全相同;options 是一个用于指定复杂选项的 JavaScript 对象,可指定如下选项。

- duration:指定该动画的持续时间,可以是"slow"、 "normal"或"fast"三个字符串其中之一,也可以是表示动画持续时长的毫秒数,如 1000。
- easing:指定该动画所使用擦除效果的名称(需要插件支持),jQuery 默认只支持"linear" 和 "swing"两个值。
- complete:指定在动画完成时激发的函数。
- step:动画效果每改变一次将导致所指定的函数执行一次。
- queue:指定是否将该动画函数放入该对象的动画函数队列之后。

下面的程序示范了如何使用 animate()方法创建自定义动画。

程序清单:codes\03\3.6\complex.html

```
<body>
<script type="text/javascript" src="../jquery-3.1.1.js">
</script>
<input id="bn1" type="button" value="执行动画"/><br />
<div id="test1">自定义动画控制的元素</div>
<script type="text/javascript">
    // 为id为bn1的按钮绑定事件处理函数
    $("#bn1").click(function()
        {
            // 为id为test1的元素指定自定义动画
            $("#test1").animate(
                // 下面的JavaScript对象指定动画结束时目标元素的状态
                {
                    fontSize:"24pt",
                    width:"400px",
                    opacity:0.5
                },
                // 下面的对象指定动画详细选项
                {
                    duration:2000,
                    easing:"swing",
                    complete:function()
                    {
                        alert('动画执行完成!');
                    }
                }
            );
```

```
        }
    );
</script>
</body>
```

该程序中的粗体字代码使用 animate 函数创建了一个自定义动画。使用 animate 函数创建自定义动画时有两点需要注意：
- options 中每个属性名都应该采用"驼峰"写法，即 fontsize 应该写成 fontSize。
- options 中每个属性都应该是可以渐变的样式属性，如"height"、"top"或"opacity"等，如果指定一个 fontWeight 属性，那就不行了。

jQuery 为动画效果提供了如下两个全局属性。
- jQuery.fx.interval：该属性设置 jQuery 的两次动画之间的时间间隔（单位是 ms）。比如设置为 50，则表明 jQuery 动画每秒变化 20 次。
- jQuery.fx.off：如果将该属性设为 true，则表明停止所有的 jQuery 动画效果。在资源比较紧张的设备中使用 jQuery 时，可以考虑关闭所有 jQuery 动画来提升性能。

▶▶ 3.6.2 操作动画队列

当在 jQuery 对象上调用动画方法时，如果该对象正在执行某个动画效果，那么新调用的动画方法就会被添加到动画队列中，jQuery 会按顺序依次执行动画队列中的每个动画。

jQuery 提供了以下几种方法来操作动画队列。
- stop([clearQueue], [gotoEnd])：停止当前 jQuery 对象里每个 DOM 元素上正在执行的动画。如果该 jQuery 对象上绑定了动画队列，且 clearQueue 没有指定为 true，则执行该方法后将立即执行当前动画的下一个动画，可以对该函数的 clearQueue、gotoEnd 两个可选的布尔类型的参数进行指定，其中 clearQueue 指定是否删除该 jQuery 对象上的动画队列；如果将 gotoEnd 设置为 true，则当前动画立即跳到最后一帧而结束，否则当前动画将停在当前帧而结束。
- queue([queueName])：返回当前 jQuery 对象里第一个 DOM 元素上的动画函数队列。
- queue([queueName,] callback)：将 callback 动画函数添加到当前 jQuery 对象里所有 DOM 元素的动画函数队列的尾部。
- queue([queueName,] newQueue)：用 newQueue 动画函数队列代替当前 jQuery 对象里所有 DOM 元素的动画函数队列。
- dequeue()：执行动画函数队列头的第一个动画函数，并将该动画函数移出队列。
- clearQueue([queueName])：清空动画函数队列中的所有动画函数。

上面这些方法都有一个 queueName 参数，该参数用于为动画队列指定一个名称，如果省略该参数，jQuery 默认使用标准的动画队列名：fx。

下面的程序代码示范了如何访问默认动画队列的属性。

程序清单：codes\03\3.6\queue.html

```
<body>
    <script type="text/javascript" src="../jquery-3.1.1.js">
    </script>
    <p>动画队列的长度是：<span></span></p>
    <div></div>
    <script type="text/javascript">
    var div = $("div");
    function runIt()
    {
        // 第1个动画：显示出来
```

```
            div.show("slow");
            // 第 2 个动画：自动动画，水平左移 300px
            div.animate({left:'+=300'},2000);
            // 第 3 个动画：卷起来
            div.slideToggle(1000);
            // 第 4 个动画：放下来
            div.slideToggle("fast");
            // 第 5 个动画：自动动画，水平右移 300px
            div.animate({left:'-=300'},1500);
            // 第 6 个动画：隐藏起来
            div.hide("slow");
            // 第 7 个动画：显示出来
            div.show(1200);
            // 第 8 个动画：卷起来，动画完成后回调 runIt
            div.slideUp("normal", runIt);
        }
        // 控制每 0.1s 调用一次该方法，该方法用于显示动画队列的长度
        function showIt()
        {
            var n = div.queue();
            $("span").text(n.length);
            setTimeout(showIt, 100);
        }
        runIt();
        showIt();
    </script>
</body>
```

该程序中的粗体字代码为指定<div.../>元素依次调用了 8 个动画函数，这意味着 jQuery 将会把它们添加到动画队列中，然后该元素将会依次执行这个动画队列中的 8 个动画。每执行完一个动画效果，动画队列的长度减 1。

在浏览器中浏览该页面，可以看到如图 3.23 所示的效果。

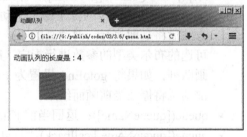

图 3.23　操作动画队列

从图 3.23 可以看出，页面上的<div.../>元素每执行完一个动画，该动画队列的长度就减 1。

除此之外，jQuery 命名空间下也提供了 jQuery.queue(element [, queueName])、jQuery.dequeue(element [, queueName])两个方法，这两个方法的功能与 jQuery 对象的 queue 方法和 dequeue 方法的功能相同，只是需要为它们传入 element 参数，用于指定操作哪个元素上的动画队列。

3.7　jQuery 的回调支持

从 jQuery 1.7 开始，jQuery 提供了回调支持，这使得开发者能以一种更简单、高效的方式管理回调函数。

▶▶ 3.7.1　回调支持的基本用法

jQuery 提供了以下方法创建 Callbacks 对象。

➢ **jQuery.Callbacks(flags)**：根据创建的 flags 创建并返回 Callbacks 对象，Callbacks 对象表示一个回调函数列表。

得到回调函数列表之后，接下来就可以利用该回调函数列表来管理回调函数了。具体见以下代码。

程序清单：codes\03\3.7\callbackqs.html

```html
<body>
<script type="text/javascript" src="../jquery-3.1.1.js">
</script>
<script type="text/javascript">
    // 定义两个简单的函数
    function fn1(value)
    {
        document.writeln("fn1 函数输出：" + value + "<br />");
    }
    function fn2(value)
    {
        document.writeln("fn2 函数输出：" + value + "<br />");
        return false;
    }
    // 创建一个回调函数列表
    var callbacks = $.Callbacks();
    // 向回调函数列表中添加第一个回调函数
    callbacks.add(fn1);
    // 触发回调函数列表中的所有回调函数（只有 fn1 被触发）
    callbacks.fire("疯狂前端开发");
    // 再次向回调函数列表中添加一个回调函数
    callbacks.add(fn2);
    document.writeln("<hr/>");
    // 触发回调函数列表中的所有回调函数（fn1、fn2 被触发）
    callbacks.fire("~~疯狂 Java~~");
    // 从回调函数列表中删除 fn1 函数
    callbacks.remove(fn1);
    document.writeln("<hr/>");
    // 触发回调函数列表中的所有回调函数（只有 fn2 被触发）
    callbacks.fire("fkjava.org");
</script>
</body>
```

该程序中的第一行粗体字代码使用$.Callbacks()方法创建一个 Callbacks 对象（回调函数列表），接下来程序既可使用 add()方法向该 Callbacks 对象添加回调函数；也可使用 remove()方法从 Callbacks 对象中删除回调函数；还可使用 fire()方法触发 Callbacks 对象中的所有回调函数。

在浏览器中浏览该页面，可以看到如图 3.24 所示的效果。

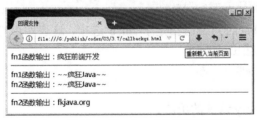

图 3.24 使用 Callbacks 对象管理回调函数

从上面的程序可以看出，Callbacks 对象是一种简单有效的回调函数管理方式。Callbacks 对象提供了以下几种方法来管理回调函数。

- ➢ add(callbacks)：将一个或多个回调函数添加到 Callbacks 对象中。callbacks 参数表示将要添加的回调函数或回调函数数组。
- ➢ disable()：禁用 Callbacks 对象。

- empty()：从 Callbacks 对象中删除所有回调函数。
- fire(arguments)：使用指定参数 arguments 激发 Callbacks 对象中所有回调函数。
- fired()：判断 Callbacks 对象中的回调函数是否被调用了至少一次。
- has(callback)：判断 Callbacks 对象中是否包含 callback 回调函数。
- lock()：将 Callbacks 对象锁定在当前状态。
- locked()：判断 Callbacks 对象是否处于锁定状态。
- remove(callbacks)：从 Callbacks 对象中删除一个或多个回调函数。callbacks 参数表示将要被删除的回调函数或回调函数数组。

3.7.2 创建 Callbacks 对象支持的选项

使用 jQuery.Callbacks() 创建 Callbacks 对象时，可以传入可选的 flags 参数，该参数是一个以空格分隔的字符串列表，表示如何改变回调函数列表的行为（例如 $.Callbacks('unique stopOnFalse')）。

jQuery 支持下列选项。

- once：保证整个 Callbacks 对象只能被 fire() 一次。
- memory：缓存前一次调用的参数。当执行完 fire() 之后添加的任何回调函数，jQuery 将会自动缓存起来，并以上一次调用时传入的参数作为参数。
- unique：保证一个回调函数最多只被添加一次，也就是说，Callbacks 对象中不会出现重复的回调函数。
- stopOnFalse：当某回调函数返回 false 时，立即中断调用。

下面的程序代码示范了创建 Callbacks 时各选项的功能。

程序清单：codes\03\3.7\once.html

```
// 使用"once"选项创建一个回调函数列表
var callbacks = $.Callbacks("once");
// 向回调函数列表中添加第一个回调函数
callbacks.add(fn1);
// 触发回调函数列表中的所有回调函数（只有 fn1 被触发）
callbacks.fire("疯狂前端开发");
// 再次向回调函数列表中添加一个回调函数
callbacks.add(fn2);
document.writeln("<hr/>");
// 触发回调函数列表中的所有回调函数，此时不会起任何作用
callbacks.fire("~~疯狂 Java~~");
```

这段代码在创建 Callbacks 对象时指定了"once"选项，这表明该 Callbacks 对象只能被触发一次，执行这段代码将会输出：

```
fn1 函数输出：疯狂前端开发<br />
<hr />
```

以下代码示范了 memory 选项的用法。

程序清单：codes\03\3.7\memory.html

```
// 使用特定选项创建一个回调函数列表
var callbacks = $.Callbacks("memory");
// 向回调函数列表中添加第一个回调函数
callbacks.add(fn1);
// 触发回调函数列表中的所有回调函数（只有 fn1 被触发）
// "疯狂前端开发"参数将会被缓存
callbacks.fire("疯狂前端开发");
```

```
// 再次向回调函数列表中添加一个回调函数
// 以前一次调用的参数为参数自动触发该回调函数
callbacks.add(fn2);
document.writeln("<hr/>");
// 再次触发回调函数列表中的所有回调函数（fn1、fn2 被触发）
// "疯狂 Java"参数将会被缓存
callbacks.fire("~~疯狂 Java~~");
// 从回调函数列表中删除 fn1、fn2 函数
callbacks.remove([fn1 , fn2]);
// 再次向回调函数列表中添加一个回调函数
// 以前一次调用的参数为参数自动触发该回调函数
callbacks.add(fn1);
```

这段代码在创建 Callbacks 时指定了"memory"选项，这表明该 Callbacks 对象将会保留上次调用 fire()方法的参数，并以该参数自动激发新添加的回调函数。执行这段代码将会输出：

```
fn1 函数输出：疯狂前端开发<br />
fn2 函数输出：疯狂前端开发<br />
<hr/>
fn1 函数输出：~~疯狂 Java~~<br />
fn2 函数输出：~~疯狂 Java~~<br />
fn1 函数输出：~~疯狂 Java~~<br />
```

以下代码示范了 stopOnFalse 选项的用法。

程序清单：codes\03\3.7\stopOnFalse.html

```
// 定义两个简单的函数
function fn1(value)
{
    document.writeln("fn1 函数输出：" + value + "<br />");
    return false;
}
function fn2(value)
{
    document.writeln("fn2 函数输出：" + value + "<br />");
    return false;
}
// 使用特定选项创建一个回调函数列表
var callbacks = $.Callbacks("stopOnFalse");
// 向回调函数列表中添加第一个回调函数
callbacks.add(fn1);
// 触发回调函数列表中的所有回调函数（只有 fn1 被触发）
callbacks.fire("疯狂前端开发");
// 再次向回调函数列表中添加一个回调函数
callbacks.add(fn2);
document.writeln("<hr/>");
// 再次触发回调函数列表中的所有回调函数
// 依然只有 fn1 被触发，因此 fn1 返回了 false，这阻止了 fn2 被触发
callbacks.fire("~~疯狂 Java~~");
```

这段代码在创建 Callbacks 时指定了"stopOnFalse"选项，这表明该 Callbacks 对象触发回调函数列表时，只要任一个回调函数返回了 false，都将会导致后面的回调函数不会被调用。执行这段代码将会输出：

```
fn1 函数输出：疯狂前端开发<br />
<hr/>
fn1 函数输出：~~疯狂 Java~~<br />
```

不仅如此，创建 Callbacks 对象时，还可传入多个空格隔开的选项，多个选项的效果将会被"累加"。例如$.Callbacks("unique memory")创建的 Callbacks 对象既会缓存前一次调用 fire()

方法的参数，也会保证 Callbacks 对象中不出现重复的回调函数。

3.8 Ajax 相关方法

jQuery 的另一个吸引人的功能就是它所提供的 Ajax 支持。jQuery 提供了大量关于 Ajax 的工具方法，这些工具方法可以帮助开发者完成 Ajax 开发的大量通用操作，开发者只需指定发送 Ajax 请求的 URL、回调函数即可，甚至连回调函数都可以省略。

▶▶ 3.8.1 三个工具方法

jQuery 为 Ajax 提供了三个工具方法，这三个工具方法的功能很强大，它们不仅可用于处理表单，也可用于处理一个或多个表单控件。下面是关于这三个方法的简要说明。

- ➢ jQuery.param(obj)：将 obj 参数（对象或数组）转换成查询字符串。
- ➢ serialize()：将 jQuery 对象包含的表单或表单控件转换成查询字符串。
- ➢ serializeArray()：将 jQuery 对象包含的表单或表单控件转换为一个数组，每个数组元素都是形如 {name:fieldName,value:fieldVal} 的对象，其中 fieldName 是对应表单控件的 name 属性，fieldVal 是对应表单控件的 value 属性。

下面的页面程序示范了这两个工具方法的用法。

程序清单：codes\03\3.8\serialize.html

```html
<body>
<form id="test">
用户名：<input id="user" name="user" type="text" /><br />
个人介绍：<textarea id="desc" name="desc"></textarea><br />
喜欢的图书：<select id="book" name="book">
    <option value="java">疯狂 Java 讲义</option>
    <option value="javaee">轻量级 Java EE 企业应用实战</option>
    <option value="ajax">疯狂前端开发讲义</option>
</select>
</form>
<button id="bn1">查询字符串</button>
<button id="bn2">查询 JSON 对象</button>
<button id="bn3">将对象转换为查询字符串</button><hr />
<span id="show"></span>
<script type="text/javascript" src="../jquery-3.1.1.js">
</script>
<script type="text/javascript">
    // 为 id 为 bn1 的按钮绑定事件处理函数
    $("#bn1").click(function()
    {
        // 将 id 为 test1 的表单转换为查询字符串
        $("#show").html($("#test").serialize());
    });
    // 为 id 为 bn2 的按钮绑定事件处理函数
    $("#bn2").click(function()
    {
        // 将所有输入元素转换为数组
        var arr = $(":input").serializeArray();
        $("#show").empty();
        // 遍历 arr 数组
        for (var index in arr)
        {
            $("#show").append("第" + index + "表单控件名为："
                + arr[index].name + ",值为：" + arr[index].value + "<br />");
```

```
        }
    });
    $("#bn3").click(function()
    {
        // 调用$.param 将对象转换为查询字符串
        $("#show").html('{name:"疯狂 Java 讲义", price:109}'
            + '转换出的查询字符串为：<br/>'
            + $.param({name:"疯狂 Java 讲义", price:109}));
    });
</script>
</body>
```

这个页面程序中的两个按钮分别使用了 serialize 方法和 serializeArray 方法来处理表单,第三个按钮则使用 param 方法将 JavaScript 对象转换成查询字符串。

在浏览器中浏览该页面,为页面上两个文本框输入内容,为 1 个下拉列表框选择值,然后单击页面上第一个按钮。第一个按钮调用 serialize 方法将该表单内所有表单控件的值转换为查询字符串。此时可以看到如下输出：

```
user=%E5%AD%99%E6%82%9F%E7%A9%BA&desc=%E5%96%9C%E6%AC%A2%E6%89%93%E6%80%AA%E5%8
D%87%E7%BA%A7&book=java
```

单击页面上的第二个按钮。第二个按钮调用 serializeArray 方法将该表单内所有表单控件的值转换为 JavaScript 对象。此时可以看到如下输出：

```
第 0 表单控件名为：user,值为：孙悟空
第 1 表单控件名为：desc,值为：喜欢打怪升级
第 2 表单控件名为：book,值为：java
```

单击页面上的第三个按钮。第三个按钮调用 param 方法将 JavaScript 对象转换为查询字符串。此时可以看到如下输出：

```
{name:"疯狂 Java 讲义", price:109}转换出的查询字符串为：
name=%E7%96%AF%E7%8B%82Java%E8%AE%B2%E4%B9%89&price=109
```

▶▶ 3.8.2 使用 load 方法

load 方法是一个使用起来非常便捷的 Ajax 交互方法,它向远程 URL 发送一个异步请求,甚至无须指定回调函数。load 方法的说明如下。

➢ load(url[,data][,callback]): 向远程 url 发送异步请求,并直接将服务器响应插入当前与 jQuery 对象匹配的 DOM 元素之内。其中 data 是一个形如{key1:val1,key2:val2...}的 JavaScript 对象,表示发送请求的请求参数;callback 用来指定 Ajax 交互成功后的回调函数。

下面的程序示范了如何使用 load 方法进行 Ajax 交互。

程序清单：codes\03\3.8\load\index.html

```
<body>
<h3>请输入你的信息: </h3>
<form id="userForm">
    用户名:<input type="text" name="user" /><br />
    喜欢的图书:<select multiple="multiple" name="books">
        <option value="java">疯狂 Java 讲义</option>
        <option value="javaee">轻量级 Java EE 企业应用实战</option>
        <option value="ajax">疯狂前端开发讲义</option>
        <option value="xml">疯狂 XML 讲义</option>
    </select><br />
    <input id="load" type="button" value="Load"/>
</form><hr />
```

```
<div id="show"></div>
<script src="jquery-3.1.1.js" type="text/javascript">
</script>
<script type="text/javascript">
    // 为 id 为 load 的按钮绑定事件处理函数
    $("#load").click(function()
    {
        // 向 pro 发送 Ajax 请求，并自动加载服务器响应
        $("#show").load("pro" , $("#userForm").serializeArray());
    });
</script>
</body>
```

在该程序中使用了 jQuery 的 serializeArray()方法来获取请求参数，使用了 load()方法来发送 Ajax 请求，没有指定回调函数，该页面将使用 id 为 show 的元素自动加载服务器的 HTML 响应。

该应用中处理服务器响应的 ProServlet 的代码如下。

程序清单：codes\03\3.8\load\WEB-INF\src\org\crazyit\jquery\web\ProServlet.java

```java
@WebServlet(urlPatterns="/pro")
public class ProServlet extends HttpServlet
{
    public void service(HttpServletRequest request ,
        HttpServletResponse response)
        throws IOException , ServletException
    {
        response.setContentType("text/html;charset=utf-8");
        PrintWriter out = response.getWriter();
        // 获取请求参数
        String user = request.getParameter("user");
        String[] books = request.getParameterValues("books");
        // 生成 HTML 字符串响应
        out.println(user + ",您好,现在时间是:" + new java.util.Date());
        out.println("<br />您喜欢的图书如下：");
        out.println("<ol>");
        for(int i = 0 ; i < books.length ; i++)
        {
            out.println("<li>" + books[i] + "</li>");
        }
        out.println("</ol>");
    }
}
```

这是一个非常简单的 JSP 页面，该 JSP 页面负责生成一个 HTML 字符串响应。当用户浏览前面的 index.html 页面，并单击"load"按钮时，将可看到 index.html 页面会自动加载 pro.jsp 页面响应，呈现如图 3.25 所示的效果。

图 3.25 使用 load 方法进行 Ajax 通信

从上面的程序可以看出，使用 load 方法发送 Ajax 请求简单便捷，开发者同样无须理会创建 XMLHttpRequest 对象的细节。如果开发者需要管理发送 Ajax 请求的细节，则可考虑使用 jQuery.ajax(options)方法，该方法有点类似于 Prototype 库的 Ajax.Request 方法，使用 jQuery.ajax 方法可获得 Ajax 交互的全部控制权。

3.8.3 jQuery.ajax(options)与 jQuery.ajaxSetup(options)

jQuery.ajax(options)既可以发送 GET 请求，也可以发送 POST 请求，甚至可以发送同步请求。使用该方法，开发者可以获得 Ajax 交互的全部控制权。

jQuery.ajax(options)是 jQuery Ajax 支持的底层实现，该方法返回创建的 XMLHttpRequest 对象。大部分时候开发者无须理会它返回的 XMLHttpRequest 对象，但在特殊情况下其可用于手动终止请求。该函数只需要一个 options 参数，此参数是一个形如{key1:val1,key2,val2...}的 JavaScript 对象，用于指定发送 Ajax 请求的各种选项，各选项的说明如下。

- async：指定是否使用异步请求，该选项默认是 true。
- beforeSend：指定发送请求之前将触发的函数。通过指定该函数，可以在发送请求之前添加自定义的请求头。该选项指定的函数是一个形如 function(xhr){...}的函数，其中 xhr 就是本次 Ajax 请求所使用的 XMLHttpRequest 对象。如果让该函数返回 false，即可取消本次 Ajax 请求。
- cache：如果该选项被指定为 false，将不会从浏览器缓存里加载信息。该选项默认值为 true；如果服务器响应是"script"，则该选项默认是 false。
- complete：指定 Ajax 交互完成后的回调函数，该回调函数将在 success 或 error 回调函数之后被执行。该选项指定的函数是一个形如 function(xhr, textStatus){... }的函数，其中 xhr 是本次 Ajax 交互所使用的 XMLHttpRequest 对象，而 textStatus 则是服务器响应状态的描述信息。
- contentType：指定发送请求到服务器时所使用的内容编码类型。该选项的默认值是"application/x-www-form-urlencoded"，该默认值适合大多数应用场合。
- data：发送本次 Ajax 请求的请求参数。该选项既可使用 JavaScript 对象，也可以使用查询字符串。如果指定为 JavaScript 对象，系统会自动将其转换为查询字符串（除非将 processData 设为 false）。当指定该选项值为形如{key1:val1,key2:val2...}的对象，且其中 valn 为数组时，系统自动将它们转换为多个请求参数，例如{foo:["bar1", "bar2"]}将会被转换为'&foo=bar1&foo=bar2'。
- dataFilter：该选项执行一个回调函数，该回调函数将会对服务器响应进行预处理。该选项指定的函数是一个形如 function(data , type){...}的函数，其中 data 表示从服务器返回的响应，而 type 表示服务器响应的数据类型（也就是下面 dataType 选项中指定的值）。服务器响应数据经过该选项指定的回调函数处理之后将会更加有序。
- dataType：指定服务器响应的数据类型。如果不指定，jQuery 将自动根据响应的 MIME 信息返回 responseXML 或 responseText，并将响应传给回调函数对应的参数。该选项支持如下值：
  - xml，返回可使用 jQuery 处理的 XML 文档。
  - html，返回 HTML 文本。该 HTML 文本里可以使用<script.../>标签包含 JavaScript 脚本。
  - script，返回 JavaScript 脚本，此时将禁止从浏览器缓存里加载信息。jQuery 将会自动执行服务器响应的 JavaScript 脚本。

- json，返回一个符合 JSON 格式的字符串，jQuery 会将该响应转换成 JavaScript 对象。
- jsonp，指定使用 JSONP 加载 JSON 块。当使用 JSONP 格式时，应该在请求 URL 之后额外添加"?callback=?"，其中 callback 将作为回调函数。
- text：返回普通文本响应。

➢ error：指定服务器响应出现错误时的回调函数。该选项指定的函数是一个形如 function(xhr, textStatus, errorThrown){...}的函数。其中，xhr 是本次发送 Ajax 请求的 XMLHttpRequest 对象，textStatus 是关于错误的描述信息，errorThrown 是引起错误的错误对象。

➢ global：设置是否触发 Ajax 的全局事件处理函数，该选项默认是 true。

➢ ifModified：设置是否仅在服务器数据改变时获取新数据。系统将根据 HTTP 的 Last-Modified 响应头进行判断。该选项默认是 false。

➢ jsonp：该选项指定的值将会覆盖 JSONP 请求中的 callback 函数。也就是说，该选项指定的值将会覆盖查询字符串里的'callback=?'部分，即 {jsonp:'onJsonPLoad'} 将导致 'onJsonPLoad=?'被传给服务器。

➢ password：指定密码。如果目标 URL 是需要安全授权的地址，则通过该选项指定密码。

➢ processData：指定是否需要处理请求数据。如果传给 data 选项的不是字符串，而是一个 JavaScript 对象，则 jQuery 将自动将其转换成查询字符串。如果不希望 jQuery 进行这种转换，则可将该选项指定为 false。

➢ scriptCharset：该选项仅对 dataType 是'jsonp'或'script'的情况有效。该选项设置系统使用给定的字符集来解释请求，仅当服务器响应和本地页面使用不同字符集时需要指定该选项。

➢ success：指定 Ajax 响应成功后的回调函数。该选项指定的函数是一个形如 function(xhr, textStatus){...}的函数，其中 xhr 是本次执行 Ajax 交互所使用的 XMLHttpRequest 对象，而 textStatus 则是服务器响应状态的描述信息。

➢ timeout：设置 Ajax 请求超时时长。

➢ type：设置发送请求的方式，最常用的两个值是"POST"和"GET"，该选项默认值是"GET"。

➢ url：指定发送 Ajax 请求的目的 URL 地址。

➢ username：指定用户名。如果目标 URL 是需要安全授权的地址，则通过该选项指定用户名。

➢ xhr：该选项指定一个函数，该函数用于创建 XMLHttpRequest 对象。只有开发者想用自己的方式来创建 XMLHttpRequest 对象时才需要使用该选项。

通过指定上面这些选项，开发者可以全面控制 Ajax 请求的各种细节。但在大部分情况下，开发者都不会使用 jQuery.ajax(options)来发送 Ajax 请求，而是使用另两个更简便的方法 getXxx 和 post。当开发者使用这两个方法来发送请求时，jQuery 将使用全局 Ajax 选项。为了设置全局 Ajax 选项，jQuery 提供了如下方法。

jQuery.ajaxSetup(options)：为 jQuery 的 Ajax 交互设置全局选项，其中 options 参数和 jQuery.ajax(options)里的 options 参数的功能和意义完全一样。

▶▶ 3.8.4　使用 get/post 方法

jQuery 提供了以下几种简便方法来发送 GET 请求。

- jQuery.get(url, [data], [callback], [type])：向 url 发送异步的 GET 请求。其中 data 是一个 JavaScript 对象，用于指定请求参数；callback 指定服务器响应成功时的回调函数，该函数是一个形如 function(data, statusText, jqXHR){...}的函数。data 是服务器响应，statusText 是服务器响应类型的描述信息，jqXHR 表示发送异步请求的 XMLHttpRequest 对象，type 指定服务器响应数据的类型，支持 xml、json、script、text、html 这几种类型。
- jQuery.getJSON(url [,data] [,callback])：该函数是前一个函数的 JSON 版本，相当于指定 type 参数为"json"。
- jQuery.getScript(url [,data] [,callback])：该函数是第一个函数的 Script 版本，相当于指定 type 参数为"script"。

下面的程序示范了如何使用 jQuery.get()方法来发送异步 GET 请求。

程序清单：codes\03\3.8\get\get.html

```html
<body>
<h3>请输入你的信息：</h3>
<form id="userForm">
    用户名:<input type="text" name="user" /><br />
    喜欢的图书:<select multiple="multiple" name="books">
        <option value="java">疯狂 Java 讲义</option>
        <option value="javaee">轻量级 Java EE 企业应用实战</option>
        <option value="ajax">疯狂前端开发讲义</option>
        <option value="xml">疯狂 XML 讲义</option>
    </select><br />
    <input id="load" type="button" value="发送异步GET请求"/>
</form><hr />
<div id="show"></div>
<script src="jquery-3.1.1.js" type="text/javascript">
</script>
<script type="text/javascript">
    // 为 id 为 load 的按钮绑定事件处理函数
    $("#load").click(function()
    {
        // 指定向 pro 发送请求，以 id 为 userForm 的表单里各表单控件的值作为请求参数
        $.get("pro" , $("#userForm").serializeArray() ,
        // 指定回调函数
        function(data , statusText)
        {
            $("#show").empty();
            $("#show").append("服务器响应状态为：" + statusText + "<br />");
            $("#show").append(data);
        },
        // 指定服务器响应为 html
        "html");
    });
</script>
</body>
```

该页面代码使用了 jQuery.get()方法向 pro 发送异步 GET 请求，页面中的表单、表单控件、按钮等与前一个应用的基本相同，而且 pro Servlet 也相同，此处不再给出 ProServlet.java 的代码。在浏览器中浏览该页面，并单击页面中发送请求的按钮，之后将可看到如图 3.26 所示的页面。

图 3.26　使用 get()方法发送请求

下面开发一个简单的范例程序，在该程序中让服务器直接生成 JavaScript 脚本响应，从而允许服务器的 JavaScript 脚本直接操作当前页面。该示例程序将使用 jQuery.getScript()方法发送请求，其 HTML 页面代码如下。

程序清单：codes\03\3.8\get\getScript.html

```html
<body>
<ul style="display:none">
   <li></li>
   <li></li>
   <li></li>
   <li></li>
</ul>
<input id="get" type="button" value="getScript"/>
<div id="show"></div>
<script src="jquery-3.1.1.js" type="text/javascript">
</script>
<script type="text/javascript">
   // 为id为get的按钮绑定事件处理函数
   $("#get").click(function()
   {
      $.getScript("script.jsp");
   });
</script>
</body>
```

程序中的粗体字代码使用 jQuery.getScript()方法发送异步 GET 请求，只指定向 script.jsp 发送请求，没有指定请求参数，也没有指定回调函数——这没有关系，script.jsp 页面将直接生成 JavaScript 响应，这些 JavaScript 脚本将直接修改当前 HTML 页面。下面是 script.jsp 页面的代码。

程序清单：codes\03\3.8\get\script.jsp

```jsp
<%@ page contentType="text/javascript; charset=utf-8" language="java" %>
$("ul>li").each(function(index)
{
   if(index % 2 == 0)
   {
      $(this).css("background-color" , "#ccffcc");
   }
   $(this).append("服务器响应" + index);
});
$("ul").slideDown(1000);
```

该 JSP 页面不再输出 HTML 标签，它包含的全部是 JavaScript 代码，这些 JavaScript 代码将作为响应传给客户端浏览器，并由客户端浏览器来解释执行。在浏览器中浏览前面的 getScript.html 页面，并单击发送请求的按钮后，将会看到如图 3.27 所示的结果。

图 3.27　使用 getScript()方法获取 JavaScript 响应

jQuery 也提供了一个发送 POST 请求的方法，该方法与前面的 jQuery.get()方法并无太大的区别，甚至连参数、选项都完全相同，只是该方法发送的是异步的 POST 请求。关于该方法的详细说明如下。

> jQuery.post(url, [data], [callback], [type])：向 url 发送异步的 POST 请求。该方法中的各参数与 jQuery.get()方法中各参数的功能和意义完全相同。

因为 jQuery.get()和 jQuery.post()两个方法的用法、功能基本一样，它们的区别只是发送 GET 请求和 POST 请求的区别，故此处不再给出 jQuery.post()的例子。

提示：

如果用户需要发送请求的请求参数量不是太大，通常使用 jQuery.get()方法即可；如果需要发送的请求参数量较大，则建议使用 jQuery.post()方法发送请求。

3.9　jQuery 的 Deferred 对象

在进行 JavaScript 开发的过程中，经常会遇到要执行耗时任务的情况，该任务可能是远程 Ajax 调用，也可能是本地的耗时操作，总之不能立即有结果。遇到这种情况，通常就需要采用回调函数来监听该耗时操作的执行情况，当耗时操作执行完成后，自动激发相应的回调函数。jQuery 为解决这类问题提供了 Deferred 对象。

▶▶ 3.9.1　jQuery 的异步调用

在 jQuery 以前的版本中，当我们使用$.ajax()方法进行 Ajax 调用时，通常的代码格式如下：

```
$.ajax({
   url: "pro" ,
   data: $("#userForm").serializeArray() ,
   // 指定回调函数
   success:succFn,
   error:errorFn
});
```

在该 Ajax 调用中通过 success 和 error 分别指定了调用成功、调用失败时的回调函数，这是 jQuery 传统的管理回调函数的方式，这种方式虽然简单、直观，但编程一致性并不好，因为调用不同耗时操作时可能需要通过不同选项来指定回调函数。

Deferred 对象则改变了这种局面，Deferred 对象允许用"一致"的代码来管理回调函数。例如通过 done()方法添加回调成功的回调函数，通过 fail()方法添加调用失败的回调函数……

从 jQuery 1.5 开始，$.ajax()方法返回的就是 Deferred 对象，因此 jQuery 允许我们采用如下形式来完成 Ajax 调用。

下面的示例使用 Deferred 对象改写了前面的 Ajax 示例，程序如下。

程序清单：codes\03\3.9\deferred\index.html

```html
<body>
<h3>请输入你的信息：</h3>
<form id="userForm">
    用户名:<input type="text" name="user" /><br />
    喜欢的图书:<select multiple="multiple" name="books">
        <option value="java">疯狂 Java 讲义</option>
        <option value="javaee">轻量级 Java EE 企业应用实战</option>
        <option value="ajax">疯狂前端开发讲义</option>
        <option value="xml">疯狂 XML 讲义</option>
    </select><br />
    <input id="load" type="button" value="发送异步 GET 请求"/>
</form><hr />
<div id="show"></div>
<script src="jquery-3.1.1.js" type="text/javascript">
</script>
<script type="text/javascript">
    // 为 id 为 load 的按钮绑定事件处理函数
    $("#load").click(function()
    {
        // 指定向 pro 发送请求，以 id 为 userForm 的表单里各表单控件的值作为请求参数
        $.ajax({url:"pro" , data:$("#userForm").serializeArray()})
            // 使用 done()方法添加"执行成功"的回调函数
            .done(function(data , statusText)
            {
                $("#show").empty();
                $("#show").append("服务器响应状态为："
                    + statusText + "<br />");
                $("#show").append(data);
            })
            // 使用 fail()方法添加"执行失败"的回调函数
            .fail(function()
            {
                alert("服务器响应出错！");
            });
    });
</script>
</body>
```

该程序调用了$.ajax()方法来发送异步请求，该方法将会返回一个 Deferred 对象，接下来通过 Deferred 对象的 done()方法和 fail()方法分别添加调用成功、调用失败的回调函数。

> **提示：**
> 通过上面的示例不难看出 jQuery 中 Deferred 的设计，它其实就是 JavaScript 新增的 Promise 对象。它们都可对所有"耗时操作"的回调函数进行统一管理——就像 jQuery 最初提供的 jQuery 对象一样。jQuery 对象对所有 DOM 元素进行了统一管理，从而提供了一致的编程模型。而 Deferred 对象或 Promise 对象则可对所有耗时操作进行统一管理。因此 jQuery 完全可能对原有的 Ajax 进行全新设计，从传统编程模型全面过渡到使用 Deferred 来管理回调函数。

除了可以调用$.ajax()方法返回 Deferred 对象之外，jQuery 专门提供了 jQuery.Deferred()方

法来创建 Deferred 对象。Deferred 对象提供了以下三种状态来表示耗时操作的执行结果：
- 任务执行中，未完成（pending）。Deferred 对象将执行 progress()方法添加的回调函数。
- 任务完成（fulfilled）。Deferred 包装了异步任务（函数），该任务执行了 resolve 函数；Deferred 对象将执行 done()方法添加的回调函数。
- 任务失败（rejected）。Deferred 包装了异步任务（函数），该任务执行了 reject 函数；Deferred 对象将执行 fail()方法添加的回调函数。

为了让开发者手动改变 Deferred 对象的状态，Deferred 还提供了 reject(args)和 resolve(args)两个方法，其中 reject(args)方法用于将 Deferred 对象改为"任务失败"状态，resolve(args)方法用于将 Deferred 对象改为"任务完成"状态。

Deferred 对象支持的方法如下。
- done(doneCallbacks)：指定 Deferred 对象包含的异步操作执行成功后激发的回调函数。
- fail(doneCallbacks)：指定 Deferred 对象包含的异步操作执行失败后激发的回调函数。
- always(alwaysCallbacks [, alwaysCallbacks])：该方法相当于 done()、fail()两个方法的合体。也就是说，无论 Deferred 对象包含的异步操作执行成功还是执行失败，总会激发该方法指定的回调函数。
- notify(args)：调用在 Deferred 对象上通过 progress()方法添加的函数，args 作为参数传入 progress()方法添加的函数。
- notifyWith(context [, args])：类似于 notify(args)方法的功能，只是激发 progress()方法添加的函数时将传入 context 和 args 参数。
- progress(progressCallbacks)：指定在 Deferred 对象包含的异步操作执行过程中激发的回调函数。
- promise([target])：返回 Deferred 对象对应的 Promise 对象（它相当于 Deferred 对象的副本，不允许开发者通过 Promise 对象修改 Deferred 对象的状态）。如果指定了 target 参数，则会在该参数指定的对象上增加 Deferred 接口。
- reject(args)：将 Deferred 对象状态改为"rejected（任务已失败）"，在 Deferred 对象上通过 fail()方法添加的函数将会被激发，args 作为参数传入 fail()方法添加的函数。
- rejectWith(context [, args])：类似于 reject(args)方法的功能，只是激发 fail()方法添加的函数时将传入 context 和 args 参数。
- resolve(args)：将 Deferred 对象状态改为"rejected（任务已完成）"，在 Deferred 对象上通过 done()方法添加的函数将会被激发，args 作为参数传入 done()方法添加的函数。
- resolveWith(context [, args])：类似于 resolve(args)方法的功能，只是激发 done()方法添加的函数时将传入 context 和 args 参数。
- state()：返回 Deferred 对象包含的异步操作所处的执行状态。该方法返回表示执行状态的字符串，可能返回如下三个字符串。
  - pending：任务执行中，未完成。
  - resolved：任务完成。
  - rejected：任务失败。
- then(doneCallbacks, failCallbacks [, progressCallbacks])：then()方法相当于 done()、fail()、和 progress()三个方法的综合版本，该方法可以分别为 Deferred 对象包含的异步操作在完成时、失败时、进行中指定一个或多个回调函数。

下面的程序定义了一个耗时操作。程序需要统计出指定范围的所有质数，由于这个过程耗时较长，因此考虑使用 Deferred 对象来管理回调函数。JavaScript 代码如下。

程序清单：codes\03\3.9\deferred1.html

```html
<body>
<script type="text/javascript" src="../jquery-3.1.1.js">
</script>
<script type="text/javascript">
    var calPrime = function(start , end)
    {
        // 定义一个 Deferred 对象
        var dfd = $.Deferred();          // ①
        try
        {
            var result = "";
            search:
            for (var n = start ; n <= end ; n++)
            {
                for (var i = 2; i <= Math.sqrt(n); i ++)
                {
                    // 如果除以 n 的余数为 0，开始判断下一个数字
                    if (n % i == 0)
                    {
                        continue search;
                    }
                }
                // 搜集找到的质数
                result += (n + ",");
            }
            // 当整个"耗时任务"执行完成时，将 Deferred 对象的状态改为 resolved
            dfd.resolve(result);          // ②
        }
        catch (e)
        {
            // 如果程序出现异常，将 Deferred 对象的状态改为 rejected
            dfd.reject("任务失败");        // ③
        }
        return dfd.promise();
    }
    // 调用 calPrime()耗时函数
    calPrime(1, 1000000)
        // 通过 done()方法添加回调函数
        .done(function(result)
        {
            $("body").append(result);
        })
        // 通过 fail()方法添加回调函数
        .fail(function(result)
        {
            $("body").append("计算出错了！");
        });
</script>
</body>
```

该程序中①号粗体字代码创建了一个 Deferred 对象，该对象用于标识该耗时任务的完成进度：当任务完成时，程序调用 Deferred 对象的 resolve()方法将它的状态设为 resolved；当任务出错时，程序调用 Deferred 对象的 reject()方法将它的状态设为 rejected。

calPrime()方法返回 Deferred 对象的 Promise 对象，Promise 对象相当于 Deferred 对象的副本，但程序不能通过 Promise 对象来改变 Deferred 对象的状态——通过这种方式，即可避免在 calPrime()方法外改变 Deferred 对象的状态。

> **注意:**
> Deferred 对象用于表示 calPrime()耗时操作的完成状态,因此通常只应该在该方法内改变 Deferred 对象的状态。为了保证效果,建议将 Deferred 对象定义成该方法的局部变量,并让该方法返回 Deferred 对象的 Promise 对象。

在浏览器中执行该 JavaScript 代码,即可看到当 calPrime()耗时操作执行完成后,会自动回调 done()方法指定的回调函数。

3.9.2 为多个耗时操作指定回调函数

jQuery 提供了一个 jQuery.when(deferreds)工具方法,该方法可用于将多个 Deferred 对象组合成一个 Deferred 对象,从而允许开发者为多个 Deferred 对象同时指定耗时操作。

例如如下代码片段:

```
$.when($.ajax({url:"pro"}) , calPrime(1, 10000))
   // 为两个耗时操作添加回调函数
   .done(function() {})
   .fail(function(){});
```

程序中的粗体字代码调用$.when()方法将两个耗时操作组合成一个 Defered 对象,从而允许开发者为它们整体指定回调函数:当$.ajax({url:"pro"})和 calPrime(1, 10000)都执行成功时,将会自动激发 done()方法添加的回调函数;只要任意一个执行失败,都将激发 fail()方法添加的回调函数。

3.9.3 为普通对象增加 Defered 接口

如果调用 Deferred 对象的 promise()方法时传入了参数,Deferred 对象将会为该对象增加 Deferred 接口,这样即可在该对象上调用 Deferred 对象的方法来添加回调函数。

以下为示例程序。

程序清单:codes\03\3.9\deferred2.html

```
<body>
<script type="text/javascript" src="../jquery-3.1.1.js">
</script>
<script type="text/javascript">
   // 已有的对象
   var obj =
   {
      hello: function( name )
      {
         document.write(name + ",您好!<br/>");
      }
   },
   // 创建一个 Deferred 对象
   var defer = $.Deferred();
   // 为 obj 对象增加 Deferred 接口
   defer.promise(obj);             // ①
   // 将 obj 当成 Promise 对象使用
   obj.done(function(name)
   {
      obj.hello(name);
   }).done(function(name)
   {
      document.write("执行完成了:" + name + "<br/>");
```

```
    });
    // 将Deferred对象的状态设为resolved
    // 这将激发obj对象上通过done()方法添加的回调函数
    defer.resolve("孙悟空");        // ②
</script>
</body>
```

该程序中①号粗体字代码调用promise()方法为obj对象添加了Deferred接口,接下来为该对象调用done()方法绑定了两个回调函数,程序在②号粗体字代码处将该Deferred对象的状态改为resolved,这将会激发obj对象上通过done()方法添加的两个回调函数。

使用浏览器执行上面的代码,可以看到如图3.28所示的效果。

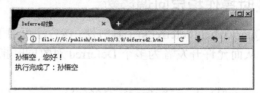

图3.28 为普通对象添加Deferred接口

▶▶ 3.9.4 jQuery对象的promise方法

从jQuery 1.5开始,所有jQuery对象都增加了promise()方法,该方法返回一个Promise对象,通过该Promise对象可以监听jQuery对象上动画队列的执行进度——通俗来说,就是可以为动画队列的执行失败、执行完成添加回调函数。

下面的例子来自jQuery的官方文档,该示例中定义了4个<div.../>元素以"渐隐"方式隐藏,程序还通过先调用promise()方法,再调用done()方法为它们添加回调函数。示例代码如下。

程序清单:codes\03\3.9\deferred3.html

```
<body>
<script type="text/javascript" src="../jquery-3.1.1.js">
</script>
<button>开始</button>
<p>准备...</p>
<div></div>
<div></div>
<div></div>
<div></div>
<script type="text/javascript">
// 为button元素的click事件绑定事件处理函数
$("button").click(function()
{
    $("p").append(" 开始动画...");
    // 迭代处理每个div元素
    $("div").each(function( i )
    {
        // 先让每个div元素以"渐显"方式显示出来
        // 再让每个div元素以"渐隐"方式隐藏起来,隐藏所需要时间不同
        $( this ).fadeIn().fadeOut(1000 * (i + 1));
    });
    // 为所有div元素上动画队列执行完成时指定回调函数
    $("div").promise().done(function()
    {
        $( "p" ).append(" 动画完成! ");
    });
});
</script>
</body>
```

该程序中的粗体字代码用于为所有<div.../>元素的动画队列执行完成后添加回调函数。在浏览器中执行该页面,将可以看到当动画完成后,页面会再追加上"动画完成!"字符串。

3.10 扩展 jQuery 和 jQuery 插件

jQuery 具有极好的可扩展性,如果开发者需要为 jQuery 增加新的函数和功能,则可通过 jQuery 提供的以下两个方法来进行扩展。

- ➢ jQuery.fn.extend(object):为所有 jQuery 对象扩展新的方法。其中 object 是一个形如 {name1:fn1, name2,fn2...}的对象。经过这种扩展之后,所有 jQuery 对象都可使用 name1、name2 等方法。
- ➢ jQuery.extend(object):为 jQuery 命名空间扩展新的方法。其中 object 是一个形如 {name1:fn1, name2,fn2...}的对象。经过这种扩展之后,jQuery 命名空间下就会增加 name1、name2 等方法。

下面的程序示范了如何利用这两个方法来扩展 jQuery。

程序清单:codes\03\3.10\extend.html

```
<body>
用户名:<input name="name" type="text"/><br />
喜欢的颜色:<br />
红色:<input name="color" type="checkbox" value="red"/>
绿色:<input name="color" type="checkbox" value="green"/>
蓝色:<input name="color" type="checkbox" value="blue"/><br />
<input id="check" type="button" value="选中所有复选框"/>
<input id="uncheck" type="button" value="取消选中所有复选框"/>
<input id="bn" type="button" value="单击我"/><br />
<script type="text/javascript" src="../jquery-3.1.1.js">
</script>
<script type="text/javascript">
// 为所有 jQuery 对象扩展新的方法
$.fn.extend(
{
    // 为 jQuery 对象扩展 check 方法
    check: function() {
        // 遍历 jQuery 里每个 DOM 对象,指定其 checked 属性为 true
        return this.each(function()
        {
            this.checked = true;
        });
    },
    // 为 jQuery 对象扩展 uncheck 方法
    uncheck: function()
    {
        // 遍历 jQuery 里每个 DOM 对象,指定其 checked 属性为 false
        return this.each(function()
        {
            this.checked = false;
        });
    }
});
$.extend(
{
    // 为 jQuery 命名空间扩展新方法
    test:function()
    {
```

```
            alert("为 jQuery 命名空间扩展的测试方法");
        }
    });
    // 为 id 为 check 的按钮绑定事件处理函数
    $("#check").click(function()
    {
        $(":input").check();
    });
    // 为 id 为 uncheck 的按钮绑定事件处理函数
    $("#uncheck").click(function()
    {
        $(":input").uncheck();
    });
    // 为 id 为 bn 的按钮绑定事件处理函数
    $("#bn").click(function()
    {
        // 调用为 jQuery 命名空间扩展的新方法
        $.test();
    });
</script>
</body>
```

该程序中的粗体字代码分别为 jQuery 对象和 jQuery 命名空间扩展了新的方法，从而允许后面的粗体字代码使用这些新扩展的方法。通过这个程序可以看出，不论是第三方还是开发者，都能非常方便地扩展 jQuery，从而为 jQuery 引入新的功能。

实际上，由于 jQuery 越来越受欢迎，已经出现了大量的 jQuery 插件，这些插件极大地丰富了 jQuery 的功能。登录 http://plugins.jquery.com/ 站点即可看到在 jQuery 官方注册的一系列 jQuery 插件，读者可以根据自己的需要选择合适的插件。

值得一提的是，jQuery 官方提供了一套优秀的界面库 jQueryUI，jQueryUI 的官方站点是 http://ui.jquery.com/，登录该站点即可看到这些丰富的 UI 效果。如果读者需要使用这些 UI 效果，则可以在项目中使用 jQueryUI。

3.11 本章小结

本章详细介绍了一个非常优秀的 JavaScript 库 jQuery，它提供了另一种优雅的设计思路：把 DOM 对象包装成 jQuery 对象进行处理，从而开发者可以不再面向 DOM 对象编程而是面向 jQuery 对象编程。掌握这种设计思路之后，使用 jQuery 将非常简单，只要 2 步即可：①获取 jQuery 对象；②调用 jQuery 对象的方法。

本章的知识组织也遵循以下两个步骤：先介绍了获取 jQuery 对象的核心方法 jQuery()，并介绍了该方法支持的各种选择器。然后详细讲解了如何访问类数组的 jQuery 对象里包含的元素。接下来详细讲解了 jQuery 对象支持的各种方法：如操作属性、操作 CSS 样式、动态更新 HTML 页面、事件编程支持、Ajax 支持等。除此之外本章还重点介绍了 jQuery 的两个新特性：Callbacks 对象和 Deferred 对象，以及如何使用 Callbacks 对象和 Deferred 对象管理回调函数。最后，详细介绍了如何扩展 jQuery，并通过示例进行了演示，且简要介绍了 jQuery 的各种插件及 jQueryUI。

CHAPTER 4

第 4 章
基于 jQuery 的应用：电子相册系统

本章要点

- 实现系统的持久化类
- 映射 Hibernate 的持久化对象
- 开发通用 DAO 组件类
- 基于 Hibernate 5 实现 DAO 组件
- 在 Spring 容器中部署 DAO 组件
- 实现业务逻辑组件
- 部署业务逻辑组件
- 使用声明式事务机制为业务逻辑方法增加事务控制
- 使用 jQuery 的 post 方法发送异步 POST 请求
- 在服务器端生成 JavaScript 更新 HTML 页面
- 处理异步请求时保存用户的浏览状态
- 使用 jQueryUI 对话框组件生成页面对话框
- 处理文件上传

本章将开发一个简单的电子相册系统，浏览者可以注册成为本系统用户。注册用户可以选择上传相片并查看自己的相片，每个用户只能看到自己上传的相片。本系统将采用 jQuery 作为 Ajax 支持，主要使用 jQuery.post()方法发送异步 POST 请求，而且让服务器返回 JavaScript 脚本直接更新浏览器中的 HTML 页面。

除此之外，还有一点值得读者注意，本系统解决了 Ajax 应用的防刷新问题。通常情况下，Ajax 应用使用浏览器的 JavaScript 来保存浏览状态，这样的后果是每当浏览者刷新页面时都会重置页面，导致之前的操作状态全部丢失！本应用则改变了这种做法，将浏览状态保存到 HttpSession 里，这样即使浏览者刷新页面，其浏览状态也不会丢失。当完成本系统的页面加载时，JavaScript 将发送异步请求，请求根据 HttpSession 里保存的浏览状态重新加载当前页面。

本系统还使用了 jQueryUI 的对话框。jQueryUI 对话框的用法非常简单，只要一行代码即可。在本章后面的代码中会看到 jQueryUI 对话框的用法示例。

4.1 实现持久层

该系统中间层使用 Spring 4.3 +Hibernate 5.2 来实现，Hibernate 负责持久层数据访问，其依赖于持久化类操作底层数据库，而应用程序则可以以面向对象的方式操作持久化对象。

4.1.1 实现持久化类

本应用需要两个表，这两个表分别用于存放用户信息和相片信息。用户信息表里主要保存用户的用户名、密码等信息。对于一个实际使用的电子相册系统，可能还需要一些用户的详细资料、注册时间和最后访问时间等信息，但本示例不打算保存这些信息，这对于应用的实现没有丝毫影响。

本应用的相片表里则保存相片的标题、相片对应的文件名，以及该相片的属主等信息。因此，用户表和相片表有主从表的关联关系，一个用户可对应于多张相片。相片所对应的持久化类的代码如下：

程序清单：codes\04\album\WEB-INF\src\org\crazyit\album\domain\Photo.java

```java
@Entity
@Table(name="photo_inf")
public class Photo
{
    // 标识属性
    @Id @Column(name="photo_id")
    @GeneratedValue(strategy=GenerationType.IDENTITY)
    private Integer id;
    // 该相片的名称
    private String title;
    // 相片在服务器上的文件名
    private String fileName;
    @ManyToOne(targetEntity=User.class)
    // 定义名为 owner_id 的外键列，该外键列引用 user_inf 表的 user_id 列
    @JoinColumn(name="owner_id" , referencedColumnName="user_id"
        , nullable=false)
    // 保存该相片所属的用户
    private User user;
    // 无参数的构造器
    public Photo()
    {
    }
    // 初始化全部成员变量的构造器
```

```java
public Photo(Integer id , String title , String fileName , User user)
{
    this.id = id;
    this.title = title;
    this.fileName = fileName;
    this.user = user;
}
// 省略所有成员变量的 setter 和 getter 方法
...
}
```

Photo 类中包含了一个 User 类型的成员变量，该成员变量指向另一个持久化类 User。由于从相片到用户是多对一的关系，因此每个 Photo 都可访问对应的 User 实例。这里的持久化类省略了作为普通成员变量的 setter 和 getter 方法。

用户对应的持久化类的代码如下。

程序清单：codes\04\album\WEB-INF\src\org\crazyit\album\domain\User.java

```java
@Entity
@Table(name="user_inf")
public class User
{
    // 标识属性
    @Id @Column(name="user_id")
    @GeneratedValue(strategy=GenerationType.IDENTITY)
    private Integer id;
    // 该用户的用户名
    private String name;
    // 该用户的密码
    private String pass;
    // 使用 mappedBy 属性表明该 Person 实体不控制关联关系
    @OneToMany(targetEntity=Photo.class
        , mappedBy="user")
    // 使用 Set 保存该用户所有关联的 Photo 相片
    private Set<Photo> photos
        = new HashSet<Photo>();
    // 无参数的构造器
    public User()
    {
    }
    // 初始化全部成员变量的构造器
    public User(Integer id , String name , String pass)
    {
        this.id = id;
        this.name = name;
        this.pass = pass;
    }
    //省略其他成员变量的 setter 和 getter 方法
    ...
}
```

一个用户实例可以对应多个相片实例，因此在用户持久化类里增加了一个 Set 属性，该属性用于保存当前用户关联的全部相片。这里的持久化类的代码省略了作为普通属性的 setter 和 getter 方法。

上面两个持久化类都使用了注解来定义映射关系，这样 Hibernate 即可知道持久化类和数据表、持久化类属性和数据列、持久化实例和数据记录之间的对应关系。一旦 Hibernate 知道了这种映射关系，程序就可通过持久化实例来操作底层数据库了。

User 和 Photo 之间存在一对多的关联关系，因此在映射文件中增加了<set.../>元素来映射 User 关联的多个 Photo 实体，并在<set.../>元素里使用<one-to-many.../>来映射 User 关联的 Photo

实体。

4.1.2 配置 SessionFactory

Hibernate 进行持久化操作还需要一份 XML 文件，这份 XML 配置文件是 Hibernate 的全局配置文件，用于指定 Hibernate 的全局属性，例如连接数据库所用的驱动、URL、用户名和密码等。通常建议将这份配置文件命名为 hibernate.cfg.xml。下面是 hibernate.cfg.xml 配置文件的代码。

程序清单：codes\04\album\WEB-INF\src\hibernate.cfg.xml

```xml
<?xml version="1.0" encoding="utf-8"?>
<!DOCTYPE hibernate-configuration PUBLIC
    "-//Hibernate/Hibernate Configuration DTD 3.0//EN"
    "http://hibernate.sourceforge.net/hibernate-configuration-3.0.dtd">
<hibernate-configuration>
    <!-- 配置 Hibernate SessionFactory 的信息 -->
    <session-factory>
        <property name="hibernate.dialect">org.hibernate.dialect.MySQL5Dialect</property>
        <property name="hibernate.show_sql">false</property>
        <property name="hibernate.format_sql">false</property>
        <property name="hibernate.hbm2ddl.auto">update</property>
        <!-- 列出所有持久化类-->
        <mapping class="org.crazyit.album.domain.User"/>
        <mapping class="org.crazyit.album.domain.Photo"/>
    </session-factory>
</hibernate-configuration>
```

本应用采用 Spring 管理应用的数据源、SessionFactory 等组件，因此程序可以直接在 Spring 配置文件中配置数据源、SessionFactory 等。下面是配置数据源、SessionFactory 的配置代码。

程序清单：codes\04\album\WEB-INF\applicationContext.xml

```xml
<!-- 定义数据源 Bean，使用 C3P0 数据源实现
    并通过依赖注入设置数据库的驱动、URL、用户名、密码、
    最大连接数、最小连接数、初始化连接数、最大空闲时间 -->
<bean id="dataSource" class="com.mchange.v2.c3p0.ComboPooledDataSource"
    destroy-method="close"
    p:driverClass="com.mysql.jdbc.Driver"
    p:jdbcUrl="jdbc:mysql://localhost:3306/album"
    p:user="root"
    p:password="32147"
    p:maxPoolSize="200"
    p:minPoolSize="2"
    p:initialPoolSize="2"
    p:maxIdleTime="200"/>
<!-- 定义 Hibernate 的 SessionFactory -->
<bean id="sessionFactory"
    class="org.springframework.orm.hibernate5.LocalSessionFactoryBean"
    p:dataSource-ref="dataSource"
    p:configLocation="classpath:hibernate.cfg.xml"/>
```

该配置文件配置了一个 sessionFactory Bean，配置该 Bean 时注入了前面配置的 dataSource。SessionFactory 是 Hibernate 进行持久化访问的根本，它是数据库被编译后的内存镜像，SessionFactory 可产生 Session 对象，Hibernate 的持久化访问就是由 Session 来实现的。

为了让 Spring 管理的 SessionFactory 能读取 Hibernate 的 hibernate.cfg.xml 配置文件，上面的代码在配置 SessionFactory 时向其中注入了 hibernate.cfg.xml 文件。

4.2 实现 DAO 组件

本应用的持久化层访问依然依赖于 DAO 组件，DAO 组件提供了访问数据库的能力，其主要提供了针对各自数据表的 CRUD 方法。

DAO 组件的实现依赖于 Hibernate 5.2，为了简化项目底层的数据库访问，减少 DAO 组件的开发工作量，本例以及后面示例都会采用继承通用 DAO 组件的方式来开发 DAO 组件，通用 DAO 组件提取了普通 DAO 组件必需的通用方法。

▶▶ 4.2.1 开发通用 DAO 组件

DAO 组件通常应该包括如下两个部分：
- DAO 接口
- DAO 接口的实现类

通用 DAO 组件用于完成对应实体上的 CRUD 操作，因此都应该提供如下几个方法：
- 根据主键查找实体，并根据对应的主键获取指定记录。
- 保存实体，对应插入一条记录。
- 修改实体，对应修改一条记录。
- 根据主键删除，对应删除一条记录。
- 根据实体删除，对应删除一条记录。
- 查找全部，对应不带任何 where 子句的 select 语句。

除此之外，每个 DAO 组件还提供数量不等的查询方法，这些查询方法是根据系统业务需求来确定的，并不完全相同。为了简化业务相关 DAO 组件的开发，在 DAO 组件基类中还可以提供几个 find()方法，用于根据不同 HQL 语句和不同请求参数进行查询（包括分页查询等）。

下面是通用 DAO 组件的接口。

程序清单：codes\04\album\WEB-INF\src\org\crazyit\common\dao\BaseDao.java

```java
public interface BaseDao<T>
{
    // 根据 ID 加载实体
    T get(Class<T> entityClazz , Serializable id);
    // 保存实体
    Serializable save(T entity);
    // 更新实体
    void update(T entity);
    // 删除实体
    void delete(T entity);
    // 根据 ID 删除实体
    void delete(Class<T> entityClazz , Serializable id);
    // 获取所有实体
    List<T> findAll(Class<T> entityClazz);
    // 获取实体总数
    long findCount(Class<T> entityClazz);
}
```

这里在 DAO 组件接口中定义了 7 个通用方法，这 7 个通用方法是所有 DAO 组件都应该提供的。

下面为通用 DAO 组件提供实现类。

程序清单：codes\04\album\WEB-INF\src\org\crazyit\common\dao\impl\BaseDaoHibernate4.java

```java
public class BaseDaoHibernate4<T> implements BaseDao<T>
{
    // DAO 组件进行持久化操作底层依赖的 SessionFactory 组件
    private SessionFactory sessionFactory;
    // 依赖注入 SessionFactory 所需的 setter 方法
    public void setSessionFactory(SessionFactory sessionFactory)
    {
        this.sessionFactory = sessionFactory;
    }
    public SessionFactory getSessionFactory()
    {
        return this.sessionFactory;
    }
    // 根据 ID 加载实体
    @SuppressWarnings("unchecked")
    public T get(Class<T> entityClazz , Serializable id)
    {
        return (T)getSessionFactory().getCurrentSession()
            .get(entityClazz , id);
    }
    // 保存实体
    public Serializable save(T entity)
    {
        return getSessionFactory().getCurrentSession()
            .save(entity);
    }
    // 更新实体
    public void update(T entity)
    {
        getSessionFactory().getCurrentSession().saveOrUpdate(entity);
    }
    // 删除实体
    public void delete(T entity)
    {
        getSessionFactory().getCurrentSession().delete(entity);
    }
    // 根据 ID 删除实体
    public void delete(Class<T> entityClazz , Serializable id)
    {
        delete(get(entityClazz , id));
    }
    // 获取所有实体
    @SuppressWarnings("unchecked")
    public List<T> findAll(Class<T> entityClazz)
    {
        return find("select en from "
            + entityClazz.getSimpleName() + " en");
    }
    // 获取实体总数
    public long findCount(Class<T> entityClazz)
    {
        List l = find("select count(*) from "
            + entityClazz.getSimpleName());
        // 查询得到的实体总数
        if (l != null && l.size() == 1 )
        {
            return (Long)l.get(0);
        }
        return 0;
    }
    // 根据 HQL 语句查询实体
```

```java
@SuppressWarnings("unchecked")
protected List<T> find(String hql)
{
    return (List<T>)getSessionFactory().getCurrentSession()
        .createQuery(hql)
        .list();
}
// 根据带占位符参数HQL语句查询实体
@SuppressWarnings("unchecked")
protected List<T> find(String hql , Object... params)
{
    // 创建查询
    Query query = getSessionFactory().getCurrentSession()
        .createQuery(hql);
    // 为包含占位符的HQL语句设置参数
    for(int i = 0 , len = params.length ; i < len ; i++)
    {
        query.setParameter(i + "" , params[i]);
    }
    return (List<T>)query.list();
}
/**
 * 使用hql语句进行分页查询操作
 * @param hql 需要查询的hql语句
 * @param pageNo 查询第pageNo页的记录
 * @param pageSize 每页需要显示的记录数
 * @return 当前页的所有记录
 */
@SuppressWarnings("unchecked")
protected List<T> findByPage(String hql,
    int pageNo, int pageSize)
{
    // 创建查询
    return getSessionFactory().getCurrentSession()
        .createQuery(hql)
        // 执行分页
        .setFirstResult((pageNo - 1) * pageSize)
        .setMaxResults(pageSize)
        .list();
}
/**
 * 使用hql语句进行分页查询操作
 * @param hql 需要查询的hql语句
 * @param params 如果hql带占位符参数，params用于传入占位符参数
 * @param pageNo 查询第pageNo页的记录
 * @param pageSize 每页需要显示的记录数
 * @return 当前页的所有记录
 */
@SuppressWarnings("unchecked")
protected List<T> findByPage(String hql , int pageNo, int pageSize
    , Object... params)
{
    // 创建查询
    Query query = getSessionFactory().getCurrentSession()
        .createQuery(hql);
    // 为包含占位符的HQL语句设置参数
    for(int i = 0 , len = params.length ; i < len ; i++)
    {
        query.setParameter(i + "" , params[i]);
    }
    // 执行分页，并返回查询结果
    return query.setFirstResult((pageNo - 1) * pageSize
```

```
            .setMaxResults(pageSize)
            .list();
    }
}
```

正如上面的代码所呈现的,通用 DAO 组件是一个高度可复用的组件,它不仅为上面的通用 DAO 接口的 7 个方法提供了实现,还增加了两个普通的 find()方法和两个 findByPage()方法,这 4 个方法用于为业务 DAO 组件提供支撑。当业务 DAO 组件需要进行业务相关查询时,只要调用相应的 find()或 findByPage()方法,并传入 HQL 语句或查询参数即可。

> **提示:**
> 这里所提供的通用 DAO 组件具有很高的复用性,读者拿到这个通用 DAO 组件后无须对它做任何修改,直接将它复制到自己的项目中,即可让项目中的 DAO 组件继承该通用 DAO 组件。本书后面的所有项目需要使用 DAO 组件时都会直接继承该通用 DAO 组件,这样可以简化业务相关 DAO 组件的实现代码。

▶▶ 4.2.2 DAO 接口定义

DAO 接口只定义 DAO 组件应该包含哪些方法,不会实现这些方法。使用 DAO 接口的主要目的是为了实现更好的解耦。UserDao 接口的代码如下。

程序清单:codes\04\album\WEB-INF\src\org\crazyit\album\dao\UserDao.java

```java
public interface UserDao extends BaseDao<User>
{
    /**
     * 根据用户名查找用户
     * @param name 需要查找的用户的用户名
     * @return 查找到的用户
     */
    User findByName(String name);
}
```

PhotoDao 接口的代码如下。

程序清单:codes\04\album\WEB-INF\src\org\crazyit\album\dao\PhotoDao.java

```java
public interface PhotoDao extends BaseDao<Photo>
{
    //以常量控制每页显示的相片数
    final int PAGE_SIZE = 3;
    /**
     * 查询属于指定用户的相片,且进行分页控制
     * @param user 查询相片所属的用户
     * @param pageNo 需要查询的指定页
     * @return 查询到的相片
     */
    List<Photo> findByUser(User user , int pageNo);
}
```

这两个接口定义了 DAO 组件应该实现的方法,但没有给出具体实现,具体的实现依赖于 DAO 接口的实现类。

从表面上看,上面的两个 DAO 接口都只包含了一个方法,但由于这两个 DAO 接口都继承了 BaseDao 接口,因此实际上每个 DAO 接口都包含了 8 个方法——基本的增、删、改、查方法都已经由通用 DAO 组件提供了。

>> 4.2.3 完成 DAO 组件的实现类

DAO 组件的实现依赖于 Hibernate 4 框架,且还需借助于前面开发的通用 DAO 组件基类。在该通用 DAO 组件类中需要注入一个 SessionFactory 的引用,一旦获得了 SessionFactory 的引用,通用 DAO 组件即可完成所有的持久化操作:

➢ 对于基本的增、删、改、查操作,通用 DAO 组件已经提供了实现。
➢ 对于其他业务相关的查询,只要调用通用 DAO 组件所提供的 find()或 findByPage()方法即可。

下面是 UserDao 组件的实现类代码。

程序清单:codes\04\album\WEB-INF\src\org\crazyit\album\dao\impl\UserDaoHibernate.java

```java
public class UserDaoHibernate extends BaseDaoHibernate4<User>
    implements UserDao
{
    /**
     * 根据用户名查找用户
     * @param name 需要查找的用户的用户名
     * @return 查找到的用户
     */
    public User findByName(String name)
    {
        List<User> users = find("select u from User u where u.name = ?0"
            , name);
        if (users != null && users.size() == 1)
        {
            return users.get(0);
        }
        return null;
    }
}
```

下面是 PhotoDao 组件的实现类代码。

```java
public class PhotoDaoHibernate extends BaseDaoHibernate4<Photo>
    implements PhotoDao
{
    /**
     * 查询属于指定用户的相片,且进行分页控制
     * @param user 查询相片所属的用户
     * @param pageNo 需要查询的指定页
     * @return 查询到的相片
     */
    public List<Photo> findByUser(User user , int pageNo)
    {
        //返回分页查询的结果
        return (List<Photo>)findByPage("select b from Photo b where "
            + "b.user = ?0" , pageNo , PAGE_SIZE , user);
    }
}
```

前面已经提到,这里的 DAO 组件都继承了 BaseDaoHibernate 4,因此必须为这些 DAO 组件注入 SessionFactory。Spring 为这种注入提供了方便,前面已经在 Spring 配置文件中配置了 SessionFactory,现在只需要在配置 DAO 组件时将 SessionFactory 注入 DAO 组件即可。下面是配置 DAO 组件的配置片段。

程序清单:codes\04\album\WEB-INF\applicationContext.xml

```xml
<!-- 配置 userDao 组件
```

```xml
        为 userDao 组件注入 SessionFactory 实例 -->
<bean id="userDao"
    class="org.crazyit.album.dao.impl.UserDaoHibernate"
    p:sessionFactory-ref="sessionFactory"/>
<!-- 配置 photoDao 组件
    为 photoDao 组件注入 SessionFactory 实例 -->
<bean id="photoDao"
    class="org.crazyit.album.dao.impl.PhotoDaoHibernate"
    p:sessionFactory-ref="sessionFactory"/>
```

实现了这些的 DAO 组件之后，程序即可以此 DAO 组件为基础，实现系统的业务逻辑组件。

4.3 实现业务逻辑层

业务逻辑组件依赖于底层的 DAO 组件，由 DAO 组件负责提供持久化访问功能，而业务逻辑组件则专注于提供业务逻辑功能。

▶▶ 4.3.1 实现业务逻辑组件

考虑到本应用的实际情况，客户端 JavaScript 代码需要访问如下几个方法。

➢ 处理用户登录：根据用户名和密码验证用户登录是否成功。
➢ 注册用户：增加一个新的系统用户。
➢ 增加相片：为特定的用户增加对应的相片。
➢ 通过用户获得指定页的所有相片。
➢ 验证某个用户名是否可用。

本系统的业务逻辑组件同样由接口和实现类两部分组成，不过业务逻辑组件的接口中仅仅定义了这 5 个方法，代码非常简单，故此处不再给出业务逻辑接口代码。

为了利用 Spring 的依赖注入将 DAO 组件注入业务逻辑组件，业务逻辑组件实现类应该为其所依赖的 DAO 组件提供对应的 setter 方法，然后依赖于这些 DAO 组件来实现业务逻辑方法。下面是本系统中业务逻辑组件实现类的代码。

程序清单：codes\04\album\WEB-INF\src\org\crazyit\album\serice\impl\AlbumServiceImpl.java

```java
public class AlbumServiceImpl implements AlbumService
{
    //业务逻辑组件所依赖的两个 DAO 组件
    private UserDao ud = null;
    private PhotoDao pd = null;
    //依赖注入两个 DAO 组件所需的 setter 方法
    public void setUserDao(UserDao ud)
    {
        this.ud = ud;
    }
    public void setPhotoDao(PhotoDao pd)
    {
        this.pd = pd;
    }
    /**
     * 验证用户登录是否成功。
     * @param name 登录的用户名
     * @param pass 登录的密码
     * @return 用户登录的结果，成功返回 true, 否则返回 false
     */
    public boolean userLogin(String name , String pass)
```

```java
{
    try
    {
        //使用UserDao根据用户名查询用户
        User u = ud.findByName(name);
        if (u != null && u.getPass().equals(pass))
        {
            return true;
        }
        return false;
    }
    catch (Exception ex)
    {
        ex.printStackTrace();
        throw new AlbumException("处理用户登录出现异常！");
    }
}
/**
 * 注册新用户
 * @param name 新注册用户的用户名
 * @param pass 新注册用户的密码
 * @return 新注册用户的主键
 */
public int registUser(String name , String pass)
{
    try
    {
        //创建一个新的User实例
        User u = new User();
        u.setName(name);
        u.setPass(pass);
        //持久化User对象
        ud.save(u);
        return u.getId();
    }
    catch(Exception ex)
    {
        ex.printStackTrace();
        throw new AlbumException("新用户注册出现异常！");
    }
}
/**
 * 添加照片
 * @param user 添加相片的用户
 * @param title 添加相片的标题
 * @param fileName 新增相片在服务器上的文件名
 * @return 新添加相片的主键
 */
public int addPhoto(String user , String title , String fileName)
{
    try
    {
        //创建一个新的Photo实例
        Photo p = new Photo();
        p.setTitle(title);
        p.setFileName(fileName);
        p.setUser(ud.findByName(user));
        //持久化Photo实例
        pd.save(p);
        return p.getId();
    }
    catch(Exception ex)
    {
```

```
            ex.printStackTrace();
            throw new AlbumException("添加相片过程中出现异常！");
        }
    }
    /**
     * 根据用户获得该用户的所有相片
     * @param user 当前用户
     * @param pageNo 页码
     * @return 返回属于该用户指定页的相片
     */
    public List<PhotoHolder> getPhotoByUser(String user , int pageNo)
    {
        try
        {
            List<Photo> pl = pd.findByUser(ud.findByName(user) , pageNo);
            List<PhotoHolder> result = new ArrayList<PhotoHolder>();
            for (Photo p : pl )
            {
                result.add(new PhotoHolder(p.getTitle() , p.getFileName()));
            }
            return result;
        }
        catch (Exception ex)
        {
            ex.printStackTrace();
            throw new AlbumException("查询相片列表的过程中出现异常！");
        }
    }
    /**
     * 验证用户名是否可用，即数据库里是否已经存在该用户名
     * @param name 需要校验的用户名
     * @return 如果该用户名可用，则返回true,否则返回false
     */
    public boolean validateName(String name)
    {
        try
        {
            //根据用户名查询对应的User 实例
            User u = ud.findByName(name);
            if (u != null)
            {
                return false;
            }
            return true;
        }
        catch(Exception ex)
        {
            ex.printStackTrace();
            throw new AlbumException("验证用户名是否存在的过程中出现异常！");
        }
    }
}
```

从这里的程序可以看出，业务逻辑组件在返回 Photo 时并未直接返回 Photo 持久化类实例，因为根据 Java EE 规范，处于底层的 PO 实例不应该被传到表现层。为了将相应的数据传到表现层，系统提供了一个简单的 VO 类（值对象），这个 VO 类封装了 Photo 的基本信息。

▶▶ 4.3.2 配置业务逻辑组件

到目前为止，已经完成了业务逻辑组件的实现，接下来应将业务逻辑组件配置在 Spring 容器中，让 Spring 的 AOP 机制为其提供声明式的事务管理，并由 Spring 为其注入 DAO 组件。

下面是在 Spring 配置文件中配置业务逻辑组件并提供声明式事务管理的配置代码。

程序清单：codes\04\album\WEB-INF\applicationContext.xml

```xml
<!-- 配置 albumService 业务逻辑组件
    为业务逻辑组件注入两个 DAO 组件 -->
<bean id="albumService"
    class="org.crazyit.album.service.impl.AlbumServiceImpl"
    p:userDao-ref="userDao"
    p:photoDao-ref="photoDao"/>
<!-- 配置 Hibernate 的局部事务管理器，使用 HibernateTransactionManager 类 -->
<!-- 该类实现 PlatformTransactionManager 接口，是针对 Hibernate 的特定实现-->
<!-- 配置 HibernateTransactionManager 时需要依赖注入 SessionFactory 的引用 -->
<bean id="transactionManager"
    class="org.springframework.orm.hibernate5.HibernateTransactionManager"
    p:sessionFactory-ref="sessionFactory"/>
<!-- 配置事务切面 Bean,指定事务管理器 -->
<tx:advice id="txAdvice" transaction-manager="transactionManager">
    <!-- 用于配置详细的事务语义 -->
    <tx:attributes>
        <!-- 所有以'get'开头的方法是 read-only 的 -->
        <tx:method name="get*" read-only="true" timeout="8"/>
        <!-- 其他方法使用默认的事务设置 -->
        <tx:method name="*" timeout="5"/>
    </tx:attributes>
</tx:advice>
<aop:config>
    <!-- 配置一个切入点，匹配指定包下所有以 Impl 结尾的类执行的所有方法 -->
    <aop:pointcut id="leeService"
        expression="execution(* org.crazyit.album.service.impl.*Impl.*(..))"/>
    <!-- 指定在 leeService 切入点应用 txAdvice 事务切面 -->
    <aop:advisor advice-ref="txAdvice"
        pointcut-ref="leeService"/>
</aop:config>
```

上面的代码在配置文件中配置了 Hibernate 的局部事务管理器 transactionManager，然后以该事务管理器为基础配置了一个事务切面 Bean，最后在<aop:config.../>元素中指定当所有业务逻辑方法被调用时，该事务切面 Bean 都将起作用，这样就为所有业务逻辑方法都增加了事务控制。

4.4 实现客户端调用

本系统将依托 jQuery 的异步请求功能来提供 Ajax 支持，而服务器响应则返回一段 JavaScript 脚本，JavaScript 脚本将会动态更新 HTML 页面。本系统使用 Servlet 为异步请求提供响应，Servlet 则主动调用 Spring 容器中的业务逻辑组件来提供服务。

4.4.1 访问业务逻辑组件

本应用的所有业务逻辑组件都被部署在 Spring 容器中，因此必须先初始化 Spring 容器才能访问业务逻辑组件。为了让 Spring 容器随 Web 应用的启动而被初始化，我们在 Web 应用的 web.xml 文件中增加<listener.../>元素来配置 Listener。下面是 web.xml 文件中增加的内容。

程序清单：codes\04\album\WEB-INF\web.xml

```xml
<!-- 配置 Web 应用启动时加载 Spring 容器 -->
<listener>
    <listener-class>org.springframework.web.context.ContextLoaderListener
```

```
        </listener-class>
    </listener>
```

这里的 ContextLoaderListener 将在 Web 应用启动时自动初始化 Spring 容器，该 Listener 自动加载 Web 应用的 WEB-INF 路径下的 applicationContext.xml 文件。

Web 应用初始化 Spring 容器完成后，Web 应用中的 Servlet 可通过 WebApplicationContextUtils 工具类来获取 Spring 容器。为了让所有 Servlet 更好地访问 Spring 容器，程序提供了如下 Servlet 基类。

程序清单：codes\04\album\WEB-INF\src\org\crazyit\album\web\base\BaseServlet.java

```java
public class BaseServlet extends HttpServlet
{
    protected AlbumService as;
    // 定义初始化方法，获得Spring容器的引用
    public void init(ServletConfig config)
        throws ServletException
    {
        super.init(config);
        ApplicationContext ctx = WebApplicationContextUtils
            .getWebApplicationContext(getServletContext());
        as = (AlbumService)ctx.getBean("albumService");
    }
}
```

这里在 BaseServlet 中包含了一个 as 实例属性，BaseServlet 的 init()方法负责初始化该 as 属性。初始化后的 as 属性就是 Spring 容器中的 albumService Bean，这样就使得 BaseServlet 的子类可直接通过 as 属性访问 Spring 容器中的 albumService Bean，从而调用在该 Bean 里定义的业务逻辑方法。

▶▶ 4.4.2　处理用户登录

当用户以未登录状态浏览该系统时，将看到系统首页显示两个单行文本框，用于输入用户名和密码。如图 4.1 所示。

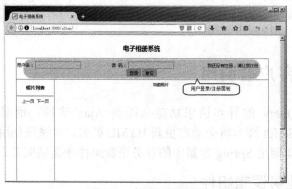

图 4.1　未登录的界面

浏览者在"用户名"、"密码"输入框中输入登录的用户名和密码，然后单击"登录"按钮，将触发 JavaScript 发送异步 POST 请求。下面是发送请求的 JavaScript 函数代码。

程序清单：codes\04\album\js\album.js

```javascript
// 处理用户登录的函数
function proLogin()
{
    // 获取user、pass两个文本框的值
```

```javascript
    var user = $.trim($("#user").val());
    var pass = $.trim($("#pass").val());
    if (user == null || user == ""
        || pass == null|| pass =="")
    {
        alert("必须先输入用户名和密码才能登录");
        return false;
    }
    else
    {
        // 向 proLogin 发送异步 POST 请求
        $.post("proLogin", $('#user,#pass').serializeArray()
            , null , "script");
    }
}
```

在登录页面里并未指定回调函数,而是指定服务器响应是 JavaScript 脚本,这样就可使用服务器响应脚本来动态更新当前 HTML 页面。

这里的异步请求是发送给 proLogin Servlet 的,该 Servlet 将调用业务逻辑组件的 userLogin() 方法来处理用户请求,并直接生成 JavaScript 脚本来更新 HTML 页面。下面是该 Servlet 的代码。

程序清单:codes\04\album\WEB-INF\src\org\crazyit\album\web\ProLoginServlet.java

```java
@WebServlet(urlPatterns="/proLogin")
public class ProLoginServlet extends BaseServlet
{
    public void service(HttpServletRequest request
        , HttpServletResponse response)throws IOException,ServletException
    {
        String name = request.getParameter("user");
        String pass = request.getParameter("pass");
        response.setContentType("text/javascript;charset=utf-8");
        // 获取输出流
        PrintWriter out = response.getWriter();
        try
        {
            // 清空 id 为 user、pass 输入框的内容
            out.println("$('#user,#pass').val('');");
            if (name != null && pass != null
                && as.userLogin(name , pass))
            {
                HttpSession session = request.getSession(true);
                session.setAttribute("curUser" , name);
                out.println("alert('您已经登录成功!')");
                out.println("$('#noLogin').hide(500)");
                out.println("$('#hasLogin').show(500)");
                // 调用获取相片列表的方法
                out.println("onLoadHandler();");
            }
            else
            {
                out.println("alert('您输入的用户名、密码不符,请重试!')");
            }
        }
        catch (AlbumException ex)
        {
            out.println("alert('" + ex.getMessage()
                + "请更换用户名、密码重试!')");
        }
    }
}
```

该 Servlet 的第一行粗体字代码指定了服务器响应是 text/javascript，这表明服务器的响应是 JavaScript 脚本而不是 HTML 代码。

这里 Servlet 使用 JavaScript 代码隐藏了 id 为 noLogin 的元素，并显示 id 为 hasLogin 的元素，这样用户不再看到"用户名"、"密码"输入框，而是看到了登录后的操作菜单。

用户登录成功后，JavaScript 再次调用 onLoadHandler()方法，该方法负责获取当前用户指定页的相片列表。

用户一旦登录成功，页面上方的登录面板将立即被隐藏，用户的控制面板将代替原来的登录面板，并在左边的相片列表框中列出当前用户的所有相片。相片框中的每个相片名都有对应的 JavaScript 处理函数，如果单击相片名，将显示出对应的相片。

图 4.2　登录成功

如果用户输入了正确的用户名和密码，则单击"登录"按钮后，将可看到如图 4.2 所示的提示框。

用户一旦登录成功，系统就将自动加载当前用户的所有相片，并在页面左边列出。图 4.3 显示了用户登录成功后的界面。

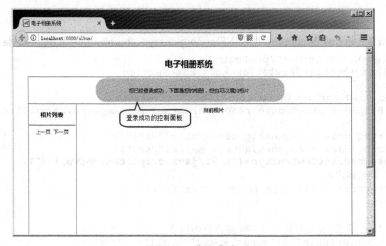

图 4.3　登录成功

用户注册和用户登录基本相似，用户单击图 4.1 所示页面中的注册链接，页面中将会显示"注册"按钮，用户单击"注册"按钮将触发 regist()函数，该函数负责向服务器发送异步 POST 请求，进而完成用户注册。由于用户注册、用户登录的处理流程基本相似，故此处不再赘述。

正如在前面的 ProLoginServlet 代码中所见，当用户登录成功后，系统会将当前用户名放入 HttpSession 中。当用户通过"刷新"按钮或 F5 键刷新页面时，系统可以从 HttpSession 中取得当前浏览者的用户名，这样就可以避免在页面刷新时丢失浏览状态。而 ProRegistServlet 内也有类似的处理：在用户注册成功后，也会将当前用户名放入 HttpSession 中。

本示例将用户的登录状态保存在 HttpSession 中，并在页面加载时读取 HttpSession 状态，这样可以避免用户刷新页面时丢失浏览状态。

本章最后一节会介绍用户刷新页面时的处理。当用户刷新页面时，该页面会向服务器发送请求，从 HttpSession 中读取用户会话状态，从而根据会话状态来显示页面内容。

▶▶ 4.4.3　获得用户相片列表

用户相片列表的获得由函数 onLoadHandler()完成，该函数将通过 Servlet 调用

AlbumService 组件的 getPhotoByUser() 方法来获取相片列表。由于系统需要不断获取最新的相片列表,因此 JavaScript 代码将周期性地调用 onLoadHandler() 方法。下面是 onLoadHandler() 函数的代码。

程序清单:codes\04\album\js\album.js

```
// 周期性地获取当前用户当前页的相片
function onLoadHandler()
{
    // 向 getPhoto 发送异步 GET 请求
    $.getScript("getPhoto");
    // 指定 1s 之后再次执行此方法
    setTimeout("onLoadHandler()", 1000);
}
```

onLoadHandler() 函数向 getPhoto 发送异步 GET 请求,其在发送请求时未指定回调函数,而是直接让服务器生成的 JavaScript 脚本动态更新当前视图页面。下面是 GetPhotoServlet 的代码。

程序清单:codes\04\album\WEB-INF\src\org\crazyit\album\web\GetPhotoServlet.java

```java
@WebServlet(urlPatterns="/getPhoto")
public class GetPhotoServlet extends BaseServlet
{
    public void service(HttpServletRequest request
        , HttpServletResponse response)throws IOException,ServletException
    {
        HttpSession session = request.getSession(true);
        // 从 HttpSession 中获取系统当前用户相片列表的当前页码
        String name = (String)session.getAttribute("curUser");
        Object pageObj = session.getAttribute("curPage");
        // 如果 HttpSession 中的 curPage 为 null, 则设置当前页为第一页
        int curPage = pageObj == null ? 1 :(Integer) pageObj;
        response.setContentType("text/javascript;charset=gbk");
        // 获取输出流
        PrintWriter out = response.getWriter();
        try
        {
            List<PhotoHolder> photos = as.getPhotoByUser(name , curPage);
            // 清空 id 为 list 的元素
            out.println("var list = $('#list').empty();");
            for (PhotoHolder ph : photos)
            {
                // 将每个相片动态添加到 id 为 list 的元素中
                out.println("list.append(\"<div align='center'>" +
                    "<a href='javascript:void(0)' onclick=\\\"showImg('"
                    + ph.getFileName() + "');\\\">"
                    + ph.getTitle() + "</a></div>\");");
            }
        }
        catch (AlbumException ex)
        {
            out.println("alert('" + ex.getMessage() + "请重试!')");
        }
    }
}
```

从上面的代码可以看出,该 Servlet 将会从 HttpSession 中读取 curUser、curPage 两个属性的值,其中 curPage 属性记录了浏览者的浏览状态:当前正在浏览哪一页!如果无法读到 curPage

属性,则系统默认加载第一页。从这个设计可以看出,本系统把用户正在浏览页面的状态保存在服务器端,而不是浏览器中。这样设计可保证,即使用户刷新当前页面,用户的浏览状态也不会丢失。

将正在浏览的页码保存在服务器端还有一个好处:当系统需要翻页时,只要修改 HttpSession 里的 curPage 属性即可,无须进行额外处理。

onLoadHandler()函数是个周期性执行的函数,它会周期性地向服务器发送异步 GET 请求。这个函数在如下时候会获得执行机会:

➢ 用户登录成功后。
➢ 用户注册成功后。
➢ 页面加载完成时。

一旦 onLoadHandler()函数执行起来,它就将每隔 1s 执行一次,不断获取最新的相片列表。

▶▶ 4.4.4 处理翻页

正如前面所提到的,系统处理翻页操作比较简单,因为用户正在浏览的页码保存在 HttpSession 中,所以处理翻页只要修改 HttpSession 里的 curPage 属性即可。

当用户单击如图 4.3 所示页面左边的"上一页"、"下一页"链接时,将会触发翻页请求,翻页请求由如下 JavaScript 函数发送。

程序清单:codes\04\album\js\album.js

```javascript
// 处理翻页的函数
function turnPage(flag)
{
    $.getScript("turnPage?turn=" + flag);
}
```

处理翻页的 Servlet 是 turnPage,该 Servlet 类代码如下。

程序清单:codes\04\album\WEB-INF\src\org\crazyit\album\web\TurnPageServlet.java

```java
@WebServlet(urlPatterns="/turnPage")
public class TurnPageServlet extends BaseServlet
{
    public void service(HttpServletRequest request
        , HttpServletResponse response)throws IOException,ServletException
    {
        String turn = request.getParameter("turn");
        HttpSession session = request.getSession(true);
        String name = (String)session.getAttribute("curUser");
        Object pageObj = session.getAttribute("curPage");
        // 如果 HttpSession 中的 curPage 为 null,则设置当前页为第一页
        int curPage = pageObj == null ? 1 :(Integer) pageObj;
        response.setContentType("text/javascript;charset=gbk");
        PrintWriter out = response.getWriter();
        if (curPage == 1 && turn.equals("-1"))
        {
            out.println("alert('现在已经是第一页,无法向前翻页!')");
        }
        else
        {
            // 执行翻页,修改 curPage 的值。
            curPage += Integer.parseInt(turn);
            try
            {
                List<PhotoHolder> photos = as.getPhotoByUser(name , curPage);
                // 翻页后没有记录
```

```
                if (photos.size() == 0)
                {
                    out.println("alert('翻页后找不到任何相片记录,"
                        + "系统将自动返回上一页')");
                    // 重新返回上一页
                    curPage -= Integer.parseInt(turn);
                }
                else
                {
                    // 把用户正在浏览的页码放入 HttpSession 中
                    session.setAttribute("curPage" , curPage);
                }
            }
            catch (AlbumException ex)
            {
                out.println("alert('" + ex.getMessage() + "请重试!')");
            }
        }
    }
}
```

从上面的代码可以看出,程序仅仅修改了 HttpSession 的 curPage 属性值,程序将根据 turn 参数来决定向前翻页或向后翻页——当 turn 变量的值是 1 时,系统将执行向前翻页;当 turn 变量的值是-1 时,系统将执行向后翻页。

▶▶ 4.4.5 使用 jQuery 实现文件上传

HTML 5 制订的 XMLHttpRequest 规范允许直接提交二进制数据,也允许提交整个表单数据,jQuery 的 Ajax 支持只是对 XMLHttpRequest 对象的封装。只要 XMLHttpRequest 对象支持上传文件,那么 jQuery 也支持上传文件。本应用将会直接使用 jQuery 实现异步上传文件。

本系统使用 jQueryUI 的对话框来进行文件上传,在上传成功后,将自动返回系统主界面。当用户单击如图 4.3 所示窗口中的增加相片链接时,将会触发如下 JavaScript 函数。

程序清单: codes\04\album\js\album.js

```javascript
// 打开上传窗口
function openUpload()
{
    $("#uploadDiv").show()
        .dialog(
        {
            modal: true,
            resizable: false,
            width: 428,
            height: 220,
            overlay: {opacity: 0.5 , background: "black"}
        });
}
```

该函数调用了 jQueryUI 的 dialog()方法,该方法将会在当前页面打开一个对话框,单击"增加相片"链接将会看到如图 4.4 所示对话框。

用户单击如图 4.4 所示对话框中的"上传"按钮后,页面将使用 jQuery 发送异步 POST 请求,该请求将会把整个表单内容提交到服务器的 proUpload Servlet,该 Servlet 负责处理文件的上传并调用 AlbumService 的方法添加相片。

图 4.4 上传图片的对话框

下面是上传图片对话框所使用的表单代码。

程序清单：codes\04\album\album.html

```html
<div id="uploadDiv" title="上传图片" style="display:none">
<form action="proUpload" method="post"
    enctype="multipart/form-data">
<table width="400" border="0" cellspacing="1" cellpadding="10">
<tr>
    <td height="25">图片标题：</td>
    <td><input id="title" name="title" type="text" /></td>
</tr>
<tr>
    <td height="25">浏览图片：</td>
    <td><input id="file" name="file" type="file" /></td>
</tr>
<tr>
    <td colspan="2" align="center">
    <input type="button" value="上传" onclick="uploadFile();"/>
    <input type="reset" value="重设" />
    </td>
</tr>
</table>
</form>
</div>
```

从该代码可以看到，表单的 enctype 属性被设为了 multipart/form-data，这就保证提交表单时会以二进制方式提交表单数据——表单数据中会包含要上传的文件。

其中粗体字代码指定用户单击"上传"按钮时将会激发 uploadFiles()函数，该函数将会使用 jQuery 的 Ajax 支持实现文件上传。下面是 uploadFile()函数的代码。

程序清单：codes\04\album\js\album.js

```javascript
// 处理文件上传
function uploadFile()
{
    var formData = new FormData($('form')[0]);
    $.ajax({
        url: 'proUpload',
        type: 'POST',
        // Ajax 事件
        success: callback,
        error: function(){alert("文件上传时服务器出错，请联系管理员！")},
        // 指定要提交的 Form 数据
```

```
        data: formData,
    // 下面选项用于告诉 jQuery 不要缓存数据且使用表单本身的 contentType
        cache: false,
        contentType: false,
        processData: false
    });
}
```

这段代码直接使用 jQuery 的$.ajax()函数来上传文件，$.ajax()函数是 jQuery Ajax 支持的底层实现，通过使用该函数可以取得 Ajax 交互的全部控制，而此处要将整个表单数据提交到服务器，因此这里直接使用 jQuery 的$.ajax()方法提交请求，粗体字代码指定了要上传的表单数据。

本应用直接使用 Servlet 3.0 支持的文件上传操作，无须使用任何第三方开源框架。下面是处理上传的 Servlet 的代码。

程序清单：codes\04\album\WEB-INF\src\org\crazyit\album\web\ProUploadServlet.java

```java
@WebServlet(urlPatterns="/proUpload")
@MultipartConfig
public class ProUploadServlet extends BaseServlet
{
    public void service(HttpServletRequest request ,
        HttpServletResponse response)
        throws IOException , ServletException
    {
        String user = (String)request.getSession()
            .getAttribute("curUser");
        response.setContentType("text/html;charset=utf-8");
        // 获取输出流
        PrintWriter out = response.getWriter();
        request.setCharacterEncoding("utf-8");
        // 获取普通请求参数
        String title = request.getParameter("title");
        // 获取文件上传域
        Part part = request.getPart("file");
        // 获取文件类型
        String contentType = part.getContentType();
        // 只允许上传 jpg、gif、png 图片
        if (contentType.equals("image/pjpeg")
            || contentType.equals("image/gif")
            || contentType.equals("image/jpeg")
            || contentType.equals("image/png"))
        {
            // 获取包含原始文件名的字符串
            String fileNameInfo = part.getHeader("Content-Disposition");
            // 提取上传文件的原始文件名
            String fileName = fileNameInfo.substring(
                fileNameInfo.indexOf("filename=\"") + 10 , fileNameInfo.length() - 1);
            String newfileName = UUID.randomUUID()
                + fileName.substring(fileName.lastIndexOf("."));
            // 将上传的文件写入服务器
            part.write(getServletContext().getRealPath("/uploadfiles")
                + "/" + newfileName);
            as.addPhoto(user , title , newfileName);
            out.write("恭喜你，文件上传成功！");
        }
        else
```

```
            {
                out.write("本系统只允许上传"
                    + "JPG、GIF、PNG 图片文件,请重试!");
            }
        }
    }
```

该程序中的第一行粗体字代码调用 Part 对象的 write()方法将上传的文件保存到服务器;第二行粗体字代码调用 as 的 addPhoto()方法添加了一个新的相片。Servlet 在处理完用户上传请求后会向服务器生成响应。

在 album.html 页面中需要定义 callback()函数来显示服务器响应。

程序清单:codes\04\album\js\album.js

```
// 上传文件的回调函数
function callback(msg)
{
    alert(msg);
    // 隐藏文件上传的对话框
    $('#uploadDiv').dialog('close');
    // 清空 title、file 两个表单域
    $('#title,#file').val('');
    $('#hideframe').attr('src' , '');
}
```

在 Servlet 处理上传成功后,可看到如图 4.5 所示的对话框。

如果单击图 4.5 中所示的"确定"按钮,则系统将自动回到主页面,此时可看到刚添加的相片已经被列在左边的相片列表中。单击任一相片标题,即可看到相片在右边显示出来,如图 4.6 所示。

图 4.5 上传成功

图 4.6 显示相片

▶▶ 4.4.6 加载页面时的处理

本系统将用户的浏览状态都放在 HttpSession 中保存,而不是直接放在客户端保存,这样可保证用户刷新页面时不会丢失浏览状态。程序通过如下代码指定加载页面后的行为。

程序清单:codes\04\album\js\album.js

```
$(document).ready(function()
{
    // 加载页面时向 pageLoad 发送请求
```

```
        $.getScript("pageLoad");
});
```

从上面的粗体字代码可以看出，当页面加载完成后，JavaScript 将会向 pageLoad Servlet 发送异步 GET 请求，并让服务器响应的 JavaScript 脚本直接更新当前页面。下面是 pageLoad Servlet 的代码。

程序清单：codes\04\album\WEB-INF\src\org\crazyit\album\web\PageLoadServlet.java

```java
@WebServlet(urlPatterns="/pageLoad")
public class PageLoadServlet extends BaseServlet
{
    public void service(HttpServletRequest request
        , HttpServletResponse response)throws IOException,ServletException
    {
        response.setContentType("text/javascript;charset=gbk");
        // 获取输出流
        PrintWriter out = response.getWriter();
        HttpSession session = request.getSession(true);
        String name = (String)session.getAttribute("curUser");
        // 如果 name 不为 null，则表明用户已经登录
        if (name != null)
        {
            // 隐藏 id 为 noLogin 的元素(用户登录面板)
            out.println("$('#noLogin').hide()");
            // 隐藏 id 为 hasLogin 的元素(用户控制面板)
            out.println("$('#hasLogin').show()");
            // 调用获取相片列表的方法
            out.println("onLoadHandler();");
            // 取出 HttpSession 中的 curImg 属性
            String curImg = (String)session.getAttribute("curImg");
            // 重新显示用户正在浏览的相片
            if (curImg != null)
            {
                out.println("$('#show').attr('src' , 'uploadfiles/"
                    + curImg + "');");
            }
        }
    }
}
```

从上面的代码可以看出，该 Servlet 会读取 HttpSession 里的 curUser、curImg 两个属性，其中 curUser 用于标识当前用户是否已经登录——如果用户已经登录，系统将隐藏登录面板，显示用户控制面板。curImg 则用于记录用户正在浏览的相片，如果该属性存在，则系统将根据它来加载相片。

当用户选择浏览某张相片时，JavaScript 也会向服务器发送异步请求，并将当前浏览的相片名作为参数发送到服务器，服务器处理该请求时就将该相片名保存到 HttpSession 里。也就是说，本应用还专门为浏览指定相片提供了一个 Servlet，该 Servlet 将会在服务器端记录当前正在浏览的相片，该 Servlet 类的代码比较简单，此处不再赘述。

4.5 本章小结

本章开发了一个简单的电子相册系统，系统中间层采用 Spring 4.3+Hibernate 5.2，其中

Hibernate 5.2 负责访问持久层数据，而 Spring 4.3 则负责管理容器中的数据源、SessionFactory、DAO 组件和业务逻辑组件等，以及各组件之间的依赖关系；Spring 的 AOP 机制还负责为业务逻辑组件提供事务控制。

本应用采用 jQuery 作为 Ajax 支持，而且在系统中发送异步请求时都没有指定回调函数，而是让服务器响应生成 JavaScript 脚本来更新当前 HTML 页面。除此之外，该应用将用户的浏览状态（当前用户名、正在浏览相册列表的哪页、正在浏览哪张相片）都保存在 HttpSession 中，这样就可避免用户刷新页面时丢失之前的浏览状态。本应用还使用了 jQueryUI 的对话框组件来创建页面对话框。

CHAPTER 5

第 5 章
AngularJS 详解

本章要点

- AngularJS 的双向绑定
- AngularJS 的下载和安装
- 使用 AngularJS 的表达式
- AngularJS 表达式的容错性
- 理解 AngularJS 的模块
- 模块与控制器的关系
- $scope 与 $rootScope
- 使用内置过滤器
- 定义和使用自定义过滤器
- 使用 AngularJS 内置的函数
- 使用内置指令
- 定义和使用自定义指令
- 使用内置服务组件
- 定义和使用自定义服务组件
- 理解依赖注入
- 掌握和使用 AngularJS 的依赖注入容器
- 掌握 3 种依赖注入的标记方式
- 使用$http 与服务器交互
- 使用$routeProvider 配置路由规则
- 使用路由和$location 实现多视图切换
- 掌握单页面 Web 应用的开发
- 使用 ui-router 框架开发单页面 Web 应用

本章将会介绍一个非常流行且设计灵巧的前端框架：AngularJS，该框架与 jQuery 不同，jQuery 的设计哲学是将 HTML 元素包装成 jQuery 对象，然后对 jQuery 对象增加系列标准、易用的通用方法，从而允许开发者用统一的 jQuery 方法来动态修改 HTML 页面。从动态修改 HTML 页面的角度来看，AngularJS 的灵活性不如 jQuery，AngularJS 甚至很少提供直接访问、修改 HTML 页面的 API 方法，但 AngularJS 提供的双向绑定机制更加简单、粗暴：只要用指令将 HTML 元素与模型中的变量进行了绑定，然后用 JS 脚本修改被绑定变量的值，HTML 元素的内容、CSS 样式就都会随之发生改变。AngularJS 的这种设计摒弃了前端开发中复杂、烦琐的 DOM 操作，让开发者可以更专注于前端业务开发。

此外，AngularJS 更是一个规范的前端框架，而不是简单的 JS 库：AngularJS 按照 MVC（或 MVVM）模式来设计前端应用，将前端应用严格划分为视图、控制器（或视图模型）、调度器三种组件，并提供了依赖注入来管理各组件之间的依赖关系。从这个角度来看，AngularJS 比 jQuery 更复杂。

本章将会遵循 AngularJS 内在的设计哲学，从 AngularJS 的双向绑定开始介绍，然后逐个详细地介绍 AngularJS 支持的模块、控制器、过滤器、函数、指令、服务等各种组件，以及 AngularJS 管理各种组件的依赖关系的方式：依赖注入。

5.1 AngularJS 入门

AngularJS 的设计非常有意思，它通过大量特有的"指令"让 HTML 页面可以"动"起来，你甚至看不到 JavaScript 的痕迹。

5.1.1 理解 AngularJS 的基本设计

与普通 JavaScript 库不同的是，使用 AngularJS 开发者可以不写任何 JavaScript 脚本，只要为原来的 HTML 标签增加一些额外的属性（它们是 AngularJS 的指令）即可。例如如下页面代码。

程序清单：codes\05\5.1\qs.html

```html
<!DOCTYPE html>
<html>
<head>
    <meta http-equiv="Content-Type" content="text/html; charset=utf-8" />
    <title> AngularJS 入门 </title>
    <script type="text/javascript" src="../angular-1.6.2.js">
    </script>
</head>
<body ng-app>
商品价格：<input type="number" min="50" max="100" ng-model="price"/><p>
商品数量：<input type="number" min="0" ng-model="num"/><p>
总价：{{price * num}}
</body>
</html>
```

程序中的第一行粗体字代码导入 AngularJS 的代码库，这没什么好说的。

接下来为页面的<body.../>元素增加 ng-app 属性，并为两个<input.../>元素都增加了 ng-model 属性且两个<input.../>元素的 ng-model 属性值互不相同。程序在输出总价的地方使用 {{price * num}}。

此处的两个花括号是 AngularJS 的语法要求：AngularJS 的表达式要放在双花括号中。

使用浏览器浏览该页面，然后随意改变页面上两个文本框的值，将可以看到如图 5.1 所示的效果。

当用户改变图 5.1 所示页面中商品价格或商品数量时,将可以看到总价会自动随之改变。但是在页面代码中除了导入 AngularJS 的 JavaScript 库之外,并没有编写任何 JavaScript 脚本,这就是 AngularJS 的魅力所在。

此处简单介绍一些该示例中用到的"特殊属性"(其实是 AngularJS 的指令)。

图 5.1 AngularJS 入门

- ➢ ng-app:该指令用于设置 AngularJS 应用。例如此处为<body.../>元素增加了 ng-app 属性,这意味着所有 AngularJS 应用处于<body.../>元素内。在<body.../>元素内可使用其他 AngularJS 指令,也可使用{{}}来输出表达式。
- ➢ ng-model:该指令用于执行"双向绑定",所谓双向绑定指的是将 HTML 输入元素的值与 AngularJS 应用的某个变量进行绑定。完成"双向绑定"之后,当 HTML 输入元素的值发生改变时,AngularJS 应用中绑定的变量的值也会随之改变;反过来,当程序修改 AngularJS 应用的变量的值时,HTML 输入元素的值也会随之改变。

正因为 ng-model 将两个<input.../>元素分别和 price、num 完成"双向绑定",所以当用户通过<input.../>改变商品价格、数量时,{{}}内的表达式的值自然也会随之改变。

通过这个示例可以看出 AngularJS 的设计理念非常优秀,它通过额外增加的指令,极大地增强了静态 HTML 标签的功能,减少了前端开发者的 JavaScript 工作量。

▶▶ 5.1.2 下载和安装 AngularJS

由于 AngularJS 也是一个纯粹的 JavaScript 库,因此下载和安装 AngularJS 与下载和安装其他 JavaScript 库完全相同。登录 AngularJS 的官方站点 https://angularjs.org,在该站点可下载开发中的 AngularJS 的最新版本。

> **提示:**
> 本书介绍的 AngularJS 是 AngularJS 1.X,并不是 Angular 2.X(注意它们名称的区别,Angular 2 没有 JS 后缀)。因为 AngularJS 1.X 是真正轻量级 JavaScript 框架,比较适合熟悉 JavaScript 的前端开发者;而 Angular 2.X 使用的是 TypeScript 脚本,而且它的开发高度依赖 Node.js,因此本书介绍的是目前比较流行的 AngularJS 1.X。

本书成书之时,AngularJS 的最新版本是 1.6.2,这是本书所使用的 jQuery 版本。

登录 AngularJS 在 GitHub 的托管站点:https://github.com/angular/angular.js,然后单击页面上"xxx releases"链接,即可根据需要下载任意版本的 AngularJS。

下载完成后即可得到一个 AngularJS 库的压缩 zip 包,解压该 zip 包后,即可在解压路径下找到如下 4 个 JavaScript 库。

- ➢ angular.min.js:该版本是去除注释后的 AngularJS 库,文件体积较小,开发实际运营项目时推荐使用该版本。
- ➢ angular.js:该版本的 AngularJS 库没有压缩,而且保留了注释。学习 AngularJS 及有兴趣研究 AngularJS 源代码的读者可以使用该版本。
- ➢ angular-xxx.min.js:AngularJS 为特定功能提供的支持库。比如 angular-animate.min.js 就

是 AngularJS 的动画支持库；angular-cookies.min.js 就是 AngularJS 的 Cookie 访问支持库。
> angular-xxx.js：与对应的 angular-xxx-min.js 库的功能相同，只是保留了注释，没有压缩。

除此之外，在浏览器地址栏中输入 https://docs.angularjs.org/，可看到 AngularJS 库的在线文档，这份文档主要就是 AngularJS 的 API 文档，从文档坐标的导航树可以看出，该文档主要包括功能函数（function）、指令（directive）、服务（service）和过滤器（filter）几个部分，这几部分也是 AngularJS 的重要组成部分。

AngularJS 库的安装很简单，只要在 HTML 页面中导入 AngularJS 的 JavaScript 文件即可。

一旦导入了 AngularJS 库，开发者就可以在自己的脚本中使用 AngularJS 提供的功能了。为了导入 AngularJS 类库，应在 HTML 页面的开始位置增加如下代码：

```
<!-- 引入一个 JavaScript 函数库 -->
<script type="text/javascript" src="angular-1.6.2.js">
</script>
```

其中，src 属性可能会在不同的安装中有小小的变化，如果 angular-1.6.2.js 文件名被改变了，或者它与 HTML 页面并不是放在同一个路径下，则应该在上述代码的基础上做相应的修改，让 src 属性指向 angular-1.6.2.js 脚本文件所在的位置。

5.2 表达式

AngularJS 表达式主要用于在 HTML 页面上生成输出，AngularJS 表达式与普通 JavaScript 表达式类似，同样支持变量以及各种运算符。只要将 AngularJS 的表达式放在{{}}中即可。

5.2.1 简单表达式

AngularJS 的简单表达式既可由直接量（包括数值、字符串、boolean 值等），也可由变量组成。下面先看几个包含直接量的表达式。代码如下：

程序清单：codes\05\5.2\simpleExpr1.html

```
<body ng-app>
{{2 * 5 + 200 / 3}} <p>
{{'Hello' + 'fkit.org!'}} <p>
{{'Hello' + 4 + 3}} <p>
{{'Hello' + (4 + 3)}} <p>
</body>
```

上面 4 个表达式都是由直接量组成，这些直接量参与了数值、字符串的运算，也参与了数字和字符串的混合运算，AngularJS 完全可以正常处理这些表达式。一般来说，JavaScript 可以处理的表达式，AngularJS 都可以正常处理。

此外，AngularJS 还提供了 ng-bind 指令，该指令用于将表达式的值绑定到 HTML 元素（如<span.../>、<div.../>、<p.../>等）的 innerHTML，这样这些 HTML 元素也用于显示 AngularJS 表达式的值。例如也可将上面代码改为如下形式（程序清单同上）。

```
<p ng-bind="2 * 5 + 200 / 3"></p>
<p ng-bind="'Hello' + 'fkit.org!'"></p>
<p ng-bind="'Hello' + 4 + 3"></p>
<p ng-bind="'Hello' + (4 + 3)"></p>
```

正如前面提到的，AngularJS 表达式也可以处理变量，例如如下代码：

程序清单：codes\05\5.2\simpleExpr2.html

```
<body ng-app ng-init="domain='fkit.org';name='疯狂软件教育'">
```

```
{{'我们的域名是:' + domain}}<p>
{{'我们的名称是:' + name}}<p>
<div ng-init="num=5">
num 的平方为: {{num * num}}
</div>
num 的立方为: {{num * num * num}}
</body>
```

在这段代码中又用到一个 AngularJS 的指令：ng-init，该指令用于声明变量，该指令的属性值可声明一个或多个变量，多个变量直接用分号隔开即可。

> 提示：ng-init 指令的属性值就是一条或多条 JavaScript 定义变量的语句。

也可将上面代码改为使用 ng-bind 来显示表达式的值，代码如下（程序清单同上）。

```
<p ng-bind="'我们的域名是:' + domain"></p>
<p ng-bind="'我们的名称是:' + name"></p>
<div ng-init="num=5">
num 的平方为: <span ng-bind="num * num"></span>
</div>
num 的立方为: <span ng-bind="num * num * num"></span>
```

▶▶ 5.2.2 复合对象表达式

AngularJS 表达式也支持使用对象、数组等复合类型。例如下面代码在 AngularJS 表达式中使用对象。

程序清单：codes\05\5.2\expr1.html

```
<body ng-app ng-init="fkit={name:'疯狂软件教育中心', domain:'fkit.org'}">
{{'我们的名称是:' + fkit.name}}<p>
{{'我们的域名是:' + fkit.domain}}<p>
</body>
```

第一行代码使用 ng-init 指令初始化了一个 fkit 对象，该对象包含 name 和 domain 两个属性。接下来程序在 AngularJS 表达式中访问 fkit 的 name 和 domain 属性，如第二行粗体字代码所示。

同样也可使用 ng-bind 指令来执行输出（程序清单同上）。

```
<p ng-bind="'我们的名称是:' + fkit.name"></p>
<p ng-bind="'我们的域名是:' + fkit.domain"></p>
```

下面的代码示范了在 AngularJS 表达式中使用数组。

程序清单：codes\05\5.2\expr2.html

```
<body ng-app ng-init="users=[{name:'孙悟空', age:500}, {name:'猪八戒', age:400}, {name:'唐僧', age:23}]">
第一个用户的名字是:{{users[0].name}}, 年龄是:{{users[0].age}}<p>
第二个用户的名字是:{{users[1].name}}, 年龄是:{{users[1].age}}<p>
第三个用户的名字是:{{users[2].name}}, 年龄是:{{users[2].age}}<p>
</body>
```

第一行代码使用 ng-init 初始化了一个 users 数组，每个数组元素都是对象。接下来程序在 AngularJS 表达式中通过下标来访问 users 数组的不同元素。

同样也可使用 ng-bind 指令来执行输出（程序清单同上）。

```
第一个用户的名字是:<span ng-bind="users[0].name"></span>,
年龄是:<span ng-bind="users[0].age"></span><p>
第二个用户的名字是:<span ng-bind="users[1].name"></span>,
年龄是:<span ng-bind="users[1].age"></span><p>
第三个用户的名字是:<span ng-bind="users[2].name"></span>,
年龄是:<span ng-bind="users[2].age"></span><p>
```

5.2.3 AngularJS 表达式的容错性

AngularJS 表达式被设计得非常强壮,它可以自动处理空指针异常的问题。例如如下代码。

程序清单：codes\05\5.2\exprException.html

```
<body ng-app>
第一个用户的名字是:{{user.dog.name}}<p>
打招呼:{{'hello' + user.name}}<p>
</body>
```

注意看粗体字代码,这行代码访问了 user 对象的 dog 属性的 name 属性,但当前 AngularJS 应用中根本就没有 user 对象,如果这里的表达式是一个普通的 JavaScript 表达式,则执行这行代码必然引发错误,但这是一个 AngularJS 表达式,因此不会引起错误,这就是 AngularJS 表达式的容错性：AngularJS 表达式会自动判断某个变量是否存在,如果该变量不存在,则 AngularJS 将会把对该变量的后续处理都解析为空。

因此上面代码页面的执行效果如图 5.2 所示。

由此可见,AngularJS 表达式可以正常处理 null 和 undefined 值,而不会抛出任何异常。如果用代码来表示,如下表达式:

图 5.2 AngularJS 表达式的容错性

```
{{a.b.c}}
```

等同于如下 JavaScript 代码:

```
((a||{}).b||{}).c
```

5.2.4 AngularJS 表达式与 JavaScript 表达式

由前所述,AngularJS 表达式和 JavaScript 表达式虽然有很多相似之处,但也存在不小的差别。从容错性方面来看,AngularJS 表达式比 JavaScript 表达式的功能更强一些。

总结起来,AngularJS 表达式与 JavaScript 表达式存在如下差异:

> JavaScript 表达式不能直接出现在 HTML 中,而 AngularJS 表达式可以直接写在 HTML 中,只要放在{{}}中即可。
> AngularJS 表达式具有更好的容错性,AngularJS 表达式可以自动处理表达式中出现的 undefined 或 null 值,而不会出现 NullPointerExceptions。
> 与 JavaScript 表达式不同的是,AngularJS 表达式不支持分支、循环及异常处理。
> AngularJS 表达式支持大量功能丰富的过滤器。

提示:
关于 AngularJS 过滤器,本章后面会有详细介绍。

> AngularJS 表达式中的变量是基于$scope 的,而 JavaScript 表达式中的变量通常是全局变量,也即基于 window 对象。

> **提示:**
> 关于$scope 作用域，本章后面也会有详细介绍。如果 AngularJS 需要访问 JavaScript 的变量或表达式，则可通过$window 服务访问，本章后面也会对此有详细介绍。

5.3 模块与控制器

模块是 AngularJS 页面最重要的组成单元，每个模块相当于一个独立的 AngularJS 应用。模块是一系列服务（service、指令、控制器、过滤器和配置信息）的集合。

控制器是模块的下一级程序单元，也表示 AngularJS 模块内的重要作用域。

▶▶ 5.3.1 模块的加载

AngularJS 模块的加载分成两种情况。
- 匿名模块（就是没有为 ng-app 指定属性值或属性值为空字符串），此时 AngularJS 可以自动加载并创建 AngularJS 模块。
- 命名模块（为 ng-app 指定了属性值，该属性值就是该模块的名称），此时必须调用 angular 对象的 module()方法来创建 AngularJS 模块。

关于匿名模块，前面已经见过很多示例了。下面将会示范命名模块的创建，创建命名模块需要调用 angular 对象的 module()方法，该方法的语法格式如下：

```
angular.module(name, [requires], [configFn])
```

该方法的第一个参数指定要创建的模块名；第二个参数是一个数组，指定创建该模块时需要依赖的模块；第三个参数用于传入一个配置函数。实际上调用 module()方法会返回一个 angular.Module 对象，该对象表示新创建的模块，该对象包含一个 config()方法，调用该方法时也可传入 configFn 参数。由此可见，config()方法的作用完全等同于第三个参数的作用，本章后面会给出使用 configFn 配置函数的示例。

如下页面代码示范了命名模块的创建。

程序清单：codes\05\5.3\nameModule.html

```html
<body>
<div ng-app="fkApp">
<input type="text" ng-model="name">
{{name}}
</div>
<script type="text/javascript">
// 根据名称来创建模块
var app = angular.module("fkApp", []);
</script>
</body>
```

在该页面代码中为 ng-app 属性指定了属性值 fkApp，这表明它是一个命名模块，因此程序需要使用 angular 对象的 module()方法来创建该模块。

模块创建完成之后，可调用模块的如下两个方法为模块添加全局变量或常量。
- value(name, value)：添加全局变量。
- constant(name, value)：添加全局常量。

这两个方法的用法基本相似，区别只是 value()方法添加的是变量，而 constant()方法添加的是常量。

使用 value()方法或 constant()方法添加的变量或常量可被本模块内的任意控制器访问。

一个模块可包含多个控制器，模块可调用 controller()方法来注册控制器。下面代码示范了如何利用控制器访问模块内的变量或常量。

程序清单：codes\05\5.3\globalVar.html

```html
<body>
<div ng-app="fkApp" ng-controller="fkCtrl">
<input type="text" ng-model="name" >
{{name}}
</div>
<script type="text/javascript">
// 根据名称来创建模块
var app = angular.module("fkApp", []);
// 设置变量
app.value("name", "孙悟空");
// 设置常量
app.constant("MAX_AGE", "100");
app.value("name", "孙行者");
app.constant("MAX_AGE", "200");
// 注册名为 fkCtrl 的控制器
app.controller("fkCtrl" , function(name , MAX_AGE){
    console.log(name);
    console.log(MAX_AGE);
});
</script>
</body>
```

这里在 HTML 代码中又用到了一个新的指令：ng-controller，该指令用于定义控制器，该控制器的名称为 fkCtrl。

接下来程序即可通过调用模块的 controller 方法并根据 fkCtrl 名称来操作控制器，可在操作控制器时传入的函数中声明多个参数——所有需要在控制器中使用的对象都应该在函数参数中声明。由于这里需要访问模块内定义的 name、MAX_AGE，因此程序为该函数声明了 name、MAX_AGE 两个形参。

在浏览器中浏览该页面，可以在控制台看到如图 5.3 所示的输出。

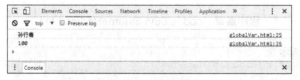

图 5.3 变量和常量

如果一个页面内包含多个 AngularJS 模块，AngularJS 默认只会启动第一个模块，因此程序必须调用 angular 对象的 bootstrap()方法来启动指定模块。例如如下代码。

程序清单：codes\05\5.3\multiModule.html

```html
<body>
<!-- 匿名模块 -->
<div ng-app>
<input type="text" ng-model="name" >
{{name}}
</div>
<!-- 下一个 div -->
<div id="userDiv">
    用户名：<input type="text" ng-model="name" ><p>
```

```
        密码: <input type="password" ng-model="pass" ><p>
        用户名为: {{name}}
        密码为: {{pass}}
    </div>
    <script type="text/javascript">
    var app = angular.module("myApp" , []); // ①
    angular.bootstrap(document.getElementById("userDiv"), ["myApp"]);
    </script>
</body>
```

页面中的第一个<div.../>元素指定了 ng-app 属性,但并未指定属性值,因此这是一个匿名模块,AngularJS 可以自动启动并加载该模块,因此该模块内的 AngularJS 应用可以运行良好。

页面中的第二个<div.../>元素没有指定 ng-app 属性(就算指定了 ng-app 属性也没用),因为程序最后一行粗体字代码调用了 angular 对象的 bootstrap()方法来启动 AngularJS 应用。需要为 bootstrap()方法传入两个参数:第一个参数是一个 DOM 对象,指定要将哪个 DOM 对象(对应为 HTML 元素)启动为 AngularJS 应用;第二个参数是一个数组,用于为该 AngularJS 应用指定名称,例如此处为该 AngularJS 应用指定的名称为 myApp,这样程序在①号代码处使用 module()方法加载模块时也指定了模块为 myApp。

:

AngularJS 要求把调用 bootstrap()方法启动模块的代码放在最后,也就是上面示例中粗体字代码必须放在①号代码之后。

▶▶ 5.3.2 控制器初始化$scope 对象

AngularJS 最早是按 MVC 架构设计的,在这种设计下,AngularJS 应用内各组件可分为:
- ➤ 模型(Model)。模型由普通 JavaScript 对象充当。
- ➤ 视图(View)。视图由 HTML 页面充当,AngularJS 添加了一些指令来增强 HTML 标签的作用。
- ➤ 控制器(Controller)。控制器就是前面介绍的通过模块的 controller()方法注册的对象。

但后来大家发现 AngularJS 并不是 MVC 架构,反而更像是 MVVM(Model、View、ViewModel)架构,MVVM 架构将"双向绑定"的思想作为核心,切断了 View 和 Model 之间的联系,View、Model 完全通过 ViewModel 进行交互,而且 Model 和 ViewModel 之间的交互是双向的,因此视图的数据的变化会同时引起数据源数据的变化,而数据源数据的变化也会立即反映到 View 上。MVVM 的示意图大致如图 5.4 所示。

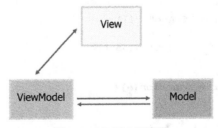

图 5.4 MVVM 示意图

从 MVVM 架构来看,AngularJS 的控制器其实并不是控制器,而是 ViewModel 组件。后来总有人不断讨论 AngularJS 到底是 MVC 呢,还是 MVVM。AngularJS 官方提出一个新名称:MVW(Model、View、Whatever),意思是不要深究它到底是 Controller 还是 ViewModel。

调用模块的 controller()方法注册控制器时，传入的第二个参数是一个函数，在该函数中可声明一个$scope 形参，该形参就表示了 AngularJS 控制器对应的作用域。

从 AngularJS 的设计架构来看，$scope 充当了 AngularJS 应用的模型，因此通过$scope 作用域指定的属性，和 HTML 中 ng-model 对应的变量是双向绑定的，也可自动显示在与指定 ng-bind 绑定的 HTML 元素中。例如如下代码。

程序清单：codes\05\5.3\scope1.html

```html
<body>
<div ng-app="fkApp" ng-controller="fkCtrl">
商品价格：<input type="number" ng-model="price" ><p>
商品数量：<input type="number" ng-model="num" ><p>
总价：{{price * num}}
</div>
<script type="text/javascript">
// 根据名称来创建模块
var app = angular.module("fkApp", []);
// 根据名称注册控制器
app.controller("fkCtrl" , function($scope){
    $scope.price = 50.2;
    $scope.num = 4;
});
</script>
</body>
```

该示例在控制器中通过$scope 为 price 和 num 两个属性指定初始值，这两个属性被双向绑定到 HTML 中的两个<input.../>元素上，因此在加载页面时即可看到文本框显示了初始值，如图 5.5 所示。

此外也可通过$scope 为控制器作用域设置方法（相当于函数），例如如下代码。

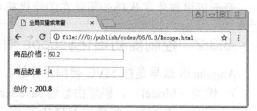

图 5.5　通过$scope 为控制器作用域设置属性

程序清单：codes\05\5.3\scope2.html

```html
<body>
<div ng-app="fkApp" ng-controller="fkCtrl">
<!-- 使用 ng-click 绑定事件处理函数 -->
<button ng-click="clickhandler();">单击我</button>
单击了{{count}}次；
</div>
<script type="text/javascript">
// 根据名称来创建模块
var app = angular.module("fkApp", []);
// 根据名称注册控制器
app.controller("fkCtrl" , function($scope){
    $scope.count = 0;
    // 为$scope 添加方法。
    $scope.clickhandler = function(e){
        $scope.count++;
        console.log(e);
    }
});
</script>
</body>
```

在该示例中，在页面的<script../>元素内使用 JavaScript 脚本为$scope 增加了一个 clickhandler 方法，接下来就可通过 ng-click 指令为按钮的单击事件指定事件处理函数。

在浏览器中浏览该页面，单击页面上的"单击我"按钮，即可看到如图 5.6 所示的效果。

图 5.6　通过$scope 为控制器作用域设置方法

通过前面的介绍可以看出，不管使用 AngularJS 的指令"双向绑定"变量，还是使用表达式输出 AngularJS 变量，还是使用 AngularJS 指令绑定事件处理函数，这些变量、函数都应该是$scope 作用域内的。

▶▶ 5.3.3　$rootScope 作用域

除了普通$scope 之外，AngularJS 还有一个$rootScope，$rootScope 的作用域对应于整个应用，因此通过$rootScope 作用域指定的属性和方法可以在多个控制器中共享。例如如下代码。

程序清单：codes\05\5.3\$rootScope.html

```html
<body ng-app="fkApp">
<div ng-controller="fkCtrl">
    书名：<input type="text" ng-model="bookName"><p>
</div>
<div ng-controller="myCtrl">
    {{theName}}
</div>
<script type="text/javascript">
// 根据名称来创建模块
var app = angular.module("fkApp", []);
// 根据名称注册控制器
app.controller("fkCtrl" , function($scope, $rootScope){
    $scope.bookName = '疯狂前端开发讲义';
    $rootScope.theName = $scope.bookName;
});
app.controller("myCtrl" , function($scope, $rootScope){
});
</script>
</body>
```

该页面代码在 HTML 中使用 ng-model 将页面的<input.../>元素绑定到 bookName 变量，这个变量会被绑定到$scope 作用域的 bookName 属性。第一行粗体字代码为$scope 作用域的bookName 属性设置了初始值；第二行粗体字代码为$rootScope 的 theName 属性设置了初始值——在$rootScope 作用域内设置的属性值可以被所有控制器访问，因此在该页面中第二个控制器的 HTML 中可直接使用{{theName}}来输出$rootScope 内的 theName 属性值。

使用浏览器浏览该页面，可以看到如图 5.7 所示的效果。

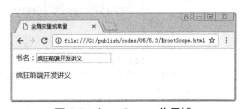

图 5.7　$rootScope 作用域

需要指出的是，在 HTML 中通过表达式输出变量值，或通过 ng-model 或 ng-bind 绑定作用域内的变量时，AngularJS 优先使用$scope 作用域内的属性，只有当$scope 作用域内不存在该属性时，才会使用$rootScope 作用域内的属性。

当$scope 作用域和$rootScope 作用域内存在同名的属性时，$scope 作用域内属性的值会覆盖$rootScope 作用域内该属性的值。

5.3.4 $watch 方法的使用

在前面的示例中,当用户第一次浏览时可以看到第一个控制器中文本框的内容和第二个控制器中表达式的输出完全相同,但当用户修改第一个控制器内的文本框的内容时,第二个控制器内的表达式的值并不会随之改变。这是由于当第一个文本框的值发生改变时,与该文本框"双向绑定"的 bookName 会随之改变,也就是$scope 作用域内 bookName 属性值会随之改变,但$rootScope 内的 theName 属性并没有发生改变,因此第二个控制器内的{{theName}}表达式输出不会发生改变。

为了让第一个控制器的$scope 作用域内的 bookName 发生改变时,$rootScope 作用域内的 theName 也会随之发生改变,可使用$watch()方法来监听$scope 作用域内属性的改变。$watch()方法的语法格式如下:

```
$watch(watchExpression, listener, [objectEquality])
```

该方法的第一个参数指定要监听的属性;第二个参数指定监听函数,在该函数中可声明两个形参:第一个形参表示该属性之前的值,第二个形参表示该属性被修改之后的值。objectEquality 参数是可选的,指定是否使用 angular 对象的 equals()方法来判断两个属性值是否相等,该参数默认为 false,这意味着依然使用 JavaScript 原生的方式比较两个属性值是否相等。

下面的例子对前一个示例进行修改,修改后的示例将可让$rootScope 作用域内的 theName 随着$scope 作用域内的 bookName 的改变而改变。示例代码如下。

程序清单:codes\05\5.3\$watch.html

```html
<body ng-app="fkApp">
<div ng-controller="fkCtrl">
    书名:<input type="text" ng-model="bookName"><p>
</div>
<div ng-controller="myCtrl">
    {{theName}}
</div>
<script type="text/javascript">
// 根据名称来创建模块
var app = angular.module("fkApp", []);
// 根据名称注册控制器
app.controller("fkCtrl" , function($scope, $rootScope){
    $scope.bookName = '疯狂前端开发讲义';
    $rootScope.theName = $scope.bookName;
    // 监听 bookName 的改变
    $scope.$watch("bookName",
        // 指定监听函数
        function(newValue, oldValue) {
            // 只要修改后的值与原值不相等,改变$rootScope 作用域内的 theName 属性值
            if ( newValue !== oldValue ) {
                $rootScope.theName = $scope.bookName;
            }
        });
});
app.controller("myCtrl" , function($scope, $rootScope){
//    @scope.theName = $rootScope.bookName
});
</script>
</body>
```

粗体字代码调用了$scope 对象的$watch()方法监听 bookName 属性的改变,当 bookName 发生改变时,程序会将$scope.bookName 的值赋给$rootScope.theName。使用浏览器浏览该页面,可以看到当用户通过文本框修改图书名时,第二个控制器内{{theName}}表达式总可以显

示最新的书名。

5.4 过滤器

可使用一个管道字符（|）将过滤器添加到表达式或指令中，过滤器可以对表达式或指令值做进一步的转换处理。

5.4.1 内置过滤器

AngularJS 内置了大量过滤器，这些过滤器都可以完成特定功能。表 5.1 显示了 AngularJS 内置的过滤器。

表 5.1 AngularJS 内置过滤器

过滤器	简介
currency	将数字转换为货币字符串 HTML 模板中用法：{{ currency_expression | currency : symbol : fractionSize}} JavaScript 中用法：$filter('currency')(amount, symbol, fractionSize) 其中 symbol 指定货币符号，fractionSize 指定小数部分的位数
date	将日期对象格式化为字符串 HTML 模板中用法：{{ date_expression | date : format : timezone}} JavaScript 中用法：$filter('date')(date, format, timezone) 其中 format 指定格式化模板，timezone 指定时区，如'+0430'
filter	对集合中元素进行过滤，只保留符合条件的元素 HTML 模板中用法：{{ filter_expression | filter : expression : comparator : anyPropertyKey}} JavaScript 中用法：$filter('filter')(array, expression, comparator, anyPropertyKey) 其中 expression 指定过滤条件，该过滤条件可以是字符串、对象和函数；comparator 指定判断相等的比较函数；anyPropertyKey 指定执行比较的属性名
json	将 JavaScript 对象转换成 JSON 字符串 HTML 模板中用法：{{ json_expression | json : spacing}} JavaScript 中用法：$filter('json')(object, spacing) 其中 spacing 指定转换得到 JSON 字符串的缩进字符数，默认为 2
limitTo	截取数组、类数组结构、字符串等数据中间一段 HTML 模板中用法：{{ limitTo_expression | limitTo : limit : begin}} JavaScript 中用法：$filter('limitTo')(input, limit, begin) 其中 limit 指定截取的结束点，如果 limit 是正数，则 limitTo 从源数据的开头开始截取；如果 limit 是负数，则 limitTo 从源数据的结尾开始截取；begin 则指定截取的开始点，该参数默认是 0
lowercase	把字符串转换成小写形式 HTML 模板中用法：{{ lowercase_expression | lowercase }} JavaScript 中用法：$filter('lowercase')(str)
number	把数值转换成字符串 HTML 模板中用法：{{ number_expression | number : fractionSize}} JavaScript 中用法：$filter('number')(number, fractionSize) 其中 fractionSize 指定格式化后小数部分的位数
orderBy	用于对数组、类数组结构的元素进行排序 HTML 模板中用法：{{ orderBy_expression | orderBy : expression : reverse : comparator}} JavaScript 中用法：$filter('orderBy')(collection, expression, reverse, comparator) 其中 expression 指定排序规则，例如指定'label'表明根据集合元素的 label 属性排序，指定'label.substring(0, 3)'则根据集合元素的前 3 个字符排序；还可使用+控制升序排列，-控制降序排列，例如'-label'指定根据集合元素的 label 属性降序排列；reverse 指定是否反序排列；comparator 用于指定自定义的大小比较函数
uppercase	把字符串转换成大写形式 HTML 模板中用法：{{ lowercase_expression | uppercase }} JavaScript 中用法：$filter('uppercase')(str)

5.4.2 在表达式中使用过滤器

由前述可知,过滤器既可在 HTML 模板的表达式中使用,也可在 JavaScript 脚本中使用。下面先示范在 HTML 模板的表达式中使用过滤器。

程序清单:codes\05\5.4\filter1.html

```
<body ng-app="fkApp">
<div ng-controller="fkCtrl">
    价格:<input type="text" ng-model="price"><p>
    默认格式:{{price | number:2}}<p>
    保留小数点后2位:{{price | number:2}}<p>
    不保留小数部分:{{price | number:0}}<p>
    保留小数点后4位:{{price | number:4}}<p>
    默认货币:{{price | currency}}<p>
    美国货币:{{price | currency:"USD$"}}<p>
    美国货币(不保留小数):{{price | currency:"USD$": 0}}<p>
</div>
<script type="text/javascript">
// 根据名称来创建模块
var app = angular.module("fkApp", []);
// 根据名称注册控制器
app.controller("fkCtrl" , function(){
});
</script>
</body>
```

在该页面代码中,粗体字代码使用 nunber、currency 两个过滤器分别对 price 进行转换。在浏览器中浏览该页面,可以看到如图 5.8 所示的转换结果。

图 5.8 number 和 currency 转换器

下面代码示范了同时在 HTML 模板的表达式和 JavaScript 中使用过滤器。

程序清单:codes\05\5.4\filter2.html

```
<body ng-app="fkApp" ng-controller="fkCtrl">
转换小写:{{s | lowercase}}<p>
转换大写:{{s | uppercase}}<p>
获取前4个字符:{{s | limitTo : 4}}<p>
获取后4个字符:{{s | limitTo : -4}}<p>
从第2个字符开始,获取4个字符:{{s | limitTo : 4 : 2}}<p>
<script type="text/javascript">
// 根据名称来创建模块
var app = angular.module("fkApp", []);
// 根据名称注册控制器
app.controller("fkCtrl" , function($scope, $filter){
```

```
    $scope.s = "Hello, AngularJS!";
    // 转换小写
    console.log($filter("lowercase")($scope.s));
    // 转换大写
    console.log($filter("uppercase")($scope.s));
    // 获取前 4 个字符
    console.log($filter("limitTo")($scope.s , 4));
    // 获取后 4 个字符
    console.log($filter("limitTo")($scope.s , -4));
    // 从第 2 个字符开始，获取 4 个字符
    console.log($filter("limitTo")($scope.s , 4, 2));
});
</script>
</body>
```

从粗体字代码可以看出，如果要在 JavaScript 中使用过滤器，总是要使用$filter()服务获取指定过滤器，然后使用过滤器对数据执行转换。

提示： 关于 AngularJS 内置服务的介绍，可参考本书 5.7 节。

使用浏览器浏览该页面，可以看到如图 5.9 所示的效果。

图 5.9　在 HTML 模板和 JavaScript 中使用过滤器

下面示范 orderBy、filter 两个过滤器的用法。

程序清单：codes\05\5.4\filter3.html

```
<body ng-app="fkApp" ng-controller="fkCtrl">
根据 age 排序：{{arr | orderBy: 'age' | json}} <p>
根据 name 属性过滤：{{arr | filter : '悟' : null : 'name'}}<p>
<script type="text/javascript">
// 根据名称来创建模块
var app = angular.module("fkApp", []);
// 根据名称注册控制器
app.controller("fkCtrl" , function($scope){
    // 存入一个数组
    $scope.arr = [{name:'孙悟空', age:500},
        {name:'猪八戒', age:400},
        {name:'唐僧', age:23},
        {name:'沙悟净', age:230},];
});
```

```
</script>
</body>
```

在该页面代码中，第一行粗体字代码调用了 orderBy 过滤器，并为该过滤器传入一个'age'参数，这表明功能程序将会根据 age 执行升序排列；第二行粗体字代码调用了 filter 过滤器，并为该过滤器传入三个参数，第三个参数指定对 name 属性进行过滤，第一个参数指定过滤规则为只保留 name 属性中包含"悟"字的数组元素。

在浏览器中浏览该页面，可以看到如图 5.10 所示的效果。

图 5.10　orderBy 和 filter 过滤器

5.4.3　在指令中使用过滤器

除了在 HTML 模板和 JavaScript 中使用过滤器之外，AngularJS 也允许在指令中使用过滤器。在指令中使用过滤器和在 HTML 模板中使用过滤器的方法大致相同。

例如下面示例在 AngularJS 指令中使用过滤器。

程序清单：codes\05\5.4\filter4.html

```
<body ng-app="fkApp" ng-controller="fkCtrl">
选择日期：<input type="datetime-local" ng-model="myDate"/><p>
自动格式化：<span ng-bind="myDate | date"></></p>
指定格式格式化：<span ng-bind="myDate | date: 'yyyy年MM月dd日'"></></p>
指定格式格式化：<span ng-bind="myDate | date: 'yyyy年MM月dd日 HH时mm分'"></></p>
<script type="text/javascript">
// 根据名称来创建模块
var app = angular.module("fkApp", []);
// 根据名称注册控制器
app.controller("fkCtrl" , function($scope){
});
</script>
</body>
```

在这段代码中，在 ng-bind 指令中使用了 AngularJS 过滤器，由粗体字代码可以看出，在指令中使用过滤器与在 HTML 模板中使用过滤器的方法基本相同。在浏览器中浏览该页面，可以看到如图 5.11 所示的效果。

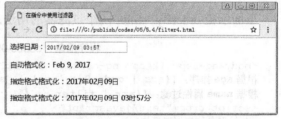

图 5.11　在指令中使用过滤器

5.4.4　自定义过滤器

由前述可知，所谓的过滤器，其实就是一个简单的转换器，而这个转换器无非就是一个函数。从这个意义上来看，AngularJS 转换器其实就是一个转换函数的别名。既然如此，开发者当然也可以开发自定义的转换器。

AngularJS 的模块提供一个 filter()方法，该方法用于注册自定义过滤器。filter()方法接受两个参数：第一个参数用于指定过滤器的名字；第二个参数指定过滤器对应的转换函数。

下面的示例将会自定义一个过滤器，该过滤器用于从字符串中"剔除"中间一段。该示例代码如下。

程序清单：codes\05\5.4\customFilter.html

```html
<body ng-app="fkApp" ng-controller="fkCtrl">
请输入字符串：<input type="text" ng-model="test"/><p>
{{test | fkdelete : 2 : 5}}
<script type="text/javascript">
// 根据名称来创建模块
var app = angular.module("fkApp", []);
// 根据名称注册控制器
app.controller("fkCtrl" , function($scope, $filter){
    console.log($filter("fkdelete")("fkjava.org" , 2, 4));
});
// 注册自定义过滤器
app.filter("fkdelete", function(){
    return function(input, start , end)
    {
        if(!input) {
            input = "";
        }
        // 如果没指定 start，让 start 等于 0
        if (!start) {
            start = 0;
        }
        // 如果没指定 end，让 end 等于字符串长度
        if (!end)
        {
            end = input.length;
        }
        // 如果 start 大于 end，直接返回 input（不做任何处理）
        if (start > end)
        {
            return input
        }
        return input.substring(0 , start) +
            input.substring(end , input.length)
    }
});
</script>
</body>
```

在该程序中，粗体字代码调用 AngularJS 模块的 filter()方法注册了一个 fkdelete 过滤器，该过滤器对应的转换函数就是后面定义的函数。

注册了 fkdelete 过滤器之后，即可在 HTML 模板的表达式中使用它了，也可在 JavaScript 脚本中使用该过滤器。使用浏览器浏览该页面，可以看到如图 5.12 所示的结果。

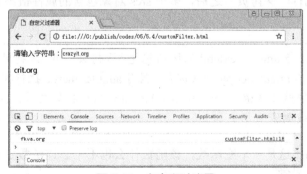

图 5.12　自定义过滤器

5.5 函数 API

AngularJS 内置了大量函数式 API，但这些 API 并不是单独提供的，而是通过 angular 对象的方法来提供的。在前面程序中所使用的 angular 对象的 module()、bootstrap()方法都是 AngularJS 所提供的函数 API，下面将会分类介绍 AngularJS 的函数 API。

> **提示：** 由于前面已经多次使用过 module()、bootstrap()这两个函数，因此本节不再介绍这两个函数的功能和用法。

5.5.1 扩展型函数

AngularJS 提供了如下这些扩展型函数。

- angular.bind(obj, fn, args)：将 fn 函数绑定为 obj 对象的方法。args 参数用于为 fn 函数指定默认的调用参数。
- angular.copy(source, [destination])：执行"深拷贝"，将 source 的所有元素或属性复制到 destination 中。如果没有提供 destination 参数，该函数直接返回 source 的副本；如果提供了 destination 参数，则 destination 包含的所有元素或属性将被删除，source 的所有元素或属性将被复制到 destination 对象中，此时该函数返回被修改后的 destination 对象。
- angular.equals()：判断两个对象是否相等。如果两个对象通过===比较返回 true，则这两个对象通过 angular.equals()比较也返回 true；如果两个对象包含相同的属性，且所有属性值通过 angular.equals()比较也相等，则 angular.equals()认为这两个对象相等；如果两个值都是 Nan，angular.equals()判断它们相等；如果两个值表示相同的正则表达式，angular.equals()判断它们相等。
- angular.extend(dst, srcs)：执行"浅拷贝"，将多个 srcs 对象的属性复制到 dst 对象中。调用该函数执行"浅拷贝"之后，多个 srcs 对象包含的属性值不会发生改变。
- angular.forEach(obj, iterator, [context])：使用 iterator 函数遍历 obj 对象的 key、value 对。其中 iterator 是一个形如 function(value, key){}的函数。
- angular.fromJson(json)：从 JSON 字符串恢复 JavaScript 对象。
- angular.identity()：这是一个形如 function(x){return x;}的函数，该函数直接返回传入参数。该函数主要用于在函数式编程时避免空函数异常。
- angular.merge(dst, srcs)：执行"深拷贝"，将多个 srcs 对象的属性复制到 dst 对象中。调用该函数执行"深拷贝"之后，多个 srcs 对象包含的属性值不会发生改变。

> **注意：** angular.merge 与 angular.extend 的区别就是"深拷贝"和"浅拷贝"的区别。而 augular.merge 与 angular.copy 的区别是，调用 augular.merge 执行拷贝之后，dst 对象原有的属性依然会保留；而调用 augular.copy 执行拷贝之后，dst 对象原有的所有属性都会被删除。

- angular.noop()：这是一个空函数，该函数什么也不干。该函数主要用于在函数式编程时避免空函数异常。

> angular.toJson(obj, pretty)：将 JavaScript 对象转换成 JSON 字符串，其中 pretty 参数用于控制格式，如果将 pretty 参数设为 true，则转换得到的字符串包含空行和空白；如果将 pretty 参数设为整数，则其用于设置 JSON 字符串的缩进字符数。

下面通过示例来介绍这些函数的用法，先看 angular.bind 函数的用法。

程序清单：codes\05\5.5\bind.html

```html
<body>
<script type="text/javascript">
var obj = { name: "孙悟空", age: 500};
var fn = function (adj) {
    console.log(this.name + "的年龄是：" + this.age);
    console.log("该对象是：" + adj);
};
// 将 fn 绑定为 obj 的方法，因此 fn 的 this 表示 obj
// 此时为 adj 参数指定默认参数："很厉害"
var f = angular.bind(obj, fn, "很厉害");
f();
// 再次将 fn 绑定为另一个对象的方法，此时 fn 的 this 表示新对象
var t = angular.bind({name: "猪八戒" , age : 400}, fn);
// 调用方法，为 adj 参数传入参数
t("很能吃！");
</script>
</body>
```

该程序调用两次 angular.bind() 函数分别将 fn 函数绑定到不同的对象，第一次调用 angular.bind() 函数将 fn 函数绑定到 obj 对象，因此 fn 函数中的 this 表示 obj 对象；第二次调用 angular.bind() 函数将 fn 函数绑定到新的对象，因此 fn 函数中的 this 表示新的对象。

在浏览器中执行该页面代码将可以看到如图 5.13 所示的输出。

图 5.13 angular.bind 函数

下面看关于 angular.copy 函数的例子。

程序清单：codes\05\5.5\copy.html

```html
<body>
<div ng-app="copyExample" ng-controller="fkCtrl">
    <form novalidate class="simple-form">
        <label>名字:<input type="text" ng-model="user.name" /></label><br />
        <label>年龄:<input type="number" ng-model="user.age" /></label><br />
        性别:<label><input type="radio" ng-model="user.gender" value="male" />男</label>
        <label><input type="radio" ng-model="user.gender" value="female" />女</label><br />
        <button ng-click="reset()">重设</button>
        <button ng-click="update(user)">保存</button>
    </form>
    <pre>表单 = {{user | json}}</pre>
    <pre>持久 = {{master | json}}</pre>
</div>
<script type="text/javascript">
```

```
angular.module('copyExample', [])
    .controller('fkCtrl', function($scope) {
    $scope.master = {};
    // 设置 reset 函数
    $scope.reset = function()
    {
        // 使用 1 个参数调用 copy 函数
        // 将$scope.master 复制到$scope.user 中
        $scope.user = angular.copy($scope.master);
    };
    $scope.update = function(user)
    {
        // 使用 2 个参数调用 copy 函数
        // 将 user 复制到$scope.master 中
        angular.copy(user, $scope.master);
    };
    $scope.reset();
});
</script>
</body>
```

在该程序中，两行粗体字代码两次调用了 angular.copy 函数执行拷贝，第一行粗体字代码只传入一个参数调用 angular.copy 函数，该函数将会返回$scope.master 的副本——该副本是一个空对象，因此粗体字代码将会把$scope.user 赋值为空对象；第二行粗体字代码传入 2 个参数调用 angular.copy 函数，该函数将会把 user 对象复制到$scope.master 对象中，这样使得$scope.master 与 user 对象完全相同。

下面看关于 angular. extend 函数的例子。

程序清单：codes\05\5.5\extend.html

```
<body>
<script type="text/javascript">
    var obj1 = {
        name : '孙悟空',
        age: 500
    }
    obj2 = {skill: "变化"};
    // 将 obj1 的属性复制到 obj2 中，返回被修改后的 obj2 对象
    var object = angular.extend(obj2, obj1);
    // 下面两次输出相同的对象
    console.log(object);
    console.log(obj2);
    var car1 = {
        brand: 'BMW',
        model: 'X5'
    };
    var car2 = {
        color: 'black'
    };
    // 如果希望让原有的 car1 对象保持不变，则可将 dst 参数设为{}。
    // 调用该函数传入两个 src 对象，该方法负责将 car1、car2 两个对象的属性
    // 复制到第一个参数中
    var newCar = angular.extend({}, car1 , car2);
    console.log(newCar);
    console.log(car1);  // car1 不会发生任何改变
</script>
</body>
```

在该程序中，两行粗体字代码分别调用 extends()方法执行拷贝，其中第一行粗体字代码将 obj1 的属性复制到 obj2 中，因此 obj2 的属性将会变成两个对象的属性的合集；第二行粗体字

代码将 car1、car2 的属性复制到第一个空对象中，该方法返回被修改的对象，因此被返回的对象的属性将会是 car1、car2 两个对象的属性的合集，而 car1、car2 不会发生任何改变。

在浏览器中浏览该页面，将可以看到如图 5.14 所示的输出。

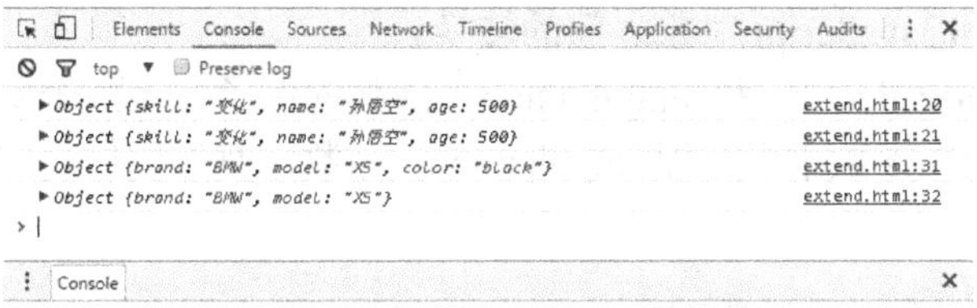

图 5.14 angular.extend 函数

angular.merge 函数与 angular.extend 函数的功能和用法基本相同，区别只是 angular.merge 函数执行的是深拷贝，而 angular.extend 执行的是浅拷贝，因此此处不再介绍 angular.merge 的用法。

下面看关于 angular.forEach 函数的例子。

程序清单：codes\05\5.5\forEach.html

```
<body>
<script type="text/javascript">
var obj = {name: '孙悟空', gender: '男'};
var arr = [];
// 调用 forEach 函数遍历 obj 对象
angular.forEach(obj, function(value, key) {
    // 此处的 this 表示第三个参数
    this.push(key + ': ' + value);
}, arr);
console.log(arr);
</script>
</body>
```

在该程序中，粗体字代码调用 angular.forEach 函数来遍历 obj 对象，遍历时程序将 obj 对象的属性名、属性值拼接成一个字符串，然后添加到 arr 数组中。使用浏览器浏览该页面，可以看到如图 5.15 所示的输出。

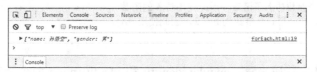

图 5.15 angular.forEach 函数的功能

下面看关于 angular.fromJson 和 angular.toJson 函数的例子。

程序清单：codes\05\5.5\json.html

```
<body>
<script type="text/javascript">
var user = {
    name: "孙悟空",
    age: 500,
    skill: "变化"
};
// 把对象转换成 JSON 字符串
var str = angular.toJson(user);
console.log(str);
// 从 JSON 字符串恢复对象
var obj = angular.fromJson(str);
```

```
        console.log(obj);
    </script>
</body>
```

从两行粗体字代码可以看出，angular.fromJson 和 angular.toJson 两个函数互为逆运算，用于完成 JSON 字符串和 JavaScript 对象之间的转换。

下面看关于 angular.identity 和 angular.noop 函数的例子，这两个函数本身什么都不干，angular.identity 函数返回参数本身，而 angular.noop 函数没有返回值，它们都是用来避免空函数异常的。

程序清单：codes\05\5.5\identity.html

```
<body>
<script type="text/javascript">
// angular.identity 就是一个形如 function(val){return val;}的函数
function transformer(transformationFn, value)
{
    // 如果 transformationFn 为空, 则使用 angular.identity
    return (transformationFn || angular.identity)(value);
};
function getResult(fn, input) {
    return (fn || angular.identity)(input);
};
getResult(function(n) { return n * 2; }, 21); // 使用传入的函数，因此返回 42
getResult(null, 21);     // 使用 angular.identity, 因此返回 21
getResult(undefined, 21); // 使用 angular.identity, 因此返回 21
function foo(callback, arg) {
    // noop 就是一个什么都不做的函数
    // 如果 callback 为空, 则使用 angular.noop
    (callback || angular.noop)(arg);
}
foo(function(val){
    var result = 1
    for (var i = 1; i <= val ; i++ )
    {
        result *= i;
    }
    console.log(result);
}, 5); // 第一个参数传入了函数，因此使用传入的函数
foo(null , 5); // 第一个参数为 null, 因此使用 angular.noop
</script>
</body>
```

从上面两行粗体字代码来看，angular.identity 和 identity.noop 两个函数的用法基本相同，它们都是用于对传入的函数参数进行"或运算"，如果前面传入的函数参数为 null 或 undefined，则直接使用 angular.identity 或 identity.noop 代替传入的函数参数，这样就可以避免空指针异常了。

▶▶ 5.5.2 jqLite 函数

AngularJS 提供了一个 angular.element 函数，该函数可以将一个原始的 DOM 节点或 HTML 字符串包装成 jQuery 对象。如果在页面上可以使用 jQuery 库，则 angular.element 函数就相当于是 jQuery 函数的别名；如果不可以使用 jQuery 库，则 angular.element 函数返回的只是一个轻量级 jQuery 对象（简称 jqLite），其功能比真正的 jQuery 对象少一些。

> 如果想使用 jQuery 对象,只要在加载 angular.js 之前加载 jQuery 代码库即可;
> 当然如果需要使用 jqLite,而不是 jQuery,也可通过 ngJq 指令进行指定。

程序清单:codes\05\5.5\element.html

```html
<body>
<div id="a">
</div>
<script type="text/javascript">
angular.element(document.querySelector('#a'))
    .html("测试")
    .css("width" , "200px")
    .css("height" , "120px")
    .css("border" , "1px solid black")
    .css("background", "linear-gradient(grey , white)");
</script>
</body>
```

其中,粗体字代码用于将一个 DOM 元素包装成轻量级 jQuery 对象,接下来程序调用了 jQuery 的部分方法。由于本示例并未导入 jQuery 代码库,因此只能使用 jQuery 对象的少量方法。如果希望使用 jQuery 的全部方法,则应该在导入 angular.js 之前导入 jQuery 函数库。

▶▶ 5.5.3 判断型函数

AngularJS 还提供了大量判断型函数,这些判断型函数都是以 is 开头,用于判断传入的参数是否为指定类型。这些判断型函数列表如下。

- angular.isArray(value):判断 value 是否为数组。
- angular.isDate(value):判断 value 是否为 Date 对象。
- angular.isDefined(value):判断 value 是否已经定义过(只要不是 undefined,该函数都返回 true)。
- angular.isElement(value):判断 value 是否为 DOM 元素或包装过的 jQuery 对象。
- angular.isFunction(value):判断 value 是否为函数。
- angular.isNumber(value):判断 value 是否为数值。
- angular.isObject(value):判断 value 是否为对象。
- angular.isString(value):判断 value 是否为字符串。
- angular.isUndefined(value):判断 value 是否为 undefined。

下面代码示范了这些判断型函数的功能和用法。

程序清单:codes\05\5.5\judge.html

```html
<body>
<script type="text/javascript">
var arr = ['a', 9, 'AngularJS'];
console.log(angular.isArray(arr)); // 输出 true
console.log(angular.isArray('孙悟空')); // 输出 false
var d = new Date(Date.parse("2012-12-25"));
console.log(angular.isDate(d)); // 输出 true
// 只要 d 是定义过的变量,就会输出 true
console.log(angular.isDefined(d)); // 输出 true
// 只要 d 是定义过的变量,就会输出 false
console.log(angular.isUndefined(d)); // 输出 false
var def;
```

```
console.log(angular.isUndefined(def)); // 输出 true
console.log(angular.isElement(document.body)); // 输出 true
console.log(angular.isFunction('猪八戒')); // 输出 false
console.log(angular.isFunction(angular.noop)); // 输出 true
console.log(angular.isFunction(angular.identity)); // 输出 true
console.log(angular.isNumber(2)); // 输出 true
console.log(angular.isNumber(3.4)); // 输出 true
console.log(angular.isString('aa')); // 输出 true
console.log(angular.isString(5)); // 输出 false
</script>
</body>
```

5.6 指令

AngularJS 的重要设计理念就是使用大量指令来增强静态 HTML 页面的功能,从而避免编写冗长的 JavaScript 代码。前面使用的 ngApp、ngModel、ngInit、ngBind 等都是系统提供的指令。本节将详细介绍 AngularJS 指令的相关内容。

> **提示:**
> 在 JS 中定义指令时会使用驼峰写法(除第一个单词外,后面每个单词首字母大写);在 HTML 中使用指令时要改为使用烤串写法(单词所有字母小写,单词与单词之间用中画线分隔)。因此 ngApp 与 ng-app 其实指的是同一个指令。

5.6.1 表单相关的指令

AngularJS 处理表单的操作比较多,因此表单相关的指令也比较多。

AngularJS 提供了 form 指令用于定义表单,该指令比简单的 HTML form 元素功能更丰富。AngularJS 的 form 指令有如下两种写法:

```
<form name="myForm"></form>
<ng-form name="myForm"></ng-form>
```

从该代码可以看出,使用 AngularJS 的 form 指令时既可使用 ng-前缀,也可省略 ng-前缀。
form 指令允许为表单指定如下 CSS 类选择器。

- ng-valid: 表单有效时匹配该选择器。
- ng-invalid: 表单无效时匹配该选择器。
- ng-pending: 表单等待时匹配该选择器。
- ng-pristine: 表单未填写时匹配该选择器。
- ng-dirty: 表单已填写时匹配该选择器。
- ng-submitted: 表单已提交时匹配该选择器。

下面程序示范了如何使用 AngularJS 的 form 指令。

程序清单:codes\05\5.6\form.html

```html
<!DOCTYPE html>
<html>
<head>
    <meta http-equiv="Content-Type" content="text/html; charset=utf-8" />
    <title> form 指令 </title>
    <script type="text/javascript" src="../angular-1.6.2.js">
    </script>
    <style>
        .my-form {
```

```
            transition:all linear 0.5s;
            background: transparent;
        }
        /* 定义表单未填写时的 CSS 样式 */
        .my-form.ng-pristine {
            background: lightGray;
        }
        /* 定义表单已填写时的 CSS 样式 */
        .my-form.ng-dirty {
            background: yellow;
        }
        /* 定义表单无效时的 CSS 样式 */
        .my-form.ng-invalid {
            background: red;
        }
    </style>
</head>
<body ng-app>
<form name="myForm" class="my-form" novalidate>
    用户名: <input name="name" ng-model="user.name" ng-maxlength="10"><p>
    <code>用户名为: {{user.name}}</code>
</form>
</body>
</html>
```

在该页面代码中，使用 AngularJS 的 form 指令创建了表单，在 form 指令中指定的 novalidate 属性与 AngularJS 无关，该属性用于禁止 HTML 5 的输入校验功能。

在该页面上方的 CSS 样式区的 3 行粗体字代码定义了 3 个伪类：.ng-pristine、.ng-dirty、.ng-invalid3，它们分别表示表单未输入、有输入、无效时的 CSS 样式。

使用浏览器浏览该页面，初始加载该页面时表单没有任何输入，此时将看到表单显示浅灰色背景；用户在表单包含的文本框内开始输入时，将看到表单显示淡黄色背景；如果用户输入的字符数超过 10——此时就违反了 ng-maxlength="10"规则，这时候表单处于无效状态，表单将显示红色背景。

此外，AngularJS 还为了各种表单控件提供了对应的指令，包括 input 指令、select 指令和 textarea 指令。这些指令大都可指定如下属性。

➢ type：该属性可被指定为 checkbox、date、datetime-local、email、month、number、radio、range、text、time、url、week 等属性值，这些属性值与 HTML 5 规范中<input.../>元素的 type 属性值一一对应，分别代表不同类型的文本输入框。

➢ ng-model：该属性用于指定将该表单控件与哪个变量进行双向绑定。该属性值指定变量的名称。

➢ name：该属性指定表单控件的 name 属性。

➢ ng-true-value：指定该复选框勾选时对应的值，只有当 type 属性值为 checkbox 时，该属性才有效。

➢ ng-false-value：指定该复选框不勾选时对应的值，只有当 type 属性值为 checkbox 时，该属性才有效。

➢ ng-value：指定该单选框对应的值。只有当 type 属性值为 radio 时，该属性才有效。

➢ ng-trim：该 Boolean 属性值指定是否截取文本框内的字符串前后的空白。

➢ step|ng-step：这两个属性的功能相同，都用于指定该表单控件内数值变化的步长。只有当 type 属性值为 number 或 range 时指定这两个属性。

➢ required|ng-required：这两个属性的功能相同，都用于指定必须填写该表单控件。这两

个属性都属于输入校验的范畴。
- min|ng-min：这两个属性的功能相同，都用于指定该表单控件所能接收的最小值。这两个属性都属于输入校验的范畴。
- max|ng-max：这两个属性的功能相同，都用于指定该表单控件所能接收的最大值。这两个属性都属于输入校验的范畴。
- ng-minlength：该属性指定该表单控件内字符串长度的最小值。该属性属于输入校验的范畴。
- ng-maxlength：该属性指定该表单控件内字符串长度的最大值。该属性属于输入校验的范畴。
- pattern|ng-pattern：该属性指定该表单控件内的值必须匹配指定的正则表达式。该属性属于输入校验的范畴。只有当 type 为 email、text、url 时该属性才有效。
- ng-change：当该表单控件内的值发生改变时，该属性指定的事件处理函数将会被触发。

下面示范了 type 为 number 和 range 这两种情况下 input 指令的用法。

程序清单：codes\05\5.6\input.html

```html
<body ng-app="rangeExample">
<form name="myForm" ng-controller="fkCtrl">
   范围：<input type="range" name="range" ng-model="value"
      min="{{min}}"  max="{{max}}">
   <hr>
   范围的值：<input type="number" ng-model="value"><br>
   最小值：<input type="number" ng-model="min"><br>
   最大值：<input type="number" ng-model="max"><br>
   value = <code>{{value}}</code><br/>
</form>
<script type="text/javascript">
   angular.module('rangeExample', [])
      .controller('fkCtrl', function($scope){
         $scope.value = 75;
         $scope.min = 10;
         $scope.max = 90;
      });
</script>
</body>
```

从这里的代码可以看出，AngularJS 的 input 指令的用法与 HTML 5 中<input.../>元素的用法基本相同，只是 AngularJS 的 input 指令可通过 ng-model 属性执行双向绑定。

在浏览器中浏览该页面，可以看到如图 5.16 所示的效果。

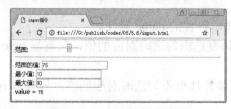

图 5.16　input 指令的用法

select 指令稍微复杂一些，下面通过几个示例来示范该指令的用法。先看一个关于 select 指令的简单示例。

程序清单：codes\05\5.6\staticSelect.html

```html
<body ng-app="staticSelect">
<div ng-controller="fkCtrl">
```

```html
<form name="myForm">
单选下拉框：<select name="singleSelect2" ng-model="data.singleSelect1">
    <option value="option-1">选项一</option>
    <option value="option-2">选项二</option>
</select><br>
带动态选项的单选下拉框：<select name="singleSelect2" id="singleSelec2t"
ng-model="data.singleSelect2">
<option value="">---请选择---</option> <!-- 空选项 -->
<!-- 使用表达式指定动态选项值 -->
<option value="{{data.option1}}">孙悟空</option>
<option value="option-2">猪八戒</option>
</select><br>
<!-- 为按钮绑定事件处理函数 -->
<button ng-click="forceUnknownOption()">取消选择</button><br>
<tt>singleSelect2 = {{data.singleSelect2}}</tt>
<hr>
多选列表框：<select name="multipleSelect" id="multipleSelect" ng-model="data.multipleSelect" multiple>
<option value="option-1">选项一</option>
<option value="option-2">选项二</option>
<option value="option-3">选项三</option>
</select><br>
<tt>multipleSelect = {{data.multipleSelect}}</tt><br/>
</form>
</div>
<script type="text/javascript">
    angular.module('staticSelect', [])
        .controller('fkCtrl', function($scope) {
            $scope.data = {
                singleSelect1: null,
                singleSelect2: null,
                multipleSelect: [],
                option1: 'yeeku'
            };
            $scope.forceUnknownOption = function() {
                $scope.data.singleSelect2 = 'noval';
            };
    });
</script>
</body>
```

在这个页面中使用了 3 个 select 指令定义下拉列表框和列表框，这 3 个 select 指令都直接定义了多个静态的<option.../>元素，每个<option.../>元素代表一个列表项。代码中包含一行粗体字代码，这行粗体字代码在定义列表项时使用了表达式指定 value 属性值，这样即可指定动态列表项。

在浏览器中浏览该页面，可看到如图 5.17 所示的效果。

图 5.17 使用 select 指令定义静态列表框

除了使用静态的多个<option.../>元素定义列表项之外，也可使用 ng-repeat 控制 AngularJS
动态生成多个列表项。例如如下示例。

程序清单：codes\05\5.6\repeatSelect.html

```
<body ng-app="repeatSelect">
<div ng-controller="fkCtrl">
    <form name="myForm">
    使用 repeat 生成列表项：<br>
    <select name="repeatSelect" id="repeatSelect" ng-model="data.myChar">
        <option ng-repeat="op in data.characters"
        value="{{op.id}}">{{op.name}}</option>
    </select>
    </form>
    <hr>
    <tt>myChar = {{data.myChar}}</tt><br/>
</div>
<script type="text/javascript">
    angular.module('repeatSelect', [])
        .controller('fkCtrl', function($scope) {
            $scope.data = {
                characters: [
                    {id: 1, name:'yeeku'},
                    {id: 2, name:'fkit'},
                    {id: 3, name:'crazyit'},
                ],
                myChar: 2};
        });
</script>
</body>
```

该程序中的粗体字代码使用 ng-repeat 指令根据 characters 数组动态生成列表项。characters
数组有几个数组元素，在该列表框中就可生成几个列表项。在浏览器中浏览该页面，可以看到
如图 5.18 所示的效果。

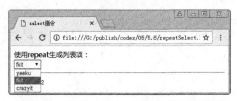

图 5.18 使用 ng-repeat 生成多个列表项

这个示例在<option.../>元素中直接使用了 value 属性指定列表项的值。此外，AngularJS 也
允许使用 ng-value 属性为列表项指定属性值。

> **提示：**
> ng-value 指令主要用于 type="radio"时的 input 指令和<option.../>元素中，
> ng-value 指令作为属性时与普通的 value 属性的功能基本相同。

为了简化生成列表框的操作，AngularJS 还为 select 指令提供了 ng-options 指令来生成列
表项。例如如下示例程序。

程序清单：codes\05\5.6\optionsSelect.html

```
<body ng-app="optionsSelect">
<div ng-controller="fkCtrl">
    <form name="myForm">
    请选择：<select name="mySelect" id="mySelect"
    ng-options="op.name for op in data.characters track by op.id"
```

```
            ng-model="data.myChar"></select>
        </form>
        <hr>
        <tt>option = {{data.myChar}}</tt><br/>
    </div>
    <script type="text/javascript">
        angular.module('optionsSelect', [])
            .controller('fkCtrl', function($scope) {
                $scope.data = {
                    characters: [
                    {id: 1, name:'yeeku'},
                    {id: 2, name:'fkit'},
                    {id: 3, name:'crazyit'},
                    ]};
            });
    </script>
</body>
```

在这个程序中，粗体字代码使用 ng-options 指令生成多个列表项，该指令的属性值是一个表达式，该表达式控制根据哪个数组来生成多个列表项。ng-options 可迭代数组或对象来生成多个列表项。

使用 ng-options 迭代数组时，其支持的表达式格式有如下几种：

➢ label for value in 数组
➢ select as label for value in 数组
➢ label group by group for value in 数组
➢ label disable when disable for value in 数组
➢ label group by group for value in 数组 track by trackexpr
➢ label disable when disable for value in 数组 track by trackexpr
➢ label for value in 数组 | orderBy:orderexpr track by trackexpr

使用 ng-options 迭代对象时，其支持的表达式格式有如下几种：

➢ label for (key , value) in 对象
➢ select as label for (key , value) in 对象
➢ label group by group for (key, value) in 对象
➢ label disable when disable for (key, value) in 对象
➢ select as label group by group for (key, value) in 对象
➢ select as label disable when disable for (key, value) in 对象

使用浏览器浏览该页面，即可看到如图 5.19 所示的效果。

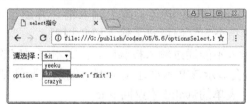

图 5.19 使用 ng-options 生成列表项

5.6.2 表单的输入校验

正如前面介绍的，使用表单元素相关的 AngularJS 指令时，可指定 required/ng-required、min/ng-min、max/ng-max、ng-minlength、ng-maxlength、pattern/ng-pattern 等属性，这些属性都是输入校验相关的属性。

为表单元素指定了输入校验相关指令之后，程序即可通过如下两个属性来获取表单或表单元素的输入校验的通过状态。

> $valid：该 Boolean 属性返回表单控件或表单是否能通过输入校验。
> $error：该属性值返回一个 JavaScript 对象，该对象的属性详细指定了表单或表单元素不能通过哪个输入校验规则。

下面的代码示范了 AngularJS 的输入校验功能。

程序清单：codes\05\5.6\validate.html

```html
<body ng-app="validateExample">
<div ng-controller="fkCtrl">
<form name="myForm" novalidate>
<!-- 指定了 required、ng-minlength、ng-maxlength 这 3 个输入校验规则 -->
用户名：<input type="text" name="userName"
    ng-model="user.name" required
    ng-minlength="3" ng-maxlength="10">
    <span class="error" ng-show="myForm.userName.$error.required">
    用户名必填</span><p>
<!-- 指定了 required、nng-pattern 这两个输入校验规则 -->
简介：<input type="text" name="desc"
    ng-model="user.desc" required
    ng-pattern="descRegex">
    <span class="error" ng-show="myForm.desc.$error.required">
    简介必填</span>
    <span class="error" ng-show="myForm.desc.$error.pattern">
    简介必须匹配{{descRegex}}格式</span><p>
</form>
<hr>
<tt>user = {{user}}</tt><br/>
<tt>myForm.userName.$valid = {{myForm.userName.$valid}}</tt><br/>
<tt>myForm.userName.$error = {{myForm.userName.$error}}</tt><br/>
<tt>myForm.desc.$valid = {{myForm.desc.$valid}}</tt><br/>
<tt>myForm.desc.$error = {{myForm.desc.$error}}</tt><br/>
<tt>myForm.$valid = {{myForm.$valid}}</tt><br/>
<tt>myForm.$error = {{myForm.$error}}</tt><br/>
</div>
<script type="text/javascript">
    angular.module('validateExample', [])
        .controller('fkCtrl', function($scope){
        $scope.descRegex = '\\w{5,8}';
    });
</script>
</body>
```

在该页面中使用两个 input 指令定义了两个输入框，并通过 required、ng-minlength、ng-maxlength、ng-pattern 等指令为它们指定了输入校验规则。

当用户在文本框内的输入不能通过输入校验时，该文本框对应的$valid 属性返回 false，该文本框对应的$error 属性将会显示该文本框违反了哪条输入校验规则；只有当表单内所有表单元素都能通过输入校验时，表单的$valid 才返回 true。

该页面代码在每个输入框后都设置了错误提示，并通过 ng-show 来控制是否显示该错误提示。ng-show 也是一个 AngularJS 指令，该指令可作为任意 HTML 元素的属性，当 ng-show 指令的值为 true 时，该 HTML 元素就会显示出来。比如页面中第一条错误提示使用了<span.../>元素，并通过 ng-show 指令控制该元素是否显示。因此只有当 myForm.userName.$error.required 表达式为 true——也就是 userName 元素不能通过 required 输入校验规则时，该<span.../>元素才会被显示出来。

在浏览器中浏览该页面，在初始状态时将可看到如图 5.20 所示的显示效果。

图 5.20　违反 required 输入校验规则

如果在两个文本框内分别输入一个字符，但由于此时依然不能完全通过输入校验：第一个输入框会违反 ng-minlength 输入校验规则；第二个输入框违反 ng-pattern 输入校验规则。此时将可以看到如图 5.21 所示的效果。

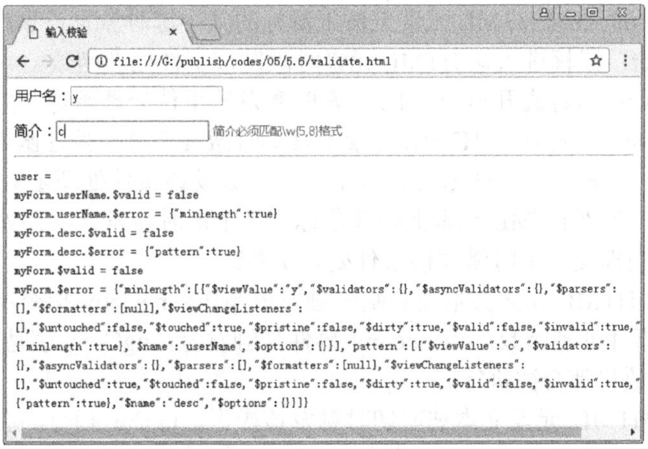

图 5.21　违反 ng-minlength 和 ng-pattern 输入校验规则

从以上运行效果可以看出，由于此时两个输入框依然不能通过输入校验，因此 AngularJS 依然不会将它们封装为 user 对象。此时可以看到 userName、desc 两个文本框对应的$valid 属性依然为 false；其中 userName 对应的 $error 属性中的 minlength 属性为 true，表明该文本框违反了 minlength 输入校验规则；desc 对应的$error 属性中的 pattern 属性为 true，表明该文本框违反了 pattern 输入校验规则。

如果用户在两个文本框中输入符合条件的内容，将可以看到如图 5.22 所示的效果。

从图 5.22 可以看出，此时 userName、

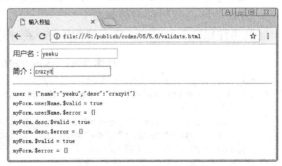

图 5.22　通过输入校验的效果

desc 两个文本框都可以通过输入校验,因此这两个文本框对应的$valid 属性返回 true,$error 属性返回一个空对象。由于该表单内两个文本框都通过了输入校验,因此该表单的$valid 属性返回 true,表单的$error 属性返回一个空的 JavaScript 对象。由于此时两个文本框都可通过输入校验,因此 AngularJS 可以将这两个文本框内的值封装为 user 对象。

▶▶ 5.6.3 事件相关的指令

AngularJS 为事件处理提供了大量指令,这些指令通常作为 HTML 元素的属性使用,属性值通常被指定为事件处理函数。

- ngBlur:当 HTML 元素失去焦点时激发该事件处理函数。
- ngChange:当 HTML 元素的内容发生改变时激发该事件处理函数。
- ngChecked:当 HTML 元素被勾选时激发该事件处理函数。
- ngClick:当 HTML 元素被点击时激发该事件处理函数。
- ngDblclick:当 HTML 元素被双击时激发该事件处理函数。
- ngFocus:当 HTML 元素得到焦点时激发该事件处理函数。
- ngKeydown:当用户在该 HTML 元素上按下键盘上某个键时激发该事件处理函数。
- ngKeypress:当用户在该 HTML 元素上单击键盘上某个键时激发该事件处理函数。
- ngKeyup:当用户在该 HTML 元素上松开键盘上某个键时激发该事件处理函数。
- ngMousedown:在该 HTML 元素上按下鼠标的某个键时激发该事件处理函数。
- ngMouseenter:鼠标进入该 HTML 元素时激发该事件处理函数。
- ngMouseleave:鼠标离开该 HTML 元素时激发该事件处理函数。
- ngMousemove:鼠标在该 HTML 元素上移动时激发该事件处理函数。
- ngMouseover:鼠标在该 HTML 元素上悬停时激发该事件处理函数。
- ngMouseup:在该 HTML 元素上松开鼠标的某个键时激发该事件处理函数。
- ngSubmit:当提交表单时激发该事件处理函数。
- ngCopy:当 HTML 元素文本被复制时触发该操作。ngCopy 指令不会覆盖该元素上原始 oncopy 事件处理函数。当 oncopy 事件被触发时,ngCopy 表达式与原始的 oncopy 事件处理函数将都会被执行。
- ngCut:当 HTML 元素文本被剪切时触发该操作。ngCut 指令不会覆盖该元素上原始 oncut 事件处理函数,当 oncut 事件被触发时,ngCut 表达式与原始的 oncut 事件处理函数将都会被执行。
- ngPaste:当 HTML 元素文本被粘贴时触发该操作。ngPaste 指令不会覆盖该元素上原始 onpaste 事件处理函数。当 onpaste 事件被触发时,ngPaste 表达式与原始的 onpaste 事件处理函数将都会被执行。

这些事件相关的 AngularJS 指令的用法大致相同,下面以一个示例来示范它们的用法。

程序清单:codes\05\5.6\submit.html

```
<body ng-app="submitExample">
<form ng-submit="submit()" ng-controller="fkCtrl">
    输入内容并回车
    <input type="text" ng-model="text" name="text" />
    <input type="submit" id="submit" value="提交" />
    <pre>list={{list}}</pre>
</form>
<script>
angular.module('submitExample', [])
```

```
        .controller('fkCtrl', function($scope) {
            $scope.list = [];
            $scope.text = 'yeeku';
            $scope.submit = function()
            {
                if ($scope.text)
                {
                    $scope.list.push(this.text);
                    $scope.text = '';
                }
            };
        });
    </script>
</body>
```

在该程序中，使用 form 指令定义了一个表单，程序还通过 ng-submit 指令为该表单指定了一个事件处理函数，当用户提交该表单时，会触发该 submit()函数。在 JavaScript 脚本中定义的 submit()函数负责将用户在文本框内输入的内容添加到数组中。使用浏览器浏览该页面，可以看到如图 5.23 所示的效果。

图 5.23 事件相关指令

ngCopy、ngCut、ngPaste 这 3 个指令的功能基本相同，它们都用于当 HTML 元素在复制、剪切和粘贴时为其增加额外的处理，这些处理都不会覆盖原有的 oncopy、oncut、onpaste 事件处理函数。例如如下页面代码。

程序清单：codes\05\5.6\copy.html

```
<body ng-app="copyExample">
<div ng-controller="fkCtrl">
<textarea ng-copy="count=count+1" rows="4" cols="20"
    oncopy="alert('拷贝');">
HTML 5 is a good skills for every programmer</textarea><br>
<code>{{count}}</code>
</div>
<script type="text/javascript">
    angular.module('copyExample', [])
        .controller('fkCtrl', function($scope){
            $scope.count = 0;
        });
</script>
</body>
```

这段代码为<textarea.../>元素指定了 ng-copy 和 oncopy 两个属性，其中 oncopy 属性用于绑定原始的 JS 事件处理函数，而 ng-copy 则用于指定附加的 AngularJS 操作。当用户在该元素内指定复制操作时，与 oncopy 和 ng-copy 绑定的操作都会被激发。

在浏览器中浏览该页面，并在<textarea.../>元素内执行复制操作即可看到如图 5.24 所示的效果。

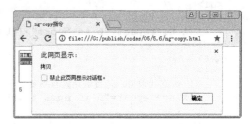

图 5.24 ng-copy 指令

5.6.4 流程控制相关的指令

AngularJS 提供了几个流程控制相关的指令。

➢ ngIf：该指令相当于流程控制的 if 语句。该指令可作为任何 HTML 元素的属性，如果该指令的属性值为 true，则 HTML 元素显示在页面中；否则 HTML 元素将会从页面中被删除。
➢ ngRepeat：该指令相当于流程控制的循环。该指令可作为任何 HTML 元素的属性，该指令可控制 HTML 元素重复多次出现。
➢ ngRepeatStart 和 ngRepeatEnd：这两个指令通常需要组合使用，它们组合起来的功能相当于 ngRepeat，ngRepeatStart 和 ngRepeatEnd 会对两个指令之间的内容整体进行迭代。

下面先看 ngIf 指令的示例。

程序清单：codes\05\5.6\ng-if.html

```html
<body ng-app="ifExample">
<div ng-controller="fkCtrl">
是否显示：<input type="checkbox" ng-model="show"/>
<h3 ng-if="show">被控制显示的内容</h3>
</div>
<script type="text/javascript">
    angular.module('ifExample', [])
        .controller('fkCtrl', function($scope){
        $scope.show = true;
    });
</script>
</body>
```

在该代码中，为<h3.../>标签增加了 ng-if 指令，如果该指令的属性值为 true，则该元素可以被显示在页面中；否则该元素将被从页面中删除。

在浏览器中浏览该页面，如果用户勾选页面上的"复选框"，此时 show 变量的值为 true，这样将可以看到页面上<h3.../>标签被显示出来；否则该元素将从页面上被删除。

ngRepeat 指令既可用于迭代数组，也可用于迭代对象。该指令的属性值主要支持如下 3 种表达式。
➢ x in array：迭代数组的表达式。
➢ x in array track by $index：当数组的集合元素有重复时应该增加 track by $index 后缀。
➢ (key, value) in objc：迭代 objc 对象的 key-value 对。

下面程序简单使用 ngRepeat 迭代数组。

程序清单：codes\05\5.6\ng-repeat1.html

```html
<body ng-app="repeatExample">
<div ng-controller="fkCtrl">
<ul>
    <!-- 迭代数组 -->
    <li ng-repeat="b in books">{{b}}</li>
</ul>
<hr>
<ul>
    <!-- 迭代数组，且数组元素有重复 -->
    <li ng-repeat="n in nums track by $index">{{n}}</li>
</ul>
</div>
<script type="text/javascript">
    angular.module('repeatExample', [])
        .controller('fkCtrl', function($scope){
        $scope.books = ['疯狂 Java 讲义', '疯狂 HTML 5 讲义',
            '疯狂 Android 讲义', '疯狂前端开发讲义'];
        $scope.nums = [20, 3, 100, 100, 101];
    });
</script>
</body>
```

在这个程序中，分别使用 ng-repeat 迭代了两个数组，其中第一个数组中不包含重复的数组元素，因此可以简单迭代；第二个数组中包含了重复的数组元素，因此在 ng-repeat 表达式中添加了 track by $index 后缀。在浏览器中浏览该页面，可以看到如图 5.25 所示的效果。

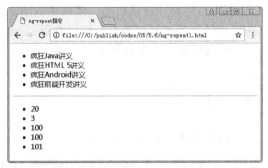

图 5.25 使用 ng-repeat 迭代数组

ng-repeat-start 和 ng-repeat-end 是与 ng-repeat 类似的指令，这两个指令用于对指令间的内容进行整体迭代。下面是 ng-repeat-start 和 ng-repeat-end 两个指令的使用示例。

程序清单：codes\05\5.6\ng-repeat2.html

```html
<body ng-app="repeatExample">
<div ng-controller="fkCtrl">
    <!-- 迭代数组 -->
    <header ng-repeat-start="b in books">头：{{b}}</header>
    <div>body：{{b}}</div>
    <footer ng-repeat-end>尾：{{b}}</footer>
</div>
<script type="text/javascript">
    angular.module('repeatExample', [])
        .controller('fkCtrl', function($scope){
            $scope.books = ['疯狂 Java 讲义', '疯狂 HTML 5 讲义',
                '疯狂 Android 讲义', '疯狂前端开发讲义'];
        });
</script>
</body>
```

在浏览器中浏览该页面，可以看到如图 5.26 所示的效果。

图 5.26 使用 ng-repeat-start 和 ng-repeat-end 指令的示例

从以上运行结果可以看出，此时数组包含 4 个元素，而 ng-repeat-start、ng-repeat-end 之间共包括 3 行，因此迭代的结果总共是 12 行。

在使用 ng-repeat 指令时，在该指令内部可使用如下变量：

➢ $index：该变量返回正在迭代的列表项的索引项。

- $first：如果当前正在迭代的列表项是第一项，该属性返回 true。
- $middle：如果当前正在迭代的列表项位于第一项和最后一项之间，该属性返回 true。
- $last：如果当前正在迭代的列表项是最后一项，该属性返回 true。
- $even：如果当前正在迭代的列表项是偶数项，该属性返回 true。
- $odd：如果当前正在迭代的列表项是奇数项，该属性返回 true。

下面的程序示范了如何在 ng-repeat 指令中使用上面这些变量。

程序清单：codes\05\5.6\ng-repeat3.html

```
<body ng-app="repeatExample">
<div ng-controller="fkCtrl">
   <!-- 迭代数组
   使用$even、$odd 获知被迭代项是偶数项，还是奇数项
   -->
   <div ng-repeat="b in books" ng-class="{green:$even, red: $odd}">
   <!-- 通过$index 访问被迭代项的索引 -->
   {{$index}}. {{b}}</div>
</div>
<script type="text/javascript">
   angular.module('repeatExample', [])
       .controller('fkCtrl', function($scope){
       $scope.books = ['疯狂 Java 讲义', '疯狂 HTML 5 讲义',
           '疯狂 Android 讲义', '疯狂前端开发讲义'];
   });
</script>
</body>
```

该程序在 ngRepeat 指令中使用$even、$odd、$index 属性获知迭代项的奇偶性和索引。使用 ng-class 指令根据迭代项的奇偶性选择使用不同的 CSS 样式，其中 green 和 red 都是在 <style.../>元素中定义的 CSS 样式的 class 名。

提示： 关于 ng-class 指令的详细介绍请参考 5.6.7 节的内容。

在浏览器中浏览该页面，可以看到如图 5.27 所示的效果。

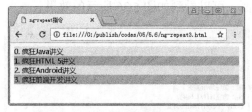

图 5.27 在 ng-repeat 指令中使用变量

ng-repeat 指令也可用于迭代对象，例如如下代码。

程序清单：codes\05\5.6\ng-repeat4.html

```
<body ng-app="repeatExample">
<div ng-controller="fkCtrl">
   <!-- 迭代对象 -->
   <div ng-repeat="(key, value) in user">
   {{key}} -> {{value}}</div>
</div>
<script type="text/javascript">
   angular.module('repeatExample', [])
       .controller('fkCtrl', function($scope){
```

```
        $scope.user = {name: 'yeeku',
            age: 29, gender: 'male'};
    });
</script>
</body>
```

在这个示例中,使用 ngRepeat 指令迭代了对象。在使用该指令迭代对象时,对象有多少组 key-value 对,该指令就会迭代多少次。在浏览器中浏览该页面,可以看到如图 5.28 所示的效果。

图 5.28 迭代对象

5.6.5 绑定相关的指令

AngularJS 还提供了如下数据绑定相关的指令。

- ngBindHtml:该指令与普通 ngBind 指令的功能基本相同,不同之处在于该指令所绑定的变量的值是 HTML 字符串,而且开发者希望系统能渲染该 HTML 字符串。此时就需要使用 ngBindHtml 指令而不是普通的 ngBind 指令。由于使用 ngBindHtml 指令时可能有一些潜在的风险,因此 AngularJS 会自动使用 AngularJS 的 sanitize 模块对 HTML 字符串进行"净化"(删除可能引发危险的代码),以保证页面安全,因此使用该指令时必须导入 AngularJS 的 sanitize 模块。
- ngBindTemplate:该指令与普通 ngBind 指令的功能基本相同,不同之处在于该指令所绑定的是包含 AngularJS 表达式的模板。
- ngModelOptions:指定双向绑定的额外选项。
- ngCloak:AngularJS 加载时可能由于部分变量没有加载完成而出现闪烁,此时可通过该指令防止闪烁。使用该指令无须任何属性值。
- ngNonBindable:该指令用于告诉 AngularJS HTML 元素及其子元素不需要解析,即使它们包含 AngularJS 变量、表达式也不需要解析。
- ngSwitch:该指令用于根据变量的值来呈现多个元素中的其中一个。该指令的效果有点类似于 switch 分支语句。
- ngPluralize:该指令和 ngSwitch 指令也有点相似,它用于根据 count 属性指定的变量值来确定该指令的呈现内容。该指令的 when 属性的值是一个 JS 对象,当 count 属性指定的变量等于某个 key 时,该指令就呈现对应的 value。

下面是使用 ngBindHtml 指令的示例。

程序清单:codes\05\5.6\ng-bind-html.html

```
<body>
<div ng-app="bindHtmlApp" ng-controller="myCtrl">
<!-- 将p元素的内容绑定到myText变量,该变量内包含 HTML 内容 -->
<p ng-bind-html="myText"></p>
</div>
<script type="text/javascript">
// 指定要加载 ngSanitize 模块
var app = angular.module("bindHtmlApp", ['ngSanitize']);
app.controller("myCtrl", function($scope) {
```

```
        $scope.myText = "<h3>HTML 5 课程</h5>"
            + "学习<mark>HTML 5</mark>是非常有必要的！<br/>"
            + "学习 HTML 5 请参考<cite>疯狂 HTML 5 讲义</cite>";
    });
</script>
</body>
```

在该页面代码中，在<p.../>标签中使用 ng-bind-html 指令将该标签内容绑定到 myText 变量，由于该变量的值是 HTML 字符串，因此使用 ng-bind-html 指令可以将该变量的 HTML 字符串渲染出来。在浏览器中浏览该页面可以看到如图 5.29 所示的效果。

图 5.29 使用 ng-bind-html 指令

ngBindTemplate 表达式要绑定的内容使用了 AngularJS 模板，下面是该指令的使用示例。

程序清单：codes\05\5.6\ng-bind-template.html

```
<body ng-app="bindExample">
<script type="text/javascript">
angular.module('bindExample', [])
    .controller('fkCtrl', ['$scope', function($scope) {
        $scope.salutation = '你好';
        $scope.name = 'fkjava';
}]);
</script>
<div ng-controller="fkCtrl">
招呼：<input type="text" ng-model="salutation"><p>
名字：<input type="text" ng-model="name"><p>
<!-- ng-bind-template 绑定的内容包含 AngularJS 模板 -->
<pre ng-bind-template="{{salutation}} {{name}}!"></pre>
</div>
</body>
```

这里的<pre.../>元素使用 ng-bind-template 指令绑定了表达式，该表达式的内容是 AngularJS 的模板，因此此处需要使用 ng-bind-template 指令。在浏览器中浏览该页面，可以看到如图 5.30 所示的效果。

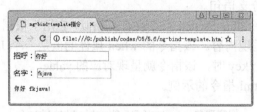

图 5.30 使用 ng-bind-template 指令

ngModelOptions 指令用于为双向绑定指定一些额外选项，这些选项用于指定双向绑定的更新时机。下面是该选项支持的属性。

➢ updateOn：该属性指定一个事件字符串，该事件字符串指定双向绑定何时触发。你也可以设置多个事件，多个事件之间用英文逗号隔开。还有一个默认的事件：default，该事件表示系统默认的更新时机。

➢ debounce：该属性的整数值用于设置双向绑定的延迟值，该延迟值用于保证页面不会发生闪烁。在双向绑定时更新的频率越高，AngularJS 页面闪烁的可能性就越大。如果需要为多个更新时机指定更新延迟时间，则可为该属性指定一个 JS 对象，例如指定如下的双向绑定选项。

```
ng-model-options="{
   updateOn: 'default blur',
   debounce: { 'default': 500, 'blur': 0 }
}"
```

➢ allowInvalid：该 Boolean 属性用于控制当用户输入无效时是否也执行双向绑定。
➢ getterSetter：该 Boolean 属性用于设置是否将 ngModel 的绑定函数当成 getter 和 setter 方法。
➢ timezone：该属性设置一个时区，用于定义日期、时间文本框的时区。

下面示例示范了 ngModelOptions 指令的用法。

程序清单：codes\05\5.6\ng-model-options.html

```
<body ng-app="modelOptionsExample">
<script type="text/javascript">
angular.module('modelOptionsExample', [])
    .controller('fkCtrl', ['$scope', function($scope) {
        $scope.salutation = '你好';
        $scope.name = 'fkjava';
}]);
</script>
<div ng-controller="fkCtrl">
招呼：<input type="text" ng-model="salutation"
    ng-model-options="{updateOn: 'default blur',debounce: {'default': 1000, 'blur':
0}}"><p>
名字：<input type="text" ng-model="name"
    ng-model-options="{updateOn: 'default blur',debounce: {'default': 1000, 'blur':
0}}"><p>
<!-- ng-bind-template 绑定的内容包含 AngularJS 模板 -->
<pre ng-bind-template="{{salutation}} {{name}}!"></pre>
</div>
</body>
```

这里的代码为<input.../>元素指定了 ng-model-options 选项，在该选项中指定这两个文本框的双向绑定不仅会在默认时机被执行，也会在 blur（失去焦点）时被执行，而且还通过 debounce 选项指定了 blur 后要延迟 1000 ms 才会执行双向绑定，因此浏览该页面时将可以看到，用户在两个文本框内输入内容 1 s 后才能看到内容更新；但只要用户在文本框内输完内容并失去焦点后，将可以看到内容立即更新——这是由于 default 时机对应的 debounce 被设为 0 的原因。

如果不希望 AngularJS 解释某个 HTML 元素内部的双向绑定、表达式等，则可为该元素指定 ng-non-bindable 属性。例如如下示例。

程序清单：codes\05\5.6\ng-non-bindable.html

```
<body ng-app="nonBindableExample">
<script type="text/javascript">
angular.module('nonBindableExample', [])
    .controller('fkCtrl', ['$scope', function($scope) {
        $scope.salutation = '你好';
        $scope.name = 'fkjava';
}]);
</script>
<div ng-controller="fkCtrl">
招呼：<input type="text" ng-model="salutation"><p>
```

```
名字：<input type="text" ng-model="name"><p>
<div ng-non-bindable>
<pre ng-bind-template="{{salutation}} {{name}}!"></pre>
姓名：{{name}}
</div>
</div>
</body>
```

这里的代码为<div.../>元素指定了 ng-non-bindable 属性，这样 AngularJS 就不会解释该元素及其子元素的双向绑定和模板。浏览该页面时将会看到该<div.../>元素及其内部内容都不会被解释。

下面示例示范了 ng-switch 指令的用法。

程序清单：codes\05\5.6\ng-switch.html

```
<body ng-app="switchExample">
<div ng-controller="fkCtrl">
<!-- 定义一个下拉列表框用于为 txt 选择值 -->
<select ng-model="txt" ng-options="item for item in items">
</select>
<code>selection={{selection}}</code>
<hr/>
<!-- 定义一个容器，该容器的内容会根据 txt 变量的值改变 -->
<div class="animate-switch-container"
    ng-switch="txt">
    <!-- 如果 txt 变量的值为 fkjava 或 fkit 使用该子元素 -->
    <div class="animate-switch" ng-switch-when="fkjava|fkit"
        ng-switch-when-separator="|">疯狂软件教育</div>
    <!-- 如果 txt 变量的值为 yeeku 使用该子元素 -->
    <div class="animate-switch" ng-switch-when="yeeku">关于作者</div>
    <!-- 如果 txt 变量的值为其他值默认使用该子元素 -->
    <div class="animate-switch" ng-switch-default>其他</div>
</div>
</div>
<script type="text/javascript">
angular.module('switchExample', ['ngAnimate'])
    .controller('fkCtrl', function($scope) {
    $scope.items = ['fkjava', 'yeeku', 'fkit', 'other'];
    $scope.selection = $scope.items[0];
});
</script>
</body>
```

在这个示例中，在<div.../>元素中使用 ng-switch 指令设置该元素内容会随着 txt 变量的值切换，接下来在该<div.../>元素内部定义了 3 个子<div.../>元素，3 个子<div.../>元素都被设置了 ng-switch-when 指令，这意味着当 txt 变量的值等于 ng-switch-when 指令所分配的值时，该子<div.../>元素就会被显示出来。

ng-pluralize 指令可根据 count 属性指定的变量来决定呈现的内容，该指令的 when 属性的值是一个 JS 对象，这个 JS 对象实际上就相当于 switch 分支结构：当 count 属性指定的变量的值等于 S 对象的哪个 key 时，该指令就呈现该 key 对应的 value。下面是使用该标签的示例。

程序清单：codes\05\5.6\ng-pluralize.html

```
<body ng-app="pluralizeExample">
<script type="text/javascript">
    angular.module('pluralizeExample', [])
        .controller('fkCtrl', function($scope) {
        $scope.book1 = '疯狂 HTML 5/CSS 3/JavaScript 讲义';
        $scope.book2 = '疯狂前端开发讲义';
```

```
        $scope.personCount = 1;
    });
</script>
<div ng-controller="fkCtrl">
输入图书数量：<input type="text" ng-model="bookCount" value="1" /><br/>
不用 offset 参数的示例:<p>
<ng-pluralize count="bookCount"
    when="{'0': '没有选择图书.',
    '1': '选择一本图书：{{book1}}',
    '2': '选择两本图书：{{book1}}和{{book2}}',
    'other': '一共选择了{}本图书！'}">
</ng-pluralize><p>
带 offset 参数的示例（offset="2"）:<p>
<ng-pluralize count="bookCount" offset="2"
    when="{'0': '没有选择图书.',
    '1': '选择一本图书：{{book1}}',
    '2': '选择两本图书：{{book1}}和{{book2}}',
    'one': '选择{{book1}}和{{book2}}和另一本图书',
    'other': '选择{{book1}}和{{book2}}和另{}本图书'}">
</ng-pluralize>
</div>
</body>
```

在该程序中使用了两个<ng-pluralize.../>指令，这两个指令的 count 属性都被指定为 bookCount 变量，因此这两个指令会根据 bookCount 变量的值来决定呈现内容。其中 when 属性值是一个 JS 对象，AngularJS 会用 bookCount 变量的值与该 JS 对象的 key 进行匹配，从而决定该指令的呈现内容。在浏览器中浏览该页面，改变 bookCount 的值，将可以看到页面内容会动态改变，如图 5.31 所示。

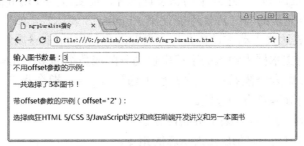

图 5.31　使用 ng-pluralize 指令

▶▶ 5.6.6　DOM 及 DOM 状态相关指令

AngularJS 提供了不少操作 DOM 和 DOM 状态相关的指令，这些指令的解释如下。
- ngChecked：该属性是一个 Boolean 类型的表达式，当该 Boolean 表达式为 true 时，该复选框将会被勾选；否则该复选框将不会被勾选（该指令通常设置在 type="checkbox" 的<input.../>元素上）。
- ngDisabled：该属性是一个 Boolean 类型的表达式，当该 Boolean 表达式为 true 时，该 HTML 元素将被禁用；否则该元素将变成可用的。
- ngHide：该属性是一个 Boolean 类型的表达式，当该 Boolean 表达式为 true 时，该 HTML 元素将会被隐藏；否则该元素将不会被隐藏。
- ngReadonly：该属性是一个 Boolean 类型的表达式，当该 Boolean 表达式为 true 时，该 HTML 元素将变成只读状态；否则将取消该元素的读写状态。

- ngSelected：该属性是一个 Boolean 类型的表达式，当该 Boolean 表达式为 true 时，该选项将会被选中；否则该选项将不会被选中（该指令通常设置在<option.../>元素上）。
- ngShow：该属性是一个 Boolean 类型的表达式，当该 Boolean 表达式为 true 时，该 HTML 元素将会被显示；否则该元素将不会被显示。

> **注意**：
> ngIf 和 ngShow 两个指令容易被搞混，当这两个指令的属性值为 true 时，使用指令的元素都会被显示出来；当属性值为 false 时，使用指令的元素都会被隐藏。二者的区别在于，ngShow 指令只是控制目标元素显示/隐藏（相当于设置 display 为 none 控制隐藏），而 ngIf 会真正把目标元素从 DOM 树中删除。

- ngOpen：该属性是一个 Boolean 类型的表达式，当该 Boolean 表达式为 true 时，该 <detail.../>元素的内容将会被展开；否则该元素的内容将不会被展开（该指令通常设置在<details.../>元素上）。
- ngClass：用于为该 HTML 元素动态设置 Class 样式。
- ngClassEven：类似于 ngClass 指令，只是该指令专门作用于多个列表项的偶数项。
- ngClassOdd：类似于 ngClass 指令，只是该指令专门作用于多个列表项的奇数项。
- ngStyle：用于为 HTML 元素动态设置 style 属性。
- ngSrc：<img.../>元素的 src 属性不能使用 AngularJS 表达式，如果希望在 src 属性中使用 AngularJS 表达式来动态设置图片，需要改为使用 ngSrc 属性。
- ngSrcset：<img.../>元素的 srcset 属性不能使用 AngularJS 表达式，如果希望在 srcset 属性中使用 AngularJS 表达式来动态设置图片，需要改为使用 ngSrcset 属性。
- ngHref：<a.../>元素的 href 属性不能使用 AngularJS 表达式，如果希望在 herf 属性中使用 AngularJS 表达式来动态设置图片，需要改为使用 ngHref 属性。
- ngList：用于将文本框内输入的字符串自动分隔成数组的多个元素。默认情况下，系统使用英文逗号作为分隔符；开发者也可通过 ngList 指令指定自定义分隔符，例如 ng-list="| "可将分隔符设为竖线。
- ngInclude：用于动态包含某个页面内容。

下面先看前面几个关于 HTML 元素状态的指令。

程序清单：codes\05\5.6\status.html

```html
<body ng-app="statusExample">
<div ng-controller="fkCtrl">
<!-- 该元素后面的其他元素的状态会随着该复选框的状态切换 -->
切换我：<input type="checkbox" ng-model="b"/><br>
<input type="checkbox" ng-checked="b"/><br>
<input type="text" ng-disabled="b"/><br>
<div ng-hide="b">动态隐藏的内容</div><br>
<input type="text" ng-readonly="b"/><br>
<div ng-show="b">动态显示的内容</div><br>
<details id="details" ng-open="b">
    <summary>概要信息</summary>
    关于概要的详细介绍
</details><br>
<select size="5">
    <option>疯狂 HTML 5/CSS 3/JavaScript 讲义</option>
    <option ng-selected="b">疯狂前端开发讲义</option>
```

```
      <option>疯狂 iOS 讲义</option>
      <option>疯狂 Android 讲义</option>
   </select>
   <script type="text/javascript">
      angular.module('statusExample', [])
         .controller('fkCtrl', function($scope){
            $scope.b = true;
         });
   </script>
</body>
```

在页面的开始定义了一个复选框,该复选框用于被双向绑定到变量 b,而变量 b 则被设置为 ng-checked、ng-disabled、ng-hide、ng-readonly、ng-show、ng-open、ng-selected 指令的值,这意味着变量 b 即可控制这些 HTML 元素的状态切换。浏览该页面,勾选第一个复选框将可以看到如图 5.32 所示的效果。

图 5.32 使用 DOM 状态相关的指令

ngClass 是一个功能强大且较为常用的指令,该指令可用于动态改变 HTML 元素的 CSS 样式。该指令的属性值可支持如下 3 种形式:

➢ 如果该指令的属性值被解析为字符串值,那么该字符串应该是一个或多个空格分隔的 CSS class 名。
➢ 如果该指令的属性值被解析为 JS 对象,那么该 JS 对象的所有 key 都应该是 CSS class 名,而 value 则应该是 Boolean 值。当某一组 key-value 中 value 为 true 时,该 CSS class 将会作用于 HTML 元素。
➢ 如果该指令的属性值被解析为数组,则每个数组元素都应该是前面两种形式的其中之一。

下面示例示范了 ngClass 指令的用法。

程序清单:codes\05\5.6\status.html

```
<!DOCTYPE html>
<html>
<head>
   <meta http-equiv="Content-Type" content="text/html; charset=utf-8" />
   <title> ng-class 指令 </title>
   <script type="text/javascript" src="../angular-1.6.2.js">
   </script>
   <style type="text/css">
   /* 定义几个 CSS 样式 */
   .strike {
      text-decoration: line-through;
```

```html
        }
        .bold {
            font-weight: bold;
        }
        .red {
            color: red;
        }
        .has-error {
            color: red;
            background-color: yellow;
        }
        .orange {
            color: orange;
        }
    </style>
</head>
<body ng-app>
<p ng-class="style">使用字符串语法示例</p>
<input type="text" ng-model="style"
    placeholder="输入: bold strike red has-error">
<hr>
<p ng-class="{strike: deleted, bold: important, 'has-error': error}">
    使用 Map 语法的示例</p>
    <input type="checkbox" ng-model="deleted">
    删除线（应用 "strike" 样式）<br>
    <input type="checkbox" ng-model="important">
    重点（应用 "bold" 样式）<br>
    <input type="checkbox" ng-model="error">
    错误（应用 "has-error" 样式）
<hr>
<p ng-class="[style1, style2, style3, style4]">使用数组语法示例</p>
<input ng-model="style1"
    placeholder="输入: bold, strike, red or has-error"><br>
<input ng-model="style2"
    placeholder="输入: bold, strike, red or has-error"><br>
<input ng-model="style3"
    placeholder="输入: bold, strike, red or has-error"><br>
<input ng-model="style4"
    placeholder="输入: bold, strike, red or has-error"><br>
<hr>
<p ng-class="[style5, {orange: warning}]">使用数组和 Map 的语法示例</p>
<input ng-model="style5"
    placeholder="输入: bold, strike, red or has-error"><br>
<input type="checkbox" ng-model="warning"> 警告（应用 "orange" 样式）
</body>
</html>
```

在该页面中分别为 4 个 `<p.../>` 元素使用了 ng-class 指令，其中第一个 ng-class 指令被解析为字符串，该字符串内容可以是一个或多个空格分隔的 CSS class；第二个 ng-class 指令被解析成 JS 对象，该对象的每个 key 都是一个 CSS class 名，对应 value 是 boolean 值；第三个 ng-class 指令被解析成数组，每个数组元素都是一个普通的 CSS class 名——这是数组形式的最简单用法；第四个 ng-class 指令也被解析为数组，其中的一个数组元素是字符串，第二个数组元素是 JS 对象，这也是合理的。

浏览该页面，可以看到如图 5.33 所示的效果。

图 5.33 使用 ng-class 指令

ngStyle 指令也用于动态设置 CSS 样式，ngStyle 相当于动态设置的 style 属性，而 ngStyle 的属性值应该被解析成一个 JS 对象，该 JS 对象的 key 值应该是有效的 CSS 属性名，而 value 值则作为对应的属性值。下面是 ngStyle 指令的用法示例。

程序清单：codes\05\5.6\ng-style.html

```html
<body ng-app>
<!-- 将 myStyle 设置为一个 JS 对象 -->
<input type="button" value="红色字体" ng-click="myStyle={color:'red'}">
<input type="button" value="蓝色背景"
    ng-click="myStyle={'background-color':'blue'}">
<input type="button" value="清除样式" ng-click="myStyle={}">
<br/>
<span ng-style="myStyle">示例文本</span>
<pre>myStyle={{myStyle}}</pre>
</body>
```

该程序中使用 3 个 <input.../> 按钮分别为 myStyle 设置不同的值，但这些值都是 JS 对象，其中 key 是有效的 CSS 属性名，value 是对应的属性值，因此该 myStyle 变量就可以作为 ng-style 属性的值。浏览该页面，单击某个按钮即可看到该按钮对应的 CSS 作用于文本的效果，如图 5.34 所示。

图 5.34 使用 ng-style 指令

ngList 指令可将文本框内的字符串按英文逗号分隔成数组，开发者也可通过 ngList 指令指定自定义分隔符，例如 ng-list="|"可将分隔符设为竖线。下面示范了 ngList 指令的用法。

程序清单：codes\05\5.6\ng-list.html

```html
<body ng-app>
<form name="myForm">
输入逗号隔开的字符串 <input name="namesInput"
    ng-model="names" ng-list required>
<span style="color:red;font-size:10pt"
    ng-show="myForm.namesInput.$error.required">
    必填！</span>
<p>
<tt>names = {{names}}</tt><br/>
<tt>myForm.namesInput.$valid = {{myForm.namesInput.$valid}}</tt><br/>
```

```
<tt>myForm.namesInput.$error = {{myForm.namesInput.$error}}</tt><br/>
<tt>myForm.$valid = {{myForm.$valid}}</tt><br/>
<tt>myForm.$error.required = {{!!myForm.$error.required}}</tt><br/>
</form>
</body>
```

在该页面代码中为第一个<input.../>元素指定了 ng-list 指令，这意味着 AngularJS 会将该文本框的内容用英文逗号分隔成数组。浏览该页面，在第一个文本框内输入一些字符串将可以看到如图 5.35 所示的效果。

图 5.35　使用 ng-list 指令

从该运行图可以看出，用户输入的只是逗号分隔的字符串，但被 AngularJS 分解成了数组，被英文逗号分隔的每个字符串将作为一个数组元素。

ngInclude 指令用于动态地包含目标页面，使用该指令时还可额外指定如下两个属性：
- onload：该属性指定目标页面加载时激发的事件处理函数。
- autoscroll：该属性指定目标页面是否支持滚动。如果不设置该属性，目标页面将不支持滚动；如果将该属性设为空值，目标页面将支持滚动；否则只有将该属性设为 true 时目标页面才会支持滚动。

下面示例示范了 ngInclude 指令的功能和用法。

程序清单：codes\05\5.6\ng-include.html

```
<body ng-app="includeExample">
<div ng-controller="fkCtrl">
<select ng-model="template">
    <option value="">空白</option>
    <option value="fkit.html">fkit.html</option>
    <option value="yeeku.html">yeeku.html</option>
</select>
被加载页面的 URL: <code>{{template}}</code>
<hr/>
<div class="slide-animate-container">
    <div class="slide-animate" ng-include="template"></div>
</div>
</div>
<script type="text/javascript">
    angular.module("includeExample", ['ngAnimate'])
        .controller("fkCtrl", angular.noop);
</script>
</body>
```

在该页面中，<div.../>元素使用了 ng-include 来动态包含目标页面，该目标页面的 URL 由 template 变量指定，随着该 template 变量的值发生改变，<div.../>元素包含的页面也会随之改变。

注意：

由于跨域访问的限制，除非将被包含页面设置为允许跨域访问，否则使用 ng-include 指令的页面和被包含页面必须位于同一个域下。

浏览该页面，改变 template 变量的值将可看到被包含页面随之发生改变，如图 5.36 所示。

图 5.36　使用 ng-include 指令

▶▶ 5.6.7　自定义指令

除了使用 AngularJS 内置的指令之外，AngularJS 也允许开发者开发自定义指令，这些自定义指令同样能完成丰富的功能。

调用 angular.Module 对象的 directive(name, directiveFactory)方法即可添加一个自定义指令。该方法的第一个参数指定自定义指令的名称；第二个参数 directiveFactory 是一个函数，该函数返回一个 JS 对象。该 JS 对象负责实现自定义函数的行为，该 JS 对象支持如下属性。

- name：该属性指定自定义指令的指令名，由于 directive()方法的第一个参数已经指定了指令名，因此该属性通常无须指定。
- template：该属性指定自定义指令对应的模板内容。简单来说，自定义指令将会被替换成该属性所指定的 HTML 模板。
- templateUrl：该属性的功能与 template 属性大致相同。当自定义属性对应的 HTML 模板内容较多时，可考虑将 HTML 模板放在单独的文件中定义，然后使 templateUrl 属性指向该 HTML 模板文件即可。
- restrict：该属性指定自定义指令适合的使用方式。自定义指令有 4 个使用方式：元素（用 E 表示）、属性（用 A 表示）、样式（用 C 表示）和注释（用 M 表示）。该属性值可以是这 4 个字母的一个或多个组合。该属性的默认值为 EA。
- replace：如果将该 Boolean 属性设为 true，则该指令对应的 HTML 模板将会完全替换指定该指令的元素。
- priority：该属性指定指令的优先级。当开发者在同一个元素上指定了多个指令时，该属性用于指定这些指令的执行顺序。priority 属性值应该为正整数，数值越小，优先级越高。
- terminal：如果将该 Boolean 属性设为 true，则如果同一个元素上的其他指令的优先级高于本指令，则其他指令将停止执行。如果设为 false 则不会。
- scope：该属性用于设置标签的 scope 的行为。
- transclude：如果将该属性设为 true，则其可用于将原始元素的内容嵌入到自定义指令的模板中。
- link：该属性指定一个函数，该函数通常用于为 DOM 元素绑定事件处理函数。
- compile：该属性指定一个函数，该函数通常修改目标 DOM 元素。
- controller：该属性用于分配一个函数。
- require：该属性用于指定，当一个自定义指令需要调用另一个自定义指令的函数时依赖的指令。

下面先介绍第一个简单的自定义指令，示例代码如下。

程序清单：codes\05\5.6\customDir1.html

```
<body ng-app="directiveExample">
<!-- 以元素的形式使用自定义指令 -->
```

```
<fk-dir></fk-dir>
<hr>
<!-- 以属性的形式使用自定义指令 -->
<div fk-dir>xxx</div>
<hr>
<!-- 以 CSS 样式的方式使用自定义指令 -->
<div class="fk-dir">xxx</div>
<hr>
<!-- 以注释的方式使用自定义指令 -->
<!-- directive: fk-dir -->
<script type="text/javascript">
angular.module('directiveExample', [])
    // 自定义指令，指令名为 fkDir
    .directive('fkDir',function(){
        return {
            restrict : "EACM",
            template : '<p>第一条简单指令</p>'
        }
    });
</script>
</body>
```

> **注意：**
> 前文已经说过，在 JS 代码中用到指令名应该用驼峰写法，而在 HTML 代码中用到指令名时应该用烤串写法。因此假如在 JS 中定义了名为 fkDir 的指令，那么在 HTML 中应使用 fk-dir。

在该页面代码中定义了一条简单的自定义指令，该自定义指令指定了 template 属性和 restrict 属性，其中 restrict 属性值为 EACM，这意味着该指令可作为元素、属性、CSS 样式和注释使用。template 属性指定了该指令所表示的 HTML 模板。浏览该页面可以看到如图 5.37 所示的效果。

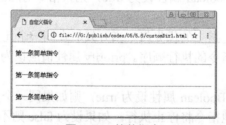

图 5.37 简单指令

从运行效果可以看出，不管通过哪种形式使用自定义指令，自定义指令都会被变成该指令的 template 属性所指定的模板。

> **提示：**
> 由于通过 CSS 样式、注释方式使用自定义指令的语法非常奇怪，因此一般不推荐使用这两种方式，而是推荐以元素和属性的方式使用，这也是 restrict 属性的默认值。

replace 属性用于控制是否用 template 指定的 HTML 模板完全代替原始元素。例如如下示例。

程序清单：codes\05\5.6\customDir2.html

```
<body ng-app="directiveExample">
<div fk-dir>xxx</div>
```

```
<script type="text/javascript">
angular.module('directiveExample', [])
    // 自定义指令，指令名为 fkDir
    .directive('fkDir',function(){
        return {
            restrict : "EACM",
            replace: true,
            template : '<p>第一条简单指令</p>'
        }
    });
</script>
</body>
```

在这段代码中指定了 replace 属性为 true，这意味着该指令的 HTML 模板会替换原始的元素。因此<div fk-dir>xxx</div>指令将会被直接替换成如下元素：

```
<p>第一条简单指令</p>
```

如果将自定义指令的 replace 属性设为 false，则自定义指令的模板将会被追加在目标元素之内。因此<div fk-dir>xxx</div>指令将会变成如下所示：

```
<div fk-dir>
<p>第一条简单指令</p>
</div>
```

▶▶ 5.6.8 自定义指令的 scope 属性

自定义指令的 scope 属性用于设置该指令对应的 scope 行为，该属性支持如下属性值。
- false：该标签直接使用父 scope，这是比较危险的行为。
- true：该标签继承父 scope，因此父 scope 的变量会传入该自定义标签，但该自定义标签的自身 scope 中变量的修改不会影响父 scope。
- JS 对象：创建一个全新的"隔离"的 scope。通过该"隔离"的 scope 可与父 scope 安全地通信。

下面先示范将 scope 属性设为 false 的情形。

程序清单：codes\05\5.6\customDir3.html

```
<body ng-app="directiveExample">
<p>父 scope：<input type="text" ng-model="name"></p>
<fk-dir></fk-dir>
<script type="text/javascript">
angular.module('directiveExample', [])
    // 自定义指令，指令名为 fkDir
    .directive('fkDir',function(){
        return {
            replace: true,
            template: '<div>\
            <p>自定义指令的 scope：<input type="text" ng-model="name"></p>\
            <p>结果：{{name}}</p>\
            </div>',
            scope: false    // 默认值，自定义指令直接使用父 scope
        }
    })
</script>
</body>
```

在该页面代码中，将自定义指令的 scope 属性设为 false，表明该自定义指令直接使用父 scope，页面上方定义了一个<input.../>元素，该元素被绑定到父 scope 的 name 变量。在自定义指令中也定义了一个<input.../>元素，该元素用于绑定带自定义指令的 scope 的 name 变量，由

图 5.38 设置 scope 为 false

于自定义指令直接使用父 scope，因此该页面中的<input.../>元素和自定义指令中的<input.../>元素绑定的是同一个变量。

浏览该页面，不管用户在哪个文本框内输入，都可以看到自定义指令中{{name}}表达式的变化，如图 5.38 所示。

如果将上面示例中 scope 属性改为 true，则这意味着自定义指令将会继承父 scope，因此当页面开始加载时，用户在页面上方的<input.../>元素内输入时（该文本框的值被绑定到父 scope 的 name 变量，该变量会被自定义指令继承），可以看到自定义指令中的<input.../>元素和{{name}}都会随之改变；一旦用户在自定义指令中的<input.../>元素中开始输入，此时自定义指令的 scope 将不再受到父 scope 的影响，此时将只会看到自定义指令中的<input.../>元素和{{name}}同步变化；如果接下来再到页面上方的文本框中进行输入，则自定义指令中的<input.../>元素和{{name}}都不再发生任何变化。

如上所述，自定义指令默认就可共享父 scope 中定义的变量，这种直接共享的方式可以实现一些简单的自定义指令。

如果开发者希望多次重复使用自定义指令，自定义指令就不能直接依赖父 scope 中的变量，此时需要为自定义指令指定隔离的 scope，自定义指令允许在隔离 scope 中定义变量。

为了将父 scope 中变量的值传入自定义指令的 scope 中，AngularJS 提供了 3 种绑定方式。

- @：单向绑定，只能将父 scope 中的字符串值传入自定义 scope 中，因此这种方式只能绑定字符串。
- =：这种绑定方式支持解析变量。
- &：用于将父 scope 中函数绑定到自定义指令的 scope 中。

下面示例示范了 scope 属性为 JS 对象时的情形。

程序清单：codes\05\5.6\customDir5.html

```
<body ng-app="directiveExample" ng-controller="fkCtrl">
<fk-panel title="bookTitle"
    my-data="books"></fk-panel>
<hr>
<div fk-panel title="bookTitle"
    my-data="books"></div>
<script type="text/javascript">
var app = angular.module('directiveExample',[])
app.controller('fkCtrl', function($scope){
    $scope.bookTitle = "疯狂图书";
    $scope.books = ["疯狂 HTML 5/CSS 3/JavaScript 讲义",
        "疯狂前端开发讲义",
        "疯狂 Android 讲义"];
});
app.directive('fkPanel',function(){
    return {
        restrict : 'EA',
        replace : true,
        // 定义自定义指令隔离的 scope
        scope : {
            title : '=', // 支持解析变量
            myData : '='
        },
        template : '<div><h3>{{title}}</h3>\
            <ul>\
```

```
                <li ng-repeat="data in myData">{{data}}</li>\
            </ul></div>'
        }
});
</script>
</body>
```

该示例在自定义指令中指定了一个隔离 scope，在该 scope 中定义了 title 和 myData 两个属性用于执行绑定，由于这两个属性都被指定为=绑定方式，因此都支持变量解析。

程序在使用该自定义指令时，为 title 和 myData 属性指定的都是父 scope 中的变量，自定义指令会解析父 scope 中的变量的值，再将其绑定到自定义指令 scope 中的 title 和 myData 变量。浏览该页面可以看到如图 5.39 所示的效果。

为了体会@的绑定方式，读者可以将上面自定义指令中粗体字代码的 title 属性后的=改为@，这意味着自定义指令将不会解析变量，而是直接将字符串本身绑定到 title 属性，因此将看到如图 5.40 所示的效果。

图 5.39　自定义指令的隔离 scope

图 5.40　使用@绑定方式

▶▶ 5.6.9　自定义指令的 transclude 属性

在前面示例中使用自定义指令时，自定义指令的 HTML 模板要么完全代替原始的元素（replace 为"true"时），要么插入原始元素的内部（replace 为"false"时），但原始元素内部的内容会被完全代替。如果希望将原始元素的内容嵌入到自定义指令的模板中，此时需要将 transclude 属性设为 true。

为了将原始元素的内容嵌入到自定义指令的模板中，需要进行如下两步操作。

① 将自定义指令的 transclude 属性设为 true。
② 使用 ng-transclude 指令将原始元素内部的内容插入自定义指令的模板中。

下面示例示范了将 transclude 属性设为 true 的用法。

程序清单：codes\05\5.6\customDir6.html

```
<body ng-app="directiveExample">
<div fk-dir>标签原始的内容</div>
<script type="text/javascript">
angular.module('directiveExample', [])
    // 自定义指令，指令名为 fkDir
    .directive('fkDir',function(){
        return {
            restrict : "EA",
            // 将 transclude 属性设为 true
            transclude: true,
            // 在 HTML 模板中使用<ng-transclude>插入原始元素内部的内容
            template : '<p>自定义指令的内容</p>\
```

```
            <p><ng-transclude></ng-transclude></p>'
        }
    });
</script>
</body>
```

浏览该页面可以看到如图 5.41 所示的效果。

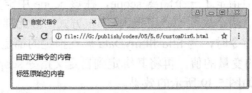

图 5.41 transclude 属性的作用

从运行效果可以看出，此时自定义指令的模板中显示了原始元素内部的内容。

▶▶ 5.6.10 自定义指令的 link 和 compile 属性

自定义指令的 link 属性用于为自定义指令的 HTML 元素绑定事件处理函数，该 link 属性接受一个形如 function(scope,element,attrs, [controller]){}的函数。该函数的 4 个参数的意义如下。

- ➢ scope：表示当前自定义指令对应的 scope。
- ➢ element：表示自定义指令模板中 HTML 元素被封装成的 jqLite 对象。如果在页面开始处导入了 jQuery 库，那么该对象就是 jQuery 对象。
- ➢ attrs：表示该 HTML 元素上的自定义属性。
- ➢ controller：可选的控制器参数。

下面示例将会示范通过 link 属性为 HTML 元素绑定事件处理函数。

程序清单：codes\05\5.6\customDir7.html

```
<body ng-app="directiveExample">
<div ng-controller="fkCtrl">
    <my-tab my-id="div1" my-data="sports" class="fk-tab"
        width="400" height="120"></my-tab>
    <my-tab my-id="div2" my-data="books" class="fk-tab"
        width="300" height="90"></my-tab>
</div>
<script type="text/javascript">
var app = angular.module('directiveExample',['ngSanitize']);
app.controller('fkCtrl',['$scope',function($scope){
    $scope.sports = [
        {title: 'HTML 5', content: 'HTML 5 是最新的网页规范'},
        {title: 'jQuery',content: 'jQuery 是最流行的 JS 框架'},
        {title: 'AngularJS',content: 'AngularJS 非常灵巧易用'}
    ];
    $scope.books = [
        {title: 'yeeku',content : '作者具有非常丰富的开发经验'},
        {title: '图书',content : '疯狂前端开发讲义<br>疯狂 Android 讲义'}
    ];
}]);
app.directive('myTab',function(){
    return {
        restrict : 'E',
        replace : true,
        scope : {
            myId : '@',
            myData : '=',
            width : '@',
```

```
                height : '@'
            },
            templateUrl : 'panel.html',
            link : function(scope,element,attr){
                // 为该元素的所有 input 子元素的 click 事件绑定事件处理函数
                element.on('click','input',function(){
                    var self = $(this);
                    var i = self.index();
                    // 为被单击的 input 元素添加 active 样式
                    // 为该 input 元素的其他兄弟 input 元素删除 active 样式
                    self.addClass('active').siblings('input').removeClass('active');
                    // 将被点击的 input 元素的对应的 div 元素显示出来
                    // 将其他被显示的 div 元素的其他兄弟 div 元素隐藏起来
                    self.siblings('div').eq(i).show().siblings('div').hide();
                });
            }
        };
    });
</script>
</body>
```

这里自定义指令对应的 HTML 模板比较复杂，因此程序并未直接通过 template 属性指定 HTML 模板，而是使用了 templateUrl 属性。该属性指定了 HTML 模板的 URL。下面是该自定义指令所用的页面模板的代码。

程序清单：codes\05\5.6\panel.html

```
<div id="{{myId}}">
    <input ng-repeat="data in myData" type="button"
        ng-value="data.title" ng-class="{active:$last}">
    <div ng-repeat="data in myData" ng-bind-html="data.content"
        ng-style="{border:'1px solid black',height:'{{height}}px',
        width:'{{width}}px',display:$last?'block':'none'}">
    </div>
</div>
```

> **注意：**
> 上面自定义指令使用了 templateUrl 属性，因此也要求 templateUrl 指定的页面允许跨域访问，否则必须将 customDir7.html 页面和 panel.html 放在同一个域里。

在上面的示例中，link 属性负责为自定义模板中的 HTML 元素绑定事件处理函数，该事件处理函数会负责将被单击的元素激活并显示出来，并取消激活其他元素，把其隐藏起来。

> **注意：**
> 这里 link 属性对应的函数用到了 jQuery 的 API，因此该页面代码需要在导入 AngularJS 的库之前先导入 jQuery 的代码库。

浏览该页面可以看到如图 5.42 所示的效果。

自定义指令的 compile 属性的值也是一个函数，该函数可以修改自定义指令中的 DOM 元素，当然也可以为 DOM 元素绑定事件处理函数。简而言之，可以把 compile 属性当成 link 属性的增强版。

图 5.42　使用 link 属性

下面的示例示范了自定义指令的 compile 属性的功能和作用。

程序清单：codes\05\5.6\customDir8.html

```
<body ng-app="directiveExample">
<div ng-controller="fkCtrl">
    <table border="1" width="600">
    <tr ng-repeat="book in books" fk-dir1 fk-dir2></tr>
    </table>
</div>
<script type="text/javascript">
var app = angular.module('directiveExample',[])
//定义第一个指令：fkDir1
app.directive('fkDir1',function()
{
    return {
        template:'<td width=60%>{{ book.name }}</td>',
        //定义了 compile 就不需定义 link,当 compile 返回一个方法时这个方法就是 link
        //tElement  正在执行该指令的当前 dom 元素的 jquery 对象
        //tAttrs    正在执行该指令的当前 dom 元素的属性
        compile:function(element, attrs, transclude)
        {
            // 第一个指令的编译阶段
            console.log('fkDir 开始执行...');;
            // 开始修改 HTML 元素，在当前 HTML 元素中添加一个 td 子元素
            element.append(angular.element('<td>{{book.price}}</td>'));
            return {
                pre:function preLink(scope,iElement,iAttrs,controller){
                    console.log('fkDir1 preLink 函数');
                },
                // 通过 post 指定的函数为 HTML 元素绑定事件处理函数
                post:function postLink(scope, iElement, iAttrs, controller){
                    iElement.on('click',function()
                    {
                        scope.$apply(function()
                        {
                            scope.book.name = '修改的书名';
                            scope.book.price = ++scope.book.price;
                        });
                    });
                    console.log('fkDir1 ppostLink 函数');
                }
            };
        },
        // 指定 link 属性
        link:function(scope,iElement,iAttrs,bookListController)
        {
            // link 属性指定的函数不会执行。
```

```
                console.log("~~~~~~")
            }
        }
    })
    //定义第二个指令：fkDir2
    app.directive('fkDir2',function()
    {
        return {
            compile: function(element, attrs, transclude)
            {
                // 第二个指令的编译阶段
                console.log('fkDir2 开始执行...');
                return {
                    pre:function preLink(){
                        console.log('fkDir2 preLink 函数');
                    },
                    post:function postLink(){
                        console.log('fkDir2 postLink 函数');
                    }
                };
            }
        }
    })
    app.controller('fkCtrl', function($scope)
    {
        $scope.books = [
            {id:1, name:'疯狂 HTML 5/CSS 3/JavaScript 讲义', price:79},
            {id:2, name:'疯狂前端开发讲义', price:89},
            {id:3, name:'疯狂 iOS 讲义', price:99},
        ];
    });
</script>
</body>
```

在该程序中定义了两个自定义指令，两个自定义指令都指定了 compile 属性，该属性的值是一个形如(element, attrs, transclude){}的函数。该函数中 3 个参数的意义如下。

➤ element：表示自定义指令中的 HTML 元素。
➤ attrs：表示 HTML 元素上的自定义属性。
➤ transclude：当自定义指令的 transclude 属性为 true 时，该参数表示 AngularJS 的嵌套函数；如果 transclude 属性为 false，则该参数为 undefined。

开发者可以在 compile 属性所指定的函数中对 HTML 元素进行修改。该函数还可返回一个 JS 对象，该 JS 对象中 pre 和 post 两个属性指定的函数会在被编译之后执行。实际上 compile 属性指定的函数也可直接返回函数（而不是返回 JS 对象），如果该属性指定的函数直接返回函数，就相当于直接返回了 post 所指定的函数。

浏览该页面，可以看到如图 5.43 所示的效果。

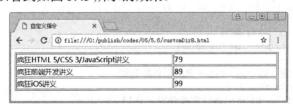

图 5.43　使用 compile 属性

在控制台则可以看到如图 5.44 所示的输出。

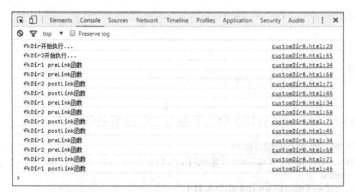

图 5.44 compile 属性指定的函数的执行过程

该程序也通过 compile 函数为页面上单元格的单击事件绑定了事件处理函数,因此如果用户单击单元格内容,将可以看到对应的图书名被修改,图书价格被自动添加,如图 5.45 所示。

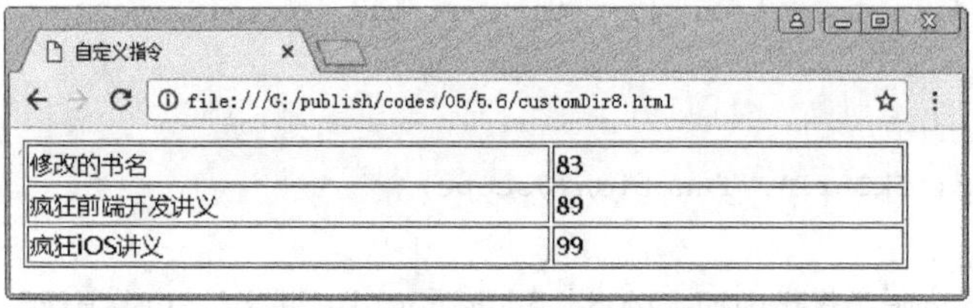

图 5.45 通过 compile 属性绑定的事件处理函数

▶▶ 5.6.11 自定义指令的 controller 和 controllerAs 属性

自定义指令的 controller 属性可分配一个函数,该函数可在自定义指令 scope 中定义额外的数据和函数,这些数据可供自定义指令使用,而函数则可在 link 属性中使用。

controllerAs 属性的作用是为 controller 属性指定一个名字,方便以后被引用。下面示例示范了 controller 属性的功能。

程序清单:codes\05\5.6\customDir9.html

```html
<body>
<div ng-app="directiveExample">
    <div ng-controller="fkCtrl">
        <book-list></book-list>
    </div>
</div>
<script type="text/javascript">
var app = angular.module('directiveExample',[])
app.directive('bookList', function(){
    return {
        template: '<div><ul><li ng-repeat="book in books">\
        {{ book.name }}</li></ul></div>',
        replace: true,
        // 指定 controller 属性
        controller:function($scope)
        {
            // 为自定义指令的 scope 定义额外的数据
            $scope.books = [
                {id:1, name:'疯狂前端开发讲义'},
                {id:2, name:'疯狂 HTML 5/CSS 3/JavaScript 讲义'},
                {id:3, name:'疯狂 Android 讲义'}
            ];
            this.addBook = function()
            {
```

```
                $scope.books.push({id:9 , name:"新图书"});
                $scope.$apply();   // 强制刷新页面
            }
        },
        // 给当前 controller 起个名称
        controllerAs: 'bookListController',
        // link 中注入 bookListController,就可以使用它的方法了
        link: function(scope, element, attrs, bookListController)
        {
            // 为 element 的 click 事件添加事件处理函数
            element.on('click', bookListController.addBook);
        }
    }
});
app.controller('fkCtrl', angular.noop);
</script>
</body>
```

该程序为自定义指令定义了 controller 属性,这样即可在该属性所指定的函数中为自定义指令的 scope 指定额外的数据和函数了。该程序为自定义指令的 scope 指定了 books 属性,这样自定义指令即可迭代该属性执行输出。还为 controller 指定了一个 addBook 函数,该函数可在 link 属性中使用。浏览该页面,单击页面上的内容可看到如图 5.46 所示的效果。

图 5.46 使用 controller 属性

后面添加的两条数据就是 contoller 属性指定的函数中的 addBook 函数的执行效果。

▶▶ 5.6.12 自定义指令的 require 属性

有时候某个自定义指令需要调用另一个自定义指令的函数,此时就需要使用 require 属性指定被依赖的指令。require 属性可支持如下形式。

➢ directiveName:指定该指令需要依赖哪条指令,默认在同一个元素上查找该指令。
➢ ^directiveName:指定该指令需要依赖哪条指令,会从该元素的父元素查找该指令。
➢ ?directiveName:被依赖的指令是可选的,如果找不到该指令也不会抛出异常。

下面示例程序改进了前一个示例,在该示例中额外定义了一个指令来生成文本输入框,后一个自定义指令就需要调用前一个指令的方法来添加图书,因此需要为后一个指令指定 require 属性。该示例的代码如下。

程序清单:codes\05\5.6\customDir10.html

```
<body>
<div ng-app="directiveExample">
    <div ng-controller="fkCtrl">
        <book-list></book-list>
    </div>
</div>
<script type="text/javascript">
var app = angular.module('directiveExample', [])
app.directive('bookList', function(){
    return {
        template:'<div><ul><li ng-repeat="book in books">\
        {{ book.name }}</li></ul><book-add></book-add></div>',
        replace: true,
```

```
            controller: function($scope){
                $scope.books = [
                    {id:1, name:'疯狂前端开发讲义'},
                    {id:2, name:'疯狂 HTML 5/CSS 3/JavaScript 讲义'},
                    {id:3, name:'疯狂 Android 讲义'}
                ];
                this.addBook = function(name)
                {
                    if(typeof(name) == 'undefined' || name.length < 1)
                    {
                        alert('书名不可为空！');
                        return;
                    }
                    // 强制刷新页面，刷新页面之前将新书添加进去
                    $scope.$apply(function(){
                        var exist = false;
                        angular.forEach($scope.books, function(ele,i)
                        {
                            if(ele.name == name){
                                exist = true;
                                return;
                            }
                        });
                        if(exist)
                        {
                            alert('该书已经存在！');
                        }
                        else
                        {
                            $scope.books.push({name:name});
                        }
                    });
                }
            },
            controllerAs:'listController'
        }
    });
    app.directive('bookAdd', function(){
        return {
            template: '<div><input type="text" placeholder="书名"\
                ng-model="newBookName"><button>添加</button></div>',
            replace: true,
            // 指定该指令需要依赖 bookList 指令
            require: '^bookList',
            link: function(scope, element, attrs, listController)
            {
                element.find('button').on('click',function()
                {
                    element.find("input").val("");
                    // 调用 bookList 指令中 listController 的方法进行添加
                    listController.addBook(scope.newBookName);
                })
            }
        }
    });
    app.controller('fkCtrl', angular.noop);
</script>
</body>
```

在该程序中定义 bookAdd 指令时需要调用 bookList 指令中的 controller 方法，因此程序为 bookAdd 指令指定了 require 属性。图 5.47 是该页面的运行效果。

图 5.47 使用 require 属性

5.7 调用内置服务

AngularJS 被设计成类似于服务端编程的分层架构，在进行 AngularJS 编程时，也建议严格按照服务端编程的思想进行分层编程，可分成如下 3 层。

- 控制器层：前面介绍 controller()方法时加载的就是控制器，控制器层应该是薄薄的一层，控制器只是"中间调度"的枢纽，因此不应该在控制器组件中编写大量代码，实现复杂的逻辑。
- 服务层（也叫 Service 层）：服务层负责完成前端的业务逻辑。本节介绍的正是服务层组件的实现。
- DAO 层（数据访问层）：在服务端编程中的 DAO 层负责对数据库执行 CRUD 操作；在前端编程中的 DAO 层则负责与服务端通信，调用服务端 API 对服务端数据执行 CRUD 操作。

理解了上面的分层思想后，服务层组件的作用也就不言而喻：服务端组件应该实现可复用的前端编程逻辑，因此一个服务器组件可以被多个控制器调用。

AngularJS 提供了不少内置服务，这些服务都用于实现特定的业务功能。前面介绍过滤器时用过的$filter 就属于内置服务。下面通过几个内置服务的例子来介绍如何调用 AngularJS 的内置服务。

5.7.1 $animate 服务

$animate 服务暴露了系列基本的 DOM 操作，例如在 DOM 中插入、删除和移动元素，以及添加和删除 CSS 类。$animate 服务在 AngularJS 的核心模块中也是有效的，但如果希望该服务能具有动画效果，则需要导入 angular-animate.js 库，并加载 ngAnimate 模块。

$animate 服务包含了如下方法。

- enter(element,parent,after,[done])：该方法将 element 元素插入 parent 元素内、after 元素之后，插入完成后执行 done 函数。
- leave(element,[done])：删除 element 元素，删除完成后执行 done 函数。
- move(element,parent,after,[done])：将 element 元素移动到 parent 元素内、after 元素之后，移动完成后执行 done 函数。
- addClass(element,className,[done])：为 element 元素添加 className 样式名，添加完成后执行 done 函数。
- removeClass(element,className,[done])：为 element 元素删除 className 样式名，删除完成后执行 done 函数。
- setClass(element,add,remove,[done])：为 element 元素设置 className 样式名，设置完成后执行 done 函数。

下面示例示范了 enter 和 leave 两个方法的功能和用法。

程序清单：codes\05\5.7\animate1.html

```html
<body ng-app="animateExample" ng-controller="fkCtrl">
    <button fk-dir>淡入/淡出</button>
<script type="text/javascript">
var app = angular.module('animateExample', ['ngAnimate'])
    // 添加自定义指令
    .directive("fkDir", function myDir($animate)
    {
        // 定义一个link函数，该函数将作为自定义指令的link属性值
        function link(scope, element, attr)
        {
            // 定义一个旗标，用于标识是否已添加了新元素
            var show = false;
            // 获取使用自定义指令元素的父元素
            var parent = element.parent();
            var box;
            // 为该元素的click事件绑定事件处理函数
            element.on('click', function (){
                // 如果当前没有添加元素
                if (!show)
                {
                    // 创建一个div元素
                    box = angular.element('<div class="fade"></div>');
                    // 将div元素追加到parent元素的后面
                    scope.$apply($animate.enter(box, parent, element, function()
                    {
                        console.log("添加完成");
                    }));
                }
                else
                {
                    // 将div元素从DOM树中删除
                    scope.$apply($animate.leave(box, function ()
                    {
                        console.log("删除完成");
                    }));
                }
                show = !show;
            });
        }
        return {
            restrict: 'A',
            link: link
        };
    })
    .controller('fkCtrl', angular.noop);
</script>
</body>
```

两行粗体字代码调用$animate服务的enter()和leave()方法来添加和删除DOM元素。当用户单击页面上的按钮时，程序会在该页面上添加或删除div元素，添加和删除时会激发动画效果。

该程序需要在HTML元素被添加和删除时产生动画效果，因此还需要为页面添加如下CSS样式单。

程序清单：codes\05\5.7\animate1.html

```css
<style type="text/css">
.fade {
    width: 150px;
    height: 80px;
    background-color: #999;
```

```
        border: 1px solid black;
        transition: 1s linear all;
}
.fade.ng-enter { opacity: 0; }
.fade.ng-enter.ng-enter-active { opacity: 1; }
.fade.ng-leave { opacity: 1; }
.fade.ng-leave.ng-leave-active { opacity: 0; }
</style>
```

不仅如此,在使用 AngularJS 时即使不使用$animate 服务的方法来添加、删除元素,只要定义了合适的 CSS 样式并导入了 ngAnimate 模块,即使使用其他方式添加和删除 HTML 元素,AngularJS 的动画效果同样会被激发。例如如下示例。

程序清单:codes\05\5.7\animate2.html

```html
<body ng-app="animateExample" ng-controller="fkCtrl">
<div>
    <ul>
    <li ng-repeat="b in books" class="fade">{{b.name}}
    <a href="javascript:void(0);" class="right-button"
       ng-click="removeItem($index)">关闭</a>
    </li>
    </ul>
    <br />
    <input type="text" ng-model="book.name" />
    <button ng-click="addItem()">添加项</button>
</div>
<script type="text/javascript">
var app = angular.module('animateExample', ["ngAnimate"])
    .controller('fkCtrl', function($scope)
    {
        $scope.books = [
            {name: "疯狂 HTML 5 讲义" },
            {name: "疯狂前端开发讲义" },
            {name: "疯狂 Android 讲义" }
        ];
        $scope.addItem = function () {
            $scope.books.push($scope.book);
            $scope.book = {};
        };
        $scope.removeItem = function (index)
        {
            $scope.books.splice(index, 1);
        };
    });
</script>
</body>
```

从该页面代码并未明显看到使用$animate 服务来添加、删除 DOM 元素,程序中的两行粗体字代码在$scope 的 books 数组中添加和删除元素,因此就会看到页面上对应 DOM 元素的添加和删除,此时 AngularJS 的动画效果同样会被触发。单击图书列表项右上角的"关闭"按钮,即可看到如图 5.48 所示的效果。

图 5.48 删除 DOM 元素的动画

5.7.2 $cacheFactory 服务

$cacheFactory 服务正如它的名字所表示的,

该服务用于创建缓存对象。只要调用方法时传入一个字符串类型的缓存 id，程序即可得到一个$cacheFactory.Cache 对象——该对象就是一个缓存对象。

缓存对象提供了如下方法。

> put(key,value)：存入 key-value 对，其中，key 应该是字符串类型，而 value 可以是任意类型。
> get(key)：根据 key 来获取 value。
> romove(key)：根据 key 删除 key-value 对。
> removeAll()：删除所有 key-value 对。
> destroy()：销毁该缓存对象。
> info()：获取缓存对象的信息，包括 id、size 等。

从上面的介绍不难看出，通过$cacheFactory 服务获取缓存对象。使用缓存对象非常简单，基本上类似于 Map 的使用方法。下面示例示范了 $cacheFactory 的用法。

程序清单：codes\05\5.7\cacheFactory.html

```html
<body ng-app="cacheFactoryExample">
<div ng-controller="fkCtrl">
    <input ng-model="newCacheKey" placeholder="Key">
    <input ng-model="newCacheValue" placeholder="Value">
    <button ng-click="put(newCacheKey, newCacheValue)">缓存</button>
    <p ng-if="keys.length">缓存数据</p>
    <!-- 遍历所有 key -->
    <div ng-repeat="key in keys">
        <span ng-bind="key"></span> -> <b ng-bind="cache.get(key)"></b>
    </div>
    <p>缓存信息</p>
    <!-- 遍历所有 key-value 对 -->
    <div ng-repeat="(key, value) in cache.info()">
        <span ng-bind="key"></span>: <b ng-bind="value"></b>
    </div>
</div>
<script type="text/javascript">
angular.module('cacheFactoryExample', [])
    .controller('fkCtrl', function($scope, $cacheFactory)
    {
        $scope.keys = [];
        // 获取一个缓存对象
        $scope.cache = $cacheFactory('cacheId');
        $scope.put = function(key, value)
        {
            // 如果该 key-value 对不存在
            if (angular.isUndefined($scope.cache.get(key)))
            {
                // 将 key 添加到 keys 数组中
                $scope.keys.push(key);
            }
            // 添加缓存的 key-value 对
            $scope.cache.put(key, angular.isUndefined(value) ? null : value);
        };
    });
</script>
</body>
```

该程序中的第一行粗体字代码用于获取一个缓存对象,第二行粗体字代码用于向缓存中添加 key-value 对。

浏览该页面，并添加两组 key-value 对后，可以看到如图 5.49 所示的效果。

图 5.49　使用缓存服务

▶▶ 5.7.3　$compile 服务

　　$compile 服务可用于编译一段 HTML 字符串或 DOM，并将它们转换成模板和模板函数，这些模板和模板函数以后可以被 link 到 scope 和模板中。

　　如果希望在网页上能动态显示不同的 HTML 内容，甚至在 HTML 内容中包含 AngularJS 表达式，使用$compile 服务是不错的选择。

　　下面示例示范了$compile 服务的功能。

程序清单：codes\05\5.7\compile1.html

```
<body ng-app="compileExample">
<div ng-controller="fkCtrl" id="container">
</div>
<script type="text/javascript">
angular.module('compileExample', [])
   .controller('fkCtrl', function($scope, $compile)
   {
      $scope.msg = 'yeeku';
      // 调用$compile 服务生成编译函数
      var compileFn = $compile('<div>{{msg}}</div>');
      // link 到$scope, 得到编译好的 DOM 对象(已封装成 jQuery 对象)
      var dom = compileFn($scope);
      // 添加到文档中
      dom.appendTo('#container');
   });
</script>
</body>
```

> **注意：** 该示例用到了 jQuery 对象的方法，因此需要在导入 AngularJS 库之前导入 jQuery 库。

　　该程序中的第一行粗体字代码用于将一段 HTML 代码编译成编译函数，第二行粗体字代码则用于将编译函数 link 到 scope 对象，这样即可得到编译好的 DOM 对象(已被封装成 jQuery 对象)。接下来就可将该 DOM 对象添加到任意指定的位置。

　　浏览该页面可看到如图 5.50 所示的效果。

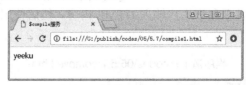

图 5.50　使用$compile 服务

由于$compile 服务可以编译动态的 HTML 模板,因此程序允许在运行过程中动态地指定 HTML 模板,然后使用$compile 进行编译,随后渲染成页面内容,例如如下示例。

程序清单:codes\05\5.7\compile2.html

```
<body ng-app="compileExample" ng-controller="fkCtrl">
    请输入标题:<input type="text" ng-model="title"><br>
    请输入图书:<input type="text" ng-model="items" ng-list><br>
    <div compile="content"></div>
<script type="text/javascript">
angular.module('compileExample', [])
    .directive('compile', function($compile){
        return function(scope, element, attrs){
            // 监测 scope 的改变
            scope.$watch(
                function(scope) {
                    // 监测目标元素上 compile 属性的变化
                    return scope.$eval(attrs.compile);
                },
                function(value)
                {
                    // 如果 compile 属性发生改变,将其属性值赋值给当前 DOM 元素
                    element.html(value);
                    // 编译当前 DOM 元素的内容,生成编译函数
                    var compileFn = $compile(element.contents())
                    // link 到 scope 对象,得到编译好的 DOM 对象
                    compileFn(scope);
                });
            }
        })
    .controller('fkCtrl', function ($scope){
        $scope.content = '<h3>{{title}}</h3>\
        <ul>\
            <li ng-repeat="item in items track by $index">{{item}}</li>\
        </ul>'
    });
</script>
</body>
```

该程序中的第一行粗体字代码将 element 元素的内容整体编译成编译函数,第二行粗体字代码则将编译函数 link 到 scope 上,这样来生成 DOM 对象。由于该 DOM 对象已经位于 element 元素内部,因此程序无须再将该 DOM 对象添加到其他元素内部。

浏览该页面,用户在文本框内输入标题和多本图书名,如图 5.51 所示。

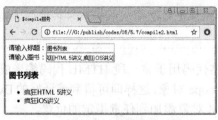

图 5.51 $compile 编译动态内容

不仅如此,AngularJS 甚至允许用户输入 HTML 内容,然后使用$compile 编译之后渲染在页面上。例如如下示例。

程序清单:codes\05\5.7\compile3.html

```
<body ng-app="compileExample">
<div ng-controller="fkCtrl">
```

```
            <input ng-model="name"> <br>
            <textarea ng-model="html"></textarea> <br>
            <div compile="html"></div>
        </div>
        <script type="text/javascript">
        angular.module('compileExample', [])
            .directive('compile', function($compile){
                return function(scope, element, attrs)
                {
                    // 监测 scope 的改变
                    scope.$watch(
                        function(scope) {
                            // 监测目标元素上 compile 属性的变化
                            return scope.$eval(attrs.compile);
                        },
                        function(value)
                        {
                            // 如果 compile 属性发生改变,将其属性值赋值给当前 DOM 元素
                            element.html(value);
                            // 编译当前 DOM 元素的内容,并 link 到 scope 上
                            var compileFn = $compile(element.contents())(scope);
                        });
                };
            })
            .controller('fkCtrl', function($scope){
                $scope.name = 'Angular';
                $scope.html = 'Hello, {{name}}';
            });
        </script>
    </body>
```

该示例的情况更加特殊,程序中 name、html 变量可由用户输入,用户不仅可以输入普通字符串,甚至可以输入 HTML 标签。这样可以看到如图 5.52 所示的效果。

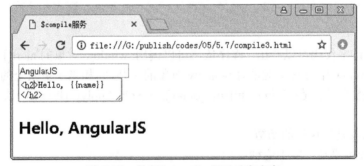

图 5.52　使用$compile 显示动态内容

▶▶ 5.7.4　$document、$window、$timeout、$interval 和$rootElement

这几个服务都是对原始 DOM 对象的包装。

- ➤ $document:包装了 document 对象,实际表示一个 jqLite 或 jQuery 对象。
- ➤ $window:包装了 window 对象。但由于 window 对象是一个全局对象,因此它会导致一些测试方面的问题,而$window 则可以避免这些问题。
- ➤ $timeout:包装了 JS 的 setTimeout 函数。
- ➤ $interval:包装了 JS 的 setInterval 函数。
- ➤ $rootElement:返回整个 AngularJS 应用的根元素,也就是指定了 ng-app 属性的元素。

下面示例示范了$document 服务的用法。

程序清单：codes\05\5.7\document.html

```
<body ng-app="documentExample">
<div ng-controller="fkCtrl">
  <p>$document 标题：<b ng-bind="title"></b></p>
  <p>window.document 标题：<b ng-bind="windowTitle"></b></p>
</div>
<script type="text/javascript">
angular.module('documentExample', [])
    .controller('fkCtrl', function($scope, $document)
    {
        $scope.title = $document[0].title;
        $scope.windowTitle = angular.element(window.document)[0].title;
    });
</script>
</body>
```

从上面的粗体字代码可以看出，$document 服务其实就是对原始 document 对象的包装。下面示例示范了$window 服务的用法。

程序清单：codes\05\5.7\window.html

```
<body ng-app="windowExample">
<div ng-controller="fkCtrl">
    <input type="text" ng-model="greeting"/>
    <button ng-click="doGreeting(greeting)">弹出框</button>
</div>
<script type="text/javascript">
angular.module('windowExample', [])
    .controller('fkCtrl', function($scope, $window){
        $scope.greeting = '你好，AngularJS';
        $scope.doGreeting = function(greeting){
            $window.alert(greeting);
        };
    });
</script>
</body>
```

从上面的粗体字代码可以看出，程序依然可以调用$window 对象的 alert()方法来弹出警告框，这说明该$window 服务其实就是对 window 对象的包装，它相当于更安全的 window 对象。

$timeout 服务的用法是：$timeout([fn], [delay], [invokeApply], [Pass])，该语法一共包含如下 4 个参数。

- fn：表示要延迟执行的函数。
- delay：表示要延迟多少毫秒。
- invokeApply：该 Boolean 参数表示是否在$apply 块中执行 fn 函数，如果将该参数设为 true，AngularJS 将会在$apply 块中执行 fn 函数，这样 AngularJS 会执行脏数据检测——也就是能立即将模型的改变更新到页面上。
- Pass：指定额外传给 fn 函数的参数。

下面程序示范了$timeout 服务的功能和用法。

程序清单：codes\05\5.7\timeout.html

```
<body ng-app="timeoutExample">
<div ng-controller="fkCtrl">
{{bookName}}
</div>
<script type="text/javascript">
angular.module('timeoutExample', [])
    .controller('fkCtrl', function($scope, $timeout){
```

```javascript
        // 指定 2s 后改变 bookName 变量的值
        $timeout( function(){
            $scope.bookName = "疯狂前端开发讲义";
        }, 2000)
        .then(function(){
            alert("执行完成！");
        });
    });
</script>
</body>
```

调用$timeout()方法后返回一个 Promise 对象，当$timeout()预设的函数执行完成之后，Promise 对象变成 resovle 状态，因此该代码可以在调用$timeout()函数之后再次调用 then()方法。

如果需要取消$timeout 服务，可调用$timout.cancel(promise)方法，其中 promise 参数就是调用$timout 所返回的 Promise 对象。

$interval 服务的用法是：$interval(fn, delay, [count], [invokeApply], [Pass])，该语法一共包含如下 5 个参数。

- ➢ fn：表示要延迟执行的函数。
- ➢ delay：表示要延迟多少毫秒。
- ➢ count：指定 fn 函数总共会被调用执行几次。该参数默认为 0，表示无限次地执行。
- ➢ invokeApply：该 Boolean 参数表示是否在$apply 块中执行 fn 函数，如果将该参数设为 true，AngularJS 将会在$apply 块中执行 fn 函数，这样 AngularJS 会执行脏数据检测——也就是能立即将模型的改变更新到页面上。
- ➢ Pass：指定额外传给 fn 函数的参数。

调用$interval 方法后返回一个 Promise 对象，当$interval ()预设的函数执行完 count 次数之后，Promise 对象变成 resovle 状态，此时为该 Promise 对象注册的 resolve 函数会被触发。

如果需要取消$interval 服务，可调用$interval.cancel(promise)方法，其中 promise 参数就是调用$interval 所返回的 Promise 对象。

下面程序示范了$interval 服务的功能和用法。

程序清单：codes\05\5.7\interval.html

```html
<body ng-app="intervalExample">
<div ng-controller="fkCtrl">
{{count}}
</div>
<script type="text/javascript">
angular.module('intervalExample', [])
    .controller('fkCtrl', function($scope, $interval){
        // 指定 2s 后改变 bookName 变量的值
        $interval( function(){
            if (isNaN($scope.count))
            {
                $scope.count = 1;
            }
            else
            {
                $scope.count++;
            }
        }, 1000, 4)
        .then(function(){
            alert("执行完成！");
        });
    });
```

```
    </script>
</body>
```

▶▶ 5.7.5 $parse 服务

$parse 服务用于解析 AngularJS 表达式，解析表达式后将会返回一个表达式函数。接下来即可在不同 context 环境下解析该函数。相同的表达式，使用不同的 context 解析可得到不同的值。如下代码示范了 $parse 服务的功能。

程序清单：codes\05\5.7\parse.html

```
<body ng-app="parseExample">
<div ng-controller="fkCtrl">
    <h3>{{value1}}</h3>
    <h3>{{value2}}</h3>
</div>
<script type="text/javascript">
angular.module("parseExample",[])
    .controller("fkCtrl", function($scope, $parse){
    // 带变量的表达式
    var expression = "'Hello ' + user.name";
    // 执行解析，得到表达式函数
    var parseFunc = $parse(expression);
    var context = {user:
        {name:'AngularJS'}
    };
    // 使用指定的 context 解析表达式
    $scope.value1 = parseFunc(context);
    var ctx = {
        user: {
            name: "yeeku"
        }
    };
    // 使用指定的 context 解析表达式
    $scope.value2 = parseFunc(ctx);
});
</script>
</body>
```

浏览该页面，可看到如图 5.53 所示的效果。

图 5.53 使用 $parse 服务

▶▶ 5.7.6 $interpolate 服务

该服务用于将一段带表达式的字符串编译成插值函数，该服务主要在 $compile 服务中使用。该服务的用法为：$interpolate(text, [mustHaveExpression], [trustedContext], [allOrNothing])，该方法中包含如下 4 个参数。

- ➢ text：该参数表示需要被编译的字符串。
- ➢ mustHaveExpression：该 Boolean 参数设置被编译的字符串是否必须包含表达式。
- ➢ trustedContext：如果传入了该参数，则在返回插值函数之前，将先使用 $sce.getTrusted

(interpolatedResult, trustedContext)对返回的结果做处理。
- allOrNothing：如果该 Boolean 参数被指定为 true，则只有当 text 字符串中所有表达式的值都不是 undefined 时，该插值函数才不会返回 undefined。

下面示例示范了该服务的用法。

程序清单：codes\05\5.7\interpolate.html

```
<body ng-app="interpolateExample">
<div ng-controller="fkCtrl">
    名字: <input ng-model="name" type="text"/><br>
    <div ng-bind="interpolatedValue1"></div>
    <div ng-bind="interpolatedValue2"></div>
</div>
<script type="text/javascript">
angular.module("interpolateExample", [])
    .controller("fkCtrl", function($scope, $interpolate)
    {
        $scope.$watch("name", function(newVal, oldVal, scope){
            // 解析字符串，得到插值函数
            var expr1 = $interpolate('Hello {{name | uppercase}}!');
            // 解析插值函数，得到表达式的值
            $scope.interpolatedValue1 = expr1({name: newVal});
            // 解析字符串，得到插值函数
            var expr2 = $interpolate('Hello {{user.name }}!');
            // 解析插值函数，得到表达式的值
            $scope.interpolatedValue2 = expr2({user:{name:newVal}});
        })
    });
</script>
</body>
```

该程序中的第一行粗体字代码用于解析带表达式的字符串，解析后即可得到插值函数，然后传入参数，调用插值函数，即可得到表达式的值。

浏览该页面可看到如图 5.54 所示的效果。

图 5.54　使用$interpolate 服务

5.7.7　$log 服务

$log 服务其实就是对 console 的封装，该服务同样提供了 log、warn、info、error、debug 等 5 个方法，分别用于在控制台生成 5 种级别的提示信息。下面示例示范了$log 服务的功能。

程序清单：codes\05\5.7\log.html

```
<body ng-app="logExample">
<div ng-controller="fkCtrl">
    <label>输入内容
    <input type="text" ng-model="content" /></label>
    <!-- 使用$log 服务 -->
    <button ng-click="$log.log(content)">log</button>
    <button ng-click="$log.warn(content)">warn</button>
    <button ng-click="$log.info(content)">info</button>
    <button ng-click="$log.error(content)">error</button>
    <button ng-click="$log.debug(content)">debug</button>
```

```
    </div>
    <script type="text/javascript">
    angular.module("logExample", [])
        .controller("fkCtrl", function($log, $scope){
            // 将$log 服务赋值给$scope 的$log 变量
            $scope.$log = $log;
        });
    </script>
</body>
```

上面 5 行粗体字代码就是使用$log 服务的 5 个方法的示例。

▶▶ 5.7.8 $q 服务

$q 服务是 AngularJS 封装的一种轻量级的 Promise 实现。$q 服务既可调用它的构造器（调用构造器时返回一个 Promise 对象），也可调用如下方法。

- defer()：创建一个 deferred 对象，这个对象可以执行几个常用的方法，比如 resolve、reject 和 notify 等方法。
- all()：传入 Promise 的数组，用于批量执行，该方法也返回一个 Promise 对象。
- when()：传入一个不确定的参数，如果参数符合 Promise 标准，就返回一个 Promise 对象。

> **提示：**
> 如果读者需要学习关于 Promise 的知识，可参考《疯狂 HTML 5/CSS 3/JavaScript 讲义》。

下面先示范如何调用$q 的构造器来返回 Promise 对象。

程序清单：codes\05\5.7\q1.html

```
<body ng-app="qApp" ng-controller="fkCtrl">
<script type="text/javascript">
function loadData(url)
{
    console.log("从" + url + "加载数据");
    return "疯狂前端开发讲义";
}
angular.module("qApp", [])
    .controller("fkCtrl" , function($scope, $q){
        function asyncTask(url) {
            // 函数返回$q 构造器创建的 Promise 对象
            return $q(function(resolve, reject)
            {
                // 使用 setTimeout 模拟有时间开销的任务
                setTimeout(function()
                {
                    var data = loadData(url);
                    if (data)
                    {
                        resolve(data);
                    }
                    else
                    {
                        reject('加载数据失败');
                    }
                }, 1000);
            });
        }
        var promise = asyncTask('server.html');
        promise.then(function(data)
```

```
            {
                alert('成功加载数据: ' + data);
            }, function(reason)
            {
                alert('失败: ' + reason);
            });
        });
</script>
</body>
```

其中的粗体字代码调用$q()构造器将一个函数封装成 Promise 对象,然后即可通过调用 Promise 对象的 then 方法来传入 resolve 和 reject 两个函数。如果 loadData()函数成功返回,则可以看到如图 5.55 所示的效果。

如果 loadData()函数加载数据失败,此时将会看到调用 then()方法时传入的第二个函数被激发,此时将看到如图 5.56 所示的效果。

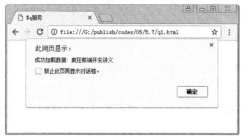
图 5.55　使用$q 服务

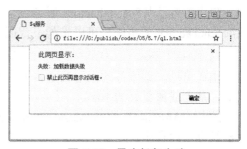
图 5.56　异步任务失败

此外,使用$q 服务的 defer()方法即可得到一个 Deferred 对象,程序调用该对象的 promise 属性同样可以返回一个 Promise 对象。下面示例示范了$q 服务的 defer()方法的功能和用法。

程序清单:codes\05\5.7\q2.html

```
<body ng-app="qApp" ng-controller="fkCtrl">
<script type="text/javascript">
function loadData(url)
{
    console.log("从" + url + "加载数据");
    return "疯狂前端开发讲义";
}
angular.module("qApp", [])
    .controller("fkCtrl" , function($scope, $q){
        function asyncTask(url) {
            var deferred = $q.defer();
            setTimeout(function()
            {
                deferred.notify('开始调用 loadData 方法');
                var data = loadData(url);
                if (data)
                {
                    deferred.resolve(data);
                }
                else
                {
                    deferred.reject('加载数据失败');
                }
            }, 1000);
            return deferred.promise;
        }
        var promise = asyncTask('server.html');
        promise.then(function(data)
```

```
            {
                console.log('成功加载数据: ' + data);
            }, function(reason)
            {
                console.log('失败: ' + reason);
            }, function(update)
            {
                console.log('收到通知: ' + update);
            });
        });
</script>
</body>
```

▶▶ 5.7.9　$templateCache 服务

$templateCache 服务专门用于缓存页面模板，该服务是基于$cacheFactory 服务的，因此该服务包含的方法与$cacheFactory 服务包含的方法保持一致。基本上，可以把$templateCache 当成#cacheFactory 的实例。可以按如下代码来理解：

```
$templateCache = $cacheFactory('template');
```

由此可见，该服务的作用就是将 HTML 字符串缓存在内存中，当加载时可以直接从内存获取，从而获得更好的效率。

此外，AngularJS 中的<script.../>标签同样提供了类似的功能，它也可用于将 HTML 页面模板缓存在内存中。

通过$templateCache 服务或<script.../>标签缓存了 HTML 页面模板之后，接下来既可在指令（如 ng-include 等指令）中使用缓存的页面模板，也可在自定义指令的 templateUrl 属性中使用缓存的页面模板。

下面示例示范了分别使用两种方式缓存字符串模板。

程序清单：codes\05\5.7\templateCache.html

```
<body ng-app="templateCacheExample">
<div ng-controller="fkCtrl">
<select ng-model="template">
    <option value="">空白</option>
    <option value="fkit.html">fkit.html</option>
    <option value="yeeku.html">yeeku.html</option>
</select>
被加载页面的 URL: <code>{{template}}</code>
<hr/>
<div class="slide-animate-container">
    <div class="slide-animate" ng-include="template"></div>
</div>
</div>
<script type="text/javascript">
    angular.module("templateCacheExample", ['ngAnimate'])
        .controller('fkCtrl', function($templateCache){
            let tmp = '<h3>疯狂软件教育中心</h3>'
            + '<p>通过$templateCache 服务缓存模板文件</p>'
            + '<a href="http://www.fkit.org">致力于提供最专业的 IT 编程培训服务</a>';
            // 通过$templateCache 缓存页面模板，其缓存 id 为 fkit.html
            $templateCache.put('fkit.html', tmp);
        });
</script>
<!-- 使用 script 标签缓存页面模板，其 id 为 yeeku.html -->
<script type="text/ng-template" id="yeeku.html">
    <h3>作者简介</h3>
```

```
        <p>作者是一个资深的软件开发工程师。</p>
    </script>
</body>
```

该示例和前一节介绍的 ng-include 指令的示例有些相似：该示例同样允许用户通过下拉列表来选择被包含页面，而页面上的 ng-include 指令则负责将目标页面模板包含进来。不同的是，本例中被包含的页面模板是通过$templateCache 服务和 script 指令定义的。

结合前面的 ng-include 指令的示例可以看出，当 AngularJS 应用的指令使用某个页面时，AngularJS 会先尝试从缓存中查找指定页面，只有当缓存中不存在该页面时才会通过网络从服务器下载要使用的页面模板。

5.8 自定义服务

除了 AngularJS 内置的系统服务之外，开发者也可将需要重复使用的前端逻辑封装成自定义服务，方便重复使用。

通常来说，使用 AngularJS 创建自定义服务有两种基本的方式：
- 使用 angular.Module 对象的方法创建服务，该对象提供了 factory()、service()、provider() 三个方法用于创建服务，这三个方法略有差别。
- 使用$provide 服务的方法创建服务，该服务同样提供 factory()、service()、provider() 三个方法用于创建服务。第二种方式用得略少一些。

下面使用第一种方式创建自定义服务。

5.8.1 使用 factory()方法创建自定义服务

使用 factory()方法创建自定义服务时，服务对象实际上就是获取的被注册函数的返回值。

程序清单：codes\05\5.8\factory.html

```html
<body ng-app="serviceExample">
<div ng-controller="fkCtrl">
    用户名：<input type="text" name="user.name" ng-model="name"/><br>
    {{reversedName}}<br>
    $fkService.name: {{serviceName}}<br>
    $fkService.age: {{serviceAge}}<br>
</div>
<script type="text/javascript">
    var app = angular.module('serviceExample', [])
        // 通过 factory 方法创建自定义服务
        .factory('$fkService', function(){
        // 创建一个对象准备作为 Service 使用
        let service = {};
        service.name = "yeeku";
        let age; // 定义一个私有属性
        // 为私有属性提供 getter 和 setter 方法
        service.setAge = function(newAge)
        {
            age = newAge;
        }
        service.getAge = function()
        {
            return age;
        }
        // 为服务对象定义方法
        service.reverse = function(str){
            str = str + '';
```

```
            let result = '';
            for (let i = str.length - 1; i >= 0 ; i--)
            {
                result += str.charAt(i);
            }
            return result;
        }
        return service;
    });
    // 创建控制器，使用自定义服务
    app.controller('fkCtrl', function($scope, $fkService){
        // 此处的$fkService 就是上面注册函数的返回值
        $scope.serviceName = $fkService.name;
        $fkService.age = 29;
        $scope.serviceAge = $fkService.age;
        $scope.$watch("name" , function(newVal, oldVal, scope){
            $scope.reversedName = $fkService.reverse(newVal);
        });
    });
</script>
</body>
```

在该示例中，粗体字代码调用 angular.Module 对象的 factory()方法创建了一个自定义服务，在这种情况下，自定义服务对象就是被注册函数的返回值。简单来说，这种方式的服务对象相当于：

```
var service = 被注册函数();
```

浏览该页面可看到如图 5.57 所示的效果。

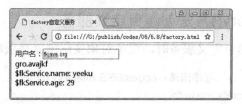

图 5.57 使用 factory 方法创建自定义服务

▶▶ 5.8.2 使用 service()方法创建自定义服务

使用 service()方法创建自定义服务时，服务对象实际上是以被注册函数为构造器创建的实例。因此需要将属性和方法添加到被注册函数的 this 上才可在后面使用服务。下面是使用 service()方法创建自定义服务的示例。

程序清单：codes\05\5.8\service.html

```
<body ng-app="serviceExample">
<div ng-controller="fkCtrl">
    用户名：<input type="text" name="user.name" ng-model="name"/><br>
    {{reversedName}}<br>
    $fkService.name: {{serviceName}}<br>
    $fkService.age: {{serviceAge}}<br>
</div>
<script type="text/javascript">
    var app = angular.module('serviceExample', [])
        // 通过 service 方法创建自定义服务
        .service('$fkService', function(){
            // 将属性、方法都添加到this 上
            this.name = "yeeku";
            this.setAge = function(newAge)
            {
```

```
            this.age = newAge;
        }
        this.getAge = function()
        {
            return this.age;
        }
        // 为服务对象定义方法
        this.reverse = function(str){
            str = str + '';
            let result = '';
            for (let i = str.length - 1; i >= 0 ; i-- )
            {
                result += str.charAt(i);
            }
            return result;
        }
    });
    // 创建控制器，使用自定义服务
    app.controller('fkCtrl', function($scope, $fkService){
        // 此处的$fkService 就是通过 new 调用注册函数得到的对象
        $scope.serviceName = $fkService.name;
        $fkService.age = 29;
        $scope.serviceAge = $fkService.age;
        $scope.$watch("name" , function(newVal, oldVal, scope){
            $scope.reversedName = $fkService.reverse(newVal);
        });
    });
</script>
</body>
```

在该示例中，粗体字代码调用 angular.Module 对象的 service()方法创建了一个自定义服务，在这种情况下，自定义服务对象就是以被注册函数为构造器所创建的对象。简单来说，这种方式的服务对象相当于：

```
var service = new 被注册函数();
```

该页面的浏览效果和前一个示例基本相同。

▶▶ 5.8.3 使用 provider()方法创建自定义服务

使用 provider()方法创建自定义服务时，可以在创建 angular.Module 对象的配置选项中对自定义服务进行配置。如果希望在自定义服务启用之前，先进行模块内的全局配置，就应该选择 provider。需要说明的是，在配置选项中注入 provider 时，名字应该是 providerName+ Provider。

由此可见，使用 provider()方法创建自定义服务的优点是，开发者可以在创建 angular.Module 的配置选项中对服务对象进行配置。

使用 provider()方法创建自定义服务时，必须为该注册函数的 this 定义一个$get 函数，该函数的返回值就是自定义服务对象。

下面示例是使用 provider()方法创建自定义服务的示例。

程序清单：codes\05\5.8\provider.html

```
<body ng-app="serviceExample">
<div ng-controller="fkCtrl">
    用户名：<input type="text" name="user.name" ng-model="name"/><br>
    {{reversedName}}<br>
    $fkService.name: {{serviceName}}<br>
    $fkService.age: {{serviceAge}}<br>
</div>
<script type="text/javascript">
    // 创建配置选项对自定义服务进行配置
```

```javascript
    var app = angular.module('serviceExample', [], function($fkServiceProvider){
        // 调用自定义服务的 setName 方法
        $fkServiceProvider.setName("yeeku");  // ①
    })
    // 通过provider()方法创建自定义服务
    .provider('$fkService', function(){
        let name ;
        // 注意，setter 方法必须是(set+变量首字母大写)格式
        this.setName = function(newName){
            name = newName
        }
        let age;
        // $get 函数的返回值将作为自定义服务对象
        this.$get = function(){
            return{
                name: name, // 定义属性
                // 定义 getter 和 setter 方法
                setAge : function(newAge)
                {
                    age = newAge;
                },
                getAge : function()
                {
                    return age;
                },
                // 为服务对象定义方法
                reverse : function(str){
                    str = str + '';
                    let result = '';
                    for (let i = str.length - 1; i >= 0 ; i-- )
                    {
                        result += str.charAt(i);
                    }
                    return result;
                }
            }
        }
    });
    // 创建控制器，使用自定义服务
    app.controller('fkCtrl', function($scope, $fkService){
        // 此处的$fkService 就是注册函数创建实例后调用$get 方法得到的返回值
        $scope.serviceName = $fkService.name;
        $fkService.age = 29;
        $scope.serviceAge = $fkService.age;
        $scope.$watch("name" , function(newVal, oldVal, scope){
            $scope.reversedName = $fkService.reverse(newVal);
        });
    });
</script>
</body>
```

在该示例中，粗体字代码调用 angular.Module 对象的 provider()方法创建了一个自定义服务，在这种情况下，自定义服务对象就是被注册函数为构造器所创建的对象调用$get()方法得到的返回值。简单来说，这种方式的服务对象相当于：

```
var service = new 被注册函数().$get();
```

这种方式的优势在于，可以在创建 angular.Module 对象的配置选项中配置服务对象，例如程序中①处代码用于将自定义服务对象的 name 设为 yeeku。

该页面的浏览效果和前面的示例基本相同。

5.8.4 使用$provide 服务创建自定义服务

使用$provide 服务创建自定义服务是第二种创建自定义服务的方式，使用这种方式时可在创建 angular.Module 对象时传入额外的配置函数，并在该函数中声明$provide 服务，接下来即可调用该服务的 factory()方法、service()方法、provider()方法来创建自定义服务。

$provide 的 factory()方法、service()方法、provider()方法的用法与 angular.Module 对象的这 3 个方法基本相同。使用$provide 自定义服务的特别之处在于，$provide 对象是在 angular.Module 的配置阶段注入的，因此使用$provide 对象可以在 angular.Module 的配置阶段创建自定义服务。

下面是使用$provide 对象的 factory 方法创建自定义服务的示例。

程序清单：codes\05\5.8\provide_factory.html

```html
<body ng-app="serviceExample">
<div ng-controller="fkCtrl">
    用户名：<input type="text" name="user.name" ng-model="name"/><br>
    {{reversedName}}<br>
    $fkService.name: {{serviceName}}<br>
    $fkService.age: {{serviceAge}}<br>
</div>
<script type="text/javascript">
    var app = angular.module('serviceExample', [], function($provide){
        // 通过 factory 方法创建自定义服务
        $provide.factory('$fkService', function(){
            // 创建一个对象准备作为 Service 使用
            let service = {};
            service.name = "yeeku";
            let age; // 定义一个私有属性
            // 为私有属性提供 getter 和 setter 方法
            service.setAge = function(newAge)
            {
                age = newAge;
            }
            service.getAge = function()
            {
                return age;
            }
            // 为服务对象定义方法
            service.reverse = function(str){
                str = str + '';
                let result = '';
                for (let i = str.length - 1; i >= 0 ; i-- )
                {
                    result += str.charAt(i);
                }
                return result;
            }
            return service;
        })
    });
    // 创建控制器，使用自定义服务
    app.controller('fkCtrl', function($scope, $fkService){
        $scope.serviceName = $fkService.name;
        $fkService.age = 29;
        $scope.serviceAge = $fkService.age;
        $scope.$watch("name" , function(newVal, oldVal, scope){
            $scope.reversedName = $fkService.reverse(newVal);
        });
    });
</script>
</body>
```

在该程序中，创建 angular.Module 对象时额外传入一个 function($provide){}函数，该函数的形参是$provide 服务。接下来该函数就调用了$provide 的 factory()方法创建了自定义服务。

下面是使用$provide 对象的 service()方法创建自定义服务的示例。

程序清单：codes\05\5.8\provide_service.html

```html
<body ng-app="serviceExample">
<div ng-controller="fkCtrl">
   用户名：<input type="text" name="user.name" ng-model="name"/><br>
   {{reversedName}}<br>
   $fkService.name: {{serviceName}}<br>
   $fkService.age: {{serviceAge}}<br>
</div>
<script type="text/javascript">
   var app = angular.module('serviceExample', [], function($provide){
      // 通过 service 方法创建自定义服务
      $provide.service('$fkService', function(){
         // 将属性、方法都添加到 this 上
         this.name = "yeeku";
         this.setAge = function(newAge)
         {
            this.age = newAge;
         }
         this.getAge = function()
         {
            return this.age;
         }
         // 为服务对象定义方法
         this.reverse = function(str){
            str = str + '';
            let result = '';
            for (let i = str.length - 1; i >= 0 ; i-- )
            {
               result += str.charAt(i);
            }
            return result;
         }
      });
   });
   // 创建控制器，使用自定义服务
   app.controller('fkCtrl', function($scope, $fkService){
      $scope.serviceName = $fkService.name;
      $fkService.age = 29;
      $scope.serviceAge = $fkService.age;
      $scope.$watch("name" , function(newVal, oldVal, scope){
         $scope.reversedName = $fkService.reverse(newVal);
      });
   });
</script>
</body>
```

在该程序中创建 angular.Module 对象时额外传入一个 function($provide){}函数，该函数的形参是$provide 服务。接下来该函数就调用了$provide 的 service()方法创建了自定义服务。

下面是使用$provide 对象的 provider()方法创建自定义服务的示例。

程序清单：codes\05\5.8\provide_provider.html

```html
<body ng-app="serviceExample">
<div ng-controller="fkCtrl">
   用户名：<input type="text" name="user.name" ng-model="name"/><br>
   {{reversedName}}<br>
   $fkService.name: {{serviceName}}<br>
```

```
        $fkService.age: {{serviceAge}}<br>
</div>
<script type="text/javascript">
    var app = angular.module('serviceExample', [], function($provide){
        // 通过 provider 方法创建自定义服务
        $provide.provider('$fkService', function(){
            let name = "yeeku";
            let age;
            this.$get = function(){
                return{
                    name: name, // 定义属性
                    // 定义 getter 和 setter 方法
                    setAge : function(newAge)
                    {
                        age = newAge;
                    },
                    getAge : function()
                    {
                        return age;
                    },
                    // 为服务对象定义方法
                    reverse : function(str){
                        str = str + '';
                        let result = '';
                        for (let i = str.length - 1; i >= 0 ; i-- )
                        {
                            result += str.charAt(i);
                        }
                        return result;
                    }
                }
            }
        });
    });
    // 创建控制器，使用自定义服务
    app.controller('fkCtrl', function($scope, $fkService){
        $scope.serviceName = $fkService.name;
        $fkService.age = 29;
        $scope.serviceAge = $fkService.age;
        $scope.$watch("name" , function(newVal, oldVal, scope){
            $scope.reversedName = $fkService.reverse(newVal);
        });
    });
</script>
</body>
```

在该程序中创建 angular.Module 对象时额外传入一个 function($provide){}函数，该函数的形参是$provide 服务。接下来该函数就调用了$provide 的 provider()方法创建了自定义服务。

▶▶ 5.8.5 在过滤器中使用自定义服务

如果需要在过滤器中使用自定义服务，只要在注册过滤器函数时声明自定义服务作为参数即可。下面示例示范了如何在过滤器中使用自定义服务。

程序清单：codes\05\5.8\filter_service.html

```
<body ng-app="serviceExample">
<div ng-controller="fkCtrl">
    用户名：<input type="text" name="user.name" ng-model="name"/><br>
    {{name | reverse}}<br>
</div>
<script type="text/javascript">
    var app = angular.module('serviceExample', [])
```

```
            // 通过 factory 方法创建自定义服务
            .factory('$fkService', function(){
            // 创建一个对象准备作为 Service 使用
            let service = {};
            // 为服务对象定义方法
            service.reverse = function(str){
                str = str + '';
                let result = '';
                for (let i = str.length - 1; i >= 0 ; i-- )
                {
                    result += str.charAt(i);
                }
                return result;
            }
            return service;
        });
        // 创建自定义过滤器，在过滤器中使用自定义服务
        app.filter('reverse', function($fkService){
            return function(x)
            {
                return $fkService.reverse(x);
            };
        });
        app.controller('fkCtrl', angular.noop);
    </script>
</body>
```

在该程序中，粗体字代码在注册过滤器函数时声明了名为$fkService 的参数，该参数就是$fkService 自定义服务，这样即可在过滤器内使用自定义服务了。

浏览该页面可看到如图 5.58 所示的效果。

图 5.58　在过滤器中使用自定义服务

5.9 依赖注入

AngularJS 的依赖注入（DI）与大家熟悉的 Spring DI 机制相似，其同样可以避免各组件的硬编码耦合。下面将会结合 Spring 的 DI 机制来介绍 AngularJS 的依赖注入。

5.9.1 依赖注入机制简介

根据大家熟悉的 Spring DI 机制可以知道，依赖注入机制大致需要以下四个核心点。
- 容器：容器负责管理一切组件。
- 注册组件：只有向容器注册组件之后，容器才能管理它们，并管理它们的依赖。
    angular.Module 对象和$provide 分别提供了 5 个方法用于注册组件。
- 获取组件：通过容器获取被管理的组件。AngularJS 使用$injector 获取容器中的组件。
- 声明依赖：声明组件之间的依赖管理，容器根据声明完成注入。

对于 AngularJS，它的模块充当了容器的角色。根据 AngularJS 官网的介绍，AngularJS 的模块是一个可包含控制器、服务、过滤器、指令等各种组件的容器。由此可见，AngularJS 容器就是 DI 容器。

AngularJS 提供了 angular.module()方法来创建、获取模块。当调用该方法时，如果传入多个参数，表示系统将要创建 AngularJS 模块；如果只传入一个参数（模块名），则表明获取系统中已有的 AngularJS 模块。

例如如下代码。

程序清单：codes\05\5.9\moduleTest.html

```html
<body ng-app="moduleExample">
<div>
</div>
<script type="text/javascript">
    // 创建一个模块
    var app1 = angular.module('moduleExample', []);
    // 只传入一个参数，表示获取已有的模块，
    // 如果该模块不存在，程序抛出异常
    var app2 = angular.module('moduleExample');
    console.log(app1 === app2); // true
</script>
</body>
```

该程序中的第一行粗体字代码用于创建一个名为 moduleTest 的模块，第二行粗体字代码则用于获取名为 moduleTest 的模块，因此程序得到的这两个模块是同一个模块。

由此可见，每次程序创建 AngularJS 的模块时，实际上也创建了 AngularJS 的 DI 容器。

创建 DI 容器之后，AngularJS 提供了两种方式来注册组件：

➢ 通过 angular.Module 对象的方法完成注册。
➢ 通过$provide 服务的方法完成注册。

可能有读者想起来了，这两种方式不正是前面介绍的注册自定义服务的方式吗？答案是，没错！其实自定义服务也是模块中的组件，同样也要接受 AngularJS 的依赖注入管理，程序注册自定义服务的方式，其实也就是向 DI 容器中注册组件的方式。

前面在介绍自定义服务时已经指出，不管是通过 angular.Module 对象的方式，还是通过$provide 服务的方式，它们都提供了 factory()、service()、provider()这三个方法来注册自定义服务，这三个方法也是注册组件的方法。此外，angular.Module 和$provide 还提供了如下三个方法来注册组件。

➢ constant(name, obj)：注册一个常量对象（一旦注册，以后不能改变），该对象可以被 provider 和 service 访问。
➢ value(name, obj)：注册一个变量对象，该对象只能被 service()方法访问，不能被 provider()方法访问。
➢ decorator(name, decorFn)：注册一个装饰器函数，该装饰器函数可用于修改或代替其他服务的实现。

> **注意：**
> 上面三个方法中的前两个方法表面上用于注册常量对象和变量对象,但如果为这两个方法的第二个参数传入函数，那么它们就相当于注册了自定义服务。因此从广义上来看，AngularJS 注册自定义服务的方法一共有 5 个：factory()、service()、provider()、constant()和 value()。

angular.Module 模块和$provide 都提供了相同的方法来注册组件，实际上它们二者之间存在一一对应的关系，每个模块在创建或配置阶段都可由系统自动注入一个$provide 服务，这个

服务是 AngularJS 自动提供的（它位于 AngularJS 的 auto 模块下）。

由此可见，程序通过 angular.Module 和$provide 的方式来注册组件的结果是完全一样的，二者的唯一区别是，$provide 是 AngularJS 模块在配置阶段传入的，因此$provide 用于在配置阶段注册组件。

▶▶ 5.9.2 使用$injector 对象获取组件

AngularJS 为获取容器中的组件提供了$injector 对象，该对象既可通过 angular.injector()方法来获取，也可通过在控制器、过滤器、服务的注册函数中声明形参来获取（实际上也是依赖注入）。

在调用 angular.injector()方法获取注入器时，如果没有传入参数是没有意义的，这相当于创建了一个空的 DI 容器，里面没有服务自然无法使用了。因此在调用 angular.injector()方法时需要指定要加载的模块。

> **注意**：在调用 angular.injector()方法时，一定要加载 ng 系统模块。

获取$injector 对象之后，可使用该对象提供的如下方法。
- has(name)：判断是否包含名为 name 的组件。
- get(name)：根据组件名来获取组件。
- invoke(fn)：以依赖注入为被调用函数 fn 传入参数，从而执行 fn 函数。

下面程序示范了如何通过$injector 获取组件。

程序清单：codes\05\5.9\injector.html

```
<body ng-app="moduleExample">
<div ng-controller="fkCtrl">
</div>
<script type="text/javascript">
var app = angular.module("moduleExample", [])
    // 注册一个value组件
    .value("user", {name:"yeeku", age:29})
    // 在控制器中通过形参声明$injector
    .controller("fkCtrl" , function($injector){
        // 判断容器中是否存在某个组件
        console.log($injector.has("user"));
        // 获取容器中的组件
        console.log($injector.get("user").name);
        console.log($injector.get("user").age);
    });
// 获取注入器
var injector = angular.injector(['ng',"moduleExample"]);   // ①
// 获取容器中的组件
console.log("user.name: " + injector.get('user').name);
console.log("user.age: " + injector.get('user').age);
// 使用 injector 调用指定函数，injector 会为该函数依赖注入参数
injector.invoke(function(user){
    console.log(user.name + ",您好！");
});
```

```
</script>
</body>
```

在该程序中，前 3 行粗体字代码位于控制器函数之内，该控制器函数声明了一个名为 $injector 的形参——AngularJS 会通过依赖注入为该函数注入$injector 服务，这样控制器函数即可获得$injector 对象。该函数中的 3 行粗体字代码通过 has()方法判断是否存在指定组件，通过 get()方法获取指定组件。

程序中①号粗体字代码调用 angular.injector()方法获取$injector 注入器，接下来的粗体字代码也调用了 get()方法来获取容器中的组件，并调用注入器的 invoke()方法——该方法将会通过依赖注入为被调用函数注入参数，从而执行被调用函数。

需要说明的是，angular.injector()方法可以被调用多次，即使对相同的模块多次调用该方法，程序也会得到不同的注入器——虽然它们都对应于同一个模块。例如如下代码：

程序清单：codes\05\5.9\injectorTest.html

```html
<body ng-app="moduleExample">
<div ng-controller="fkCtrl">
</div>
<script type="text/javascript">
let app = angular.module("moduleExample", [])
    // 注册一个 value 组件
    .value("user", {name:"yeeku", age:29})
    .controller("fkCtrl" , angular.noop);
// 获取注入器
let injector1 = angular.injector(['ng',"moduleExample"]);
// 再次获取注入器
let injector2 = angular.injector(['ng',"moduleExample"]);
console.log(injector1 === injector2);  // 输出 false
console.log(injector1.get("user").name); // 输出 yeeku
console.log(injector2.get("user").name); // 输出 yeeku
</script>
</body>
```

在该程序中两次使用完全相同的代码来获取注入器，但程序返回的并不是同一个对象。但由于这两个注入器对应的是同一个模块(容器)，因此使用它们获取的容器中的组件是相同的。

经过上面讲解，此时可以对前面介绍的 AngularJS 的 DI 机制做一下简单总结。

> 容器：AngularJS 的模块就是容器，程序创建模块时将会创建容器。
> 注册组件：angular.Module 对象和$provide 分别提供了 5 个方法用于注册组件。
> 获取组件：AngularJS 使用$injector 操作容器中的组件，该对象使用 has()方法判断容器中是否存在指定组件，get()方法用于获取容器中指定组件。
> 声明依赖：AngularJS 一共提供了 3 种声明依赖的方式。

图 5.59 显示了 AngularJS 依赖注入的流程示意图。

对于从事开发的朋友而言，实际上最常见的还是配置依赖注入。AngularJS 共提供了如下三种注入方式，下面详细介绍。

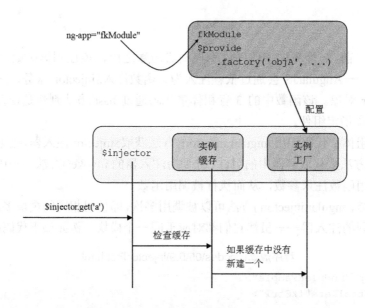

图 5.59　AngularJS 的依赖注入机制

5.9.3　隐式依赖注入

前面示例中使用的依赖注入方式，都属于隐式依赖注入。所谓隐式依赖注入，也就是让 AngularJS 自动扫描函数所需的形参名，AngularJS 会根据形参名，从容器中查找对应的组件作为函数的参数，因此这种方式一定要保证参数名称的正确性，但对参数的顺序并没有要求。

这种注入方式简单、易用，但有一个严重的问题：如果发布项目时 JS 代码被压缩了，则函数的形参名可能会发生改变，这将导致隐式注入方式发生错误。

> **提示：**
> 隐式依赖注入在有些地方也被称为推断式依赖注入。

由于隐式依赖注入可能存在一定的风险，因此在实际开发中应该尽量少用这种方式。为了避免在开发中不小心使用了隐式依赖注入的方式，开发者可以为 AngularJS 模块增加 ng-strict-di 指令——将该指令添加到指定了 ng-app 指令的元素上，这样 AngularJS 模块将不能使用隐式依赖注入方式。

前面已经给出了太多隐式依赖注入的示例，故此处不再给出这种方式的示例。

5.9.4　行内数组式依赖注入

在这种方式下，所有被依赖的参数都需要以相同的顺序存放在一个数组里，数组的值与后面接受依赖注入的函数的参数要一一对应。因此在这种方式下，需要保证如下 2 点：
- ➢ 在数组中声明的依赖参数必须与容器中组件的名字对应。
- ➢ 在数组中声明依赖参数的顺序必须与接受依赖注入的函数的参数的顺序保持一致。

在这种方式下，接受依赖注入的函数的形参名无关紧要，因此即使发布项目时对 JS 代码进行了压缩也不会影响代码运行。下面示例示范了行内数组式依赖注入。

程序清单：codes\05\5.9\inline_injector.html

```
<body ng-app="inlineExample" ng-strict-di>
<div ng-controller="fkCtrl">
```

```
</div>
<script type="text/javascript">
var app = angular.module("inlineExample", [])
    // 注册两个 value 组件
    .value("user", {name:"yeeku", age:29})
    .value("book", {name:"疯狂前端开发讲义", price:79})
    // 在控制器中通过形参声明$injector
    .controller("fkCtrl" , ['user', 'book', function(u, b){
        console.log("用户名为: " + u.name
            + ",用户年龄为: " + u.age);
        console.log("图书名为: " + b.name
            + ",图书价格为: " + b.price);
    }]);
// 获取注入器
var injector = angular.injector(['ng',"inlineExample"]);
// 使用 injector 调用指定函数, injector 会为该函数依赖注入参数
injector.invoke(['user', 'book', function(u, b){
    console.log(u.name + ",您好！,您要购买的图书为: "
        + b.name);
}]);
</script>
</body>
```

从该程序的后面两行粗体字代码可以看出，为了给被调用函数执行依赖注入，程序需要将依赖注入的参数和被调用函数放在一个数组中声明。该数组前面的几个字符串元素声明了函数将要被依赖注入的参数，而该函数的形参名可以随便指定，只要形参的顺序与前面声明依赖注入的顺序保持一致即可。

该程序通过 ng-strict-di 指令指定 AngularJS 模块使用严格依赖注入，因此这个 AngularJS 模块不能使用隐式依赖注入。

由于这种依赖注入方式不仅用法简单，而且相当可靠，因此 AngularJS 官方推荐使用这种方式的依赖注入。

▶▶ 5.9.5 标记式依赖注入

标记式依赖注入也是安全的，这种方式对接受依赖注入的函数的形参名也没有任何要求。这种方式需要通过$inject属性为函数声明依赖注入。下面是标记式依赖注入的示例。

程序清单：codes\05\5.9\inject_injector.html

```
<body ng-app="inlineExample" ng-strict-di>
<div ng-controller="fkCtrl">
</div>
<script type="text/javascript">
var fkCtrl = function(u, b){
        console.log("用户名为: " + u.name
            + ",用户年龄为: " + u.age);
        console.log("图书名为: " + b.name
            + ",图书价格为: " + b.price);
    };
// 声明该函数需要接受依赖注入的参数
// 该参数列表的名字必须与容器中组件的名字对应
fkCtrl.$inject = ['user', 'book'];
var app = angular.module("inlineExample", [])
    // 注册两个 value 组件
    .value("user", {name:"yeeku", age:29})
    .value("book", {name:"疯狂前端开发讲义", price:79})
    // 在控制器中通过形参声明$injector
    .controller("fkCtrl" , fkCtrl);
```

```
var targetFn = function(u, b){
    console.log(u.name + ",您好！,您要购买图书为: "
        + b.name);
};
// 声明该函数需要接受依赖注入的参数
// 该参数列表的名字必须与容器中组件的名字对应
targetFn.$inject = ['user', 'book'];
// 获取注入器
var injector = angular.injector(['ng',"inlineExample"]);
// 使用injector调用指定函数, injector会为该函数依赖注入参数
injector.invoke(targetFn);
</script>
</body>
```

程序中的第一行粗体字代码通过$inject 属性为 fkCtrl 函数声明了依赖注入，此处声明了 fkCtrl 函数需要接受依赖注入 user、book 两个组件。接下来 AngularJS 将会把容器中 user、book 两个组件作为参数传给 fkCtrl 函数。第二行粗体字代码同样声明了 targetFn 函数需要接受依赖注入 user、book 两个组件。

5.10 与服务器交互

AngularJS 除了提供前端开发支持之外，也提供了与服务器交互的能力，这种与服务器交互的能力同样依赖于 XMLHttpRequest 对象实现。

AngularJS 对 XMLHttpRequest 对象进行了封装，使得开发者能以更优雅的方式与服务器进行 Ajax 交互。下面详细介绍 AngularJS 提供的与服务器交互的方式。

▶▶ 5.10.1 $http 服务

$http 是 AngularJS 内置的一个 Ajax 支持的服务，与该服务配套使用的，还有如下常用的服务。

- ➢ $httpParamSerializer：该服务用于将 JS 对象转换为查询字符串。
- ➢ $httpParamSerializerJQLike：该服务用于将 JS 对象转换为查询字符串。该服务与前一个服务的细微区别是，它转换为的查询字符串更符合 jQuery 风格。
- ➢ $xhrFactory：一般并不直接使用该服务。当开发者对 AngularJS 创建 XMLHttpRequest 对象的方式不满意时，开发者可替换或修改该服务，从而创建自己的 XMLHttpRequest 对象。

> **提示：**
> 一般来说，开发者没必要替换或修改$xhrFactory 服务。

下面的页面代码示范了如何将 JS 对象转换为查询字符串。

程序清单：codes\05\5.10\http.html

```
<body ng-app="httpExample" ng-strict-di>
<div ng-controller="fkCtrl">
    输入用户名：<input type="text" ng-model="user.name"/> <br>
    输入密码：<input type="text" ng-model="user.pass"/> <br>
$httpParamSerializer: {{serializer1}} <br>
$httpParamSerializerJQLike: {{serializer2}} <br>
</div>
<script type="text/javascript">
var app = angular.module("httpExample", [])
```

```
        .controller("fkCtrl", ['$scope', '$httpParamSerializer'
            , '$httpParamSerializerJQLike', function($scope,
            $httpParamSerializer, $httpParamSerializerJQLike)
        {
            $scope.user = {pass:'123456', name: 'yeeku'};
            // 将 JS 对象转换为查询字符串
            $scope.serializer1 = $httpParamSerializer($scope.user);
            $scope.serializer2 = $httpParamSerializerJQLike($scope.user);
        }]);
</script>
</body>
```

该程序中的两行粗体字代码分别使用 $httpParamSerializer 服务和$httpParamSerializerJQLike 服务将 JS 对象转换为查询字符串。浏览该页面可以看到如图 5.60 所示的效果。

图 5.60　转换查询字符串

$http 服务调用它的构造器即可与服务器交互，调用构造器时只要传入一个 JS 对象指定与服务器交互的选项即可。该 JS 对象支持如下属性。

- method：该属性指定发送请求的方式。该属性支持 GET、POST 等请求。
- url：该属性指定发送请求的 URL 地址。
- params：该属性值既可是 JS 对象，也可是字符串，它们都可以被$httpParamSerializer 服务序列化为查询字符串，并被追加到 GET 请求的 URL 地址之后作为请求参数。
- data：该属性指定请求参数。
- headers：该属性指定发送请求的请求头。该属性应该是一个 JS 对象，对象的属性名表示请求头的名，属性值表示请求头的值。
- eventHandlers：该属性指定的系列事件监听器将被绑定到 XMLHttpRequest 对象上。
- uploadEventHandlers：该属性指定的系列事件监听器将会被绑定为监听 XMLHttpRequest 的文件上传事件。
- xsrfHeaderName：该属性指定装配 XSRF 令牌的 HTTP 请求头的名字。
- xsrfCookieName：该属性指定包含 XSRF 令牌的 cookied 的名字。
- transformRequest：该属性指定一个形如 function(data, headersGetter){}的函数，或该函数的数组，该属性指定的函数将会对请求参数进行预处理。
- transformResponse：该属性指定一个形如 function(data, headersGetter, status){}的函数，或该函数的数组，该属性指定的函数将会对响应数据进行后处理。
- paramSerializer：该属性用于指定自定义的参数序列化器。
- cache：如果该属性被指定为 boolean 值，则该属性指定是否需要缓存服务器响应；该属性也可被指定为$cacheFactory 服务创建的对象。
- timeout：该属性指定与服务器交互的超时时长。
- withCredentials：该 Boolean 属性指定是否对 XmlHttpRequest 对象设置 withCredentials 旗标。
- responseType：该属性设置 XMLHttpRequest 对象的响应类型。

读者不要被上面的这么多属性吓着了，在实际开发中往往并不需要指定这么多属性，通常只要指定 method、url、data、headers 等常用属性即可。

调用$http 服务的构造器将会返回一个 Promise 对象，接下来程序可调用该对象的 then() 方法传入 resolve、reject 回调函数，这两个回调函数相当于 Ajax 的交互成功、失败的回调函数。两个回调函数都支持一个reponse参数,该参数支持如下属性。
- data:获取服务器的响应数据,该响应数据已被 transformResponse 属性指定的函数处理完成。
- status:该属性获取服务器响应的状态码。
- headers:该属性返回服务器响应头的读取函数。
- config:该属性返回创建$http请求的config对象——就是传入$http构造器内的参数。
- statusText:该属性获取服务器响应的状态文本。

下面示例示范了如何使用$http服务与服务器交互。

程序清单:codes\05\5.10\http\http.html

```html
<body ng-app="ajaxModule">
<div ng-controller="fkCtrl">
<h3>请输入你的信息:</h3>
<form id="userForm">
    用户名:<input type="text" name="user" ng-model="params.user"/><br />
    喜欢的图书:<select multiple="multiple" name="books" ng-model="params.books">
        <option value="java">疯狂 Java 讲义</option>
        <option value="javaee">轻量级 Java EE 企业应用实战</option>
        <option value="ajax">疯狂前端开发讲义</option>
        <option value="xml">疯狂 XML 讲义</option>
    </select><br />
    <input id="load" type="button" value="发送异步请求"
        ng-click="send();"/>
</form><hr />
<div ng-bind-html="show"></div>
</div>
<script type="text/javascript">
angular.module("ajaxModule", ['ngSanitize'])
    .controller('fkCtrl', ['$scope', '$http', '$httpParamSerializer',
        function($scope, $http, $httpParamSerializer){
        $scope.send = function(){
            // 调用$http服务与服务器交互
            $http({
                method: 'POST',
                url: 'pro',
                // 指定被序列化后的请求参数
                data: $httpParamSerializer($scope.params),
                headers: {
                    // 指定提交请求的 Content-Type
                    'Content-Type': 'application/x-www-form-urlencoded'
                }
            }).then(function successCallback(response)
            {
                $scope.show = "服务器响应状态为:" + response.status  + "<br />"
                    + response.data;
            }, function errorCallback(response)
            {
                $scope.show = '服务器响应异常';
            });
        };
    }]);
</script>
</body>
```

该程序中的粗体字代码创建了一个config对象,该对象将作为$http服务的构造器,这样即可创建一个Promise对象,接下来可通过Promise对象的then()方法传入回调函数。

这里的config对象指定了4个属性:method指定以POST方式发送请求;url指定请求的

发送地址；data 指定请求参数；headers 指定请求头，此处指定 Content-Type 请求头为 application/x-www-form-urlencoded，这是表单的正常提交方式。

该页面请求的服务器端地址是 pro，该地址由一个 Servlet 表示。该 Servlet 的代码如下。

程序清单：codes\05\5.10\http\WEB-INF\src\ org\crazyit\angularjs\web\ProServlet.java

```java
@WebServlet(urlPatterns="/pro")
public class ProServlet extends HttpServlet
{
    public void service(HttpServletRequest request ,
        HttpServletResponse response)
        throws IOException , ServletException
    {
        response.setContentType("text/html;charset=utf-8");
        PrintWriter out = response.getWriter();
        // 获取请求参数
        String user = request.getParameter("user");
        String[] books = request.getParameterValues("books");
        // 生成 HTML 字符串响应
        out.println(user + ",您好,现在时间是:" + new java.util.Date());
        out.println("<br />您喜欢的图书如下：");
        out.println("<ol>");
        for(int i = 0 ; i < books.length ; i++)
        {
            out.println("<li>" + books[i] + "</li>");
        }
        out.println("</ol>");
    }
}
```

将该应用部署在服务器中，启动服务器后浏览前面的页面，可看到如图 5.61 所示的效果。

图 5.61 使用$http 服务与服务器交互

5.10.2 $http 的快捷方法

$http 服务还提供了如下快捷方法与服务器交互，这些方法其实都是对$http 的简化。

- $http.get(url, [config])：发送 GET 请求的快捷方法，url 表示请求地址。
- $http.head(url, [config])：发送 HEAD 请求的快捷方法，url 表示请求地址。
- $http.post(url, data, [config])：发送 POST 请求的快捷方法，url 表示请求地址，data 表示请求参数。
- $http.put(url, data, [config])：发送 PUT 请求的快捷方法，url 表示请求地址，data 表示请求参数。

- $http.delete(url, [config]): 发送 DELETE 请求的快捷方法，url 表示请求地址。
- $http.jsonp(url, [config]): 发送 JSONP 请求的快捷方法，url 表示请求地址。
- $http.patch(url, data, [config]): 发送 JSONP 请求的快捷方法，url 表示请求地址，data 表示请求参数。

在这些方法中都可指定一个 config 参数，该参数的作用和直接使用$http 时传入的 config 参数的作用相同。

提示： 如果要使用$http 发送 DELETE、PUT 等方式的请求，则需要服务器端能处理这种请求：当服务器端支持 RESTful 风格的服务时，服务器端就可以处理 DELETE、PUT 等方式的请求。

下面示例示范了使用快捷方法$http.post()发送 POST 请求，该页面代码如下。

程序清单：codes\05\5.10\http\post.html

```html
<body ng-app="ajaxModule">
<div ng-controller="fkCtrl">
<h3>请输入你的信息：</h3>
<form id="userForm">
    用户名:<input type="text" name="user" ng-model="params.user"/><br />
    喜欢的图书:<select multiple="multiple" name="books" ng-model="params.books">
        <option value="java">疯狂 Java 讲义</option>
        <option value="javaee">轻量级 Java EE 企业应用实战</option>
        <option value="ajax">疯狂前端开发讲义</option>
        <option value="xml">疯狂 XML 讲义</option>
    </select><br />
    <input id="load" type="button" value="发送异步 POST 请求"
        ng-click="send();"/>
</form><hr />
<div ng-bind-html="show"></div>
</div>
<script type="text/javascript">
angular.module("ajaxModule", ['ngSanitize'])
    .config(function($httpProvider) {
        // 设置 POST 请求的默认请求头
        $httpProvider.defaults.headers.post['Content-Type'] =
            'application/x-www-form-urlencoded';
    })
    .controller('fkCtrl', ['$scope', '$http', '$httpParamSerializer',
        function($scope, $http, $httpParamSerializer){
        $scope.send = function(){
            // 指定被序列化后的请求参数
            $http.post('pro', $httpParamSerializer($scope.params))
            .then(function successCallback(response)
            {
                $scope.show = "服务器响应状态为：" + response.status + "<br />"
                    + response.data;
            }, function errorCallback(response)
            {
                $scope.show = '服务器响应异常';
            });
        };
    }]);
</script>
</body>
```

该示例与前面介绍的使用$http与服务器交互的页面代码很相似，区别在于粗体字代码为整个模块进行了配置，为所有 POST 请求增加了 Content-Type 请求头，并将该请求头设为 application/x-www-form-urlencoded。经过这样设置之后，AngularJS 在提交 POST 请求时，总会将 Content-Type 请求头设为 application/x-www-form-urlencoded，这样就不需要每次提交 POST 请求时都通过 config 进行设置了。

下面页面示范了使用$http.get()方法发送 GET 请求。

程序清单：codes\05\5.10\http\get.html

```html
<body ng-app="ajaxModule">
<div ng-controller="fkCtrl">
<h3>请输入你的信息：</h3>
<form id="userForm">
    用户名：<input type="text" name="user" ng-model="params.user"/><br />
    喜欢的图书：<select multiple="multiple" name="books" ng-model="params.books">
        <option value="java">疯狂 Java 讲义</option>
        <option value="javaee">轻量级 Java EE 企业应用实战</option>
        <option value="ajax">疯狂前端开发讲义</option>
        <option value="xml">疯狂 XML 讲义</option>
    </select><br />
    <input id="load" type="button" value="发送异步 GET 请求"
        ng-click="send();"/>
</form><hr />
<div ng-bind-html="show"></div>
</div>
<script type="text/javascript">
angular.module("ajaxModule", ['ngSanitize'])
    .controller('fkCtrl', ['$scope', '$http', '$httpParamSerializer',
    function($scope, $http, $httpParamSerializer){
        $scope.send = function(){
            // 发送 GET 请求时将请求参数追加在 URL 之后
            $http.get('pro?' + $httpParamSerializer($scope.params))
            .then(function successCallback(response)
            {
                $scope.show = "服务器响应状态为: " + response.status + "<br />"
                    // 获取服务器响应数据
                    + response.data;
            }, function errorCallback(response)
            {
                $scope.show = '服务器响应异常';
            });
        };
    }]);
</script>
</body>
```

由于发送 GET 请求时需要将请求参数转换为查询字符串，并追加到请求 URL 的后面，不能额外发送请求参数，因此粗体字代码先给出了"pro?"字符串，然后添加了使用$httpParamSerializer 转换得到的查询字符串。

上面两个页面的运行效果和图 5.61 所示的运行效果基本相似。此处不再给出。

5.10.3 使用$http 上传文件

$http 支持上传文件，上传文件有两个关键点：
- 将表单内文件以二进制的方式提交，这一点可借助于 FormData 来实现，因此只要在使用$http 提交请求时将 FormData 设为请求参数即可。

➢ 不能以 application/x-www-form-urlencoded 方式提交请求，要以 multipart/form-data 的方式提交请求。实际上提交请求时不能将 Content-Type 请求头设为 multipart/form-data，而是应该将该请求头设为 undefined，让 AngularJS 根据请求参数自动添加 Content-Type 请求头。

下面的页面代码示范了如何利用$http 处理文件上传。

程序清单：codes\05\5.10\upload\first.html

```html
<body ng-app="ajaxModule">
<div ng-controller="fkCtrl">
<form id="bookForm">
    书名：<input type="text" name="name"/><p>
    价格：<input type="text" name="price"/><p>
    作者：<input type="text" name="author"/><p>
    出版时间：<input type="month" name="publishDate"/><p>
    图书封面：<input type="file" name="cover" accept="image/*"/><p>
    <button type="button" ng-click="send();">提交</button>
</form>
<progress id="prog" min="0" max="100" ng-show="prog<100"
    value='{{prog}}'></progress>
<div ng-bind-html="show"></div>
</div>
<script type="text/javascript">
angular.module("ajaxModule", ['ngSanitize'])
    .controller('fkCtrl', ['$scope', '$http', function($scope, $http){
        // 设置默认的上传进度为 100
        $scope.prog = 100;
        $scope.send = function(){
            // 将整个表单封装成 FormData 对象
            var formData = new FormData(document.querySelector("#bookForm"));
            // 发送 POST 请求上传文件
            $http({url:'second.jsp', data:formData, method:'POST',
                // 关键是取消 AngularJS 默认的 Content-Type 请求头
                headers: {
                    'Content-Type': undefined
                },
                // 定义处理上传事件的事件处理函数
                uploadEventHandlers: {
                    progress: function(e){
                        $scope.$apply(function(){
                            // 计算上传任务完成的百分比
                            $scope.prog = (e.loaded / e.total) * 100;
                        })
                    }
                }
            })
            .then(function successCallback(response)
            {
                $scope.show = "服务器响应状态为：" + response.status + "<br />"
                    + response.data;
            }, function errorCallback(response)
            {
                $scope.show = '服务器响应异常';
            });
        };
    }]);
</script>
</body>
```

该程序中的第一行粗体字代码将整个表单封装成 FormData 对象，该对象包含了表单内所有数据。接下来程序调用$http 对象发送 POST 请求。发送 POST 请求时 data 指定的请求参数就是前面封装的 FormData 对象，这样就可以将整个表单数据（包括要上传的文件）上传到服务器。

此外，本例还指定了 uploadEventHandlers 属性，该属性指定的事件处理函数能监听文件上传的完成进度，并使用$scope 的 prog 变量来保存文件上传的进度，且将该进度值和页面中的进度条进行了绑定，这样即可让页面中的进度条显示文件的上传进度。

▶▶ 5.10.4 使用$resource 服务

AngularJS 还额外提供了一个 ngResource 模块，该模块专门用于与支持 RESTful 风格的服务交互。

由于 ngResource 模块并不是 AngularJS 的核心部分，而是一个可选的模块，因此如果需要使用该模块，则需要在页面上单独引用该模块的 JS 库：

```
<script type="text/javascript" src="/javascripts/angular-resource.js">
```

引入 ngResource 模块之后，接下来即可使用$resource 服务了。

使用$resource 服务大致可分为两步：

① 调用$resource(url, [paramDefaults], [actions], options)构造器创建一个对象。

程序并不直接使用$resource 与服务器通信，$resource 是一个创建资源对象的工厂，用来创建同服务器端交互的对象。例如如下代码：

```
var CreditCard = $resource('/user/:userId/card/:cardId',
    {userId:123, cardId:'@id'});
```

以上代码返回的 CreditCard 对象包含了同后端服务进行交互的方法，因此可将 CreditCard 对象理解成与 RESTful 服务通信的接口。

② 调用通信对象的 get、save、query、remove、delete 方法与服务器交互。这些方法对应的操作为：

```
{'get':     {method:'GET'},
 'save':    {method:'POST'},
 'query':   {method:'GET', isArray:true},
 'remove':  {method:'DELETE'},
 'delete':  {method:'DELETE'} }
```

比如要获取 id 为 123 的用户的 id 为 20 的信用卡，可通过如下代码完成：

```
// 获取与服务器端交互的对象
var CreditCard = $resource('/user/:userId/card/:cardId',
    {userId:123, cardId:'@id'});
// 获取 id 为 20 的信用卡
var card = CreditCard.get({cardId:20}, function() {
    ...
});
```

如果要删除 id 为 123 的用户的 id 为 30 的信用卡，则可通过如下代码完成：

```
// 获取与服务器端交互的对象
var CreditCard = $resource('/user/:userId/card/:cardId',
    {userId:123, cardId:'@id'});
// 删除 id 为 30 的信用卡
var card = CreditCard.delete({cardId:30}, function() {
    ...
});
```

5.11 多视图和路由

对于一个复杂的前端页面,通常需要将页面分解于不同的视图模板中,而用户却感觉整个应用依然停留在一个页面内,这就需要通过 AngularJS 的多视图和路由(router)支持来实现了。

AngularJS 路由允许开发者通过不同的 URL 访问不同的内容,从而实现多视图的单页 Web 应用(Single Page Web Application,SPA)。

▶▶ 5.11.1 使用$routeProvider 配置路由规则

当用户使用 AngularJS 应用时,AngularJS 路由能让用户从一个视图导航到另一个视图。

虽然前端应用开发已经发展到完全可以实现单页面应用,但普通用户依然习惯使用浏览器传统的导航模式。

- ➢ 在地址栏输入 URL,浏览器就会导航到相应的页面。
- ➢ 在页面中单击链接,浏览器地址栏会发生改变,页面导航到另一个新页面。
- ➢ 单击浏览器的前进和后退按钮,浏览器就会向前或向后导航。

AngularJS 的路由借鉴了这个模型,它把浏览器中的 URL 看作一个操作指南,即使在单页 Web 应用中也可使用 URL 导航,甚至可以把参数传给支撑视图的相应组件,帮它决定具体该展现哪些内容。

此外,开发者也可为页面中的链接绑定一个路由,这样,当用户单击链接时,就会被导航到应用中相应的视图。当用户单击按钮,从下拉框中选取,或响应来自任何地方的事件时,都可以在代码控制下导航。路由器还在浏览器的历史日志中记录下这些活动,这样浏览器的前进和后退按钮也能照常工作。

AngularJS 使用$routeProvider 服务配置路由,可通过多个 when()和 otherwise()方法进行配置,这些方法的语法格式如下。

- ➢ when(path, route):当用户请求的 URL 为 path 时,AngularJS 使用 route 路由进行处理。
- ➢ otherwise(route):当用户请求的 URL 不匹配前面所有 when()方法配置的 path 时,AngularJS 使用 otherwise ()方法指定 route 路由进行处理。

上面两个方法中都涉及一个 route 参数,该参数是一个 JS 对象,用于指定应用的路由规则。该 JS 对象支持如下属性。

- ➢ controller:该属性指定处理该路由的控制器参数,该属性的值既可是函数名,也可是直接定义的函数。
- ➢ controllerAs:该控制器指定一个别名;指定该属性之后,该控制器将会被添加在$scope 中。
- ➢ template:该属性指定处理该路由的 HTML 模板字符串。
- ➢ templateUrl:该属性指定处理该路由的 HTML 模板 URL。

template 和 templateUrl 属性二者只需要指定其一,如果同时指定两个属性,那么只有 template 属性会发挥作用。

- ➢ resolve:该属性指定一个 JS 对象,该对象中包含 key-value 对,其将会被注入控制器中。
- ➢ resolveAs:为 resolve 指定的对象指定一个别名。如果不指定别名,该 resolve 对象的默认别名为$resolve。
- ➤ redirectTo：将路由重定向到某个 URL。如果指定了该属性，则前面的 controller、template 等属性都无须指定。
- ➤ reloadOnSearch：该属性指定是否只有当$location.search()或$location.hash()返回 true 时才会重新加载路由。该属性默认为 true。
- ➤ caseInsensitiveMatch：该属性指定匹配路由时是否区分大小写。该属性默认是 false。

下面示例将要实现一个简单的单页面 Web 应用，该应用模拟一个对图书进行增、改、列表显示的应用。该页面先使用$routeProvider 配置路由。下面是在该页面中创建模块并为模块配置路由的代码。

程序清单：codes\05\5.11\router\index.html

```
// 创建模块，加载 ngRoute 模块
let app = angular.module("book-app", ['ngRoute'])
    // 配置路由，就是配置 URL 与模板、控制器之间的映射关系
    .config(['$routeProvider', '$locationProvider',
    function($routeProvider, $locationProvider){
        $routeProvider
        // 如果用户请求/路径，使用 ListController 控制器和对应模板
        .when('/', {
            controller: 'ListController',
            templateUrl: 'list.html'
        })
        // 如果用户请求/add 路径，使用 AddController 控制器和对应模板
        .when('/add', {
            controller: 'AddController',
            templateUrl: 'add.html'
        })
        // 如果用户请求/view/:id 路径，使用 DetailController 控制器和对应模板
        .when('/view/:id', {
            controller: 'DetailController',
            templateUrl: 'detail.html'
        })
        // 如果用户请求/edit/:id 路径，使用 EditController 控制器和对应模板
        .when('/edit/:id', {
            controller: 'EditController',
            templateUrl: 'edit.html'
        })
        .otherwise({ redirectTo: '/' });
        // 开启 HTML 5 模式
        $locationProvider.html5Mode(true);  // ①
    }]);
```

这里使用了 4 个 when()方法对模块进行配置，4 个 when()方法分别配置了 4 个路由，这 4 个路由指定用户请求的 URL 与控制器、HTML 模板之间的对应关系。

前面讲述过，AngularJS 采用控制器和视图分离的原则，因此如果需要向用户呈现一个界面，则往往需要控制器和视图模板的配合。以上面/add 请求为例，该 when()方法指定当用户请求的 URL 为/add 时，AngularJS 将使用 AddController 结合 add.html 来呈现界面。

这里使用$routeProvider 配置路由时还使用了 otherwise()方法，在为该方法传入的参数中，只指定了 redirectTo 为'/'，这表明当用户请求其他 URL 时，AngularJS 都会重定向到应用的根路径。

配置路由的 URL 可分为两种：
- ➤ 无参数的 URL：路由配置中"/"、"/add"这些 URL 都是无参数的。
- ➤ 带参数的 URL：路由配置中"/view/:id"、"/edit/:id"这些 URL 都是带参数的，当用

户请求的 URL 为/view/1 或 view/abc 时将匹配"/view/:id",其中 1、abc 将作为 id 参数;当用户的请求 URL 为/edit/1 或 edit/abc 时将匹配"/edit/:id",其中 1、abc 将作为 id 参数。

上面①处代码开启了$locationProvider 的 HTML 5 模式,这是最新版的 AngularJS 建议采用的模式。

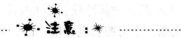

使用最新版的 AngularJS 时,建议开启$locationProvider 的 HTML 5 模式。

需要说明的是,如果开启了$locationProvider 的 HTML 5 模式,AngularJS 默认需要在应用页面的上方指定<base.../>元素,例如该应用的基础路径为 router,因此在该页面的 head 部分增加了如下内容:

```
<base href="/router/">
```

接下来需要实现上面路由配置中定义的控制器和 HTML 模板页面。

▶▶ 5.11.2 创建多视图

下面先为路由配置中的控制器提供函数,可通过调用 angular.Module 的 controller()方法来实现。下面是本例调用 Angular 模块的多个 controller()方法来添加的控制器。

程序清单:codes\05\5.11\router\index.html

```
// 初始化一些图书信息,模拟从服务器端加载的数据
let books = [{ id: 1, name: '疯狂 HTML 5 讲义', author: '李刚', price: 79 },
    { id: 2, name: '疯狂前端开发讲义', author: '李刚', price: 79 },
    { id: 3, name: '疯狂 Android 讲义', author: '李刚', price: 108 }
];
app.controller("MainController", ['$route','$location', '$routeParams',
        function ($route, $location, $routeParams){
        this.$route = $route;
        this.$location = $location;
        this.$routeParams = $routeParams;
    }])
    // 创建 ListController 控制器
    .controller("ListController", ['$scope', function ($scope){
        $scope.bookList = books;
    }])
    // 创建 AddController 控制器
    .controller("AddController", ['$scope',    function ($scope){
        $scope.add = function(){
            books.push($scope.book);
            $scope.book.id = books.length;
            // 返回系统首页
            $location.path("/");
        };
        $scope.cancel = function(){
            // 返回系统首页
            $location.path("/");
        };
    }])
    // 创建 DetailController 控制器
    .controller("DetailController", ['$scope', '$routeParams',
    function ($scope, $routeParams){
        $scope.book = books[$routeParams.id - 1];
    }])
```

```
            // 创建 EditController 控制器
            .controller("EditController", ['$scope', '$routeParams',
        '$location', function($scope, $routeParams, $location){
            $scope.book = books[$routeParams.id - 1];
            // 保留原来的图书，准备取消时使用。
            $scope.rawBook = angular.copy($scope.book);
            $scope.save = function(){
                // 如果有服务器端支持，此处应将修改提交到服务器端
                // 返回系统首页
                $location.path("/");
            }
            $scope.cancel = function(){
                books[$routeParams.id - 1] = $scope.rawBook;
                // 返回系统首页
                $location.path("/");
            }
        }])
```

在该页面代码中一共创建了 MainController、ListController、AddController、DetailController、EditController 这 5 个控制器，这些控制器负责为视图模板准备数据。

在这 5 个控制器中，MainController 控制器负责处理 index.html 页面内的视图模板，ListController 控制器负责处理/请求，AddController 控制器负责处理/add 请求，DetailController 控制器负责处理/view/:id 请求，EditController 控制器则负责处理/edit/:id 请求。

MainController 控制器直接使用 index.html 页面的视图模板，因此需要在该页面中为某个 HTML 元素指定 ng-controller="MainController"。下面是该页面的 HTML 代码。

程序清单：codes\05\5.11\router\index.html

```html
<body ng-app="book-app">
<div ng-controller="MainController as main">
    <h3>图书信息</h3><div><a href='add'>添加图书</a></div>
    <div ng-view></div>
<hr>
<!-- 查看相关信息 -->
<pre>$location.path() = {{main.$location.path()}}</pre>
<pre>$route.current.templateUrl = {{main.$route.current.templateUrl}}</pre>
<pre>$route.current.params = {{main.$route.current.params}}</pre>
<pre>$routeParams = {{main.list.$routeParams}}</pre>
</div>
```

该代码中的第一行粗体字代码指定 MainController 控制器时还为它指定了一个别名：main，这样就可通过该别名来访问该控制器了。

此外，第二行粗体字代码为<div.../>元素指定了 ng-view 指令，该指令的作用是将<div.../>元素配置为一个"容器"，该"容器"用于容纳目标界面——比如用户请求/add 地址时，系统将会把 AddController 控制器和 add.html 页面结合产生的用户界面呈现在该容器内。

ListController 控制器对应的视图模板用于迭代、显示系统中所有图书。该页面代码如下：

程序清单：codes\05\5.11\router\list.html

```html
<table class="gridtable">
    <tr>
        <th>ID</th>
        <th>书名</th>
        <th>作者</th>
        <th>价格</th>
        <th>操作</th>
    </tr>
    <tr ng-repeat="b in bookList">
```

```
         <td>{{b.id}}</td>
         <td><a ng-href="view/{{b.id}}">{{b.name}}</a></td>
         <td>{{b.author}}</td>
         <td>{{b.price}}</td>
         <td><a ng-href="edit/{{b.id}}">修改</a></td>
      </tr>
</table>
```

AddController 控制器对应的视图模板用于提供表单元素,让用户输入图书信息,并将图书信息添加到系统中。该页面代码如下。

程序清单:codes\05\5.11\router\add.html

```
<div>
   <div><strong>书名:</strong>
   <input type="text" ng-model="book.name"/></div>
   <div><strong>作者:</strong>
   <input type="text" ng-model="book.author"/></div>
   <div><strong>价格:</strong>
   <input type="number" ng-model="book.price"/></div>
   <button ng-click="add();">添加</button>
   <button ng-click="cancel();">取消</button>
</div>
```

DetailController 控制器对应的视图模板用于根据用户选择的图书,显示该图书的详细信息。该页面代码如下。

程序清单:codes\05\5.11\router\detail.html

```
<div>
   <div><strong>ID:</strong>{{book.id}}</div>
   <div><strong>书名:</strong>{{book.name}}</div>
   <div><strong>作者:</strong>{{book.author}}</div>
   <div><strong>价格:</strong>{{book.price}}</div>
   <a href=".">返回</a>
</div>
```

EidtController 控制器对应的视图模板用于提供表单元素,让用户修改目标图书的信息。该页面代码如下。

程序清单:codes\05\5.11\router\edit.html

```
<div>
   <div><strong>ID:</strong>
   <input type="text" readonly ng-model="book.id"/></div>
   <div><strong>书名:</strong>
   <input type="text" ng-model="book.name"/></div>
   <div><strong>作者:</strong>
   <input type="text" ng-model="book.author"/></div>
   <div><strong>价格:</strong>
   <input type="number" ng-model="book.price"/></div>
   <button ng-click="save();">编辑</button>
   <button ng-click="cancel();">取消</button>
</div>
```

▶▶ 5.11.3 通过路由切换视图

提供控制器和 HTML 视图模板之后,接下来系统就可通过路由来切换视图。注意看前面 list.html 和 detail.html 两个页面代码的粗体字代码行。

```
<a ng-href="view/{{b.id}}">{{b.name}}</a>
```

```
<a ng-href="edit/{{b.id}}">修改</a>
<a href=".">返回</a>
```

上面的 3 个超链接都被指定了 href 或 ng-href 属性——这两个属性其实功能差不多，只是如果程序需要在 href 属性中使用 AngularJS 模板时，就需要使用 ng-href 属性，而不能使用普通的 href 属性。

对于这种传统的超链接，当用户单击超链接时，浏览器地址栏的 URL 会发生改变，这样即可匹配程序前面通过$routeProvider 配置的路由，不同路由则指定了对应的控制器和视图模板，控制器和视图模板所呈现的界面将会显示在指定了 ng-view 指令的 HTML 元素中。

将应用部署在 Web 服务器（比如 Tomcat）中，启动 Web 服务器，首先打开的是该应用的首页，如图 5.62 所示。

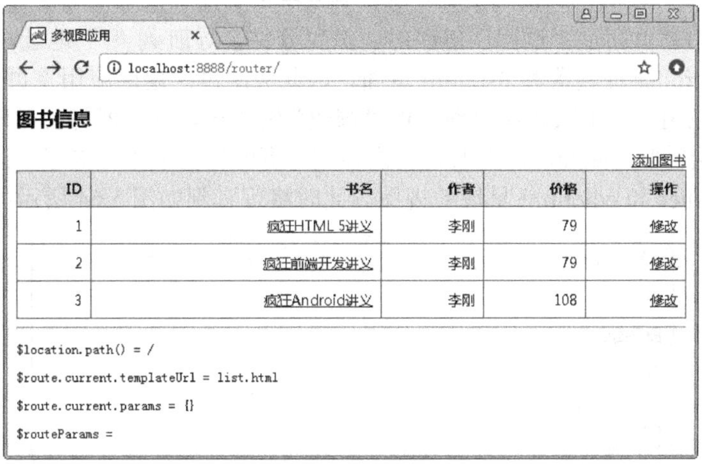

图 5.62 应用首页

在该示例中还用到了$route 和$routeParams 服务，这两个服务主要和 ngView 指令结合使用。其中，$routeParams 服务的作用比较简单，它主要用于获取 URL 中的路由参数，比如对于/edit/2，它匹配了/edit/:id 路由，因此通过$routeParams 服务即可获取名为 id、值为 2 的请求参数。

$route 服务则用于获取一些当前的路由信息或监听路由事件，该服务支持如下方法和属性：
- reload()：强制重新加载当前路由，即使$location 没有发生改变。
- updateParams(newParams)：强制当前路由使用 newParams 指定的参数更新自己。
- current：获取当前路由，该属性返回一个 JS 对象，该对象包含前面使用$routeProvider 配置路由时指定的各种信息。

$route 服务还可监听系统的路由改变事件，$route 支持为如下事件指定事件监听函数。
- $routeChangeStart：路由开始发生改变时激发该事件的监听函数。
- $routeChangeSuccess：路由改变成功时激发该事件的监听函数。
- $routeChangeError：路由改变出错时激发该事件的监听函数。
- $routeUpdate：路由更新时激发该事件的监听函数。

当用户单击应用首页上某本图书对应的链接时，浏览器将会导航到形如/view/2 的地址，其中 2 将会被$routeParams 提取为路由参数。页面将会使用指定了 ng-view 指令的容器来装载 DetailController 和 detail.html 呈现的视图。此时将可看到如图 5.63 所示的页面。

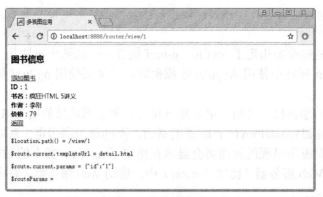

图 5.63 查看图书

当用户单击图书页面上"返回"链接时,浏览器将会导航到"/"地址,该地址在路由配置中匹配 ListController 控制器和 list.html 页面,因此应用再次返回应用首页。

当用户单击应用首页上某本图书对应的"修改"链接时,浏览器将会导航到形如/edit/2 的地址,其中 2 将会被$routeParams 提取为路由参数。页面将会使用指定了 ng-view 指令的容器来装载 EditController 和 edit.html 呈现的视图。此时将可看到如图 5.64 所示的页面。

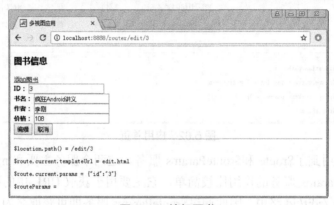

图 5.64 编辑图书

经过前面的学习,下面简单归纳一下 AngularJS 路由支持的基本过程。

① 用户通过改变 URL 触发路由,比如用户向 URL 为 "/edit/2" 的路径发送请求。

② AngularJS 将会查找$routeProvider 配置的路由规则,找到匹配的 when('/view/:id', {}) 方法。

③ AngularJS 根据对应 when()方法中的 controller、template 等属性来生成用户界面。

④ 将生成的用户界面装载到指定了 ng-view 属性的 HTML 元素中显示。

▶▶ 5.11.4 使用$location 实现多视图切换

在上面应用中,编辑图书和添加图书的页面很相似,这两个页面都不是使用超链接来改变 URL,而是使用按钮触发对应的操作,此时可以在按钮对应的事件处理函数中使用$location 服务来实现视图切换。

$location 服务基于 window.location 实现,其可用于解析浏览器地址栏的 URL,使用 AngularJS 应用可使用该 URL。此外,通过$location 服务改变当前 URL 也会导致浏览器地址栏 URL 发生改变。

$location 服务提供了如下方法:

- absUrl()：获取该 URL 对应的绝对路径。
- url([url])：该方法是一个 getter/setter 方法，如果不为其传入参数，该方法就返回当前 $location 的 URL；如果传入参数，表示将该$location 的 URL 改为指定 url 参数。
- protocol()：返回$location 的 URL 对应的协议。
- host()：返回$location 的 URL 对应的主机名。
- port()：返回$location 的 URL 对应的端口。
- path([path])：该方法是一个 getter/setter 方法，如果不为其传入参数，该方法就返回当前$location 的 path；如果传入参数，表示将该$location 的 URL 的 path 改为指定 path。
- search(search, [paramValue])：该方法是一个 getter/setter 方法，如果不为其传入参数，该方法就返回当前$location 的查询字符串；如果传入参数，表示将该$location 的 URL 的查询字符串改为指定查询字符串。
- state([state])：该方法是一个 getter/setter 方法，如果不为其传入参数，该方法就返回当前$location 的 history 的状态；如果传入参数，表示将该$location 的 history 的状态设为指定状态。

从上面的介绍可以看出，如果只是改变地址栏 URL 的 path 部分，则调用$location 的 path() 方法即可。

下面再来看前面介绍的添加图书对应的控制器代码。

程序清单：codes\05\5.11\router\index.html

```
// 创建 AddController 控制器
.controller("AddController", ['$scope', '$location',
  function ($scope, $location){
  $scope.add = function(){
     books.push($scope.book);
     $scope.book.id = books.length;
     // 返回系统首页
     $location.path("/");
  };
  $scope.cancel = function(){
     // 返回系统首页
     $location.path("/");
  };
}])
```

在该代码中，$scope 服务的 add()函数将作为添加图书的事件处理函数，该函数会将当前页面绑定的 book 对象添加到系统的 books 集合中，然后调用$location.path("/")方法返回首页；而$scope 服务的 cancel()函数的处理则更简单，直接调用$location.path("/")方法返回首页即可——这样即可使用$location 服务在代码中实现多视图切换了。

编辑图书对应的控制器代码与此类似。

程序清单：codes\05\5.11\router\index.html

```
// 创建 EditController 控制器
.controller("EditController", ['$scope', '$routeParams',
'$location', function($scope, $routeParams, $location){
  $scope.book = books[$routeParams.id - 1];
  // 保留原来的图书，准备取消时使用。
  $scope.rawBook = angular.copy($scope.book);
  $scope.save = function(){
     // 如果有服务器端支持，此处应将修改提交到服务器端
     // 返回系统首页
     $location.path("/");
```

```
        }
        $scope.cancel = function(){
            books[$routeParams.id - 1] = $scope.rawBook;
            // 返回系统首页
            $location.path("/");
        }
}])
```

在修改图书的控制器中事件处理函数同样使用$location服务来实现多视图切换。

5.12 使用 ui-router 框架实现多视图

除了可使用 AngularJS 官方提供的 ngRoute 模块实现多视图和路由之外，另外还有一个 ui-router 的开源项目可用于实现单页面 Web 应用。与 AngularJS 自带的 ngRoute 模块相比，ui-router 允许将一个页面分解成多个视图，每个视图都可以被单独更新。

▶▶ 5.12.1 ui-router 的下载和安装

ui-router 广大开源爱好者为 AngularJS 提供的第三方框架，并没有被集成在 AngularJS 框架内，因此开发者必须自行下载、安装。

下载和安装 ui-router 框架请按如下步骤进行：

① 登录 ui-router 在 GitHub 的托管站点：https://github.com/angular-ui/ui-router/，然后单击页面上"xxx releases"链接，即可根据需要下载任意版本的 ui-router。

本书成书之时，ui-router 的最新版本是 0.4.2，也建议读者下载该版本的 ui-router。

下载完成后即可得到一个 ui-router 的压缩 zip 包，解压该 zip 包后，即可在解压路径的 release 目录下找到如下两个 JavaScript 库。

> angular-ui-router.min.js：该版本是去除注释、压缩后的 ui-router 库，文件体积较小，开发实际运行项目推荐使用该版本。

> angular-ui-router.js：该版本的 ui-router 库没有压缩，而且保留了注释。学习 ui-router 及有兴趣研究 ui-router 源代码的读者可以使用该版本。

除此之外，在浏览器地址栏中输入 https://github.com/angular-ui/ui-router/wiki/ （单击 ui-router 项目页面上 wiki 链接也可打开该网页），可看到 ui-router 库的在线文档，主要内容包括 In-Depth Guide（深度指南）和 Reference Docs（参考文档）两个部分，读者可参考该文档来学习 ui-router 的用法。

② ui-router 库的安装很简单，只要在 HTML 页面中导入 ui-router 的 JavaScript 文件即可。为了导入 ui-router 库，应在 HTML 页面的开始位置增加如下代码：

```
<!-- 导入 ui-router 的 JS 库 -->
<script type="text/javascript" src="angular-ui-router.min.js">
</script>
```

注意，在不同的安装中，src 属性可能会有小小的变化。如果 angular-ui-router.min.js 文件名被改变了，或者它与 HTML 页面并不是放在同一个路径下，则应该在该代码的基础上做相应的修改，让 src 属性指向 angular-ui-router.min.js 脚本文件所在的位置。

▶▶ 5.12.2 使用$stateProvider 配置路由

本例将会使用 ui-router 框架改写前面小节的示例。

ui-router 提供了两个 Provider 来配置路由。

- ➢ $urlRouterProvider：URL 重定向路由引擎，该对象同样使用多个 when()方法和一个 otherwise()方法对路由进行重定向。表面来看它的用法和$routeProvider 比较相似，但实际上 ui-router 并不使用$urlRouterProvider 配置路由。
- ➢ $stateProvider：ui-router 实际使用的路由配置器。

使用 ui-router 框架的关键一步就是使用$stateProvider 来配置路由。$stateProvider 主要提供了一个 state(name, stateConfig)方法，该方法中的 name 参数表示 state 名，stateConfig 参数则表示该 state 对应的配置。

对于 ui-router，使用$stateProvider 配置的 state 名非常重要，ui-router 路由被激活时，需要根据该 state 名来匹配对应的 HTML 模板和控制器。

> **注意：** 与 AngularJS 自带的路由模块不同，AngularJS 自带的路由模块是根据 URL 来匹配对应的 HTML 模板和控制器；而 ui-router 则根据 state 名来匹配对应的 HTML 模板和控制器。

state(name, stateConfig)方法的第一个参数指定路由规则的 state 名，第二个参数则用于为该 state 配置 HTML 模板和控制器。该 stateConfig 对象可支持如下几个属性。

- ➢ url：该属性指定的 URL 用于对地址栏的 URL 进行重写。
- ➢ template：该属性指定的字符串内容将作为 HTML 模板内容。
- ➢ templateUrl：该属性用于指定 HTML 模板的 URL，可以是字符串或函数，如果是函数，则该函数的返回值表示 HTML 模板的 URL。
- ➢ templateProvider：该属性的值为一个函数，该函数返回的字符串将作为 HTML 模板内容。
- ➢ controller：控制器函数或已有的控制器函数名。
- ➢ controllerAs：用于为控制器函数指定别名。
- ➢ controllerProvider：该属性的值为一个函数，该函数的返回字符串将作为控制器函数的名字。
- ➢ resolve：该属性为一个 JS 对象，该对象包含的 key、value 可能以依赖注入的方式被传入控制器函数。
- ➢ views：该属性是一个 JS 对象。该 JS 对象的每个 key 是一个 ui-view 名，value 又是需要指定 template 和 controller 等属性的 JS 对象。后面会有关于该属性的示例介绍。

虽然看上去属性挺多，但其实它们都是为了提供 HTML 模板和控制器，只不过提供的形式不同而已。

下面是本例使用$stateProvider 配置路由的代码。

程序清单：codes\05\5.12\ui_router\index.html

```
// 创建模块，加载 ui.router 模块
let app = angular.module("book-app", ['ui.router'])
    // 配置路由，就是配置 URL 与模板、控制器之间的映射关系
    .config(['$stateProvider', '$urlRouterProvider',
    function($stateProvider, $urlRouterProvider){
        // 指定默认重定向到/index 地址
        $urlRouterProvider.otherwise('/index');
        $stateProvider
        // 如果请求 index state，使用 ListController 控制器和对应模板
```

```
            .state('index', {
                url:"/index", // 地址栏重写为/index
                controller: 'ListController',
                templateUrl: 'list.html'
            })
            // 如果请求add state，使用AddController控制器和对应模板
            .state('add', {
                url: '/add', // 地址栏重写为/add
                controller: 'AddController',
                templateUrl: 'add.html'
            })
            // 如果请求viewDetail state，使用DetailController控制器和对应模板
            .state('viewDetail', {
                url:'/view/:id', // 地址栏重写为/view/:id
                controller: 'DetailController',
                templateUrl: 'detail.html'
            })
            // 如果请求edit state，使用EditController控制器和对应模板
            .state('edit', {
                url: '/edit/:id', // 地址栏重写为/edit/:id
                controller: 'EditController',
                templateUrl: 'edit.html'
            })
}]);
```

在该代码中共配置了 5 个 state，为每个 state 都指定了 url（用于重写地址栏的 URL）、controller（指定控制器）和 templateUrl（指定 HTML 模板的 URL）。

▶▶ 5.12.3 多视图切换与$state

与 AngularJS 使用 ng-view 指令来标识容器不同，ui-router 使用 ui-view 指令来标识容器。当 ui-router 找到匹配的控制器和 HTML 模板生成用户界面后，该用户界面将会显示在被指定了 ui-view 指令的 HTML 元素中。

再次需要说明的是，ui-router 并不是根据 URL 激活路由，而是根据 state 名来激活路由。ui-router 系统激活路由主要有以下两种方式。

- $state.go(to, [params], [options])：该方法主要用于在 JS 代码中激活路由，其中 to 参数表示要激活的 state 名，params 表示路由参数，options 表示额外的选项。
- ui-sref：该指令可用于在 HTML 模板中激活路由。该指令的功能大致等同于 HTML 超链接中的 href 属性的功能。但如果要传递路由参数，则需要将路由参数名字、路由参数值定义成 JS 对象，并放在圆括号中。例如 edit({ id: 5 })，表明链接到名为 edit 的 state，传入 id 为 5 的路由参数。

ui-router 的路由参数可通过$stateParams 来获取，$stateParams 的功能与前面介绍的$routeParams 的功能基本相同。

下面是 index.html 页面中的 HTML 代码部分。

程序清单：codes\05\5.12\ui_router\index.html

```
<body ng-app="book-app">
<div ng-controller="MainController as main">
    <h3>图书信息</h3><div><a ui-sref='add'>添加图书</a></div>
    <div ui-view></div>
</div>
```

代码中的第一行粗体字代码为<a.../>元素指定了 ui-sref="add"，这表明该链接将会激活名为 add 的 state。在前面使用$stateProvider 配置的路由中，该 state 对应于 AddController 和 add.html

页面模板，因此 ui-router 将会使用 AddController 和 add.html 渲染出最终的 HTML 页面，并将该页面放入指定了 ui-view 属性的 HTML 元素中——也就是第二行粗体字代码处。

在 list.html 页面上的查看图书、修改图书的链接也需要使用 ui-sref 指令来激活路由。下面是 list.html 页面的代码。

程序清单：codes\05\5.12\ui_router\list.html

```html
<table class="gridtable">
    <tr>
        <th>ID</th>
        <th>书名</th>
        <th>作者</th>
        <th>价格</th>
        <th>操作</th>
    </tr>
    <tr ng-repeat="b in bookList">
        <td>{{b.id}}</td>
        <td><a ui-sref="viewDetail({ id: b.id })">{{b.name}}</a></td>
        <td>{{b.author}}</td>
        <td>{{b.price}}</td>
        <td><a ui-sref="edit({ id: b.id })">修改</a></td>
    </tr>
</table>
```

该示例的 add.html、edit.html、detail.html 页面模板与前一个示例的大致相同，此处不再赘述。

前面使用 $stateProvider 定义路由时为 4 个 state 分别定义了 HTML 模板和控制器，因此本例同样也需要在 JS 脚本中定义这 4 个控制器。下面是定义控制器的代码。

程序清单：codes\05\5.12\ui_router\index.html

```javascript
// 初始化一些图书信息，模拟从服务器端加载的数据
let books = [{ id: 1, name: '疯狂HTML 5讲义', author: '李刚', price: 79 },
    { id: 2, name: '疯狂前端开发讲义', author: '李刚', price: 79 },
    { id: 3, name: '疯狂Android讲义', author: '李刚', price: 108 }
];
app.controller("MainController", angular.noop)
    // 创建 ListController 控制器
    .controller("ListController", ['$scope', function ($scope){
        $scope.bookList = books;
    }])
    // 创建 AddController 控制器
    .controller("AddController", ['$scope', '$state',
        function ($scope, $state){
        $scope.add = function(){
            books.push($scope.book);
            $scope.book.id = books.length;
            // 返回 index state，也就是返回系统首页
            $state.go("index");
        };
        $scope.cancel = function(){
            // 返回 index state，也就是返回系统首页
            $state.go("index");
        };
    }])
    // 创建 DetailController 控制器
    .controller("DetailController", ['$scope', '$stateParams',
        function ($scope, $stateParams){
        $scope.book = books[$stateParams.id - 1];
    }])
    // 创建 EditController 控制器
```

```
        .controller("EditController", ['$scope', '$stateParams',
            '$state', function($scope, $stateParams, $state){
                $scope.book = books[$stateParams.id - 1];
                // 保留原来的图书，准备取消时使用。
                $scope.rawBook = angular.copy($scope.book);
                $scope.save = function(){
                    // 如果有服务器端支持，此处应将修改提交到服务器端
                    // 返回 index state，也就是返回系统首页
                    $state.go("index");
                }
                $scope.cancel = function(){
                    books[$stateParams.id - 1] = $scope.rawBook;
                    // 返回 index state，也就是返回系统首页
                    $state.go("index");
                }
        }])
```

从上面代码可以看出，此处定义 ListController、AddController、DetailController、EditController 的代码与前一节示例的代码基本相同，区别只在于 4 行粗体字代码——使用 ui-router 控制路由时，JS 脚本调用$state 的 go(state 名)方法激活路由；如果使用 AngularJS 的 ngRoute 控制路由，JS 脚本会调用$location 的 path(path 名)方法激活路由。

▶▶ 5.12.4 多个命名的嵌套视图

与 AngularJS 自带的 ngRoute 相比，ui-router 最大的优势在于它支持同一个页面内包含多个命名的视图。ui-router 的 ui-view 指令可指定一个属性值，该值就是该视图的名字。接下来就可以为一个 state 配置多个视图，每个视图对应一个 ui-view 元素。

下面将再次开发一个新的示例，该示例的首页上包含多个使用了 ui-view 指令的 HTML 元素。下面是该示例的首页代码。

程序清单：codes\05\5.12\ui_router2\index.html

```
<body ng-app="router-app">
    <h1>多 ui-view</h1>
    <!-- 传入参数 -->
    <span ui-sref="home({ userId: 20 })">主页</span>
    <span ui-sref="books">图书</span>
    <span ui-sref="authors">作者</span>
    <div ui-view></div>
    <div style="width:700px">
        <div ui-view="summary" class="left"></div>
        <div ui-view="content" class="right"></div>
    <div>
</body>
```

该页面中定义了 3 个指定了 ui-view 指令的<div.../>元素，其中只有一个 ui-view 指令没有被指定属性值，另外两个都为 ui-view 指令指定了属性值，该属性值就相当于该视图容器的名字。

该页面中的三个<span.../>元素都被指定了 ui-sref 属性，分别为 home({ userId: 20 })、books 和 authors，这表明这 3 个<span.../>元素可用于激活路由——其中第一个 ui-sref 属性值 home({ userId: 20 })带了一个名为 userId 的路由参数，该参数值为 20。

接下来需要在 JS 脚本中定义 home、books、authors 这 3 个 state，下面是定义 3 个 state 的代码。

程序清单：codes\05\5.12\ui_router2\app.js

```
let myApp = angular.module("router-app", ["ui.router"]);
let authorsCount = 0;
```

```
    let booksCount = 0;
    let summaryCtrl = ['$scope', function($scope){
        $scope.authorsCount = authorsCount;
        $scope.booksCount = booksCount;
    }];
myApp.config(['$stateProvider', '$urlRouterProvider',
    function($stateProvider, $urlRouterProvider){
    // 不输入时候，默认跳转到/home
    $urlRouterProvider.otherwise("/home/");
    $stateProvider
        .state("home", {
            url: "/home/:userId",
            views: {
                "": {
                    template: "<h3>使用 ui-router 实现嵌套视图</h3>"
                },
                "summary": {
                    template: "首页部分的概要信息"
                },
                "content": {
                    templateProvider: ['$stateParams',
                        function($stateParams){
                            // 通过使用函数，可生成动态 HTML 模板
                            return '函数动态生成的模板，现在时间是：<p><b>'
                                + new Date() + '</b><p>'
                                + "userId参数为：" + $stateParams.userId
                        }]
                }
            }
        })
        .state("books", {
            url: '/books',
            views: {
                "": {
                    template: "<h3>使用 ui-router 实现嵌套视图</h3>"
                },
                "summary": {
                    templateUrl: 'summary.html',
                    controller: summaryCtrl
                },
                "content": {
                    templateUrl: 'books.html',
                    controller: function($scope){
                        $scope.books = [
                            {id:1, name:'疯狂 HTML 5 讲义', price: 79},
                            {id:2, name:'疯狂前端开发讲义', price: 89},
                            {id:3, name:'疯狂 Android 讲义', price: 108}
                        ];
                        booksCount = $scope.books.length;
                    }
                }
            }
        })
        .state("authors", {
            url: "/authors",
            views: {
                "": {
                    template: "<h3>使用 ui-router 实现嵌套视图</h3>"
                },
                "summary": {
                    templateUrl: 'summary.html',
                    controller: summaryCtrl
                },
```

```
                "content": {
                    templateUrl: 'authors.html',
                    controller: function($scope){
                        $scope.authors = [
                            {id:1, name:'施耐庵', type:'小说'},
                            {id:2, name:'李白', type:'诗歌'},
                            {id:3, name:'李时珍', type:'医学'}
                        ];
                        authorsCount = $scope.authors.length;
                    }
                }
            }
        })
}]);
```

从粗体字代码可以看出，对于本例定义的 3 个 state，第一个参数指定了 state 名；第二个 stateConfig 参数只是指定了 url 属性和 views 属性，views 属性表明该 state 可以包含多个命名视图，views 属性对应的 JS 对象的 key 指定了视图名；value 指定视图的详细信息（同样需要指定 template、controller 等信息）。

views 属性对应的 JS 对象包含""、"summary"和"content"这 3 个 key，这 3 个 key 正好对应了前面 index.html 页面中三个 ui-view 指令的值。因此，views 属性所配置的多个视图恰好显示在页面上各 ui-view 指令指定的 HTML 元素中。

该程序中用到的 summary.html、authors.html、books.html 这 3 个页面都比较简单，读者可直接参考光盘代码，此处不再给出。

将该应用部署在服务器（比如 Tomcat）中，启动 Tomcat 之后，浏览该应用的首页可以看到如图 5.65 所示的效果。

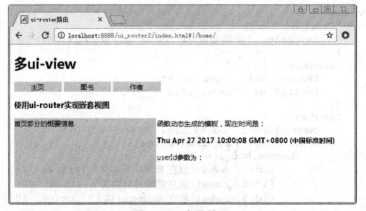

图 5.65　应用首页

从图 5.65 可以看出，该页面可被分为 3 个区域，页面上方为标题栏（"使用 ui-router 实现嵌套视图"），该区域在 3 个 state 中都是固定的，不会发生改变。

当用户单击页面上方的"图书"链接时，可以看到页面 summary、content 上的两个<div.../>元素发生改变，如图 5.66 所示。

books 和 authors 两个 state 的""和"summary"视图都是相同的，只有"content"视图是不同的，因此如果用户单击页面上的"作者"链接，将可以看到只有页面右下角发生更新。效果如图 5.67 所示。

图 5.66 图书页面

图 5.67 作者页面

5.13 本章小结

本章详细介绍了前端框架 AngularJS 的用法。AngularJS 是一个设计非常优秀的前端框架，它不像 jQuery 只是提供了一些简单的工具函数，AngularJS 提供了一套前端开发规范。AngularJS 将前端开发当成一个前端应用处理，单页面应用通常使用一个 Angular 模块表示，在该模块中可包含视图、控制器、模型、服务组件、指令、过滤器等各种组件，AngularJS 使用依赖注入的方式来管理各组件之间的依赖关系。

在学习 AngularJS 时，可以在粗略理解它的设计哲学之后，逐个学习、掌握它的双向绑定、表达式、模块、控制器、模型、过滤器、指令、服务组件、依赖注入等内容，最后再把这些内容全部串起来融会贯通，这样就能很好地掌握 AngularJS 了。本章在介绍 AngularJS 的用法时，也正是从最简单的表达式开始讲解，随后依次介绍了 AngularJS 模块内可使用、可自定义的各种组件，最后通过依赖注入把这些组件耦合在一起相互调用。

本章最后还介绍了 AngularJS 的多视图和路由，通过多视图和路由，可在单页面 Web 应用中实现模块化开发，这是在进行实际企业级前端开发时必不可少的技能。

第 6 章
Bootstrap 全局样式

本章要点

- 下载和安装 Bootstrap
- 使用网格布局
- 使用 Less 和 mixin
- Bootstrap 提供的排版相关的样式
- 表格相关样式
- 条纹表格、边框表格、响应式表格等
- 图片相关样式
- 各种辅助样式
- 响应式布局相关样式
- 表单相关样式
- 行内表单和水平表单
- 多选框和单选框
- 表单校验相关的样式

Bootstrap 是一个非常流行的前端框架，这个框架与 jQuery 不同，它的主要用途并不是 JS 编程，它更像一个 CSS 框架，因此它可以简化前端界面的开发。

与 Ext JS、Dojo 等前端框架不同的是，使用 Bootstrap 基本不需要使用 JS 脚本，大部分时间，Bootstrap 只需要在传统 HTML 标签上添加 CSS 样式即可。本章将会从 Bootstrap 的下载和安装开始介绍，然后详细介绍 Bootstrap 提供的全局 CSS 样式。

6.1　Bootstrap

Bootstrap 其实是一个 CSS 库，因此下载和安装 Bootstrap 的重点是引入 CSS 文件。

▶▶ 6.1.1　Bootstrap 简介

Bootstrap 是一个目前非常受欢迎的前端框架，其实它更多的是一个 CSS 框架。Bootstrap 提供了大量的 CSS 样式、组件，开发者使用 Bootstrap 提供的 CSS 样式和组件，可以快速、方便地开发出优雅、美观的界面。

Bootstrap 和早期的 Ext JS、Dojo 等前端框架不同，Ext JS 和 Dojo 等框架需要使用大量的 JavaScript 或框架本身的标签构建界面，而 Bootstrap 的做法则更加简单，它不需要使用特别的 JavaScript 代码，也不需要使用任何特别的标签，它只要在原生 HTML 标签上通过 class 属性指定 Bootstrap 样式即可。

此外，Bootstrap 在 jQuery 的基础上也提供了 JavaScript 插件支持，这一点又进一步增强了 Bootstrap 的功能。

▶▶ 6.1.2　下载和安装 Bootstrap

下载和安装 Bootstrap 请按如下步骤进行：

① 登录 Bootstrap 的官网：http://getbootstrap.com，下载 Bootstrap 的最新版，本书成书时 Bootstrap 的最新版是 3.3.7。单击该页面上"Download Bootstrap"按钮，系统将会进入一个如图 6.1 所示的下载页面。

图 6.1　下载 Bootstrap

图 6.1 所示的下载页面上一共有 3 种下载按钮。它们各自的作用如下。
- Download Bootstrap：该按钮用于下载编译并压缩后的 CSS、JavaScript 和字体文件。不包含文档和源码文件。
- Download source：该按钮用于下载 Less、JavaScript 和字体文件的源码，使用该选项下载的内容其实完全包含了使用"Download Bootstrap"按钮下载的内容。
- Download Sass：下载 Bootstrap 从 Less 到 Sass 源码移植的项目，用于快速导入 Rails、Compass 或 Sass 项目。

一般来说，普通开发者应该使用"Download Bootstrap"选项下载；如果需要学习或重新编译 Bootstrap，则应该使用"Download source"选项下载。

（1）使用"Download Bootstrap"选项下载，将会得到一个 bootstrap-3.3.7-dist.zip 文件，

解压该文件将可以看到如下所示的文件结构：

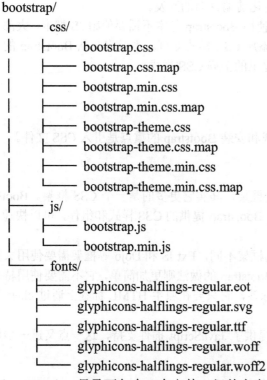

bootstrap/css 目录下包含 8 个文件，但其实真正要用的只有 2 个。

> bootstrap.css：Bootstrap 核心 CSS 库（bootstrap.min.css 是经过压缩的最小化版本，*.map 文件是 CSS 源码映射表，可以在某些浏览器的开发工具中使用）。
> bootstrap-theme.css：Bootstrap 主题相关的 CSS 库（bootstrap-theme.min.css 是经过压缩的最小化版本，*.map 文件是 CSS 源码映射表，可以在某些浏览器的开发工具中使用）。

bootstrap/js 目录下包含了 Bootstrap 的 JS 插件支持文件，其中 bootstrap.min.js 是经过压缩的最小化版本。

bootstrap/fonts 目录下包含了 Bootstrap 依赖的字体库。

（2）使用"Download source"选项下载，将会得到一个 bootstrap-3.3.7.zip 文件，解压该文件将可以看到如下所示的文件结构：

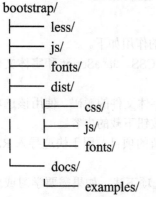

其中，bootstrap/less/、bootstrap/js/和 bootstrap/fonts/目录分别包含了 CSS、JS 和字体图标

的源码。bootstrap/dist/目录中包含了使用"Download Bootstrap"选项下载的所有文件。bootstrap/docs/目录中包含了所有文档的源文件，bootstrap/docs/examples/目录中是 Bootstrap 官方提供的实例工程。

❷ 为在页面中使用 Bootstrap，则需要将使用"Download Bootstrap"选项下载的解压文件整个复制到项目中。

> **提示：**
> 对于bootstrap\css目录下的文件只需要使用 bootstrap.min.css 和 bootstrap-theme.min.css 文件，而对于bootstrap\js目录下的文件则只需要使用 bootstrap.min.js 文件。

❸ 如果仅需要使用 Bootstrap 的 CSS 样式，则只需要导入 Bootstrap 的两个 CSS 样式单文件即可，在 HTML 页面的头部分增加如下两行即可：

```
<link rel="stylesheet" href="bootstrap/css/bootstrap.min.css">
<link rel="stylesheet" href="bootstrap/css/bootstrap-theme.min.css">
```

其中，href 属性可能会有小小的变化。如果 bootstrap.min.css、bootstrap-theme.min.css 文件名被改变了，或者它们相对于 HTML 页面的路径发生了改变，则应该在上述代码的基础上做相应的修改，让 href 属性指向这两个 CSS 样式单文件所在的位置。

> **提示：**
> 大部分时候项目可能并不会用到 bootstrap-theme.min.css 文件中的 CSS 样式，因此一般也可不引入该文件。

如果还需要使用 Bootstrap 的 JavaScript 插件，则还需要导入 Bootstrap 的 JS 文件，在 HTML 页面的头部分增加如下两行即可：

```
<script type="text/javascript" src="jquery-3.1.1.js"></script>
<script type="text/javascript" src=" bootstrap/js/bootstrap.min.js"></script>
```

其中，src 属性可能会有小小的变化。如果 jquery-3.1.1.js、bootstrap.js 文件名被改变了，或者它们相对于 HTML 页面的路径发生了改变，则应该在上述代码的基础上做相应的修改，让 src 属性指向这两个 JS 脚本文件所在的位置。

> **注意：**
> 由于 Bootstrap 的 JS 支持依赖于 jQuery，因此导入 Bootstrap 的 JS 库文件之前应该先导入 jQuery 的库文件。有时候为了增加网页的渲染速度，我们也会将上面两行导入 JS 库的代码放在页面中<body.../>元素的最下方。

此外，在 Bootstrap 3 的设计之初已经考虑到对各种移动设备（手机、平板等）的支持，因此 Bootstrap 3 框架不仅在 PC 端浏览器上运行良好，在移动设备的浏览器上同样可以运行良好。

为了保证 HTML 页面在移动设备上进行合适的绘制和触屏缩放，需要在<head.../>元素中添加 viewport 元数据标签。例如如下代码：

```
<meta name="viewport" content="width=device-width, initial-scale=1">
```

如果希望禁止用户缩放网页，只能滚动网页，则可以为 viewport 元数据添加 user-scalable=no 设置。例如改成如下 viewport 元数据则可禁止用户缩放网页：

```
<meta name="viewport" content="width=device-width, initial-scale=1,
maximum-scale=1, user-scalable=no">
```

下面提供了一个使用 Bootstrap 框架的网页模板。

程序清单：codes\06\6.1\qs.html

```html
<!DOCTYPE html>
<html>
<head>
    <meta http-equiv="Content-Type" content="text/html; charset=utf-8" />
    <meta name="viewport" content="width=device-width, initial-scale=1">
    <title> Bootstrap 模板 </title>
    <link rel="stylesheet" href="../bootstrap/css/bootstrap.min.css">
    <link rel="stylesheet" href="../bootstrap/css/bootstrap-theme.min.css">
</head>
<body>
<!-- panel、panel-danger 是 Bootstrap 提供的 CSS 样式 -->
<div class='panel panel-danger'>Bootstrp</div>
<script type="text/javascript" src="../jquery-3.1.1.js"></script>
<script type="text/javascript" src="../bootstrap/js/bootstrap.min.js"></script>
</body>
</html>
```

使用 PC 端浏览器浏览该网页，可看到如图 6.2 所示的效果。

使用 iPhone 手机的浏览器浏览该网页，可看到如图 6.3 所示的效果。

 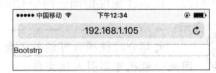

图 6.2　使用 PC 端浏览器浏览 Bootstrap 样式的网页　　图 6.3　使用 iPhone 手机浏览器浏览 Bootstrap 样式的网页

从以上 HTML 页面代码可以看出，使用 Bootstrap 非常简单，直接使用它提供的 CSS 样式即可。

6.2 网格布局

网格布局是 Bootstrap 提供的一套页面布局系统，它的基本思路是：将整个网页分为 N 行×12 列（最多 12 列）的网格，其他 HTML 元素都应该放在特定的单元格内。与此同时，这套网格布局还结合了媒体查询（Media Query）机制，因此可以支持响应式布局。

Bootstrap 要求将网格布局放在一个特定的容器内，这个容器通常应该是 class 为.container 或.container-fluid 的 div 元素，.container 和.container-fluid 是 Bootstrap 提供的两个 CSS 类选择器的名称。

➢ .container：用于固定宽度并支持响应式布局的容器。

➢ .container-fluid：用于占领 viewport 宽度的 100%的容器。

➢ .container：支持响应式布局，它根据浏览器 viewport 的宽度，按 768px、992px、12000px 将 viewport 分成 4 挡。

➢ 当浏览器 viewport 的宽度为<768px 时，.container 容器使用最大宽度，效果与.container-fluid 一样。

➢ 当浏览器 viewport 的宽度>=768px 时，.container 容器的宽度固定为 750px。而.container-fluid 容器的宽度则总是等于浏览器 viewport 的宽度。

➢ 当浏览器 viewport 的宽度>=992px 时，.container 容器的宽度固定为 970px。而.container-fluid 容器的宽度则总是等于浏览器 viewport 的宽度。

> 当浏览器 viewport 的宽度>=1200px 时，.container 容器的宽度固定为 1170px。
> 而.container-fluid 容器的宽度则总是等于浏览器 viewport 的宽度。

> **注意：**
> 一般来说，使用.container-fluid 时，容器宽度会比使用.container 时的容器宽度略宽。而且由于 padding 等属性的原因，这两种容器不能互相嵌套。

▶▶ 6.2.1 网格布局基础

网格布局的基本规则为：

> 通过为 HTML 元素指定 class="row"来定义行。在 class="row"的 HTML 元素内通过指定 class="col-xx-N"来定义单元格。其中 xx 可换成 xs、sm、md、lg，它们代表了前面介绍的 4 挡浏览器的 viewport 宽度，表明对特定宽度的浏览器 viewport 起作用。*N* 可换为 1～12 的整数，表明该单元格占几列的宽度。

> **提示：**
> Bootstrap 非常聪明，它避免了传统 CSS 布局中通过多少像素指定宽度的不足；Bootstrap 将整个行的宽度分成 12 等分,开发者只要通过 col-xx-N 的 *N* 指定占多少等分即可确定该单元格的宽度，这样非常方便。

> class="row"的 HTML 元素必须放在 class="container"或 class="container-fluid"的 HTML 元素内；class="col-xx-N"的 HTML 元素必须放在 class="row"的 元素内；其他被布局的 HTML 元素必须放在 class="col-xx-N"的 HTML 元素内。

> 通过为"单元格（class="col-xx-N"）"元素设置 padding 属性可设置单元格与单元格之间的间隔。通过为"行（class="row"）"元素设置负的 margin 可以抵消掉为"容器（class="container"）"元素设置的 padding，也就间接将"行（row）元素"所包含的"单元格（class="col-xx-N"）"的 padding 抵消掉了。

下面代码示范了网格布局的基本用法。

程序清单：codes\06\6.2\grid1.html

```html
<div class="container">
<div class="row">
   <div class="col-lg-8">第一行 (1) .col-lg-8</div>
   <div class="col-lg-4">第一行 (2) .col-lg-4</div>
</div>
<div class="row">
   <div class="col-lg-4">第二行 (1) .col-lg-4</div>
   <div class="col-lg-4">第二行 (2) .col-lg-4</div>
   <div class="col-lg-4">第二行 (3) .col-lg-4</div>
</div>
<div class="row">
   <div class="col-lg-5">第三行 (1) .col-lg-5</div>
   <div class="col-lg-7">第三行 (2) .col-lg-7</div>
</div>
<div class="row">
   <div class="col-lg-9">第四行 (1) .col-lg-9</div>
   <div class="col-lg-3">第四行 (2) .col-lg-3</div>
```

```
</div>
</div>
```

在该页面代码中定义了 4 行：在第一行内定义 2 个单元格，其中第一个单元格占 8 列的宽度，第二个单元格占 4 列的宽度；在第二行内定义了 3 个单元格，每个单元格占 4 列的宽度。在第三行内定义了 2 个单元格，第一个单元格占 5 列的宽度，第二个单元格占 7 列的宽度。在第四行内定义了 2 个单元格，第一个单元格占 9 列的宽度，第二个单元格占 3 列的宽度。

在该页面代码中指定单元格宽度时使用了"lg"挡，表明这些宽度定义仅当浏览器 viewport 宽度>=1200px 时才发挥作用。在电脑屏幕上浏览该页面，并且当浏览器 viewport 宽度大于 1200px 时可看到如图 6.4 所示的效果。

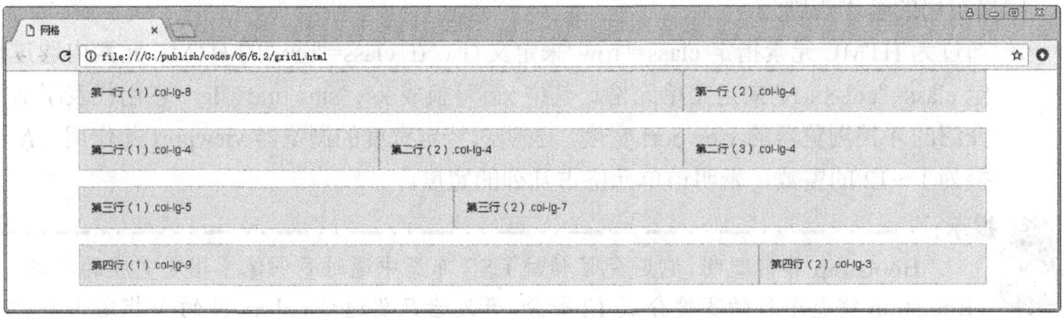

图 6.4 lg 的网格布局

> **提示：**
> 在 Bootstrap 的网络布局中原本并没有边框、背景色，行与行之间也没有间距，本节的示例为了让读者更好地看清各行、各单元格的分布，因此通过额外的 CSS 样式为它们增加了边框、背景色以及行与行之间的间距。

从图 6.4 可以看出，此时浏览器 viewport 大于 1200px，但 .container 容器的宽度并不会占满整个容器，它总是保持固定的宽度：1170px。

如果将代码中容器的 class 属性值改为 container-fluid，此时整个网格布局的宽度将总是占满整个浏览器 viewport，如图 6.5 所示。

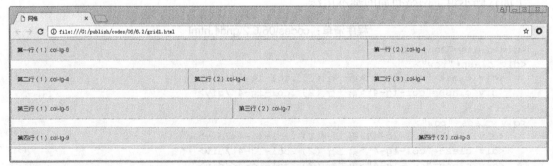

图 6.5 使用 .container-fluid 容器

如果对浏览器的宽度进行调整，则只要调整到宽度小于 1200px，浏览器 viewport 就不再是 lg 尺寸了，此时将会看到如图 6.6 所示的页面堆叠效果。

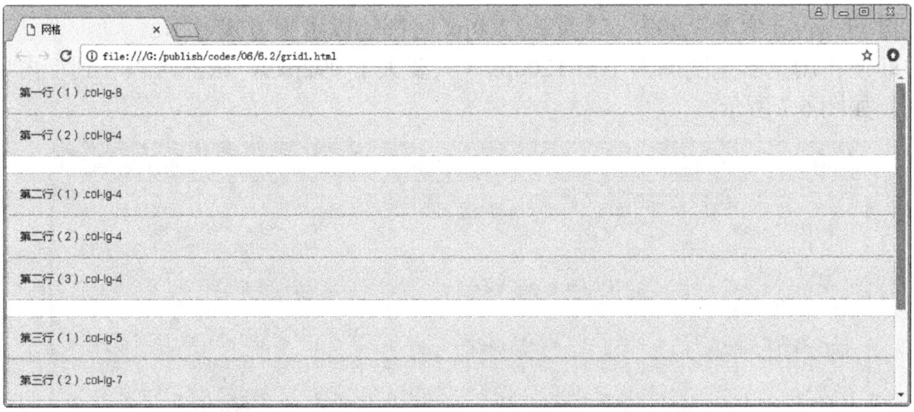

图 6.6 浏览器宽度小于 1200px 后显示堆叠效果

表 6.1 详细列出了 Bootstrap 的网格布局在多种设备中浏览器上的行为。

表 6.1 网格布局的行为列表

	超小 viewport (宽度<768px)	小 viewport (宽度≥768px)	中等 viewport (宽度≥992px)	大 viewport (宽度≥1200px)
网格系统行为	总是水平排列	当 viewport 宽度大于各自的宽度阈值时,以水平方式显示;否则以堆叠方式显示		
.container 的最大宽度	总等于容器宽度	750px	970px	1170px
类名前缀	.col-xs-	.col-sm-	.col-md-	.col-lg-
每列的最大宽度	自动	≈62px	≈81px	≈97px
列间距	30px(每列左右各 15px)			
是否可嵌套	是			
是否能偏移	是			
是否支持排序	是			

对于上面示例,如果希望该页面中行内的单元格在浏览器 viewport 宽度≥992px 时也能水平排列,不堆叠显示,则可将该页面代码改为如下形式:

程序清单:codes\06\6.2\grid2.html

```html
<div class="container">
<div class="row">
    <div class="col-lg-8 col-md-8">第一行(1).col-lg-8</div>
    <div class="col-lg-4 col-md-4">第一行(2).col-lg-4</div>
</div>
<div class="row">
    <div class="col-lg-4 col-md-4">第二行(1).col-lg-4</div>
    <div class="col-lg-4 col-md-4">第二行(2).col-lg-4</div>
    <div class="col-lg-4 col-md-4">第二行(3).col-lg-4</div>
</div>
<div class="row">
    <div class="col-lg-5 col-md-5">第三行(1).col-lg-5</div>
    <div class="col-lg-7 col-md-7">第三行(2).col-lg-7</div>
</div>
<div class="row">
    <div class="col-lg-9 col-md-9">第四行(1).col-lg-9</div>
    <div class="col-lg-3 col-md-3">第四行(2).col-lg-3</div>
</div>
</div>
```

可以看到,指定了单元格的 CSS 类名,同时指定了 col-lg-*N* 和 col-md-*N* 两种样式,这表明当浏览器 viewport 宽度≥992px 以及≥1200px 时都能以水平方式显示。

此时即使将浏览器宽度调为小于 1200px（只要大于 992px），依然可以看到行内各单元格水平排列，如图 6.7 所示。

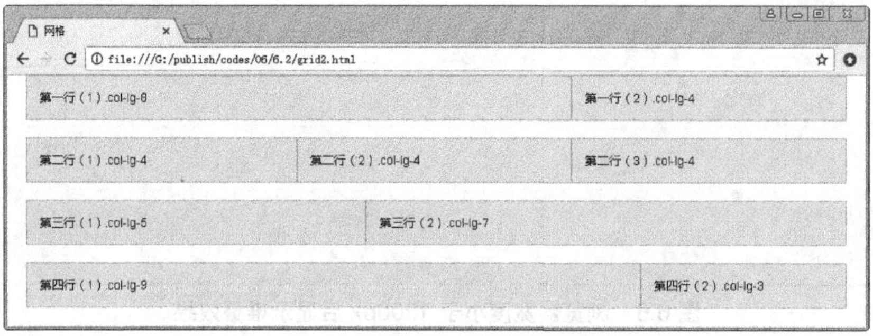

图 6.7　在中等 viewport 上水平排列

同理，如果希望该页面中行内的单元格总能水平排列，不堆叠显示，则可为表示单元格的 <div.../>元素指定如下 class 属性值：

```
col-lg-9 col-md-9 col-sm-9 col-xs-9
```

上面一共指定了 4 个 class 名，对 lg、md、sm 和 xs 这 4 种 viewport 都会起作用，这样就可以覆盖所有 viewport 尺寸。该页面的代码可参考光盘中的 codes\06\6.2\grid3.html。

6.2.2　多余的列另起一行

Bootstrap 的每行被分成 12 等分，如果用户在同一行内指定的所有单元格宽度加起来超过了 12，则超过部分的单元格将会自动换行。例如如下代码：

程序清单：codes\06\6.2\autowrap.html

```html
<div class="container">
<div class="row">
<div class="col-sm-9 col-md-9 col-lg-9">第一行（1）.col-xx-9</div>
<div class="col-sm-4 col-md-4 col-lg-4">第一行（2）.col-xx-4<br>由于 9 + 4 = 13 &gt;
12，因此该单元格将会自动另起一行</div>
<div class="col-sm-6 col-md-6 col-lg-6">第一行（3）.col-xs-6<br></div>
</div>
</div>
```

该示例定义了一行，该行内第一个单元格占 9 列宽度，第二个单元格要占 4 列宽度，这样两个单元格加起来就超过了 12 列，因此第二个单元格会自动换行。浏览该页面可看到如图 6.8 所示的效果。

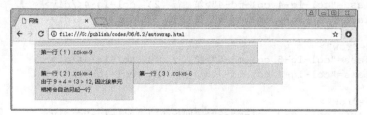

图 6.8　同一行内列自动换行

6.2.3　响应式列重置

很多时候，某个单元格内的内容比较多，因此该单元格就会比其他单元格高。如果我们使用响应式布局来管理这些单元格，就可能造成问题。看如下代码：

程序清单：codes\06\6.2\clearfix.html

```html
<div class="container">
<div class="row">
   <div class="col-xs-6 col-sm-3">.col-xs-6 .col-sm-3<br>该格比其他格高。</div>
   <div class="col-xs-6 col-sm-3">.col-xs-6 .col-sm-3</div>
   <div class="col-xs-6 col-sm-3">.col-xs-6 .col-sm-3</div>
   <div class="col-xs-6 col-sm-3">.col-xs-6 .col-sm-3</div>
</div>
</div>
```

该页面定义了一行，该行内包含了 4 个单元格：对于 xs 尺寸的 viewport，这 4 个单元格每个单元格占 6 列的宽度，需要分 2 行显示；对于 sm 及更大尺寸的 viewport，这 4 个单元格每个单元格占 3 列宽度，因此它们可以显示在一行之内。

上面 4 个单元格中第一个单元格的内容较多，因此它会比其他单元格更高一些。当这些单元格显示为一行时，基本上问题不大。但如果在 xs 尺寸的 viewport 中浏览该页面，这 4 个单元格会自动分成 2 行，此时该页面的效果如图 6.9 所示。

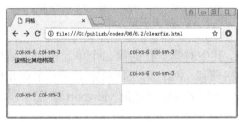

图 6.9 不使用列重置的效果

图 6.9 所示的效果显得特别丑陋，为了让第二行内所有单元格整齐地排列，需要对第二列使用列重置，Bootstrap 使用 .clearfix 样式执行列重置。但该页面只需要对 xs 尺寸的 viewport 使用列重置，因此还应该结合使用 .visible-xs-block 样式。使用该样式后，只有在 xs 尺寸的 viewport 中该元素才会显示出来。

将上面页面代码改为如下形式：

程序清单：codes\06\6.2\clearfix2.html

```html
<div class="container">
<div class="row">
   <div class="col-xs-6 col-sm-3">.col-xs-6 .col-sm-3<br>该格比其他格高。</div>
   <div class="col-xs-6 col-sm-3">.col-xs-6 .col-sm-3</div>
   <!-- 增加一个只对 xs 尺寸 viewport 起作用的 clearfix -->
   <div class="clearfix visible-xs-block"></div>
   <div class="col-xs-6 col-sm-3">.col-xs-6 .col-sm-3</div>
   <div class="col-xs-6 col-sm-3">.col-xs-6 .col-sm-3</div>
</div>
</div>
```

此时页面的效果如图 6.10 所示。

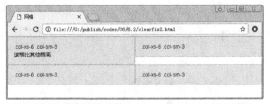

图 6.10 对 xs 尺寸的 viewport 使用列重置

6.2.4 单元格偏移

Bootstrap 提供了.col-xx-offset-N 来控制单元格向右偏移，其中 xx 表示 xs、sm、md、lg 这 4 个 viewport 的尺寸，N 表示 1~12 的整数，即向右偏移的列数量。例如.col-md-offset-4 表示对 md 尺寸的 viewport 起作用，将该单元格向右偏移 4 列。

下面的页面代码示范了列偏移的效果。

程序清单：codes\06\6.2\offset.html

```html
<div class="container">
<div class="row">
    <div class="col-md-3">.col-md-3</div>
    <div class="col-md-3 col-md-offset-3">.col-md-3 .col-md-offset-3</div>
</div>
<div class="row">
    <div class="col-md-5 col-md-offset-2">.col-md-5 .col-md-offset-2</div>
    <div class="col-md-3 col-md-offset-1">.col-md-3 .col-md-offset-1</div>
</div>
<div class="row">
    <div class="col-md-6 col-md-offset-3 col-sm-8 col-sm-offset-2">
        .col-md-6 .col-md-offset-3 .col-sm-offset-2</div>
</div>
</div>
```

在该代码中定义了 3 行，其中对第一行的第二个单元格指定偏移 3 列；第二行的第一个单元格偏移 2 列，第二个单元格偏移 1 列；第三行只定义了一个单元格，且该单元格在 md 尺寸的 viewport 中宽 6 列、偏移 3 列；在 sm 尺寸的 viewport 中宽 8 列、偏移 2 列——可见第三行支持响应式布局。

在 md（大于等于 992px）及更大尺寸的 viewport 中浏览该页面，可看到如图 6.11 所示的效果。

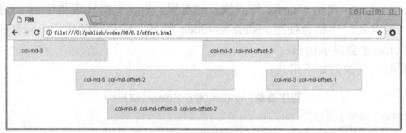

图 6.11 列偏移

在 sm（大于等于 768px 或小于 99px）尺寸的 viewport 中浏览该页面，可看到如图 6.12 所示的效果。

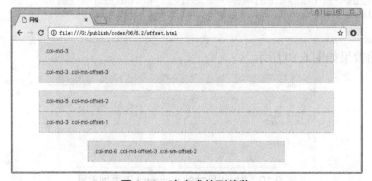

图 6.12 响应式的列偏移

从图 6.12 可以看出，此时 viewport 的宽度小于 md 尺寸，因此上面 2 行自动以堆叠方式显示。第三行的单元格被指定了.col-sm-8 和.col-sm-offset-2，因此该单元格的宽度为 8 列，偏移为 2 列。

▶▶ 6.2.5 单元格排序

Bootstrap 提供了.col-xx-push-N、.col-xx-pull-N 来控制列排序，其中，.col-xx-push-N（push 是压的意思）表示让单元格向右浮动，xx 表示 xs、sm、md 和 lg 等尺寸，N 表示 1～12 的整数，表示浮动几列；对应地，.col-xx-pull-N（pull 是拉的意思）表示让单元格向左浮动。

看如下示例代码：

程序清单：codes\06\6.2\offset.html

```
<div class="container">
<div class="row">
    <div class="col-sm-3"> (1) .col-md-3</div>
    <div class="col-sm-3"> (2) .col-md-3</div>
    <div class="col-sm-3"> (3) .col-md-3</div>
    <div class="col-sm-3"> (4) .col-md-3</div>
</div>
<div class="row">
    <div class="col-sm-3 col-sm-pull-3"> (1) .col-md-3</div>
    <div class="col-sm-3"> (2) .col-md-3</div>
    <div class="col-sm-3"> (3) .col-md-3</div>
    <div class="col-sm-3"> (4) .col-md-3</div>
</div>
<div class="row">
    <div class="col-sm-3 col-sm-push-3"> (1) .col-md-3</div>
    <div class="col-sm-3"> (2) .col-md-3</div>
    <div class="col-sm-3"> (3) .col-md-3</div>
    <div class="col-sm-3"> (4) .col-md-3</div>
</div>
<div class="row">
    <div class="col-sm-3 col-sm-push-3"> (1) .col-md-3</div>
    <div class="col-sm-3 col-sm-pull-3"> (2) .col-md-3</div>
    <div class="col-sm-3"> (3) .col-md-3</div>
    <div class="col-sm-3"> (4) .col-md-3</div>
</div>
</div>
```

在该网格中一共定义了 4 行，其中第一行包含 4 个单元格，每个单元格宽度为 3 列，因此它们正好平分 12 列，我们可以把它们当成标准与后面的行进行对比。

第二行的第一个单元格被指定了 col-sm-pull-3，这意味着第一个单元格将会向左浮动 3 列。

第三行的第一个单元格被指定了 col-sm-push-3，这意味着第一个单元格将会向右浮动 3 列，因此该行的第一个单元格将会与第二个单元格重叠在一起。

第四行的第一个单元格被指定了 col-sm-push-3，这意味着第一个单元格将会向右浮动 3 列，第二个单元格被指定了 col-sm-pull-3，这意味着第二个单元格将会向左浮动 3 列，这样该行的第一个和第二个单元格将会交换位置。

浏览该页面可看到如图 6.13 所示的效果。

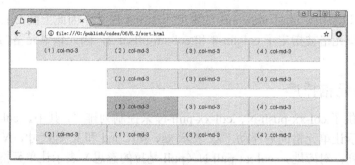

图 6.13 列排序的效果

▶▶ 6.2.6 嵌套网格

Bootstrap 的网格系统是支持嵌套的，在单元格内可以再次添加 class="row"来增加行，在行内可再次添加单元格。

嵌套网格不再需要放在 class="container"或 class="container-fluid"的容器内。

例如如下示例代码示范了列嵌套：

程序清单：codes\06\6.2\nested.html

```html
<div class="container">
<div class="row">
   <div class="col-sm-4"> (1) .col-md-4</div>
   <div class="col-sm-8">
      <div class="row">
         <div class="col-sm-6"> (1) .col-md-6</div>
         <div class="col-sm-6"> (2) .col-md-6</div>
      </div>
      <div class="row">
         <div class="col-sm-3"> (1) .col-md-3</div>
         <div class="col-sm-9"> (2) .col-md-9</div>
      </div>
   </div>
</div>
<div class="clearfix visible-sm-block"></div>
<div class="row">
   <div class="col-sm-4"> (1) .col-md-7</div>
   <div class="col-sm-8"> (2) .col-md-5</div>
</div>
</div>
```

粗体字代码在单元格内再次嵌套了 2 行。浏览该页面可以看到如图 6.14 所示的效果。

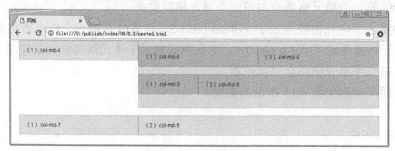

图 6.14 嵌套网格

6.3 Less 和 mixin

Bootstrap 并不是直接提供 CSS 源文件，其是通过编译 Less 源码而来的。Less 是一种 CSS 预处理语言，支持变量、mixin、函数等功能。如果掌握了 Less 的用法，Bootstrap 用户将可以直接使用 Less 源码，从而使用 Bootstrap 框架中包含的大量变量、mixin。

6.3.1 Less 简介

CSS 作为一门功能强大的样式单语言，用于为 HTML 页面定义丰富多彩的样式，工作得一直非常好。但 CSS 虽然号称是一门语言，但它并不具备编程语言的特征。总体上，CSS 存在着如下缺陷。

- **CSS 无法定义变量**：比如在页面上有很多地方都希望使用#aaa 这个颜色，但在 CSS 样式单文件中只能一直重复地书写这个颜色。如果有一天希望对整个网页风格进行调整，希望将#aaa 这个颜色改为#ccc，开发者只能将原来所有出现#aaa 的地方手动修改为#ccc，这一点非常不利于页面后期的升级和维护。
- **CSS 无法执行计算**：由于 CSS 本身不支持变量，自然也就谈不上计算了。但在实际开发中确实非常需要计算。比如我们要定义一个普通的高度为 25px，另外 2 个高度要以此为基准。例如如下代码：

```
.a {height: 25px;}
.b {height: 20px;}
.c {height: 50px;}
```

如果有一天客户要求将普通的高度改为 20px，另外两个高度也随之变化，但你看上面的代码能实现吗？当然不行，开发者必须手动修改另外两个变量，这真的令人沮丧。多希望有如下语法啊：

```
@normal-height : 20px;
.a {height: @normal-height;}
.b {height: @normal-height - 5px;}
.c {height: 2 * @normal-height;}
```

- **不支持命名空间嵌套**：CSS 经常要通过子元素选择器或包含选择器来实现命名空间嵌套。例如如下 CSS 样式单：

```
#container .a {
   width:200px;
   height:35px;
}
#container span {
   font-size: 16px;
   text-decoration: none;
}
#container div li {
   list-style: circle;
}
...
```

上面这个例子中所有样式都需要被 id 为#container 的元素包含才有效，编写该 CSS 样式文件时你可能还意识不到问题。但如果在编写之后页面结构发生了改变，那就需要为所有 CSS 样式添加包含元素，这就非常麻烦了。例如需要修改如下代码：

```
.a {
   width:200px;
   height:35px;
```

```
}
span {
    font-size: 16px;
    text-decoration: none;
}
div li {
    list-style: circle;
}
...
```

假如有几十个类似的 CSS 样式定义,突然要将它们全部放在 id 为 container 的元素内才有效,此时可能就需要在每个 CSS 选择器之前都增加#container,这也是非常痛苦的事情。

由于 CSS 存在一些固有的缺陷,因此开发者为 CSS 重新开发了"预处理语言"——Less。这种语言通常可以支持变量、计算、命名空间嵌套甚至流程控制等功能,开发者使用这种"CSS 预处理语言"来编写源代码,然后使用特定的编译器对源代码进行处理,从而得到最终的 CSS 文件——请记住:CSS 预处理语言完全可以支持变量、计算、命名空间嵌套甚至流程控制,因此 CSS 预处理语言可以很好地弥补 CSS 的缺陷。

Less 是一种诞生于 2009 年的 CSS 预处理语言,Less 增加了变量、运算符、mixin、函数等功能,让 CSS 更易维护。Less 既可在浏览器上运行(通过 JS 库实时编译),也可借助 Node.js 或 Rhino 在服务器端运算。

▶▶ 6.3.2 Less 的两种用法

Less 源文件只有被编译成 CSS 样式单才能被浏览器识别,根据编译 Less 源文件的时机,Less 通常有两种用法。

- ➢ 预编译:预先使用特定的编译器将 Less 源文件编译成 CSS 文件,在网页中直接引用 CSS 文件即可。
- ➢ 浏览器即时编译:直接在网页中引入 Less 源文件,并在网页中导入编译 Less 源文件的 JS 库,从而让浏览器在运行时即时编译 Less 源文件。

1. 预编译方式

先看"预编译"使用 Less 源文件的方式。如果要预编译 Less 源文件,就需要使用特定的编译工具。Bootstrap 默认使用 Grunt 作为编译系统,并提供一些便捷的工具方法用于编译整个 Bootstrap 框架。

使用 Grunt 之前,必须先安装 Grunt,推荐使用 Node.js 来安装 Grunt,因此开发者应该先安装 Node.js,安装 Node.js 时会自动安装 npm 工具——npm 是 node packaged modules 的简称,它的作用是基于 Node.js 管理扩展包之间的依赖关系。

> **提示:** 在 Windows 上安装 Node.js 非常简单,只要登录 Node.js 官网 https://nodejs.org/ 下载一个 node-vx.x.x.msi 安装文件,就像安装其他 Windows 程序一样安装它即可。

安装 Grunt 请按如下步骤进行。

① 启动命令行窗口,在命令行窗口中输入如下命令来安装 grunt-cli:

```
npm install -g grunt-cli
```

② 下载并解压 Bootstrap 的源代码包(通过前面介绍的"Download source"选项下载得到压缩包),在该解压路径下会看到 package.json 文件。

③ 进入 Bootstrap 源代码包的解压路径，在该路径下输入如下命令：

```
npm install
```

该命令将会读取 package.json 文件并自动安装此文件中列出的所有被依赖的扩展包。

成功安装 Grunt 之后，接下来要编译 Bootstrap 的 Less 源代码非常简单，直接使用 Bootstrap 提供的工具方法进行编译即可。下面是 Bootstrap 提供的工具方法。

- grunt dist：重新生成 dist/目录，并将编译、压缩后的 CSS 和 JavaScript 文件放入这个目录中。大部分时候只要执行该命令即可。
- grunt watch：监测 Less 源文件的改变，并自动重新将其编译为 CSS 文件。
- grunt test：在 PhantomJS 环境中运行 JSHint 和 QUnit 自动化测试用例。

如果仅仅只是编译少量的 Less 源文件，也有一些简便、易用的 Less 编译工具。

- WinLess：Windows 平台的 Less 编译软件，其官网为 http://winless.org。
- Koala：全平台的 Less/Sass 编译工具，官网为 http://koala-app.com。该工具支持 Windows、Linux 和 Mac OS X 平台。
- SimpleLESS：跨平台的 Less 编译工具，官网为 https://wearekiss.com/simpless。该工具支持 Windows 和 Mac OS X 平台

这些工具都非常简单、易用。下面编写一个简单的 Less 源文件，然后使用 SimpleLESS 将它编译成 CSS 样式单文件。该 Less 源文件的代码如下：

程序清单：codes\06\6.3\sample.less

```
@normal-height : 25px;
.a {
    height: @normal-height;
}
.b {
    height: @normal-height - 5px;
}
.c {
    height: 2 * @normal-height;
}
```

首先要下载和安装 SimpleLESS 工具，下载和安装该工具非常简单，该工具是一个绿色软件，无须安装。登录 https://wearekiss.com/simpless 站点，单击页面上"Download SimpleLESS now!"链接即可下载得到 SimpLESS-1.4-win.zip 压缩包，解压该压缩包，双击解压路径下的 SimpLESS.exe 文件即可运行 SimpleLESS 工具。如图 6.15 所示。

图 6.15 SimpleLESS 的运行界面

将要编译的 Less 源文件拖入 SimpleLESS 界面中，可看到如图 6.16 所示的界面。

图 6.16　SimpleLESS 的编译界面

将所有需要编译的 Less 源文件拖入 SimpleLESS 工具的界面内，然后单击左上角的"编译"按钮完成编译即可。

> **提示：**
> 在 SimpleLESS 工具界面的右上角的 3 个按钮分别表示是否使用 prefixr.com、是否压缩生成的 CSS 文件、是否在生成的 CSS 文件中添加注释。

使用 SimpleLESS 工具编译 sample.less 文件，即可得到一个 sample.css 文件，该文件代码如下。

```
.a {
  height: 25px;
}
.b {
  height: 20px;
}
.c {
  height: 50px;
}
```

从上面的代码可以看出：此时.b 的 height 值总是.a 的 height 值减去 25px；.c 的 height 值总是.a 的 height 值的 2 倍，这就是 Less 的优势所在。

2. 即时编译方式

使用即时编译方式，需要额外下载一个编译 Less 源文件的 JS 库。登录 https://github.com/less/less.js 即可下载 Less.js 的源文件压缩包。只需要 dist/目录下的 less.min.js 文件。

在 HTML 页面中按如下方式直接引用 Less 源文件和 less.min.js 文件：

程序清单：codes\06\6.3\sample.less

```html
<!DOCTYPE html>
<html>
<head>
    <meta http-equiv="Content-Type" content="text/html; charset=utf-8" />
    <meta name="viewport" content="width=device-width, initial-scale=1">
    <title> Less 即时编译 </title>
    <link rel="stylesheet/less" href="sample.less" media="all" />
    <script src="../less.min.js"></script>
    <style type="text/css">
```

```
        div {
            margin-bottom: 20px;
            background-color: rgba(86,61,124,.15)
        }
    </style>
</head>
<body>
<div class="a">
.a
</div>
<div class="b">
.b
</div>
<div class="c">
.c
</div>
</body>
</html>
```

注意两行粗体字代码，第一行粗体字代码表明在页面中引入 sample.less 源文件，其中 rel 属性值为 stylesheet/less，这表明被引入的文件是 Less 源文件，而不是 CSS 样式单文件。第二行粗体字代码引入了 less.min.js 文件，浏览器将会使用该 JS 文件在运行时即时编译 Less 文件，生成 CSS 样式文件。

> **注意：**
> 在引入 less.min.js 文件即时编译 Less 源文件时，一定要先引入所有 Less 源文件，最后才引入 less.min.js 文件。

浏览该页面，可看到如图 6.17 所示的效果。

图 6.17　浏览器即时编译

> **注意：**
> 由于存在跨域访问的问题，因此需要将上面页面部署在 Web 服务器（如 Tomcat）之后再访问它。

从图 6.17 所示页面上方可以看出 3 个 <div.../> 元素的高度关系：第二个 <div.../> 高度比第一个 <div.../> 高度小 5px；第三个 <div.../> 高度是第一个 <div.../> 高度的 2 倍。而且从图 6.17 下方也可以看到浏览器即时编译 Less 文件并生成 CSS 文件的提示信息。

总体来说，要想使用即时编译的方式，只要在 HTML 页面中增加 less.min.js 文件即可，使用起来简单、方便，但这种方式会在浏览页面时即时编译，因此会产生额外的性能开销。我们在学习阶段可采用这种方式使用 Less 源文件，但在实际项目上线时，还是推荐先将 Less 源文件编译成 CSS 文件，然后在 HTML 页面中直接引用预编译的 CSS 样式文件。

▶▶ 6.3.3 Less 的变量和运算符

正如我们在前面 Less 示例文件中见到的，Less 源文件可以使用@关键字定义变量。

Less 源文件支持各种+、-、*、/等常见的运算符，也可使用圆括号来改变运算符的优先级。而且任何数字、颜色、长度单位、百分比及变量都可以参与运算。

例如如下 Less 源文件：

程序清单：codes\06\6.3\var.less

```less
@normal-height : 25px;
@baseColor : #eee;
@width: 1px;
.a {
   height: @normal-height;
   background-color: @baseColor;
   border: @width solid black;
}
.b {
   height: @normal-height - 5px;
   background-color: @baseColor / 2;
   border: @width + 1 solid black;
}
.c {
   height: 2 * @normal-height;
   background-color: @baseColor + #111;
   border: (@width + 1) * 2 dotted black;
}
```

这里的粗体字代码就对颜色值、长度值进行了计算。上面的 Less 源文件经编译后将会生成如下 CSS 代码：

```css
.a {
  height: 25px;
  background-color: #eeeeee;
  border: 1px solid #000000;
}
.b {
  height: 20px;
  background-color: #777777;
  border: 2px solid #000000;
}
.c {
  height: 50px;
  background-color: #ffffff;
  border: 4px dotted #000000;
}
```

▶▶ 6.3.4 mixin

所谓 mixin 就相当于一段可重用的代码块，类似于 C 语言的宏定义。与 C 语言的宏定义类似，mixin 还支持参数，因此 mixin 可以很方便地将某段通用 CSS 定义提取出来，方便后面复用它。例如如下代码：

程序清单：codes\06\6.3\mixinSample.less

```less
@block-width : 300px;
@block-height : 120px;
@block-back : rgba(86,61,124,.15);
```

```
.make-block(@width: @block-width, @height: @block-height, @back: @block-back) {
    width: @width;
    height: @width;
    border: 1px solid black;
    background-color: @back;
    border-radius: 5px;
}
.md-block {
    .make-block();
}
.big-block {
    .make-block(500px, 200px, #eee);
}
.small-block {
    .make-block(150px, 60px, #bbb);
}
```

在以上粗体字代码中定义了一个 mixin，该 mixin 支持 3 个参数，这 3 个参数都被指定了默认值，因此使用时也可不传入参数。

> **注意：**
> mixin 的语法是以.开头，这和 CSS 的 class 选择器定义有点类似，但 mixin 可以支持参数。

定义了 mixin 之后，在后面代码中可以复用这些 mixin。在上面的源码中使用 make-block 定义了.md-block、.big-block 和.small-block 这 3 个样式。上面代码经编译后会生成如下 CSS 样式：

```
.md-block {
  width: 300px;
  height: 300px;
  border: 1px solid black;
  background-color: rgba(86, 61, 124, 0.15);
  border-radius: 5px;
}
.big-block {
  width: 500px;
  height: 500px;
  border: 1px solid black;
  background-color: #eeeeee;
  border-radius: 5px;
}
.small-block {
  width: 150px;
  height: 150px;
  border: 1px solid black;
  background-color: #bbbbbb;
  border-radius: 5px;
}
```

▶▶ 6.3.5 内嵌规则

通过 Less 的内嵌规则可以批量地将选择器直接放入指定命名空间下。例如如下代码：

程序清单：codes\06\6.3\namespace.less

```
#container{
    .a {
        width:200px;
        height:35px;
    }
```

```
    span {
        font-size: 16px;
        text-decoration: none;
    }
    div li {
        list-style: circle;
    }
}
```

上面的代码先将.a、span、div li 这三个选择器都放在#container 命名空间下,这表明以#container 为包来生成包含选择器。上面代码经编译后会生成如下 CSS 样式:

```
#container .a {
  width: 200px;
  height: 35px;
}
#container span {
  font-size: 16px;
  text-decoration: none;
}
#container div li {
  list-style: circle;
}
```

6.3.6 Bootstrap 网格系统的变量和 mixin

Bootstrap 使用 Less 作为 CSS 的预编译语言,它为网格系统定义了如下变量:

```
@grid-columns:           12;
@grid-gutter-width:      30px;
@grid-float-breakpoint:  768px;
```

3 个变量的定义非常清楚,其中,@grid-columns 指定了网格的最大列数为 12,因此如果我们想定制 Bootstrap 的网格系统,改变它的最大列数,只要修改该变量即可。@grid-gutter-width 指定了默认的列间距为 30px(左右各 15px),@grid-float-breakpoint 指定了媒体查询的阈值为 768px。这些变量都是可以改变的。

此外 Bootstrap 还定义了如下 mixin。

- .make-row(@gutter: @grid-gutter-width):用于生成行(.row)的 mixin,该 mixin 支持@gutter 参数,该参数有默认值。
- .make-xs-column(@columns; @gutter: @grid-gutter-width):用于生成在 xs 尺寸的 viewport 上的单元格(.col-xs-N)的 mixin,该 mixin 支持@columns 参数和@gutter 参数,其中@gutter 参数有默认值。
- .make-xx-column(@columns; @gutter: @grid-gutter-width):用于生成在 xx 尺寸的 viewport 上的单元格(.col-xx-N)的 mixin,该 mixin 支持@columns 参数和@gutter 参数,其中@gutter 参数有默认值。其中 xx 可表示 sm、md、lg 这 3 种 viewport 尺寸。
- .make-xx-column-offset(@columns):用于生成在 xx 尺寸的 viewport 上的单元格偏移(.col-xx-offset-N)的 mixin,该 mixin 支持@columns 参数和@gutter 参数,其中@gutter 参数有默认值。其中 xx 可表示 sm、md、lg 这 3 种 viewport 尺寸。
- .make-xx-column-push(@columns):用于生成在 xx 尺寸的 viewport 上的单元格排序(.col-xx-push-N)的 mixin,该 mixin 支持@columns 参数和@gutter 参数,其中@gutter 参数有默认值。其中 xx 可表示 sm、md、lg 这 3 种 viewport 尺寸。
- .make-xx-column-pull(@columns):用于生成在 xx 尺寸的 viewport 上的单元格(.col-xx-pull-N)的 mixin,该 mixin 支持@columns 参数和@gutter 参数,其中@gutter 参数有默认值。其中 xx 可表示 sm、md、lg 这 3 种 viewport 尺寸。

因此开发者完全可以在自己的页面中使用这些 mixin，例如如下代码：

程序清单：codes\06\6.3\mixin.less

```
@import "../bootstrap/less/bootstrap.less";
.wrapper {
    .make-row();
}
.content-main {
    .make-sm-column(3);
}
.content-secondary {
    .make-sm-column(2);
    .make-sm-column-offset(1);
}
```

上面在 Less 代码中先导入了 bootstrap.less 源代码，然后使用.make-row、.make-sm-column、.make-sm-column 定义了样式。

接下来我们打算在 HTML 页面中以即时编译的方式来使用这些 Less 源文件。该 HTML 页面代码如下：

程序清单：codes\06\6.3\mixin.html

```html
<!DOCTYPE html>
<html>
<head>
    <meta http-equiv="Content-Type" content="text/html; charset=utf-8" />
    <meta name="viewport" content="width=device-width, initial-scale=1">
    <title> 使用 Bootstrap 的 mixin </title>
    <link rel="stylesheet/less" href="../bootstrap/less/bootstrap.less" media="all" />
    <link rel="stylesheet/less" href="mixin.less" media="all" />
    <script src="../less.min.js"></script>
    <style type="text/css">
    .wrapper {
        margin-bottom: 20px;
    }
    [class*="content-"] {
        padding-top: 15px;
        padding-bottom: 15px;
        background-color: #eee;
        background-color: rgba(86,61,124,.15);
        border: 1px solid #ddd;
        border: 1px solid rgba(86,61,124,.2);
    }
    </style>
</head>
<body>
<div class="container">
<div class="wrapper">
    <div class="content-main">第1行第1格.</div>
    <div class="content-secondary">第1行第2格</div>
</div>
</div>
<script type="text/javascript" src="../jquery-3.1.1.js"></script>
<script type="text/javascript" src="../bootstrap/js/bootstrap.min.js"></script>
</body>
</html>
```

该页面的关键点是上面的 3 行粗体字代码，第一行粗体字代码先导入 Bootstrap 的 Less 源文件：bootstrap.less；第二行导入了我们自己编写的 Less 源代码；第三行导入了用于即时编译 Less 源代码的 JS 代码库。

> **注意：**
> 由于存在跨域访问的问题，因此需要将上面页面部署在 Web 服务器（如 Tomcat）之后再访问。

浏览该页面，可看到如图 6.18 所示的效果。

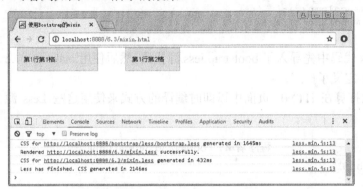

图 6.18 使用 Bootstrap 的 mixin

6.4 Bootstrap 排版相关样式

Bootstrap 的排版相关的样式很多都是直接借用了 HTML 5 元素，或者说 Bootstrap 可以和 HTML 元素结合使用以达到最佳效果。

▶▶ 6.4.1 标题元素和样式

如果要实现标题效果，既可直接使用<h1.../> ~ <h6.../>这样的 HTML 元素，也可使用 Bootstrap 提供的.h1~.h6 这样的 CSS 样式。例如如下代码：

程序清单：codes\06\6.4\title.html

```
<h1>HTML 的一级标题</h1>
<h2>HTML 的二级标题</h2>
<h5>HTML 的五级标题</h5>
<hr/>
<div class="h1">Bootstrap 的一级标题</div>
<div class="h2">Bootstrap 的二级标题</div>
<div class="h5">Bootstrap 的五级标题</div>
```

该代码的浏览效果如图 6.19 所示。

图 6.19 标题样式

从图 6.19 可以看出，使用 HTML 的<h1.../>~<h6.../>标签和使用 Bootstrap 的.h1~.h6 样式的效果基本是相同的。

如果要在标题内使用小标题，可使用 HTML 的<small.../>标签或 Bootstrap 的.small 样式来实现。small 效果中的 line-height 变成 1，字体大小在 h1~h3 中变成主标题的 65%，在 h4~h6 中变成主标题的 75%。例如如下代码：

程序清单：codes\06\6.4\title2.html

```
<div class="container">
<h1>HTML 的一级标题<span class="small">小标题</span></h1>
<h2>HTML 的二级标题<span class="small">小标题</span></h2>
<h5>HTML 的五级标题<span class="small">小标题</span></h5>
<hr/>
<div class="h1">Bootstrap 的一级标题<small>小标题</small></div>
<div class="h2">Bootstrap 的二级标题<small>小标题</small></div>
<div class="h5">Bootstrap 的五级标题<small>小标题</small></div>
</div>
```

该代码的浏览效果如图 6.20 所示。

图 6.20 小标题

6.4.2 段落

Bootstrap 为<body.../>元素设置了 font-size 为 14px，line-height 为 1.428。此外，Bootstrap 还为所有<p.../>元素设置了 margin-bottom=10px。

如果希望让某个段落突出显示，可使用 Bootstrap 提供的.lead 样式。

下面代码示范了段落相关样式的效果。

程序清单：codes\06\6.4\paragraph.html

```
<p>疯狂 Java 品牌专注高级软件编程，以"十年磨一剑"的心态打造全国最强（不是之一）疯狂 Java 学习体系：包括疯狂 Java 体系原创图书，疯狂 Java 学习路线图，这些深厚的知识沉淀已被大量高校、培训机构奉为经典。</p>

<p class="lead">疯狂 Java 品牌专注高级软件编程，以"十年磨一剑"的心态打造全国最强（不是之一）疯狂 Java 学习体系：包括疯狂 Java 体系原创图书，疯狂 Java 学习路线图，这些深厚的知识沉淀已被大量高校、培训机构奉为经典。</p>
</div>
```

该代码的浏览效果如图 6.21 所示。

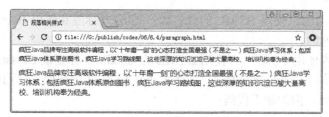

图 6.21 段落相关样式

▶▶ 6.4.3 增强的 HTML 元素

Bootstrap 出于风格统一、美观的目的，可能对如下 HTML 元素进行了强化，但我们只要像以往一样使用这些 HTML 元素即可。

- \<mark.../>：用于显示 HTML 页面中需要重点"关注"的内容，就像看书时喜欢用荧光笔把某些重点内容标注出来一样。
- \<del../> 和 \<s.../>：浏览器通常会以中画线形式显示\<del.../>或\<s.../>包含的文本。其中\<del.../>的语义表示文档中被删除的文本；\<s.../>的语义表示文档中无用的文本。
- \<ins../> 和 \<u.../>：浏览器通常会以下画线形式显示\<ins.../>或\<u.../>包含的文本。其中\<ins.../>还有额外的语义：用于定义文档中插入的文本。
- \<strong../> 和 \<b.../>：浏览器通常会以粗体字形式显示\<strong.../>或\<b.../>包含的文本。其中\<strong.../>还有额外的语义：用于定义文档中需要强调的文本。此外也可在 CSS 样式中使用 font-weight 来实现更丰富的粗体字效果。
- \<em.../> 或 \<i.../>：浏览器通常会以斜体字形式显示\<em.../>或\<i.../>包含的文本。其中\<em.../>的语义表示文档中需要强调的文本；\<s.../>的语义表示发言、技术词汇等。
- \<abbr.../>：用于表示一个缩写。使用该元素时通常建议指定 title 属性，该属性用于指定该缩写所代表的全称。外观表现为带有较浅的虚线框，鼠标移至上面时会变成带有"问号"的指针。如想看完整的内容可把鼠标悬停在缩略语上。

此外，Bootstrap 还为缩略语定义了 .initialism 样式，可以让 font-size 变得稍微小些。

- \<address.../>：用于表示一个地址，让地址信息以最接近日常使用的格式显示出来。在每行结尾添加\
可以保留需要的样式。
- \<blockquote.../>：用于定义一段长的引用文本。使用\<blockquote.../>元素时可指定 cite 属性，该属性指定引用文本所引用的网址 URL 或出处。

Bootstrap 建议添加\<footer.../>用于标明引用来源，来源的名称可以放在\<cite.../>标签内。此外，Bootstrap 还提供了一个 .blockquote-reverse 样式，其可以让被引用的内容呈现右对齐的效果。

- \<code.../>：用于表示一段计算机代码。
- \<kbd.../>：用于定义键盘文本。该元素用于表示文本是通过键盘输入的。通常在计算机使用文档、使用说明中会经常使用该元素。
- \<samp.../>：用于标记程序输出的内容。
- \<pre.../>：用于表示该元素所包含的文本已经被进行了"预格式化"。也就是说，\<pre.../>元素所包含文本中的空格、回车、Tab 键和其他格式字符都会被保留下来，但浏览器会处理\<pre.../>元素内大部分 HTML 元素。Bootstrap 推荐使用\<pre.../>标签来包含大段代码。此外，Bootstrap 还提供了 .pre-scrollable 样式，其作用是设置 max-height 为 350px，并在垂直方向展示滚动条。

➢ <var.../>：用于表示一个变量。浏览器通常会用斜体字显示<var.../>所包含的文本。

> **提示：**
> 由于上面这些元素是 Bootstrap 直接借用了 HTML 5 元素，因此读者可以通过《疯狂 HTML 5/CSS 3/JavaScript 讲义》第 2 章找到关于这些元素更详细的介绍。

下面的页面代码示范了前面几个 HTML 标签的用法。

程序清单：codes\06\6.4\html1.html

```
<p><mark>HTML 5</mark>是下一代的 HTML 规范，
<mark>HTML 5</mark>即将把前端开发者从繁重的开发中释放出来。</p>
<p>Android 是一个<del>开发</del><ins>开放</ins>式的手机、平板电脑操作系统</p>
<p>Android 是一个<s>开发</s><u>开放</u>式的手机、平板电脑操作系统</p>
<p>strong 标签的效果：<strong>被强调的文本</strong></p>
<p>b 标签的效果：<b>加粗文本</b></p>
<p>i 标签的效果：<i>斜体文本</i></p>
<p>em 标签的效果：<em>被强调的文本</em></p>
<p>疯狂 Java 教育中心的缩写是<abbr title="疯狂 Java 教育">fkjava</abbr>。</p>
疯狂软件地址是：
<address>广州市天河区<br>
车陂大岗路 4 号<br>
沣宏大厦 3 楼<br>
</address>
<blockquote cite="李义山诗集">
锦瑟无端五十弦，一弦一柱思华年。<br>
庄生晓梦迷蝴蝶，望帝春心托杜鹃。<br>
沧海月明珠有泪，蓝田日暖玉生烟。<br>
此情可待成追忆，只是当时已惘然。</blockquote>
<p>下面是右对齐的引用</p>
<blockquote cite="李义山诗集" class="blockquote-reverse">
锦瑟无端五十弦，一弦一柱思华年。<br>
庄生晓梦迷蝴蝶，望帝春心托杜鹃。<br>
沧海月明珠有泪，蓝田日暖玉生烟。<br>
此情可待成追忆，只是当时已惘然。</blockquote>
```

该页面的浏览效果如图 6.22 所示。

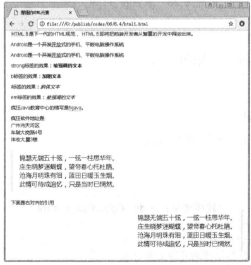

图 6.22 增强的 HTML 元素 1

下面的页面代码示范了另外几个 HTML 标签的用法。

程序清单：codes\06\6.4\html2.html

```html
<p>下面代码定义了一个 Java 类：<code>Cat</code>类</p>
<!-- pre 元素包含的内容是"预格式化"文本。 -->
<pre>
    public class Cat
    {
        private int name = "garfield";
    }
</pre>
<p>可通过输入如下命令：<br>
<kbd>ls -l</kbd><br>
在 Linux 的 Shell 窗口查看当前目录下所有文件、目录的详细信息。<br>
该命令可能产生如下输出：<br>
<samp>
-rw-r--r--. 1 root root   683 Aug 19 09:59 fkjava.png<br>
drwxr-xr-x. 2 root root  4096 Jul 31 02:48 Desktop<br>
drwxr-xr-x. 2 root root  4096 Jul 31 02:48 Documents<br>
drwxr-xr-x. 4 root root  4096 Aug 16 02:55 Downloads<br>
</samp>
</p>
<!-- 使用 var 定义变量 -->
<var>i</var>、<var>j</var>、<var>k</var>通常用作循环计数器变量。
```

该页面的浏览效果如图 6.23 所示。

图 6.23　增强的 HTML 元素 2

▶▶ 6.4.4　对齐

Bootstrap 提供了如下对齐相关的样式：

- ➢ .text-left：左对齐。
- ➢ .text-right：右对齐。
- ➢ .text-center：居中对齐。
- ➢ .text-justify：使用 justify 的对齐方式。
- ➢ .text-nowrap：不换行。

例如如下页面代码：

程序清单：codes\06\6.4\align.html

```html
<p class="text-left">左对齐的文本</p>
<p class="text-right">右对齐的文本</p>
<p class="text-center">居中对齐的文本</p>
<p class="text-justify">justify对齐的文本</p>
```

```
<p class="text-nowrap">nowrap 对齐的文本 nowrap 对齐的文本 nowrap 对齐的文本 nowrap 对齐的
文本 nowrap 对齐的文本 nowrap 对齐的文本 nowrap 对齐的文本</p>
```

该页面的浏览效果如图 6.24 所示。

图 6.24 对齐方式

6.4.5 改变大小写

Bootstrap 提供了如下大小写相关的样式：
- . text-lowercase：字母小写。
- . text-uppercase：字母大写。
- . text-capitalize：每个单词的首字母大写。

例如如下页面代码：

程序清单：codes\06\6.4\letter.html

```
<p class="text-lowercase">Fkit.org is a GOOD education center!</p>
<p class="text-uppercase">Fkit.org is a GOOD education center!</p>
<p class="text-capitalize">Fkit.org is a GOOD education center!</p>
```

该页面的浏览效果如图 6.25 所示。

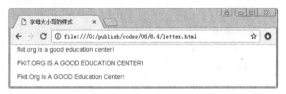

图 6.25 大小写相关的样式

6.4.6 列表

HTML 本来已经提供了以下 3 类列表。
- 无序列表：使用<ul.../>和<li.../>元素定义。其中，<ul.../>元素作为<li.../>的父元素定义无序列表，而<li.../>定义列表项。
- 有序列表：使用<ol.../>和<li.../>元素定义。其中，<ol.../>元素作为<li.../>的父元素定义无序列表，而<li.../>定义列表项。
- 定义列表：使用<dl.../>、<dt.../>和<li.../>元素定义。其中，<dl.../>元素作为<dt.../>和<li.../>的父元素定义列表，而<dt.../>定义列表项标题，<dd.../>定义列表项描述。

Bootstrap 对上面这 3 类列表的默认样式进行了一些改进，使得它们具有更好的一致性。但这些元素的用法与传统的用法并没有太大的区别。

此外，Bootstrap 还提供了如下几个样式，用于实现特定的列表项。
- .list-unstyled：无样式列表。该样式的作用是去掉有序列表和无序列表前面的列表序号、列表符号。
- .list-inline：行内列表。该样式通过 display: inline-block;设置，并通过设置少量 padding

值，从而将所有列表项放在同一行。
- .dl-horizontal：水平排列样式。该样式会将列表项标题和列表项描述排在同一行。该样式开始会将列表项标题和列表项描述堆叠在一起，随着导航条逐渐展开它们会排在一行。

下面代码示范了有序列表的效果。

程序清单：codes\06\6.4\orderd-list.html

```
<strong>下面是普通有序列表</strong><br/>
<ol>
    <li>疯狂 Java 讲义</li>
    <li>轻量级 Java EE 企业应用实战</li>
    <li>疯狂 Android 讲义</li>
</ol>
<strong>下面是无样式列表</strong><br/>
<ol class="list-unstyled">
    <li>疯狂 Java 讲义</li>
    <li>轻量级 Java EE 企业应用实战</li>
    <li>疯狂 Android 讲义</li>
</ol>
<strong>下面是行内列表</strong><br/>
<ol class="list-inline">
    <li>疯狂 Java 讲义</li>
    <li>轻量级 Java EE 企业应用实战</li>
    <li>疯狂 Android 讲义</li>
</ol>
```

该页面的浏览效果如图 6.26 所示。

图 6.26　有序列表

下面代码示范了无序列表的效果。

程序清单：codes\06\6.4\unorderd-list.html

```
<strong>下面是普通无序列表</strong><br/>
<ul>
    <li>疯狂 Java 讲义</li>
    <li>轻量级 Java EE 企业应用实战</li>
    <li>疯狂 Android 讲义</li>
</ul>
<strong>下面是无样式列表</strong><br/>
<ul class="list-unstyled">
    <li>疯狂 Java 讲义</li>
    <li>轻量级 Java EE 企业应用实战</li>
    <li>疯狂 Android 讲义</li>
</ul>
<strong>下面是行内列表</strong><br/>
<ul class="list-inline">
    <li>疯狂 Java 讲义</li>
```

```
        <li>轻量级 Java EE 企业应用实战</li>
        <li>疯狂 Android 讲义</li>
</ul>
```

该页面的浏览效果如图 6.27 所示。

图 6.27　无序列表

下面是定义列表的示例。

程序清单：codes\06\6.4\dd-list.html

```
<dl>
        <dt>Java<dt>
        <dd>Java 是一门广泛使用的、跨平台的开发语言</dd>
        <dt>疯狂 Java 体系图书</dt>
        <dd>疯狂 Java 体系图书是李刚老师积十年之功创作的一套系统的 Java 学习图书，<br>
        且多次升级保持与最新技术同步，对广大初学者帮助很大。</dd>
        <dd>疯狂 Java 体系图书均已得到广泛的市场认同，多次重印成为超级畅销图书，<br>
        并被多所"985"、"211"高校选作教材，<br>
        部分图书已被翻译成繁体中文版，授权到中国台湾地区。</dd>
</dl>
<strong>列表项标题和描述水平排列</strong>
<dl class="dl-horizontal">
        <dt>Java<dt>
        <dd>Java 是一门广泛使用的、跨平台的开发语言</dd>
        <dt>疯狂 Java 体系图书</dt>
        <dd>疯狂 Java 体系图书是李刚老师积十年之功创作的一套系统的 Java 学习图书，<br>
        且多次升级保持与最新技术同步，对广大初学者帮助很大。</dd>
        <dd>疯狂 Java 体系图书均已得到广泛的市场认同，多次重印成为超级畅销图书，<br>
        并被多所"985"、"211"高校选作教材，<br>
        部分图书已被翻译成繁体中文版，授权到中国台湾地区。</dd>
</dl>
```

该页面的浏览效果如图 6.28 所示。

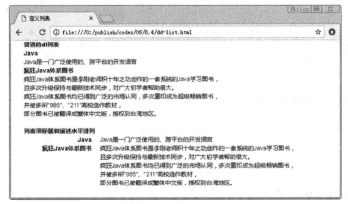

图 6.28　定义列表

6.5 表格相关样式

Bootstrap 提供了系列表格相关的样式，通过这些样式可以快速开发出样式美观的表格。Bootstrap 提供了以下 6 种表格样式。

➢ .table：基本的表格。这种样式为每行增加水平分割线和少量的 padding。
➢ .table-striped：条纹表格。该样式用于给<tbody.../>内的每一行增加斑马条纹样式。
➢ .table-bordered：边框表格。该样式为表格和其中的每个单元格增加边框。
➢ .table-hover：鼠标高亮。该样式可以让<tbody>中的表格行对鼠标悬停做出高亮响应。
➢ .table-condensed：紧凑表格。通过该样式可让单元格的 padding 减半，这样使得表格更加紧凑。
➢ .table-responsive：响应式表格。如果将任何.table 表格放在指定了 class="table-responsive" 的元素内，即可创建响应式表格。响应式表格会在小屏幕设备上（viewport 宽度小于 768px）显示水平滚动条。当浏览器 viewport 宽度大于 768px 时，水平滚动条消失。

6.5.1 基础表格

只要为任意表格指定 class="table"即可实现 Bootstrap 的基础表格。例如如下代码：

程序清单：codes\06\6.5\basic.html

```html
<table class="table">
    <caption><b>疯狂 Java 体系图书</b></caption>
    <thead>
    <tr>
        <th>书名</th>
        <th>作者</th>
        <th>价格</th>
    </tr>
    </thead>
    <tfoot>
    <tr>
        <td colspan="3" style="text-align:right">现总计：3 本图书</td>
    </tr>
    </tfoot>
    <tbody>
    <tr>
        <td>疯狂 Java 讲义</td>
        <td>李刚</td>
        <td>109</td>
    </tr>
    <tr>
        <td>疯狂 HTML 5/CSS 3/JavaScript 讲义</td>
        <td>李刚</td>
        <td>79</td>
    </tr>
    <tr>
        <td>疯狂前端开发讲义</td>
        <td>李刚</td>
        <td>79</td>
    </tr>
    </tbody>
</table>
```

该表格的效果如图 6.29 所示。

图 6.29 基础表格

▶▶ 6.5.2 条纹表格

为指定 class="table"的表格增加一个.table-striped 样式即可实现 Bootstrap 的条纹表格。例如如下代码：

程序清单：codes\06\6.5\table-striped.html

```
<table class="table table-striped">
    <caption><b>疯狂 Java 体系图书</b></caption>
    <thead>
    <tr>
        <th>书名</th>
        <th>作者</th>
        <th>价格</th>
    </tr>
    </thead>
    <!-- 省略其他内容 -->
    ...
</table>
```

该表格的效果如图 6.30 所示。

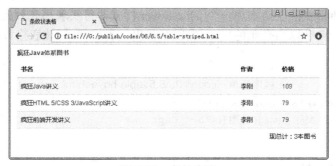

图 6.30 条纹表格

▶▶ 6.5.3 边框表格

为指定 class="table"的表格增加一个.table-borded 样式即可实现 Bootstrap 的边框表格。例如如下代码：

程序清单：codes\06\6.5\table-borded.html

```
<table class="table table-bordered">
    <caption><b>疯狂 Java 体系图书</b></caption>
    <thead>
```

287

```
        <tr>
            <th>书名</th>
            <th>作者</th>
            <th>价格</th>
        </tr>
    </thead>
    <!-- 省略其他内容 -->
    ...
</table>
```

该表格的效果如图 6.31 所示。

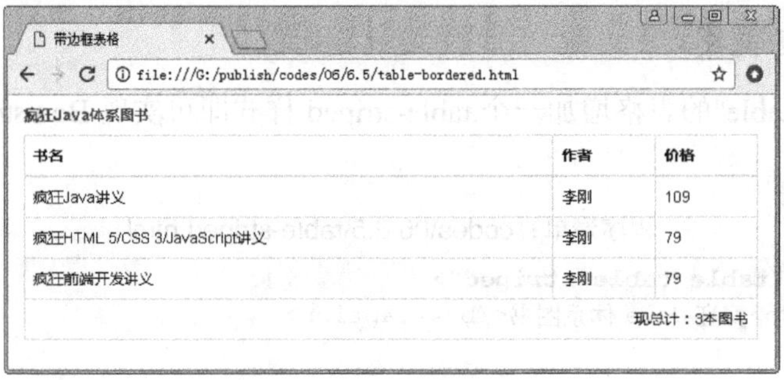

图 6.31 边框表格

需要说明的是，Bootstrap 的这些表格样式并不是互斥的，完全可以组合使用，例如我们希望表格既有条纹效果，又有边框效果，只要在该表格上同时指定.table、.table-striped、.table-borded 三个样式即可。例如如下代码：

```
<table class="table table-striped table-bordered">
<table>
```

6.5.4 鼠标高亮

为指定 class="table"的表格增加一个.table-hover 样式即可实现高亮效果：当鼠标移入某个表格行时，该表格行自动以高亮颜色显示；当鼠标移出该表格行时，该表格行的高亮效果消失。例如如下代码：

程序清单：codes\06\6.5\table-hover.html

```
<table class="table table-hover">
    <caption><b>疯狂 Java 体系图书</b></caption>
    <thead>
        <tr>
            <th>书名</th>
            <th>作者</th>
            <th>价格</th>
        </tr>
    </thead>
    <!-- 省略其他内容 -->
    ...
</table>
```

该表格的效果如图 6.32 所示。

图 6.32 高亮显示表格行

6.5.5 紧凑型表格

为指定 class="table" 的表格增加一个 .table-condensed 样式即可实现紧凑型表格。紧凑型表格将单元格的 padding 减半让表格内容更加紧凑。例如如下代码：

程序清单：codes\06\6.5\table-condensed.html

```
<table class="table table-condensed">
    <caption><b>疯狂 Java 体系图书</b></caption>
    <thead>
    <tr>
        <th>书名</th>
        <th>作者</th>
        <th>价格</th>
    </tr>
    </thead>
    <!-- 省略其他内容 -->
    ...
</table>
```

该表格的效果如图 6.33 所示。

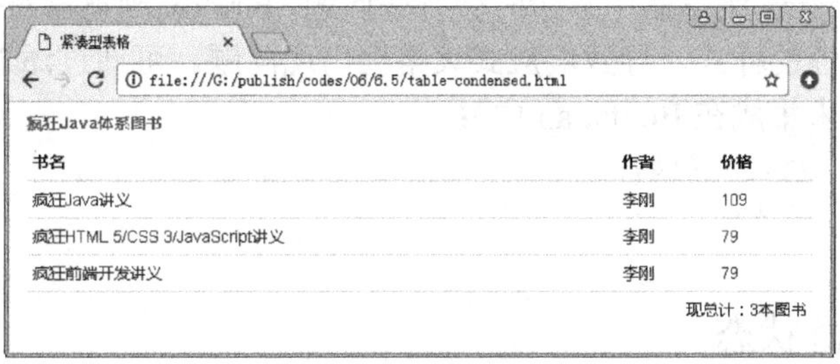

图 6.33 紧凑型表格

6.5.6 响应式表格

响应式表格的 .table-responsive 样式并不作用于表格本身，而是作用于表格所在的容器，比如我们将表格放在一个 <div.../> 元素中，这样就应该为该 <div.../> 元素设置 class="table-responsive" 样式，这样该表格就变成了响应式表格。响应式表格在小屏幕设备上（viewport 宽度小于 768px）显示时会出现水平滚动条。当 viewport 宽度大于 768px 宽度时，水平滚动条消失。

注意：

响应式表格被设置了 overflow-y:hidden 属性，这样能将超出表格底部和顶部的内容截断。但这样也会截断下拉菜单和其他第三方组件。

下面代码示范了响应式表格。

程序清单：codes\06\6.5\table-responsive.html

```
<div class="table-responsive">
<table class="table table-border table-hover">
    <caption><b>疯狂体系图书</b></caption>
    <thead>
    <tr>
        <th>书名</th>
        <th>作者</th>
        <th>价格</th>
    </tr>
    </thead>
    <!-- 省略其他内容 -->
    ...
</table>
</div>
```

当 viewport 宽度小于 768px 时该表格的显示效果如图 6.34 所示。

图 6.34 响应式表格

响应式表格在 Firefox 浏览器中显示时会有些问题，Firefox 浏览器对<fieldset.../>元素设置了一些影响 width 属性的样式，导致响应式表格会出现问题。可通过添加如下 CSS 代码来解决该问题（该代码并未集成在 Bootstrap 中）：

```
@-moz-document url-prefix() {
    fieldset { display: table-cell; }
}
```

▶▶ 6.5.7 表格行状态

Bootstrap 为表格行或单元格提供了如下状态样式。
- .active：高亮状态。添加鼠标悬停在行或单元格上时所设置的背景色。
- .success：添加标识成功行为的背景色。
- .info：添加标识普通提示信息的背景色。
- .warning：添加标识警告或用户注意的背景色。
- .danger：添加标识危险或负面影响的背景色。

例如如下代码：

程序清单：codes\06\6.5\row-status.html

```
<table class="table table-condensed">
    <caption><b>疯狂体系图书</b></caption>
    <thead>
    <tr>
```

```
            <th>书名</th>
            <th>作者</th>
            <th>价格</th>
        </tr>
    </thead>
    <tfoot>
    <tr>
        <td colspan="3" style="text-align:right">现总计：9本图书</td>
    </tr>
    </tfoot>
    <tbody>
    <tr class="active">...</tr>
    <tr>...</tr>
    <tr class="success">...</tr>
    <tr>...</tr>
    <tr class="info">...</tr>
    <tr>...</tr>
    <tr class="warning">...</tr>
    <tr>...</tr>
    <tr class="danger">...</tr>
    </tbody>
</table>
```

该表格的效果如图 6.35 所示。

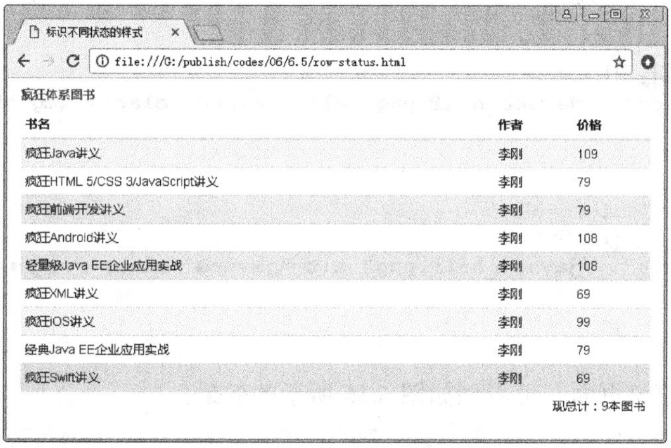

图 6.35　显示表格行的不同状态

> **注意：**
> Bootstrap 为表格行状态提供的这些 CSS 样式只是为其添加了具有某种常规意义的背景色，这种背景色只是一种视觉上的效果。因此如果需要传达更明确的状态，请确保通过内容本身（比如通过文字说明）来表达对应的状态。

6.6　图片和图标

Bootstrap 提供了系列图片相关的样式并提供了大量可用的小图标。

▶▶ 6.6.1　图片相关样式

Bootstrap 为图片提供了如下几个样式。

➢ .img-responsive：响应式图片。通过为图片设置 max-width: 100%;、height: auto;和 display:

block;等属性,使得图片在父元素中可以得到更好的缩放。
➢ .center-block:如果要让响应式图片水平居中,应设置该样式。
➢ .img-rounded:设置圆角图片。
➢ .img-circle:圆形图片。
➢ .img-thumbnail:缩略图图片。该样式会在图片四周添加一圈淡灰色的边框。

下面页面代码示范了图片相关的样式。

程序清单:codes\06\6.6\image.html

```html
<div class="container">
<div class="row">
    <div class="col-sm-3">
        <h3>默认图片</h3>
        <img src="../javaee_half.png" alt="javeee">
    </div>
    <div class="col-sm-3">
        <h3>圆角图片</h3>
        <img src="../javaee_half.png" alt="javeee" class="img-rounded">
    </div>
    <div class="col-sm-3">
        <h3>圆形图片</h3>
        <img src="../javaee_half.png" alt="javeee" class="img-circle">
    </div>
    <div class="col-sm-3">
        <h3>缩略图图片</h3>
        <img src="../javaee_half.png" alt="javeee" class="img-thumbnail">
    </div>
</div>
<div class="row">
    <div class="col-sm-3">
        <h3>响应式图片</h3>
        <img src="../javaee_half.png" alt="javeee" class="img-responsive">
    </div>
</div>
</div>
```

使用浏览器浏览该页面,可看到如图6.36所示的效果。

图6.36 图片相关样式

通过图6.36可能还不能明显看出响应式图片的特征,如果我们继续缩小浏览器viewport,将可以看到如图6.37所示的效果。

从图6.37可以看出,响应式图片会随着它所在的容器的大小改变而自动缩放。当然,缩略图图片也会随着它所在容器的大小改变而自动缩放,但缩略图图片的四周会被添加淡灰色的边框。

图 6.37 响应式图片

需要说明的是，.img-responsive 样式可与.img-rounded、.img-circle 样式结合使用，例如希望实现响应式的圆形图片，可通过如下代码实现。

```
<img src="../javaee_half.png" alt="javeee" class="img-circle img-responsive ">
```

6.6.2 图标

Bootstrap 通过 Glyphicon Halflings 字体提供了 250 多个字体小图标，这些小图标的用法非常简单，通常会通过一个空的<span.../>元素并为该元素设置两个 CSS 样式来使用这些图标。

为了正确地使用这些图标，需要两个 CSS 样式配合。

- .glyphicon：该样式设置它是一个小图标。
- .glyphicon-xxx：该样式设置具体是哪个小图标。后面的 xxx 需要根据不同图标而改变，具体可参考 http://getbootstrap.com/components/#glyphicons。

下面代码示范了如何单独地使用小图标，以及如何在段落文字、按钮中使用这些图标。

程序清单：codes\06\6.6\icon.html

```
<div class="container">
    <div class="row">
        <div class="col-sm-12">
            <span class="glyphicon glyphicon-heart" aria-hidden="true"></span>
            <span class="glyphicon glyphicon-phone-alt" aria-hidden="true"></span>
            <span class="glyphicon glyphicon-ok" aria-hidden="true"></span>
            <span class="glyphicon glyphicon-remove" aria-hidden="true"></span>
        </div>
        <div class="col-sm-12">
            文字中 <span class="glyphicon glyphicon-star" aria-hidden="true"></span>
嵌套使用的 <span class="glyphicon glyphicon-refresh" aria-hidden="true"></span>图标
        </div>
        <div class="col-sm-12">
            <button class="btn btn-default btn-lg" type="button">
                <span class="glyphicon glyphicon-align-left" aria-hidden="true">
</span>
            </button>
            <button class="btn btn-default" type="button">
                <span class="glyphicon glyphicon-align-center"
aria-hidden="true"></span>
            </button>
            <button class="btn btn-default btn-sm" type="button">
                <span class="glyphicon glyphicon-align-right" aria-hidden="true">
</span>
            </button>
            <button class="btn btn-default btn-xs" type="button">
                <span class="glyphicon glyphicon-align-justify" aria-hidden="true">
</span>
```

```
                </button>
            </div>
        </div>
</div>
```

从以上代码可以看出，不管是单独使用小图标，还是在文本中和按钮中使用小图标，代码中总是定义一个空的<span.../>元素，并为之设置两个CSS样式。

> **注意**：
> 在该代码中，还使用了 aria-hiddn 属性，该属性主要对有视觉缺陷、失聪和行动不便的残疾人设置的。尤其像盲人，需要借助于屏幕阅读器（屏幕阅读器可以朗读发声或输出盲文）才能浏览网页。而 aria-* 等属性都是针对这部分人设计的，如 aria-hiddn 表明该元素对残疾人隐藏；aria-label 表示对残疾人有效的标签等。

该页面的浏览效果如图 6.38 所示。

图 6.38 小图标

> **注意**：
> 为了能正确地设置 padding，请在图标和文本之间添加一个空格。

需要说明的是，Bootstrap 的小图标是依赖 bootstrap\fonts 目录下那些字体文件的，因此开发者不要删除该文件夹，尽量不要改变 fonts 文件夹与 bootstrap.min.css 之间的相对位置（fonts 文件夹默认需要位于 bootstrap.min.css 文件的上一级目录下 fonts 文件夹内）。如果改变了 fonts 文件夹的位置，开发者只有重新修改 Less 源代码或 bootstrap.min.css 文件，这比较麻烦。

6.7 辅助样式

辅助样式主要包括一些特殊的颜色和图标，它们通常起辅助的作用。

6.7.1 情境背景色

Bootstrap 提供了以下类来支持情境背景色。
- .bg-primary：首选背景色（蓝色）。
- .bg-success：代表成功的绿色。
- .bg-info：代表一般提示信息的浅蓝色。
- .bg-warning：代表一般提示信息的浅黄色。
- .bg-danger：代表一般提示信息的浅红色。

下面示例示范了这几种情境背景色的用法。

程序清单：codes\06\6.7\bg.html

```
<div class="container">
    <p class="bg-primary">.bg-primary</p>
```

```
    <p class="bg-success">.bg-success</p>
    <p class="bg-info">.bg-info</p>
    <p class="bg-warning">.bg-warning</p>
    <p class="bg-danger">.bg-danger</p>
</div>
```

浏览该网页即可看到各情境背景色的效果。

> **提示：** 有时由于其他 CSS 选择器的特殊性，上面这些背景色样式可能不起作用，此时可考虑将要添加背景色的内容放在新的<div.../>元素中。

6.7.2 情境文本颜色

情境文本颜色和情境背景色的功能大致相同，只是这些样式作用于文本，而不是背景。

- .text-muted：代表安静的浅灰色。
- .text-primary：代表首选高亮颜色（蓝色）。
- .text-success：代表成功的绿色。
- .text-info：代表一般提示信息的浅蓝色。
- .text-warning：代表一般提示信息的浅黄色。
- .text-danger：代表一般提示信息的浅红色。

下面示例示范了这几种情境文本颜色的用法：

程序清单：codes\06\6.7\text-color.html

```
<div class="container">
    <p class="text-muted">.text-muted</p>
    <p class="text-primary">.text-primary</p>
    <p class="text-success">.text-success</p>
    <p class="text-info">.text-info</p>
    <p class="text-warning">.text-warning</p>
    <p class="text-danger">.text-danger</p>
</div>
```

浏览该网页即可看到各情境文本颜色的效果。

> **提示：** 有时由于其他 CSS 选择器的特殊性，上面这些文本颜色样式可能不起作用，此时可考虑将要添加文本颜色的内容放在新的<div.../>元素中。

6.7.3 关闭按钮和三角箭头

- 关闭按钮：通过为<button.../>设置 .close 样式，可以将该按钮设为关闭按钮，该关闭按钮总是位于所在容器的右上角。
- 三角箭头：通过为空的<span.../>设置 .caret 样式，可以设置三角箭头。

例如如下代码：

程序清单：codes\06\6.7\symbol.html

```
<div class="container">
<button type="button" class="close" aria-label="关闭">
    <span aria-hidden="true">&times;</span>
</button><br>
<span class="caret"></span>
</div>
```

该页面的浏览效果如图 6.39 所示。

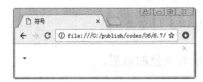

图 6.39　关闭按钮和三角箭头

▶▶ 6.7.4　快速浮动

Bootstrap 提供了如下两个样式来实现元素的快速浮动。
- .pull-left：将元素浮向左边。
- .pull-right：将元素浮向右边。

这两个样式的用法非常简单，其源代码如下。

```
.pull-left {
  float: left !important;
}
.pull-right {
  float: right !important;
}
```

从源代码可以看出，.pull-left 其实就是将 float 设为 left；.pull-right 其实就是将 float 设为 right。其中，!import 用于指定 CSS 样式的优先级。

提示： 关于 CSS 样式中 float 属性的作用可参考《疯狂 HTML 5/CSS 3/JavaScript 讲义》。

.pull-left、.pull-right 也可作为 mixin 使用，关于 mixin 的用法可参考 6.3 节。

注意： .pull-left、.pull-right 这两个样式不能在导航条中使用，导航条中应该使用 .navbar-left、.navbar-right 来代替它们。

▶▶ 6.7.5　显示或隐藏内容

Bootstrap 提供了如下 CSS 样式来显示或隐藏内容。
- .hidden：隐藏设置该样式的元素。
- .show：显示设置该样式的元素。
- .invisible：将设置该样式的元素设为不可见，但该元素所占据的位置依然被保留。

其实这三个样式的源代码非常简单：

```
.show {
  display: block !important;
}
.hidden {
  display: none !important;
}
.invisible {
  visibility: hidden;
}
```

从源代码可以看出，.show 和 .hidden 样式其实就是将 display 设为 block 或 none 来实现的；.invisible 样式其实就是将 visibility 设为 hidden 来实现的。其中，!import 用于指定 CSS 样式的优先级。

> **提示：**
> 关于 CSS 样式中 display、visibility 属性的作用可参考《疯狂 HTML 5/CSS 3/JavaScript 讲义》。

.show、.hidden、.invisible 也可作为 mixin 使用，关于 mixin 的用法可参考 6.3 节。

6.7.6 屏幕阅读器和键盘导航

Bootstrap 为屏幕阅读器和键盘导航提供了如下两个样式。

- .sr-only：指定该样式的元素只有在屏幕阅读器中才会显示出来，使用普通设备时该元素将会被隐藏。
- .sr-only-focusable：指定该样式的元素只有在获得焦点时才会显示出来——比如用户通过键盘导航来获得焦点。

例如如下代码：

程序清单：codes\06\6.7\sr.html

```
<div class="container">
<a class="sr-only sr-only-focusable" href="#content">默认看不到的链接</a>
</div>
```

此外的粗体字代码定义了一个链接，该链接可以在屏幕阅读器上显示出来，也可在获得焦点时显示出来。浏览该页面，开始看不到该链接，通过单击 Tab 键让该链接获取焦点后即可看到如图 6.40 所示的效果。

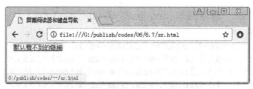

图 6.40 屏幕阅读器和键盘导航

.sr-only、.sr-only-focusable 也可作为 mixin 使用，关于 mixin 的用法可参考 6.3 节。

6.7.7 图片替换

Bootstrap 提供了一个 .text-hide 样式用于隐藏元素中的文本，其实该样式的源码非常简单：

```
.text-hide {
  font: 0/0 a;
  color: transparent;
  text-shadow: none;
  background-color: transparent;
  border: 0;
}
```

该文本内容被彻底隐藏之后，接下来可用一张背景图来代替该元素。

6.8 响应式布局相关样式

Bootstrap 提供了系列响应式布局相关的样式，这些样式都是通过 CSS 的媒体查询功能来实现的。通过这些样式可让页面针对不同的设备显示或隐藏 HTML 元素。

6.8.1 显示/隐藏相关样式

Bootstrap 提供了如表 6.2 所示的响应式显示/隐藏相关的样式。

表 6.2 响应式显示或隐藏相关样式

	超小 viewport （宽度<768px）	小 viewport （宽度≥768px）	中等 viewport （宽度≥992px）	大 viewport （宽度>1200px）
.visible-xs-xxx	可见	不可见	不可见	不可见
.visible-sm-xxx	不可见	可见	不可见	不可见
.visible-md-xxx	不可见	不可见	可见	不可见
.visible-lg-xxx	不可见	不可见	不可见	可见
.hidden-xs	隐藏	不隐藏	不隐藏	不隐藏
.hidden-sm	不隐藏	隐藏	不隐藏	不隐藏
.hidden-md	不隐藏	不隐藏	隐藏	不隐藏
.hidden-lg	不隐藏	不隐藏	不隐藏	隐藏

在上面.visible-xx-xxx 等样式中，中间的 xx 可以是 xs、sm、md、lg 等表示 viewport 尺寸的代号；后面的 xxx 可以是 block、inline、inline-block 这 3 个表示块模型的代号。

以 md 尺寸的 viewport 为例，该样式可支持.visible-md-block、.visible-md-inline、.visible-md-inline-block 这些样式。

Bootstrap 早期使用的.visible-xs、.visible-sm、.visible-md 和.visible-lg 也依然存在。但是从 v3.2.0 版本开始不再建议使用它们，建议使用.visible-xs-block、.visible-sm-block、.visible-md-block 和.visible-lg-block，它们只在<table.../>相关元素上略有区别。

例如如下代码示范了.visible-xx-block 样式的作用：

程序清单：codes\06\6.8\visible.html

```
<div class="container">
    <div class="visible-xs-block">visible-xs-block</div>
    <div class="visible-sm-block">visible-sm-block</div>
    <div class="visible-md-block">visible-md-block</div>
    <div class="visible-lg-block">visible-lg-block</div>
</div>
```

在该程序中定义了 4 个<div.../>元素，但它们都被指定了.visible-xx-block 样式，这意味着这 4 个元素始终只有一个能显示出来。将浏览器 viewport 宽度调到 768px～992px 之间（sm 规格的 viewport），可以看到如图 6.41 所示的效果。

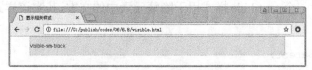

图 6.41 .visible-xx-block 样式

如下代码示范了.hidden-xx 样式的作用：

程序清单：codes\06\6.8\visible.html

```
<div class="container">
    <div class="hidden-xs">hidden-xs-block</div>
    <div class="hidden-sm">hidden-sm-block</div>
    <div class="hidden-md">hidden-md-block</div>
    <div class="hidden-lg">hidden-lg-block</div>
</div>
```

在该程序中定义了 4 个<div.../>元素，但它们都被指定了.hidden-xx 样式，这意味着这 4

个元素始终有一个会被隐藏起来。将浏览器 viewport 宽度调到 768px～992px 之间（sm 规格的 viewport），可以看到如图 6.42 所示的效果。

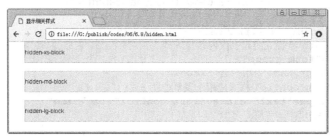

图 6.42 .hidden-xx 样式

▶▶ 6.8.2 打印相关样式

Bootstrap 提供了如表 6.3 所示的响应式打印相关的样式。

表 6.3 打印相关的样式

	浏览器	打印
.visible-print-block	不可见	可见
.visible-print-inline		
.visible-print-inline-block		
.hidden-print	不隐藏	隐藏

Bootstrap 早期使用的.visible-print 也依然存在。但是从 v3.2.0 版本开始不再建议使用它，建议使用.visible-print-block，二者只在<table.../>相关元素上略有区别。

6.9 表单相关样式

表单是 Web 开发中最常用的组件，Bootstrap 为表单及表单控件提供了大量美观、优雅的样式。

▶▶ 6.9.1 基础表单

Bootstrap 为表单提供了两个最基本的样式。
- .form-group：被指定了该样式的<div.../>元素将作为容器来盛装<label.../>元素和表单控件，这样保证它们有最好的排列。
- .form-control：大部分表单输入控件都应该被指定该样式。
- .checkbox：被指定了该样式的<div.../>元素将作为容器来盛装<label.../>元素和复选框控件，这样保证它们有最好的排列。

> **注意：*
> Bootstrap 支持大部分表单控件、文本输入域控件。对于<input.../>元素，支持所有 HTML 5 类型的输入控件：text、password、datetime、datetime-local、date、month、time、week、number、email、url、search、tel 和 color。必须设置了正确的 type 属性，Bootstrap 才能为这些表单控件提供正确的显示样式。关于这些 HTML 5 类型的输入控件的相关用法，读者可参考《疯狂 HTML 5/CSS 3/JavaScript 讲义》。

下面程序示范了上面 3 个样式的用法：

程序清单：codes\06\6.9\basic-form.html

```html
<div class="container">
<form action="http://www.fkit.org">
   <!-- .form-group 样式的元素作为容器 -->
   <div class="form-group">
      <label for="name">用户名</label>
      <!-- .form-control 样式应用于表单控件 -->
      <input type="text" class="form-control" id="name"
         placeholder="用户名">
   </div>
   <div class="form-group">
      <label for="passwd">密码</label>
      <!-- .form-control 样式应用于表单控件 -->
      <input type="password" class="form-control" id="passwd"
         placeholder="密码">
   </div>
   <div class="form-group">
      <label for="photo">选择照片上传</label>
      <input type="file" id="photo">
   </div>
   <!-- .checkbox 样式的元素作为容器 -->
   <div class="checkbox">
      <label>
         <input type="checkbox"> 婚否
      </label>
   </div>
   <button type="submit" class="btn btn-default">提交</button>
</form>
</div>
```

浏览页面，可以看到如图 6.43 所示的效果。

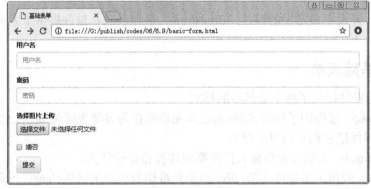

图 6.43 基础表单

▶▶ 6.9.2 行内表单

行内表单的意思是，将表单内所有控件都放在单独一行。为 `<form.../>` 元素或表单控件的容器设置 .form-inline 样式即可实现行内表单。

行内表单会让所有表单控件表现为 inline-block 级别的控件，其只适用于 viewport 宽度≥768px 的情形，如果 viewport 再小的话表单还是会以堆叠方式显示（重新变回普通基础表单的显示方式）。

需要说明的是，Bootstrap 默认将输入框、单选/多选框控件设置为 width: 100%;，但对于行内表单，Bootstrap 将这些元素的宽度设置为 width: auto;，这样才能将多个控件排列在同一行。但在这种方式下，可能需要开发者手动设置表单控件的宽度。

> **注意：** 只有当表单内的控件不是太多的情况下才适合使用行内表单，否则行内表单的显示会比较丑陋。

下面代码示范了行内表单的用法。

程序清单：codes\06\6.9\form-inline.html

```html
<div class="form-inline">
    <!-- .form-group 样式的元素作为容器 -->
    <div class="form-group">
        <label for="name">用户名</label>
        <!-- .form-control 样式应用于表单控件 -->
        <input type="text" class="form-control" id="name"
            placeholder="用户名">
    </div>
    <div class="form-group">
        <label for="passwd">密码</label>
        <!-- .form-control 样式应用于表单控件 -->
        <input type="password" class="form-control" id="passwd"
            placeholder="密码">
    </div>
    <!-- .checkbox 样式的元素作为容器 -->
    <div class="checkbox">
        <label>
            <input type="checkbox"> 婚否
        </label>
    </div>
    <button type="submit" class="btn btn-default">提交</button>
</div>
```

在该页面代码中，并未使用<form.../>元素作为表单控件的容器，而是直接使用<div.../>元素作为表单控件的容器，并为该<div.../>元素指定了 class="form-inline"，这表明该容器将会以行内表单的形式来显示这些控件。

浏览该页面，可以看到如图 6.44 所示的效果。

图 6.44　行内表单

需要说明的是，即使对于行内表单，也应该为每个表单控件配置对应的<label.../>元素，否则屏幕阅读器将无法正确识别它们，如果为了节省行内表单的空间，可为<label.../>元素设置 .sr-only 来隐藏该元素（只有在屏幕阅读器上才会显示出来）。

此外，还可使用 aria-label、aria-labelledby 或 title 属性来代替<label.../>元素，但如果这些属性都不存在，屏幕阅读器可能会读取 placeholder 属性（如果指定了该属性），但使用 placeholder 来代替 aria-label、aria-labelledby 其实并不妥当。

下面代码示范了使用 .sr-only 在屏幕上将<label.../>元素隐藏的效果。

程序清单：codes\06\6.9\form-inline2.html

```html
<div class="form-inline">
    <!-- .form-group 样式的元素作为容器 -->
    <div class="form-group">
        <label for="name" class="sr-only">用户名</label>
        <!-- .form-control 样式应用于表单控件 -->
        <input type="text" class="form-control" id="name"
            placeholder="用户名">
    </div>
    <div class="form-group">
        <label for="passwd" class="sr-only">密码</label>
        <!-- .form-control 样式应用于表单控件 -->
        <input type="password" class="form-control" id="passwd"
            placeholder="密码">
    </div>
    <!-- .checkbox 样式的元素作为容器 -->
    <div class="checkbox">
        <label>
            <input type="checkbox"> 婚否
        </label>
    </div>
    <button type="submit" class="btn btn-default">提交</button>
</div>
```

浏览该页面，可以看到如图 6.45 所示的效果。

图 6.45　行内表单隐藏 label

▶▶ 6.9.3　水平表单

如果希望将<label.../>元素和表单控件放在同一行，可为<form.../>元素或表单控件的容器设置 class="form-horizontal"，再结合前面介绍的网格布局即可实现水平表单。

为表单设置.form-horizontal 样式之后，表单内的.form-group 将表现成.row 样式行为，因此此时不再需要设置.row 样式，直接将.col-xx-N 样式应用于<label.../>元素和表单控件的容器即可。

此外，最好为<label.../>元素添加.control-label 样式，这样可保证这些 label 的大小与表单控件大小一致，具体可参考 6.9.5 节的内容。

例如如下代码示范了如何实现水平表单。

程序清单：codes\06\6.9\form-horizontal.html

```html
<!-- 水平表单 -->
<form action="http://www.fkit.org" class="form-horizontal">
    <!-- .form-group 样式表现出.row 行为 -->
    <div class="form-group">
        <label for="name" class="col-sm-3 control-label">用户名</label>
        <div class="col-sm-9">
            <!-- .form-control 样式应用于表单控件 -->
            <input type="text" class="form-control" id="name"
                placeholder="用户名">
        </div>
    </div>
    <div class="form-group">
```

```html
        <label for="passwd" class="col-sm-3 control-label">密码</label>
        <div class="col-sm-9">
            <!-- .form-control 样式应用于表单控件 -->
            <input type="password" class="form-control" id="passwd"
                placeholder="密码">
        </div>
    </div>
    <div class="form-group">
        <label for="photo" class="col-sm-3 control-label">选择照片上传</label>
        <div class="col-sm-9">
            <input type="file" id="photo">
        </div>
    </div>
    <div class="form-group">
        <div class="col-sm-offset-3 col-sm-9">
            <!-- .checkbox 样式的元素作为容器 -->
            <div class="checkbox">
                <label>
                    <input type="checkbox"> 婚否
                </label>
            </div>
        </div>
    </div>
    <div class="form-group">
        <div class="col-sm-offset-3 col-sm-9">
            <button type="submit" class="btn btn-default">提交</button>
        </div>
    </div>
</form>
```

从粗体字代码可以看出，将表单样式设为.form-horizontal之后，表单内的.form-group样式代替了网格布局中的.row样式，因此在该页面中的每行都需要指定一个class="form-group"的<div.../>元素，这样即可生成网格布局中的行。接下来将<label.../>元素设为.col-sm-3样式，这表明该标签将会占据3列宽度；将表单控件所在的<div.../>元素设为.col-sm-9样式，这表明该标签将会占据9列宽度。

浏览该页面可看到如图6.46所示的效果。

图 6.46 水平表单

6.9.4 多选框和单选框

多选框和单选框虽然也是通过<input.../>元素来实现的，但由于它们的外观有些特殊，因此 Bootstrap 为它们单独提供了对应的样式。

- .radio：该样式应用于单选框所在的容器。
- .checkbox：该样式应用于多选框所在的容器。
- .radio-inline：该样式应用于单选框所在的容器或直接应用于单选框的<label.../>元素。

- .checkbox-inline：该样式应用于多选框所在的容器或直接应用于多选框的<label.../>元素。
- .disabled：该样式需要应用于多选框或单选框的父容器，该样式表示禁用多选框或单选框，将光标移动到对应<label.../>元素上时也会显示禁用光标。一般<input.../>元素会配合使用 disabled 属性。

下面代码示范了.radio 和.checkbox 两个样式的用法。

程序清单：codes\06\6.9\checkbox-radio.html

```html
<form action="http://www.fkit.org">
    <!-- .checkbox 样式的元素作为容器 -->
    <div class="checkbox">
        <label>
            <input type="checkbox" value='html5'> 疯狂前端开发讲义
        </label>
    </div>
    <div class="checkbox disabled">
        <label>
            <input type="checkbox" value='fk' disabled> 被禁用的多选框
        </label>
    </div>
    <!-- .radio 样式的元素作为容器 -->
    <div class="radio">
        <label>
            <input name="color" type="radio" value='red'> 红色
        </label>
    </div>
    <div class="radio">
        <label>
            <input name="color" type="radio" value='green'> 绿色
        </label>
    </div>
    <div class="radio disabled">
        <label>
            <input name="color" type="radio" value='blue' disabled> 蓝色（被禁用）
        </label>
    </div>
</form>
```

浏览该页面可看到如图 6.47 所示的效果。

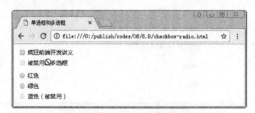

图 6.47 多选框和单选框

从图 6.47 可以看出，Bootstrap 的.checkbox、.radio 样式默认将单选框、多选框以堆叠方式放在一起。如果需要将单选框、多选框放在同一个行，则可使用.checkbox-inline、.radio-inline 这两个样式，这两个样式既可作用于单选框或多选框的容器，也可作用于单选框或多选框的<label.../>元素。例如如下代码：

程序清单：codes\06\6.9\checkbox-radio-inline.html

```html
<form action="http://www.fkit.org">
    <!-- .checkbox-inline 样式的元素作为容器 -->
```

```html
        <div class="checkbox-inline">
            <label>
                <input type="checkbox" value='html5'> 疯狂前端开发讲义
            </label>
        </div>
        <div class="checkbox-inline">
            <label>
                <input type="checkbox" value='fk'> 第二个选项
            </label>
        </div>
</form>
<form action="http://www.fkit.org">
    <!-- .radio-inline 样式直接作用于 label 元素 -->
    <label class="radio-inline">
        <input name="color" type="radio" value='red'> 红色
    </label>
    <label class="radio-inline">
        <input name="color" type="radio" value='green'> 绿色
    </label>
    <label class="radio-inline">
        <input name="color" type="radio" value='blue'> 蓝色
    </label>
</form>
```

浏览该页面可看到如图 6.48 所示的效果。

图 6.48 行内单选框和多选框

6.9.5 表单控件的大小

如果要单独设置表单控件的高度，则可通过如下样式来设置。

➢ .input-lg：设置"大"的控件。
➢ .input-sm：设置"小"的控件。

例如如下代码用于控制表单控件的大小。

程序清单：codes\06\6.9\control-height.html

```html
<div class="container">
    <input type="text" class="form-control input-lg" id="a"
        placeholder=".input-lg">
    <input type="text" class="form-control" id="b"
        placeholder="默认高度">
    <input type="text" class="form-control input-sm" id="c"
        placeholder=".input-sm">
    <select type="text" class="form-control input-lg" id="d">
        <option value="a">.input-lg</option>
    </select>
    <select type="text" class="form-control" id="e">
        <option value="a">.默认大小</option>
    </select>
    <select type="text" class="form-control input-sm" id="f">
        <option value="a">.input-sm</option>
    </select>
</div>
```

该页面的浏览效果如图 6.49 所示。

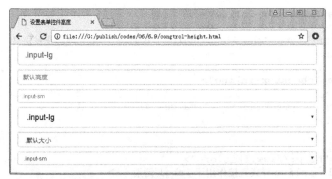

图 6.49 设置表单控件的高度

对于水平表单，如果要设置整个控件组件（包括控件以及该控件对应的<label.../>元素）的高度和字体，可通过如下样式来设置。

➢ .form-group-lg：设置"大"的控件和 label。
➢ .form-group-sm：设置"小"的控件和 label。

例如如下代码用于控制水平表单中控件的大小。

程序清单：codes\06\6.9\group-height.html

```html
<!-- 水平表单 -->
<form action="http://www.fkit.org" class="form-horizontal">
    <!-- .form-group-lg 设置 label 和表单控件的大小 -->
    <div class="form-group form-group-lg">
        <label for="a" class="col-sm-3 control-label">用户名</label>
        <div class="col-sm-9">
            <!-- .form-control 样式应用于表单控件 -->
            <input type="text" class="form-control" id="a"
                placeholder=".form-group-lg">
        </div>
    </div>
    <div class="form-group">
        <label for="b" class="col-sm-3 control-label">用户名</label>
        <div class="col-sm-9">
            <input type="text" class="form-control" id="b"
                placeholder="正常大小">
        </div>
    </div>
    <div class="form-group form-group-sm">
        <label for="c" class="col-sm-3 control-label">用户名</label>
        <div class="col-sm-9">
            <input type="text" class="form-control" id="c"
                placeholder=".form-group-sm">
        </div>
    </div>
</form>
```

该页面的浏览效果如图 6.50 所示。

图 6.50 设置表单控件和 label 的高度

默认情况下，表单控件的宽度总是100%，因此开发者通常不能直接控制该表单控件的宽度，但实际上可以将表单控件放入网格布局的单元格中，再通过设置单元格所占的列宽来控制表单控件的宽度。

例如如下代码即可用于控制表单控件的宽度。

程序清单：codes\06\6.9\control-width.html

```html
<!-- 水平表单 -->
<form action="http://www.fkit.org" class="form-horizontal">
    <!-- .form-group 样式表现出 .row 行为 -->
    <div class="form-group">
        <label for="name" class="col-sm-2 control-label">用户名</label>
        <div class="col-sm-3">
            <!-- .form-control 样式应用于表单控件 -->
            <input type="text" class="form-control" id="name"
                placeholder="用户名">
        </div>
    </div>
    <div class="form-group">
        <label for="passwd" class="col-sm-2 control-label">密码</label>
        <div class="col-sm-6">
            <!-- .form-control 样式应用于表单控件 -->
            <input type="password" class="form-control" id="passwd"
                placeholder="密码">
        </div>
    </div>
    <div class="form-group">
        <label for="passwd" class="col-sm-2 control-label">电子邮件</label>
        <div class="col-sm-4">
            <!-- .form-control 样式应用于表单控件 -->
            <input type="email" class="form-control" id="email"
                placeholder="电子邮件">
        </div>
    </div>
    <div class="form-group">
        <div class="col-sm-offset-2 col-sm-10">
            <button type="submit" class="btn btn-default">提交</button>
        </div>
    </div>
</form>
```

该页面的浏览效果如图6.51所示。

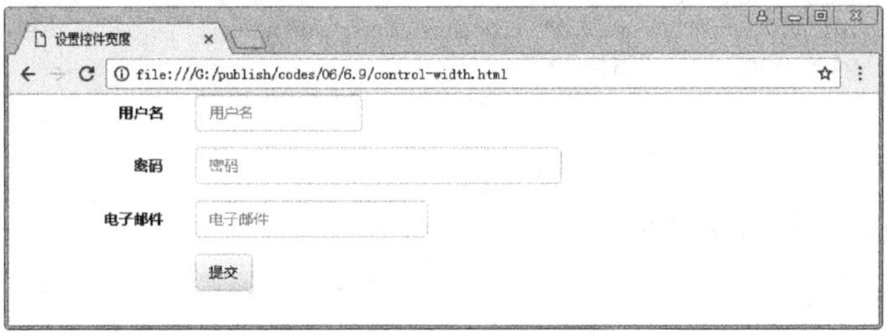

图6.51 通过网格布局设置表单控件的宽度

▶▶ 6.9.6 静态控件

在某些情况下，需要在原本应该出现输入框的地方使用一段文本内容代替，此时可使用Bootstrap的静态控件。静态控件一般就是一个<p.../>元素，且需要为该元素指定.form-control-static样式。

例如如下页面示范了静态控件的用法。

程序清单： codes\06\6.9\form-control-static.html

```
<form action="http://www.fkit.org">
    <!-- .form-group 样式的元素作为容器 -->
    <div class="form-group">
        <label for="name">用户名</label>
        <p class="form-control-static">fkjava.org</p>
    </div>
    <div class="form-group">
        <label for="passwd">密码</label>
        <input type="password" class="form-control" id="passwd"
            placeholder="密码">
    </div>
</form>
```

该页面的浏览效果如图 6.52 所示。

图 6.52　静态控件

在水平表单中同样可通过.form-control-static 样式来设置静态控件。例如如下代码：

程序清单： codes\06\6.9\form-control-static2.html

```
<!-- 水平表单 -->
<form action="http://www.fkit.org" class="form-horizontal">
    <!-- .form-group 样式表现出.row 行为 -->
    <div class="form-group">
        <label for="name" class="col-sm-3 control-label">用户名</label>
        <div class="col-sm-9">
            <p class="form-control-static">fkjava.org</p>
        </div>
    </div>
    <div class="form-group">
        <label for="passwd" class="col-sm-3 control-label">密码</label>
        <div class="col-sm-9">
            <input type="password" class="form-control" id="passwd"
                placeholder="密码">
        </div>
    </div>
</form>
```

该页面的浏览效果如图 6.53 所示。

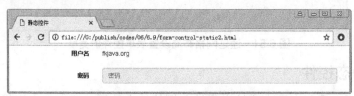

图 6.53　水平表单中的静态控件

6.9.7 表单控件的状态

Bootstrap 对表单控件进行了界面上的改进和美化，不同状态下的表单控件具有对应的外观行为。

1. 焦点状态

Bootstrap 去掉了某些表单控件默认的焦点行为（有些浏览器默认的焦点行为是应用 outline 样式），Bootstrap 对焦点状态应用了 box-shadow 属性。

图 6.54 显示了表单控件的焦点状态。

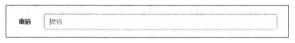

图 6.54 焦点状态

2. 禁用状态

为输入框设置 disabled 属性可将输入框设为禁用状态，禁用状态的输入框呈灰色显示，还会显示 not-allowed 光标。

图 6.55 显示了表单控件的禁用状态。

图 6.55 禁用状态

默认情况下，如果为<fieldset.../>元素添加 disabled 属性，那么该元素所包含的所有表单控件都会进入禁用状态。但 IE 11 及更早版本的 IE 浏览器并不完全支持为<fieldset.../>元素添加 disabled 属性，因此为了兼容 IE 浏览器，建议使用 JS 代码来禁用<fieldset.../>元素。

另外需要说明的是，将<fieldset.../>元素设为 disabled 的可以禁用它包含的所有原生表单控件，但 Bootstrap 可以将<a.../>元素转换成按钮（通过设置 class="btn btn-*"）。这些通过<a.../>转换成的按钮将只是被添加 pointer-events: none;属性，但该属性在 Opera 18 及 IE 11 中并没有得到全面支持，并且不能阻止用户通过键盘导航让该按钮获得焦点，激活链接，因此也建议使用 JS 代码来禁止<a.../>元素被转换成按钮。

3. 只读状态

为输入框设置 readonly 属性可将输入框设为只读状态，只读状态的输入框呈灰色显示，但依然使用普通光标。

图 6.56 显示了表单控件的只读状态。

图 6.56 只读状态

6.9.8 帮助文本

帮助文本用于向用户提供额外的帮助信息，帮助用户理解某个文本框的具体功能。可通过如下 CSS 样式定义帮助文本。

➢ .help-block：定义块级帮助文本。

此外，应通过 aria-describedby 属性将帮助文本和表单控件进行关联，这样当用户将焦点定位到该控件或正在该控件中输入时，辅助技术（如屏幕阅读器）就会自动朗读这段帮助文本的内容。

下面是帮助文本的示例。

程序清单： codes\06\6.9\help-block.html

```html
<form action="http://www.fkit.org">
    <div class="form-group">
        <label for="name">用户名</label>
        <!-- 使用 aria-describedby 属性关联帮助文本 -->
        <input type="text" id="name" name="name" class="form-control"
            aria-describedby="helpBlock">
        <!-- 定义帮助文本 -->
        <span id="helpBlock" class="help-block">请输入你喜欢的用户名字</span>
    </div>
</form>
```

浏览该页面看到如图 6.57 所示的效果。

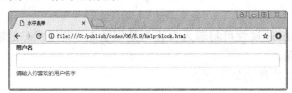

图 6.57　帮助文本

6.9.9　校验状态

Bootstrap 为表单控件的校验状态提供了如下样式。

- .has-success：校验成功，显示绿色。
- .has-warning：警告，显示黄色。
- .has-error：校验错误，显示红色。

将这些样式应用在包含表单控件的容器上，则该容器内所有表单控件、标签、帮助文本都会受到该样式的影响。例如如下代码：

程序清单： codes\06\6.9\validate-status.html

```html
<form action="http://www.fkit.org">
    <div class="form-group has-success">
        <label class="control-label" for="succ">成功</label>
        <input type="text" class="form-control" id="succ"
            aria-describedby="helpBlock">
        <span id="helpBlock" class="help-block">该输入控件校验通过.</span>
    </div>
    <div class="form-group has-warning">
        <label class="control-label" for="warning">警告</label>
        <input type="text" class="form-control" id="warning">
    </div>
    <div class="form-group has-error">
        <label class="control-label" for="error">错误</label>
        <input type="text" class="form-control" id="error">
    </div>
    <div class="has-success">
        <div class="radio">
            <label>
                <input type="radio" name="rd" value="option1">
                成功状态的单选框
            </label>
        </div>
    </div>
```

```
            <div class="has-warning">
                <div class="radio">
                    <label>
                        <input type="radio" name="rd" value="option2">
                        警告状态的单选框
                    </label>
                </div>
            </div>
            <div class="has-error">
                <div class="radio">
                    <label>
                        <input type="radio" name="rd" value="option3">
                        错误状态的单选框
                    </label>
                </div>
            </div>
        </div>
</form>
```

在该页面代码中定义了 6 个<div.../>元素，每个<div.../>元素包含一组 label、表单控件等，当程序对包含表单控件的<div.../>元素应用校验状态的样式时，会影响该容器内所有控件。

该页面的浏览效果如图 6.58 所示。

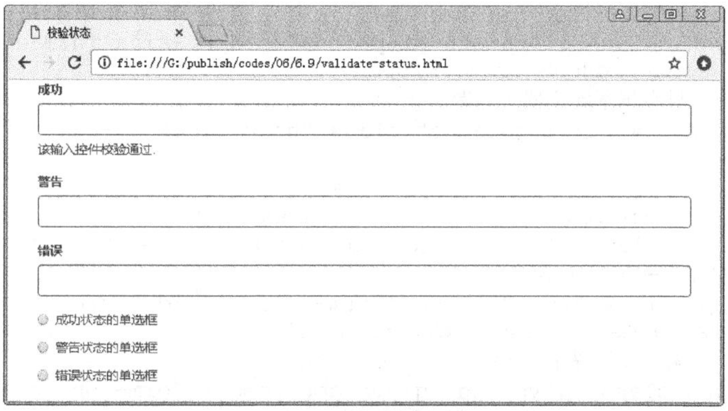

图 6.58 校验状态样式

需要说明的是，上面这些校验状态的样式，仅仅只是通过颜色来表达——这种表达可能和约定俗成有关，这些颜色效果对于某些用户（如使用屏幕阅读器的用户、色盲用户）无效。如果需要向所有用户都提供正确的校验状态，Bootstrap 推荐在<label.../>标签上以文本形式显示提示信息，或使用 Glyphicon 字体图标，或使用额外的帮助文本块。在下一节的示例中我们会看到使用额外信息来显示校验状态。

▶▶ 6.9.10 校验状态的图标

Bootstrap 还允许为表单控件的校验状态设置图标。为表单控件的校验状态设置图标需要注意两点：

> 在包含<label.../>元素和表单控件的容器上添加 .has-feedback 样式。
> 为空的<span.../>元素添加一个前面介绍的小图标，并为该元素添加 .form-control-feedback 样式。

注意：

表示校验状态的图标只能应用在文本输入框<input class="form-control".../>元素上。

下面的示例示范了校验状态图标的使用方法：

程序清单： codes\06\6.9\validate-icon.html

```html
<form action="http://www.fkit.org" class="form-horizontal">
    <div class="form-group has-success has-feedback">
        <label for="succ" class="col-sm-2 control-label">正确</label>
        <div class="col-sm-9">
            <input type="text" class="form-control" id="succ"
                aria-describedby="successStatus">
            <!-- 增加图标提示 -->
            <span class="glyphicon glyphicon-ok form-control-feedback"
                aria-hidden="true"></span>
            <!-- 只有屏幕阅读器才能看到 -->
            <span id="successStatus" class="help-block sr-only">校验通过</span>
        </div>
    </div>
    <div class="form-group has-warning has-feedback">
        <label for="warning" class="col-sm-2 control-label">警告</label>
        <div class="col-sm-9">
            <input type="text" class="form-control" id="warning"
                aria-describedby="warningStatus">
            <!-- 增加图标提示 -->
            <span class="glyphicon glyphicon-warning-sign form-control-feedback"
                aria-hidden="true"></span>
            <!-- 只有屏幕阅读器才能看到 -->
            <span id="warningStatus" class="help-block sr-only">校验有点问题</span>
        </div>
    </div>
    <div class="form-group has-error has-feedback">
        <label for="error" class="col-sm-2 control-label">错误</label>
        <div class="col-sm-9">
            <input type="text" class="form-control" id="error"
                aria-describedby="errorStatus">
            <!-- 增加图标提示 -->
            <span class="glyphicon glyphicon-remove form-control-feedback"
                aria-hidden="true"></span>
            <!-- 只有屏幕阅读器才能看到 -->
            <span id="errorStatus" class="help-block sr-only">校验有点问题</span>
        </div>
    </div>
</form>
```

在该页面代码中定义了三个<div.../>元素，并在每个<div.../>元素中定义一组 label 和表单控件。其中第一行粗体字代码添加了 .has-feedback 样式；第二行粗体字代码添加了一个表示校验状态的图标，并添加了 .form-control-feedback 样式；第三行粗体字代码定义了额外的帮助文本（.help-block），并指定了 .sr-only 样式，这表明这段额外的帮助文本专门用于向屏幕阅读器提供信息。

浏览该页面可看到如图 6.59 所示的效果。

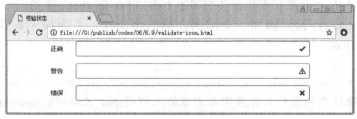

图 6.59　表示校验状态的图标

需要说明的是，对于不带<label.../>标签的输入框以及右侧带有附加组件的输入框组，需要手动定位图标。为了让所有用户都能访问你的网站，Bootstrap 建议为所有输入框添加<label.../>标签。如果不希望将<label.../>标签展示出来，添加.sr-only 样式即可。如果确实不能添加<label.../>标签，则需要调整图标的 top 值。对于输入框组，要根据实际情况调整图标的 right 值。

6.10 本章小结

本章主要介绍了 Bootstrap 入门的相关知识，Bootstrap 是一个 CSS 前端框架，也涉及一些 JS 插件，因此安装 Bootstrap 主要就是在页面导入 CSS 库和 JS 库。本章还重点介绍了 Bootstrap 提供的全局 CSS 样式，包括网格布局相关的样式、排版相关的样式、表格相关样式、图片相关样式、各种辅助样式、响应式布局相关样式、表单相关样式等。使用这些样式也很简单，通常只要在传统 HTML 标签上添加 Bootstrap 样式即可。

CHAPTER 7

第 7 章
Bootstrap 内置组件

本章要点

- Bootstrap 的按钮组件
- 下拉菜单、按钮式下拉菜单和分裂式下拉菜单
- 按钮组和工具栏的用法
- 按钮组嵌套下拉菜单
- Bootstrap 的输入框组
- 标签式导航和胶囊式导航
- 两端对齐的导航
- 路径导航
- 基础导航条
- 在航条中添加品牌图标
- 在导航条中添加表单
- 在导航条中添加文本和链接
- 导航条的排列方式和位置
- 响应式导航条
- 分页导航
- 翻页导航
- Bootstrap 的标签和徽章
- 使用 Bootstrap 的面板
- 面板嵌套表格
- 面板嵌套列表组
- 巨幕、页头和 Well
- Bootstrap 的缩略图
- 使用警告框组件
- 使用进度条组件
- 使用媒体对象设计界面
- 使用 Bootstrap 的列表组组件
- 链接列表组和按钮列表组

Bootstrap 是一个优秀的 CSS 前端框架，它除了提供大量全局可用的 CSS 样式之外，还提供大量的 UI 组件，这些 UI 组件都是 Web 页面开发中最常用的组件，如按钮、下拉菜单、按钮组、输入框组、导航、导航条、分页导航、标签、进度条等。

使用 Bootstrap 提供的这些 UI 组件很简单，通常只要为传统的 HTML 元素添加少量 Bootstrap 的 CSS 样式即可，这样系统就可生成优雅、美观的 UI 界面。因此在 Web 页面开发中使用这些 UI 组件不仅事半功倍，而且还使界面更加专业、美观。

7.1 按钮

Bootstrap 支持将<a.../>、<button.../>或<input.../>元素变成按钮。Bootstrap 为按钮提供了如下样式。

> .btn：所有按钮都需要添加该样式。
> .btn-default：设置默认的按钮样式，按钮背景色为蓝色。
> .btn-primary：设置代表首选项的按钮样式，按钮背景色为蓝色。
> .btn-success：设置代表成功的按钮样式，按钮背景色为绿色。
> .btn-info：设置一般信息的按钮样式，按钮背景色为浅蓝色。
> .btn-warning：设置代表警告的按钮样式，按钮背景色为黄色。
> .btn-danger：设置默认的按钮样式，按钮背景色为红色。
> .btn-link：设置链接形式的按钮样式。

有一点需要说明的是，虽然 Bootstrap 可以将<a.../>、<input.../>和<button.../>元素变成按钮，但导航和导航条上的按钮只支持<button.../>元素。

如果<a.../>元素被作为按钮使用，而不是作为链接链接到其他页面或当前页面的其他地方，需要为该元素设置 role="button"属性。

> **注意：**
> 建议尽可能使用<button.../>元素来创建按钮，这样可以获得最佳的跨浏览器效果。当使用 Firefox 30 及更早版本的浏览器时，Firefox 会阻止为<input.../>元素的按钮设置 line-height 属性，这样就会导致该按钮在 Firefox 和其他浏览器上不能保持一致的高度。

下面的页面代码示范了 Bootstrap 提供的各种风格的按钮。

程序清单：codes\07\7.1\button_style.html

```html
<div class="container">
    <button type="button" class="btn btn-default">默认样式</button>
    <button type="button" class="btn btn-primary">首选项</button>
    <button type="button" class="btn btn-success">成功按钮</button>
    <button type="button" class="btn btn-info">一般信息按钮</button>
    <button type="button" class="btn btn-warning">警告按钮</button>
    <button type="button" class="btn btn-danger">危险按钮</button>
    <button type="button" class="btn btn-link">链接</button>
</div>
```

该页面的浏览效果如图 7.1 所示。

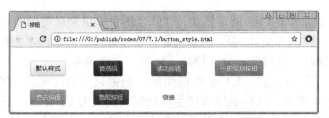

图 7.1　Bootstrap 提供的各种风格的按钮

▶▶ 7.1.1　按钮大小

除了前面介绍的各种按钮样式之外，Bootstrap 还提供了如下控制按钮大小的样式。
- .btn-lg：设置大按钮。
- .btn-sm：设置小按钮。
- .btn-xs：设置超小的按钮。
- .btn-block：设置块级按钮，这种按钮的宽度会自动占满父容器。

可以将这些样式和前面介绍的.btn-default、.btn-primary 等表示按钮风格的样式结合使用。例如如下代码示范了如何控制按钮的大小。

程序清单：codes\07\7.1\button_size.html

```html
<div class="row">
    <div class="col-sm-3">
        <button type="button" class="btn btn-default btn-lg">大默认按钮</button>
    </div>
    <div class="col-sm-3">
        <button type="button" class="btn btn-default">默认按钮</button>
    </div>
    <div class="col-sm-3">
        <button type="button" class="btn btn-default btn-sm">小默认按钮</button>
    </div>
    <div class="col-sm-3">
        <button type="button" class="btn btn-default btn-xs">小默认按钮</button>
    </div>
</div>
<div class="row">
    <div class="col-sm-3">
        <button type="button" class="btn btn-primary btn-lg">大默认按钮</button>
    </div>
    <div class="col-sm-3">
        <button type="button" class="btn btn-primary">默认按钮</button>
    </div>
    <div class="col-sm-3">
        <button type="button" class="btn btn-primary btn-sm">小默认按钮</button>
    </div>
    <div class="col-sm-3">
        <button type="button" class="btn btn-primary btn-xs">小默认按钮</button>
    </div>
</div>
```

以上代码使用.btn-lg、.btn-sm、.btn-xs 等样式来控制按钮的大小，该页面的浏览效果如图 7.2 所示。

图 7.2 控制按钮大小

如果使用.btn-block 样式来控制按钮大小,则该按钮的宽度将总会占满它的父容器。例如如下代码。

程序清单:codes\07\7.1\btn_block.html

```
<div class="row">
    <div class="col-sm-2">
        <button type="button" class="btn btn-primary btn-lg btn-block">大默认按钮</button>
    </div>
    <div class="col-sm-3">
        <button type="button" class="btn btn-primary btn-block">默认按钮</button>
    </div>
    <div class="col-sm-3">
        <button type="button" class="btn btn-primary btn-sm btn-block">小默认按钮</button>
    </div>
    <div class="col-sm-4">
        <button type="button" class="btn btn-primary btn-xs btn-block ">小默认按钮</button>
    </div>
</div>
```

浏览该页面可看到如图 7.3 所示的效果。

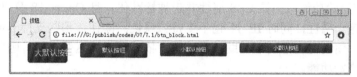

图 7.3 块级按钮

从图 7.3 可以看出,块级按钮的宽度总会自动占满其父容器,比如上面页面中的第一个按钮使用了 btn-lg btn-block 样式,它的高度虽然是大按钮的尺寸,但其宽度只能占 2 列——因为它位于.col-sm-2 的单元格中;第四个按钮使用了 btn-xs btn-block 样式,它的高度虽然是超小按钮的尺寸,但其宽度却能占 4 列——因为它位于.col-sm-4 的单元格中。

7.1.2 按钮状态

Bootstrap 为按钮的激活和禁用状态提供了一些额外的样式。同时 Bootstrap 还为按钮的如下状态提供了样式。

- .hover:鼠标悬停的样式。
- .active:按钮被单击的样式。
- .focus:按钮获得焦点的样式。

下面代码示范了 Bootstrap 按钮状态的样式。

程序清单:codes\07\7.1\button_status.html

```
<div class="container">
    <button type="button" class="btn btn-default">默认状态</button>
```

```html
    <button type="button" class="btn btn-default hover">悬停状态</button>
    <button type="button" class="btn btn-default active">激活状态</button>
    <button type="button" class="btn btn-default focus">焦点状态</button>
</div>
<div class="container">
    <a role="button" class="btn btn-default">默认状态</a>
    <a role="button" class="btn btn-default hover">悬停状态</a>
    <a role="button" class="btn btn-default active">激活状态</a>
    <a role="button" class="btn btn-default focus">焦点状态</a>
</div>
```

该页面的浏览效果如图 7.4 所示。

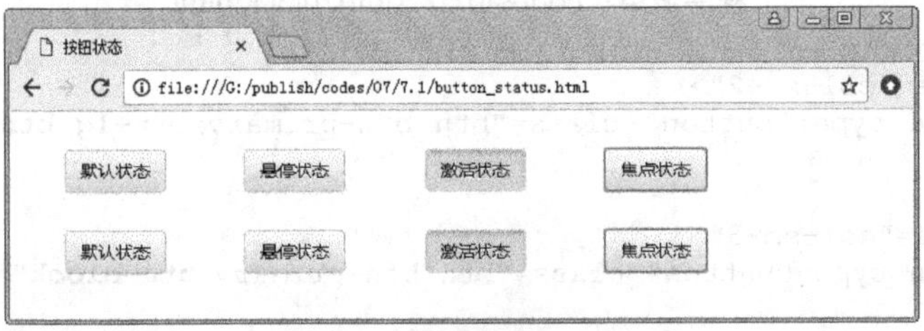

图 7.4 按钮的状态样式

如果要将按钮设为禁用状态，则要分两种情况。

➢ `<button.../>`和`<input.../>`按钮：为按钮添加 disabled 属性即可。Bootstrap 会将按钮背景色调得更淡，并使用 not-allow 光标来表示禁用。

➢ `<a.../>`按钮：为按钮添加.disabled 样式（链接不支持 disabled 属性）。Bootstrap 会将按钮背景色调得更淡来表示禁用。

需要说明的是，为`<a.../>`元素添加.disabled 样式只是设置了 pointer-events:none;属性来禁止`<a.../>`作为链接的原始功能，但该 CSS 属性并未被标准化，且 Opera 18 及更低版本的浏览器并没有完全支持这一属性，同时 IE 11 也不支持该属性。即使在那些支持 pointer-events:none;属性的浏览器中，使用键盘导航或辅助技术的用户依然可激活这些链接，因此建议使用 JS 代码来禁止链接的原始功能。

下面代码示范了如何设置按钮的禁用状态。

程序清单：codes\07\7.1\button_status.html

```html
<div class="container">
    <button type="button" disabled class="btn btn-default">默认按钮</button>
    <button type="button" disabled class="btn btn-primary">首选项按钮</button>
</div>
<div class="container">
    <a role="button" class="btn btn-default disabled">默认按钮</a>
    <a role="button" class="btn btn-primary disabled">首选项按钮</a>
</div>
```

该页面的浏览效果如图 7.5 所示。

图 7.5 按钮禁用状态

7.2 下拉菜单

Bootstrap 为下拉菜单提供了强大的支持，开发者只要使用几个简单的样式就可以制作出美观的下拉菜单。

Bootstrap 为下拉菜单提供了如下样式。
- .dropdown 或.drowup：该样式应用于下拉菜单的容器元素上。下拉菜单的容器通常是一个<div.../>元素。
- .dropdown-toggle：该样式应用于下拉菜单的按钮上，该按钮可以是前面介绍的任意一种按钮。不过不使用该样式影响也不大，只不过 Bootstrap 官方文档上都应用了该样式。且在下拉菜单按钮上必须指定 data-toggle="dropdown"。
- .dropdown-menu：该样式应用于下拉菜单中。通常使用一个<ul.../>元素来构建下拉菜单，它包含的每个<li.../>元素将会被构建一个菜单项。
- .dropdown-header：该样式应用于下拉菜单项（即<li.../>元素）上，该样式用于将下拉菜单项变成标题。
- .divider：该样式应用于下拉菜单项（即<li.../>元素）上，该样式用于将下拉菜单项变成分隔条。

通常需要在<li.../>元素内放链接元素来表示下拉菜单。但标题和分隔条则不需要，直接使用<li.../>元素即可。

下拉菜单不是通过一个简单的 HTML 元素就可搞定的，而是需要配合使用多个元素。图 7.6 示意了下拉菜单各元素之间的包含关系。

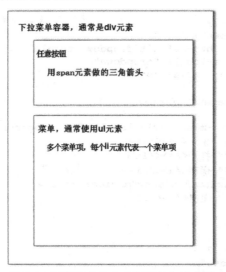

图 7.6　下拉菜单的各个元素的包含关系

> 提示：
> Bootstrap 的下拉菜单支持 JS 插件，具体可参考本书第 8 章内容。

下面代码示范了如何开发下拉菜单。

程序清单：codes\07\7.2\dropdown.html

```html
<div class="row" style="margin-top:80px;">
    <div class="col-sm-3">
```

```html
<div class="dropdown">
<button class="btn btn-default dropdown-toggle" type="button"
id="dropdown1" data-toggle="dropdown"
aria-haspopup="true" aria-expanded="true">
下拉菜单
    <span class="caret"></span>
</button>
<ul class="dropdown-menu" aria-labelledby="dropdown1">
    <li><a href="#">新建</a></li>
    <li><a href="#">打开</a></li>
    <li><a href="#">保存</a></li>
    <li><a href="#">退出</a></li>
</ul>
</div>
</div>
<div class="col-sm-3">
<div class="dropup">
<button class="btn btn-default dropdown-toggle" type="button"
id="dropdown2" data-toggle="dropdown"
aria-haspopup="true" aria-expanded="true">
下拉菜单（向上拉）
    <span class="caret"></span>
</button>
<ul class="dropdown-menu" aria-labelledby="dropdown2">
    <li><a href="#">新建</a></li>
    <li><a href="#">打开</a></li>
    <li><a href="#">保存</a></li>
    <li><a href="#">退出</a></li>
</ul>
</div>
</div>
<div class="col-sm-3">
<div class="dropdown">
<button class="btn btn-default dropdown-toggle" type="button"
id="dropdown3" data-toggle="dropdown"
aria-haspopup="true" aria-expanded="true">
下拉菜单（带分隔条）
    <span class="caret"></span>
</button>
<ul class="dropdown-menu" aria-labelledby="dropdown3">
    <li><a href="#">新建</a></li>
    <li><a href="#">打开</a></li>
    <li><a href="#">保存</a></li>
    <li role="separator" class="divider"></li>
    <li><a href="#">退出</a></li>
</ul>
</div>
</div>
<div class="col-sm-3">
<div class="dropdown">
<button class="btn btn-default dropdown-toggle" type="button"
id="dropdown4" data-toggle="dropdown"
aria-haspopup="true" aria-expanded="true">
下拉菜单（带标题）
    <span class="caret"></span>
</button>
<ul class="dropdown-menu" aria-labelledby="dropdown4">
    <li class="dropdown-header">文件</li>
    <li><a href="#">新建</a></li>
    <li><a href="#">打开</a></li>
    <li><a href="#">保存</a></li>
    <li class="dropdown-header">程序</li>
```

```
        <li><a href="#">退出</a></li>
      </ul>
    </div>
  </div>
</div>
```

该页面代码中的 4 段粗体字代码定义了 4 个不同的下拉菜单：第一个下拉菜单最普通，只要按前面介绍的方法组织各 HTML 元素并指定 CSS 样式即可。图 7.7 显示了第一个下拉菜单的运行外观。

第二个下拉菜单与第一个下拉菜单差别不大，只是将容器上的.dropdown 改成了.dropup，因此该菜单将会向上展开，图 7.8 所示为向上展开的下拉菜单。

图 7.7　普通下拉菜单　　　　　　　　图 7.8　向上展开的下拉菜单

第三个下拉菜单中添加了如下元素。

```
<li role="separator" class="divider"></li>
```

这个元素代表一条分隔条，图 7.9 显示了带分隔条的下拉菜单。

第四个下拉菜单中添加了两个元素。

```
<li class="dropdown-header">程序</li>
```

每个元素都表示一个标题，图 7.10 显示了带标题的下拉菜单。

图 7.9　带分隔条的下拉菜单　　　　　图 7.10　带标题的下拉菜单

从该示例可以看出，代码还为下拉菜单的按钮指定了 aria-haspopup="true" 和 aria-expanded="true"两个属性，这两个属性主要为残疾人用户准备的，当他们使用屏幕阅读器等辅助工具浏览网页时，这两个属性会告诉屏幕阅读器展开下拉菜单，因此在下拉菜单<ul.../>元素中指定了 aria-labelledby 属性，该属性用于指定该下拉菜单为哪个按钮服务。

▶▶ 7.2.1　对齐

在默认情况下，下拉菜单自动沿着父元素的上、下边（下拉菜单沿下边、上拉菜单沿上边）和左侧对齐，并被设定为 100%宽度。

为了改变下拉菜单的定位方式，Bootstrap 提供了如下样式。

- .dropdown-menu-left：左对齐，这是默认的对齐方式。
- .dropdown-menu-right：右对齐，下拉菜单沿着容器右边对齐。
- .open：设置该样式的菜单默认是打开的。

这些样式是控制下拉菜单(<ul.../>元素)的定位的，因此需要添加在表示下拉菜单的<ul.../>元素上。

> **注意：** 下拉菜单可能会由于设置了 overflow 属性的父元素而被部分遮挡或超出 viewport 的显示范围，这些问题需要开发人员自行解决。

下面代码定义了一个右对齐、自动打开的菜单。

程序清单：codes\07\7.2\menu-right.html

```html
<div class="row">
    <div class="col-sm-3">
    <div class="dropdown open">
    <button class="btn btn-default dropdown-toggle" type="button"
    id="dropdown3" data-toggle="dropdown"
    aria-haspopup="true" aria-expanded="true">
    下拉菜单（带分隔条）
        <span class="caret"></span>
    </button>
    <ul class="dropdown-menu dropdown-menu-right" aria-labelledby="dropdown3">
        <li><a href="#">新建</a></li>
        <li><a href="#">打开</a></li>
        <li><a href="#">保存</a></li>
        <li role="separator" class="divider"></li>
        <li><a href="#">退出</a></li>
    </ul>
    </div>
    </div>
</div>
```

该页面的浏览效果如图 7.11 所示。

图 7.11　右对齐的下拉菜单

7.2.2　禁用菜单项

如果要禁用某个菜单项，只要为该菜单项对应的<li.../>元素添加.disabled 样式即可。例如如下菜单。

程序清单：codes\07\7.2\disabled.html

```html
<div class="row">
    <div class="col-sm-3">
    <div class="dropdown">
    <button class="btn btn-default dropdown-toggle" type="button"
    id="dropdown3" data-toggle="dropdown"
    aria-haspopup="true" aria-expanded="true">
    下拉菜单（带分隔条）
        <span class="caret"></span>
    </button>
```

```
            <ul class="dropdown-menu" aria-labelledby="dropdown3">
                <li><a href="#">新建</a></li>
                <li class="disabled"><a href="#">打开</a></li>
                <li><a href="#">保存</a></li>
                <li role="separator" class="divider"></li>
                <li><a href="#">退出</a></li>
            </ul>
        </div>
    </div>
</div>
```

该页面的浏览效果如图 7.12 所示。

图 7.12 禁用菜单项

7.2.3 按钮式下拉菜单

除了使用 .dropdown 或 .dropup 样式来设置下拉菜单的样式之外，Bootstrap 还支持将 .btn-group 样式应用于菜单容器——此时就变成了所谓的按钮式下拉菜单。

> **提示：** 按钮式下拉菜单同样支持菜单分隔条、菜单标题等。如果希望按钮式下拉菜单能向上展开，为下拉菜单的容器元素添加 .dropup 样式即可。

下面的代码示范了如何实现一个按钮式下拉菜单。

程序清单：codes\07\7.2\btn-dropdown.html

```
<div class="row" style="margin-top:180px;">
    <div class="col-sm-4">
        <div class="btn-group">
            <button class="btn btn-default dropdown-toggle" type="button"
                id="dropdown1" data-toggle="dropdown"
                aria-haspopup="true" aria-expanded="true">
                按钮式下拉菜单（带分隔条）
                <span class="caret"></span>
            </button>
            <ul class="dropdown-menu" aria-labelledby="dropdown1">
                <li><a href="#">新建</a></li>
                <li><a href="#">打开</a></li>
                <li><a href="#">保存</a></li>
                <li role="separator" class="divider"></li>
                <li><a href="#">退出</a></li>
            </ul>
        </div>
    </div>
    <div class="col-sm-4">
        <div class="btn-group">
            <button class="btn btn-primary dropdown-toggle" type="button"
                id="dropdown3" data-toggle="dropdown"
                aria-haspopup="true" aria-expanded="true">
```

```
            按钮式下拉菜单(带标题)
                <span class="caret"></span>
        </button>
        <ul class="dropdown-menu" aria-labelledby="dropdown2">
            <li class="dropdown-header">文件</li>
            <li><a href="#">新建</a></li>
            <li><a href="#">打开</a></li>
            <li><a href="#">保存</a></li>
            <li class="dropdown-header">程序</li>
            <li><a href="#">退出</a></li>
        </ul>
    </div>
</div>
<div class="col-sm-4">
<div class="btn-group dropup">
    <button class="btn btn-warning dropdown-toggle" type="button"
    id="dropdown3" data-toggle="dropdown"
    aria-haspopup="true" aria-expanded="true">
    按钮式下拉菜单(带标题)
        <span class="caret"></span>
    </button>
    <ul class="dropdown-menu" aria-labelledby="dropdown3">
        <li class="dropdown-header">文件</li>
        <li><a href="#">新建</a></li>
        <li><a href="#">打开</a></li>
        <li><a href="#">保存</a></li>
        <li class="dropdown-header">程序</li>
        <li><a href="#">退出</a></li>
    </ul>
</div>
</div>
</div>
```

在该代码中定义了 3 个按钮式下拉菜单,第一个按钮式下拉菜单与前面的下拉菜单的唯一区别是,这里将下拉菜单容器的样式改成了 .btn-group,该按钮式下拉菜单的效果如图 7.13 所示。

第二个按钮式下拉菜单的菜单容器依然使用 .btn-group 样式,只是该按钮使用了 .btn-primary 样式,因此该按钮会显示首选项按钮的样式,且下拉菜单中包含标题。该按钮式下拉菜单的效果如图 7.14 所示。

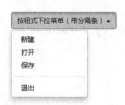

图 7.13 按钮式下拉菜单

图 7.14 带标题的按钮式下拉菜单

第三个按钮式下拉菜单的菜单容器使用了 .btn-group 和 .dropup 样式,因此该菜单将会向上展开。该按钮式下拉菜单的效果如图 7.15 所示。

▶▶ 7.2.4 分裂式按钮下拉菜单

所谓分裂式按钮下拉菜单,就是让按钮旁边的三角箭头来激发下拉菜单,因此需要将按钮旁边的三角箭头也变成按钮,且为其指定 data-toggle="dropdown" 属性,建议增加 .dropdown-toggle 样式。

图 7.15 向上展开的下拉菜单

下面代码示范了如何实现一个分裂式按钮下拉菜单。

程序清单：codes\07\7.2\caret-dropdown.html

```html
<div class="btn-group">
    <button class="btn btn-warning" type="button">分裂式按钮下拉菜单
    </button>
    <button class="btn btn-warning dropdown-toggle" type="button"
    id="dropdown1" data-toggle="dropdown"
    aria-haspopup="true" aria-expanded="false">
        <span class="caret"></span>
        <span class="sr-only">开关下拉菜单</span>
    </button>
    <ul class="dropdown-menu" aria-labelledby="dropdown1">
        <li><a href="#">新建</a></li>
        <li><a href="#">打开</a></li>
        <li><a href="#">保存</a></li>
        <li role="separator" class="divider"></li>
        <li><a href="#">退出</a></li>
    </ul>
</div>
<div class="btn-group">
    <button class="btn btn-danger" type="button">分裂式按钮下拉菜单
    </button>
    <button class="btn btn-danger dropdown-toggle" type="button"
    id="dropdown2" data-toggle="dropdown"
    aria-haspopup="true" aria-expanded="false">
        <span class="caret"></span>
        <span class="sr-only">开关下拉菜单</span>
    </button>
    <ul class="dropdown-menu" aria-labelledby="dropdown2">
        <li class="dropdown-header">文件</li>
        <li><a href="#">新建</a></li>
        <li><a href="#">打开</a></li>
        <li><a href="#">保存</a></li>
        <li class="dropdown-header">程序</li>
        <li><a href="#">退出</a></li>
    </ul>
</div>
```

两段粗体字代码就是实现分裂式按钮下拉菜单的关键代码，这两段粗体字代码将三角箭头转换成按钮，并为其指定了 data-toggle="dropdown" 属性，这样即可把它变成打开下拉菜单的开关。

> **提示：**
> 该页面代码为残疾人用户使用屏幕阅读器提供了额外的 <span.../> 元素，该元素的内容用于对三角箭头按钮进行说明，且在该 <span.../> 元素上指定了 .sr-only 样式，这表明只有使用屏幕阅读器时才能看到该元素。

浏览该页面，可看到如图 7.16 所示的效果。

图 7.16　分裂式按钮下拉菜单

7.2.5 大小

对于按钮式下拉菜单,同样可通过控制按钮大小的如下样式来控制其大小。
- .btn-lg:大按钮
- .btn-sm:小按钮
- .btn-xs:超小按钮

如下代码示范了使用样式来控制按钮式下拉菜单的大小。

程序清单:codes\07\7.2\dropdown-size.html

```html
<div class="btn-group">
    <button class="btn btn-warning dropdown-toggle btn-lg"
    type="button" id="dropdown1" data-toggle="dropdown"
    aria-haspopup="true" aria-expanded="true">
        按钮式下拉菜单
        <span class="caret"></span>
    </button>
    <ul class="dropdown-menu" aria-labelledby="dropdown1">
        ...
    </ul>
</div>
<div class="btn-group">
    <button class="btn btn-warning dropdown-toggle" type="button"
    id="dropdown2" data-toggle="dropdown"
    aria-haspopup="true" aria-expanded="true">
        按钮式下拉菜单
        <span class="caret"></span>
    </button>
    <ul class="dropdown-menu" aria-labelledby="dropdown2">
        ...
    </ul>
</div>
<div class="btn-group">
    <button class="btn btn-warning dropdown-toggle btn-sm"
    type="button" id="dropdown3" data-toggle="dropdown"
    aria-haspopup="true" aria-expanded="true">
        按钮式下拉菜单
        <span class="caret"></span>
    </button>
    <ul class="dropdown-menu" aria-labelledby="dropdown3">
        ...
    </ul>
</div>
<div class="btn-group">
    <button class="btn btn-warning dropdown-toggle btn-xs"
    type="button" id="dropdown4" data-toggle="dropdown"
    aria-haspopup="true" aria-expanded="true">
        按钮式下拉菜单
        <span class="caret"></span>
    </button>
    <ul class="dropdown-menu" aria-labelledby="dropdown4">
        ...
    </ul>
</div>
```

浏览该页面可看到如图 7.17 所示的效果。

图 7.17　控制按钮式下拉菜单的大小

7.3　按钮组

Bootstrap 提供了一些样式，用于将多个按钮组合在一起形成按钮组，按钮组有自己独特的外观和行为。

▶▶ 7.3.1　基本按钮组

只要将多个按钮放在<div.../>元素内，并为该<div.../>元素指定如下样式之一，这些按钮就会形成按钮组。

- .btn-group：形成水平排列的按钮组。
- .btn-group-vertical：形成垂直排列的按钮组。

> 如果需要为按钮组容器（指定了.btn-group 样式的 HTML 元素）应用工具提示或弹出框，则必须指定 container: 'body'选项，这样可以避免不必要的副作用（例如工具提示或弹出框被触发时，会让页面元素变宽或失去圆角）。

下面代码示范了如何定义水平排列的按钮组和垂直排列的按钮组。

程序清单：codes\07\7.3\btn-group.html

```html
<div class="container">
    <!-- 定义水平排列的按钮组 -->
    <div class="btn-group" role="group">
        <button type="button" class="btn btn-primary">左</button>
        <button type="button" class="btn btn-primary">中</button>
        <button type="button" class="btn btn-primary">右</button>
    </div>
    <!-- 定义垂直排列的按钮组 -->
    <div class="btn-group-vertical" role="group">
        <button type="button" class="btn btn-info" aria-label="左对齐">
            <span class="glyphicon glyphicon-align-left" aria-hidden="true"> </span>
        </button>
        <button type="button" class="btn btn-info" aria-label="居中对齐">
            <span class="glyphicon glyphicon-align-center" aria-hidden="true"> </span>
        </button>
        <button type="button" class="btn btn-info" aria-label="右对齐">
            <span class="glyphicon glyphicon-align-right" aria-hidden="true"> </span>
```

```
        </button>
    </div>
</div>
```

在该页面代码中定义了两个<div.../>元素作为按钮组的容器，其中第一个容器被指定了.btn-group 样式，因此该容器中按钮会水平排列；第二个容器被指定了.btn-group-vertical 样式，因此该容器中的按钮会垂直排列。其中第二组按钮内容不是简单的文本内容，而是小图标，因此程序还为这些按钮指定了 aria-label 属性，该属性主要为残疾人用户提供信息。

该页面的浏览效果如图 7.18 所示。

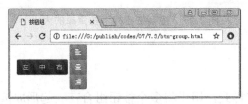

图 7.18　按钮组

▶▶ 7.3.2　工具栏

如果使用<div.../>元素将多个按钮组包含在一起，并为该元素指定.btn-toolbar 样式，这样就可以形成工具栏了。

如下代码示范了工具栏的制作方法。

程序清单：codes\07\7.3\btn-toolbar.html

```
<!-- 工具栏 -->
<div class="btn-toolbar" role="toolbar">
    <!-- 第一个工具组 -->
    <div class="btn-group" role="group">
        <button type="button" class="btn btn-info" aria-label="左对齐">
            <span class="glyphicon glyphicon-align-left"
            aria-hidden="true"></span>
        </button>
        <button type="button" class="btn btn-info" aria-label="居中对齐">
            <span class="glyphicon glyphicon-align-center" aria-hidden="true">
            </span>
        </button>
        <button type="button" class="btn btn-info" aria-label="右对齐">
            <span class="glyphicon glyphicon-align-right" aria-hidden="true">
            </span>
        </button>
    </div>
    <!-- 第二个工具组 -->
    <div class="btn-group" role="group">
        <button type="button" class="btn btn-primary" aria-label="字体">
            <span class="glyphicon glyphicon-font" aria-hidden="true"></span>
        </button>
        <button type="button" class="btn btn-primary" aria-label="加粗">
            <span class="glyphicon glyphicon-bold" aria-hidden="true"></span>
        </button>
        <button type="button" class="btn btn-primary" aria-label="斜体">
            <span class="glyphicon glyphicon-italic" aria-hidden="true"></span>
        </button>
    </div>
</div>
```

在该代码中，使用一个被指定了 class="btn-toolbar"样式的<div.../>元素包含两个按钮组，这样就形成了工具栏。该页面浏览效果如图 7.19 所示。

细心的读者可能已经发现了，在上面两个示例中，我们为按钮组的<div.../>元素指定了 role="group"，为工具栏的<div.../>元素指定了

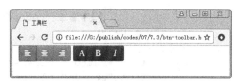

图 7.19 工具栏

role="toolbar"，这是为了向使用屏幕阅读器的用户传达正确的按钮分组信息。一般来说，对于按钮组合，应该指定 role="group"；对于 toolbar（工具栏），应该指定 role="toolbar"。

▶▶ 7.3.3 控制按钮组的大小

Bootstrap 为控制按钮组大小提供了如下样式。

- .btn-group-lg：大按钮组
- .btn-group-sm：小按钮组
- .btn-group-xs：超小按钮组

下面代码示范了如何控制按钮组大小。

程序清单：codes\07\7.3\btn-size.html

```
<!-- 第一个按钮组 -->
<div class="btn-group btn-group-lg" role="group">
    ...
</div>
<!-- 第二个按钮组 -->
<div class="btn-group" role="group">
    ...
</div>
<!-- 第三个按钮组 -->
<div class="btn-group btn-group-sm" role="group">
    ...
</div>
<!-- 第四个按钮组 -->
<div class="btn-group btn-group-xs" role="group">
    ...
</div>
```

上面代码定义了 4 个按钮组，它们的大小依次变小，这里省略了定义按钮的代码。该页面的浏览效果如图 7.20 所示。

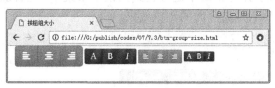

图 7.20 按钮组大小

正如我们从图 7.20 所看到的，当我们控制按钮组的大小时，该按钮组中所有按钮的大小也会随之改变。

▶▶ 7.3.4 按钮组嵌套下拉菜单

如果希望在按钮组中嵌套下拉菜单，则只要在按钮组容器中添加按钮式下拉菜单即可——也就是在.btn-group 容器中再次放置.btn-group 构建的下拉菜单。

例如如下代码在按钮组中嵌套.btn-group 构建的下拉菜单。

程序清单：codes\07\7.3\btn-group-dropdown.html

```html
<!-- 定义水平排列的按钮组 -->
<div class="btn-group" role="group">
    <button type="button" class="btn btn-primary">主页</button>
    <button type="button" class="btn btn-primary">联系我们</button>
    <!-- 嵌套按钮式下拉菜单 -->
    <div class="btn-group">
        <button class="btn btn-primary dropdown-toggle" type="button"
            id="dropdown1" data-toggle="dropdown"
            aria-haspopup="true" aria-expanded="true">
        图书管理
            <span class="caret"></span>
        </button>
        <ul class="dropdown-menu" aria-labelledby="dropdown1">
            <li><a href="#">新增图书</a></li>
            <li><a href="#">修改图书</a></li>
            <li><a href="#">删除图书</a></li>
            <li role="separator" class="divider"></li>
            <li><a href="#">查找图书</a></li>
        </ul>
    </div>
    <!-- 嵌套分裂式按钮下拉菜单 -->
    <div class="btn-group">
        <button class="btn btn-primary" type="button">作者管理
        </button>
        <button class="btn btn-primary dropdown-toggle" type="button"
            id="dropdown2" data-toggle="dropdown"
            aria-haspopup="true" aria-expanded="false">
            <span class="caret"></span>
            <span class="sr-only">打开作者管理</span>
        </button>
        <ul class="dropdown-menu" aria-labelledby="dropdown2">
            <li><a href="#">添加作者</a></li>
            <li><a href="#">修改作者</a></li>
            <li role="separator" class="divider"></li>
            <li><a href="#">查找作者</a></li>
        </ul>
    </div>
</div>
```

该页面代码首先构建了一个按钮组，该按钮组中包含两个按钮。接下来继续向该按钮组中添加两个按钮式下拉菜单，并且第二个是分裂式按钮下来菜单。这样就可在按钮组中嵌套按钮式下拉菜单了，图7.21所示是该页面的浏览效果。

图7.21 按钮组中嵌套按钮式下拉菜单

此外，Bootstrap 支持垂直排列的按钮组，因此垂直排列的按钮组中也可嵌套按钮式下拉菜单，只要将按钮组的样式改为.btn-group-vertical 即可。具体读者可参考光盘中 codes\07\7.3\btn-group-dropdown.html 文件。

> **注意：**
> 在垂直排列的按钮组中嵌套按钮式下拉菜单时，不支持嵌套分裂式按钮下拉菜单。

在垂直排列的按钮组中嵌套按钮式下拉菜单的效果如图 7.22 所示。

图 7.22 在垂直排列的按钮组中嵌套按钮式下拉菜单

▶▶ 7.3.5 两端对齐的按钮组

Bootstrap 为两端对齐的按钮组提供了 .btn-group-justified 样式，但如果要构建两端对齐的按钮组，还需要进行一些额外的设置。

- ➤ <a.../>元素的按钮：只要在按钮组的容器元素上添加 .btn-group-justified 样式即可。
- ➤ <button.../>元素的按钮：除了在按钮组的容器元素上添加 .btn-group-justified 样式之外，还要将每个按钮都包裹在按钮组（也就是指定了 .btn-group 样式的容器元素）中。

下面先看使用<a.../>元素构建按钮的代码。

程序清单：codes\07\7.3\btn-group-justified.html

```html
<!-- 定义两端对齐的按钮组 -->
<div class="btn-group btn-group-justified" role="group">
    <a type="button" class="btn btn-primary">主页</a>
    <a type="button" class="btn btn-primary">联系我们</a>
    <!-- 嵌套按钮式下拉菜单 -->
    <div class="btn-group">
        <button class="btn btn-primary dropdown-toggle" type="button"
        id="dropdown1" data-toggle="dropdown"
        aria-haspopup="true" aria-expanded="true">
        图书管理
            <span class="caret"></span>
        </button>
        <ul class="dropdown-menu" aria-labelledby="dropdown1">
            <li><a href="#">新增图书</a></li>
            <li><a href="#">修改图书</a></li>
            <li><a href="#">删除图书</a></li>
            <li role="separator" class="divider"></li>
            <li><a href="#">查找图书</a></li>
        </ul>
    </div>
</div>
```

从粗体字代码可以看出，对于两端对齐的按钮组，如果其中包含的按钮是使用<a.../>元素构建的，则只要为按钮组的容器元素指定 .btn-group-justified 样式即可。

下面代码是使用<button.../>元素构建按钮的情形。

程序清单：codes\07\7.3\btn-group-justified2.html

```html
<!-- 定义两端对齐的按钮组 -->
<div class="btn-group btn-group-justified" role="group">
    <div class="btn-group">
        <button type="button" class="btn btn-primary">主页</button>
    </div>
    <div class="btn-group">
        <button type="button" class="btn btn-primary">联系我们</button>
    </div>
    <!-- 嵌套按钮式下拉菜单 -->
    <div class="btn-group">
        <button class="btn btn-primary dropdown-toggle" type="button"
        id="dropdown1" data-toggle="dropdown"
        aria-haspopup="true" aria-expanded="true">
        图书管理
            <span class="caret"></span>
        </button>
        <ul class="dropdown-menu" aria-labelledby="dropdown1">
            <li><a href="#">新增图书</a></li>
            <li><a href="#">修改图书</a></li>
            <li><a href="#">删除图书</a></li>
            <li role="separator" class="divider"></li>
            <li><a href="#">查找图书</a></li>
        </ul>
    </div>
</div>
```

从粗体字代码可以看出，对于两端对齐的按钮组，如果其中包含的按钮是使用<button.../>元素构建的，则不仅要为按钮组的容器元素指定.btn-group-justified 样式，还需要使用<div class="btn-group".../>包裹每个按钮。

图 7.23 显示了上面两个示例代码的浏览效果。

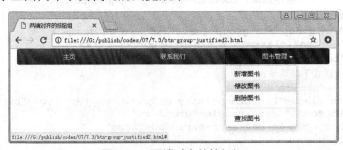

图 7.23　两端对齐的按钮组

7.4　输入框组

Bootstrap 允许将输入框和其他文本、按钮、下拉菜单组合起来，从而形成输入框组。

需要说明的是，通常来说，输入框组只支持对<input.../>元素的扩展，对<select.../>的支持在 WebKit 浏览器中有问题；对<textarea.../>元素的 rows 属性的支持也有问题。

▶▶ 7.4.1　基本输入框组

输入框组主要用到如下三个样式。

➤ .input-group：该样式应用在输入框组的容器元素（通常是<div.../>元素）上。

➢ .input-group-addon：该样式应用在输入框组中附加的普通元素上。
➢ .input-group-btn：该样式应用在输入框组中附加的按钮或按钮式下拉菜单上。

从上面介绍可以看出，被指定 .input-group 样式的元素用于包含输入框控件（指定了 .form-control 样式）和附加的元素（指定了 .input-group-addon 或 .input-group-btn 样式）。

Bootstrap 支持在输入框的任意一侧添加附加元素或按钮，也可以在输入框的两侧同时添加附加元素或按钮；但 Bootstrap 不支持在输入框的单独一侧同时添加多个附加元素，也不支持在单个输入框组中添加多个输入框控件。

> **注意：**
> 如果需要为输入框（指定了 .input-group 样式的 HTML 元素）应用工具提示或弹出框，则必须指定 container: 'body' 选项，这样可以避免不必要的副作用（例如工具提示或弹出框被触发时，会让页面元素变宽或失去圆角）。

下面代码示范了如何构建简单的输入框组。

程序清单：codes\07\7.4\input-group.html

```html
<!-- 水平表单 -->
<form action="http://www.fkit.org" class="form-horizontal">
    <!-- .form-group 样式表现出 .row 行为 -->
    <div class="form-group">
        <label for="name" class="col-sm-2 control-label">邮件地址</label>
        <div class="col-sm-10">
            <!-- 定义输入框组 -->
            <div class="input-group">
                <!-- .form-control 样式应用于表单控件 -->
                <input type="text" class="form-control" id="mail"
                    placeholder="收件人">
                <!-- .input-group-addon 样式应用于输入框组的附件 -->
                <span class="input-group-addon">@crazyit.org</span>
            </div>
        </div>
    </div>
    <div class="form-group">
        <label for="name" class="col-sm-2 control-label">会员名</label>
        <div class="col-sm-10">
            <!-- 定义输入框组 -->
            <div class="input-group">
                <!-- .input-group-addon 样式应用于输入框组的附件 -->
                <span class="input-group-addon">疯狂</span>
                <!-- .form-control 样式应用于表单控件 -->
                <input type="text" class="form-control" id="name"
                    placeholder="您的名字">
            </div>
        </div>
    </div>
    <div class="form-group">
        <label for="name" class="col-sm-2 control-label">价格</label>
        <div class="col-sm-10">
            <!-- 定义输入框组 -->
            <div class="input-group">
                <!-- .input-group-addon 样式应用于输入框组的附件 -->
                <span class="input-group-addon">￥</span>
                <!-- .form-control 样式应用于表单控件 -->
                <input type="number" class="form-control" id="price"
```

```
                    placeholder="填写年费价格" min="50">
                <span class="input-group-addon">.00（元）</span>
            </div>
        </div>
</form>
```

在该代码中的第一行粗体字代码定义了<div.../>元素，并为该元素指定了.input-group 属性，因此该元素将可作为输入框组的容器元素；接下来的代码在输入框组容器内放置了一个输入框；第二行粗体字代码定义了一个<span.../>元素，并为该元素指定了.input-group-addon 属性，因此该元素将可作为输入框组的附加元素——这就是典型的输入框组的构建方法。

在此代码中一共构建了 4 个输入框组，其中第一个输入框组的附加元素位于输入框的后面，第二个输入框组的附加元素位于输入框的前面，为第三个输入框组添加了 2 个附加元素，分别位于输入框的前面和后面。第四个输入框组的附加元素是按钮，因此需要为附加按钮所在的<span.../>元素指定.input-group-btn 样式。

该页面的浏览效果如图 7.24 所示。

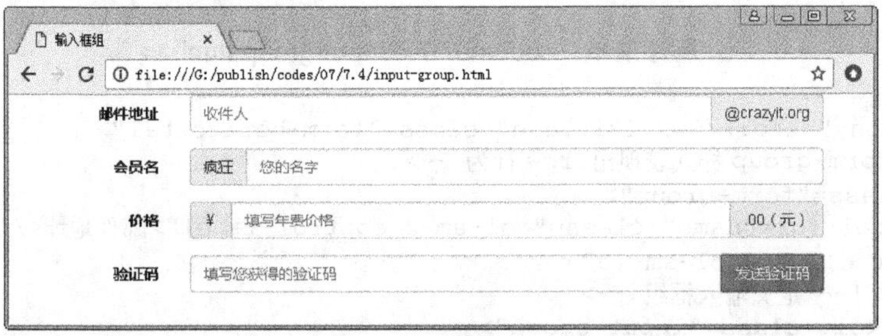

图 7.24 输入框组

> **提示：** 虽然本例使用了水平表单来演示输入框组，但实际上 Bootstrap 也支持在普通表单中使用输入框组。

▶▶ 7.4.2 控制输入框组的大小

Bootstrap 为控制输入框组的大小提供了如下样式。

➢ .input-group-lg：大的输入框组
➢ .input-group-sm：小的输入框组

直接将上面样式应用于输入框组的容器元素（指定了.input-group 样式的<div.../>元素）上，则整个输入框组内所有元素的大小都会随之改变。下面代码示范了如何控制输入框组的大小。

程序清单：codes\07\7.4\input-group-size.html

```
<!-- 大的输入框组 -->
<div class="input-group input-group-lg">
    <!-- .form-control 样式应用于表单控件 -->
    <input type="text" class="form-control" id="price-lg"
        placeholder="填写您获得的验证码">
    <!-- .input-group-btn 样式应用于输入框组的附加按钮 -->
    <span class="input-group-btn">
        <button class="btn btn-info" type="button">发送验证码</button>
    </span>
</div>
<!-- 普通的输入框组 -->
```

```
<div class="input-group">
    <!-- .form-control 样式应用于表单控件 -->
    <input type="text" class="form-control" id="price"
        placeholder="填写您获得的验证码">
    <!-- .input-group-btn 样式应用于输入框组的附加按钮 -->
    <span class="input-group-btn">
        <button class="btn btn-info" type="button">发送验证码</button>
    </span>
</div>
<!-- 小的输入框组 -->
<div class="input-group input-group-sm">
    <!-- .form-control 样式应用于表单控件 -->
    <input type="text" class="form-control" id="price-sm"
        placeholder="填写您获得的验证码">
    <!-- .input-group-btn 样式应用于输入框组的附加按钮 -->
    <span class="input-group-btn">
        <button class="btn btn-info" type="button">发送验证码</button>
    </span>
</div>
```

该代码的浏览效果如图 7.25 所示。

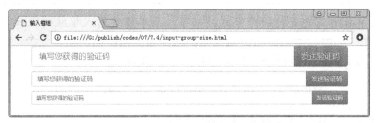

图 7.25　控制输入框组的大小

▶▶ 7.4.3　单选框或多选框作为附加元素

Bootstrap 也允许将单选框或多选框作为输入框组的附加元素。只要将单选框或多选框包裹在被指定了 .input-group-addon 样式的 <span.../>元素中即可。

：

作为输入框组附加元素的单选框和多选框不能被指定 class="control-form" 样式。

例如如下代码。

程序清单：codes\07\7.4\input-group-check.html

```
<div class="input-group">
    <!-- .form-control 样式应用于表单控件 -->
    <input type="text" class="form-control" id="price"
        placeholder="填写您获得的验证码">
    <!-- .input-group-addon 样式应用于输入框组的附件 -->
    <span class="input-group-addon">
        <input type="checkbox" aria-label="已含税">
    </span>
</div>
<div class="input-group">
    <!-- .form-control 样式应用于表单控件 -->
    <input type="text" class="form-control" id="price"
        placeholder="填写您获得的验证码">
    <!-- .input-group-addon 样式应用于输入框组的附件 -->
```

```
        <span class="input-group-addon">
            <input type="radio" aria-label="已含税">
        </span>
</div>
```

该页面的浏览效果如图 7.26 所示。

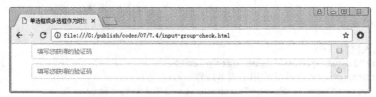

图 7.26 单选框或多选框作为附加元素

▶▶ 7.4.4 按钮式下拉菜单作为附加元素

在输入框组中添加按钮式下拉菜单作为附加元素非常简单，只要对按钮式下拉菜单的容器应用.input-group-btn 样式，并将按钮式下拉菜单整个放入输入框组的容器中即可。

提示： Bootstrap 完全支持将分裂式按钮下拉菜单作为输入框组的附加元素。

如下代码示范了如何将按钮式下拉菜单作为附加元素。

程序清单：codes\07\7.4\input-group-dropdown.html

```
<div class="input-group">
    <!-- .form-control 样式应用于表单控件 -->
    <input type="text" class="form-control" id="a">
    <!-- .input-group-btn 样式应用于输入框组的附加按钮 -->
    <div class="input-group-btn">
        <button class="btn btn-default dropdown-toggle" type="button"
        id="dropdown1" data-toggle="dropdown"
        aria-haspopup="true" aria-expanded="true">
        按钮式下拉菜单（带分隔条）
            <span class="caret"></span>
        </button>
        <ul class="dropdown-menu" aria-labelledby="dropdown1">
            <li><a href="#">新建</a></li>
            <li><a href="#">打开</a></li>
            <li><a href="#">保存</a></li>
            <li role="separator" class="divider"></li>
            <li><a href="#">退出</a></li>
        </ul>
    </div>
</div>
<div class="input-group">
    <!-- .input-group-btn 样式应用于输入框组的附加按钮 -->
    <div class="input-group-btn">
        <button class="btn btn-warning" type="button">分裂式按钮下拉菜单（带分隔条）
</button>
        <button class="btn btn-default dropdown-toggle" type="button"
        id="dropdown2" data-toggle="dropdown"
        aria-haspopup="true" aria-expanded="true">
            <span class="caret"></span>
            <span class="sr-only">开关下拉菜单</span>
        </button>
        <ul class="dropdown-menu" aria-labelledby="dropdown2">
            <li><a href="#">新建</a></li>
```

```html
            <li><a href="#">打开</a></li>
            <li><a href="#">保存</a></li>
            <li role="separator" class="divider"></li>
            <li><a href="#">退出</a></li>
        </ul>
    </div>
    <!-- .form-control 样式应用于表单控件 -->
    <input type="text" class="form-control" id="b">
</div>
```

在该代码中定义了两个输入框组,在输入框组中放置了按钮式下拉菜单,但正如粗体字代码所示,此时的按钮式下拉菜单的容器不再使用.btn-group 样式,而是使用.input-group-btn 样式,这样即可在输入框组中嵌套按钮式下拉菜单了。

该页面的浏览效果如图 7.27 所示。

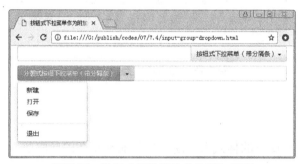

图 7.27 按钮式下拉菜单作为附加元素

▶▶ 7.4.5 多按钮

Bootstrap 不允许在输入框组的单独一侧同时添加多个附加元素,但如果我们将多个按钮包裹在同一个附加元素内,这样即可实现在输入框组的单独一侧同时添加多个附加按钮。例如如下代码。

程序清单:codes\07\7.4\input-group-multi-btn.html

```html
<div class="input-group">
    <!-- .form-control 样式应用于表单控件 -->
    <input type="text" class="form-control" id="a">
    <!-- .input-group-btn 样式应用于输入框组的附加按钮 -->
    <div class="input-group-btn">
        <!-- 放置多个按钮 -->
        <button type="button" class="btn btn-primary">
            <span class="glyphicon glyphicon-align-left"
                aria-label="左对齐"></span>
        </button>
        <button type="button" class="btn btn-primary">
            <span class="glyphicon glyphicon-align-right"
                aria-label="右对齐"></span>
        </button>
    </div>
</div>
<div class="input-group">
    <!-- .input-group-btn 样式应用于输入框组的附加按钮 -->
    <div class="input-group-btn">
        <!-- 放置多个按钮 -->
        <button type="button" class="btn btn-info">
            <span class="glyphicon glyphicon-align-center"
                aria-label="居中对齐"></span>
        </button>
```

```
            <button type="button" class="btn btn-info">
                <span class="glyphicon glyphicon-align-justify"
                    aria-label="两端对齐"></span>
            </button>
        </div>
        <!-- .form-control 样式应用于表单控件 -->
        <input type="text" class="form-control" id="b">
</div>
```

正如我们在代码中所看到的，只要先定义一个<div class="input-group-btn".../>元素，接下来即可在该元素内添加多个按钮，如此就可以在输入框组中添加多个按钮了。

该页面的浏览效果如图 7.28 所示。

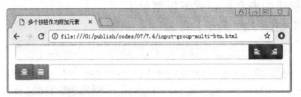

图 7.28　多按钮作为附加元素

7.5　导航

Bootstap 提供了一些简单的样式来实现简单导航和复杂的导航条。

▶▶ 7.5.1　简单导航的基础样式

简单导航就是将一些超链接以列表的形似展示出来，用户可通过单击超链接进行导航。简单导航涉及如下 CSS 样式。

- ➢ .nav：导航样式。要实现简单导航必须先设置该样式。
- ➢ .nav-tabs 或.nav-pills：设置导航风格。其中，.nav-tabs 是标签式导航，.nav-pills 是胶囊式导航。这两个样式都依赖于.nav 样式。
- ➢ .nav-stacked：当使用胶囊式导航时，可通过设置该样式进行堆叠排列。
- ➢ .active：将某个导航项设为激活状态。
- ➢ .disabled：将某个导航项设为禁用状态。

> **注意：**
> 由于标签页需要控制内容区的展示，因此在标签页上实现导航功能需要依赖 JavaScript 标签页插件。

另外，如果希望使用导航组件实现导航条功能，则必须在<ul.../>最外侧的逻辑父元素上添加 role="navigation"属性，或者用一个<nav.../>元素包裹整个导航组件。总之不要将 role 属性添加到<ul.../>上，否则会被辅助设备（残疾人用的）识别为列表。

下面代码示范了如何开发简单的标签式导航。

程序清单：codes\07\7.5\nav.html

```
<ul class="nav nav-tabs">
    <li role="presentation"><a href="#">主页</a></li>
    <li role="presentation"><a href="#">课程体系</a></li>
    <li role="presentation" class="active"><a href="#">师资介绍</a></li>
    <li role="presentation"><a href="#">教育理念</a></li>
```

```
        <li role="presentation" class="disabled"><a href="#">退出系统</a></li>
</ul>
```

在该代码中使用.nav、.nav-tabs 定义了一个导航，该导航内包含 5 个超链接，其中为第三个超链接设置了激活状态，为第五个超链接设置了禁用状态。该页面的浏览效果如图 7.29 所示。

图 7.29 标签式导航

 提示：

> Bootstrap 既可使用<ul.../>元素来定义导航,也可使用<ol.../>元素来定义导航。但如果希望通过导航组件来实现导航条，则建议使用<nav.../>元素来包裹<ul.../>或<ol.../>元素。

下面代码示范了如何开发简单的胶囊式导航。

程序清单：codes\07\7.5\nav-pills.html

```
<ol class="nav nav-pills">
    <li role="presentation"><a href="#">主页</a></li>
    <li role="presentation"><a href="#">课程体系</a></li>
    <li role="presentation" class="active"><a href="#">师资介绍</a></li>
    <li role="presentation"><a href="#">教育理念</a></li>
    <li role="presentation" class="disabled"><a href="#">退出系统</a></li>
</ol>
```

该页面的浏览效果如图 7.30 所示。

图 7.30 胶囊式导航

胶囊式导航支持堆叠方式排列，只要为导航的<ul.../>或<ol.../>元素增加.nav-stacked 样式即可。例如如下代码。

程序清单：codes\07\7.5\nav-stacked.html

```
<ul class="nav nav-pills nav-stacked">
    <li role="presentation"><a href="#">主页</a></li>
    <li role="presentation"><a href="#">课程体系</a></li>
    <li role="presentation" class="active"><a href="#">师资介绍</a></li>
    <li role="presentation"><a href="#">教育理念</a></li>
    <li role="presentation" class="disabled"><a href="#">退出系统</a></li>
</ul>
```

该页面的浏览效果如图 7.31 所示。

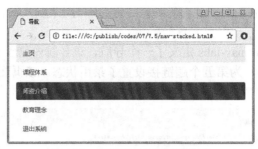

图 7.31 堆叠方式的胶囊式导航

7.5.2 两端对齐

如果要实现两端对齐的导航，则只要为导航的<ul.../>或<ol.../>元素增加 .nav-justified 样式即可，这样导航将会自动占满父容器并且两端对齐。例如如下代码。

程序清单：codes\07\7.5\nav-justified.html

```
<ul class="nav nav-tabs nav-justified">
    <li role="presentation"><a href="#">主页</a></li>
    <li role="presentation"><a href="#">课程体系</a></li>
    <li role="presentation" class="active"><a href="#">师资介绍</a></li>
    <li role="presentation"><a href="#">教育理念</a></li>
    <li role="presentation" class="disabled"><a href="#">退出系统</a></li>
</ul>
<br>
<ul class="nav nav-pills nav-justified">
    <li role="presentation"><a href="#">主页</a></li>
    <li role="presentation"><a href="#">课程体系</a></li>
    <li role="presentation" class="active"><a href="#">师资介绍</a></li>
    <li role="presentation"><a href="#">教育理念</a></li>
    <li role="presentation" class="disabled"><a href="#">退出系统</a></li>
</ul>
```

该页面的浏览效果如图 7.32 所示。

图 7.32 两端对齐的导航

7.5.3 嵌套下拉菜单

在导航中嵌套下拉菜单只要完成如下两步：

① 将导航项中的链接元素（<a.../>）变成能激发下拉菜单的按钮，需要将该元素的 data-toggle 属性设为 dropdown。最好还指定 class="dropdown-toggle"和 role="button"，其中 role="button"主要用于告诉辅助设备该链接的角色是一个按钮。

② 添加使用<ul.../>元素构建的下拉菜单——需要为该<ul.../>元素指定 class="dropdown"。

从 Bootstrap 官方文档来看，建议为导航项的<li.../>元素设置 class="dropdown"样式，但其实不设置样式也没有任何问题。

下面的代码示范了如何为导航添加下拉菜单。

程序清单：codes\07\7.5\nav-dropdown.html

```html
<ul class="nav nav-tabs nav-justified">
    <li role="presentation"><a href="#">主页</a></li>
    <li role="presentation" class="dropdown">
        <!-- 将链接元素变成能激发下拉菜单的按钮 -->
        <a class="dropdown-toggle" data-toggle="dropdown"
            href="#" role="button" aria-haspopup="true"
            aria-expanded="true">
            课程体系 <span class="caret"></span>
        </a>
        <!-- 使用ul添加下拉菜单 -->
        <ul class="dropdown-menu">
            <li><a href="#">Java基础强化营</a></li>
            <li><a href="#">全栈式程序员就业营</a></li>
            <li><a href="#">全栈式程序员突击营</a></li>
        </ul>
    </li>
    <li role="presentation" class="active"><a href="#">师资介绍</a></li>
    <li role="presentation"><a href="#">教育理念</a></li>
    <li role="presentation" class="disabled"><a href="#">退出系统</a></li>
</ul>
<br>
<ul class="nav nav-pills nav-justified">
    <li role="presentation"><a href="#">主页</a></li>
    <li role="presentation" class="dropdown">
        <a class="dropdown-toggle" data-toggle="dropdown"
            href="#" role="button" aria-haspopup="true"
            aria-expanded="true">
            课程体系 <span class="caret"></span>
        </a>
        <ul class="dropdown-menu">
            <li><a href="#">Java基础强化营</a></li>
            <li><a href="#">全栈式程序员就业营</a></li>
            <li><a href="#">全栈式程序员突击营</a></li>
        </ul>
    </li>
    <li role="presentation" class="active"><a href="#">师资介绍</a></li>
    <li role="presentation"><a href="#">教育理念</a></li>
    <li role="presentation" class="disabled"><a href="#">退出系统</a></li>
</ul>
```

在该代码中的第一段粗体字代码负责将<a.../>元素变成能激发下拉菜单的按钮；第二段粗体字代码负责使用<ul.../>元素构建了下拉菜单。该页面的浏览效果如图7.33所示。

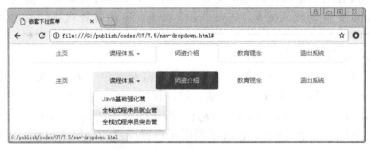

图7.33 在导航中嵌套下拉菜单

▶▶ 7.5.4 路径导航

路径导航通常用于在一个带有层次关系的导航结构中标明当前页面的位置。

实现路径导航非常简单，只要为<ul.../>或<ol.../>元素设置 class="breadcrumb"样式即可。例如如下代码。

程序清单：codes\07\7.5\breadcrumb.html

```html
<ul class="breadcrumb">
    <li><a href="#"><span class="glyphicon glyphicon-home"></span> 首页</a></li>
    <li><a href="#">设置</a></li>
    <li><a href="#">界面设置</a></li>
    <li><a href="#">用户习惯设置</a></li>
</ul>
```

该页面的浏览效果如图 7.34 所示。

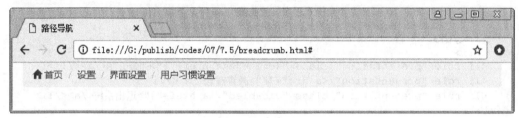

图 7.34 路径导航

> **提示：** 有关路径导航的样式是 .breadcrumb，breadcrumb 是面包屑的意思，因此有些地方也把这种导航方式称为面包屑导航。

▶▶ 7.5.5 基础导航条

前面介绍的导航只是一个导航组件，除了可以单独使用导航组件外，还可以将它放在导航条中使用。换句话说，导航条往往会作为导航组件的容器。导航条除了可包含导航组件外，导航条通常具有自己的背景色，导航条还可包含按钮、表单、文本和普通链接等。

导航条在移动设备上可以折叠起来（并可开可关），当 viewport 宽度超过 768px 时导航条会再次恢复水平展开模式。

> **提示：** 当浏览器 viewport 的宽度小于@grid-float-breakpoint 值时，导航条的元素变为折叠排列（移动设备的展现方式）；当浏览器 viewport 的宽度大于@grid-float-breakpoint 值时，导航条的元素变为水平排列（非移动设备展现模式）。@grid-float-breakpoint 变量的默认值是 768px，如有必要，可通过源代码修改该变量的值。

Bootstrap 为导航条提供了如下样式。

- .navbar：该样式用于设置导航条。导航条通常是一个<nav.../>元素，或一个被指定了 role="navigation"属性的<div.../>元素。建议使用<nav.../>元素。
- .navbar-default 或 navbar-inverse：设置导航条的风格。其中.navbar-default 用于设置默认的导航条风格，而.navbar-inverse 则用于设置反色的导航条风格。
- .navbar-nav：将导航放置到导航条中时应设置该样式。

通过上面的介绍不难发现，开发最简单的导航条只需如下两步：

① 定义导航条容器，该容器可以是<nav.../>元素或被指定了 role="navigation"的<div.../>元素。建议在导航条内嵌套一个样式为 container-fluid 的容器。

② 将放入导航条中的导航组件的.nav-tabs 或.nav-pills 样式改为.navbar-nav。

下面的代码示范了如何开发一个基本的导航条。

程序清单：codes\07\7.5\navbar-default.html

```html
<nav class="navbar navbar-default">
    <div class="container-fluid">
        <ul class="nav navbar-nav">
            <li role="presentation"><a href="#">主页</a></li>
            <li role="presentation" class="dropdown">
                <!-- 将链接元素变成能激发下拉菜单的按钮 -->
                <a class="dropdown-toggle" data-toggle="dropdown"
                    href="#" role="button" aria-haspopup="true"
                    aria-expanded="true">
                    课程体系 <span class="caret"></span>
                </a>
                <!-- 使用 ul 添加下拉菜单 -->
                <ul class="dropdown-menu">
                    <li><a href="#">Java 基础强化营</a></li>
                    <li><a href="#">全栈式程序员就业营</a></li>
                    <li><a href="#">全栈式程序员突击营</a></li>
                </ul>
            </li>
            <li role="presentation" class="active"><a href="#">师资介绍</a></li>
            <li role="presentation"><a href="#">教育理念</a></li>
            <li role="presentation" class="disabled"><a href="#">退出系统</a></li>
        </ul>
    </div>
</nav>
```

该代码中的第一行粗体字代码定义了一个 class="navbar navbar-default"样式的<nav.../>元素，该元素就可以作为导航条容器。第二行粗体字代码将导航组件的样式设为 class="nav navbar-nav"，这样该导航组件就可以被添加到导航条中了。

浏览该页面可以看到如图 7.35 所示的效果。

图 7.35　简单导航条

该导航条的样式是.navbar-default，因此可以看到导航条显示淡灰色的背景色。如果将导航条的样式改为.navbar-inverse，则该导航条将会显示如图 7.36 所示的效果。

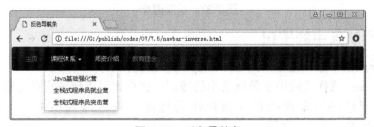

图 7.36　反色导航条

由于 Bootstrap 并不知道导航条内放置的元素需要占据多宽的空间，因此可能会遇到导航条中的内容折行的情况（也就是导航条占据两行）。解决该问题的方法有如下几种：
- 减少导航条内各元素所占据的宽度。
- 使用下拉式菜单，将部分导航项放在下拉式菜单中。
- 利用响应式工具类隐藏导航条内的一些元素，让用户通过按钮才能展开被隐藏的导航元素。
- 修改触发导航条在水平排列和折叠排列之间转换的 viewport 宽度值，该宽度值由 @grid-float-breakpoint 变量控制，其默认值是 768px。

▶▶ 7.5.6 导航条中的品牌图标

在导航条的最前端一般可以添加文字或图标来标识公司的品牌。Bootstrap 为品牌图标提供了如下两个样式。
- .navbar-header：该样式应用于导航条的头部。
- .navbar-brand：该样式应用于导航条的品牌图标。该样式为品牌图标设置了合适的 padding 和 height。如果有特殊需要，开发者也可添加一些 CSS 代码覆盖默认设置。

下面的代码示范了如何为导航条添加品牌图标。

程序清单：codes\07\7.5\navbar-brand.html

```html
<nav class="navbar navbar-default">
    <div class="container-fluid">
        <div class="navbar-header">
            <a class="navbar-brand" style="padding-top:0" href="#">
                <img alt="疯狂软件" src="../fklogo.gif"
                    style="width:52px;height:52px">
            </a>
        </div>
        ...
    </div>
</nav>
```

该代码中的粗体字代码为<a.../>元素设置了.nav-brand 样式，因此该元素将会作为品牌图标。此外，为了更好地放置品牌图标，本例将图标的 padding-top 值设为 0，这样使得图标可以居于最上面。

该页面的浏览效果如图 7.37 所示。

图 7.37 品牌图标

▶▶ 7.5.7 导航条中的按钮

如果要在导航条中添加按钮，则 Bootstrap 为按钮提供了如下样式。
- .navbar-btn：该样式应用于导航条中的按钮。该样式可以让按钮在导航条里垂直居中。如果希望辅助设备也能识别该按钮的标签，则可以为该按钮添加 aria-label、aria-labelledby 或 title 属性。

如下代码示范了如何在导航条中添加按钮。

程序清单：codes\07\7.5\navbar-btn.html

```html
<nav class="navbar navbar-default">
    <div class="container-fluid">
        <div class="navbar-header">
            <a class="navbar-brand" style="padding-top:0" href="#">
                <img alt="疯狂软件" src="../fklogo.gif"
                    style="width:52px;height:52px">
            </a>
        </div>
        ...
        <button type="button" class="btn btn-info navbar-btn"
            title="打开对话">打开对话</button>
    </div>
</nav>
```

该页面的浏览效果如图 7.38 所示。

图 7.38　导航条中的按钮

7.5.8　导航条中的表单

Bootstrap 为导航条中的表单提供例了如下样式。

➢ .navbar-form：被添加了该样式的表单可以呈现很好的垂直对齐效果，并在较窄的 viewport 中呈现折叠状态。还可使用对齐选项指定表单在导航条上出现的位置。

程序清单：codes\07\7.5\navbar-form.html

```html
<nav class="navbar navbar-default">
    <div class="container-fluid">
        <div class="navbar-header">
            <a class="navbar-brand" style="padding-top:0" href="#">
                <img alt="疯狂软件" src="../fklogo.gif"
                    style="width:52px;height:52px">
            </a>
        </div>
        <form class="navbar-form navbar-left" role="search">
            <div class="form-group">
                <label for="keyword" class="sr-only">关键字</label>
                <input type="text" id="keyword" class="form-control"
                    placeholder="输入关键字">
            </div>
            <button type="submit" class="btn btn-default">搜索</button>
        </form>
        ...
    </div>
</nav>
```

该代码中的粗体字代码定义了一个表单，该表单还应用了 .navbar-left 样式，该样式控制表单在导航条上左对齐。该表单内包含一个文本框和一个按钮。该页面的浏览效果如图 7.39 所示。

图 7.39 导航条中的表单

▶▶ 7.5.9 导航条中的文本和链接

有些时候,我们需要在导航条中放置一些普通文本,甚至需要在文本中放置一些普通链接。Bootstrap 为导航条中的文本和链接提供了如下样式。

➢ .navbar-text:该样式应用于导航条中的文本。对<p.../>元素应用该样式之后,即可获得正确的行距和颜色。

➢ .navbar-link:该样式应用于导航条中的普通链接。应用该样式之后,链接就会具有正确的默认颜色和反色设置。

下面代码示范了如何在导航条中添加文本和链接。

程序清单:codes\07\7.5\navbar-text.html

```
<nav class="navbar navbar-default">
    <div class="container-fluid">
        <div class="navbar-header">
            <a class="navbar-brand" style="padding-top:0" href="#">
                <img alt="疯狂软件" src="../fklogo.gif"
                    style="width:52px;height:52px">
            </a>
        </div>
        <form class="navbar-form navbar-left" role="search">
            <div class="form-group">
                <label for="keyword" class="sr-only">关键字</label>
                <input type="text" id="keyword" class="form-control"
                    placeholder="输入关键字">
            </div>
            <button type="submit" class="btn btn-default">搜索</button>
        </form>
        <p class="navbar-text navbar-right" style="padding-right:10px">
            以游客身份<a href="#" class="navbar-link">访问</a></p>
        ...
    </div>
</nav>
```

在该代码中的粗体字代码定义了一个<p.../>元素,该元素被指定了.navbar-text 样式,那么这段文本将会在导航条中具有正确的行距和颜色。此外还为<p.../>元素应用了.navbar-right 样式,因此这段文本将会在导航条的右端显示。

在导航条的文本中还添加了一个超链接,为了让该链接具有正确的颜色和反色设置,为该链接应用了.navbar-link 样式。

浏览该页面将看到如图 7.40 所示的效果。

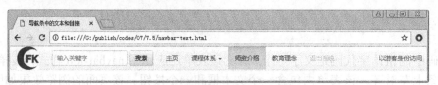

图 7.40 导航条中的文本和链接

7.5.10 导航条中的组件的排列方式

正如在前面示例中看到的，Bootstrap 还提供了如下两个样式来控制导航条中组件的排列方式。

> .navbar-left：让导航条中的组件靠左排列。
> .navbar-right：让导航条中的组件靠右排列。

这两个样式都会通过 CSS 设置特定方向的浮动样式，它们其实是.pull-left 和.pull-right 的 mixin 版本，只不过它们都使用了特定的媒体查询（media query）限制，因此可以更好地在各种尺寸的屏幕上处理导航条组件。

需要说明的是，Bootstrap 导航条目前最多只支持一个组件使用.navbar-right 样式——这是因为 Bootstrap 为最后一个被指定.navbar-right 样式的元素使用负的 margin。如果有多个元素使用.navbar-right 样式，则它们的 margin 将会出现问题。

7.5.11 设置导航条的位置

在 Web 页面中，需要将导航条固定在浏览器的顶部或底部，在移动 App 中更是如此。Bootstrap 提供了以下 3 种方式来设置导航条的位置。

> .navbar-fixed-top：将导航条固定在顶部。即使页面内容发生滚动，导航条也始终固定在顶部。
> .navbar-fixed-bottom：将导航条固定在页面底部，即使页面内容发生滚动，导航条也始终固定在页面底部。
> .navbar-static-top：使导航条静止于页面的顶部，当页面内容发生滚动时，导航条也会随之滚上去被隐藏。

当为导航条设置了.navbar-fixed-top 或.navbar-fixed-bottom 这两种样式时，导航条其实是"浮"在页面内容之上的，因此该导航条可能会遮住页面内容，故而当为导航条设置了.navbar-fixed-top 样式时，可能需要为页面 body 设置 padding-top: 70px;，让页面内容下移 70px；当为导航条设置了.navbar-fixed-bttom 样式时，可能需要为页面 body 设置 padding-bottom: 70px;，让页面内容上移 70px，这样可以避免导航条挡住页面内容。

> 为了避免导航条挡住页面内容，当为导航条设置.navbar-fixed-top 样式时，可能需要为页面 body 设置 padding-top: 70px;；当为导航条设置.navbar-fixed-bttom 样式时，可能需要为页面 body 设置 padding-bottom: 70px;。

下面的代码示范了设置页面导航条位置的方法。

程序清单：codes\07\7.5\navbar-fixed.html

```
<nav id="nav" class="navbar navbar-default">
   <div class="container-fluid">
      <div class="navbar-header">
         <a class="navbar-brand" style="padding-top:0" href="#">
            <img alt="疯狂软件" src="../fklogo.gif"
               style="width:52px;height:52px">
         </a>
      </div>
      <form class="navbar-form navbar-left" role="search">
         <div class="form-group">
            <label for="keyword" class="sr-only">关键字</label>
```

```html
        <input type="text" id="keyword" class="form-control"
            placeholder="输入关键字">
    </div>
    <button type="submit" class="btn btn-default">搜索</button>
</form>
<p class="navbar-text navbar-right" style="padding-right:10px">
    以游客身份<a href="#" class="navbar-link">访问</a></p>
<ul class="nav navbar-nav">
    <li role="presentation"><a href="#">主页</a></li>
    <li role="presentation" class="dropdown">
        <!-- 将链接元素变成能激发下拉菜单的按钮 -->
        <a class="dropdown-toggle" data-toggle="dropdown"
            href="#" role="button" aria-haspopup="true"
            aria-expanded="true">
            改变导航条位置 <span class="caret"></span>
        </a>
        <!-- 使用 ul 添加下拉菜单 -->
        <ul class="dropdown-menu">
            <li><a href="javascript:np.setFixedTop();">固定在顶部</a></li>
            <li><a href="javascript: np.setFixedBottom();">固定在底部</a></li>
            <li><a href="javascript: np.setStaticTop();">静止在顶部</a></li>
        </ul>
    </li>
    <li role="presentation" class="active"><a href="#">师资介绍</a></li>
    <li role="presentation"><a href="#">教育理念</a></li>
    <li role="presentation" class="disabled"><a href="#">退出系统</a></li>
</ul>
    </div>
</nav>
<p>a<p>a<p>a<p>a<p>a<p>a<p>a<p>a<p>
<p>a<p>a<p>a<p>a<p>a<p>a<p>a<p>a<p>
<script type="text/javascript" src="../jquery-3.1.1.js"></script>
<script type="text/javascript" src="../bootstrap/js/bootstrap.min.js"></script>
<script type="text/javascript">
    var np = {
        setFixedTop : function(){
            $('#nav').removeClass('navbar-fixed-bottom');
            $('#nav').removeClass('navbar-static-top');
            $('#nav').addClass('navbar-fixed-top');
        },
        setFixedBottom : function(){
            $('#nav').removeClass('navbar-fixed-top');
            $('#nav').removeClass('navbar-static-top');
            $('#nav').addClass('navbar-fixed-bottom');
        },
        setStaticTop : function(){
            $('#nav').removeClass('navbar-fixed-top');
            $('#nav').removeClass('navbar-fixed-bottom');
            $('#nav').addClass('navbar-static-top');
        }
    }
</script>
```

在该代码中定义了一个下拉菜单，并通过下拉菜单的 3 个菜单项来动态设置导航条的位置。第二段粗体字代码使用 jQuery 的 addClass()、removeClass() 两个方法动态添加、删除 CSS 样式。从第二段粗体字代码可以看出，将导航条固定在页面顶部的样式是 .navbar-fixed-top，将导航条固定在页面底部的样式是 .navbar-fixed-bottom，将导航条静止在页面顶部的样式是 .navbar-static-top。

浏览该页面，单击导航条中下拉菜单的"固定在顶部"菜单项，即可看到如图 7.41 所示的效果。

图 7.41 导航条固定在顶部

从图 7.41 可以看出，当我们把页面内容向下滚动时，导航条依然固定在页面顶部；单击导航条中下拉菜单的"固定在底部"菜单项，即可看到如图 7.42 所示的效果。

图 7.42 导航条固定在底部

从图 7.42 可以看出，当我们把页面内容向下滚动时，导航条依然固定在页面底部；单击导航条中下拉菜单的"静止在顶部"菜单项，即可看到如图 7.43 所示的效果。

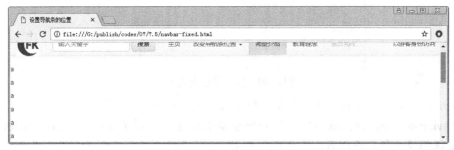

图 7.43 导航条静止在顶部

从图 7.43 可以看出，当我们把页面内容向下滚动时，导航条会随之向上滚动而被隐藏。

▶▶ 7.5.12 响应式导航条

前面介绍的导航条都是在 viewport 宽度大于 768px 时的显示效果，但目前我们正处于移动互联网飞速发展的时代，大量移动设备的显示屏可能达不到 768px，此时导航条的显示效果会比较差。Bootstrap 的响应式导航条专门用于解决该问题。

响应式导航条具有如下特征：

➤ 当浏览器 viewport 宽度大于 768px 时，导航条将自动水平显示，所有导航组件都以水平方式排列。

➤ 当浏览器 viewport 宽度小于 768px 时，导航条将会自动把所有导航组件都隐藏起来，然后在导航条右边显示一个按钮，该按钮用于打开导航条组件。

响应式导航条在 viewport 宽度大于 768px 时的显示效果如图 7.44 所示。

图 7.44　viewport 宽度大于 768px 时的响应式导航条

响应式导航条在 viewport 宽度小于 768px 时的显示效果如图 7.45 所示。

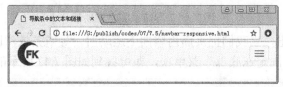

图 7.45　viewport 宽度小于 768px 时的响应式导航条

从图 7.45 可以看出，此时导航条内所有导航组件都被隐藏了，但可以看到右边出现了一个按钮，该按钮用于展开导航条的内容。单击导航条右边的按钮可看到如图 7.46 所示的效果。

图 7.46　展开导航条组件

Bootstrap 为实现这种响应式导航条提供了如下几个样式。

➢ .navbar-toggle：该样式应用于打开导航条的按钮。设置了该样式之后，该按钮将具有默认的颜色和反色设置。

➢ .collapse：该样式应用于被折叠隐藏的容器，设置了该样式之后，该元素默认被折叠隐藏。

➢ .navbar-collapse：该样式应用于被折叠隐藏的容器。设置了该样式之后，该元素以导航条的方式被折叠。

显示被折叠的导航条是通过 Bootstrap 的 collapse 插件来实现的，因此必须在页面代码中包含该插件——默认情况下，collapse 插件已经包含在 bootstrap.min.js 文件中。

开发响应式导航条大致需要如下两步：

① 将所有可能需要折叠的内容使用一个 <div.../> 容器进行包裹，并为该元素添加 .collapse、.navbar-collapse 两个样式。为了能访问该容器元素，建议为该元素指定 id。

② 在导航条的 .nav-header 元素中添加一个按钮，并为该按钮添加 .navbar-toggle 样式。为了让该按钮能触发导航条中各组件的显示，为该按钮指定 data-toggle="collapse" 属性；为了让 Bootstrap 明白该按钮要显示哪个元素，还需要指定 data-target 属性——该属性值用于指定第一步中定义的容器元素。

下面代码实现了本节前面介绍的响应式导航条。

程序清单：codes\07\7.5\navbar-responsive.html

```html
<nav class="navbar navbar-default">
    <div class="container-fluid">
        <div class="navbar-header">
            <button type="button" class="navbar-toggle" data-toggle="collapse"
            data-target="#fk-navbar-collapse" aria-expanded="false">
                <span class="sr-only">展开导航</span>
                <!-- 下面代表导航条中的3条横线 -->
                <span class="icon-bar"></span>
                <span class="icon-bar"></span>
                <span class="icon-bar"></span>
            </button>
            <a class="navbar-brand" style="padding-top:0" href="#">
                <img alt="疯狂软件" src="../fklogo.gif"
                    style="width:52px;height:52px">
            </a>
        </div>
        <div class="collapse navbar-collapse" id="fk-navbar-collapse">
            <form class="navbar-form navbar-left" role="search">
                <div class="form-group">
                    <label for="keyword" class="sr-only">关键字</label>
                    <input type="text" id="keyword" class="form-control"
                        placeholder="输入关键字">
                </div>
                <button type="submit" class="btn btn-default">搜索</button>
            </form>
            <p class="navbar-text navbar-right" style="padding-right:10px">
                以游客身份<a href="#" class="navbar-link">访问</a></p>
            ...
        </div>
    </div>
</nav>
```

该代码中的第一行粗体字代码定义了用于打开导航组件的按钮，并为该按钮指定了 class="navbar-toggle"、data-toggle="collapse"和 data-target="#fk-navbar-collapse"，这说明该按钮用于打开被折叠的导航组件 id 为 k-navbar-collapse 的元素。

第二行粗体字代码定义了<div.../>容器，所有可能要被折叠的内容都放在该元素中，并为该元素指定了 class="collapse navbar-collapse"，指定 id 属性是为了方便访问元素。

7.5.13 分页导航

分页导航在 Web 页面中也很常用。Bootstrap 为分页导航提供了如下样式。

➢ .pagination：该样式应用于分页导航的<ul.../>元素。
➢ .disabled：该样式应用于具体的某页对应的链接，表示禁用。
➢ .active：该样式应用于具体的某页对应的链接，表示被激活。

为了让屏幕阅读器等辅助设备能准确识别分页导航也是一个导航元素，建议将分页导航放在<nav.../>元素内。

如下代码示范了分页导航。

程序清单：codes\07\7.5\pagination.html

```html
<nav>
    <ul class="pagination">
        <li><a href="#">上一页</a></li>
        <li><a href="#">...</a></li>
        <li><a href="#">3</a></li>
        <li class="active"><a href="#">4</a></li>
```

```
        <li><a href="#">5</a></li>
        <li><a href="#">...</a></li>
        <li class="disabled"><a href="#">下一页</a></li>
    </ul>
</nav>
```

从以上代码可以看出，分页导航通常就是一个被指定了 class="pagination" 的无序列表。该页面的浏览效果如图 7.47 所示。

图 7.47 分页导航

▶▶ 7.5.14 控制分页导航的大小

Bootstrap 为控制分页导航的大小提供了如下样式。

➢ .pagination-lg：设置大的分页导航。
➢ .pagination-sm：设置小的分页导航。

下面代码示范了分页导航的大小的设置。

程序清单：codes\07\7.5\pagination-size.html

```
<nav>
    <ul class="pagination pagination-lg">
        ...
    </ul>
</nav>
<nav>
    <ul class="pagination">
        ...
    </ul>
</nav>
<nav>
    <ul class="pagination pagination-sm">
        ...
    </ul>
</nav>
```

在该代码中定义了 3 个分页组件，它们按从大到小的顺序排列。图 7.48 显示了分页组件的大小显示效果。

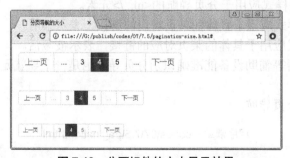

图 7.48 分页组件的大小显示效果

▶▶ 7.5.15 翻页导航

对于一些更简单的分页需求，没必要使用分页组件，使用简单的翻页导航组件即可。翻页导航组件只是提供简单的"上一页"、"下一页"按钮方便用户翻页。Bootstrap 为翻页导航组件提供了如下样式。

> .pager：该样式应用于翻页导航的<ul.../>元素。
> .disabled：该样式应用于单个翻页按钮，表示禁用。
> .previous：该样式应用于单个翻页按钮，用于将翻页按钮居左显示。
> .next：该样式应用于单个翻页按钮，用于将翻页按钮居右显示。

为了让屏幕阅读器等辅助设备能准确识别翻页导航也是一个导航元素，建议将翻页导航放在<nav.../>元素内。

下面代码示范了一个简单的翻页导航组件的设置。

程序清单：codes\07\7.5\pager.html

```html
<nav>
    <ul class="pager">
        <li><a href="#">上一页</a></li>
        <li class="disabled"><a href="#">下一页</a></li>
    </ul>
</nav>
```

该页面的浏览效果如图 7.49 所示。

图 7.49 翻页导航

默认情况下，翻页导航的两个按钮总是居中显示。如果希望将它们放到两边显示，则可通过.previous 和.next 两个样式来实现。例如如下代码。

程序清单：codes\07\7.5\pager2.html

```html
<nav>
    <ul class="pager">
        <li class="previous"><a href="#">上一页</a></li>
        <li class="next disabled"><a href="#">下一页</a></li>
    </ul>
</nav>
```

该页面的浏览效果如图 7.50 所示。

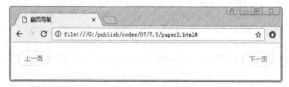

图 7.50 翻页导航

7.6 标签和徽章

可以将标签和徽章添加到导航、链接等元素内，作为一种附加的、额外的提示信息。

▶▶ 7.6.1 标签

Bootstrap 为标签提供了如下样式。

- ➤ .label：为所有标签都添加的通用样式。
- ➤ .label-default：默认标签。
- ➤ .label-primary：首选项标签。
- ➤ .label-success：表示成功的标签，背景色为绿色。
- ➤ .label-info：表示普通信息的标签。
- ➤ .label-warning：表示警告的标签，背景色为黄色。
- ➤ .label-danger：表示危险的标签，背景色为红色。

如下代码示范了标签的简单用法。

程序清单：codes\07\7.6\label1.html

```
<h3>疯狂软件教育中心 <span class="label label-default">火爆</span></h3>
<h4>疯狂软件教育中心 <span class="label label-primary">热门</span></h4>
<h3>疯狂软件教育中心 <span class="label label-success">火爆</span></h3>
<h4>疯狂软件教育中心 <span class="label label-info">热门</span></h4>
<h3>疯狂软件教育中心 <span class="label label-warning">火爆</span></h3>
<h4>疯狂软件教育中心 <span class="label label-danger">热门</span></h4>
```

该页面的浏览效果如图 7.51 所示。

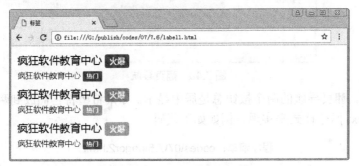

图 7.51 标题元素中的标签

标签也可用于导航、链接等元素中。例如如下示例。

程序清单：codes\07\7.6\label2.html

```
<nav class="navbar navbar-default">
    <div class="container-fluid">
        <ul class="nav navbar-nav">
            <li role="presentation"><a href="#">主页</a></li>
            <li role="presentation"><a href="#">课程体系
                <span class="label label-default">热</span></a></li>
            <li role="presentation" class="active"><a href="#">师资介绍
                <span class="label label-warning">热</span></a></li>
            <li role="presentation"><a href="#">教育理念
                <span class="label label-primary">热</span></a></li>
            <li role="presentation" class="disabled"><a href="#">退出系统</a></li>
        </ul>
    </div>
</nav>
```

该页面的浏览效果如图 7.52 所示。

图 7.52　导航中的标签

▶▶ 7.6.2　徽章

徽章和标签的用法基本相同，只是它们二者的外观表现上存在区别，而且徽章通常用于展示新的或未读的信息条目。

➢ .badge：为徽章添加的通用样式。

例如如下代码示范了徽章的用法。

程序清单：codes\07\7.6\badge.html

```
<nav class="navbar navbar-default">
    <div class="container-fluid">
        <ul class="nav navbar-nav">
            <li role="presentation"><a href="#">主页</a></li>
            <li role="presentation"><a href="#">课程体系
                <span class="badge">5</span></a></li>
            <li role="presentation" class="active"><a href="#">师资介绍
                <span class="badge">热</span></a></li>
            <li role="presentation"><a href="#">教育理念
                <span class="badge">20</span></a></li>
            <li role="presentation" class="disabled"><a href="#">退出系统</a></li>
        </ul>
    </div>
</nav>
```

该页面的浏览效果如图 7.53 所示。

图 7.53　徽章

7.7　面板

面板就是一个矩形容器，它既可是一个只提供简单边框的盒子，也可是一个包含头和尾注的容器。

▶▶ 7.7.1　面板的基础结构

Bootstrap 为面板提供了如下样式。

➢ .panel：所有面板都需要添加的基础样式。
➢ .panel-default：设置默认的面板样式。
➢ .panel-primary：设置首选项样式的面板。
➢ .panel-success：设置表示成功的面板样式。

- .panel-info：设置表示通用信息的面板样式。
- .panel-warning：设置表示警告的面板样式。
- .panel-danger：设置表示危险的面板样式。
- .panel-body：设置面板主体部分。
- .panel-heading：设置面板头，该面板头可作为面板标题的容器。
- .panel-title：设置面板的标题。面板标题一般通过为<h1.../>～<h6.../>的元素设置.panel-title 样式来实现，添加该样式后的<h1.../>～<h6.../>元素的字体大小将被.panel-heading 的样式覆盖。

为了给链接设置合适的颜色，务必将链接放到带有 .panel-title 样式的标题标签内。

- .panel-footer：设置面板尾注。

最简单的面板只是在普通的.panel 元素中放置一个.panel-body 元素来实现，示例代码如下。

程序清单：codes\07\7.5\panel.html

```html
<div class="panel panel-default">
    <div class="panel-body">
        疯狂软件教育中心是一家专业提供开发培训（包括 Java、Android、前端、iOS 等课程）的培训机构。
    </div>
</div>
```

该页面的浏览效果如图 7.54 所示。

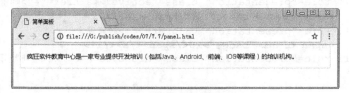

图 7.54　简单面板

下面代码示范了更完整的面板结构：面板可包含面板头（.panel-heading）、面板主体（.panel-body）和面板尾注（.panel-footer）。此外，本例还将为面板设置 6 种不同的样式。

程序清单：codes\07\7.7\panel-style.html

```html
<div class="row">
    <div class="col-sm-4">
        <div class="panel panel-default">
            <div class="panel-heading">
                <h1 class="panel-title">疯狂软件教育中心（.default）</h1>
            </div>
            <div class="panel-body">
                疯狂软件教育中心是一家专业提供开发培训（包括 Java、Android、前端、iOS 等课程）的培训机构。
            </div>
            <div class="panel-footer">
                <address>天河区沣宏大厦 3 楼</address>
            </div>
        </div>
    </div>
    <div class="col-sm-4">
        <div class="panel panel-primary">
            <div class="panel-heading">
                <h1 class="panel-title">疯狂软件教育中心（.primary）</h1>
            </div>
            <div class="panel-body">
                疯狂软件教育中心是一家专业提供开发培训（包括 Java、Android、前端、iOS 等课程）的培训机构。
```

```html
            </div>
            <div class="panel-footer">
                <address>天河区沣宏大厦 3 楼</address>
            </div>
        </div>
    </div>
    <div class="col-sm-4">
        <div class="panel panel-success">
            <div class="panel-heading">
                <h1 class="panel-title">疯狂软件教育中心(.success)</h1>
            </div>
            <div class="panel-body">
                疯狂软件教育中心是一家专业提供开发培训(包括 Java、Android、前端、iOS 等课程)的培训机构。
            </div>
            <div class="panel-footer">
                <address>天河区沣宏大厦 3 楼</address>
            </div>
        </div>
    </div>
</div>
<div class="row">
    <div class="col-sm-4">
        <div class="panel panel-info">
            <div class="panel-heading">
                <h1 class="panel-title">疯狂软件教育中心(.info)</h1>
            </div>
            <div class="panel-body">
                疯狂软件教育中心是一家专业提供开发培训(包括 Java、Android、前端、iOS 等课程)的培训机构。
            </div>
            <div class="panel-footer">
                <address>天河区沣宏大厦 3 楼</address>
            </div>
        </div>
    </div>
    <div class="col-sm-4">
        <div class="panel panel-warning">
            <div class="panel-heading">
                <h1 class="panel-title">疯狂软件教育中心(.warning)</h1>
            </div>
            <div class="panel-body">
                疯狂软件教育中心是一家专业提供开发培训(包括 Java、Android、前端、iOS 等课程)的培训机构。
            </div>
            <div class="panel-footer">
                <address>天河区沣宏大厦 3 楼</address>
            </div>
        </div>
    </div>
    <div class="col-sm-4">
        <div class="panel panel-danger">
            <div class="panel-heading">
                <h1 class="panel-title">疯狂软件教育中心(.danger)</h1>
            </div>
            <div class="panel-body">
                疯狂软件教育中心是一家专业提供开发培训(包括 Java、Android、前端、iOS 等课程)的培训机构。
            </div>
            <div class="panel-footer">
                <address>天河区沣宏大厦 3 楼</address>
            </div>
```

```
        </div>
    </div>
</div>
```

在该代码中的每个面板都包含了.panel-heading、.panel-body 和.panel-footer 这三种元素，这三种元素分别表示了面板头、面板主体和面板脚注。其中面板头将作为面板标题的容器。

该页面的浏览效果如图 7.55 所示。

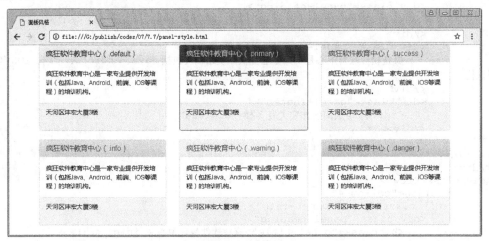

图 7.55　面板样式

从图 7.55 可以看出，不同面板样式主要控制面板头的背景色和边框颜色。而面板的脚注部分则不受面板样式的影响，脚注部分总是灰色的背景。

▶▶ 7.7.2　面板嵌套表格

如果想将表格添加到面板中，只要为表格添加.table 样式即可，这样面板和表格看上去更像一个整体。表格既可放在面板的主体（.panel-body 元素）内，也可直接放在面板中。

下面是将表格放在面板主体（.panel-body 元素）内的示例。

程序清单：codes\07\7.7\panel-table.html

```
<div class="panel panel-primary">
    <div class="panel-heading">
        <h1 class="panel-title">疯狂软件教育中心</h1>
    </div>
    <div class="panel-body">
        疯狂软件的系列教材
        <table class="table table-hover">
            <thead>
                <tr>
                    <th>ID</th>
                    <th>书名</th>
                    <th>价格</th>
                </tr>
            </thead>
            <tbody>
                <tr>
                    <td>1</td>
                    <td>疯狂前端开发讲义</td>
                    <td>79</td>
                </tr>
                <tr>
                    <td>2</td>
```

```
            <td>疯狂 Android 讲义</td>
            <td>108</td>
        </tr>
    </tbody>
    </table>
  </div>
  <div class="panel-footer">
    <address>天河区沣宏大厦 3 楼</address>
  </div>
</div>
```

该页面的浏览效果如图 7.56 所示。

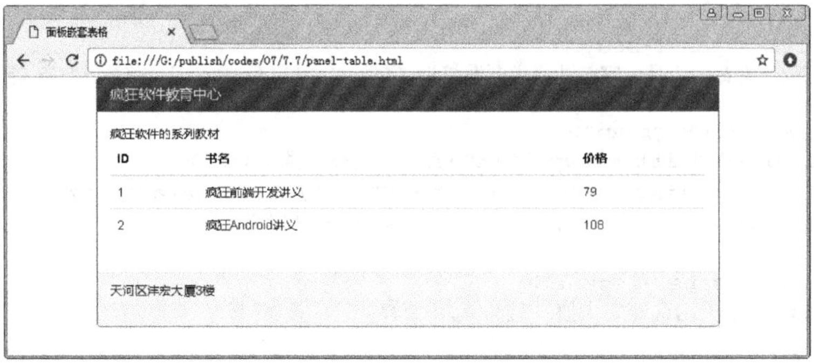

图 7.56 面板主体嵌套表格

如果直接将表格放在面板内，而不是放在.panel-body 元素内，那么面板标题会和表格连接起来，没有空隙。例如如下代码。

程序清单：codes\07\7.7\panel-table2.html

```
<div class="panel panel-primary">
  <div class="panel-heading">
    <h1 class="panel-title">疯狂软件教育中心</h1>
  </div>
  <table class="table table-hover">
    ...
  </table>
  <div class="panel-footer">
    <address>天河区沣宏大厦 3 楼</address>
  </div>
</div>
```

该代码直接将<table.../>元素放在面板中，这样该表格将会和面板标题连接起来。该页面的浏览效果如图 7.57 所示。 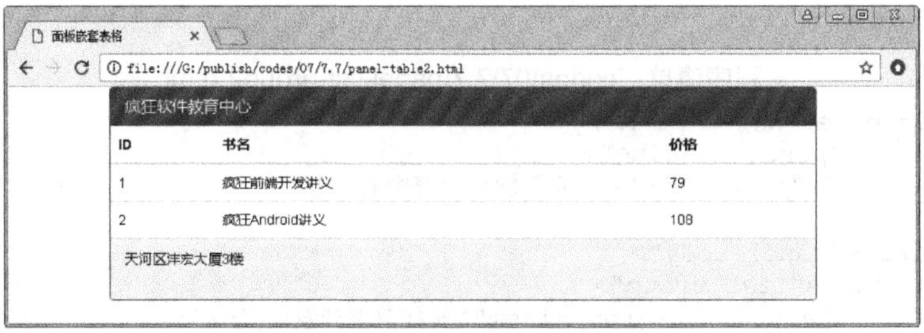

图 7.57 面板直接嵌套表格

▶▶ 7.7.3 面板嵌套列表组

如果将列表组直接添加到面板里（不要添加在.panel-body 元素内），列表组将会和面板完美地融为一体。例如如下代码。

> **提示：**
> 列表组需要用到 .list-group 和 .list-group-item 两个样式，关于列表组的介绍请参考本章 7.13 节。

程序清单：codes\07\7.7\panel-list-group.html

```html
<div class="panel panel-primary">
    <div class="panel-heading">
        <h1 class="panel-title">疯狂软件教育中心</h1>
    </div>
    <div class="panel-body">
        疯狂软件教育中心是一家专业提供开发培训（包括 Java、Android、前端、iOS 等课程）的培训机构。
    </div>
    <ul class="list-group">
        <li class="list-group-item">疯狂前端开发讲义</li>
        <li class="list-group-item">疯狂 HTML 5/CSS 3/JavaScript 讲义</li>
        <li class="list-group-item">疯狂 Android 讲义</li>
    </ul>
    <div class="panel-footer">
        <address>天河区沣宏大厦 3 楼</address>
    </div>
</div>
```

该代码直接将列表组放在面板中，该列表组将会和面板融为一体。该页面的浏览效果如图 7.58 所示。

图 7.58 面板嵌套列表组

如果将列表组放在面板的 .panel-body 元素内，那么该列表组依然保持原有的外观和样式。例如下面的示例。

程序清单：codes\07\7.7\panel-list-group2.html

```html
<div class="panel panel-primary">
    <div class="panel-heading">
        <h1 class="panel-title">疯狂软件教育中心</h1>
    </div>
    <div class="panel-body">
        <ul class="list-group">
            <li class="list-group-item">疯狂前端开发讲义</li>
            <li class="list-group-item">疯狂 HTML 5/CSS 3/JavaScript 讲义</li>
            <li class="list-group-item">疯狂 Android 讲义</li>
        </ul>
    </div>
    <div class="panel-footer">
```

```
        <address>天河区沣宏大厦 3 楼</address>
    </div>
</div>
```

以上代码将列表组放在 .panel-body 元素内,那么该列表组将不会和面板融为一体,列表组将依然表现出列表组的外观。图 7.59 显示了该代码的浏览效果。

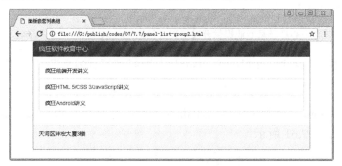

图 7.59 面板主体中嵌套列表组

7.8 巨幕、页头和 Well

巨幕、页头都是一种特殊的容器,这种容器通常表现为一个矩形框,用于突出显示某些内容。Well 则用于提供一种默认的优雅格式。

▶▶ 7.8.1 巨幕

巨幕使用 .jumbotron 样式,该样式通常应用于 <div.../> 等容器元素,巨幕能延伸至整个浏览器视口来展示页面的关键内容(在巨幕里可以放置任意需要的内容)。例如如下示例。

程序清单:codes\07\7.8\jumbotron.html

```
<div class="container">
<div class="jumbotron">
    <h1>疯狂软件教育中心</h1>
    <p>疯狂软件教育中心是一家专业提供开发培训(包括 Java、Android、前端、iOS 等课程)的培训机构。</p>
    <p><a class="btn btn-primary btn-lg" href="#" role="button">了解更多</a></p>
</div>
</div>
```

在该页面代码中定义了一个 <div.../> 元素,并为该元素指定了 .jumbotron 样式,这样该 <div.../> 元素就会以巨幕的形式显示出来。该页面的浏览效果如图 7.60 所示。

图 7.60 圆角巨幕

图 7.60 所示的巨幕并没有占满整个浏览器,而且巨幕的四个角是圆角形式,这是因为我

们将.jumbotron 元素放在.container 容器中的缘故。如果希望巨幕占满整个浏览器,则可以考虑在.jumbotron 元素内放置.container 容器。例如如下代码。

程序清单：codes\07\7.8\jumbotron2.html

```html
<div class="jumbotron">
<div class="container">
    <h1>疯狂软件教育中心</h1>
    <p>疯狂软件教育中心是一家专业提供开发培训（包括 Java、Android、前端、iOS 等课程）的培训机构。</p>
    <p><a class="btn btn-primary btn-lg" href="#" role="button">了解更多</a></p>
</div>
</div>
```

该代码使用.jumbotron 元素来包裹.container 元素,这样就可以形成占满屏幕宽度的巨幕。该代码的浏览效果如图 7.61 所示。

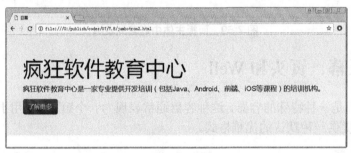

图 7.61 巨幕

▶▶ 7.8.2 页头

页头使用.page-header 样式,页头样式一般用于为标题元素（<h1.../>~<h6.../>元素）增加适当的空间,并且与页面的其他部分形成一定的分隔。下面代码示范了页头的用法。

程序清单：codes\07\7.8\page-header.html

```html
<div class="container">
<div class="page-header">
    <h3>疯狂软件教育中心</h3>
</div>
<p>疯狂软件教育中心是一家专业提供开发培训（包括 Java、Android、前端、iOS 等课程）的培训机构。</p>
</div>
```

在该代码中定义了一个<div.../>元素,并为该元素指定了.page-header 样式,这表明该元素将会作为页头使用。该页面的浏览效果如图 7.62 所示。

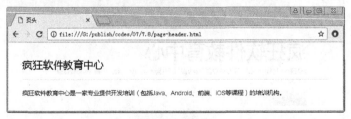

图 7.62 页头

▶▶ 7.8.3 well

将.well 样式用在元素上,可实现简单的 inset（嵌入）效果。Bootstrap 提供了如下 3 种.well

样式。

> .well：普通的 well 样式。
> .well-lg：大的 well 样式。
> .well-sm：小的 well 样式。

下面的代码示范了 .well 样式的用法。

程序清单：codes\07\7.8\well.html

```
<div class="container">
<div class="well well-lg">
疯狂软件教育中心（.well-lg）
</div>
<div class="well">
疯狂软件教育中心（.well）
</div>
<div class="well well-sm">
疯狂软件教育中心（.well-sm）
</div>
</div>
```

该代码示范了 3 个 .well 样式的用法。该页面的浏览效果如图 7.63 所示。

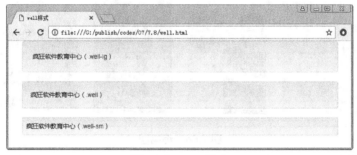

图 7.63　well 样式

7.9　缩略图

各种电商网站经常需要使用产品列表，这种产品列表通常会在一行显示多个商品，每个商品都有对应的产品图片和产品描述——这个产品图片就是一个缩略图。当用户单击该产品缩略图链接时，系统就会打开该产品的详情页面。

Bootstrap 为缩略图提供了如下两个样式。

> .thumbnail：该样式用于指定缩略图样式。
> .caption：该样式应用于文字描述的容器。

为了让缩略图能以多行、多列的形式展示，通常建议将缩略图和网格系统结合起来使用：由 Bootstrap 的网格系统控制页面的行、列，再使用缩略图样式来控制商品缩略图。

下面的页面代码示范了缩略图的用法。

程序清单：codes\07\7.9\thumbnail.html

```
<div class="row">
    <!-- 结合网格系统实现缩略图 -->
    <div class="col-sm-6 col-md-3">
        <a href="#" class="thumbnail">
            <img src="../android.png">
        </a>
```

```html
    </div>
    <div class="col-sm-6 col-md-3">
        <a href="#" class="thumbnail">
            <img src="../java.png">
        </a>
    </div>
    <div class="col-sm-6 col-md-3">
        <a href="#" class="thumbnail">
            <img src="../javaee.png">
        </a>
    </div>
    <div class="col-sm-6 col-md-3">
        <a href="#" class="thumbnail">
            <img src="../swift.png">
        </a>
    </div>
</div>
```

该代码定义了一行,并在该行内定义了 4 个单元格,在每个单元格内放置一个缩略图链接,为每个链接都指定了 class="thumbnail",这就是缩略图样式。该页面的浏览效果如图 7.64 所示。

图 7.64 缩略图

如果需要在图片下添加说明性文字,则可使用被指定 class="caption"样式的<div.../>元素来作为说明性文字的容器。例如如下代码。

程序清单：codes\07\7.9\caption.html

```html
<div class="row">
    <!-- 结合网格系统实现缩略图 -->
    <div class="col-sm-6 col-md-3">
        <a href="#" class="thumbnail">
            <img src="../android.png">
        </a>
        <div class="caption">
            <h3>疯狂 Android 讲义</h3>
            <p>最全面、最详细的 Android 学习图书,全面覆盖 Android 开发手册</p>
            <p><button class="btn btn-sm btn-primary">购买</button></p>
        </div>
    </div>
    <div class="col-sm-6 col-md-3">
        <a href="#" class="thumbnail">
            <img src="../java.png">
        </a>
        <div class="caption">
            <h3>疯狂 Java 讲义</h3>
            <p>必读的 Java 学习经典,你懂的,不多说。</p>
            <p><button class="btn btn-sm btn-primary">购买</button></p>
        </div>
    </div>
    <div class="col-sm-6 col-md-3">
```

```
            <a href="#" class="thumbnail">
                <img src="../javaee.png">
            </a>
            <div class="caption">
                <h3>轻量级 Java EE 企业应用实战</h3>
                <p>企业级应用开发的经典图书，畅销经典</p>
                <p><button class="btn btn-sm btn-primary">购买</button></p>
            </div>
        </div>
        <div class="col-sm-6 col-md-3">
            <a href="#" class="thumbnail">
                <img src="../swift.png">
            </a>
            <div class="caption">
                <h3>疯狂 Swift 讲义</h3>
                <p>Apple 公司 Swift 语言的学习图书</p>
                <p><button class="btn btn-sm btn-primary">购买</button></p>
            </div>
        </div>
    </div>
```

这里的代码在每个缩略图下放置了一个 .caption 容器，该容器用于装说明性文字，这样即可形成真正的购买页面。图 7.65 显示了该页面的浏览效果。

图 7.65　带说明文字的缩略图

7.10　警告框

警告框也相当于一个简单的容器，该容器用于向用户动作提供一些反馈消息。

▶▶ 7.10.1　警告框基础

Bootstrap 为警告框提供了如下基础样式。
- .alert：所有警告框都需要设置的样式。
- .alert-success：表示成功的警告框，背景色是绿色。
- .alert-info：表示普通信息的警告框，背景色是浅蓝色。
- .alert-warning：表示警告的警告框，背景色是黄色。
- .alert-danger：表示危险的警告框，背景色是红色。
- .alert-dismissible：该样式可应用于所有警告框，用于表示可关闭的警告框。

只要将这些样式应用于<div.../>元素即可得到警告框。下面是简单的警告框示例。

程序清单：codes\07\7.10\alert.html

```
<div class="alert alert-success" role="alert">
恭喜您，登录成功
</div>
<div class="alert alert-info" role="alert">
页面加载完成
</div>
<div class="alert alert-warning" role="alert">
请注意，系统库存紧张，请尽快下单
</div>
<div class="alert alert-danger" role="alert">
系统出错，请联系管理员
</div>
```

这里的代码使用.alert 样式与其他表示警告框风格的样式组合出了 4 种警告框。该页面浏览效果如图 7.66 所示。

图 7.66　警告框

如果要构建可关闭的警告框，则需要应用.alert-dismissible 样式。此外，由于可关闭的警告框需要依赖 JS 处理用户动作，因此可关闭的警告框需要依赖 jQuery 警告框插件。

构建可关闭的警告框需要为该警告框添加一个关闭按钮，并为该关闭按钮完成如下两个设置。

➢ 为关闭按钮指定 class="close"样式，则该关闭按钮会自动显示在警告框的右上角。
➢ 为关闭按钮设置 data-dismiss="alert"，则用户单击该按钮时警告框会自动关闭。

下面的代码示范了可关闭的警告框的设置。

程序清单：codes\07\7.10\alert-dismissible.html

```
<div class="alert alert-warning alert-dismissible" role="alert">
<!-- 添加关闭按钮 -->
<button type="button" class="close" data-dismiss="alert" aria-label="关闭">
<span aria-hidden="true">&times;</span>
</button>
请注意，系统库存紧张，请尽快下单
</div>
```

第一行粗体字代码为警告框增加了.alert-dismissible 样式，该样式表明该警告框是一个可关闭的警告框。第二行粗体字代码为按钮设置了 class="close" data-dismiss="alert"属性，这表明该按钮将具有关闭按钮的外观和能关闭警告框。

该页面的浏览效果如图 7.67 所示。

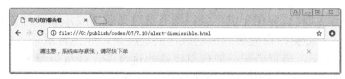

图 7.67 可关闭的警告框

如果用户单击图 7.67 所示对话框右边的关闭按钮，则该警告框将会被关闭。

▶▶ 7.10.2 警告框中的链接

如果需要在警告框中添加链接，则需要为链接应用 .alert-link 样式，这样可将链接设置为与当前警告框背景匹配的颜色。例如如下代码。

程序清单：codes\07\7.10\alert-link.html

```
<div class="alert alert-success" role="alert">
恭喜您，登录成功。<br>
继续访问<a href="http://www.fkjava.org" class="alert-link">疯狂软件</a>
</div>
<div class="alert alert-info" role="alert">
页面加载完成<br>
继续访问<a href="http://www.fkjava.org" class="alert-link">疯狂软件</a>
</div>
<div class="alert alert-warning" role="alert">
请注意，系统库存紧张，请尽快下单<br>
<a href="http://www.fkjava.org" class="alert-link">立即购买</a>
</div>
<div class="alert alert-danger" role="alert">
系统出错，请联系管理员<br>
联系<a href="http://www.fkjava.org" class="alert-link">管理员</a>
</div>
```

该代码的浏览效果如图 7.68 所示。

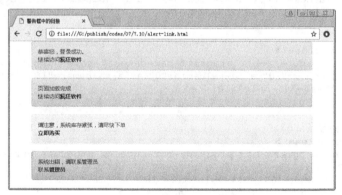

图 7.68 警告框中的链接

📁 7.11 进度条

进度条也是 Web 开发中常用的界面组件，Bootstrap 也为这种组件提供了支持。

▶▶ 7.11.1 各种样式的进度条

Bootstrap 为进度条提供了如下样式。

➢ .progress：该样式应用于进度条的轨道——也就是淡灰色背景的圆角矩形条。

- ➢ .progress-bar：该样式应用于进度条，所有进度条都需要添加该样式。
- ➢ .progress-bar-success：设置表示成功风格的进度条，绿色背景。
- ➢ .progress-bar-info：设置表示一般信息风格的进度条，淡蓝色背景。
- ➢ .progress-bar-warning：设置表示警告风格的进度条，黄色背景。
- ➢ .progress-bar-danger：设置表示危险风格的进度条，红色背景。
- ➢ .progress-bar-striped：设置条纹风格的进度条。

例如如下代码。

程序清单：codes\07\7.11\progress-bar.html

```html
<h3>普通进度条</h3>
<div class="progress">
    <div class="progress-bar" role="progressbar"
        aria-valuenow="60" aria-valuemin="0" aria-valuemax="100" style="width:60%;">
        <span class="sr-only">60%</span>
    </div>
</div>
<h3>设置风格的进度条</h3>
<div class="progress">
    <div class="progress-bar progress-bar-success" role="progressbar"
        aria-valuenow="30" aria-valuemin="0" aria-valuemax="100" style="width:30%;">
        <span class="sr-only">30%</span>
    </div>
</div>
<div class="progress">
    <div class="progress-bar progress-bar-info" role="progressbar"
        aria-valuenow="50" aria-valuemin="0" aria-valuemax="100" style="width:50%;">
        <span class="sr-only">50%</span>
    </div>
</div>
<div class="progress">
    <div class="progress-bar progress-bar-warning" role="progressbar"
        aria-valuenow="80" aria-valuemin="0" aria-valuemax="100" style="width:80%;">
        <span class="sr-only">80%</span>
    </div>
</div>
<div class="progress">
    <div class="progress-bar progress-bar-danger" role="progressbar"
        aria-valuenow="10" aria-valuemin="0" aria-valuemax="100" style="width:10%;">
        <span class="sr-only">10%</span>
    </div>
</div>
<h3>条纹风格的进度条</h3>
<div class="progress">
    <div class="progress-bar progress-bar-success progress-bar-striped"
        role="progressbar" aria-valuenow="30"
        aria-valuemin="0" aria-valuemax="100" style="width:30%;">
        <span class="sr-only">30%</span>
    </div>
</div>
<div class="progress">
    <div class="progress-bar progress-bar-info progress-bar-striped"
        role="progressbar" aria-valuenow="50"
        aria-valuemin="0" aria-valuemax="100" style="width:50%;">
        <span class="sr-only">50%</span>
    </div>
</div>
<div class="progress">
    <div class="progress-bar progress-bar-warning progress-bar-striped"
        role="progressbar" aria-valuenow="80"
        aria-valuemin="0" aria-valuemax="100" style="width:80%;">
```

```
            <span class="sr-only">80%</span>
        </div>
    </div>
    <div class="progress">
        <div class="progress-bar progress-bar-danger progress-bar-striped"
            role="progressbar" aria-valuenow="10"
            aria-valuemin="0" aria-valuemax="100" style="width:10%;">
            <span class="sr-only">10%</span>
        </div>
    </div>
```

从粗体字代码可以看出，对于普通进度条，只要将.progress 样式应用于进度条轨道，将.progress-bar 样式应用于进度条即可，代码通过 style="width:60%;"设置进度条的完成百分比为 60%——该进度条宽度占父容器的 60%代表完成了 60%。

> **提示：** 代码中的 aria-valuenow="60" aria-valuemin="0" aria-valuemax="100"这些属性用于为使用辅助设备（如屏幕阅读器）的用户提供信息，这些属性告诉辅助设备该进度条的最小值为 0，最大值为 100，当前完成百分比为 60。

如果需要设置进度条的风格，可为进度条添加.progress-bar-success、.progress-bar-info、.progress-bar-waring 或.progress-bar-danger 等样式，如上面代码中的第二条粗体字代码所示。

如果需要设置条纹风格的进度条，则只要在原有的进度条样式上添加.progress-bar-striped 样式即可。图 7.69 显示了该页面的浏览效果。

图 7.69　进度条

▶▶ 7.11.2　带进度值的进度条

前面介绍的进度条使用<span class="sr-only">10%</span>来设置进度值，但由于为该<span.../>元素设置了.sr-only 样式，这就表明该<span.../>元素仅对屏幕阅读器有效。如果需要直接在进度条上显示进度值，则删除.sr-only 属性即可。

另外需要处理的一种情形是，当进度值很小时，进度条的宽度太小——不足以显示出进度值，这样效果就会很丑陋，此时可考虑为进度条增加 min-width 属性，保证进度条的宽度足以显示进度值。例如如下代码。

程序清单：codes\07\7.11\progress-value.html

```
<div class="progress">
    <div class="progress-bar progress-bar-success" role="progressbar"
```

```
            aria-valuenow="30" aria-valuemin="0" aria-valuemax="100" style="width:30%;">
            <span>30%</span>
    </div>
</div>
<div class="progress">
    <div class="progress-bar progress-bar-info" role="progressbar"
        aria-valuenow="50" aria-valuemin="0" aria-valuemax="100" style="width:50%;">
        <span>50%</span>
    </div>
</div>
<!-- 下面两个进度条被设置了 min-width 属性,以保证足够显示进度值 -->
<div class="progress">
    <div class="progress-bar progress-bar-success progress-bar-striped"
        role="progressbar" aria-valuenow="0"
        aria-valuemin="0" aria-valuemax="100" style="width:0%;min-width:2em">
        <span>0%</span>
    </div>
</div>
<div class="progress">
    <div class="progress-bar progress-bar-info progress-bar-striped"
        role="progressbar" aria-valuenow="2"
        aria-valuemin="0" aria-valuemax="100" style="width:2%;min-width:2em">
        <span>2%</span>
    </div>
</div>
```

上面 4 个进度条都使用了<span.../>元素来显示进度值,由于这些<span.../>元素并未应用.sr-only 样式,因此它们会直接显示出来。

上面 4 个进度条的后 2 个进度条的进度值较小,因此为这些进度条设置了 min-width 属性来保证进度条足够显示进度值。该页面的浏览效果如图 7.70 所示。

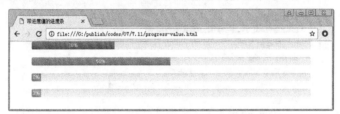

图 7.70 带进度值的进度条

▶▶ 7.11.3 动画效果

对于条纹风格的进度条,只要为它们增加.active 样式,就可使该进度条呈现出由右向左运动的动画效果。

IE9 及更低版本的浏览器不支持进度条的动画效果。

下面代码示范了如何为进度条增加动画效果。

程序清单:codes\07\7.11\active.html

```
<!-- 为条纹风格的进度条添加 active 样式,即可增加动画效果 -->
<div class="progress">
    <div class="progress-bar progress-bar-success progress-bar-striped active"
        role="progressbar" aria-valuenow="30"
        aria-valuemin="0" aria-valuemax="100" style="width:30%;">
        <span class="sr-only">30%</span>
    </div>
```

```
    </div>
    <div class="progress">
        <div class="progress-bar progress-bar-info progress-bar-striped active"
            role="progressbar" aria-valuenow="50"
            aria-valuemin="0" aria-valuemax="100" style="width:50%;">
            <span class="sr-only">50%</span>
        </div>
    </div>
    <div class="progress">
        <div class="progress-bar progress-bar-warning progress-bar-striped active"
            role="progressbar" aria-valuenow="80"
            aria-valuemin="0" aria-valuemax="100" style="width:80%;">
            <span class="sr-only">80%</span>
        </div>
    </div>
    <div class="progress">
        <div class="progress-bar progress-bar-danger progress-bar-striped active"
            role="progressbar" aria-valuenow="10"
            aria-valuemin="0" aria-valuemax="100" style="width:10%;">
            <span class="sr-only">10%</span>
        </div>
    </div>
```

在代码中定义了 4 个条纹状的进度条,并为这些进度条添加了 .active 样式,因此这些进度条都会显示出动画效果。

▶▶ 7.11.4 多进度效果

将多个进度条组件(.progress 元素)放入同一个进度条轨道(.progress-bar 元素),就可以形成同时显示多个进度的效果。

如下代码示范了如何显示多进度效果。

程序清单:codes\07\7.11\multi-progress.html

```
<div class="progress">
    <div class="progress-bar progress-bar-success"
        role="progressbar" aria-valuenow="30"
        aria-valuemin="0" aria-valuemax="100" style="width:30%;">
        <span class="sr-only">30%</span>
    </div>
    <div class="progress-bar progress-bar-info"
        role="progressbar" aria-valuenow="40"
        aria-valuemin="0" aria-valuemax="100" style="width:40%;">
        <span class="sr-only">40%</span>
    </div>
    <div class="progress-bar progress-bar-warning"
        role="progressbar" aria-valuenow="15"
        aria-valuemin="0" aria-valuemax="100" style="width:15%;">
        <span class="sr-only">15%</span>
    </div>
</div>
<div class="progress">
    <div class="progress-bar progress-bar-info progress-bar-striped"
        role="progressbar" aria-valuenow="10"
        aria-valuemin="0" aria-valuemax="100" style="width:10%;">
        <span>10%</span>
    </div>
    <div class="progress-bar progress-bar-warning progress-bar-striped"
        role="progressbar" aria-valuenow="25"
        aria-valuemin="0" aria-valuemax="100" style="width:25%;">
        <span>25%</span>
    </div>
    <div class="progress-bar progress-bar-danger progress-bar-striped"
```

```
            role="progressbar" aria-valuenow="40"
            aria-valuemin="0" aria-valuemax="100" style="width:40%;">
            <span>40%</span>
    </div>
</div>
```

在上面代码中定义了 2 个进度条轨道（两个<div.../>元素指定了.progress 样式），在每个进度条轨道容器内都定义了 3 个进度值组件（指定了.progress-bar 样式的元素），这样即可在同一个进度条内显示多个进度值。该页面的浏览效果如图 7.71 所示。

图 7.71　多进度效果

7.12　媒体对象

我们经常在网页上看到"左边或右边是图片或视频，右边是文字描述、用户点评"的这种效果，这种效果和前面的缩略图效果有点类似，但并不完全相同。Bootstrap 将这种效果称为媒体对象。

▶▶ 7.12.1　媒体对象的基本组成

Bootstrap 为媒体对象提供了如下样式。
- ➢ .media：该样式应用于整个媒体对象的所在容器。
- ➢ .media-object：该样式应用于媒体对象本身（图片或视频）。
- ➢ .media-body：该样式应用于媒体对象的描述文字所在容器。
- ➢ .media-heading：该样式应用于媒体对象的描述文字的标题。
- ➢ .media-left：该样式设置左对齐。
- ➢ .media-right：该样式设置右对齐。

媒体对象的正确用法是：

① 先定义一个<div.../>元素作为整个媒体对象的元素，为该元素指定.media 样式。
② 添加媒体对象（图片或视频），并为媒体对象设置.media-object 样式。
③ 定义一个<div.../>元素作为媒体对象的描述文字的容器元素，为该元素指定.media-body 样式。接下来向该元素内添加描述文字。

下面代码示范了媒体对象的功能和用法。

程序清单：codes\07\7.12\media.html

```
<div class="media">
    <div class="media-left">
        <a href="http://www.fkjava.org">
            <img class="media-object" src="../fklogo.gif" alt="疯狂软件">
        </a>
    </div>
    <div class="media-body">
        <h4 class="media-heading">疯狂软件教育中心</h4>
        <p>疯狂软件教育中心是一家专业提供开发培训（包括 Java、Android、前端、iOS 等课程）的培训机构。</p>
        地址：<address>广州市天河区车陂大岗工业路 4 号沣宏大厦 3 楼</address>
```

```html
            <p><span class="glyphicon glyphicon-star"></span>
            <span class="glyphicon glyphicon-star"></span>
            <span class="glyphicon glyphicon-star"></span>
            <span class="glyphicon glyphicon-star"></span>
            <span class="glyphicon glyphicon-star"></span></p>
        </div>
    </div>
    <div class="media">
        <div class="media-body">
            <h4 class="media-heading">疯狂软件教育中心</h4>
            <p>疯狂软件教育中心是一家专业提供开发培训（包括 Java、Android、前端、iOS 等课程）的培训机构。</p>
            地址：<address>广州市天河区车陂大岗工业路 4 号沣宏大厦 3 楼</address>
            <p><span class="glyphicon glyphicon-star"></span>
            <span class="glyphicon glyphicon-star"></span>
            <span class="glyphicon glyphicon-star"></span>
            <span class="glyphicon glyphicon-star"></span>
            <span class="glyphicon glyphicon-star"></span></p>
        </div>
        <div class="media-right">
            <a href="http://www.fkjava.org">
                <img class="media-object" src="../fklogo.gif" alt="疯狂软件">
            </a>
        </div>
    </div>
    <div class="media">
        <div class="media-left">
            <a href="http://www.fkjava.org">
                <img class="media-object" src="../fklogo.gif" alt="疯狂软件">
            </a>
        </div>
        <div class="media-body">
            <h4 class="media-heading">疯狂软件教育中心</h4>
            <p>疯狂软件教育中心是一家专业提供开发培训（包括 Java、Android、前端、iOS 等课程）的培训机构。</p>
            地址：<address>广州市天河区车陂大岗工业路 4 号沣宏大厦 3 楼</address>
            <p><span class="glyphicon glyphicon-star"></span>
            <span class="glyphicon glyphicon-star"></span>
            <span class="glyphicon glyphicon-star"></span>
            <span class="glyphicon glyphicon-star"></span>
            <span class="glyphicon glyphicon-star"></span></p>
        </div>
        <div class="media-right">
            <a href="http://www.fkjava.org">
                <img class="media-object" src="../fklogo.gif" alt="疯狂软件">
            </a>
        </div>
    </div>
```

从粗体字代码可以看出，第一个<div.../>元素被指定了 .media 样式，那么该元素将会作为整个媒体元素的容器。该元素内通常可包含 2 个子<div.../>元素。

➢ 被指定了 class="media-left"或 class="media-right"样式的<div.../>元素，该元素作为媒体对象的容器。

➢ 被指定了 class="media-body"样式的元素，该元素将作为媒体对象的描述文字的容器。

如果希望媒体对象位于文本描述的左边，则先定义媒体对象，再定义文本描述；如果要将媒体对象放在文本描述的右边，则先放置文本描述，再放置媒体对象。如果将媒体对象放在左边，则通常为媒体对象所在的<div.../>元素设置 class="medie-left"样式；如果将媒体对象放在右边，则通常为媒体对象所在的<div.../>元素设置 class="medie-right"样式。

该页面的浏览效果如图 7.72 所示。

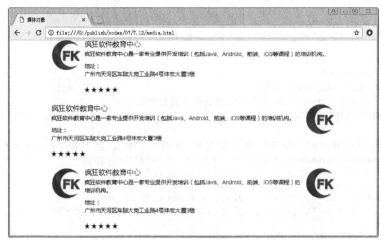

图 7.72　媒体对象

▶▶ 7.12.2　对齐方式

除了 .media-left、.media-right 两个控制水平对齐方式的样式之外，Bootstrap 还提供了如下两个样式。

- ➢ .media-middle：该样式控制媒体对象垂直居中。该样式实际上就是 vertical-align: middle;。
- ➢ .media-bottom：该样式控制媒体对象底部对齐。该样式实际上就是 vertical-align: bottom;。

> 提示：
> 　　如果不设置 .media-middle 或 .media-bottom 样式，Bootstrap 默认控制媒体对象在垂直方向的顶部对齐。

下面代码示范了如何让媒体对象在垂直方向对齐。

程序清单：codes\07\7.12\media-align.html

```html
<div class="media">
    <!-- 默认是顶部对齐 -->
    <div class="media-left">
        <a href="http://www.fkjava.org">
            <img class="media-object" src="../fklogo.gif" alt="疯狂软件">
        </a>
    </div>
    <div class="media-body">
        ...
    </div>
</div>
<div class="media">
    <!-- 设置垂直居中对齐 -->
    <div class="media-left media-middle">
        <a href="http://www.fkjava.org">
            <img class="media-object" src="../fklogo.gif" alt="疯狂软件">
        </a>
    </div>
    <div class="media-body">
        ...
    </div>
</div>
<div class="media">
```

```
        <!-- 设置底部对齐 -->
        <div class="media-left media-bottom">
            <a href="http://www.fkjava.org">
                <img class="media-object" src="../fklogo.gif" alt="疯狂软件">
            </a>
        </div>
        <div class="media-body">
            ...
        </div>
</div>
```

上面的代码定义了 3 个媒体对象，其中第一个媒体对象没有被设置垂直方向对齐，因此该媒体对象默认顶部对齐；第二个媒体对象被设置了垂直居中对齐；第三个媒体对象被设置了底部对齐。该页面的浏览效果如图 7.73 所示。

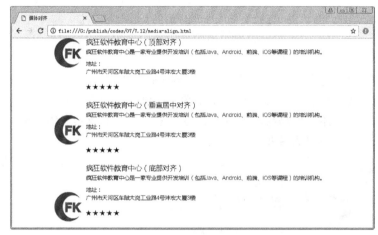

图 7.73　媒体对齐

7.12.3　嵌套媒体对象

Bootstrap 的媒体对象支持嵌套，所谓嵌套就是再次将媒体对象整体（.media 元素）放入媒体对象的描述内容中（.media-body 元素）。

> **提示：** 通过嵌套媒体对象，可以使媒体对象形成结构清晰的层次关系，这种层次关系通常应用于 Web 页面中的多人回复设计上。

下面示例示范了如何嵌套媒体对象。

程序清单：codes\07\7.12\media-nested.html

```
<div class="media">
    <!-- 默认是顶部对齐 -->
    <div class="media-left">
        <a href="http://www.fkjava.org">
            <img class="media-object" src="../fklogo.gif" alt="疯狂软件">
        </a>
    </div>
    <div class="media-body">
        ....
        <div class="media">
            <!-- 默认是顶部对齐 -->
            <div class="media-left">
                <a href="http://www.fkjava.org">
```

```
                    <img class="media-object" src="../fklogo.gif" alt="疯狂软件">
                </a>
            </div>
            <div class="media-body">
                ...
                <div class="media">
                    <!-- 默认是顶部对齐 -->
                    <div class="media-left">
                        <a href="http://www.fkjava.org">
                            <img class="media-object" src="../fklogo.gif" alt="疯狂软件">
                        </a>
                    </div>
                    <div class="media-body">
                        ...
                    </div>
                </div>
            </div>
        </div>
    </div>
</div>
```

第一行粗体字代码定义了一个被指定了 class="media"的<div.../>元素，而该元素被放在其他媒体对象的描述文本元素内（.media-body 元素），因此这里的粗体字代码定义的就是一个嵌套媒体结构；第二行粗体字代码与此类似，它再次定义了一个嵌套媒体结构。

该页面的浏览效果如图 7.74 所示。

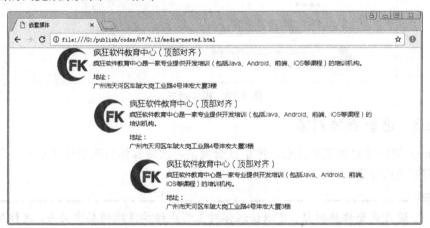

图 7.74 嵌套媒体对象

▶▶ 7.12.4 媒体对象列表

在制作文章列表或评论列表时，媒体对象会以列表的方式显示。Bootstrap 为媒体对象列表提供了.media-list 样式。

如果需要实现媒体对象列表，只要将.media-list 应用于<ul.../>元素，然后将.media 应用于<li.../>元素——该元素将作为整个媒体对象的容器，这样即可形成媒体对象列表。

下面示例示范了媒体对象列表的用法。

程序清单：codes\07\7.12\media-list.html

```
<ul class="media-list">
<li class="media">
    <!-- 默认是顶部对齐 -->
    <div class="media-left">
        <a href="http://www.fkjava.org">
```

```html
            <img class="media-object" src="../fklogo.gif" alt="疯狂软件">
        </a>
    </div>
    <div class="media-body">
        ...
    </div>
</li>
<li class="media">
    <!-- 设置垂直居中对齐 -->
    <div class="media-left">
        <a href="http://www.fkjava.org">
            <img class="media-object" src="../fklogo.gif" alt="疯狂软件">
        </a>
    </div>
    <div class="media-body">
        ...
    </div>
</li>
<li class="media">
    <!-- 设置底部对齐 -->
    <div class="media-left ">
        <a href="http://www.fkjava.org">
            <img class="media-object" src="../fklogo.gif" alt="疯狂软件">
        </a>
    </div>
    <div class="media-body">
        ...
    </div>
</li>
</ul>
```

第一行粗体字代码定义了一个被指定了 class="media-list"样式的<ul.../>元素，该元素将会作为媒体对象列表的容器。在列表中每个<li.../>元素内定义一个媒体对象。

该页面的浏览效果如图 7.75 所示。

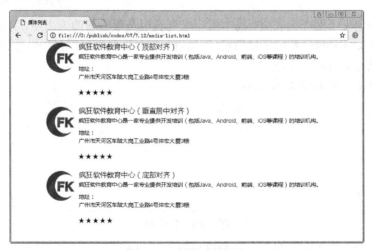

图 7.75 媒体对象列表

7.13 列表组

列表组用于将多个相似或相近的元素并列显示，列表组不仅能用于显示一组简单的元素，还能用于显示复杂的内容。

▶▶ 7.13.1 列表组基础

Bootstrap 为列表组提供了如下样式。

- .list-group：该样式应用于列表组的容器元素。
- .list-group-item：该样式应用于列表组内的列表项。
- .list-group-item-success：该样式设置表示成功风格的列表组，绿色背景色。
- .list-group-item-info：该样式设置表示普通信息的列表组，淡蓝色背景色。
- .list-group-item-warning：该样式设置表示警告的列表组，黄色背景色。
- .list-group-item-danger：该样式设置表示危险的列表组，红色背景色。

下面代码示范了简单的列表组的用法。

程序清单：codes\07\7.13\list-group.html

```html
<div class="row">
    <div class="col-sm-6">
        <ul class="list-group">
            <li class="list-group-item">疯狂前端开发讲义</li>
            <li class="list-group-item">疯狂 Android 讲义</li>
            <li class="list-group-item">疯狂 iOS 讲义</li>
            <li class="list-group-item">疯狂 Swift 讲义</li>
        </ul>
    </div>
    <div class="col-sm-6">
        <ul class="list-group">
            <li class="list-group-item list-group-item-success">疯狂前端开发讲义</li>
            <li class="list-group-item list-group-item-info">疯狂 Android 讲义</li>
            <li class="list-group-item list-group-item-warning">疯狂 iOS 讲义</li>
            <li class="list-group-item list-group-item-danger">疯狂 Swift 讲义</li>
        </ul>
    </div>
</div>
```

在该代码中定义了两个列表组，其中第一个列表组是最普通的列表组，并未为其指定任何风格。第二个列表组中的列表项还被指定了.list-group-item-success 等样式，因此第二个列表组中的列表项将具有对应的背景色。

该页面的浏览效果如图 7.76 所示。

图 7.76 列表组

如果在列表项中加入徽章组件，它会自动被放在列表项的右边。例如如下代码。

程序清单：codes\07\7.13\list-group-badge.html

```html
<ul class="list-group">
    <li class="list-group-item list-group-item-success">
        <span class="badge">16</span>疯狂前端开发讲义 </li>
    <li class="list-group-item list-group-item-info">
        <span class="badge">20</span>疯狂 Android 讲义</li>
    <li class="list-group-item list-group-item-warning">
```

```
        <span class="badge">5</span>疯狂 iOS 讲义</li>
    <li class="list-group-item list-group-item-danger">
        <span class="badge">9</span>疯狂 Swift 讲义</li>
</ul>
```

在该代码中,为每个列表项都添加了一个徽章,徽章会被自动放在列表项的右边。图 7.77 显示了该页面的浏览效果。

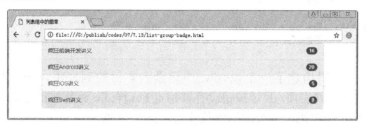

图 7.77 带徽章的列表组

▶▶ 7.13.2 链接列表组

除了可使用<ul.../>和<li.../>元素构建列表组之外,Bootstrap 还支持使用<a.../>元素来构建列表项,此时需要使用<div.../>元素作为列表组的容器。通过这种方式构建的列表组,其中的每个列表项都是一个链接。如下代码示范了链接列表组的构建方法。

程序清单:codes\07\7.13\list-group-a.html

```
<div class="list-group">
    <a href="#" class="list-group-item">
        <span class="badge">16</span>疯狂前端开发讲义 </a>
    <a href="#" class="list-group-item">
        <span class="badge">20</span>疯狂 Android 讲义</a>
    <a href="#" class="list-group-item">
        <span class="badge">5</span>疯狂 iOS 讲义</a>
    <a href="#" class="list-group-item">
        <span class="badge">9</span>疯狂 Swift 讲义</a>
</div>
```

第一行粗体字代码构建了一个以<div.../>元素为容器的列表组,第二行粗体字代码以<a.../>元素构建了列表项。该页面的浏览效果如图 7.78 所示。

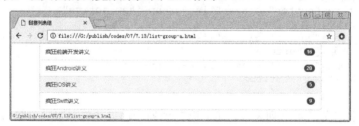

图 7.78 链接列表项

▶▶ 7.13.3 按钮列表组

Bootstrap 也支持使用按钮作为列表项(此时列表组的父元素同样必须使用<div.../>元素,而不是<ul.../>元素)。

需要说明的是,如果使用按钮作为列表项,则不要对按钮应用.btn 样式,而是应该对按钮应用列表项的样式:.list-group-item。

如下代码示范了按钮列表组的构建方法。

程序清单：codes\07\7.13\list-group-button.html

```
<div class="list-group">
    <button type="button" class="list-group-item">
        疯狂前端开发讲义 </a>
    <button type="button" class="list-group-item">
        疯狂 Android 讲义</a>
    <button type="button" class="list-group-item">
        疯狂 iOS 讲义</a>
    <button type="button"" class="list-group-item">
        疯狂 Swift 讲义</a>
</div>
```

第一行粗体字代码构建了一个以<div.../>元素为容器的列表组，第二行粗体字代码以<button.../>元素构建了列表项，且该按钮没有被指定.btn 样式，而是被指定了.list-group-item 样式，这就构建了按钮列表组。该页面的浏览效果如图 7.79 所示。

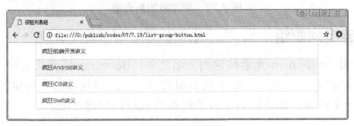

图 7.79 按钮列表组

▶▶ 7.13.4 列表项的状态

Bootstrap 为列表项状态提供了如下两种样式。
➢ .active：该样式表明列表项目当前处于激活状态。
➢ .disabled：该样式表明列表项目当前处于不可用状态。
如下代码示范了列表项的状态。

程序清单：codes\07\7.13\list-group-status.html

```
<div class="list-group">
    <button type="button" class="list-group-item">
        疯狂前端开发讲义 </button>
    <button type="button" class="list-group-item active">
        疯狂 Android 讲义</button>
    <button type="button" class="list-group-item disabled">
        疯狂 iOS 讲义</button>
    <button type="button" class="list-group-item">
        疯狂 Swift 讲义</button>
</div>
```

这里在代码中定义了 4 个列表项，其中第二个列表项处于激活状态，第三个列表项处于不可用状态。该页面的浏览效果如图 7.80 所示。

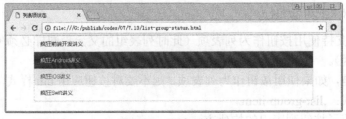

图 7.80 列表项状态

▶▶ 7.13.5 定制内容

除了简单的列表项之外，Bootstrap 的列表项可以是任意内容——只要将相应的 HTML 元素放入列表项中即可。例如如下代码示范了定制内容的列表项。

程序清单：codes\07\7.13\list-group-content.html

```html
<ul class="list-group">
    <li class="list-group-item">
        <h3>疯狂前端开发讲义</h3>
        <p>描述性文字内容</p>
    </li>
    <li class="list-group-item active">
        <h3>疯狂Android讲义</h3>
        <p>描述性文字内容</p>
    </li>
    <li type="button" class="list-group-item disabled">
        <h3>疯狂iOS讲义</h3>
        <p>描述性文字内容</p>
    </li>
    <li type="button" class="list-group-item">
        <h3>疯狂Swift讲义</h3>
        <p>描述性文字内容</p>
    </li>
</ul>
```

这里的代码在列表项元素（<li.../>元素）中再次添加了<h3.../>和<p.../>子元素，这意味着这些内容共同组成了列表项，如粗体字代码所示。如果希望定制更复杂的列表项，可将对应的 HTML 元素添加到<li.../>元素中。

该页面的浏览效果如图 7.81 所示。

图 7.81　定制列表项

📁 7.14　本章小结

本章主要介绍 Bootstrap 提供的大量内置组件，如按钮组件、下拉菜单组件、输入框组件、导航组件、导航条、面板、警告框、进度条、媒体对象及列表组等。Bootstrap 的这些 UI 组件使用起来并不难，只要在传统 HTML 标签上添加合适的 CSS 样式即可。对于开发者而言，掌握 Bootstrap 的 UI 组件只要记住两点：1. 各 UI 组件需要由 HTML 标签组合构成。2. 需要在各 HTML 标签上添加合适的 CSS 样式。掌握这两点即可熟练地使用 Bootstrap 的内置组件。

CHAPTER 8

第8章
Bootstrap 的 JS 插件

本章要点

- Bootstrap 插件库概述与两种使用方式
- 掌握对话框插件的用法
- 掌握下拉菜单的用法
- 掌握滚动监听插件的功能和用法
- 掌握标签页插件的用法
- 掌握胶囊式标签页的用法
- 掌握工具提示插件的用法
- 掌握弹出框插件的功能和用法
- 掌握警告框插件的用法
- 掌握按钮插件的用法
- 掌握折叠插件的用法
- 利用折叠插件实现手风琴效果
- 掌握轮播图插件的功能和用法

虽然前面介绍 Bootstrap 主要是一个 CSS 框架，其提供了大量 CSS 样式供开发者使用，但它也提供了警告框等组件，这些组件也需要 JS 脚本的支持。实际上，Bootstrap 也提供了 JS 库，前面介绍 Bootstrap 安装时就介绍了必须在页面中添加 bootstrap.min.js 或 bootstrap.js 库，这两个库就是 Bootstrap 的 JS 库，这些 JS 库不仅负责为 JS 组件提供支持，也负责提供系列内置的 JS 插件。本章将会详细介绍 Bootstrap 内置的系列 JS 插件的功能和用法。

8.1 插件库概述

Bootstrap 除了提供前面介绍的全局 CSS 样式和内置组件之外，还提供了一些 JS 插件。使用这些 JS 插件很简单，既可单独引用所需要的 JS 插件，也可直接引用 bootstrap.js 或 bootstrap.min.js（压缩版），bootstrap.js 或 bootstrap.min.js 都包含了 Bootstrap 的所有 JS 插件。

Bootstrap 提供了如下 JS 插件。

- 过渡动画（Transition），对应 transition.js 插件文件。该插件主要用于为其他插件提供过渡动画支持。
- 对话框（Model Dialog），对应 modal.js 插件文件。
- 下拉菜单（Dropdown Menu），对应 dropdown.js 插件文件。
- 滚动监听（Scrollspy），对应 scrollspy.js 插件文件。
- 选项卡（Tab），对应 tab.js 插件文件。
- 提示框（Tooltips），对应 tooltips.js 插件文件。
- 弹出框（Popover），对应 popover.js 插件文件。
- 警告框（Alert），对应 alert.js 插件文件。
- 按钮（Button），对应 button.js 插件文件。
- 折叠（Collapse），对应 collapse.js 插件文件。
- 轮播图（Carousel），对应 carousel.js 插件文件。
- 附件组件（Affix），对应 affix.js 插件文件。

8.1.1 使用插件的两种方式

Bootstrap 提供了两种使用插件的方式。

- 使用 data-*属性：data-*属性是 HTML 5 的一个新特性，data-*属性用于存储页面或应用程序的自定义数据，这些自定义数据可以被 JS 读取、利用，用于创建更好的用户体验。Bootstrap 会负责读取这些 data-*属性的值，并根据这些属性的值来启用 JS 插件的功能。
- 使用 JS 代码：使用类似前端框架的方式调用 JS 方法来使用 JS 插件。

事实上，使用 data-*属性和 JS 代码两种方式的本质是一样的，当开发者在 HTML 标签上指定大量 data-*属性之后，Bootstrap 的 JS 插件会读取这些 data-*属性，然后调用 JS 代码来启用 JS 插件的功能。由此可见，这两种方式的本质依然是通过 JS 脚本来提升用户体验。区别之处在于，使用 data-*属性时由 Bootstrap 负责生成 JS 脚本来启用插件功能；使用 JS 脚本则可直接启用插件功能。

正因为使用 data-*属性启用插件功能开发者无须书写任何 JS 代码，所以 Bootstrap 推荐通过这种方式来使用 JS 插件。

在某些特殊的时候，开发者可能需要通过 JS 方式来使用 Bootstrap 插件，此时就需要关闭插件的 data-*属性。Bootstrap 提供了该功能。

如果需要关闭 Bootstrap 插件的 data API 功能，可调用如下代码：

```
$(document).off('.data-api')
```

上面代码关闭 document 及其所有子元素上绑定的 data-* 属性的功能。

另外，如果只是想关闭某个特定插件的功能，只需在 data API 前面添加那个插件的名称作为命名空间即可。例如如下代码关闭 document 及其所有子元素上绑定的 data-* 属性和关于警告框的属性：

```
$(document).off('.alert.data-api')
```

当开发者打算使用 JS 代码来启用插件时，Bootstrap 都提供了单独调用或链式调用的方式，方法返回所操作的元素集合（注：和 jQuery 的调用形式一致）。例如如下代码：

```
$('.btn.danger').button('toggle').addClass('fat')
```

Bootstrap 提供的方法可支持 3 种调用方式。
- 无参数调用：例如$('#myModal').modal(); // 启用默认初始化
- 传入字符串参数：例如$('#myModal').modal('show'); // 初始化后立即调用 show 方法
- 传入 JS 对象指定选项：例如$('#myModal').modal({ keyboard: false });

▶▶ 8.1.2 解决命名冲突

在前端编程中，除了使用 Bootstrap 及内置的 JS 插件之外，还需要使用其他 JS 插件或 UI 框架，此时就可能产生命名冲突。

为了解决命名冲突问题，Bootstrap 提供了.noConflict()方法。例如如下代码：

```
let fkBtn = $.fn.button.noConflict(); // 将$.fn.button 重命名为 fkBtn。
$.fn.fkBtn = fkBtn; // 将 fkBtn 赋值给$.fn.fkBtn
```

如果你还记得前面章节中 jQuery 解决命名冲突的方式，应该对上面代码非常熟悉。实际上，Bootstrap 与 jQuery 解决命令冲突的方式是相同的。

通过上面的代码即可在后面编程中使用$.fn.fkBtn 代替 Bootstrap 原有的$.fn.button 了。

📁 8.2 对话框

在 Web 页面上经常以对话框的方式完成某种操作，比如用户注册、登录或阅读一段提示信息，Bootstrap 的 JS 插件则为对话框提供了支持。

Bootstrap 的对话框插件依赖 transition.js 和 modal.js 库。这两个 JS 库都包含在 bootstrap.js 或 bootstrap.min.js 中。

▶▶ 8.2.1 静态对话框

从理论上来说，Bootstrap 可以将大部分 HTML 元素（如<div../>元素）当成对话框处理，Bootstrap 可以在页面上弹出或隐藏这些元素。

但从实际界面效果来看，开发者当然希望给用户呈现一个优雅、美观的用户界面，因此Bootstrap 也为对话框提供了如下支持。

Bootstrap 的对话框分为如下几个部分。
- 第一层容器：这层容器需要被指定 class="modal"样式，它是整个对话框的容器。
- 第二层容器：这层容器需要被指定 class="modal-dialog"样式，该样式设置一个居中的对话框。

> 第三层容器：这层容器需要被指定 class="modal-content"样式，该样式用于设置对话框的主体，这层容器的样式用于控制对话框的边框、背景、阴影等效果。

三层容器构建了一个对话框，如果要为对话框添加内容，则需要在 class="modal-content"容器内添加。该容器内可包含如下三个子部分。

> 对话框头：这部分需要被指定 class="modal-header"样式，这部分包括对话框的标题、关闭按钮等。
> 对话框主体：这部分需要被指定 class="modal-body"样式，这部分包括对话框的主要内容，可以任意设置这些内容，比如使用网格布局添加内容。
> 对话框尾注：这部分需要被指定 class="modal-footer"样式，这部分包括对话框的各种操作按钮。

下面代码示范了一个静态对话框的构建方法。

程序清单：codes\08\8.2\modal-show1.html

```
<div class="modal show" tabindex="-1" role="dialog">
    <div class="modal-dialog" role="document">
    <div class="modal-content">
        <div class="modal-header">
            <button class="close" type="button">
                <span aria-hiden="true">&times;</span>
            </button>
            <h4>对话框</h4>
        </div>
        <div class="modal-body">
            <p>对话框内容</p>
        </div>
        <div class="modal-footer">
            <button class="btn btn-default" type="button">关闭</button>
            <button class="btn btn-primary" type="button">保存</button>
        </div>
    </div>
    </div>
</div>
```

3 行粗体字代码分别定义了 3 个<div.../>容器，这三个<div.../>容器就是构建 Bootstrap 对话框的三层容器。接下来代码在第三层容器中添加对话框头、对话框主体和对话框尾注三个部分。

该页面的浏览效果如图 8.1 所示。

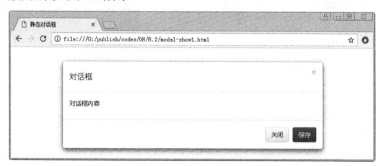

图 8.1 静态对话框

在上面的对话框代码中，第一层容器除了被指定了 .modal 样式之外，还被指定了一个 .show 样式，该样式用于控制在加载页面时自动显示该对话框；与此对应的还有一个 .fade 样式，该样式用于隐藏对话框。

> **提示:** 该对话框目前只是一个静态的对话框,用户无法通过底部的关闭按钮和右上角的关闭按钮来关闭对话框,本节后面会介绍如何关闭对话框。

从图 8.1 所示界面可以看出,Bootstrap 的对话框优雅、美观。同时该对话框还具有如下特征:
- 对话框会自动浮动在浏览器中央,而且宽度会自适应浏览器的大小。
- 当浏览器 viewport 宽度小于 768px 时,对话框宽度为 600px。
- 在对话框的底部会自动添加一个灰色的蒙层,用于防止用户单击对话框底部分的元素。
- 对话框的显示、隐藏过程具有过渡效果。

另外需要说明的是,Bootstrap 不支持同时打开多个对话框,如果需要同时打开多个对话框,则需要自己修改代码。

Bootstrap 为控制对话框大小提供了如下两个样式。
- .modal-sm:设置小的对话框。
- .modal-lg:设置大的对话框。

对于大的对话框,则可以向对话框中添加更多的内容。在向对话框添加更多内容时,应该考虑将内容添加在对话框主体(也就是被指定了 class="modal-body" 属性的元素)内。例如如下代码示范了如何在对话框主体内使用网格布局。

程序清单:codes\08\8.2\modal-show2.html

```html
<div class="modal modal-lg show" tabindex="-1" role="dialog">
    <div class="modal-dialog" role="document">
    <div class="modal-content">
        <div class="modal-header">
            <button class="close" type="button">
                <span aria-hiden="true">&times;</span>
            </button>
            <h4>对话框</h4>
        </div>
        <div class="modal-body">
            <div class="row">
                <div class="col-sm-6">
                    .col-sm-6
                </div>
                <div class="col-sm-6">
                    .col-sm-6
                </div>
            </div>
            <div class="row">
                <div class="col-sm-4">
                    .col-sm-4
                </div>
                <div class="col-sm-8">
                    .col-sm-8
                </div>
            </div>
        </div>
        <div class="modal-footer">
            <button class="btn btn-default" type="button">关闭</button>
            <button class="btn btn-primary" type="button">保存</button>
        </div>
    </div>
    </div>
</div>
```

粗体字代码还指定了.modal-lg 样式，该样式控制显示大的对话框。代码向对话框主体内添加了网格布局。该页面的浏览效果如图 8.2 所示。

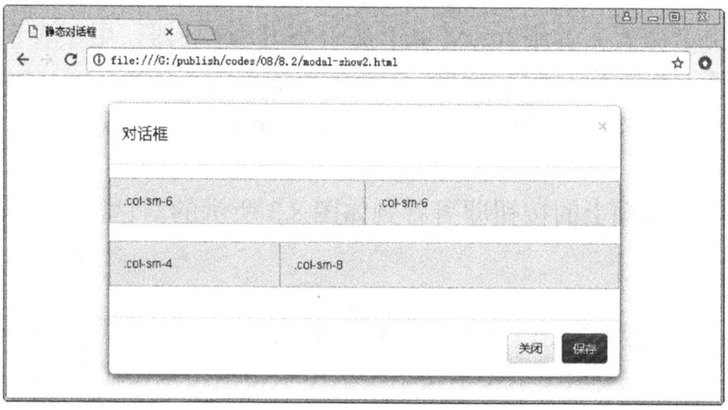

图 8.2　大对话框内包含网格布局

▶▶ 8.2.2　使用 data-*属性弹出对话框

正如前面介绍的，Bootstrap 也支持两种方式弹出对话框。
- 通过 data-*属性。
- 通过 JS 脚本调用方法来弹出对话框。

先看 Bootstrap 推荐的方式。使用 data-*属性弹出对话框，这种方式无须使用 JS 脚本，因此使用起来简单、方便。使用这种方式需要为弹出对话框的按钮或链接指定如下两个属性。
- data-toggle：将该属性的属性值指定为 modal。
- data-target：该属性用于指定对话框容器（被指定了 class="modal"属性的元素），该属性的属性值可以是各种 CSS 选择器，通常会使用 ID 选择器。

如果要在对话框内定义关闭按钮或链接，只要为关闭按钮或链接指定 data-dismiss="modal"样式即可。

下面代码示范了如何使用 data-*属性来弹出对话框。

程序清单：codes\08\8.2\modal-data.html

```html
<button type="button" class="btn btn-primary"
    data-toggle="modal" data-target="#myModal">
    打开对话框
</button>
<div class="modal" tabindex="-1" role="dialog" id="myModal">
    <div class="modal-dialog" role="document">
    <div class="modal-content">
        <div class="modal-header">
            <button class="close" type="button" data-dismiss="modal">
                <span aria-hiden="true">&times;</span>
            </button>
            <h4>对话框</h4>
        </div>
        <div class="modal-body">
            <p>对话框内容</p>
        </div>
        <div class="modal-footer">
            <button class="btn btn-default" type="button" data-dismiss="modal">
            关闭</button>
            <button class="btn btn-primary" type="button">保存</button>
        </div>
    </div>
```

```
        </div>
    </div>
```

第一行粗体字代码定义了一个按钮,且该按钮还被指定了 data-toggle="modal" 和 data-target="#myModal"样式,其中#myModal 是一个 ID 选择器,用于表示界面上的对话框,因此用户单击该按钮即可弹出对应对话框。

此外,还为对话框中内两个关闭按钮指定了 data-dismiss="modal"属性,因此用户可通过这两个按钮来关闭对话框。

浏览该页面,单击页面上的按钮即可看到如图 8.3 所示的对话框。

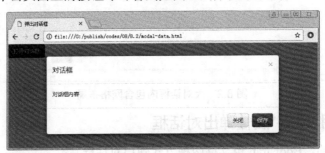

图 8.3　使用 data-*属性弹出对话框

除了前面介绍的 data-toggle、data-target 两个属性之外,Bootstrap 对于弹出对话框的按钮还提供了如下属性支持:

- data-backdrop:属性值为 boolean 值或'static'字符串,用于指定是否包含一个背景<div.../>元素,如果该属性值被设为 true,则用户单击背景时对话框消失;如果该属性值被设为 false 或'static',则用户单击背景时对话框不会消失。
- data-keyboard:属性值为 boolean 值。指定是否可通过键盘上的 Esc 键来关闭对话框。
- data-show:属性值为 boolean 值。指定是否在页面加载时自动显示对话框。

如果希望弹出对话框时具有过渡的动画效果,则可为对话框的第一层容器指定.fade 样式,也就是将对话框的第一层<div.../>元素改为如下形式:

```
<div class="modal fade" tabindex="-1" role="dialog" id="myModal">
    ...
</div>
```

8.2.3　使用 JS 弹出对话框

Bootstrap 允许调用对话框的 modal()方法来弹出对话框,该方法支持如下 3 种参数。

- 不传入参数:以默认方式打开对话框,这是最简单的方式。
- 传入字符串参数:Bootstrap 支持传入'show'、'hide'、'toggle'或'handleUpdate'这几个字符串,分别表示显示对话框、隐藏对话框、切换对话框的隐藏显示、更新对话框位置。
- 传入 JS 对象。

从以上介绍可以看出,第一种方式最为简单,第三种方式最为复杂,但功能最强大。当传入 JS 对象作为参数时,该 JS 对象可支持如下属性。

- backdrop:相当于前面介绍的 data-backdrop 属性,用于指定是否可通过单击背景来关闭对话框。
- keyboard:相当于前面介绍的 data-keyboard 属性,用于指定是否可通过键盘的 Esc 键来关闭对话框。
- show:相当于前面介绍的 data-show 属性,用于指定是否在页面加载时自动显示对话框。

- remote：该属性指定一个 URL，该 URL 加载的内容将会显示在对话框的主体（被指定 class="modal-body"的元素）内，但该属性从 Bootstrap 3.3 时已过时了，因此尽量避免使用该属性。

如下代码示范了如何使用 JS 弹出对话框。

程序清单：codes\08\8.2\modal-js.html

```html
<button type="button" class="btn btn-primary"
    onclick="$('#myModal').modal();">打开对话框
</button>
<button type="button" class="btn btn-primary"
    onclick="$('#myModal').modal({backdrop:false});">打开无背景对话框
</button>
<button type="button" class="btn btn-primary"
    onclick="$('#myModal').modal({keyboard:true});">可通过 Esc 键关闭的对话框
</button>
<div class="modal fade" tabindex="-1" role="dialog" id="myModal">
    <div class="modal-dialog" role="document">
    <div class="modal-content">
        <div class="modal-header">
            <button class="close" type="button" data-dismiss="modal">
                <span aria-hiden="true">&times;</span>
            </button>
            <h4>对话框</h4>
        </div>
        <div class="modal-body">
            <p>对话框内容</p>
        </div>
        <div class="modal-footer">
            <button class="btn btn-default" type="button" data-dismiss="modal">
            关闭</button>
            <button class="btn btn-primary" type="button">保存</button>
        </div>
    </div>
    </div>
</div>
```

在代码中定义了 3 个按钮来打开对话框，打开第一个对话框时调用了无参数的 modal()方法，该方法打开的对话框具有默认行为。打开第二个对话框时传入了{backdrop:false}对象，这意味着该对话框将不包括背景，且不可通过单击背景关闭对话框；打开第三个对话框时传入了{keyboard:true}对象，这意味着该对话框可通过键盘的 Esc 键来关闭。

▶▶ 8.2.4 对话框事件

Bootstrap 的对话框支持如下事件。
- show.bs.modal：当对话框的 show 方法被调用时立即触发该事件。如果是通过单击某个元素来触发对话框的显示，则可通过事件的 relatedTarget 属性来访问该元素。
- shown.bs.modal：当对话框完全显示出来（且 CSS 过渡效果执行完成）后触发该事件。如果是通过单击某个元素来触发对话框的显示，则可通过事件的 relatedTarget 属性来访问该元素。
- hide.bs.modal：当对话框的 hide 方法被调用时立即触发该事件。
- hidden.bs.modal：当对话框被完全隐藏（且 CSS 过渡效果执行完成）时触发该事件。
- loaded.bs.modal：从远端的数据源加载数据之后触发该事件。

通过上面这些事件，程序可在对话框的弹出过程中执行自己的代码。例如如下代码。

程序清单：codes\08\8.2\modal-event.html

```html
<button type="button" class="btn btn-primary"
    data-toggle="modal" data-target="#myModal">
    单击我
</button>
<div class="modal" tabindex="-1" role="dialog" id="myModal">
    <div class="modal-dialog" role="document">
    <div class="modal-content">
        <div class="modal-header">
            <button class="close" type="button" data-dismiss="modal">
                <span aria-hiden="true">&times;</span>
            </button>
            <h4 class="modal-title"></h4>
        </div>
        <div class="modal-body">
            <p></p>
        </div>
        <div class="modal-footer">
            <button class="btn btn-default" type="button" data-dismiss="modal">
            关闭</button>
            <button class="btn btn-primary" type="button">保存</button>
        </div>
    </div>
    </div>
</div>
<script type="text/javascript" src="../jquery-3.1.1.js"></script>
<script type="text/javascript" src="../bootstrap/js/bootstrap.min.js"></script>
<script type="text/javascript">
$('#myModal').on('show.bs.modal', function (event)
{
    var src = event.relatedTarget.innerHTML;
    let modal = $(this);
    modal.find('.modal-title').html("【" + src + "】激发的对话框")
    modal.find('.modal-body p').html("<h4>对话框被显示出来了！</h4>");
});
</script>
```

粗体字代码为对话框的 show.bs.modal 事件绑定了事件监听器，这意味着当对话框显示时该事件监听函数将会被激发，该事件监听函数会修改对话框的内容。

浏览该页面，单击页面上的按钮将可以看到如图 8.4 所示的对话框。

图 8.4 对话框事件

▶▶ 8.2.5 基于事件源改变对话框内容

由于 Bootstrap 支持为对话框事件绑定事件监听函数，而且可通过事件对象来获取触发对话框的事件源，因此我们就可以根据触发对话框的事件源来改变对话框内容。

例如如下代码。

程序清单：codes\08\8.2\modal-vary-content.html

```html
<button type="button" class="btn btn-primary"
    data-toggle="modal" data-target="#myModal" data-who="crazyit">
    发送信息给 crazyit
</button>
<button type="button" class="btn btn-primary"
    data-toggle="modal" data-target="#myModal" data-who="fkjava">
    发送信息给 fkjava
</button>
<button type="button" class="btn btn-primary"
    data-toggle="modal" data-target="#myModal" data-who="fkit">
    发送信息给 fkit
</button>
<div class="modal" tabindex="-1" role="dialog" id="myModal">
    <div class="modal-dialog" role="document">
        <div class="modal-content">
            <div class="modal-header">
                <button class="close" type="button" data-dismiss="modal">
                    <span aria-hiden="true">&times;</span>
                </button>
                <h4 class="modal-title"></h4>
            </div>
            <div class="modal-body">
                <form>
                <div class="form-group">
                    <label for="recipient-name" class="control-label">收信人</label>
                    <input type="text" class="form-control" id="recipient-name">
                </div>
                <div class="form-group">
                    <label for="message-text" class="control-label">消息内容</label>
                    <textarea class="form-control" id="message-text"></textarea>
                </div>
                </form>
            </div>
            <div class="modal-footer">
                <button class="btn btn-default" type="button" data-dismiss="modal">
                    关闭</button>
                <button class="btn btn-primary" type="button">保存</button>
            </div>
        </div>
    </div>
</div>
<script type="text/javascript" src="../jquery-3.1.1.js"></script>
<script type="text/javascript" src="../bootstrap/js/bootstrap.min.js"></script>
<script type="text/javascript">
$('#myModal').on('show.bs.modal', function (event)
{
    // 获取触发对话框的按钮
    var button = $(event.relatedTarget);
    // 获取按钮上的 who 属性值
    var recipient = button.data('who');
    var modal = $(this);
    // 更新对话框的内容
    modal.find('.modal-title').text('向' + recipient + "发送新信息")
    modal.find('.modal-body input').val(recipient)
});
</script>
```

上面代码定义了 3 个按钮用于触发对话框，不管用户单击哪个按钮都会打开对话框。

当用户打开对话框时，代码将会获取按钮上设置的 data-who 属性值，然后在事件监听器中通过 data-who 属性值修改对话框的内容。

浏览该页面，单击按钮可打开如图 8.5 所示的对话框。

图 8.5　根据事件源改变对话框内容

8.3　下拉菜单

前面在介绍导航和按钮时介绍了下拉菜单的用法，主要是使用 data-*属性来触发下拉菜单。本节将会介绍使用 JS 脚本触发下拉菜单。此外，本节会更系统地归纳下拉菜单的用法。

Bootstrap 的对话框插件依赖 transition.js 和 dropdown.js 库。这两个 JS 库都包含在 bootstrap.js 或 bootstrap.min.js 中。

▶▶ 8.3.1　使用 data-*属性触发下拉菜单

使用 data-*属性触发下拉菜单时只需要指定一个属性。

➢ data-toggle：将该属性指定为 dropdown 即可。

不管是普通下拉菜单，还是按钮式下拉菜单，还是导航中的下拉菜单，都只需指定 data-toggle="dropdown"即可触发下拉菜单。在这种方式下，由于不需要在事件源上指定触发哪个下拉菜单，因此 Bootstrap 要求将触发事件源的按钮或链接与下拉菜单定义在同一个容器内。

下面代码示范了三种下拉菜单的触发方式。

程序清单：codes\08\8.3\dropdown-data.html

```html
<ul class="nav nav-tabs">
    <li role="presentation"><a href="#">主页</a></li>
    <li role="presentation" class="dropdown">
        <!-- 将链接元素变成能激发下拉菜单的按钮 -->
        <a class="dropdown-toggle" data-toggle="dropdown"
            href="#" role="button" aria-haspopup="true"
            aria-expanded="true">
            课程体系 <span class="caret"></span>
        </a>
        <!-- 使用 ul 添加下拉菜单 -->
        <ul class="dropdown-menu">
            <li><a href="#">Java 基础强化营</a></li>
            <li><a href="#">全栈式程序员就业营</a></li>
            <li><a href="#">全栈式程序员突击营</a></li>
        </ul>
    </li>
    <li role="presentation" class="active"><a href="#">师资介绍</a></li>
    <li role="presentation"><a href="#">教育理念</a></li>
```

```html
        <li role="presentation" class="disabled"><a href="#">退出系统</a></li>
</ul>
<!-- 普通下拉菜单 -->
<div class="dropdown">
    <button class="btn btn-default dropdown-toggle" type="button"
        data-toggle="dropdown"
        aria-haspopup="true" aria-expanded="true">
    下拉菜单（带分隔条）
        <span class="caret"></span>
    </button>
    <ul class="dropdown-menu">
        <li><a href="#">新建</a></li>
        <li><a href="#">打开</a></li>
        <li><a href="#">保存</a></li>
        <li role="separator" class="divider"></li>
        <li><a href="#">退出</a></li>
    </ul>
</div>
<!-- 按钮式下拉菜单 -->
<div class="btn-group">
    <button class="btn btn-default dropdown-toggle" type="button"
        data-toggle="dropdown"
        aria-haspopup="true" aria-expanded="true">
    按钮式下拉菜单（带分隔条）
        <span class="caret"></span>
    </button>
    <ul class="dropdown-menu">
        <li><a href="#">新建</a></li>
        <li><a href="#">打开</a></li>
        <li><a href="#">保存</a></li>
        <li role="separator" class="divider"></li>
        <li><a href="#">退出</a></li>
    </ul>
</div>
```

在该代码中定义了 3 个下拉菜单，分别是导航中的下拉菜单、普通下拉菜单和按钮式下拉菜单。不管是哪种下来菜单，我们都将触发下拉菜单的按钮和链接与下拉菜单定义在同一个容器中，并为按钮和链接指定 data-toggle="dropdown"属性，这样使用该按钮或链接即可打开下拉菜单。

▶▶ 8.3.2 使用 JS 触发下拉菜单

如果希望通过 JS 触发下拉菜单，可调用下拉菜单的 dropdown()方法，该方法有两个用法。

➢ 不传入参数：该方法默认打开下拉菜单。
➢ 传入'toggle'字符串参数：该字符串参数用于控制下拉菜单在打开或收起状态之间切换。

如下代码示范了如何使用 JS 触发下拉菜单。

程序清单：codes\08\8.3\dropdown-js.html

```html
<div class="container">
<button type="button" class="btn btn-primary">展开下拉菜单</button>
<!-- 普通下拉菜单 -->
<div class="dropdown">
    <a class="btn btn-default dropdown-toggle" type="button"
    aria-haspopup="true" aria-expanded="true"
    id="dropMenu">
```

```
          下拉菜单（带分隔条）
            <span class="caret"></span>
        </a>
        <ul class="dropdown-menu">
            <li><a href="#">新建</a></li>
            <li><a href="#">打开</a></li>
            <li><a href="#">保存</a></li>
            <li role="separator" class="divider"></li>
            <li><a href="#">退出</a></li>
        </ul>
</div>
</div>
<script type="text/javascript">
$(".btn").filter(".btn-primary").click(function()
{
    $("#dropMenu").dropdown();
});
</script>
```

程序中的粗体字代码调用了 dropdown()方法来触发下拉菜单。注意，调用 dropdown()方法的对象不是下拉菜单容器，也不是下拉菜单的<ul.../>元素，而是触发下拉菜单的事件源。

在上面代码中删除了下拉菜单的触发按钮上的 data-toggle="dropdown"属性，因此用户单击该按钮时不会出现下拉菜单。

绑定事件处理函数之后，用户要先单击界面上的第一个按钮，该按钮将会触发调用下拉菜单的 dropdown()方法，这就相当于完成触发按钮与下拉菜单之间的绑定。接下来单击触发按钮即可显示下拉菜单，下拉菜单只能显示一次，之后再无反应。实际上这样做并没有什么意义，仅仅只是方便我们更好地了解 Bootstrap 下拉菜单的触发原理。

▶▶ 8.3.3 下拉菜单事件

Bootstrap 为下拉菜单提供了如下事件。

- show.bs.dropdown：当下拉菜单开始显示时触发该方法。
- shown.bs.dropdown：当下拉菜单显示完成时触发该方法。
- hide.bs.dropdown：当下拉菜单开始隐藏时触发该方法。
- hidden.bs.dropdown：当下拉菜单隐藏完成时触发该方法。

如下代码示范了如何监听下拉菜单的事件。

程序清单：codes\08\8.3\dropdown-event.html

```
<div class="container">
<!-- 普通下拉菜单 -->
<div class="dropdown">
    <a class="btn btn-default dropdown-toggle" type="button"
    aria-haspopup="true" aria-expanded="true"
    data-toggle="dropdown" id="dropMenu">
    下拉菜单（带分隔条）
        <span class="caret"></span>
    </a>
    <ul class="dropdown-menu">
        <li><a href="#">新建</a></li>
        <li><a href="#">打开</a></li>
        <li><a href="#">保存</a></li>
        <li role="separator" class="divider"></li>
        <li><a href="#">退出</a></li>
    </ul>
</div>
</div>
```

```
<script type="text/javascript">
$(".dropdown").on("show.bs.dropdown", function(e){
    console.log("下拉菜单开始显示");
}).on("shown.bs.dropdown", function(e){
    console.log("下拉菜单显示完成");
}).on("hide.bs.dropdown", function(e){
    console.log("下拉菜单开始隐藏");
}).on("hidden.bs.dropdown", function(e){
    console.log("下拉菜单隐藏完成");
});
</script>
```

粗体字代码对下拉菜单的 4 个事件都绑定了事件处理函数，当下拉菜单显示、隐藏之后，接下来即可在浏览器控制台看到如图 8.6 所示的效果。

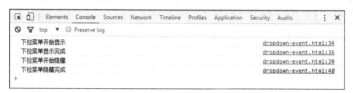

图 8.6　下拉菜单的事件

8.4　滚动监听

滚动监听实际上是一种页面内的导航方式。当页面内容很多时，开发者往往会在页面上方定义一系列导航链接，这些链接并不链接到其他页面，而是链接当前页面的锚点。当用户单击页面上方的链接时，页面将会自动定位到对应锚点所在的位置——这是 Web 页面开发中常用的技术。

滚动监听对这种导航进行了改进。如果用户在页面内容中通过滚动条进行滚动导航时，当用户滚动到某个锚点时，滚动监听会自动激活对应的导航链接，显示用户当前正在查看的位置。

8.4.1　通过 data-*属性实现滚动监听

使用 data-*属性实现滚动监听只要在被滚动的内容元素（如<div.../>元素或<body.../>元素）上指定两个属性即可。

> data-spy：该属性的值始终是'scroll'字符串。
> data-target：该属性的值用于指定对应的导航条，该属性值可以是任意的 CSS 选择器，通常会使用 ID 选择器。

下面代码示范了如何使用 data-*属性实现滚动监听。

程序清单：codes\08\8.4\scrollspy-data.html

```
<div class="container">
<nav id="fknavbar" class="navbar navbar-default navbar-static">
    <div class="container-fluid">
        <div class="navbar-header">
            <a class="navbar-brand" href="#">滚动监听</a>
        </div>
        <ul class="nav navbar-nav">
            <li class=""><a href="#java">疯狂 Java 讲义</a></li>
            <li class=""><a href="#android">疯狂 Android 讲义</a></li>
            <li class="dropdown">
                <a href="#" class="dropdown-toggle" data-toggle="dropdown"
                    role="button"
```

```
                        aria-haspopup="true" aria-expanded="false">前端图书
                        <span class="caret"></span>
                    </a>
                    <ul class="dropdown-menu">
                        <li class="active"><a href="#html">疯狂 HTML 5 讲义</a></li>
                        <li role="separator" class="divider"></li>
                        <li><a href="#front">疯狂前端开发讲义</a></li>
                    </ul>
                </li>
            </ul>
        </div>
    </nav>
</div>
<div class="container">
    <div data-spy="scroll" data-target="#fknavbar" class="scrollspy-content">
        <h3 id="java">疯狂 Java 讲义</h3>
        <p>s</p><p>s</p><p>s</p><p>s</p><p>s</p>
        <h3 id="android">疯狂 Android 讲义</h3>
        <p>s</p><p>s</p><p>s</p><p>s</p><p>s</p>
        <h3 id="html">疯狂 HTML 5 讲义</h3>
        <p>s</p><p>s</p><p>s</p><p>s</p><p>s</p>
        <h3 id="front">疯狂前端开发讲义</h3>
        <p>s</p><p>s</p><p>s</p><p>s</p><p>s</p>
    </div>
</div>
```

第一段代码使用<nav.../>元素定义了一个导航条，在该导航条内先定义了一个品牌图标（该品牌图标并没有导航作用），接下来程序在导航条内定义了 3 个导航项，其中第三个导航项其实包含了两个导航菜单项。从该导航条的代码来看，每个导航链接都会链接到相应的页面锚点——这与前面介绍的导航条并没有任何区别。

本例的关键在于页面中的粗体字代码，这行粗体字代码指定了 data-spy="scroll"和 data-target="#fknavbar"属性，其中第一个属性指定要对该元素执行滚动监听；第二个属性指定该元素对应的导航条为 id 为 fknavbar 的导航条。增加这一行之后，Bootstrap 的导航监听插件就会发挥作用了。

为了让页面中被监听的<div.../>元素中出现滚动条，为该元素指定了.scrollspy- content 样式，该样式的代码如下：

```
.scrollspy-content {
    position:relative;
    height: 100px;
    overflow-y: scroll;
}
```

该样式用于控制目标元素的高度只有 100px，这是为了限制目标元素的高度，从而让目标元素上能出现滚动条。此外在该样式中还指定了 overflow-y:scroll，该属性用于设置在垂直方向上显示滚动条。此外，对于被监听的组件，通常需要设置 position: relative;，即采用相对定位的方式。

> **注意：**
> 无论使用何种实现方式，被滚动监听的组件都应该采用相对定位的方式，也就是设置 position: relative;。

浏览该页面，滚动页面中的显示内容即可看到如图 8.7 所示的效果。

图 8.7 滚动监听

很多时候，开发者希望直接对页面内容整体进行滚动监听——这其实就是对<body.../>元素进行滚动监听，为此只要将 data-spy="scroll" data-target="#fknavbar"这两个属性添加到<body.../>元素上即可。

▶▶ 8.4.2 使用 JS 实现滚动监听

除了可以使用 data-spy 和 data-target 两个属性实现滚动监听之外，Bootstrap 也支持使用 JS 实现滚动监听。

使用 JS 实现滚动监听只要调用 scrollspy()方法即可，该方法有两种调用方法。

- 传入一个形如{ target: '#fknavbar' }的对象参数，其中，target 属性值指定滚动监听对应的导航条组件。
- 传入一个'refresh'字符串参数，其中，target 属性值指定滚动监听对应的导航条组件。如果被滚动监听的 HTML 元素存在增加、删除子元素的操作，则需要按如下方式调用 scrollspy()方法。

```
$('[data-spy="scroll"]').each(function () {
   var $spy = $(this).scrollspy('refresh')
})
```

下面代码示范了如何使用 JS 实现滚动监听。

程序清单：codes\08\8.4\scrollspy-js.html

```html
<body style="padding-top:50px">
<div class="container">
<nav id="fknavbar" class="navbar navbar-default navbar-fixed-top">
    <div class="container-fluid">
        <div class="navbar-header">
            <a class="navbar-brand" href="#">滚动监听</a>
        </div>
        <ul class="nav navbar-nav">
            ...
        </ul>
    </div>
</nav>
</div>
<h3 id="java">疯狂 Java 讲义</h3>
<p>s</p><p>s</p><p>s</p><p>s</p><p>s</p>
<h3 id="android">疯狂 Android 讲义</h3>
<p>s</p><p>s</p><p>s</p><p>s</p><p>s</p><p>s</p>
<h3 id="html">疯狂 HTML 5 讲义</h3>
<p>s</p><p>s</p><p>s</p><p>s</p><p>s</p><p>s</p>
<h3 id="front">疯狂前端开发讲义</h3>
<p>s</p><p>s</p><p>s</p><p>s</p><p>s</p><p>s</p>
<script type="text/javascript">
   $(document.body).scrollspy({target:'#fknavbar', offset: 180});
```

```
    </script>
</body>
```

该代码直接对页面的<body.../>元素进行滚动监听,但在页面中并未对<body.../>元素指定 data-spy 和 data-target 两个属性,而是通过 JS 代码调用 scrollspy()方法来实现对<body.../>元素的滚动监听。

为了保证页面滚动时滚动条不会消失,本例将滚动条设置为.navbar-fixed-top 风格,这意味着该滚动条始终固定在页面上方。由于滚动条固定在页面上方会遮挡页面的部分内容,因此还为<body.../>元素设置了 padding-top:50px。

浏览该页面,滚动页面内容时即可看到如图 8.8 所示的效果。

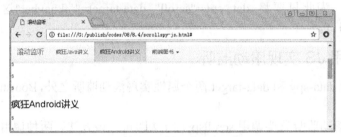

图 8.8 使用 JS 实现滚动监听

Bootstrap 为滚动监听也提供了一个事件:activate.bs.scrollspy,每当一个新的导航链接被激活时,该事件对应的监听函数都会被激发。例如可以使用如下代码来监听该事件:

```
$('#fknavbar').on('activate.bs.scrollspy', function () {
    // 处理代码...
});
```

8.5 标签页

本节所介绍的标签页和前一章所介绍的标签式导航、胶囊式导航非常相似,但二者存在一定的区别:对于标签式导航、胶囊式导航,它们只是简单的导航链接;而本节所介绍的标签页并不用于导航,而是用于切换底部的内容面板。

Bootstrap 的标签页插件依赖 transition.js 和 scrollspy.js 库。这两个 JS 库包含在 bootstrap.js 或 bootstrap.min.js 中。

8.5.1 静态标签页

Bootstrap 的标签页由如下两个部分组成。
- 导航组件:该导航组件与前面介绍的标签式导航、胶囊式导航完全相同。
- 内容面板:内容面板通常是一个被指定了 class="tab-content"的<div.../>元素,该元素可以包含多个标签页,每个标签页又通常是一个被指定了 class="tab-pane"的<div.../>元素。

了解了标签页的结构之后,接下来即可按该结构来构建静态标签页组件。如下代码构建了一个简单的标签页。

程序清单:codes\08\8.5\tab-content.html

```html
<ul class="nav nav-tabs">
    <li class="active"><a href="#">疯狂 Java 讲义</a></li>
    <li><a href="#">疯狂 Android 讲义</a></li>
    <li class="dropdown">
        <a href="#" class="dropdown-toggle" data-toggle="dropdown"
```

```
                    role="button"
                    aria-haspopup="true" aria-expanded="false">前端图书
                    <span class="caret"></span>
                </a>
                <ul class="dropdown-menu">
                    <li><a href="#">疯狂 HTML 5 讲义</a></li>
                    <li role="separator" class="divider"></li>
                    <li><a href="#">疯狂前端开发讲义</a></li>
                </ul>
            </li>
        </ul>
        <div class="tab-content">
            <div class="tab-pane active">
                <h3>疯狂 Java 讲义</h3>
                <p>必读的 Java 学习经典，你懂的，不多说。</p>
            </div>
            <div class="tab-pane">
                <h3>疯狂 Android 讲义</h3>
                <p>最全面、最详细的 Android 学习图书，全面覆盖 Android 开发手册</p>
            </div>
            <div class="tab-pane">
                <h3>疯狂 HTML 5 讲义</h3>
                <p>全面、细致的前端开发基础图书，全面深入介绍 HTML 5/CSS 3/JavaScript 知识。</p>
            </div>
            <div class="tab-pane">
                <h3>疯狂前端开发讲义</h3>
                <p>前端开发的进阶图书，全面深入介绍 jQuery/AngularJS/Bootstrap 等框架。</p>
            </div>
        </div>
```

在这个示例中，前面部分代码定义了一个标签式导航，这个标签式导航与前一章介绍的并没有任何区别。后面部分代码则用于定义标签页的内容面板，需要为内容面板指定 class="tab-content"，对内容面板的每个标签页都需要指定 class="tab-pane" 样式。

这里将标签式导航的第一个导航链接设为激活状态，同时也将内容面板中第一个标签页设为激活状态，这样即可使标签状态与标签页状态保持一致。

浏览该页面可看到如图 8.9 所示的效果。

图 8.9 静态标签页

本示例的标签页是静态的，还不能响应用户的操作，因此标签页不会随着用户鼠标单击而切换。

> **提示:** 本示例中的标签页上面的导航链接下还嵌套了下拉菜单，实际上不嵌套下拉菜单也是允许的，而且更加简单。

▶▶ 8.5.2 使用 data-*属性切换标签页

与前面介绍的 JS 组件类似的是，Bootstrap 的标签页同样支持两种切换方式。

➢ 使用 data-*属性实现切换。

➢ 使用 JS 脚本实现切换。

为了使用 data-*属性实现切换，只要为导航组件的导航链接指定如下两个属性即可。

➢ **data-toggle**：可将该属性指定为"tab"或"pill"字符串，其中前者表示普通标签页，后者表示胶囊式标签页。

➢ **data-target**：该属性指定该导航链接对应的标签页。该属性可以是各种 CSS 选择器，通常建议使用 ID 选择器。对于使用超链接作为导航链接的情形，可使用超链接的 href 属性代替该属性。

如下代码示范了如何使用 data-*属性实现标签页的切换。

程序清单：codes\08\8.5\tab-content-data.html

```html
<ul class="nav nav-tabs">
    <li class="active"><a href="#" data-toggle="tab" data-target="#java">疯狂 Java 讲义</a></li>
    <li><a href="#" data-toggle="tab" data-target="#android">疯狂 Android 讲义</a></li>
    <li class="dropdown">
        <a href="#" class="dropdown-toggle" data-toggle="dropdown"
            role="button"
            aria-haspopup="true" aria-expanded="false">前端图书
            <span class="caret"></span>
        </a>
        <ul class="dropdown-menu">
            <li><a href="#" data-toggle="tab" data-target="#html">疯狂 HTML 5 讲义</a></li>
            <li role="separator" class="divider"></li>
            <li><a href="#" data-toggle="tab" data-target="#front">疯狂前端开发讲义</a></li>
        </ul>
    </li>
</ul>
<div class="tab-content">
    <div class="tab-pane active" id="java">
        <h3>疯狂 Java 讲义</h3>
        <p>必读的 Java 学习经典，你懂的，不多说。</p>
    </div>
    <div class="tab-pane" id="android">
        <h3>疯狂 Android 讲义</h3>
        <p>最全面、最详细的 Android 学习图书，全面覆盖 Android 开发手册</p>
    </div>
    <div class="tab-pane" id="html">
        <h3>疯狂 HTML 5 讲义</h3>
        <p>全面、细致的前端开发基础图书，全面深入介绍 HTML 5/CSS 3/JavaScript 知识。</p>
    </div>
    <div class="tab-pane" id="front">
        <h3>疯狂前端开发讲义</h3>
        <p>前端开发的进阶图书，全面深入介绍 jQuery/AngularJS/Bootstrap 等框架。</p>
    </div>
</div>
```

粗体字代码负责为每个导航链接指定 data-toggle="tab"属性，告诉 Bootstrap 该链接用于切换标签页。粗体字代码还为每个导航链接指定了 data-target 属性，告诉 Bootstrap 该链接用于打开哪个标签页。

浏览该页面，并通过导航链接来切换标签页，效果如图 8.10 所示。

图 8.10 使用 data-*属性切换标签页

8.5.3 使用 JS 切换标签页

使用 JS 切换标签页也非常简单。tab.js 插件为导航链接提供了 tab()方法，只要调用该方法时传入"show"字符串参数即可显示对应的内容标签。

此外，如果希望切换标签页时使用过渡动画，只要为每个内容标签都指定.fade 样式即可。

如下代码示范了如何使用 JS 切换标签页。

程序清单：codes\08\8.5\tab-content-js.html

```html
<div class="container">
<ul id="tabNav" class="nav nav-tabs">
    <li class="active"><a href="#java">
    疯狂 Java 讲义</a></li>
    <li><a href="#android">疯狂 Android 讲义</a></li>
    <li class="dropdown">
        <a href="#" class="dropdown-toggle" data-toggle="dropdown"
            role="button"
            aria-haspopup="true" aria-expanded="false">前端图书
            <span class="caret"></span>
        </a>
        <ul class="dropdown-menu">
            <li><a href="#html">疯狂 HTML 5 讲义</a></li>
            <li role="separator" class="divider"></li>
            <li><a href="#front">疯狂前端开发讲义</a></li>
        </ul>
    </li>
</ul>
<div class="tab-content">
    <div class="tab-pane active" id="java">
        <h3>疯狂 Java 讲义</h3>
        <p>必读的 Java 学习经典，你懂的，不多说。</p>
    </div>
    <div class="tab-pane" id="android">
        <h3>疯狂 Android 讲义</h3>
        <p>最全面、最详细的 Android 学习图书，全面覆盖 Android 开发手册</p>
    </div>
    <div class="tab-pane" id="html">
        <h3>疯狂 HTML 5 讲义</h3>
        <p>全面、细致的前端开发基础图书，全面深入介绍 HTML 5/CSS 3/JavaScript 知识。</p>
    </div>
    <div class="tab-pane" id="front">
        <h3>疯狂前端开发讲义</h3>
        <p>前端开发的进阶图书，全面深入介绍 jQuery/AngularJS/Bootstrap 等框架。</p>
    </div>
</div>
</div>
<script type="text/javascript">
$("#tabNav a").click(function()
{
```

```
        $(this).tab("show");
    });
</script>
```

在该代码示例中，删除了导航链接中所有的 data-*属性，但修改了链接的 href 属性（href 属性可代替 data-target 属性），每个 href 属性值都是一个 ID 选择器，这样 Bootstrap 即可知道该导航链接要打开哪个内容标签。

粗体字代码调用了导航链接的 tab()方法以显示该导航链接对应的内容标签，这样该标签页组件即可实现正常切换。

▶▶ 8.5.4 胶囊式标签页

如果要实现胶囊式标签页，只要对普通标签页进行如下修改即可：
- 将导航组件的导航风格从.nav-tabs 改为.nav-pills，这意味着导航组件改为使用胶囊式导航。
- 将导航标签的 data-toggle="tab"改为 data-toggle="pill"，这意味着导航链接以胶囊式风格切换内容标签。

如下代码示范了胶囊式标签页的实现方法。

程序清单：codes\08\8.5\tab-content-pills.html

```
<ul class="nav nav-pills">
    <li class="active"><a href="#java" data-toggle="pill">
    疯狂 Java 讲义</a></li>
    <li><a href="#android" data-toggle="pill">疯狂 Android 讲义</a></li>
    <li class="dropdown">
        <a href="#" class="dropdown-toggle" data-toggle="dropdown"
            role="button"
            aria-haspopup="true" aria-expanded="false">前端图书
            <span class="caret"></span>
        </a>
        <ul class="dropdown-menu">
            <li><a href="#html" data-toggle="pill">疯狂 HTML 5 讲义</a></li>
            <li role="separator" class="divider"></li>
            <li><a href="#front" data-toggle="pill">疯狂前端开发讲义</a></li>
        </ul>
    </li>
</ul>
<div class="tab-content">
    <div class="tab-pane fade active" id="java">
        <h3>疯狂 Java 讲义</h3>
        <p>必读的 Java 学习经典，你懂的，不多说。</p>
    </div>
    <div class="tab-pane fade" id="android">
        <h3>疯狂 Android 讲义</h3>
        <p>最全面、最详细的 Android 学习图书，全面覆盖 Android 开发手册</p>
    </div>
    <div class="tab-pane fade" id="html">
        <h3>疯狂 HTML 5 讲义</h3>
        <p>全面、细致的前端开发基础图书，全面深入介绍 HTML 5/CSS 3/JavaScript 知识。</p>
    </div>
    <div class="tab-pane fade" id="front">
        <h3>疯狂前端开发讲义</h3>
        <p>前端开发的进阶图书，全面深入介绍 jQuery/AngularJS/Bootstrap 等框架。</p>
    </div>
</div>
```

在该示例中的第一行粗体字代码将导航组件的导航风格改为了.nav-pills，这意味着该导航组件将会变成胶囊式风格导航。第二行粗体字代码则修改了导航链接的 data-toggle 属性，将该属性的值改为了 pill，指定为胶囊式标签页。

浏览该页面，通过导航链接切换内容标签可看到如图 8.11 所示的效果。

图 8.11　胶囊式标签页

8.5.5　标签页事件

Bootstrap 为导航标签提供了如下事件。

- show.bs.tab：当指定标签开始显示时触发该事件。
- shown.bs.tab：当指定标签完全显示出来时触发该事件。
- hide.bs.tab：当指定标签开始隐藏时触发该事件。
- hidden.bs.tab：当指定标签完全隐藏时触发该事件。

当某个导航标签上的事件监听函数被触发时，程序可通过事件的 target 属性获取该事件当前的事件源，比如单击某个导航标签，该导航标签即显示出来，那么该事件的 target 属性就返回当前被单击的导航标签。此外，事件的 relatedTarget 属性则获取当前事件所关联的事件源，比如单击某个导航标签，该操作将会导致另一个之前显示的标签被隐藏起来，那么该事件的 relatedTarget 属性就返回即将被隐藏的导航标签。

下面代码示范了标签页的事件的用法。

程序清单：codes\08\8.5\tab-content-event.html

```html
<div class="container">
<ul class="nav nav-tabs">
  <li class="active"><a href="#java" data-toggle="tab">
  疯狂 Java 讲义</a></li>
  <li><a href="#android" data-toggle="tab">疯狂 Android 讲义</a></li>
  <li class="dropdown">
    <a href="#" class="dropdown-toggle" data-toggle="dropdown"
      role="button"
      aria-haspopup="true" aria-expanded="false">前端图书
      <span class="caret"></span>
    </a>
    <ul class="dropdown-menu">
      <li><a href="#html" data-toggle="tab">疯狂 HTML 5 讲义</a></li>
      <li role="separator" class="divider"></li>
      <li><a href="#front" data-toggle="tab">疯狂前端开发讲义</a></li>
    </ul>
  </li>
</ul>
<div class="tab-content">
  <div class="tab-pane active" id="java">
    <h3>疯狂 Java 讲义</h3>
    <p>必读的 Java 学习经典，你懂的，不多说。</p>
```

```
        </div>
        <div class="tab-pane" id="android">
            <h3>疯狂 Android 讲义</h3>
            <p>最全面、最详细的 Android 学习图书,全面覆盖 Android 开发手册</p>
        </div>
        <div class="tab-pane" id="html">
            <h3>疯狂 HTML 5 讲义</h3>
            <p>全面、细致的前端开发基础图书,全面深入介绍 HTML 5/CSS 3/JavaScript 知识。</p>
        </div>
        <div class="tab-pane" id="front">
            <h3>疯狂前端开发讲义</h3>
            <p>前端开发的进阶图书,全面深入介绍 jQuery/AngularJS/Bootstrap 等框架。</p>
        </div>
    </div>
</div>
<script type="text/javascript">
$(".nav-tabs a").first().on('show.bs.tab' , function(e)
{
    console.log('show:' + e.target + ",关联元素: " + e.relatedTarget);
}).on('shown.bs.tab' , function(e)
{
    console.log('shown:' + e.target + ",关联元素: " + e.relatedTarget);
}).on('hide.bs.tab' , function(e)
{
    console.log('hide:' + e.target + ",关联元素: " + e.relatedTarget);
}).on('hidden.bs.tab' , function(e)
{
    console.log('hidden:' + e.target + ",关联元素: " + e.relatedTarget);
})
</script>
```

在该示例中,粗体字代码为标签页中第一个标签的 4 个事件都绑定了事件处理函数,这样无论该对象上发生哪种事件,这些事件处理函数都会被触发。

浏览该页面时,系统默认显示第一个标签。单击第二个标签(#android 标签),标签页将会隐藏第一个标签,因此第一个标签将会依次触发 hide.bs.tab、hidden.bs.tab 两个事件;再次单击第一个标签(#java 标签),标签页显示第一个标签,因此第一个标签将会依次触发 show.bs.tab、shown.bs.tab 两个事件。运行过程如图 8.12 所示。

图 8.12 标签页事件

8.6 工具提示

我们在网页上经常会看到一种效果:当用户把鼠标悬停在某个按钮或链接上时,该按钮和链接上会出现一段提示信息,这段提示信息可以对该按钮或链接进行更详细的说明——这种提示信息就是工具提示。

实际上,浏览器本身已经提供了工具提示的支持,只要开发者为按钮或链接设置 title 属性,浏览器会自动将该 title 属性的值以工具提示的方式显示出来。但浏览器本身提供的工具提示比较简陋：背景色始终是淡黄色，而且字体也比较简单，远远谈不上优雅和美观。为此，Bootstrap 提供了更美观的工具提示。

Bootstrap 的工具提示插件依赖 tooltip.js 库。这个 JS 库包含在 bootstrap.js 或 bootstrap.min.js 中。

▶▶ 8.6.1 使用 data-*属性和 JS 触发工具提示

Bootstrap 的工具提示与前面插件不同，它需要同时使用 data-*属性和 JS 才能触发。

给按钮或链接添加工具提示，请按如下步骤进行：

① 为按钮或链接设置 data-toggle="tooltip"属性，这个属性是固定的。

② 为按钮或链接设置 title 或 data-title 属性，这两个属性的属性值都可作为工具提示显示的内容。Bootstrap 优先读取 title 属性值作为工具提示的内容，只有当 title 属性不存在或该属性值为空时才会读取 data-title 属性值作为工具提示的内容。

③ 为按钮或链接设置 data-placement 属性，该属性控制工具提示的出现位置。该属性支持 4 个值："top"、"right"、"bottom"、"left"，分别指定工具提示出现在按钮或链接的顶部、右边、底部或左边。如果不指定该属性，工具提示默认出现在按钮或链接的顶部。

④ 通过 JS 调用工具提示的 tooltip()方法激活工具提示。例如通过如下代码调用：

```
$('[data-toggle="tooltip"]').tooltip()
```

该 JS 代码负责获取所有被指定了 data-toggle="tooltip"属性的元素，再调用它们的 tooltip() 方法激活工具提示。

下面代码示范了 Bootstrap 工具提示的用法。

程序清单：codes\08\8.6\tooltip.html

```
<div class="container">
<h4>超链接的工具提示</h4>
<a href="#" data-toggle="tooltip" title="默认的 Tooltip">
默认的工具提示</a><br>
<a href="#" data-toggle="tooltip"
    data-placement="left" title="左侧的工具提示">
左侧的工具提示</a><br>
<a href="#" data-toggle="tooltip"
    data-placement="right" title="右侧的工具提示">
右侧的工具提示</a><br>
<a href="#" data-toggle="tooltip" data-original-title="顶部的工具提示"
    data-placement="top" title="">
顶部的工具提示</a><br>
<a href="#" data-toggle="tooltip"
    data-placement="bottom" data-original-title="底部的工具提示">
底部的工具提示</a><br>
<h4>按钮的工具提示</h4>
<button class="btn btn-info" data-toggle="tooltip" title="默认的 Tooltip">
默认的工具提示</button>
<button class="btn btn-info" data-toggle="tooltip"
    data-placement="left" title="左侧的工具提示">
左侧的工具提示</button>
<button class="btn btn-info" data-toggle="tooltip"
    data-placement="right" title="右侧的工具提示">
右侧的工具提示</button>
<button class="btn btn-info" data-toggle="tooltip"
    data-placement="top" title="顶部的工具提示">
顶部的工具提示</button>
```

```
<button class="btn btn-info" data-toggle="tooltip"
    data-placement="bottom" title="底部的工具提示">
底部的工具提示</button>
</div>
<script type="text/javascript">
$(function () {
    $("[data-toggle='tooltip']").tooltip();
});
</script>
```

从上面的粗体字代码可以看出，对链接添加工具提示和对按钮添加工具提示的方法并没有太大的区别，都需要按上面介绍的步骤添加 data-toggle="tooltip"、data-placement 属性和 title 属性。在代码中的最后一段 JS 代码负责调用工具提示的 tooltip()方法激发工具提示。

浏览该页面，将鼠标移动到任意一个超链接上，就可以看到 Bootstrap 的工具提示。如图 8.13 所示。

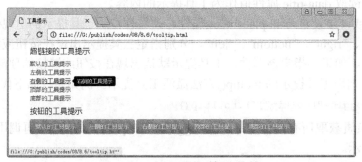

图 8.13　超链接上的工具提示

将鼠标移动到按钮上，同样可以看到 Bootstrap 的工具提示，如图 8.14 所示。

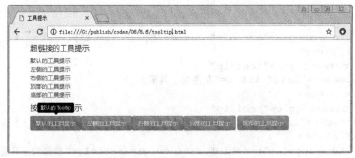

图 8.14　按钮上的工具提示

从图 8.14 可以看出，如果不指定 data-placement 属性，工具提示默认出现在链接或按钮的顶部。

> 由于工具提示本身就是一个被指定了 CSS 样式的<div.../>元素，因此如果工具提示的内容较长，可能会自动换行。如果开发者不希望工具提示的内容自动换行，则可以添加 white-space: nowrap;避免这个问题。

▶▶ 8.6.2　工具提示支持的属性

当使用 data-*属性定义工具提示时，Bootstrap 除了提供了 data-toggle、data-placenment 属性之外，Bootstrap 还为工具提示提供了其他大量支持属性，下面分别介绍它们。

- data-animation：boolean 属性，用于指定是否对工具提示应用 .fade 过渡效果。
- data-container：指定将工具提示附加到特定元素上，该属性支持各种选择器或 false 值，false 值表示不附加。比如 container:'body' 表明将工具提示附加到页面 <body.../> 元素上。
- data-delay：指定延迟多少毫秒来显示或关闭工具提示；该属性支持简单数值或形如 {'show': 500, 'hide':200} 的对象，该对象指定延迟 500 ms 显示工具提示，延迟 200 ms 关闭工具提示。
- data-html：指定是否将 HTML 代码直接转换为工具提示。该属性默认为 false，Bootstrap 先使用 text() 方法处理工具提示内容，然后再添加工具提示。
- data-placement：指定工具提示的出现位置。该属性的默认值是 'top'。
- data-selector：如果指定了该属性，那么工具提示将会由该属性表示的 HTML 元素负责代理。
- data-template：指定工具提示的 HTML 模板，该属性的默认值是 Bootstrap 提供的 HTML 模板。
- data-title：设置默认的工具提示内容。当 title 属性不存在或属性值为空时，该属性才会发挥作用。
- data-trigger：设置触发工具提示的方法，可选值为 click | hover | focus | manual，该属性的默认值是 hover——这意味着只要鼠标悬停就会触发工具提示。该属性还支持多个属性值的组合。比如 click|hover——这意味着鼠标悬停或单击都会触发工具提示。

使用 JS 激活工具提示要调用工具提示的 tooltip() 方法，调用该方法时可传入如下参数。

- 字符串参数：该字符串参数支持 'show'、'hide'、'toggle' 和 'destroy' 等字符串，分别表示显示工具提示、隐藏工具提示、切换工具提示的显示/隐藏、销毁工具提示。

> **注意：** 如果调用 tooltip() 方法时传入了 'destroy' 字符串，那就意味着要销毁该工具提示，因此页面以后再也不会显示该工具提示。

- JS 对象参数：该 JS 对象支持上面介绍的以 data- 开头的各种选择，只是无须使用 data- 前缀。例如如下代码。

程序清单：codes\08\8.6\tooltip-option.html

```
$(function () {
    $("[data-toggle='tooltip']").tooltip(
    {
        // 控制工具提示出现在右边
        placement: 'right',
        delay: 200
    });
});
```

上面代码在调用 tooltip() 方法时传入了一个 JS 对象，该对象指定了 placement 为 right，这意味着所有工具提示都会出现在链接或按钮的右边；此外该 JS 对象还指定了 delay 为 200，这意味着延迟 200 ms 才会显示、隐藏工具提示。

8.6.3 工具提示的事件

Bootstrap 为工具提示提供了如下事件。

- show.bs.tooltip：当工具提示开始显示时触发该事件。

- shown.bs.tooltip：当工具提示显示完成时触发该事件。
- hide.bs.tooltip：当工具提示开始被隐藏时触发该事件。
- hidden.bs.tooltip：当工具提示隐藏完成时触发该事件。
- inserted.bs.tooltip：当工具提示的 HTML 模板加入 DOM 文档时触发该事件，该事件发生在 show.bs.tooltip 事件之后。

下面代码示范了工具提示的事件触发顺序。

程序清单：codes\08\8.6\tooltip-event.html

```html
<div class="container">
<button class="btn btn-info" data-toggle="tooltip"
    title="工具提示事件">
工具提示事件</button>
</div>
<script type="text/javascript">
$(function () { $("[data-toggle='tooltip']").tooltip(
    {
        placement:"bottom"
    });
    $("[data-toggle='tooltip']").on('show.bs.tooltip', function()
    {
        console.log("show.bs.tooltip");
    }).on('shown.bs.tooltip', function()
    {
        console.log("shown.bs.tooltip");
    }).on('hide.bs.tooltip', function()
    {
        console.log("hide.bs.tooltip");
    }).on('hidden.bs.tooltip', function()
    {
        console.log("hidden.bs.tooltip");
    }).on('inserted.bs.tooltip', function()
    {
        console.log("inserted.bs.tooltip");
    })
});
</script>
```

上面的粗体字代码为工具提示的 5 个事件都绑定了事件监听函数。当用户把鼠标移动到按钮上时，工具提示显示出来；当用户把鼠标从按钮上移开时，工具提示被隐藏起来。在这个过程中，工具提示依次触发的事件如图 8.15 所示。

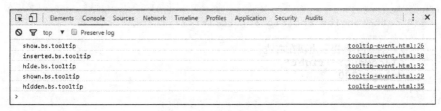

图 8.15　工具提示的事件

8.7　弹出框

弹出框与工具提示非常相似，只是弹出框更大，并且支持标题和内容，而且支持的内容更多。与工具提示不同的是，弹出框需要用户单击链接或按钮才会显示出来，用户再次单击链接或按钮会隐藏弹出框。

弹出框插件依赖 popover.js 和 tooltip.js 库。这两个 JS 库包含在 bootstrap.js 或 bootstrap.min.js 中。

8.7.1 使用 data-*属性和 JS 触发弹出框

弹出框也需要同时使用 data-*属性和 JS 才能触发。

给按钮或链接添加弹出框，请按如下步骤进行：

① 为按钮或链接设置 data-toggle="popover"属性，这个属性是固定的。

② 为按钮或链接设置 title 或 data-title 属性，这两个属性的属性值都可作为弹出框的标题。Bootstrap 优先读取 title 属性值作为弹出框的标题，只有当 title 属性不存在或该属性值为空时才会读取 data-title 属性值作为弹出框的标题；为按钮或链接设置 data-content 属性，该属性的值将作为弹出框的内容。

③ 为按钮或链接设置 data-placement 属性，该属性控制弹出框的出现位置。该属性支持 4 个值："top"、"right"、"bottom"、"left"，分别指定弹出框出现在按钮或链接的顶部、右边、底部或左边。如果不指定该属性，弹出框默认出现在按钮或链接的顶部。

④ 通过 JS 调用弹出框的 popover()方法激活弹出框。例如可通过如下代码调用：

```
$('[data-toggle="popover"]').popover ()
```

该 JS 代码负责获取所有指定了 data-toggle="popover"属性的元素，再调用它们的 popover()方法来激活弹出框。

下面代码示范了 Bootstrap 弹出框的用法。

程序清单：codes\08\8.7\popover.html

```
<div class="container">
<h4>超链接的弹出框</h4>
<a href="#" data-toggle="popover" title="默认的弹出框"
    data-content="弹出框的内容<br>第二行内容">
默认的弹出框</a><br>
<a href="#" data-toggle="popover"
    data-placement="left" title="左侧的弹出框"
    data-content="弹出框的内容<br>第二行内容">
左侧的弹出框</a><br>
<a href="#" data-toggle="popover"
    data-placement="right" title="右侧的弹出框"
    data-content="弹出框的内容<br>第二行内容">
右侧的弹出框</a><br>
<a href="#" data-toggle="popover" data-title="顶部的弹出框"
    data-placement="top" title=""
    data-content="弹出框的内容<br>第二行内容">
顶部的弹出框</a><br>
<a href="#" data-toggle="popover"
    data-placement="bottom" data-title="底部的弹出框"
    data-content="弹出框的内容<br>第二行内容">
底部的弹出框</a><br>
<h4>按钮的弹出框</h4>
<button class="btn btn-info" data-toggle="popover" title="默认的弹出框"
    data-content="弹出框的内容<br>第二行内容">
默认的弹出框</button>
<button class="btn btn-info" data-toggle="popover"
    data-placement="left" title="左侧的弹出框"
    data-content="弹出框的内容<br>第二行内容">
左侧的弹出框</button>
```

```
    <button class="btn btn-info" data-toggle="popover"
        data-placement="right" title="右侧的弹出框"
        data-content="弹出框的内容<br>第二行内容">
右侧的弹出框</button>
    <button class="btn btn-info" data-toggle="popover"
        data-placement="top" title="顶部的弹出框"
        data-content="弹出框的内容<br>第二行内容">
顶部的弹出框</button>
    <button class="btn btn-info" data-toggle="popover"
        data-placement="bottom" title="底部的弹出框"
        data-content="弹出框的内容<br>第二行内容">
底部的弹出框</button>
</div>
<script type="text/javascript">
    $(function () { $("[data-toggle='popover']").popover({html: true}); });
</script>
```

从上面的粗体字代码可以看出，对链接添加弹出框和对按钮添加弹出框的方法并没有太大的区别，都需要按上面介绍的步骤添加 data-toggle="popover"、data-placement 属性和 title、data-content 属性。

最后一段 JS 代码负责调用弹出框的 popover()方法激发弹出框。需要说明的是，由于弹出框的内容中包含 HTML 的换行符（
元素），因此上面代码在调用 popover()方法时传入的 JS 对象中指定 html:true，这表明让弹出框内容支持 HTML。

浏览该页面，单击任意一个超链接，都可以看到 Bootstrap 的弹出框，如图 8.16 所示。

图 8.16　超链接上的弹出框

单击按钮时，同样可以看到 Bootstrap 的弹出框，如图 8.17 所示。

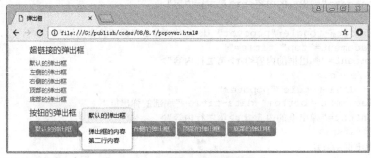

图 8.17　按钮上的弹出框

从图 8.17 可以看出，如果不指定 data-placement 属性，弹出框默认出现在链接或按钮的右边。

▶▶ 8.7.2 焦点触发的弹出框

默认情况下，Bootstrap 的弹出框需要通过鼠标单击来触发显示、隐藏。与工具提示类似的是，Bootstrap 也允许改变弹出框的触发方式——通过 trigger 选项（在 HTML 元素中需使用 data-trigger 属性）即可改变弹出框的触发方式。

为了有更好的跨浏览器和跨平台效果，建议使用<a.../>元素，而不能使用<button.../>元素，并且还需要指定 role="button"属性和 tabindex 属性。

如下代码示范了焦点触发的弹出框。

程序清单：codes\08\8.7\popover-focus.html

```
<div class="container">
<a class="btn btn-info" role="button" data-toggle="popover"
   title="焦点触发的弹出框"
   tabindex="0" data-trigger="focus"
   data-content="弹出框的内容<br>第二行内容">
焦点触发的弹出框</a>
</div>
<script type="text/javascript">
$(function () {
   $("[data-toggle='popover']").popover({html: true}); });
</script>
```

上面的代码使用<a.../>标签定义了一个按钮，由于该链接只是作为按钮使用，因此为该按钮指定了 role="button"属性。粗体字代码指定了 data-trigger="focus"，这意味着该弹出框将会通过焦点来触发：得到焦点时打开弹出框，失去焦点时关闭弹出框。

> **提示：** 将 tabindex 设为 0 是为了保证该按钮最先得到焦点——当用户第一次按下 Tab 键时，该按钮将会得到焦点。

浏览该页面，按下键盘上的 Tab 键，将会打开该按钮的弹出框；再次按下 Tab 键（或用鼠标单击页面上其他任意地方），该按钮失去焦点，弹出框将会被自动关闭。

▶▶ 8.7.3 弹出框支持的属性

当使用 data-*属性定义弹出框时，Bootstrap 除了提供了 data-toggle、data-placement、data-content 属性之外，Bootstrap 还为弹出框提供了大量其他支持属性，下面分别介绍它们。

- ➢ data-animation：boolean 属性，用于指定是否对弹出框应用.fade 过渡效果。
- ➢ data-container：指定将弹出框附加到特定元素上，该属性支持各种选择器或 false 值，false 值表示不附加。比如 container:'body'表明将弹出框附加到页面<body.../>元素上。
- ➢ data-content：指定弹出框的内容。
- ➢ data-delay：指定延迟多少毫秒后显示或关闭弹出框；该属性支持简单数值或形如{'show': 500, 'hide':200}的对象，该对象指定延迟 500 ms 显示弹出框，延迟 200 ms 关闭弹出框。
- ➢ data-html：指定是否将 HTML 代码直接转换为弹出框。该属性默认为 false，Bootstrap 先使用 text()方法处理工具提示内容，然后再添加弹出框。
- ➢ data-placement：指定弹出框的出现位置。该属性的默认值是'right'。
- ➢ data-selector：如果指定了该属性，那么弹出框将会由该属性表示的 HTML 元素负责代理。
- ➢ data-template：指定弹出框的 HTML 模板，该属性的默认值是 Bootstrap 提供的 HTML

模板。
- data-title：设置默认的弹出框的标题。当 title 属性不存在或属性值为空时，该属性才会发挥作用。
- data-trigger：设置触发弹出框的方法，可选值为 click | hover | focus | manual，该属性的默认值是 click——这意味着需要通过鼠标单击来触发弹出框。该属性还支持多个属性值的组合。比如 click | hover——这意味着鼠标悬停或单击都会触发弹出框。

使用 JS 激活弹出框时要调用弹出框的 popover()方法，调用该方法时可传入如下参数。
- 字符串参数：该字符串参数支持'show'、'hide'、'toggle'和'destroy'等字符串，分别表示显示弹出框、隐藏弹出框、切换弹出框的显示/隐藏、销毁弹出框。

> **注意**：
> 如果调用 popover()方法时传入了'destroy'字符串，那就意味着要销毁该弹出框，因此页面以后再也不会显示该弹出框。

- JS 对象参数：该 JS 对象支持上面介绍的以 data-开头的各种选择，只是无须使用 data-前缀。在前面示例中激活弹出框时已经传入了 {html:true}选项，故此处不再给出示例。

▶▶ 8.7.4 弹出框的事件

Bootstrap 为弹出框提供了如下事件。
- show.bs.popover：当弹出框开始显示时触发该事件。
- shown.bs.popover：当弹出框显示完成时触发该事件。
- hide.bs.popover：当弹出框开始隐藏时触发该事件。
- hidden.bs.popover：当弹出框隐藏完成时触发该事件。
- inserted.bs.popover：当弹出框的 HTML 模板加入 DOM 文档时触发该事件，该事件发生在 show.bs.popover 事件之后。

弹出框的事件的触发时机与工具提示的事件的触发时机基本类似，此处不再给出示例。

8.8 警告框

前一章已经介绍了警告框的基本用法，本章不仅会介绍它的用法，并且会更系统地介绍警告框的各种激发机制。

▶▶ 8.8.1 使用 data-*属性关闭警告框

前一章已经讲过，当关闭按钮位于警告框内部时，只要为该按钮指定了 data-dismiss="alert"属性，当用户单击该按钮时，警告框就会随之关闭。

当关闭按钮不在警告框之内时，除了要指定 data-dismiss="alert"属性之外，还要指定 data-target 属性，该属性指定该按钮用于关闭哪个警告框。如下代码所示。

程序清单：codes\08\8.8\alert-data.html

```
<div class="alert alert-danger" role="alert" id="myAlert">
    危险！请注意
</div>
<button type="button" class="btn btn-primary"
    data-dismiss="alert" data-target="#myAlert">
```

```
    关闭警告框
</button>
```

在该代码中定义的按钮不在警告框内,但粗体字代码指定了 data-target="#myAlert"属性,这意味着该按钮用于关闭 id 为 myAlert 的警告框。此外,还为按钮指定了 data-dismiss="alert"属性,因此当用户单击该按钮时即可关闭警告框。

▶▶ 8.8.2 使用 JS 关闭警告框

Bootstrap 为警告框提供了一个 alert()方法,该方法有两个用法。

- ➢ $().alert():不传参数的用法,该方法让警告框监听具有 data-dismiss="alert"属性的按钮的单击事件(如果通过 data-*属性进行初始化则无须使用,因此实际上没有多大的作用)。
- ➢ $().alert('close'):传入'close'字符串的用法,该方法将会关闭警告框,并从 DOM 中将其删除。如果为警告框指定了.fade 和.in 样式,则警告框淡出后才会被删除。

从上面的介绍可以看出,很少使用警告框不传参数的 alert()方法,但 alert('close')则可用于关闭警告框。例如如下示例。

程序清单:codes\08\8.8\alert-data.html

```html
<div class="alert alert-danger" role="alert" id="myAlert">
    危险!请注意
</div>
<button id="bn" type="button" class="btn btn-primary"
    onclick="$('#myAlert').alert('close')">
关闭警告框
</button>
```

在该代码中定义了一个警告框,在警告框外定义了一个按钮,该按钮并未使用任何 data-*属性来初始化警告框的关闭行为。但粗体字代码为按钮的 onclick 事件绑定了处理代码,在处理代码中调用了警告框的 alert('close')方法,该方法将会关闭警告框。因此用户单击页面中关闭按钮时同样可关闭警告框。

▶▶ 8.8.3 警告框事件

Bootstrap 为警告框提供了如下事件。

- ➢ close.bs.alert:当警告框开始关闭时立即触发此事件。
- ➢ closed.bs.alert:当警告框关闭完成(所有 CSS 过渡动画执行完成)时触发此事件。

下面代码示范了警告框相关事件的触发时机。

程序清单:codes\08\8.8\alert-event.html

```html
<div class="container">
<div class="alert alert-danger" role="alert" id="myAlert">
    危险!请注意
    <button type="button" class="close" data-dismiss="alert" aria-label="关闭">
        <span aria-hidden="true">&times;</span>
    </button>
</div>
</div>
<script type="text/javascript">
$('#myAlert').on("close.bs.alert" , function(){
    console.log("警告框的 close.bs.alert");
}).on("closed.bs.alert", function(){
    console.log("警告框的 closed.bs.alert");
```

```
});
</script>
```

粗体字代码为警告框的两个事件都绑定了事件监听函数，因此当警告框的事件发生时，对应的事件处理函数就会被触发。当用户关闭界面上的警告框时可看到如图 8.18 所示的触发顺序。

图 8.18　警告框的相关事件

8.9　按钮

前一章已经介绍过按钮的功能和用法，本章将会结合 JS 插件来介绍 Bootstrap 的按钮功能。Bootstrap 的按钮插件依赖 button.js 库。这个 JS 库包含在 bootstrap.js 或 bootstrap.min.js 中。

8.9.1　切换按钮状态

Bootstrap 的按钮具有激活和不激活两种状态，激活状态的按钮以高亮的背景色进行区分。切换按钮状态有两种方式：
➢ 为按钮指定 data-toggle="button"属性。
➢ 调用按钮的 button('toggle')方法。
下面先看第一种方式。

程序清单：codes\08\8.9\button-toggle.html
```
<button type="button" class="btn btn-primary"
    data-toggle="button" aria-pressed="false">
    我的按钮</button>
```

粗体字代码为按钮指定了 data-toggle="button"属性，因此当用户单击按钮时，按钮的状态将会在激活和不激活之间切换。

下面的代码示范了使用 JS 代码来切换按钮的状态。

程序清单：codes\08\8.9\button-toggle-js.html
```
<button id="myBtn" type="button" class="btn btn-warning" aria-pressed="false">
    我的按钮</button>
<button type="button" class="btn btn-warning"
    onclick="$('#myBtn').button('toggle');">切换</button>
```

第一个按钮用于显示按钮的切换状态，但该按钮并未被指定 data-toggle="button"属性，因此该按钮不能通过单击来改变状态。但第二个按钮的 onclick 事件处理代码使用了 button('toggle')来切换第一个按钮的激活、不激活状态，因此可通过单击第二个按钮来切换第一个按钮的激活状态。

8.9.2　单选按钮或多选按钮

Bootstrap 通过.btn-group 样式可实现按钮组，如果在按钮组上再添加 data-toggle="buttons"即可实现单选按钮或多选按钮。

例如如下代码实现了单选按钮。

程序清单：codes\08\8.9\button-radio.html

```html
<div class="btn-group" data-toggle="buttons">
    <label class="btn btn-primary active">
       <input type="radio" autocomplete="off" checked> HTML 5（默认选中）
    </label>
    <label class="btn btn-primary">
       <input type="radio" autocomplete="off"> Bootstrap
    </label>
    <label class="btn btn-primary">
       <input type="radio" autocomplete="off"> AngularJS
    </label>
</div>
```

在这段代码中定义了一个<div.../>元素，并为该元素指定了 class="btn-group"，这表明该元素用于包含一个按钮组。此外还为该元素指定了 data-toggle="buttons"，这意味着该元素包含一组单选按钮或多选按钮。

在<div.../>元素中定义了 3 个单选框，如此便形成了单选按钮组。该页面的浏览效果如图 8.19 所示。

图 8.19　单选按钮组

下面的代码实现了多选按钮。

程序清单：codes\08\8.9\button-checkbox.html

```html
<div class="btn-group" data-toggle="buttons">
    <label class="btn btn-primary active">
       <input type="checkbox" autocomplete="off" checked> HTML 5（默认选中）
    </label>
    <label class="btn btn-primary">
       <input type="checkbox" autocomplete="off"> Bootstrap
    </label>
    <label class="btn btn-primary">
       <input type="checkbox" autocomplete="off"> AngularJS
    </label>
</div>
```

在这段代码中定义了一个<div.../>元素，并为该元素指定了 class="btn-group"，这表明该元素用于包含一个按钮组。此外还为该元素指定了 data-toggle="buttons"，这意味着该元素包含一组单选按钮或多选按钮。

在<div.../>元素中定义了 3 个多选框，如此便形成多选按钮组。该页面的浏览效果如图 8.20 所示。

图 8.20　多选按钮组

▶▶ 8.9.3 使用 JS 方法改变按钮文本

Bootstrap 为按钮提供了一个 button()方法，可为该方法传入一个字符串参数。不同字符串参数的意义各不相同。

- button('toggle')：传入 toggle 字符串参数用于切换按钮的激活、不激活状态。前面已经介绍了这种用法。
- button('reset')：传入 reset 字符串用于恢复按钮中默认的文本内容。
- button(string)：传入普通字符串，用于将按钮文本设为 data-string-text 属性所指定的内容。

程序清单：codes\08\8.9\button-js.html

```html
<div class="container">
<button type="button" id="myStateBtn"
    data-loading-text="正在加载中" data-loaded-text="数据加载完成"
    class="btn btn-primary" autocomplete="off">
    开始</button>
</div>
<script type="text/javascript">
$('#myStateBtn').on('click', function () {
    $(this).button('loading')  // 切换为 data-loading-text 属性值
    setTimeout(function(){
        $('#myStateBtn').button("loaded");  // 切换为 data-loaded-text 属性值
    }, 2000);
    setTimeout(function(){
        $('#myStateBtn').button("reset");  // 切换按钮初始的文本值
    }, 3000);
})
</script>
```

第一行粗体字代码调用了按钮的 button('loading')方法，该方法会把按钮的文本切换为 data-loading-text 属性所指定的值；第二行粗体字代码调用了按钮的 button('loaded')方法，该方法会把按钮的文本切换为 data-loaded-text 属性所指定的值；第三行粗体字代码调用了按钮的 button('reset')方法，该方法会把按钮的文本切换为最初的文本内容。

📁 8.10 折叠插件

折叠插件可用于控制某个 HTML 元素的折叠与展开，当该元素被折叠时，该元素就会隐藏起来，该元素所占据的空间也被释放出来；当该元素被展开时，该元素会显示出来。

折叠插件可以非常方便地实现 Web 页面上流行的手风琴效果。

Bootstrap 的折叠插件依赖 collapse.js 和 transition.js 库。这两个 JS 库包含在 bootstrap.js 或 bootstrap.min.js 中。

▶▶ 8.10.1 简单折叠效果

简单折叠效果可以通过如下 CSS 样式来实现。

- .collapse：隐藏折叠元素。
- .collapsing：折叠元素在折叠过程中应用该 CSS 样式。
- .collapse.in：折叠元素被显示出来。

既可通过按钮控制元素的折叠和展开，也可通过链接控制元素的折叠和展开。为了控制元素的折叠和展开，可为按钮或链接指定如下两个属性：

➢ data-toggle：将该属性指定为"collapse"，这个属性值是固定的。
➢ href 或 data-target：通常链接使用 href 属性，而按钮则使用 data-target 属性，这两个属性都用于指定要对哪个元素进行折叠和展开。该属性的值可以是任意 CSS 选择器。

下面的代码示范了简单的折叠效果。

程序清单：codes\08\8.10\collapse.html

```html
<div class="container">
<a class="btn btn-primary" role="button"
    data-toggle="collapse" href="#myDiv"
    aria-expanded="true" aria-controls="myDiv">
    使用链接控制折叠</a>
<button class="btn btn-primary" type="button"
    data-toggle="collapse" data-target="#myDiv"
    aria-expanded="true" aria-controls="myDiv">
    使用按钮控制折叠</button>
<div class="collapse" id="myDiv">
    <div class="well">
    疯狂 Java 讲义是一本必读的 Java 学习经典。
    </div>
</div>
</div>
```

在这段代码中定义了一个链接和一个按钮，两个元素都被指定了 data-toggle="collapse"，这意味着该链接和按钮都可用于触发折叠元素。链接使用 href 属性指定要触发的目标元素，按钮则使用 data-target 指定要触发的目标元素。

浏览该页面，打开页面中折叠元素，可看到如图 8.21 所示的效果。

图 8.21 展开折叠元素

再次单击页面上的链接或按钮，折叠元素将会被隐藏，如图 8.22 所示。

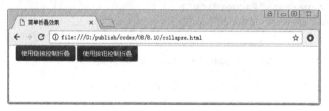

图 8.22 隐藏折叠元素

▶▶ 8.10.2 手风琴效果

应用折叠插件可以非常便捷地实现手风琴效果。实际上，手风琴效果就是多个折叠元素组合起来表现出来的一种效果：把多个折叠元素组合在同一个 .panel-group 元素内即可实现手风琴效果。

实现手风琴效果的步骤如下：

① 定义一个被指定了 class="panel-group" 样式的 <div.../> 元素，该元素将可以作为手风琴效果的容器。

② 手风琴内每个标签页面都是一个"面板",因此需要为该面板指定.panel、.panel-default 等样式。具体可参考前面有关面板的介绍。

③ 在"面板"内添加"面板头"和"面板体"等部分。通常来说,我们应该将触发折叠的链接放在面板头部分;将面板体放在折叠元素内。

④ 为了让面板头中的链接能触发折叠操作,同样需要为链接指定 href 和 data-toggle 属性,其中 href 属性指定该链接要触发哪个折叠元素,data-toggle 属性值总是"collapse"。此外还需要指定一个 data-parent 属性,该属性指定手风琴效果的容器元素。归纳起来,需要为手风琴效果的链接指定如下属性:

```
data-toggle="collapse"
data-parent="手风琴容器"
data-target="要触发的目标折叠元素"
```

如下代码示范了手风琴效果的实现。

程序清单:codes\08\8.10\collapse-accordion.html

```html
<div class="panel-group" id="accordion">
<!-- 第一个面板 -->
<div class="panel panel-info">
    <div class="panel-heading">
        <h4 class="panel-title">
            <a data-toggle="collapse" href="#java"
            data-parent="#accordion">
            疯狂 Java 讲义</a>
        </h4>
    </div>
    <div id="java" class="panel-collapse collapse in">
        <div class="panel-body">
            <p>必读的 Java 学习经典,你懂的,不多说。</p>
        </div>
    </div>
</div>
<!-- 第二个面板 -->
<div class="panel panel-info">
    <div class="panel-heading">
        <h4 class="panel-title">
            <a data-toggle="collapse" href="#javaee"
            data-parent="#accordion">
            轻量级 Java EE 企业应用实战</a>
        </h4>
    </div>
    <div id="javaee" class="panel-collapse collapse">
        <div class="panel-body">
            <p>企业级应用开发的经典图书,畅销经典</p>
        </div>
    </div>
</div>
<!-- 第三个面板 -->
<div class="panel panel-info">
    <div class="panel-heading">
        <h4 class="panel-title">
            <a data-toggle="collapse" href="#swift"
            data-parent="#accordion">
            疯狂 Swift 讲义</a>
        </h4>
    </div>
    <div id="swift" class="panel-collapse collapse">
        <div class="panel-body">
            <p>Apple 公司 Swift 语言的学习图书</p>
```

```
            </div>
        </div>
    </div>
</div>
```

如粗体字代码所示,手风琴效果其实是多个简单折叠效果的组合,只要为折叠效果的触发链接额外指定 data-parent 属性即可。

该页面的浏览效果如图 8.23 所示。

图 8.23 手风琴效果

8.10.3 使用 JS 触发折叠元素

Bootstrap 为触发折叠元素提供了一个 collapse() 方法,该方法有如下三种用法。

- 不传参数:直接使用 collapse() 方法相当于初始化 data-* 属性,因此通常无须调用不带参数的 collapse 方法。
- 传字符串参数:调用 collapse() 方法时可传入 'toggle'、'show'、'hide' 等字符串参数,其中 'toggle' 字符串用于切换折叠元素的显示和隐藏;'show' 字符串用于显示折叠元素;'hide' 字符串用于隐藏折叠元素。
- JS 对象:JS 对象可支持 parent 和 toggle 两个属性,其中 parent 属性可以是 false 或 CSS 选择器,如果 parent 被指定为 false(默认值),则表示该方法仅对当前折叠元素起作用;如果 parent 被指定为 CSS 选择器,则表示该方法会影响该选择器对应容器所包含的全部子元素;当一个面板显示时,其他面板都隐藏。

下面代码示范了使用 JS 触发折叠元素。

程序清单:codes\08\8.10\collapse-js.html

```
<button class="btn btn-primary" type="button"
    onclick="$('#myDiv').collapse('toggle');">
    切换</button>
<button class="btn btn-primary" type="button"
    onclick="$('#myDiv').collapse('show');">
    展开</button>
<button class="btn btn-primary" type="button"
    onclick="$('#myDiv').collapse('hide');">
    隐藏</button>
<div class="collapse" id="myDiv">
    <div class="well">
    疯狂 Java 讲义是一本必读的 Java 学习经典。
    </div>
</div>
```

在这段代码中定义了 3 个按钮,这 3 个按钮都没有通过 data-* 属性来触发折叠效果,而是通过 JS 代码调用折叠元素的 collapse() 方法来实现折叠效果。调用该方法时传入 'toggle' 表示切换隐藏和显示效果;传入 'show' 表示显示折叠元素;传入 'hide' 表示隐藏折叠元素。

浏览该页面，可通过单击页面上 3 个按钮来体验为 toggle()方法传入不同字符串参数的效果。

8.10.4 折叠插件的相关事件

Bootstrap 为折叠插件提供了如下 4 个事件。
- show.bs.collapse：当折叠元素开始显示时触发该事件。
- shown.bs.collapse：当折叠元素显示完成（所有 CSS 过渡动画执行完成）时触发该事件。
- hide.bs.collapse：当折叠元素开始隐藏时触发该事件。
- hidden.bs.collapse：当折叠元素隐藏完成（所有 CSS 过渡动画执行完成）时触发该事件。

Bootstrap 提供的这 4 个事件与前面 JS 插件提供的事件很相似，此处不再赘述。

8.11 轮播图

轮播图也是 Web 页面中常用的组件，轮播图通常包含多张图片，这些图片就像"旋转木马"一样轮流播放。轮播图通常用于一些产品展示，来突出显示产品内容。

8.11.1 静态轮播图

静态轮播图通常由如下几个部分组成。
- 轮播图容器：该容器通常是一个<div.../>元素，该元素需要应用.carousel 样式。
- 轮播图显示器：该显示器通常是一个<ol.../>或<ul.../>列表，其中每个列表项对应一个轮播图。该轮播显示器需要应用. carousel-indicators 样式。
- 轮播图主体：轮播图主体就是包含多张图片的部分，通常是一个指定了 class="carousel-inner"的<div.../>元素。轮播图主体的图片（<img.../>元素）需要放在指定了 class="item"的<div.../>元素内。如果需要为该图片添加说明，可通过被指定了 class="carousel-caption"样式的元素来添加。
- 轮播图控制按钮：轮播图控制按钮其实就是两个链接，直接把这两个链接放在轮播图容器内即可，并为它们应用.carousel-control 样式；需要放在左边的按钮指定为.left 样式，需要放在右边的按钮指定为.right 样式。为了让系统知道这两个链接是按钮，需要为它们指定 role="button"。

下面代码定义了一个静态的轮播图。

程序清单：codes\08\8.11\carousel.html

```html
<!-- 轮播图容器 -->
<div id="myCarousel" class="carousel">
    <!-- 轮播图显示器 -->
    <ul class="carousel-indicators">
        <li class="active"></li>
        <li></li>
        <li></li>
        <li></li>
    </ul>
    <!-- 轮播图主体内容 -->
    <div class="carousel-inner" role="listbox">
        <!-- 每个 class='item'的 div 元素代表一个轮播项 -->
```

```html
            <div class="item active">
                <img src="images/lijiang.jpg" alt="漓江">
                <!-- 图片说明 -->
                <div class="carousel-caption">
                    <h4>漓江</h4>
                    <div>漓江风光有山青、水秀、洞奇、石美"四胜"之誉。
从桂林至阳朔的83公里漓江河段，集中了桂林山水的精华，
令人有"舟行碧波上，人在画中游"之感。</div>
                </div>
            </div>
            <div class="item">
                <img src="images/shuangta.jpg" alt="双塔">
                <!-- 图片说明 -->
                <div class="carousel-caption">
                    <h4>金银双塔</h4>
                    <div>金银双塔白天和夜晚晚会呈现出截然不同的美景，
白天让人觉得庄严、肃穆，而当夜幕降临，
在灯光的映照下，则给人以亲切温馨的感觉。</div>
                </div>
            </div>
            <div class="item">
                <img src="images/qiao.jpg" alt="桥">
            </div>
            <div class="item">
                <img src="images/xiangbi.jpg" alt="象鼻山">
            </div>
        </div>
        <!-- 轮播图的前、后控制按钮 -->
        <a class="left carousel-control" role="button">
            <span class="glyphicon glyphicon-chevron-left"></span>
        </a>
        <a class="right carousel-control" role="button">
            <span class="glyphicon glyphicon-chevron-right"></span>
        </a>
    </div>
```

第一行粗体字代码定义了一个 class="carousel"的<div.../>容器，该容器将作为轮播图容器。

第二行粗体字代码定义了一个 class="carousel-indicators"的无序列表，该无序列表将作为轮播图底部的显示器。

第三行粗体字代码定义了一个 class="carousel-inner"的<div.../>元素，该元素将作为轮播图主体的容器，该容器内的每个<div.../>元素都表示一个轮播项，为每个轮播项指定 class="item"。

在轮播图容器的最后定义了两个被指定了 role="button"的链接，这两个链接就是轮播图的控制按钮。

> **提示：** 该页面中还用到了 .active 样式，该样式用于表示某个轮播图、轮播指示器当前处于激活状态。

该页面的浏览效果如图 8.24 所示。

图 8.24 静态轮播图

▶▶ 8.11.2 通过 data-*属性激活轮播图

上面的静态轮播图并不能自动播放,也不能响应用户操作,这是因为该轮播图既没有使用 data-*属性激活,也没有使用 JS 脚本触发。

使用 data-*属性激活轮播图会涉及不少属性。下面先讲解这些属性的用法。

可应用于轮播图容器的属性有如下几个。

- ➢ data-ride:该属性用于激活轮播图容器。该属性的值固定为'carousel'字符串。
- ➢ data-interval:设置轮播图开始自动轮播时的间隔时间,单位为毫秒,比如设置为 1000,则意味着每隔 1s 换一次图片。如果将该属性设置为 false,那么该轮播图将永远不会自动轮播。
- ➢ data-pause:该属性支持'hover'字符串或 null 值。如果将该属性设置为'hover'(默认值),则鼠标停留在轮播图上时将停止轮播,鼠标离开后则立即开始轮播。
- ➢ data-wrap:该属性指定轮播到最后一张图片时是否自动重新开始。
- ➢ data-keyboard:该属性设置轮播图是否需要对键盘事件做出响应。

可应用于轮播图显示器内的列表项、控制按钮的属性有如下几个。

- ➢ data-target 或 href:这两个属性都用于指定它们所控制的轮播图。这两个属性的值支持各种 CSS 选择器,通常会使用 ID 选择器,用于表示轮播图容器。通常链接会使用 href 属性,而其他元素则需要使用 data-target 属性。
- ➢ data-slide-to:该属性通常应用于轮播图显示器内的列表项,指定单击该列表项时轮播图跳转到第几张图片。其中 0 代表第一张图片。
- ➢ data-slide:该属性通常应用于轮播图底部的控制按钮。该属性值支持'prev'和'next'两个字符串,其中'prev'表示显示上一张图片,'next'表示显示下一张图片。

下面的示例将会为前一个示例的静态轮播图添加 data-*属性,从而实现真正的动态轮播图。

程序清单:codes\08\8.11\carousel-data.html

```
<!-- 轮播图容器 -->
<div id="myCarousel" class="carousel"
    data-ride="carousel" data-interval="1000" data-pause='hover'>
    <!-- 轮播图显示器 -->
    <ul class="carousel-indicators">
```

```html
        <li class="active" data-slide-to="0" data-target="#myCarousel"></li>
        <li data-slide-to="1" data-target="#myCarousel"></li>
        <li data-slide-to="2" data-target="#myCarousel"></li>
        <li data-slide-to="3" data-target="#myCarousel"></li>
    </ul>
    <!-- 轮播图主体内容 -->
    <div class="carousel-inner" role="listbox">
        <!-- 每个class='item'的div 元素表示一个轮播项 -->
        <div class="item active">
            <img src="images/lijiang.jpg" alt="漓江">
            <!-- 图片说明 -->
            <div class="carousel-caption">
                <h4>漓江</h4>
                <div>漓江风光有山青、水秀、洞奇、石美"四胜"之誉。
从桂林至阳朔的83公里漓江河段，集中了桂林山水的精华，
令人有"舟行碧波上，人在画中游"之感。</div>
            </div>
        </div>
        <div class="item">
            <img src="images/shuangta.jpg" alt="双塔">
            <!-- 图片说明 -->
            <div class="carousel-caption">
                <h4>金银双塔</h4>
                <div>金银双塔白天和夜晚晚会呈现出截然不同的美景，
白天让人觉得庄严、肃穆，而当夜幕降临，
在灯光的映照下，则给人以亲切温馨的感觉。</div>
            </div>
        </div>
        <div class="item">
            <img src="images/qiao.jpg" alt="桥">
        </div>
        <div class="item">
            <img src="images/xiangbi.jpg" alt="象鼻山">
        </div>
    </div>
    <!-- 轮播图的前、后控制按钮 -->
    <a class="left carousel-control" role="button"
        data-slide="prev" href="#myCarousel">
        <span class="glyphicon glyphicon-chevron-left"></span>
    </a>
    <a class="right carousel-control" role="button"
        data-slide="next" href="#myCarousel">
        <span class="glyphicon glyphicon-chevron-right"></span>
    </a>
</div>
```

第一行粗体字代码就是添加在轮播图容器上的 data-*属性，其中 data-ride="carousel"属性用于初始化轮播图组件。data-interval="1000"指定自动轮播时每隔 1s 就会更换一张图片；data-pause='hover'指定当鼠标悬停在轮播图上时停止轮播。

第二行粗体字代码是添加在轮播图显示器内列表项上的 data-*属性，其中 data-slide-to="0"指定单击该列表项会跳转到哪张图片，data-target="#myCarousel"指定该列表项所控制的轮播图。

第三行粗体字代码是添加到轮播图控制按钮上的 data-*属性，其中 data-slide="prev"控制单击该链接时显示上一张图片，href="#myCarousel"指定该列表项所控制的轮播图。

浏览该页面时可看到页面自动轮播的效果，如果将鼠标悬停在轮播图上，轮播将停止；也可用鼠标单击轮播显示器或轮播控制按钮来切换轮播图片的显示。

8.11.3 通过 JS 触发轮播图

Bootstrap 同样支持使用 JS 来触发轮播图。Bootstrap 为轮播图提供了一个 carousel()方法，该方法有如下几个用法。

> 不传入参数：默认情况下，轮播插件下载完成后会自动解析 data-*属性激活轮播图。如果在轮播图容器上没有指定 data-ride 属性，则需要调用该方法。
> 传入 JS 对象：JS 对象支持 interval、pause、wrap、keyboard 这些选项，这些选项与应用于轮播图容器上的 data-*属性的意义相同。
> 传入字符串参数或数字参数。
> 对于传入字符串参数的情形，Bootstrap 可支持传入如下参数。
> - 'cycle'：让轮播图从左到右开始轮播。
> - 'pause'：让轮播图停止。
> - 整数：让轮播图跳转到特定的图片。
> - 'prev'：让轮播图跳转到上一张图片。
> - 'next'：让轮播图跳转到下一张图片。

下面代码示范了通过 JS 代码来实现动态轮播图。

程序清单：codes\08\8.11\carousel-js.html

```html
div class="container">
    <button class="btn btn-primary" onclick="$('#myCarousel').carousel('cycle');">
    开启自动播放</button>
    <button class="btn btn-danger" onclick="$('#myCarousel').carousel('pause');">
    停止自动播放</button>
<!-- 轮播图容器 -->
<div id="myCarousel" class="carousel">
    <!-- 轮播图显示器 -->
    <ul class="carousel-indicators">
        <li class="active" onclick="$('#myCarousel').carousel(0);"></li>
        <li onclick="$('#myCarousel').carousel(1);"></li>
        <li onclick="$('#myCarousel').carousel(2);"></li>
        <li onclick="$('#myCarousel').carousel(3);"></li>
    </ul>
    <!-- 轮播图主体内容 -->
    <div class="carousel-inner" role="listbox">
        <!-- 每个 class='item'的 div 元素代表一个轮播项 -->
        <div class="item active">
            <img src="images/lijiang.jpg" alt="漓江">
            <!-- 图片说明 -->
            <div class="carousel-caption">
                <h4>漓江</h4>
                <div>漓江风光有山青、水秀、洞奇、石美"四胜"之誉。
从桂林至阳朔的 83 公里漓江河段，集中了桂林山水的精华，
令人有"舟行碧波上，人在画中游"之感。</div>
            </div>
        </div>
        <div class="item">
            <img src="images/shuangta.jpg" alt="双塔">
            <!-- 图片说明 -->
            <div class="carousel-caption">
                <h4>金银双塔</h4>
                <div>金银双塔白天和夜晚晚会呈现出截然不同的美景，
```

```
白天让人觉得庄严、肃穆，而当夜幕降临，
在灯光的映照下，则给人以亲切温馨的感觉。</div>
            </div>
        </div>
        <div class="item">
            <img src="images/qiao.jpg" alt="桥">
        </div>
        <div class="item">
            <img src="images/xiangbi.jpg" alt="象鼻山">
        </div>
    </div>
    <!-- 轮播图的前、后控制按钮 -->
    <a class="left carousel-control" role="button"
        onclick="$('#myCarousel').carousel('prev');">
        <span class="glyphicon glyphicon-chevron-left"></span>
    </a>
    <a class="right carousel-control" role="button"
        onclick="$('#myCarousel').carousel('next');">
        <span class="glyphicon glyphicon-chevron-right"></span>
    </a>
</div>
</div>
```

这里没有为轮播图设置 data-*属性来激活轮播图，因此需要通过 JS 代码激活轮播图。通过 JS 代码来激活轮播图主要通过为 carousel()方法传入不同参数来实现。

第一行粗体字代码调用 carousel('cycle')控制轮播图从左到右开始轮播。

第二行粗体字代码调用 carousel('pause')控制轮播图停止轮播。

第三行粗体字代码调用 carousel(0)控制轮播图跳转到第一张图片。

第四行粗体字代码调用 carousel('prev')控制轮播图跳转到上一张图片。

第五行粗体字代码调用 carousel('next')控制轮播图跳转到下一张图片。

▶▶ 8.11.4 轮播图事件

Bootstrap 为轮播图提供了如下两个事件。

- slide.bs.carousel：当轮播图开始切换图片时触发该事件。
- slid.bs.carousel：当轮播图切换图片完成（CSS 过渡动画执行完成后）时触发该事件。

例如我们在前面的 carousel-data.html 页面的后面添加如下 JS 脚本。

程序清单：codes\08\8.11\carousel-event.html
```
<script type="text/javascript">
    $('#myCarousel').on('slide.bs.carousel', function()
    {
        console.log("轮播图的图片开始切换");
    }).on('slid.bs.carousel', function()
    {
        console.log("轮播图的图片切换完成");
    })
</script>
```

这段代码为轮播图的两个事件都绑定了事件处理函数，因此无论图片开始切换，还是图片切换完成都会触发相应的事件。当轮播图不断地自动切换时，可在控制台看到 8.25 所示的输出。

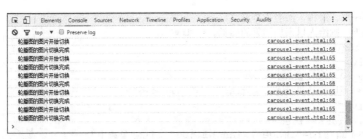

图 8.25 轮播图相关事件

8.12 本章小结

　　本章主要介绍了 Bootstrap 内置的各种插件，Bootstrap 基本为每种插件都提供了两种使用方式：使用 data-*属性和 JS 代码。需要同时掌握这两种使用 Bootstrap 内置组件的方式。本章详细介绍了对话框插件的用法、下拉菜单的用法、滚动监听插件的功能和用法、标签页插件的用法、胶囊式标签页的用法、工具提示插件的用法、弹出框插件的功能和用法、警告框插件的用法、按钮插件的用法、折叠插件的用法和利用折叠插件实现手风琴效果、轮播图插件的功能和用法。

CHAPTER 9

第 9 章
Angular+Bootstrap 整合开发：图书管理系统

本章要点

- 传统 Java EE 应用的系统设计
- 分析、提取系统的 Domain Object
- 映射 Hibernate 的持久化对象
- 基于 Hibernate 5 实现 DAO 组件
- 在 Spring 容器中部署 DAO 组件
- 实现业务逻辑组件
- 部署业务逻辑组件
- 使用声明式事务机制为业务逻辑方法增加事务控制
- 配置 AngularJS 路由
- 前端控制器的异常处理方式
- 使用 Bootstrap+AngularJS 实现前端功能

本章介绍的系统是一个前端开发＋后端整合开发的示例。本示例的前端综合使用了 Bootstrap、jQuery、AngularJS 等框架；后端则综合使用了 Spring MVC、Spring、Hibernate 这 3 个框架。

该系统是一个模拟的图书管理系统（该系统其实是从疯狂软件内部平台的教材管理系统拆分、简化出来的）。本系统提供了图书种类管理、图书管理、图书入库、图书销售这 4 个功能（在原来的内部平台中，还涉及一些元数据管理，且图书入库、图书销售还会与财务管理相关联）。

本系统使用 Hibernate 5 作为持久层的 O/R mapping 框架，使用 Spring 管理业务层组件和持久层组件，Spring MVC 负责对外生成 JSON 格式的响应，前端界面应用则负责通过 Spring MVC 暴露的 JSON 接口进行异步交互。Bootstrap 主要提供各种 UI 界面组件，AngularJS 负责提供应用路由、双向绑定、前端 MVW 架构等功能，而 jQuery 则主要提供异步通信支持。

9.1 总体说明和概要设计

本章介绍的是一个前端开发＋后端整合后的应用，本应用的后台结构是一个完善的轻量级 Java EE 架构，应用架构采用 Spring MVC 作为后端控制器，负责对外提供 JSON 响应，jQuery 则负责与 Spring MVC 暴露的 JSON 接口进行交互。

9.1.1 系统的总体架构设计

该系统的后端采用 Java EE 的三层结构，分别为表现层、业务逻辑层和数据服务层。其中，将业务规则、数据访问等工作放到中间层处理，客户端不直接与数据库交互，而是通过控制器与中间层建立连接，再由中间层与数据库交互。系统的数据持久化层使用 MySQL 数据库存放数据。

系统使用 HTML 页面作为表现层，浏览器中的 jQuery 调用 Spring MVC 暴露的 JSON 接口进行异步交互。

系统中间层采用 Spring 4.3+Hibernate 5.2 结构，为了更好地分离，中间层又可细分为如下几层。

- 控制器层：控制器层负责对外暴露 JSON 接口。
- 业务逻辑层：负责实现业务逻辑，业务逻辑组件是 DAO 组件的门面。
- DAO 层：封装了数据的增、删、查、改等原子操作。
- Domain Object 层（领域对象层）：通过实体/关系映射工具将领域对象映射成持久化对象，从而可以以面向对象方式操作数据库。本系统采用 Hibernate 作为 O/R mapping 框架。

Spring 框架贯穿整个中间层，Spring 可以管理持久化访问所需的数据源，也可以管理 Hibernate 的 SessionFactory，并可以管理业务逻辑组件和 DAO 组件之间的依赖关系。jQuery 作为前端与后端之间的桥梁，jQuery 可以调用后端 Spring MVC 暴露出来的 JSON 接口。系统的总体架构如图 9.1 所示。

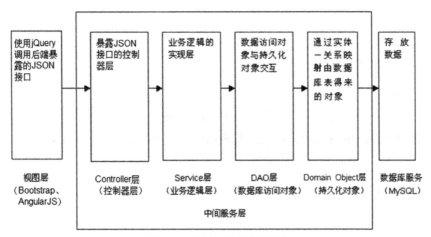

图 9.1　系统的总体设计图

9.1.2　数据库设计

本系统的数据库系统使用 MySQL 建立，包含 5 张数据表。

category_tb 表用于存放图书的种类信息，其表结构如图 9.2 所示。

```
+-----------+--------------+------+-----+---------+----------------+
| Field     | Type         | Null | Key | Default | Extra          |
+-----------+--------------+------+-----+---------+----------------+
| cate_id   | int(11)      | NO   | PRI | NULL    | auto_increment |
| cate_desc | varchar(255) | YES  |     | NULL    |                |
| name      | varchar(255) | YES  |     | NULL    |                |
+-----------+--------------+------+-----+---------+----------------+
```

图 9.2　category_tb 表

book_tb 表用于存放图书信息，其表结构如图 9.3 所示。

```
+----------+--------------+------+-----+---------+----------------+
| Field    | Type         | Null | Key | Default | Extra          |
+----------+--------------+------+-----+---------+----------------+
| book_id  | int(11)      | NO   | PRI | NULL    | auto_increment |
| amount   | int(11)      | NO   |     | NULL    |                |
| author   | varchar(255) | YES  |     | NULL    |                |
| name     | varchar(255) | YES  |     | NULL    |                |
| price    | double       | NO   |     | NULL    |                |
| pubHouse | varchar(255) | YES  |     | NULL    |                |
| cate_id  | int(11)      | NO   | MUL | NULL    |                |
+----------+--------------+------+-----+---------+----------------+
```

图 9.3　book_tb 表结构

inventory_tb 表用于存放图书的入库单信息，其表结构如图 9.4 所示。

```
+-------------+--------------+------+-----+---------+----------------+
| Field       | Type         | Null | Key | Default | Extra          |
+-------------+--------------+------+-----+---------+----------------+
| invent_id   | int(11)      | NO   | PRI | NULL    | auto_increment |
| insert_time | datetime     | YES  |     | NULL    |                |
| invent_no   | varchar(255) | YES  |     | NULL    |                |
| operator    | varchar(255) | YES  |     | NULL    |                |
+-------------+--------------+------+-----+---------+----------------+
```

图 9.4　inventory_tb 表结构

item_tb 表用于存放入库单所包含的入库项（每个入库单可包含多个入库项），其表结构如图 9.5 所示。

```
+-----------+---------+------+-----+---------+----------------+
| Field     | Type    | Null | Key | Default | Extra          |
+-----------+---------+------+-----+---------+----------------+
| item_id   | int(11) | NO   | PRI | NULL    | auto_increment |
| amount    | int(11) | NO   |     | NULL    |                |
| book_id   | int(11) | NO   | MUL | NULL    |                |
| invent_id | int(11) | NO   | MUL | NULL    |                |
+-----------+---------+------+-----+---------+----------------+
```

图 9.5 item_tb 表结构

sale_tb 表用于存放图书的销售记录，其表结构如图 9.6 所示。

```
+------------+--------------+------+-----+---------+----------------+
| Field      | Type         | Null | Key | Default | Extra          |
+------------+--------------+------+-----+---------+----------------+
| invent_id  | int(11)      | NO   | PRI | NULL    | auto_increment |
| amount     | int(11)      | NO   |     | NULL    |                |
| discount   | double       | NO   |     | NULL    |                |
| operator   | varchar(255) | YES  |     | NULL    |                |
| totalPrice | double       | NO   |     | NULL    |                |
| book_id    | int(11)      | NO   | MUL | NULL    |                |
+------------+--------------+------+-----+---------+----------------+
```

图 9.6 sale_tb 表结构

9.2 实现 Hibernate 持久化类

本系统打算使用贫血模型定义 Domain Object，系统 Domain Object 类就是持久化类，这些持久化类仅仅为各属性提供必需的 setter 和 getter 方法，并未包含业务逻辑方法。所有的业务逻辑方法都由业务逻辑组件提供实现。

▶▶ 9.2.1 设计 Domain Object

本系统的开发完全按 OOA、OOD 的过程进行，本系统包括 5 个实体类，对应于如下 5 个 Domain Object 对象。

- Category：对应图书的种类，包括种类名、种类描述等信息。
- Book：对应于图书信息，包括书名、价格、作者、出版社等信息。
- Inventory：对应入库单信息，包含入库单号、入库时间、操作员等信息。
- Item：对应入库项，包括该入库项所入库的图书、入库数量。
- Sale：对应图书的销售信息，包括销售的图书、折扣、图书数量、总价等信息。

不仅如此，5 个 Domain Object 之间的关联关系也比较多，它们之间存在着如下关联关系：

- Book 与 Category 之间存在单向的 N 对 1 的关系，在 Book 实体中会定义一个 category 成员变量记录该图书所属的种类。
- Item 与 Book 之间存在单向的 N 对 1 的关系，在 Item 实体中会定义一个 book 成员变量记录该入库项所入库的图书。
- Sale 与 Book 之间存在单向的 N 对 1 的关系，在 Sale 实体中会定义一个 book 成员变量记录该销售记录所销售的图书。
- Item 与 Inventory 之间存在单向的 N 对 1 的关系，在 Sale 实体中会定义一个 inventory 成员变量记录该入库项所属的入库单。

图 9.7 显示了 5 个实体之间的关联关系。

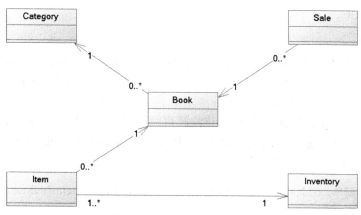

图 9.7 实体之间的关联关系

9.2.2 实现 Domain Object

各 Domain Object 之间存在的关联关系在图 9.7 中表现得非常清楚。

下面是 Category 类的代码。

程序清单：codes\09\BookSystem\src\org\crazyit\booksys\domain\Category.java

```java
@Entity
@Table(name="category_tb")
public class Category
{
    // 标识属性
    @Id @Column(name="cate_id")
    @GeneratedValue(strategy=GenerationType.IDENTITY)
    private Integer id;
    // 种类名
    private String name;
    // 种类描述
    @Column(name="cate_desc")
    private String desc;
    // 标识属性的 getter、setter 方法
    public Integer getId()
    {
        return id;
    }
    public void setId(Integer id)
    {
        this.id = id;
    }
    // name 成员变量的 getter、setter 方法
    public String getName()
    {
        return name;
    }
    public void setName(String name)
    {
        this.name = name;
    }
    // desc 成员变量的 getter、setter 方法
    public String getDesc()
    {
        return desc;
    }
    public void setDesc(String desc)
    {
```

```
        this.desc = desc;
    }
}
```

该 Category 类是一个非常简单的实体，它只是一个代表图书种类的实体，其中，只定义了种类名、种类描述两个属性。该实体无须记录它的关联实体，因此它的代码非常简单。

本实体没用映射文件来管理 Hibernate 实体，而是采用注解来管理持久化实体。在程序中定义 Category 类时使用了@Entity 修饰，该注解可将该类映射成持久化实体。

Book 实体则需要记录图书所属的种类，因此在 Book 实体中需要额外定义一个 category 成员变量，下面是 Book 实体的代码。

程序清单：codes\09\BookSystem\src\org\crazyit\booksys\domain\Book.java

```
@Entity
@Table(name="book_tb")
public class Book
{
    // 标识属性
    @Id @Column(name="book_id")
    @GeneratedValue(strategy=GenerationType.IDENTITY)
    private Integer id;
    // 该图书的名称
    private String name;
    // 图书的价格
    private double price;
    // 图书的作者
    private String author;
    // 图书的当前库存数
    private int amount;
    // 图书的出版社
    private String pubHouse;
    @ManyToOne(targetEntity=Category.class)
    // 定义名为 cate_id 的外键列，该外键列引用 category_tb 表的 cate_id 列
    @JoinColumn(name="cate_id" , referencedColumnName="cate_id"
        , nullable=false)
    // 图书所属的种类
    private Category category;
    // 标识属性的 getter、setter 方法
    public Integer getId()
    {
        return id;
    }
    public void setId(Integer id)
    {
        this.id = id;
    }
    // 省略其他成员变量的 getter、setter 方法
    ...
    // category 成员变量的 getter、setter 方法
    public Category getCategory()
    {
        return category;
    }
    public void setCategory(Category category)
    {
        this.category = category;
    }
}
```

粗体字代码定义了 category 成员变量，该成员变量记录了图书所属的种类。为了让

Hibernate 明白两个实体之间的关联关系，程序使用@ManyToOne、@JoinColumn 两个注解修饰该 category 成员变量。

Inventory 实体表示一个入库单，该实体类的代码如下。

程序清单：codes\09\BookSystem\src\org\crazyit\booksys\domain\Inventory.java

```java
@Entity
@Table(name="inventory_tb")
public class Inventory
{
    // 标识属性
    @Id @Column(name="invent_id")
    @GeneratedValue(strategy=GenerationType.IDENTITY)
    private Integer id;
    // 入库单编号
    @Column(name="invent_no")
    private String no;
    // 入库时间
    @Column(name="insert_time")
    private Date insertTime;
    // 入库操作员
    private String operator;
    // 标识属性的 getter、setter 方法
    public Integer getId()
    {
        return id;
    }
    public void setId(Integer id)
    {
        this.id = id;
    }
    // 省略普通属性的 setter 和 getter 方法
    ...
}
```

与前面介绍的 Category 实体类似，Inventory 实体不需要引用其他实体，因此该实体的代码非常简单。

Item 实体表示入库单所属的一个入库项，每个入库单可包含多个入库项。系统每次可能入库多本图书，每次入库可用一个入库单来表示，该入库单包含的每本图书均对应一个入库项，该入库项包含它要入库的图书、入库的数量。下面是 Item 类的代码。

程序清单：codes\09\BookSystem\src\org\crazyit\booksys\domain\Item.java

```java
@Entity
@Table(name="item_tb")
public class Item
{
    // 标识属性
    @Id @Column(name="item_id")
    @GeneratedValue(strategy=GenerationType.IDENTITY)
    private Integer id;
    // 该入库项对应图书的数量 g
    private int amount;
    @ManyToOne(targetEntity=Inventory.class)
    // 定义名为 invent_id 的外键列，该外键列引用 inventory_tb 表的 invent_id 列
    @JoinColumn(name="invent_id" , referencedColumnName="invent_id"
        , nullable=false)
    // 该入库项所属的入库单
    private Inventory inventory;
    @ManyToOne(targetEntity=Book.class)
```

```java
        // 定义名为book_id的外键列，该外键列引用book_tb表的book_id列。
        @JoinColumn(name="book_id" , referencedColumnName="book_id"
            , nullable=false)
        // 该入库项对应的图书
        private Book book;
        // 标志属性的getter、setter方法
        public Integer getId()
        {
            return id;
        }
        public void setId(Integer id)
        {
            this.id = id;
        }
        // 省略普通属性的setter、getter方法
        ...
        // inventory成员变量的getter、setter方法
        public Inventory getInventory()
        {
            return inventory;
        }
        public void setInventory(Inventory inventory)
        {
            this.inventory = inventory;
        }
        // book成员变量的getter、setter方法
        public Book getBook()
        {
            return book;
        }
        public void setBook(Book book)
        {
            this.book = book;
        }
}
```

Item 既要记录它所属的入库单，也要记录该入库项对应的图书，因此两行粗体字代码定义了 inventory 和 book 两个成员变量，用于记录该入库项所属的入库单和对应的图书。

Sale 实体表示销售记录，该销售记录除了记录销售数量、打折、总价、操作员信息之外，还要记录本次销售的图书，因此需要为 Sale 实体定义一个记录销售图书的成员变量。该 Sale 实体类的代码如下。

程序清单：codes\09\BookSystem\src\org\crazyit\booksys\domain\Sale.java

```java
@Entity
@Table(name="sale_tb")
public class Sale
{
    // 标识属性
    @Id @Column(name="invent_id")
    @GeneratedValue(strategy=GenerationType.IDENTITY)
    private Integer id;
    // 销售数量
    private int amount;
    // 打折
    private double discount;
    // 销售总价
    private double totalPrice;
    // 销售人
    private String operator;
    @ManyToOne(targetEntity=Book.class)
```

```
        // 定义名为book_id的外键列，该外键列引用book_tb表的book_id列
        @JoinColumn(name="book_id" , referencedColumnName="book_id"
            , nullable=false)
        // 销售的图书
        private Book book;
        // 标识属性的getter、setter方法
        public Integer getId()
        {
            return id;
        }
        public void setId(Integer id)
        {
            this.id = id;
        }
        // 省略其他成员变量的setter、getter方法
        ...
        // book成员变量的getter、setter方法
        public Book getBook()
        {
            return book;
        }
        public void setBook(Book book)
        {
            this.book = book;
        }
    }
```

这里的粗体字代码定义了一个book成员变量，用于表示本次销售的图书。

9.3 DAO层实现

本系统的后台完全采用轻量级Java EE应用的架构，系统持久层访问使用DAO组件完成。DAO组件抽象出底层的数据访问，业务逻辑组件无须理会数据库访问的细节，只需专注于业务逻辑的实现即可。DAO将数据访问集中在独立的一层，所有的数据访问都由DAO对象完成，这使得系统具有更好的可维护性。

DAO组件还有助于提升系统的可移植性。独立的DAO层使得系统能在不同的数据库之间轻易切换，底层的数据库实现对于业务逻辑组件完全透明，移植数据库仅仅影响DAO层，切换不同的数据库不会影响业务逻辑组件，因此提高了系统的可移植性。

前面介绍的BaseDao接口、BaseDaoHibernate4接口可以极大地简化DAO组件的开发，因此本系统的DAO组件同样会继承BaseDao和BaseDaoHibernate4接口。

9.3.1 DAO的基础配置

对于BaseDaoHibernate4需要容器注入一个SessionFactory引用，该类也为依赖注入提供了setSessionFactory()方法。BaseDaoHibernate4基类一旦获得SessionFactory的引用，就可以完成大部分通用的增、删、改、查操作。

Spring为整合Hibernate提供了LocalSessionFactoryBean类，这样可以将Hibernate的SessionFactory纳入其IoC容器内。使用LocalSessionFactoryBean配置SessionFactory之前，必须为其提供对应的数据源。SessionFactory的相关配置片段如下。

> 程序清单：codes\09\BookSystem\WebContent\WEB-INF\daoCtx.xml

```
<!-- 定义数据源Bean，使用C3P0数据源实现
    并通过依赖注入设置数据库的驱动、URL、用户名、密码
```

最大连接数、最小连接数、初始化连接数、最大空闲时间 -->
```xml
<bean id="dataSource" class="com.mchange.v2.c3p0.ComboPooledDataSource"
    destroy-method="close"
    p:driverClass="com.mysql.jdbc.Driver"
    p:jdbcUrl="jdbc:mysql://localhost:3306/booksys"
    p:user="root"
    p:password="32147"
    p:maxPoolSize="200"
    p:minPoolSize="2"
    p:initialPoolSize="2"
    p:maxIdleTime="200"/>
<!-- 定义 Hibernate 的 SessionFactory -->
<bean id="sessionFactory"
    class="org.springframework.orm.hibernate5.LocalSessionFactoryBean"
    p:dataSource-ref="dataSource"
    p:configLocation="classpath:hibernate.cfg.xml"/>
```

在这个配置中还指定了使用 hibernate.cfg.xml 配置文件,该配置文件用于配置 Hibernate 的基础信息,比如数据库方言、是否自动创建数据表、是否格式化 SQL、是否显示 SQL 等信息。该配置文件的代码如下。

程序清单:codes\09\BookSystem\src\hibernate.cfg.xml

```xml
<?xml version="1.0" encoding="utf-8"?>
<!DOCTYPE hibernate-configuration PUBLIC
    "-//Hibernate/Hibernate Configuration DTD 3.0//EN"
    "http://hibernate.sourceforge.net/hibernate-configuration-3.0.dtd">
<hibernate-configuration>
    <!-- 配置 Hibernate SessionFactory 的信息 -->
    <session-factory>
        <!-- 配置数据库方言 -->
        <property name="hibernate.dialect">org.hibernate.dialect.MySQL5Dialect</property>
        <!-- 指定是否显示 SQL -->
        <property name="hibernate.show_sql">false</property>
        <!-- 指定是否格式化 SQL -->
        <property name="hibernate.format_sql">false</property>
        <!-- 指定是否自动创建数据表 -->
        <property name="hibernate.hbm2ddl.auto">update</property>
        <!-- 列出所有持久化类-->
        <mapping class="org.crazyit.booksys.domain.Category"/>
        <mapping class="org.crazyit.booksys.domain.Book"/>
        <mapping class="org.crazyit.booksys.domain.Inventory"/>
        <mapping class="org.crazyit.booksys.domain.Item"/>
        <mapping class="org.crazyit.booksys.domain.Sale"/>
    </session-factory>
</hibernate-configuration>
```

> **注意:**
> 既可将 Hibernate 属性放在 hibernate.cfg.xml 配置文件中配置,也可直接放在 LocalSessionFactoryBean bean 内配置。本例采用的是前者的配置方式。

9.3.2 实现 DAO 组件

为了实现 DAO 模式,系统至少需要具有如下三个部分:
- DAO 接口
- DAO 接口的实现类
- DAO 工厂

对于采用 Spring 框架的应用，无须额外提供 DAO 工厂，因为 Spring 容器本身就是 DAO 工厂。此外，开发者需要提供 DAO 接口和 DAO 实现类。每个 DAO 组件都应该提供标准的新增、加载、更新和删除等方法，此外还需提供数量不等的查询方法。

如下是 ItemDao 接口的源代码。

程序清单：codes\09\BookSystem\src\org\crazyit\booksys\dao\ItemDao.java

```java
public interface ItemDao extends BaseDao<Item>
{
    /**
     * 根据入库单 ID 查找该入库单包含的所有入库项
     * @param inventoryId 入库单 ID
     * @return 指定入库单对应的全部入库项
     */
    List<Item> findByInventoryId(Integer inventoryId);
}
```

从表面上看，在该 ItemDao 接口中只定义了一个方法，但由于该接口继承了 BaseDao<Item>，因此它其实也包含了增加、修改、根据主键加载、删除等通用的 DAO 方法。在该接口中额外定义了 findByInventoryId()方法，该方法根据入库单 ID 来查找入库单所包含的全部入库项。

定义了上面的 ItemDao 接口之后，下面就可以为该接口提供实现类了，代码如下。

程序清单：codes\09\BookSystem\src\org\crazyit\booksys\dao\impl\ItemDaoHibernate4.java

```java
public class ItemDaoHibernate4 extends BaseDaoHibernate4<Item>
    implements ItemDao
{
    @Override
    public List<Item> findByInventoryId(Integer inventoryId)
    {
        return find("select it from Item as it where it.inventory.id = ?0"
            , new Object[]{inventoryId});
    }
}
```

ItemDaoHibernate4 类中的粗体字方法调用 BaseDaoHibernate4 提供的 find()方法来执行查询。

其他的 DAO 组件主要实现简单的 CRUD 操作，而这些操作已由 BaseDao 提供了，因此无须为其他 DAO 组件添加额外的查询方法。

借助于 Spring+Hibernate 的简化结构，开发者可以非常简便地实现所有 DAO 组件。系统中的 CategoryDao、BookDao、InventoryDao、SaleDao 类都非常简单，故不再给出它们的实现。

▶▶ 9.3.3 部署 DAO 组件

对于所有继承 BaseDaoHibernate4 的 DAO 实现类必须为其提供 SessionFactory 的引用，Spring 的 IoC 容器可以将 SessionFactory 注入到 DAO 组件中。

下面是在本系统中部署 DAO 组件的配置代码，本系统以单独配置文件来部署 DAO 组件，这样可以将不同组件放在不同配置文件中分开管理，从而避免 Spring 配置文件过于庞大。下面是部署 DAO 组件的配置文件。

程序清单：codes\09\BookSystem\WebContent\WEB-INF\daoCtx.xml

```xml
<?xml version="1.0" encoding="utf-8"?>
<!-- 指定 Spring 配置文件的 Schema 信息 -->
<beans xmlns="http://www.springframework.org/schema/beans"
    xmlns:p="http://www.springframework.org/schema/p"
    xmlns:aop="http://www.springframework.org/schema/aop"
```

```xml
    xmlns:tx="http://www.springframework.org/schema/tx"
    xmlns:xsi="http://www.w3.org/2001/XMLSchema-instance"
    xsi:schemaLocation="http://www.springframework.org/schema/beans
    http://www.springframework.org/schema/beans/spring-beans.xsd
    http://www.springframework.org/schema/aop
    http://www.springframework.org/schema/aop/spring-aop.xsd
    http://www.springframework.org/schema/tx
    http://www.springframework.org/schema/tx/spring-tx.xsd">
    <!-- 定义数据源Bean, 使用C3P0数据源实现
        并通过依赖注入设置数据库的驱动、URL、用户名、密码
        最大连接数、最小连接数、初始化连接数、最大空闲时间 -->
    <bean id="dataSource" class="com.mchange.v2.c3p0.ComboPooledDataSource"
        destroy-method="close"
        p:driverClass="com.mysql.jdbc.Driver"
        p:jdbcUrl="jdbc:mysql://localhost:3306/booksys"
        p:user="root"
        p:password="32147"
        p:maxPoolSize="200"
        p:minPoolSize="2"
        p:initialPoolSize="2"
        p:maxIdleTime="200"/>
    <!-- 定义Hibernate的SessionFactory -->
    <bean id="sessionFactory"
        class="org.springframework.orm.hibernate5.LocalSessionFactoryBean"
        p:dataSource-ref="dataSource"
        p:configLocation="classpath:hibernate.cfg.xml"/>
    <bean id="daoTemplate" abstract="true"
        p:sessionFactory-ref="sessionFactory"/>
    <!-- 配置bookDao组件 -->
    <bean id="bookDao" parent="daoTemplate"
        class="org.crazyit.booksys.dao.impl.BookDaoHibernate4"/>
    <!-- 配置categoryDao组件 -->
    <bean id="categoryDao" parent="daoTemplate"
        class="org.crazyit.booksys.dao.impl.CategoryDaoHibernate4"/>
    <!-- 配置inventoryDao组件 -->
    <bean id="inventoryDao" parent="daoTemplate"
        class="org.crazyit.booksys.dao.impl.InventoryDaoHibernate4"/>
    <!-- 配置itemDao组件 -->
    <bean id="itemDao" parent="daoTemplate"
        class="org.crazyit.booksys.dao.impl.ItemDaoHibernate4"/>
    <!-- 配置saleDao组件 -->
    <bean id="saleDao" parent="daoTemplate"
        class="org.crazyit.booksys.dao.impl.SaleDaoHibernate4"/>
</beans>
```

这里的粗体字代码配置了一个daoTemplate抽象Bean，它将作为系统中其他DAO组件的模板，这样就可将daoTemplate的配置属性传递给其他DAO Bean。

为了让其他DAO组件获得daoTemplate的配置属性，必须将其他DAO组件配置成daoTemplate的子Bean，子Bean通过parent属性指定其父Bean，正如在上面的配置文件中，在每个DAO Bean的粗体字代码中都指定了parent="daoTemplate"，这表明这些DAO组件将以daoTemplate作为模板。

9.4 业务逻辑层实现

本系统的规模不大，只涉及5个DAO组件，分别用于对5个持久化对象进行增、删、改、查操作。本系统使用一个业务逻辑对象即可封装5个DAO组件。对于只采用一个业务逻辑对象的情形，DWR只需提供一个前端处理Bean，该处理Bean负责暴露一个JavaScript对象，

而浏览器 JavaScript 即可通过该对象与服务器端通信。

▶▶ 9.4.1 设计业务逻辑组件

业务逻辑组件同样采用面向接口编程的原则,让系统中的控制器不是依赖于业务逻辑组件的实现类,而是依赖于业务逻辑组件的接口类,从而降低系统重构的代价。

该业务逻辑组件接口的类图如图 9.8 所示。

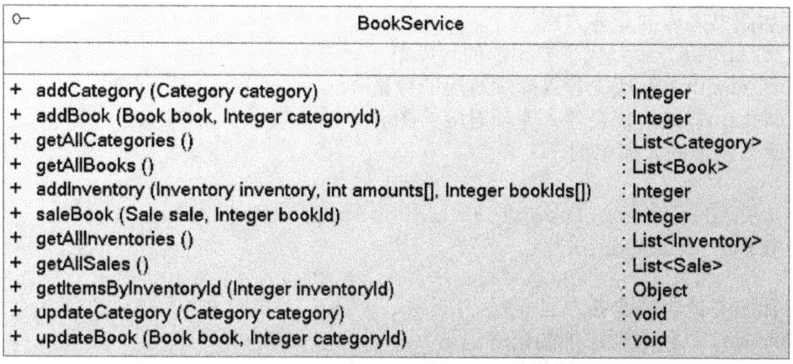

```
┌─────────────────────────────────────────────────────────────┐
│                        BookService                          │
├─────────────────────────────────────────────────────────────┤
│ + addCategory (Category category)              : Integer    │
│ + addBook (Book book, Integer categoryId)      : Integer    │
│ + getAllCategories ()                          : List<Category> │
│ + getAllBooks ()                               : List<Book> │
│ + addInventory (Inventory inventory, int amounts[], Integer bookIds[]) : Integer │
│ + saleBook (Sale sale, Integer bookId)         : Integer    │
│ + getAllInventories ()                         : List<Inventory> │
│ + getAllSales ()                               : List<Sale> │
│ + getItemsByInventoryId (Integer inventoryId)  : Object     │
│ + updateCategory (Category category)           : void       │
│ + updateBook (Book book, Integer categoryId)   : void       │
└─────────────────────────────────────────────────────────────┘
```

图 9.8 BookService 业务逻辑组件接口的类图

在 BookService 接口里定义了大量业务方法,这些业务方法的实现依赖于 DAO 组件。为了达到高层次的解耦,推荐业务逻辑组件使用接口分离的规则,将业务逻辑组件分成接口和相应的实现类两个部分。

BookServiceImpl 实现类实现了 BookService 接口,并实现了该接口中的所有方法。此外,BookServiceImpl 实现类中比接口中多定义了如下 5 个依赖注入的方法。

- ➤ setCategoryDao(CategoryDao dao):为业务逻辑组件依赖注入 CategoryDao 的方法。
- ➤ setBookDao(bookDao dao):为业务逻辑组件依赖注入 BookDao 的方法。
- ➤ setInventoryDao(InventoryDao dao):为业务逻辑组件依赖注入 InventoryDao 的方法。
- ➤ setItemDao(ItemDao dao):为业务逻辑组件依赖注入 ItemDao 的方法。
- ➤ setSaleDao(SaleDao dao):为业务逻辑组件依赖注入 SaleDao 的方法。

该接口的作用同样是定义一种规范,规定该业务逻辑组件应该实现的方法。下面是该接口的代码。

程序清单:codes\09\BookSystem\src\org\crazyit\booksys\service\BookService.java

```java
public interface BookService
{
    /**
     * 定义添加图书种类的业务方法
     * @param category 代表要添加的图书种类
     * @return 新增的种类的 ID
     */
    Integer addCategory(Category category);
    /**
     * 定义添加图书的业务方法
     * @param book 代表要添加的图书
     * @param categoryId 该图书所属的种类 ID
     * @return 新增的图书的 ID
     */
    Integer addBook(Book book, Integer categoryId);
    /**
     * 获取所有图书种类的方法
```

```java
     * @return 所有图书种类
     */
    List<Category> getAllCategories();
    /**
     * 获取所有图书的方法
     * @return 所有图书
     */
    List<Book> getAllBooks();
    /**
     * 定义添加图书入库的业务方法
     * @param inventory 代表要添加的入库单
     * @param amounts 代表各入库项对应的数量
     * @param bookIds 代表各入库项对应的图书
     * @return 新增的入库单的 ID
     */
    Integer addInventory(Inventory inventory, int[] amounts,
         Integer[] bookIds);
    /**
     * 定义添加图书销售的业务方法
     * @param sale 代表要添加的销售记录
     * @param bookId 代表要销售的图书 ID
     * @return 新增的销售记录的 ID
     */
    Integer saleBook(Sale sale, Integer bookId);
    /**
     * 获取所有的入库单
     * @return 所有入库单
     */
    List<Inventory> getAllInventories();
    /**
     * 获取所有的销售记录
     * @return 所有销售记录
     */
    List<Sale> getAllSales();
    /**
     * 获取指定入库单对应的所有入库项
     * @param inventoryId 入库单的 ID
     * @return 指定入库单对应的所有入库项
     */
    Object getItemsByInventoryId(Integer inventoryId);
    /**
     * 更新图书种类
     * @param category 要更新的图书种类
     */
    void updateCategory(Category category);
    /**
     * 更新图书
     * @param book 要更新的图书
     * @param categoryId 更新该图书后所属的种类 ID
     */
    void updateBook(Book book, Integer categoryId);
}
```

　　在接口里定义了大量的业务逻辑方法，实际上，这些业务逻辑方法通常对应一次客户请求，每次客户请求被发送到 DWR 的前端处理 Bean 之后，前端处理 Bean 调用对应业务逻辑方法来处理用户请求。

　　前端处理 Bean 并不直接与业务逻辑组件的实现类耦合，而仅仅只依赖于系统的业务逻辑组件接口。当需要重构系统业务逻辑组件时，只要该组件的接口不变，则系统的功能就不变，系统的控制器层也无须改变，从而把系统的业务逻辑层的改变阻止在该层以内，避免了向上扩散。

9.4.2 依赖注入 DAO 组件

实现业务逻辑组件，就是为 BookService 接口提供一个实现类，该实现类必须依赖于 DAO 组件，但这种依赖是接口层次的依赖，而不是类层次上的依赖。

因为业务逻辑组件必须依赖于 5 个 DAO 组件，而这 5 个 DAO 组件都依赖于 Spring 的 IoC 容器的注入，所以在 BookServiceImpl 中必须提供如下 5 个 setter 方法，这 5 个 setter 方法正是依赖注入 5 个 DAO 组件所必需的方法。

下面是为业务逻辑组件依赖注入 5 个 DAO 组件的 setter 方法片段。

```java
private BookDao bookDao;
private CategoryDao categoryDao;
private InventoryDao inventoryDao;
private ItemDao itemDao;
private SaleDao saleDao;
// 为业务逻辑组件依赖注入 DAO 组件所需的 setter 方法
public void setBookDao(BookDao bookDao)
{
    this.bookDao = bookDao;
}
public void setCategoryDao(CategoryDao categoryDao)
{
    this.categoryDao = categoryDao;
}
public void setInventoryDao(InventoryDao inventoryDao)
{
    this.inventoryDao = inventoryDao;
}
public void setItemDao(ItemDao itemDao)
{
    this.itemDao = itemDao;
}
public void setSaleDao(SaleDao saleDao)
{
    this.saleDao = saleDao;
}
```

一旦为业务逻辑组件提供了这 5 个 setter 方法，当把业务逻辑组件部署在 Spring 容器中，并配置了所依赖的 DAO 组件后，Spring 容器就可以把所需 DAO 组件注入业务逻辑组件中。

9.4.3 业务逻辑组件的异常处理

Spring 的异常处理哲学简化了异常的处理：所有的数据库访问异常都被包装成了 Runtime 异常，在 DAO 组件中无须显式捕捉异常，所有的异常都被推迟到业务逻辑组件中捕捉。

在业务逻辑组件中捕捉系统抛出的原始异常，这种原始异常不应该被客户端看到，甚至不应该在服务器端暴露出来。为了达到这个目的，可以使用各种常见的日志工具来记录原始日志，本例只是使用简单的控制台打印来记录原始的异常信息，然后再抛出自定义异常。下面是本系统中自定义异常类的代码。

程序清单：codes\09\BookSystem\src\org\crazyit\booksys\exception\BookException.java

```java
public class BookException extends RuntimeException
{
    //提供一个无参数的构造器
```

```
    public BookException()
    {
    }
    //提供一个带字符串参数的构造器
    public BookException(String msg)
    {
        super(msg);
    }
}
```

系统业务逻辑方法采用如下方式处理逻辑:

```
try
{
    // 完成业务逻辑
    ...
}
// 捕捉异常
catch (Exception e)
{
    // 通过日志记录异常
    log.debug(e.getMessage());
    // 抛出新异常
    throw new BookException("底层业务异常,请重试");
}
```

> **提示:** 本例会在控制器端将这个异常也以 JSON 格式暴露出去,这样 jQuery 就可以获取包装后的 BookException 的内部信息了。

▶▶ 9.4.4　实现业务逻辑组件

业务逻辑组件的大部分方法并不难,比如前面提供的添加图书种类的业务方法,其实只要调用 CategoryDao 组件的添加方法添加实体即可;再比如添加图书的业务方法,同样只要为该图书设置所属的图书种类,并调用 BookDao 组件的添加方法添加实体即可。

在业务逻辑组件中有如下两个略微复杂一些的方法。

- 图书入库:对于图书入库,系统不仅需要添加一条入库单,还需要为该入库单添加多个入库项。在添加入库项时,每个入库项表示一本图书入库。图书入库会增加图书的库存,因此还要修改这本图书对应的库存。
- 图书销售:对于图书销售,系统不仅需要添加销售记录,销售图书还会导致图书库存减少,因此还需要修改这本图书对应的库存。

下面是图书入库的业务逻辑方法实现。

程序清单: codes\09\BookSystem\src\org\crazyit\booksys\service\impl\BookServiceImpl.java

```
@Override
public Integer addInventory(Inventory inventory, int[] amounts,
    Integer[] bookIds)
{
    try
    {
        inventory.setInsertTime(new Date());
        Integer id = (Integer) inventoryDao.save(inventory);   // ①
        for (int i = 0,len = amounts.length; i < len; i++)
        {
            Item item = new Item();
            item.setAmount(amounts[i]);
```

```
            item.setInventory(inventory);  // 设置该入库项所属的入库单
            // 获取该入库项对应的图书
            Book book = bookDao.get(Book.class, bookIds[i]);
            // 修改该图书的库存
            book.setAmount(book.getAmount() + amounts[i]);   // ②
            // 建立入库项与图书的关联
            item.setBook(book);
            itemDao.save(item);   // ③
        }
        return id;
    }
    catch(Exception ex)
    {
        ex.printStackTrace();
        throw new BookException("图书入库时出现异常,请通知管理员!");
    }
}
```

第一行粗体字代码保存入库单,第二行粗体字代码修改了入库项对应的图书的库存,第三行粗体字代码保存了入库项。

下面是销售图书的业务方法。

程序清单: codes\09\BookSystem\src\org\crazyit\booksys\service\impl\BookServiceImpl.java

```
@Override
public Integer saleBook(Sale sale, Integer bookId)
{
    // 获取销售的图书
    Book book = bookDao.get(Book.class, bookId);
    if(sale.getAmount() > book.getAmount())
    {
        throw new BookException("图书库存不足,无法完成销售!");
    }
    try
    {
        // 修改图书销售后的库存
        book.setAmount(book.getAmount() - sale.getAmount());   // ①
        sale.setBook(book);
        return (Integer) saleDao.save(sale);   // ②
    }
    catch(Exception ex)
    {
        ex.printStackTrace();
        throw new BookException("销售图书时出现异常,请通知管理员!");
    }
}
```

①处的粗体字代码根据图书的销售数量来减少图书的库存;②处的粗体字代码则用于保存图书的销售记录。

业务逻辑组件中其他方法的实现比较简单,此处不再介绍。

▶▶ 9.4.5 事务管理

前面已经介绍过了,每个业务逻辑方法都应该在逻辑上是一个整体,具有逻辑不可分的特征,因此系统应该为每个业务逻辑方法增加事务控制。

借助于 Spring 的声明式事务管理,在业务逻辑组件的方法内不需要编写事务管理代码,所有的事务管理都放在配置文件中。

> **提示：**
> 借助于 Spring AOP 的支持，声明式事务成为可能。业务逻辑方法与持久化层 API 彻底分离，从而让系统的业务逻辑层真正与持久化层分离，当需要改变系统的持久化层时，业务逻辑组件无须任何改变。

即使采用 Spring 的声明式事务管理，依然有多种配置方式可以选择，通常推荐使用 Spring 提供的 tx 和 aop 两个命名空间来配置事务管理，这也是本系统所采用的事务配置方式。

使用 tx 和 aop 两个命名空间来配置事务管理时，<tx:advice.../>负责配置事务切面 Bean，而<aop:config.../>则负责为事务切面 Bean 创建代理。这种配置方式其实是 Spring AOP 机制的一种应用。下一节将会详细介绍本应用的事务配置。

> **提示：**
> 如果读者需要获得关于 Spring AOP 的更多知识，请参阅"疯狂 Java 体系"的《轻量级 Java EE 企业应用实战》的第 8 章。

▶▶ 9.4.6 配置业务层组件

随着系统逐渐增大，系统中的各种组件越来越多，如果将系统中全部组件都部署在同一个配置文件里，必然导致配置文件非常庞大，难以维护。因此，我们推荐将系统中各种组件分模块、分层进行配置，从而提供更好的可维护性。

对于本系统，因为系统规模较小，故没有将系统中组件分模块进行配置，但我们将业务逻辑组件和 DAO 组件分开在两个配置文件中进行管理。

因为业务逻辑组件涉及事务管理，所以在该文件里配置了业务逻辑组件、事务管理器等组件。

具体的配置文件如下。

程序清单：codes\09\BookSystem\WebContent\WEB-INF\appCtx.xml

```xml
<?xml version="1.0" encoding="utf-8"?>
<!-- 指定 Spring 配置文件的 Schema 信息 -->
<beans xmlns="http://www.springframework.org/schema/beans"
    xmlns:p="http://www.springframework.org/schema/p"
    xmlns:aop="http://www.springframework.org/schema/aop"
    xmlns:tx="http://www.springframework.org/schema/tx"
    xmlns:xsi="http://www.w3.org/2001/XMLSchema-instance"
    xsi:schemaLocation="http://www.springframework.org/schema/beans
    http://www.springframework.org/schema/beans/spring-beans.xsd
    http://www.springframework.org/schema/aop
    http://www.springframework.org/schema/aop/spring-aop.xsd
    http://www.springframework.org/schema/tx
    http://www.springframework.org/schema/tx/spring-tx.xsd">
    <bean id="bookService"
        class="org.crazyit.booksys.service.impl.BookServiceImpl"
        p:bookDao-ref="bookDao"
        p:categoryDao-ref="categoryDao"
        p:inventoryDao-ref="inventoryDao"
        p:itemDao-ref="itemDao"
        p:saleDao-ref="saleDao"
    />
    <!-- 配置 Hibernate 的局部事务管理器，使用 HibernateTransactionManager 类 -->
    <!-- 该类实现 PlatformTransactionManager 接口，是针对 Hibernate 的特定实现-->
    <!-- 配置 HibernateTransactionManager 时需要依赖注入 SessionFactory 的引用 -->
    <bean id="transactionManager"
```

```xml
        class="org.springframework.orm.hibernate5.HibernateTransactionManager"
        p:sessionFactory-ref="sessionFactory"/>
    <!-- 配置事务切面 Bean,指定事务管理器 -->
    <tx:advice id="txAdvice" transaction-manager="transactionManager">
        <!-- 用于配置详细的事务语义 -->
        <tx:attributes>
            <!-- 所有以'get'开头的方法是 read-only 的 -->
            <tx:method name="get*" read-only="true" timeout="8"/>
            <!-- 其他方法使用默认的事务设置 -->
            <tx:method name="*" timeout="5"/>
        </tx:attributes>
    </tx:advice>
    <aop:config>
        <!-- 配置一个切入点，匹配指定包下所有以 Impl 结尾的类执行的所有方法 -->
        <aop:pointcut id="bookPc"
            expression="execution(* org.crazyit.booksys.service.impl.*Impl.*(..))"/>
        <!-- 指定在 bookPc 切入点应用 txAdvice 事务切面 -->
        <aop:advisor advice-ref="txAdvice"
            pointcut-ref="bookPc"/>
    </aop:config>
</beans>
```

各种组件依赖通过配置文件设置，由容器管理其依赖，从而实现系统解耦。

9.5 前端整合开发

借助于 Spring MVC 所暴露的 JSON 平台、jQuery 的异步交互能力，从而前端可以向服务器发送异步请求，获取服务器数据。

▶▶ 9.5.1 定义 AngularJS 路由

本应用是基于 AngularJS 实现的单页面应用，从浏览器端来看，该应用只有一个页面，但在实际开发时每个功能都有单独的控制器、单独的视图页面，这实际上是通过 AngularJS 的路由功能来实现的。

下面是本应用的路由定义，这些路由定义规定了整个应用的前端包含哪些功能，每个功能由哪个控制器和对应的视图提供。

程序清单：codes\09\BookSystem\WebContent\js\app.js

```javascript
// 设置 jQuery 发送 Ajax 的全局选项
jQuery.ajaxSetup({
    error: function(xhr, textStatus, error){
        alert("服务器交互出现异常，错误信息：" + textStatus);
    }
});
// 创建模块，加载 ui.router 模块
let app = angular.module("book-app", ['ui.router'])
    // 配置路由，就是配置 URL 与模板、控制器之间的映射关系
    .config(['$stateProvider', '$urlRouterProvider',
        function($stateProvider, $urlRouterProvider){
            // 指定默认重定向到/index 地址
            $urlRouterProvider.otherwise('/main');
            $stateProvider
            // 如果用户请求 main 路径，使用 main.html 作为模板
            .state('main', {
                url: '/main',
                templateUrl: 'res/main.html',
```

```javascript
    })
    // 如果用户请求/listCategories 路径, 使用 ListCategoriesController 控制器和对应模板
    .state('listCategories', {
        url: '/listCategories',
        controller: 'ListCategoriesController',
        templateUrl: 'res/listCategories.html'
    })
    // 如果用户请求/addCategory 路径, 使用 AddCategoryController 控制器和对应模板
    .state('addCategory', {
        url: '/addCategory',
        controller: 'AddCategoryController',
        templateUrl: 'res/addCategory.html'
    })
    // 如果用户请求/updateCategory/:category 路径, 使用 UpdateCategoryController 控
    //  制器和对应模板
    .state('updateCategory', {
        url: '/updateCategory/:category',
        controller: 'UpdateCategoryController',
        templateUrl: 'res/updateCategory.html'
    })
    // 如果用户请求/listBooks 路径, 使用 ListBooksController 控制器和对应模板
    .state('listBooks', {
        url: '/listBooks',
        controller: 'ListBooksController',
        templateUrl: 'res/listBooks.html'
    })
    // 如果用户请求/addBook 路径, 使用 AddBookController 控制器和对应模板
    .state('addBook', {
        url: '/addBook',
        controller: 'AddBookController',
        templateUrl: 'res/addBook.html'
    })
    // 如果用户请求/updateBook/:book 路径, 使用 UpdateBookController 控制器和对应模板
    .state('updateBook', {
        url: '/updateBook/:book',
        controller: 'UpdateBookController',
        templateUrl: 'res/updateBook.html'
    })
    // 如果用户请求/listInVentories 路径, 使用 ListInventoriesController 控制器和对
    //  应模板
    .state('listInventories', {
        url: '/listInventories',
        controller: 'ListInventoriesController',
        templateUrl: 'res/listInventories.html'
    })
    // 如果用户请求/inventoryBook 路径, 使用 InventoryBookController 控制器和对应模板
    .state('inventoryBook', {
        url: '/inventoryBook',
        controller: 'InventoryBookController',
        templateUrl: 'res/inventoryBook.html'
    })
    // 如果用户请求/listSales 路径, 使用 ListSalesController 控制器和对应模板
    .state('listSales', {
        url: '/listSales',
        controller: 'ListSalesController',
        templateUrl: 'res/listSales.html'
    })
    // 如果用户请求/saleBook 路径, 使用 SaleBookController 控制器和对应模板
    .state('saleBook', {
        url: '/saleBook',
        controller: 'SaleBookController',
        templateUrl: 'res/saleBook.html'
    });
```

```
       }]);
       app.controller("MainController", angular.noop);
```

从此代码可以看出，本应用的路由借助了 AngularJS 的 ui-router 路由框架，该框架的 $stateProvider 对象每次调用 state()方法就负责定义一个路由，其中，controller 属性指定该路由的控制器，templateUrl 定义该路由对应的 HTML 页面地址。

第一段粗体字代码定义了 jQuery 的错误处理函数：当服务器端的控制器出现异常时，系统为 jQuery 注册的错误处理函数就会被激发，该错误处理函数负责显示服务器端返回的异常信息。

▶▶ 9.5.2 Spring MVC 控制器的异常处理

前面提到过，业务逻辑组件会把底层的原始异常进行包装，转译成业务异常 BookException，这个 BookException 将会被传到系统的 Spring MVC 的控制器层。

在本应用中，Spring MVC 控制器负责与前端 jQuery 交互，系统的业务逻辑组件的 BookException 被传到控制器之后，该异常还需要被封装成 JSON 对象传到前端 jQuery。可借助于 Spring MVC 的异常处理机制实现这一目的。

下面定义一个控制器基类，该基类中包含一个异常处理方法，该方法会负责将异常信息封装成 Map 对象，然后再由 Spring MVC 的转换器转换成 JSON 对象传给前端 jQuery。下面是该控制器基类的代码。

程序清单：codes\09\BookSystem\src\org\crazyit\booksys\controller\BaseController.java

```java
public class BaseController
{
    @ExceptionHandler(BookException.class)
    @ResponseBody
    public Object exp(Exception ex)
    {
        // 将捕捉到的 BookException 转换成 Map 对象传给前端 jQuery
        Map<String, String> map = new HashMap<>();
        map.put("exception", ex.getMessage());
        return map;
    }
}
```

该异常处理方法使用了@ExceptionHandler(BookException.class)修饰，这表明该异常处理方法仅处理 BookException 异常类型；该异常处理方法还使用了@ResponseBody 修饰，这表明该方法返回的对象将会被转换成 JSON 作为响应——响应会被 jQuery 获取。

在该控制器基类中包含的 exp()方法将会处理 BookException 异常，为了让其他业务控制器能共用该方法来处理异常，这里建议让其他业务控制器继承该控制器基类。

▶▶ 9.5.3 管理图书种类

当用户单击页面上"种类管理"链接时，本系统将会加载显示当前系统中所有的图书种类。从前面的路由介绍中可以看出，获取所有图书种类的前端由 ListCategoriesController 控制器和 res/listCategories.html 页面组成。

下面是注册 ListCategoriesController 控制器函数的代码。

程序清单：codes\09\BookSystem\WebContent\js\category.js

```js
app.controller("ListCategoriesController", ['$scope', function ($scope){
    // 向 getAllCategories 发送 GET 请求
    $.get("getAllCategories", null , function(data, statusText)
```

```
                {
                    // 处理异常
                    if (data.exception)
                    {
                        alert("与服务器交互出现异常：" + data.exception);
                    }
                    else
                    {
                        // 获取服务器响应，将所有图书种类赋值给 categories
                        $scope.$apply(function () {
                            $scope.categories = data;
                        });
                    }
                });
    }])
```

从此代码可以看出，该控制器函数主要就是调用 jQuery 的 get()方法向 getAllCategories 发送 GET 请求来读取所有种类信息。

服务器端的 getAllCategories 则是 Spring MVC 提供的 JSON 响应的地址，该控制器由 CategoryController 提供。该处理方法的代码如下。

程序清单：codes\09\BookSystem\src\org\crazyit\booksys\controller\CategoryController.java

```java
// @ResponseBody 将集合数据转换为 JSON 格式返回客户端
@ResponseBody
@GetMapping(value="/getAllCategories")
public Object getAll()
{
    return bookService.getAllCategories();
}
```

该控制器方法的代码非常简单：直接返回业务逻辑组件的 getAllCategories()方法的返回值，这样该方法返回的 List 集合将被专程 JSON 传给前端 AngularJS 的控制器。

接下来即可在 HTML 页面中迭代显示所有的图书种类。HTML 页面代码如下。

程序清单：codes\09\BookSystem\WebContent\WEB-INF\content\listCategories.html

```html
<div class="panel panel-info">
    <div class="panel-heading">
        <h4 class="panel-title">种类列表</h4>
        <a ui-sref="addCategory" style="margin-top:-24px" role="button"
            class="btn btn-default btn-sm pull-right" aria-label="添加">
            <i class="glyphicon glyphicon-plus"></i>
        </a>
    </div>
    <table class="table table-hover table-striped">
        <tr>
            <th>种类名</th>
            <th>种类描述</th>
            <th>操作</th>
        </tr>
        <tr ng-repeat="c in categories">
            <td>{{c.name}}</td>
            <td>{{c.desc}}</td>
            <td><a ui-sref="updateCategory({category:(c|json)})">更新</a></td>
        </tr>
    </table>
</div>
```

这里的代码利用 AngularJS 的 ng-repeat 迭代显示所有的图书种类。

当用户浏览所有图书种类时，系统显示如图 9.9 所示的界面。

图9.9 显示所有图书种类

如果用户单击图9.9所示列表右上角的"+"图标，系统将会导航到addCategory路由。根据前面介绍的路由配置可以知道，该路由由AddCategoryController控制器和res/addCategory.html页面提供服务。其中，注册AddCategoryController控制器对应的代码如下。

程序清单：codes\09\BookSystem\WebContent\js\category.js

```javascript
.controller("AddCategoryController" , ['$scope', function ($scope){
    $scope.add = function(){
        $.post("addCategory" , $(".form-horizontal").serializeArray() ,
            // 指定回调函数
            function(data , statusText)
            {
                if(data.exception)
                {
                    alert("与服务器交互出现异常：" + data.exception);
                }
                else if(data.status > 0)
                {
                    alert("图书种类添加成功！");
                    // 清空表单的内容
                    $(".form-horizontal").get(0).reset();
                }
                else
                {
                    alert("图书种类添加失败！");
                }
            },
            // 指定服务器响应为json
            "json");
        return false; // 阻止默认的提交
    }
}])
```

从此代码可以看出，与AddCategoryController控制器对应的函数主要就是为$scope定义了一个add()方法，而该方法则负责调用jQuery的post()方法来发送异步请求，用于将整个表单的数据提交给服务器端的addCategory处理。

addCategory同样是Spring MVC控制器暴露的处理地址，对应的控制器方法同样位于CategoryController类中，该方法的代码如下。

程序清单：codes\09\BookSystem\src\org\crazyit\booksys\controller\CategoryController.java

```java
// @ResponseBody 会将集合数据转换为JSON格式返回客户端
@ResponseBody
@RequestMapping(value="/addCategory", method=RequestMethod.POST)
public Object add(Category category)
{
```

```
            Integer id = bookService.addCategory(category);
            Map<String, Integer> map = new HashMap<>();
            map.put("status", id);
            return map;
        }
```

从此代码可以看出，**add** 控制器方法的代码同样很简单：直接调用业务逻辑组件的 addCategory()方法添加图书种类，并将该方法返回的值以 Map（会自动转成 JSON 格式）传给前端。

添加图书种类所用的表单页面代码如下。

程序清单：codes\09\BookSystem\WebContent\WEB-INF\content\addCategory.html

```html
<div class="panel panel-info">
    <div class="panel-heading">
        <h4 class="panel-title">添加种类</h4>
    </div>
    <div class="panel-body">
    <form class="form-horizontal" ng-submit="add();">
        <div class="form-group">
            <label for="name" class="col-sm-2 control-label">种类名：</label>
            <div class="col-sm-10">
                <input type="text" class="form-control" id="name" name="name"
                    minlength="2" required>
            </div>
        </div>
        <div class="form-group">
            <label for="desc" class="col-sm-2 control-label">描述：</label>
            <div class="col-sm-10">
                <textarea type="text" class="form-control" id="desc" name="desc"
                    minlength="20" required rows="4"></textarea>
            </div>
        </div>
        <div class="form-group">
            <div class="col-sm-offset-2 col-sm-10">
                <button type="submit" class="btn btn-success">添加</button>
                <a role="button" class="btn btn-danger" ui-sref="listCategories">取消</a>
            </div>
        </div>
    </form>
    </div>
</div>
```

该表单页面就是一个普通的 Bootstrap 水平表单，表单内包含了 2 个表单控件：分别用于让用户输入种类名和种类描述。

该页面的浏览效果如图 9.10 所示。

图 9.10 用于添加种类的表单

当用户在图 9.10 所示的表单中输入种类名、种类描述，并单击"添加"按钮后，该按钮将会触发 AddCategoryController 控制器中 $scope 的 add 方法，该方法将会把用户输入的数据提交到 addCategory。

▶▶ 9.5.4 修改图书种类

根据前面路由的配置可知道，修改图书种类对应的路由是 /updateCategory/:category，该路由中包含了一个 category 参数，该参数表示用户要修改的种类。

在列出所有种类的 HTML 页面中，修改链接对应的代码如下：

```html
<td><a ui-sref="updateCategory({category:(c|json)})">更新</a></td>
```

在这行代码中指定该链接包含一个 category 参数，该参数的值是 c（当前行的 Category 对象）的 JSON 字符串（此处使用了 AngularJS 的 json 过滤器）——这意味着当用户单击该修改链接时，系统将会导航到 /updateCategory/:category 路由，并将用户试图修改的 Category 转成 JSON 字符串传给 category 参数。

下面是注册 updateCategory 控制器函数的代码。

程序清单：codes\09\BookSystem\WebContent\js\category.js

```javascript
.controller("UpdateCategoryController" , ['$scope', '$state', '$stateParams',
    function($scope, $state, $stateParams){
        $scope.category = $.parseJSON( $stateParams.category );
        $scope.update = function()
        {
            $.post("updateCategory" , $(".form-horizontal").serializeArray() ,
                // 指定回调函数
                function(data , statusText)
                {
                    if(data.exception)
                    {
                        alert("与服务器交互出现异常：" + data.exception);
                    }
                    else if(data.status > 0)
                    {
                        alert("图书种类更新成功！");
                        // 清空表单的内容
                        $(".form-horizontal").get(0).reset();
                        $state.go("listCategories");
                    }
                    else
                    {
                        alert("图书种类更新失败！");
                    }
                },
                // 指定服务器响应为 json
                "json");
            return false; // 阻止默认的提交
        }
    }
]);
```

粗体字代码先通过 $stateParams 对象获取 category 路由参数——该参数值是一个 JSON 字符串，因此还需要将该 JSON 字符串恢复成原来的 Category 对象，并将该对象赋给 $scope 的 category，这样即可在修改页面上"回显"用户要修改的种类信息。

此外，控制器函数还为 $scope 定义了一个 update 方法，而该方法则负责调用 jQuery 的 post() 方法来发送异步请求，从而将整个表单的数据提交给服务器端的 updateCategory 处理。

updateCategory 同样是 Spring MVC 控制器暴露的处理地址,对应的控制器方法同样位于 CategoryController 类中,该方法的代码如下。

程序清单:codes\09\BookSystem\src\org\crazyit\booksys\controller\CategoryController.java

```java
// @ResponseBody 会将集合数据转换为 JSON 格式返回客户端
@ResponseBody
@PostMapping(value="/updateCategory")
public Object update(Category category)
{
    bookService.updateCategory(category);
    Map<String, Integer> map = new HashMap<>();
    map.put("status", 1);
    return map;
}
```

从这里的代码可以看出,update 控制器方法的代码同样很简单:直接调用业务逻辑组件的 updateCategory()方法修改图书种类,最后该方法将一个状态值封装成 Map(会自动转成 JSON 格式)传给前端。

修改图书种类所用的表单页面代码如下。

程序清单:codes\09\BookSystem\WebContent\WEB-INF\content\updateCategory.html

```html
<div class="panel panel-info">
    <div class="panel-heading">
        <h4 class="panel-title">更新种类</h4>
    </div>
    <div class="panel-body">
        <form class="form-horizontal" ng-submit="update();">
            <div class="form-group">
                <label for="id" class="col-sm-2 control-label">种类 ID:</label>
                <div class="col-sm-10">
                    <input type="text" class="form-control" id="id" name="id"
                        readonly ng-model="category.id">
                </div>
            </div>
            <div class="form-group">
                <label for="name" class="col-sm-2 control-label">种类名:</label>
                <div class="col-sm-10">
                    <input type="text" class="form-control" id="name" name="name"
                        minlength="2" required ng-model="category.name">
                </div>
            </div>
            <div class="form-group">
                <label for="desc" class="col-sm-2 control-label">描述:</label>
                <div class="col-sm-10">
                    <textarea type="text" class="form-control" id="desc" name="desc"
                        minlength="20" required rows="4">{{category.desc}}</textarea>
                </div>
            </div>
            <div class="form-group">
                <div class="col-sm-offset-2 col-sm-10">
                    <button type="submit" class="btn btn-success">更新</button>
                    <a role="button" class="btn btn-danger" ui-sref="listCategories">取消</a>
                </div>
            </div>
        </form>
    </div>
</div>
```

这里的表单页面也只是一个普通的 Bootstrap 水平表单,与前面定义的添加种类的表单相比，该页面只是额外多了一个不可修改的表单控件，用于显示当前所修改的种类的 ID。

该页面的浏览效果如图 9.11 所示。

图 9.11 修改种类

当用户在图 9.11 所示的表单中输入种类名、种类描述，并单击"更新"按钮后，该按钮将会触发 UpdateCategoryController 控制器中 $scope 的 update 方法，该方法将会把用户输入的数据提交到 updateCategory。

▶▶ 9.5.5 管理图书

当用户单击页面上"图书管理"链接时，系统将会加载并显示当前系统中所有的图书。从前面的路由介绍可以知道，获取所有图书的前端由 ListBooksController 控制器和 res/listBooks.html 页面负责。

下面是注册 ListBooksController 控制器函数的代码。

程序清单：codes\09\BookSystem\WebContent\js\book.js

```
app.controller("ListBooksController", ['$scope', function ($scope){
    $.get("getAllBooks", null , function(data, statusText)
    {
        // 处理异常
        if (data.exception)
        {
            alert("与服务器交互出现异常：" + data.exception);
        }
        else
        {
            // 获取服务器响应，将所有图书赋值给 books
            $scope.$apply(function () {
                $scope.books = data;
            });
        }
    });
}])
```

从这里的代码可以看出，该控制器函数主要就是调用 jQuery 的 get() 方法向 getAllBooks 发送 GET 请求以读取所有图书信息。

服务器端的 getAllBooks 则是 Spring MVC 提供的 JSON 响应的地址，该控制器由 BookController 提供，该处理方法的代码如下。

程序清单：codes\09\BookSystem\src\org\crazyit\booksys\controller\BookController.java

```
// @ResponseBody 会将集合数据转换为 JSON 格式返回客户端
```

```
@ResponseBody
@GetMapping(value="/getAllBooks")
public Object getAll()
{
    return bookService.getAllBooks();
}
```

该控制器方法的代码非常简单：直接返回业务逻辑组件的 getAllBooks() 方法的返回值，该方法返回的 List 集合将被专程 JSON 传给前端 AngularJS 的控制器。

接下来程序即可在 HTML 页面中迭代显示所有的图书信息，HTML 页面代码如下。

> 程序清单：codes\09\BookSystem\WebContent\WEB-INF\content\listBooks.html

```
<div class="panel panel-info">
    <div class="panel-heading">
        <h4 class="panel-title">图书列表</h4>
        <a ui-sref="addBook" style="margin-top:-24px" role="button"
            class="btn btn-default btn-sm pull-right" aria-label="添加">
            <i class="glyphicon glyphicon-plus"></i>
        </a>
    </div>
    <table class="table table-hover table-striped">
        <tr>
            <th>书名</th>
            <th>价格</th>
            <th>作者</th>
            <th>库存</th>
            <th>出版社</th>
            <th>种类</th>
            <th>操作</th>
        </tr>
        <tr ng-repeat="b in books">
            <td>{{b.name}}</td>
            <td>{{b.price}}</td>
            <td>{{b.author}}</td>
            <td>{{b.amount}}</td>
            <td>{{b.pubHouse}}</td>
            <td>{{b.category.name}}</td>
            <td><a ui-sref="updateBook({ book:(b|json) })">更新</a></td>
        </tr>
    </table>
</div>
```

这里代码利用 AngularJS 的 ng-repeat 来迭代显示所有的图书信息。

当用户浏览所有图书信息时，系统显示如图 9.12 所示的界面。

图 9.12 显示所有图书信息

如果用户单击图 9.12 所示列表右上角的 "+" 图标,系统将会导航到 addBook 路由。根据前面介绍的路由配置可以知道,该路由由 AddBookController 控制器和 res/addBook.html 页面提供服务。其中,注册 AddBookController 控制器对应的代码如下。

程序清单:codes\09\BookSystem\WebContent\js\book.js

```javascript
.controller("AddBookController" , ['$scope', function ($scope){
    $.get("getAllCategories", null , function(data, statusText)
    {
        if (data.exception)
        {
            alert("与服务器交互出现异常: " + data.exception);
        }
        else
        {
            $scope.$apply(function () {
                $scope.categories = data;
            });
        }
    });
    $scope.add = function(){
        $.post("addBook" , $(".form-horizontal").serializeArray() ,
            // 指定回调函数
            function(data , statusText)
            {
                if(data.exception)
                {
                    alert("与服务器交互出现异常: " + data.exception);
                }
                else if(data.status > 0)
                {
                    alert("图书添加成功!");
                    // 清空表单的内容
                    $(".form-horizontal").get(0).reset();
                }
                else
                {
                    alert("图书添加失败! ");
                }
            },
            // 指定服务器响应为 json
            "json");
        return false;
    }
}])
```

从这里的代码可以看出,AddBookController 控制器对应的函数通过 jQuery 的 get()方法发送 GET 请求来获取所有的图书种类,这是因为当用户添加图书时,必须提供一个种类列表供用户选择,所以程序必须先获取所有的种类列表。

此外,AddBookController 控制器对应的函数还为$scope 定义了一个 add 方法,该方法负责调用 jQuery 的 post()方法发送异步请求,从而将整个表单的数据提交给服务器端的 addBook处理。

addBook 同样是 Spring MVC 控制器暴露的处理地址,对应的控制器方法同样位于 BookController 类中,该方法的代码如下。

程序清单:codes\09\BookSystem\src\org\crazyit\booksys\controller\BookController.java

```java
// @ResponseBody 会将集合数据转换为 JSON 格式返回客户端
@ResponseBody
```

```
@RequestMapping(value="/addBook", method=RequestMethod.POST)
public Object add(@ModelAttribute Book book, Integer categoryId)
{
    Integer id = bookService.addBook(book, categoryId);
    Map<String, Integer> map = new HashMap<>();
    map.put("status", id);
    return map;
}
```

从上面代码可以看出，add 控制器方法的代码同样很简单：直接调用业务逻辑组件的 addBook()方法添加图书，并将该方法返回的数值以 Map（会自动转成 JSON 格式）传给前端。

添加图书所用的表单页面代码如下。

程序清单：codes\09\BookSystem\WebContent\WEB-INF\content\addBook.html

```html
<div class="panel panel-info">
    <div class="panel-heading">
        <h4 class="panel-title">添加图书</h4>
    </div>
    <div class="panel-body">
    <form class="form-horizontal" ng-submit="add();">
        <div class="form-group">
            <label for="name" class="col-sm-2 control-label">书名：</label>
            <div class="col-sm-4">
                <input type="text" class="form-control" id="name" name="name"
                    minlength="4" required>
            </div>
            <label for="price" class="col-sm-2 control-label">价格：</label>
            <div class="col-sm-4">
                <input type="number" min="0" class="form-control" id="price" name="price">
            </div>
        </div>
        <div class="form-group">
            <label for="author" class="col-sm-2 control-label">作者：</label>
            <div class="col-sm-4">
                <input type="text" class="form-control" id="author" name="author"
                    minlength="2" required>
            </div>
            <label for="pubHouse" class="col-sm-2 control-label">出版社：</label>
            <div class="col-sm-4">
                <input type="text" class="form-control" id="pubHouse" name="pubHouse"
                    minlength="4" required>
            </div>
        </div>
        <div class="form-group">
            <label for="categoryId" class="col-sm-2 control-label">种类：</label>
            <div class="col-sm-10">
                <select class="form-control" name="categoryId" id="categoryId">
                    <option ng-repeat="op in categories"
                        value="{{op.id}}">{{op.name}}</option>
                </select>
            </div>
        </div>
        <div class="form-group">
            <div class="col-sm-offset-2 col-sm-10">
                <button type="submit" class="btn btn-success">添加</button>
                <a role="button" class="btn btn-danger" ui-sref="listBooks">取消</a>
            </div>
        </div>
    </form>
    </div>
</div>
```

该表单页面就是一个普通的 Bootstrap 水平表单，在表单内定义了 5 个表单控件：分别用于让用户输入书名、价格、作者、出版社和种类，其中种类表单控件是一个下拉列表，该下拉列表正是通过迭代 categories 来显示的。

该页面的浏览效果如图 9.13 所示。

图 9.13　添加图书的表单

当用户在图 9.13 所示的表单中输入书名、价格、作者、出版社并选择种类后，单击"添加"按钮，该按钮将会触发 AddBookController 控制器中 $scope 的 add 方法，该方法将会把用户输入的数据提交到 addBook。

9.5.6　修改图书

根据前面路由配置可知道，修改图书对应的路由是 /updateBook/:book，该路由中包含了一个 book 参数，该参数表示用户要修改的图书。

在列出所有图书的 HTML 页面中，修改链接对应的代码如下：

```
<td><a ui-sref="updateBook({ book:(b|json) })">更新</a></td>
```

在这行代码中指定该链接包含一个 book 参数，该参数的值是 b（当前行的 Book 对象）的 JSON 字符串（此处使用了 AngularJS 的 json 过滤器）——这意味着当用户单击该修改链接时，系统将会导航到 /updateBook/:book 路由，并将用户试图修改的 Book 转成 JSON 字符串传给 book 参数。

下面是注册 updateBook 控制器函数的代码。

程序清单：codes\09\BookSystem\WebContent\js\book.js

```
.controller("UpdateBookController" , ['$scope','$state', '$stateParams',
    function ($scope, $state, $stateParams){
    // 获取所有图书种类
    $.get("getAllCategories", null , function(data, statusText)
    {
        if (data.exception)
        {
            alert("与服务器交互出现异常：" + data.exception);
        }
        else
        {
            $scope.$apply(function () {
                $scope.categories = data;
                $scope.book = $.parseJSON( $stateParams.book );
            });
        }
```

```
            });
        $scope.update = function()
        {
            $.post("updateBook" , $(".form-horizontal").serializeArray() ,
                // 指定回调函数
                function(data , statusText)
                {
                    if(data.exception)
                    {
                        alert("与服务器交互出现异常: " + data.exception);
                    }
                    else if(data.status > 0)
                    {
                        alert("图书更新成功!");
                        // 清空表单的内容
                        $(".form-horizontal").get(0).reset();
                        $state.go("listBooks");
                    }
                    else
                    {
                        alert("图书更新失败!");
                    }
                },
                // 指定服务器响应为json
                "json");
            return false;   // 阻止默认的提交
        }
}])
```

粗体字代码先通过$stateParams 对象获取 book 路由参数——该参数值是一个 JSON 字符串，因此还需要将该 JSON 字符串恢复成原来的 Book 对象，并将该对象赋给$scope 的 book，这样即可在修改页面上"回显"用户要修改的图书信息。

由于修改图书时同样需要让用户选择图书种类，因此上面代码通过 jQuery 的 get()方法向 getAllCategories 发送异步请求来获取所有种类信息，保证图书修改页面可通过下拉列表显示所有图书种类供用户选择。

此外，控制器函数还为$scope 定义了一个 update 方法，而该方法负责调用 jQuery 的 post() 方法来发送异步请求，从而将整个表单的数据提交给服务器端的 updateBook 处理。

updateBook 同样是 Spring MVC 控制器暴露的处理地址，对应的控制器方法同样位于 BookController 类中，该方法的代码如下：

程序清单：codes\09\BookSystem\src\org\crazyit\booksys\controller\BookController.java

```java
// @ResponseBody 会将集合数据转换为 JSON 格式返回客户端
@ResponseBody
@PostMapping(value="/updateBook")
public Object update(@ModelAttribute Book book , Integer categoryId)
{
    bookService.updateBook(book, categoryId);
    Map<String, Integer> map = new HashMap<>();
    map.put("status", 1);
    return map;
}
```

从上面代码可以看出，update 控制器方法的代码同样很简单：直接调用业务逻辑组件的 updateBook()方法修改图书，最后该方法将一个状态值封装成 Map（会自动转成 JSON 格式）传给前端。

修改图书所用的表单页面与前面介绍的添加图书的表单页面基本相同,只是该页面额外添加了一个不可修改的表单控件,用于显示被修改图书的 ID,此处不再给出修改图书的表单页面。

修改图书页面的浏览效果如图 9.14 所示。

图 9.14 修改图书

当用户在图 9.14 所示的表单中输入图书名、价格、作者、出版社并选择种类后,单击"更新"按钮,该按钮将会触发 UpdateBookController 控制器中$scope 的 update 方法,该方法将会把用户输入的数据提交到 updateBook。

9.5.7 图书入库

前面已经介绍了,图书入库是相对来说比较复杂的功能:执行图书入库不仅需要添加入库单,而且每个入库单还需要包含多个入库项——入库项的数目是动态变化的。

当用户单击页面上"图书入库"链接时,系统将会加载并显示当前系统中所有的入库单。从前面的路由介绍可以知道,获取所有入库单的前端由 ListInventoriesController 控制器和 res/ListInventories.html 页面负责。

下面是注册 ListInventoriesController 控制器函数的代码。

程序清单:codes\09\BookSystem\WebContent\js\inventory.js

```
app.controller("ListInventoriesController", ['$scope', function ($scope){
    $.get("getAllInventories", null , function(data, statusText)
        {
            if (data.exception)
            {
                alert("与服务器交互出现异常: " + data.exception);
            }
            else
            {
                $scope.$apply(function () {
                    $scope.inventories = data;
                });
            }
        });
    $scope.viewItems = function(myevent){
        let inventoryId = myevent.target.dataset.inventoryid;
        $.get("getItemsById", {inventoryId: inventoryId},
            function(data, statusText){
                if (data.exception)
                {
                    alert("与服务器交互出现异常: " + data.exception);
```

```
                    }
                    else
                    {
                        $scope.$apply(function () {
                            $scope.items = data;
                            $('.modal').modal('show');  // ①
                        });
                    }
                });
            }
        }])
```

该控制器函数的前一半调用 jQuery 的 get()方法向 getAllInventories 发送 GET 请求来读取所有入库单信息。

后面一半则为$scope 定义了一个 viewItems 方法,该方法用于查看指定入库单所包含的入库项,查看入库项时也通过 jQuery 的 get()方法向 getItemsById 发送 GET 请求以读取该入库单所包含的所有入库项。当返回该入库单对应的入库项数据时,上面①处代码调用一个对话框来显示该入库单包含的所有入库项。

服务器端的 getAllInventories 则是 Spring MVC 提供的 JSON 响应的地址,该控制器由 InventoryController 提供,该处理方法的代码如下。

程序清单:codes\09\BookSystem\src\org\crazyit\booksys\controller\InventoryController.java

```java
// @ResponseBody 会将集合数据转换为 JSON 格式返回客户端
@ResponseBody
@GetMapping(value="/getAllInventories")
public Object getAll()
{
    return bookService.getAllInventories();
}
```

该控制器方法的代码非常简单:直接返回业务逻辑组件的 getAllInventories()方法的返回值,该方法返回的 List 集合将被专程 JSON 传给前端 AngularJS 的控制器。

服务器端的 getItemsById 也是 Spring MVC 提供的 JSON 响应的地址,该控制器由 InventoryController 提供,该处理方法的代码如下。

程序清单:codes\09\BookSystem\src\org\crazyit\booksys\controller\InventoryController.java

```java
// @ResponseBody 会将集合数据转换为 JSON 格式返回客户端
@ResponseBody
@GetMapping(value="/getItemsById")
public Object getItemsById(Integer inventoryId)
{
    return bookService.getItemsByInventoryId(inventoryId);
}
```

接下来程序即可在 HTML 页面中迭代显示所有的入库单信息,HTML 页面代码如下。

程序清单:codes\09\BookSystem\WebContent\WEB-INF\content\listInventories.html

```html
<div class="panel panel-info">
    <div class="panel-heading">
        <h4 class="panel-title">入库单列表</h4>
        <a ui-sref="inventoryBook" style="margin-top:-24px" role="button"
            class="btn btn-default btn-sm pull-right" aria-label="入库">
                <i class="glyphicon glyphicon-plus"></i>
        </a>
    </div>
    <table class="table table-hover table-striped">
        <tr>
            <th>入库单编号</th>
```

```html
            <th>入库时间</th>
            <th>操作员</th>
            <th>查看</th>
        </tr>
        <tr ng-repeat="iv in inventories">
            <td>{{iv.no}}</td>
            <td>{{iv.insertTime | date: 'yyyy年MM月dd日 HH时mm分ss秒'}}</td>
            <td>{{iv.operator}}</td>
            <td><button role="button" class="btn btn-sm btn-info"
                data-inventoryid="{{iv.id}}" ng-click="viewItems($event);">详情
</button></td>
        </tr>
    </table>
</div>
<div class="modal fade" tabindex="-1" role="dialog">
    <div class="modal-dialog" role="document">
        <div class="modal-content">
            <div class="modal-header">
                <button type="button" class="close" data-dismiss="modal" aria-label="关闭">
                    <span aria-hidden="true">&times;</span></button>
                <h4 class="modal-title">入库单详情</h4>
            </div>
            <div class="modal-body">
                <table class="table table-hover table-striped">
                    <tr>
                        <th>入库图书</th>
                        <th>入库数量</th>
                    </tr>
                    <tr ng-repeat="it in items">
                        <td>{{it.book.name}}</td>
                        <td>{{it.amount}}</td>
                    </tr>
                </table>
            </div>
        </div>
    </div>
</div>
```

该 HTML 页面代码同样包含两个部分：第一个部分是一个带表格的面板，该面板中的表格用于显示系统中所有的入库单信息。该面板利用 AngularJS 的 ng-repeat 来迭代显示所有的入库单信息；第二个部分是一个带表格的对话框，这个对话框默认是隐藏的，只有当用户要查看指定入库单所包含的入库项时才会显示出来。该对话框内的表格会动态显示指定入库单所包含的入库项。

当用户浏览所有入库单信息时，系统显示如图 9.15 所示的页面。

图 9.15　显示所有入库单信息

当用户单击图 9.15 所示页面上指定入库单的"详情"按钮时，系统将会弹出对话框来显示该入库单所包含的所有入库项，如图 9.16 所示。

图 9.16　查看入库单详情

如果用户单击图 9.15 所示列表右上角的"+"图标，系统将会导航到 inventoryBook 路由。根据前面介绍的路由配置可以知道，该路由由 InventoryBookController 控制器和 res/inventoryBook.html 页面提供服务。其中，注册 InventoryBookController 控制器对应的代码如下。

程序清单：codes\09\BookSystem\WebContent\js\inventory.js

```
.controller("InventoryBookController", ['$scope', function ($scope){
    $.get("getAllBooks", null , function(data, statusText)
    {
        if (data.exception)
        {
            alert("与服务器交互出现异常：" + data.exception);
        }
        else
        {
            $scope.$apply(function () {
                $scope.books = data;
            });
        }
    });
    $scope.deleteItem = function(myevent){
        // 删除入库项
        $(myevent.target).parents("#itemRow").remove();
    };
    $scope.addItem = function(){
        $("#itemRow").first().clone(true).insertBefore("#lastBnGroup");
    };
    $scope.add = function(){
        $.post("addInventory" , $(".form-horizontal").serializeArray() ,
            // 指定回调函数
            function(data , statusText)
            {
                if(data.exception)
                {
                    alert("与服务器交互出现异常：" + data.exception);
                }
                else if(data.status > 0)
                {
                    alert("图书入库成功!");
                    // 清空表单的内容
                    $(".form-horizontal").get(0).reset();
                }
                else
```

```
                {
                    alert("图书入库失败！");
                }
            },
            // 指定服务器响应为json
            "json");
        return false;
    }
}])
```

该控制器对应的函数稍微复杂一些，这是因为该控制器要实现的功能较多。

对于图书入库，系统需要加载所有图书来让用户执行入库操作，因此控制器开始调用 jQuery 的 get()方法发送 GET 请求来获取所有的图书——这样可提供列表供用户选择入库的图书。

由于在执行图书入库时每个入库单所包含的入库项会动态变化，因此定义了 deleteItem 和 addItem 两个函数，这两个函数将可以在页面上动态删除入库项和添加入库项，这样用户就可以根据需要为入库单动态设置合适的入库项。

此外，InventoryBookController 控制器对应的函数还为$scope 定义了一个 add 方法，该方法负责调用 jQuery 的 post()方法来发送异步请求，从而将整个表单的数据提交给服务器端的 addInventory 处理。

addInventory 同样是 Spring MVC 控制器暴露的处理地址，对应的控制器方法同样位于 InventoryController 类中，该方法的代码如下。

程序清单：codes\09\BookSystem\src\org\crazyit\booksys\controller\InventoryController.java

```java
// @ResponseBody 会将集合数据转换为 JSON 格式返回客户端
@ResponseBody
@PostMapping(value="/addInventory")
public Object add(@ModelAttribute Inventory inventory,
    int[] amounts, Integer[] bookIds)
{
    Integer id = bookService.addInventory(inventory,
        amounts, bookIds);
    Map<String, Integer> map = new HashMap<>();
    map.put("status", id);
    return map;
}
```

从上面代码可以看出，add 控制器方法的代码同样很简单：直接调用业务逻辑组件的 addInventory()方法完成图书入库，并将该方法返回的数值以 Map（会自动转成 JSON 格式）传给前端。

> **提示**：图书入库的业务方法稍微复杂一些，前面已经介绍过图书入库业务方法的实现。

图书入库所用的表单页面代码如下。

程序清单：codes\09\BookSystem\WebContent\WEB-INF\content\inventoryBook.html

```html
<div class="panel panel-info">
    <div class="panel-heading">
        <h4 class="panel-title">图书入库</h4>
```

```html
        </div>
        <div class="panel-body">
        <form class="form-horizontal" ng-submit="add();">
            <div class="form-group">
                <label for="no" class="col-sm-2 control-label">入库单号：</label>
                <div class="col-sm-4">
                    <input type="text" class="form-control" id="no" name="no"
                        pattern="[0-9]{10}" required placeholder="10位数字编号">
                </div>
                <label for="operator" class="col-sm-2 control-label">操作员：</label>
                <div class="col-sm-4">
                    <input type="text" class="form-control" id="operator" name="operator"
                        minlength="2" required>
                </div>
            </div>
            <div class="form-group" id="itemRow">
                <label for="bookIds" class="col-sm-2 control-label">图书：</label>
                <div class="col-sm-4">
                    <select class="form-control" name="bookIds" id="bookIds">
                        <option ng-repeat="op in books"
                            value="{{op.id}}">{{op.name}}</option>
                    </select>
                </div>
                <label for="items.amount" class="col-sm-2 control-label">数量：</label>
                <div class="col-sm-3">
                    <input type="number" min="1" class="form-control" id="amounts" name="amounts">
                </div>
                <div class="col-sm-1">
                    <a ng-click="deleteItem($event);" role="button"
                        class="btn btn-danger btn-sm" aria-label="删除此项">
                        <i class="glyphicon glyphicon-minus"></i>
                    </a>
                </div>
            </div>
            <div class="form-group" id="lastBnGroup">
                <div class="col-sm-offset-2 col-sm-10">
                    <button type="button" class="btn btn-info" ng-click="addItem();">
                        添加入库项</button>
                    <button type="submit" class="btn btn-success">入库</button>
                    <a role="button" class="btn btn-danger" ui-sref="listInventories">取消</a>
                </div>
            </div>
        </form>
        </div>
    </div>
```

该表单页面比前面的表单页面略微复杂一些，因为这个表单页面除了包含入库单信息之外，还需要允许添加多个入库项，所以专门定义了 ID 为 itemRow 的元素来表示一个入库项。

第一段粗体字代码用于为 itemRow 元素定义删除按钮，每当用户单击该按钮时，将会激发 $scope 的 deleteItem 方法，该方法负责删除该元素；第二段粗体字代码则定义一个添加按钮，每当用户单击该按钮时，将会激发 $scope 的 addItem 方法，该方法会复制一个 itemRow 元素并将该元素插入页面中，这样即可添加一个入库项。

该页面的浏览效果如图 9.17 所示。

图 9.17 执行图书入库的表单

当用户在图 9.17 所示的表单中输入入库单号、操作员，不同入库项的图书、数量后，单击"入库"按钮，该按钮将会触发 InventoryBookController 控制器中$scope 的 add 方法，该方法将会把用户输入的数据提交到 addInventory。

> **注意：**
> 在实际的应用中，其实无须填写操作员。一般来说，当前登录用户是谁，操作员就是谁。由于本系统并未实现用户管理、权限控制部分，因此此处需要让用户添加操作员。

▶▶ 9.5.8 销售图书

当用户单击页面上"图书销售"链接时，系统将会加载并显示当前系统中所有的销售记录。从前面的路由介绍可以知道，获取所有销售记录的前端由 ListSalesController 控制器和 res/listSale.html 页面负责。

下面是注册 ListSalesController 控制器函数的代码。

程序清单：codes\09\BookSystem\WebContent\js\sale.js

```
app.controller("ListSalesController", ['$scope', function ($scope){
    $.get("getAllSales", null , function(data, statusText)
        {
            if (data.exception)
            {
                alert("与服务器交互出现异常：" + data.exception);
            }
            else
            {
                $scope.$apply(function () {
                    $scope.sales = data;
                });
            }
        });
}])
```

从上面代码可以看出，该控制器函数主要就是调用 jQuery 的 get()方法向 getAllSales 发送 GET 请求来读取所有销售记录信息。

服务器端的 getAllSales 则是 Spring MVC 提供的 JSON 响应的地址，该控制器由 SaleController 提供，该处理方法的代码如下。

程序清单：codes\09\BookSystem\src\org\crazyit\booksys\controller\SaleController.java

```
// @ResponseBody 会将集合数据转换为 JSON 格式返回客户端
```

```
@ResponseBody
@GetMapping(value="/getAllSales")
public Object getAll()
{
    return bookService.getAllSales();
}
```

该控制器方法的代码非常简单：直接返回业务逻辑组件的 getAllSales()方法的返回值，该方法返回的 List 集合将被专程 JSON 传给前端 AngularJS 的控制器。

接下来程序即可在 HTML 页面中迭代显示所有的销售记录，HTML 页面代码如下。

> 程序清单：codes\09\BookSystem\WebContent\WEB-INF\content\listSales.html

```
<div class="panel panel-info">
    <div class="panel-heading">
        <h4 class="panel-title">销售记录列表</h4>
        <a ui-sref="saleBook" style="margin-top:-24px" role="button"
            class="btn btn-default btn-sm pull-right" aria-label="销售">
            <i class="glyphicon glyphicon-plus"></i>
        </a>
    </div>
    <table class="table table-hover table-striped">
        <tr>
            <th>销售图书</th>
            <th>图书价格</th>
            <th>折扣</th>
            <th>数量</th>
            <th>总价</th>
            <th>销售员</th>
        </tr>
        <tr ng-repeat="s in sales">
            <td>{{s.book.name}}</td>
            <td>{{s.book.price | number:2}}</td>
            <td>{{s.discount | number:2}}</td>
            <td>{{s.amount}}</td>
            <td>{{s.totalPrice | number:2}}</td>
            <td>{{s.operator}}</td>
        </tr>
    </table>
</div>
```

以上代码利用 AngularJS 的 ng-repeat 来迭代显示所有的销售记录。

当用户浏览所有销售记录时，系统会显示如图 9.18 所示的页面。

图 9.18　显示所有销售记录

如果用户单击图 9.18 所示列表右上角的"+"图标，系统将会导航到 saleBook 路由。根据前面介绍的路由配置可以知道，该路由由 SaleBookController 控制器和 res/saleBook.html 页面提供服务。其中,注册 SaleBookController 控制器对应的代码如下。

程序清单:codes\09\BookSystem\WebContent\js\sale.js

```
.controller("SaleBookController", ['$scope', function ($scope){
    $.get("getAllBooks", null , function(data, statusText)
    {
        if (data.exception)
        {
            alert("与服务器交互出现异常:" + data.exception);
        }
        else
        {
            $scope.$apply(function () {
                $scope.books = data;
                $scope.bookId = data[0].id;
            });
        }
    });
    // 设置默认的折扣
    $scope.discount = 0.7;
    // 设置默认的销售数量
    $scope.amount = 1;
    // 当用户改变下拉列表框时激发该函数
    $scope.cal = function(myevent)
    {
        $scope.selected = $('select#bookId').prop('selectedIndex');
    };
    $scope.add = function(){
        $.post("saleBook" , $(".form-horizontal").serializeArray() ,
            // 指定回调函数
            function(data , statusText)
            {
                if(data.exception)
                {
                    alert("与服务器交互出现异常:" + data.exception);
                }
                else if(data.status > 0)
                {
                    alert("图书销售成功!");
                    // 清空表单的内容
                    $(".form-horizontal").get(0).reset();
                }
                else
                {
                    alert("图书销售失败!");
                }
            },
            // 指定服务器响应为 json
            "json");
        return false;
    }
}])
```

该控制器首先通过 jQuery 的 get()方法向 getAllBooks 发送异步 GET 请求来获取所有图书信息,这是因为在销售图书时,需要让用户来选择要销售的图书。

由于销售图书的页面还需要根据用户选择的图书动态计算总价,因此该控制器还为$scope 定义了一个 cal 方法——当图书销售页面中关于图书的下拉列表发生改变时,该 cal 方法会被触发,其会把用户选择的列表项索引赋值给$scope 的 selected,页面上表示总价的表单控件即可根据该变量进行计算。

此外,SaleBookController 控制器对应的函数还为$scope 定义了一个 add()方法,该方法则负责调用 jQuery 的 post()方法来发送异步请求,从而将整个表单的数据提交给服务器端的 saleBook 处理。

saleBook 同样是 Spring MVC 控制器暴露的处理地址,对应的控制器方法同样位于 SaleController 类中,该方法的代码如下。

程序清单:codes\09\BookSystem\src\org\crazyit\booksys\controller\SaleController.java

```java
// @ResponseBody 会将集合数据转换为 JSON 格式返回客户端
@ResponseBody
@PostMapping(value="/saleBook")
public Object add(@ModelAttribute Sale sale, Integer bookId)
{
    Integer id = bookService.saleBook(sale, bookId);
    Map<String, Integer> map = new HashMap<>();
    map.put("status", id);
    return map;
}
```

> **注意:**
> 在实际应用中,通常建议在服务器端重新验证折扣是否合理(很多时候商品折扣是在服务器端设置的,销售员并没有权限改变)。与此同时,销售总价也应该在服务器端重新计算,而不是直接使用客户端提交的总价——因为这样是有风险的。

从以上代码可以看出,add 控制器方法的代码同样很简单:直接调用业务逻辑组件的 saleBook()方法完成图书销售,并将该方法返回的数值以 Map(会自动转成 JSON 格式)传给前端。

> **提示:**
> 图书销售的业务方法稍微复杂一些,前面已经介绍过图书销售业务方法的实现。

销售图书所用的表单页面代码如下。

程序清单:codes\09\BookSystem\WebContent\WEB-INF\content\saleBook.html

```html
<div class="panel panel-info">
    <div class="panel-heading">
        <h4 class="panel-title">销售图书</h4>
    </div>
    <div class="panel-body">
    <form class="form-horizontal" ng-submit="add();">
        <div class="form-group">
            <label for="bookId" class="col-sm-2 control-label">图书:</label>
            <div class="col-sm-10">
                <select class="form-control" name="bookId" id="bookId"
                    ng-change="cal()" ng-model="bookId" required>
                    <option ng-repeat="op in books"
                        value="{{op.id}}">{{op.name}}</option>
                </select>
```

```html
                </div>
            </div>
            <div class="form-group">
                <label for="amount" class="col-sm-2 control-label">数量：</label>
                <div class="col-sm-4">
                    <input type="number" min="0" class="form-control"
                        id="amount" name="amount" ng-model="amount">
                </div>
                <label for="discount" class="col-sm-2 control-label">折扣：</label>
                <div class="col-sm-4">
                    <input type="number" min="0" step="0.05" class="form-control"
                        id="discount" name="discount" ng-model="discount">
                </div>
            </div>
            <div class="form-group">
                <label for="totalPrice" class="col-sm-2 control-label">总价：</label>
                <div class="col-sm-4">
                    <input type="text" readonly class="form-control"
                        id="totalPrice" name="totalPrice"
                        value="{{books[selected].price * amount * discount | number:2}}">
                </div>
                <label for="operator" class="col-sm-2 control-label">销售员：</label>
                <div class="col-sm-4">
                    <input type="text" class="form-control" id="operator" name="operator"
                        minlength="2" required>
                </div>
            </div>
            <div class="form-group">
                <div class="col-sm-offset-2 col-sm-10">
                    <button type="submit" class="btn btn-success">销售</button>
                    <a role="button" class="btn btn-danger" ui-sref="listSales">取消</a>
                </div>
            </div>
        </form>
    </div>
</div>
```

该表单页面是一个普通的 Bootstrap 水平表单，在表单内定义了 5 个表单控件：分别用于让用户输入图书、数量、折扣、总价、销售员信息，其中不允许修改总价，总价将会由系统来自动计算。

由于控制器通过 $scope 的 amount、discount 设置了系统默认的销售数量、折扣，因此页面代码中的第一行粗体字代码使用 ng-model 指令将表单控件双向绑定到 amount 变量，这个表单控件将会自动显示销售数量；第二行粗体字代码使用 ng-model 指令将表单控件双向绑定到 discount 变量，这个表单控件将会自动显示销售折扣。

此外，第三行粗体字代码指定了 value 为{{books[selected].price * amount * discount | number:2}}，该 value 属性值是 AngularJS 表达式，该表达式将会根据用户选择的图书乘以销售数量，再乘以折扣，这样得到的结果即可作为销售总价。

该页面的浏览效果如图 9.19 所示。

当用户在图 9.19 所示的表单中输入必要的销售信息后，单击"销售"按钮，该按钮将会触发 SaleBookController 控制器中 $scope 的 add 方法，该方法将会把用户输入的数据提交到 saleBook。

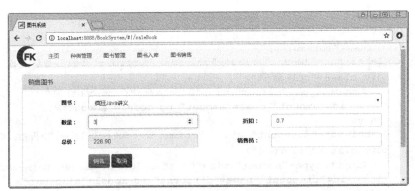

图 9.19 销售图书的表单

9.6 本章小结

  本章介绍了一个完整的前端开发+后端整合的项目，内容覆盖系统分析、设计，系统 DAO 层设计，业务逻辑层设计等。本章的应用是对传统 Java EE 应用的改进，而不是一个简单的前端应用。

  本章不再局限于单纯的前端开发的介绍，而是侧重于开发一个实际的应用，以及在实际应用中将前端开发与后端应用整合。本系统将 Bootstrap、AngularJS、jQuery 和后端的 Spring MVC、Spring、Hibernate 无缝地整合在一起，既充分利用了传统 Java EE 应用强大的后台处理能力，又充分利用了前端应用的良好用户展现。

CHAPTER 10

第10章
jQuery+Bootstrap 整合开发：
电子拍卖系统

本章要点

- 传统 Java EE 应用的系统设计
- 分析、提取系统的 Domain Object
- 映射 Hibernate 的持久化对象
- 基于 Hibernate 5 实现 DAO 组件
- 在 Spring 容器中部署 DAO 组件
- 实现业务逻辑组件
- 部署业务逻辑组件
- 使用声明式事务机制为业务逻辑方法增加事务控制
- 利用 Spring 邮件抽象层发送竞价确认邮件
- 利用 Spring 任务调度处理拍卖到期的物品
- 使用 Spring MVC 暴露前端 JSON 接口
- 前端控制器的异常处理方式
- 使用 jQuery 异步装载页面片段
- 使用 Bootstrap 构建前端界面
- 使用 jQuery 发送异步请求
- 使用 jQuery 动态更新 HTML 页面

本章介绍的系统是一个前端开发+后端整合的系统，本系统前端综合使用了 jQuery＋Bootstrap，后端则整合使用了 Spring MVC、Spring、Hibernate 这些框架。

该系统是一个模拟的电子拍卖系统。注册用户可以在这里发布拍卖物品，参与竞价。非注册用户可以浏览拍卖物品，浏览流拍物品。如果到了物品的拍卖期限，系统提供后台线程判断物品是流拍了，还是被最高竞价者赢取。注册用户参与竞价后，系统会发送邮件通知竞价用户。Spring 的任务调度负责启动后台线程来修改物品状态；Spring 的邮件抽象层负责发送竞价通知邮件。

本系统使用 Hibernate 作为持久层的 O/R mapping 框架，使用 Spring 管理业务层组件和持久层组件。Spring MVC 作为前端 MVC 控制器，用于对外暴露 JSON 接口供前端界面调用，权限控制也在 Spring MVC 层完成。本应用的界面使用 Bootstrap 的样式和组件实现；使用 jQuery 作为异步交互的引擎，负责与前端和后端的交互，并通过 jQuery 封装的方法来操作 DOM 页面。

10.1 总体说明和概要设计

与前一章的应用类似，本章的应用同样包括了前端开发＋后端应用两个部分。本应用的后台结构是一个完善的轻量级 Java EE 架构，应用架构采用 Spring MVC 作为后端控制器，负责对外提供 JSON 响应，jQuery 则负责与 Spring MVC 暴露的 JSON 接口进行交互。

10.1.1 系统的总体架构设计

该系统后台采用 Java EE 的三层结构，分别为控制器层、业务逻辑层和数据服务层。其中，将业务规则、数据访问等工作放到中间层处理，客户端不直接与数据库交互，而是通过控制器与中间层建立连接，再由中间层与数据库交互。系统的数据持久化层使用 MySQL 数据库存放数据。

系统使用 HTML 页面作为表现层，jQuery 通过调用 Spring MVC 所暴露的 JSON 接口与服务器端交互，当 jQuery 拿到服务器端响应的 JSON 数据后，jQuery 会读取、遍历 JSON 数据，然后通过 jQuery 的 DOM 操作将数据动态显示在页面上。

系统中间层采用 Spring 4.3+Hibernate 5.2 结构，为了更好地分离，中间层又可细分为如下几层。

- 控制器层：控制器层负责对外暴露 JSON 接口。
- 业务逻辑层：负责实现业务逻辑，业务逻辑组件是 DAO 组件的门面。
- DAO 层：封装了数据的增、删、查、改等原子操作。
- Domain Object 层（领域对象层）：通过实体/关系映射工具将领域对象映射成持久化对象，从而可以以面向对象方式操作数据库。本系统采用 Hibernate 作为 O/R mapping 框架

Spring 框架贯穿整个中间层，Spring 可以管理持久化访问所需的数据源，也可以管理 Hibernate 的 SessionFactory，并可以管理业务逻辑组件和 DAO 组件之间的依赖关系。整个系统前端综合使用了 jQuery 和 Bootstrap，其中 Bootstrap 负责提供丰富的 CSS 样式以及各种界面组件，而 jQuery 则负责与 Spring MVC 暴露的 JSON 接口交互，向服务器端提交请求，获取服务器端响应的数据，并将服务器端响应的数据动态更新在页面上。系统的总体架构如图 10.1 所示。

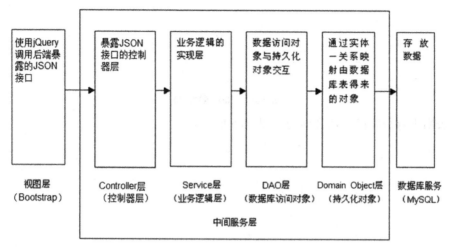

图 10.1 系统的总体设计图

▶▶ 10.1.2 数据库设计

本系统的 E/R 图如图 10.2 所示。

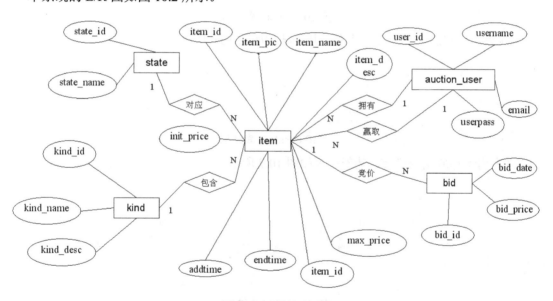

图 10.2 系统 E/R 图

本系统的数据库系统使用 MySQL 建立，包含 5 张数据表，分别用于存放 E/R 图中的 5 个实体。

auction_user 表用于存放系统的注册用户信息，其表结构如图 10.3 所示。

```
+----------+--------------+------+-----+---------+----------------+
| Field    | Type         | Null | Key | Default | Extra          |
+----------+--------------+------+-----+---------+----------------+
| user_id  | int(11)      | NO   | PRI | NULL    | auto_increment |
| username | varchar(50)  | NO   | UNI | NULL    |                |
| userpass | varchar(50)  | NO   |     | NULL    |                |
| email    | varchar(100) | NO   |     | NULL    |                |
```

图 10.3 auction_user 表

kind 表用于存放物品种类，其表结构如图 10.4 所示。

```
+-----------+--------------+------+-----+---------+----------------+
| Field     | Type         | Null | Key | Default | Extra          |
+-----------+--------------+------+-----+---------+----------------+
| kind_id   | int(11)      | NO   | PRI | NULL    | auto_increment |
| kind_name | varchar(50)  | NO   |     | NULL    |                |
| kind_desc | varchar(255) | NO   |     | NULL    |                |
+-----------+--------------+------+-----+---------+----------------+
```

图 10.4 kind 表结构

item 表用于存放物品，其表结构如图 10.5 所示。

```
+-------------+--------------+------+-----+---------+----------------+
| Field       | Type         | Null | Key | Default | Extra          |
+-------------+--------------+------+-----+---------+----------------+
| item_id     | int(11)      | NO   | PRI | NULL    | auto_increment |
| item_name   | varchar(255) | NO   |     | NULL    |                |
| item_remark | varchar(255) | YES  |     | NULL    |                |
| item_desc   | varchar(255) | YES  |     | NULL    |                |
| kind_id     | int(11)      | NO   | MUL | NULL    |                |
| addtime     | date         | NO   |     | NULL    |                |
| endtime     | date         | NO   |     | NULL    |                |
| init_price  | double       | NO   |     | NULL    |                |
| max_price   | double       | NO   |     | NULL    |                |
| owner_id    | int(11)      | NO   | MUL | NULL    |                |
| winer_id    | int(11)      | YES  | MUL | NULL    |                |
| state_id    | int(11)      | NO   | MUL | NULL    |                |
+-------------+--------------+------+-----+---------+----------------+
```

图 10.5 item 表结构

state 表用于存放拍卖物品的状态，其表结构如图 10.6 所示。

```
+------------+-------------+------+-----+---------+----------------+
| Field      | Type        | Null | Key | Default | Extra          |
+------------+-------------+------+-----+---------+----------------+
| state_id   | int(11)     | NO   | PRI | NULL    | auto_increment |
| state_name | varchar(10) | YES  |     | NULL    |                |
+------------+-------------+------+-----+---------+----------------+
```

图 10.6 state 表结构

bid 表用于存放竞价记录，其表结构如图 10.7 所示。

```
+-----------+---------+------+-----+---------+----------------+
| Field     | Type    | Null | Key | Default | Extra          |
+-----------+---------+------+-----+---------+----------------+
| bid_id    | int(11) | NO   | PRI | NULL    | auto_increment |
| user_id   | int(11) | NO   | MUL | NULL    |                |
| item_id   | int(11) | NO   | MUL | NULL    |                |
| bid_price | double  | NO   |     | NULL    |                |
| bid_date  | date    | NO   |     | NULL    |                |
+-----------+---------+------+-----+---------+----------------+
```

图 10.7 bid 表结构

10.2 实现 Hibernate 持久化类

本系统打算使用贫血模型定义 Domain Object，系统 Domain Object 类就是持久化类，这些持久化类仅仅为各属性提供必需的 setter 和 getter 方法，并未包含业务逻辑方法。所有的业务逻辑方法都由业务逻辑组件提供实现。

▶▶ 10.2.1 设计 Domain Object

本系统的开发并未完全按 OOA、OOD 的过程进行，而是采用了传统的信息化系统开发过程，先设计系统的数据库。因此在系统建模期间，已经得到了系统的 E/R 图，根据 E/R 图可以创建数据库的表，数据库表结构建立以后，可以根据表结构编写持久化对象。

虽然这个过程并不完全符合面向对象的设计过程，但因为数据库的建立对于企业信息应用非常重要，往往难以放弃分析系统的 E/R 关系图，因此 E/R 图的建立也是非常基础的部分。实际上 E/R 图也可用于辅助设计 Domain Object。

本系统一共有如下 5 个 Domain Object 对象。
- AuctionUser：对应注册用户，包括用户名、密码、Email 地址等信息。
- Kind：对应物品种类，包括种类名、种类描述等信息。
- State：对应物品的状态信息，包含状态名等信息。
- Item：对应物品，包含物品名、物品描述、物品备注、物品种类、物品状态等信息。
- Bid：对应竞价信息，包含竞价物品、参与竞价的用户、竞价价格等信息。

不仅如此，5 个 Domain Object 之间的关联关系也比较多，它们之间存在着如下关联关系。
- AuctionUser 与 Item 之间存在两种关系：所有者关系和赢取者关系。这两种关系都是 1 对 N 的关系，即 AuctionUser 可以访问他所赢取的全部物品，也可以访问他所拥有的全部物品，因为 AuctionUser 通过 Set 类型的变量来分别保存他的赢取物品和所有物品。而 Item 里则保存 AuctionUser 的变量，分别是它对应的所有者和赢取者。
- Kind 和 Item 之间存在 1 对 N 的关系，Kind 里以 Set 类型属性保存该种类下的全部物品，而 Item 里以 Kind 类型属性保存它所在的种类。
- State 和 Item 之间存在 1 对 N 的关系，State 以 Set 类型属性保存该状态下的全部物品，而 Item 以 State 类型属性保存它所处的状态。
- Item 和 Bid 之间存在 1 对 N 的关系，Item 以 Set 类型属性保存该物品的全部竞价，而 Bid 以 Item 类型属性保存它对应的物品。
- User 和 Bid 之间也存在 1 对 N 的关系，User 以 Set 类型属性保存该用户参与的全部竞价，而 Bid 以 User 类型属性保存参与竞价的用户。

图 10.8 显示了 5 个实体之间的关联关系。

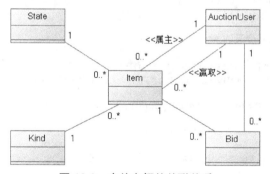

图 10.8 实体之间的关联关系

▶▶ 10.2.2 实现 Domain Object

各 Domain Object 之间存在的关联关系，由图 10.8 可以清楚地看到，其中 AuctionUser 和 Item 两个持久化类之间的关系尤为复杂，它们之间存在两种 1 对 N 的关系，分别是所属和赢取两种关系。

下面是 AuctionUser 类的代码：

程序清单：codes\10\auction\src\org\crazyit\auction\domain\AuctionUser.java

```
@Entity
@Table(name="auction_user")
public class AuctionUser
```

```java
{
    // 标识属性
    @Id
    @Column(name="user_id")
    @GeneratedValue(strategy=GenerationType.IDENTITY)
    private Integer id;
    // 用户名成员变量
    private String username;
    // 密码成员变量
    private String userpass;
    // 电子邮件成员变量
    private String email;
    // 根据属主关联的物品实体
    @OneToMany(targetEntity=Item.class ,
        mappedBy="owner")
    private Set<Item> itemsByOwner = new HashSet<>();
    // 根据赢取者关联的物品实体
    @OneToMany(targetEntity=Item.class ,
        mappedBy="winer")
    private Set<Item> itemsByWiner = new HashSet<>();
    // 该用户所参与的全部竞价
    @OneToMany(targetEntity=Bid.class ,
        mappedBy="bidUser")
    private Set<Bid> bids = new HashSet<>();
    // 无参数的构造器
    public AuctionUser()
    {
    }
    // 初始化全部成员变量的构造器
    public AuctionUser(Integer id , String username
        , String userpass , String email)
    {
        this.id = id;
        this.username = username;
        this.userpass = userpass;
        this.email = email;
    }
    // 下面省略普通成员变量的 setter 和 getter 方法
    ...
    // itemsByOwner 的 setter 和 getter 方法
    public void setItemsByOwner(Set<Item> itemsByOwner)
    {
        this.itemsByOwner = itemsByOwner;
    }
    public Set<Item> getItemsByOwner()
    {
        return this.itemsByOwner;
    }
    // itemsByWiner 的 setter 和 getter 方法
    public void setItemsByWiner(Set<Item> itemsByWiner)
    {
        this.itemsByWiner = itemsByWiner;
    }
    public Set<Item> getItemsByWiner()
    {
        return this.itemsByWiner;
    }
    // bids 的 setter 和 getter 方法
    public void setBids(Set<Bid> bids)
    {
        this.bids = bids;
    }
    public Set<Bid> getBids()
```

```
	{
		return this.bids;
	}
}
```

在 AuctionUser 类里保留了两个 Set<Item>属性：itemsByOwner 和 itemsByWiner，其中 itemsByOwner 用于访问属于该用户的全部拍卖物品，而 itemsByWiner 用于访问该用户赢取的全部拍卖物品，这两个属性的关联实体都是 Item。此外，AuctionUser 类里还有一个 bids 属性，该属性用于访问该用户参与的全部竞价记录。

本示例没有使用映射文件来管理 Hibernate 实体，而是采用 Annotation 来管理持久化实体。在该程序中，在定义 Auction_User 类时使用了@Entity 修饰，该 Annotation 可将该类映射成持久化实体。除此之外，AuctionUser 实体和 3 个关联实体存在 1 对 N 的关系，因此需要在 AuctionUser 类的 itemsByOwner、itemsByWiner 和 bids 属性上使用@OneToMany 修饰。

本系统将把所有 1 对 N 关联都映射成双向关联，因此我们为 3 个@OneToMany 元素都指定了 mappedBy 属性，这表明 AuctionUser 实体（1 的一端）不控制关联关系。根据 Hibernate 的建议：对于双向 1 对 N 关联，不要让 1 的一端控制关系，而应该让 N 的一端控制关联关系，这样可以保证更好的性能。

Item 类除了和 AuctionUser 之间存在两种 N 对 1 的关联关系外，还和 Bid 之间存在 1 对 N 的关联关系，和 Kind 之间存在 N 对 1 的关联关系，和 State 之间存在 N 对 1 的关联关系。下面是 Item 类的代码：

程序清单：codes\10\auction\src\org\crazyit\auction\domain\Item.java

```
@Entity
@Table(name="item")
public class Item
{
	// 标识属性
	@Id
	@Column(name="item_id")
	@GeneratedValue(strategy=GenerationType.IDENTITY)
	private Integer id;
	// 物品 Remark
	@Column(name="item_remark")
	private String itemRemark;
	// 物品名称
	@Column(name="item_name")
	private String itemName;
	// 物品描述
	@Column(name="item_desc")
	private String itemDesc;
	// 物品添加时间
	private Date addtime;
	// 物品结束拍卖时间
	private Date endtime;
	// 物品的起拍价
	@Column(name="init_price")
	private double initPrice;
	// 物品的最高价
	@Column(name="max_price")
	private double maxPrice;
	// 该物品的所有者
	@ManyToOne(targetEntity=AuctionUser.class)
	@JoinColumn(name="owner_id", nullable=false)
```

```java
    private AuctionUser owner;
    // 该物品所属的种类
    @ManyToOne(targetEntity=Kind.class)
    @JoinColumn(name="kind_id", nullable=false)
    private Kind kind;
    // 该物品的赢取者
    @ManyToOne(targetEntity=AuctionUser.class)
    @JoinColumn(name="winer_id", nullable=true)
    private AuctionUser winer;
    // 该物品所处的状态
    @ManyToOne(targetEntity=State.class)
    @JoinColumn(name="state_id", nullable=false)
    private State itemState;
    // 该物品对应的全部竞价记录
    @OneToMany(targetEntity=Bid.class ,
        mappedBy="bidItem")
    private Set<Bid> bids = new HashSet<Bid>();
    // 无参数的构造器
    public Item()
    {
    }
    // 初始化全部基本属性的构造器
    public Item(Integer id , String itemRemark , String itemName ,
        String itemDesc , Date addtime , Date endtime ,
        double initPrice , double maxPrice , AuctionUser owner)
    {
        this.id = id;
        this.itemRemark = itemRemark;
        this.itemName = itemName;
        this.itemDesc = itemDesc;
        this.addtime = addtime;
        this.endtime = endtime;
        this.initPrice = initPrice;
        this.maxPrice = maxPrice;
        this.owner = owner;
    }
    //下面省略普通成员变量的 setter 和 getter 方法
    ...
    // owner 的 setter 和 getter 方法
    public void setOwner(AuctionUser owner)
    {
        this.owner = owner;
    }
    public AuctionUser getOwner()
    {
        return this.owner;
    }
    // kind 的 setter 和 getter 方法
    public void setKind(Kind kind)
    {
        this.kind = kind;
    }
    public Kind getKind()
    {
        return this.kind;
    }
    // winer 的 setter 和 getter 方法
    public void setWiner(AuctionUser winer)
    {
        this.winer = winer;
    }
    public AuctionUser getWiner()
    {
```

```java
        return this.winer;
    }
    // itemState 的 setter 和 getter 方法
    public void setItemState(State itemState)
    {
        this.itemState = itemState;
    }
    public State getItemState()
    {
        return this.itemState;
    }
    // bids 的 setter 和 getter 方法
    public void setBids(Set<Bid> bids)
    {
        this.bids = bids;
    }
    public Set<Bid> getBids()
    {
        return this.bids;
    }
}
```

这里的 5 行粗体字代码为 Item 类映射了它关联的 4 个关联实体,其中 owner 引用该物品的所属者,winer 引用该物品的赢取者,这两个属性都引用到 AuctionUser 实体。Item 类和 AuctionUser、Kind、State 之间存在 N 对 1 的关联,因此需要使用@ManyToOne 来修饰这些属性;Item 类和 Bid 之间存在 1 对 N 的关联,因此需要使用@OneToMany 来修饰该属性。

@ManyToOne 的 fetch 属性默认为 FetchType.EAGER,该属性将会取消延迟加载。对于 N 对 1 的关联映射,N 的一端的实体只有一个关联实体,如果取消了延迟加载,那么系统加载 N 的一端的实体时,1 的一端的实体同时也会被加载——这不会有太大的问题,因为只是额外多加载了一条记录。

> ★注意:★
> 在@ManyToOne 中取消延迟加载不会有太大的性能下降。但对于@OneToMany 等修饰集合的 Annotation 则尽量不要取消延迟加载。一旦为修饰集合属性的 Annotation 取消延迟加载,则意味着加载主表记录时,引用该记录的所有从表记录也会同时被加载,这会产生一个问题:我们无法预料有多少条从表记录引用该主表记录,同时加载这些从表记录可能引起巨大的性能下降。

本系统中还有 Bid、State 和 Kind 三个实体,但这三个实体都比 Item 和 AuctionUser 实体更简单。理解了 Item 和 AuctionUser 的映射关系,自然也就掌握了 Bid、State 和 Kind 实体的实现方法,故此处不再赘述。

10.3 DAO 层实现

本系统的后台完全采用轻量级 Java EE 应用的架构,系统持久层访问使用 DAO 组件完成。DAO 组件抽象出底层的数据访问,业务逻辑组件无须理会数据库访问的细节,只需专注于业务逻辑的实现即可。DAO 将数据访问集中在独立的一层,所有的数据访问都由 DAO 对象完成,从而使系统具有更好的可维护性。

DAO 组件还有助于提升系统的可移植性。独立的 DAO 层使得系统能在不同的数据库之间轻易切换，底层的数据库实现对于业务逻辑组件完全透明，移植数据库仅仅影响 DAO 层，切换不同的数据库不会影响业务逻辑组件，因此提高了系统的可移植性。

前面介绍的 BaseDao 接口、BaseDaoHibernate4 接口可以极大地简化 DAO 组件的开发，因此本系统的 DAO 组件同样会继承 BaseDao 和 BaseDaoHibernate4 接口。

▶▶ 10.3.1 DAO 的基础配置

对于 BaseDaoHibernate4 需要容器注入一个 SessionFactory 引用，该类也为依赖注入提供了 setSessionFactory()方法。BaseDaoHibernate4 基类一旦获得 SessionFactory 的引用，就可以完成大部分通用的增、删、改、查操作。

Spring 为整合 Hibernate 提供了 LocalSessionFactoryBean 类，这样可以将 Hibernate 的 SessionFactory 纳入其 IoC 容器内。在使用 LocalSessionFactoryBean 配置 SessionFactory 之前，必须为其提供对应的数据源。SessionFactory 的相关配置片段如下：

程序清单：codes\10\auction\WebContent\WEB-INF\daoCtx.xml

```xml
<!-- 定义数据源 Bean，使用 C3P0 数据源实现 -->
<bean id="dataSource" class="com.mchange.v2.c3p0.ComboPooledDataSource"
    p:driverClass="com.mysql.jdbc.Driver"
    p:jdbcUrl="jdbc:mysql://localhost:3306/auction"
    p:user="root"
    p:password="32147"
    p:maxPoolSize="200"
    p:minPoolSize="2"
    p:initialPoolSize="2"
    p:maxIdleTime="2000"
    destroy-method="close"/>
<!-- 定义 Hibernate 的 SessionFactory
    并为它注入数据源，设置 Hibernate 配置属性等。-->
<bean id="sessionFactory"
    class="org.springframework.orm.hibernate5.LocalSessionFactoryBean"
    p:dataSource-ref="dataSource">
    <property name="annotatedClasses">
        <list>
            <value>org.crazyit.auction.domain.AuctionUser</value>
            <value>org.crazyit.auction.domain.Bid</value>
            <value>org.crazyit.auction.domain.Item</value>
            <value>org.crazyit.auction.domain.Kind</value>
            <value>org.crazyit.auction.domain.State</value>
        </list>
    </property>
    <!-- 定义 Hibernate 的 SessionFactory 的属性 -->
    <property name="hibernateProperties">
        <props>
            <!-- 指定数据库方言 -->
            <prop key="hibernate.dialect">
                org.hibernate.dialect.MySQL5InnoDBDialect</prop>
            <!-- 显示 Hibernate 持久化操作所生成的 SQL -->
            <prop key="hibernate.show_sql">true</prop>
            <!-- 将 SQL 脚本进行格式化后再输出 -->
            <prop key="hibernate.format_sql">true</prop>
            <prop key="hibernate.hbm2ddl.auto">update</prop>
        </props>
    </property>
</bean>
```

> **注意：** 可以将 Hibernate 属性直接放在 LocalSessionFactoryBean 内配置，也可以放在 hibernate.cfg.xml 文件中配置。

▶▶ 10.3.2 实现 DAO 组件

为了实现 DAO 模式，系统至少需要具有如下三个部分：

- DAO 接口
- DAO 接口的实现类
- DAO 工厂

对于采用 Spring 框架的应用而言，无须额外提供 DAO 工厂，因为 Spring 容器本身就是 DAO 工厂。此外，开发者需要提供 DAO 接口和 DAO 实现类。每个 DAO 组件都应该提供标准的新增、加载、更新和删除等方法，此外还需提供数量不等的查询方法。

如下是 AuctionUserDao 接口的源代码：

程序清单：codes\10\auction\src\org\crazyit\auction\dao\AuctionUserDao.java

```java
public interface AuctionUserDao extends BaseDao<AuctionUser>
{
    /**
     * 根据用户名、密码查找用户
     * @param username 查询所需的用户名
     * @param pass 查询所需的密码
     * @return 指定用户名、密码对应的用户
     */
    AuctionUser findByNameAndPass(String username , String pass);
    /**
     * 根据物品 id、出价查询用户
     * @param itemId 物品 id;
     * @param price 出价的价格
     * @return 指定物品、指定竞价对应的用户
     */
    AuctionUser findByItemAndPrice(Integer itemId , Double price);
}
```

从表面上看，在该 AuctionUserDao 接口中只定义了 2 个方法，但由于该接口继承了 BaseDao <AuctionUser>，因此该接口其实也包含了增加、修改，根据主键加载、删除等通用的 DAO 方法。在该接口中额外定义的 findUserByNameAndPass()方法，可根据用户名、密码查询 AuctionUser，由于本系统在映射 AuctionUser 的 username 属性时指定了 unique="true"，因此根据 username、pass 查询时不会返回 List，最多只会返回一个 AuctionUser 实例。

定义了 AuctionUserDao 接口之后，下面就可以为该接口提供实现类了，代码如下：

程序清单：codes\10\auction\src\org\crazyit\auction\dao\impl\AuctionUserDaoHibernate.java

```java
public class AuctionUserDaoHibernate
    extends BaseDaoHibernate4<AuctionUser> implements AuctionUserDao
{
    /**
     * 根据用户名、密码查找用户
     * @param username 查询所需的用户名
     * @param pass 查询所需的密码
     * @return 指定用户名、密码对应的用户
     */
```

```java
public AuctionUser findByNameAndPass(String username , String pass)
{
    // 执行 HQL 查询
    List<AuctionUser> ul = (List<AuctionUser>)find(
        "from AuctionUser au where au.username=?0 and au.userpass=?1" ,
        username , pass);
    // 返回查询得到的第一个 AuctionUser 对象
    if (ul != null && ul.size() == 1)
    {
        return (AuctionUser)ul.get(0);
    }
    return null;
}
/**
 * 根据物品 id、出价查询用户
 * @param itemId 物品 id;
 * @param price 竞价的价格
 * @return 指定物品、指定竞价对应的用户
 */
public AuctionUser findByItemAndPrice(Integer itemId , Double price)
{
    // 执行 HQL 查询
    List<AuctionUser> userList = (List<AuctionUser>)find(
        "select user from AuctionUser user inner join user.bids bid"
        + " where bid.bidItem.id=?0 and bid.bidPrice=?1" ,
        itemId , price);
    // 返回查询得到的第一个 Bid 对象关联的 AuctionUser 对象
    if (userList != null && userList.size() == 1)
    {
        return userList.get(0);
    }
    return null;
}
```

AuctionUserDaoHibernate 类中的粗体字方法稍稍复杂一些，该方法用于根据用户名、密码查找用户。

ItemDao 比 AuctionUserDao 稍微复杂一点，下面是 ItemDao 接口的代码。

程序清单：codes\10\auction\src\org\crazyit\auction\dao\ItemDao.java

```java
public interface ItemDao extends BaseDao<Item>
{
    /**
     * 根据产品分类，获取当前拍卖的全部商品
     * @param kindId 种类 id;
     * @return 该类的全部产品
     */
    List<Item> findItemByKind(Integer kindId);
    /**
     * 根据所有者查找处于拍卖中的物品
     * @param useId 所有者 Id
     * @return 指定用户处于拍卖中的全部物品
     */
    List<Item> findItemByOwner(Integer userId);
    /**
     * 根据赢取者查找物品
     * @param userId 赢取者 Id;
     * @return 指定用户赢取的全部物品
     */
    List<Item> findItemByWiner(Integer userId);
    /**
```

```java
 * 根据物品状态查找物品
 * @param stateId 状态 Id;
 * @return 该状态下的全部物品
 */
List<Item> findItemByState(Integer stateId);
}
```

同样，让 ItemDaoHibernate 继承 BaseDaoHibernate4 就能用简单的代码来实现该 DAO 组件的全部方法了，下面是 ItemDaoHibernate 类的代码：

程序清单：codes\10\auction\src\org\crazyit\auction\dao\impl\ItemDaoHibernate.java

```java
public class ItemDaoHibernate
    extends BaseDaoHibernate4<Item> implements ItemDao
{
    /**
     * 根据产品分类，获取当前拍卖的全部商品
     * @param kindId 种类 id;
     * @return 该类的全部产品
     */
    public List<Item> findByKind(Integer kindId)
    {
        return find(
            "from Item as i where i.kind.id=?0 and i.itemState.id=1"
            , kindId);
    }
    /**
     * 根据所有者查找处于拍卖中的物品
     * @param useId 所有者 Id;
     * @return 指定用户处于拍卖中的全部物品
     */
    public List<Item> findByOwner(Integer userId)
    {
        return (List<Item>)find(
            "from Item as i where i.owner.id=?0 and i.itemState.id=1"
            , userId);
    }
    /**
     * 根据赢取者查找物品
     * @param userId 赢取者 Id;
     * @return 指定用户赢取的全部物品
     */
    public List<Item> findByWiner(Integer userId)
    {
        return find("from Item as i where i.winer.id =?0"
            + " and i.itemState.id=2"
            ,userId);
    }
    /**
     * 根据物品状态查找物品
     * @param stateId 状态 Id;
     * @return 该状态下的全部物品
     */
    public List<Item> findByState(Integer stateId)
    {
        return find("from Item as i where i.itemState.id = ?0"
            , stateId);
    }
}
```

与 AuctionUserDaoHiberante 类相似，ItemDaoHibernate 类也非常简单，几乎所有方法都只要一行代码即可实现。

借助于 Spring+Hibernate 的简化结构，开发者可以非常简便地实现所有 DAO 组件。系统中的 KindDao、BidDao、StateDao 类都非常简单，故这里不再给出它们的实现。

▶▶ 10.3.3 部署 DAO 组件

对于所有继承 BaseDaoHibernate4 的 DAO 实现类必须为其提供 SessionFactory 的引用，Spring 的 IoC 容器可以将 SessionFactory 注入到 DAO 组件中。

下面是在本系统中部署 DAO 组件的配置代码，本系统以单独配置文件来部署 DAO 组件，这样可以将不同组件放在不同配置文件中分开管理，从而避免 Spring 配置文件过于庞大。下面是部署 DAO 组件的配置文件。

程序清单：codes\10\auction\WebContent\WEB-INF\daoCtx.xml

```xml
<?xml version="1.0" encoding="utf-8"?>
<!-- Spring 配置文件的根元素，并指定 Schema 信息 -->
<beans xmlns="http://www.springframework.org/schema/beans"
    xmlns:p="http://www.springframework.org/schema/p"
    xmlns:xsi="http://www.w3.org/2001/XMLSchema-instance"
    xsi:schemaLocation="http://www.springframework.org/schema/beans
    http://www.springframework.org/schema/beans/spring-beans.xsd">
    <!-- 定义数据源 Bean，使用 C3P0 数据源实现 -->
    <bean id="dataSource" class="com.mchange.v2.c3p0.ComboPooledDataSource"
        p:driverClass="com.mysql.jdbc.Driver"
        p:jdbcUrl="jdbc:mysql://localhost:3306/auction"
        p:user="root"
        p:password="32147"
        p:maxPoolSize="200"
        p:minPoolSize="2"
        p:initialPoolSize="2"
        p:maxIdleTime="2000"
        destroy-method="close"/>
    <!-- 定义 Hibernate 的 SessionFactory
        并为它注入数据源，设置 Hibernate 配置属性等。-->
    <bean id="sessionFactory"
        class="org.springframework.orm.hibernate5.LocalSessionFactoryBean"
        p:dataSource-ref="dataSource">
        <property name="annotatedClasses">
            <list>
                <value>org.crazyit.auction.domain.AuctionUser</value>
                <value>org.crazyit.auction.domain.Bid</value>
                <value>org.crazyit.auction.domain.Item</value>
                <value>org.crazyit.auction.domain.Kind</value>
                <value>org.crazyit.auction.domain.State</value>
            </list>
        </property>
        <!-- 定义 Hibernate 的 SessionFactory 的属性 -->
        <property name="hibernateProperties">
            <props>
                <!-- 指定数据库方言 -->
                <prop key="hibernate.dialect">
                    org.hibernate.dialect.MySQL5InnoDBDialect</prop>
                <!-- 显示 Hibernate 持久化操作所生成的 SQL -->
                <prop key="hibernate.show_sql">true</prop>
                <!-- 将 SQL 脚本进行格式化后再输出 -->
                <prop key="hibernate.format_sql">true</prop>
                <prop key="hibernate.hbm2ddl.auto">update</prop>
            </props>
        </property>
    </bean>
```

```xml
<!-- 配置 daoTemplate，作为所有 DAO 组件的模板，
    为 DAO 组件注入 SessionFactory 引用 -->
<bean id="daoTemplate" abstract="true"
    p:sessionFactory-ref="sessionFactory" />
<!-- 配置 stateDao 组件 -->
<bean id="stateDao" parent="daoTemplate"
    class="org.crazyit.auction.dao.impl.StateDaoHibernate" />
<!-- 配置 kindDao 组件 -->
<bean id="kindDao" parent="daoTemplate"
    class="org.crazyit.auction.dao.impl.KindDaoHibernate" />
<!-- 配置 auctionDao 组件 -->
<bean id="auctionUserDao" parent="daoTemplate"
    class="org.crazyit.auction.dao.impl.AuctionUserDaoHibernate" />
<!-- 配置 bidDao 组件 -->
<bean id="bidDao" parent="daoTemplate"
    class="org.crazyit.auction.dao.impl.BidDaoHibernate" />
<!-- 配置 itemDao 组件 -->
<bean id="itemDao" parent="daoTemplate"
    class="org.crazyit.auction.dao.impl.ItemDaoHibernate" />
</beans>
```

这里在粗体字代码中配置了一个 daoTemplate 抽象 Bean，它将作为系统中其他 DAO 组件的模板，这样就可将 daoTemplate 的配置属性传递给其他 DAO Bean。

为了让其他 DAO 组件获得 daoTemplate 的配置属性，必须将其他 DAO 组件配置成 daoTemplate 的子 Bean，子 Bean 通过 parent 属性指定其父 Bean，正如在上面的配置文件中，在每个 DAO Bean 的粗体字代码中都指定了 parent="daoTemplate"，这表明这些 DAO 组件将以 daoTemplate 作为模板。

10.4 业务逻辑层实现

本系统的规模不大，只涉及 5 个 DAO 组件，分别用于对 5 个持久化对象进行增、删、改、查操作。本系统使用一个业务逻辑对象即可封装 5 个 DAO 组件。

10.4.1 设计业务逻辑组件

业务逻辑组件同样采用面向接口编程的原则，让系统中的控制器不是依赖于业务逻辑组件的实现类，而是依赖于业务逻辑组件的接口类，从而降低了系统重构的代价。

该业务逻辑组件接口的类图如图 10.9 所示。

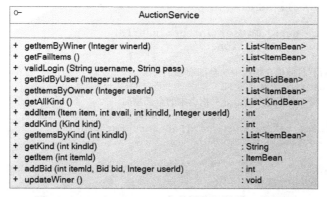

图 10.9 AuctionService 业务逻辑组件接口的类图

AuctionService 接口里定义了大量业务方法，这些业务方法的实现依赖于 DAO 组件。为了达到高层次的解耦，这里推荐使用接口分离的规则，将业务逻辑组件分成接口和相应的实现类两个部分。

AuctionServiceImpl 实现类实现了 AuctionService 接口，并实现了该接口中的所有方法。此外，AuctionServiceImpl 实现类中比接口中多了如下 5 个依赖注入的方法。

- ➢ setUserDao(AuctionUserDao dao)：为业务逻辑组件依赖注入 AuctionUserDao 的方法。
- ➢ setBidDao(BidDao dao)：为业务逻辑组件依赖注入 BidDao 的方法。
- ➢ setItemDao(ItemDao dao)：为业务逻辑组件依赖注入 ItemDao 的方法。
- ➢ setKindDao(KindDao dao)：为业务逻辑组件依赖注入 KindDao 的方法。
- ➢ setStateDao(StateDao dao)：为业务逻辑组件依赖注入 StateDao 的方法。

该接口的作用同样是定义一种规范，规定该业务逻辑组件应该实现的方法。下面是该接口的代码：

程序清单：codes\10\auction\src\org\crazyit\auction\service\AuctionService.java

```java
public interface AuctionService
{
    /**
     * 根据赢取者查询物品
     * @param winerId 赢取者的ID
     * @return 赢取者获得的全部物品
     */
    List<ItemBean> getItemByWiner(Integer winerId)
        throws AuctionException;
    /**
     * 查询流拍的全部物品
     * @return 全部流拍物品
     */
    List<ItemBean> getFailItems()throws AuctionException;
    /**
     * 根据用户名、密码验证登录是否成功
     * @param username 登录的用户名
     * @param pass 登录的密码
     * @return 登录成功返回用户ID，否则返回-1
     */
    int validLogin(String username , String pass)
        throws AuctionException;
    /**
     * 查询用户的全部出价
     * @param userId 竞价用户的 ID
     * @return 用户的全部出价
     */
    List<BidBean> getBidByUser(Integer userId)
        throws AuctionException;
    /**
     * 根据用户查找目前仍在拍卖中的全部物品
     * @param userId 所属者的 ID
     * @return 属于当前用户的、处于拍卖中的全部物品。
     */
    List<ItemBean> getItemsByOwner(Integer userId)
        throws AuctionException;
    /**
     * 查询全部种类
     * @return 系统中全部种类
     */
    List<KindBean> getAllKind() throws AuctionException;
```

```java
/**
 * 添加物品
 * @param item 新增的物品
 * @param avail 有效天数
 * @param kindId 物品种类 ID
 * @param userId 添加者的 ID
 * @return 新增物品的主键
 */
int addItem(Item item, int avail , int kindId , Integer userId)
    throws AuctionException;
/**
 * 添加种类
 * @param kind 新增的种类
 * @return 新增种类的主键
 */
int addKind(Kind kind) throws AuctionException;
/**
 * 根据产品分类，获取处于拍卖中的全部物品
 * @param kindId 种类 id;
 * @return 该类的全部产品
 */
List<ItemBean> getItemsByKind(int kindId) throws AuctionException;
/**
 * 根据种类 id 获取种类名
 * @param kindId 种类 id;
 * @return 该种类的名称
 */
String getKind(int kindId) throws AuctionException;
/**
 * 根据物品 id, 获取物品
 * @param itemId 物品 id;
 * @return 指定 id 对应的物品
 */
ItemBean getItem(int itemId) throws AuctionException;
/**
 * 增加新的竞价，并对竞价用户发邮件通知
 * @param itemId 物品 id;
 * @param bid 竞价
 * @param userId 竞价用户的 ID
 * @return 返回新增竞价记录的 ID
 */
int addBid(int itemId , Bid bid ,Integer userId)
    throws AuctionException;
/**
 * 根据时间来修改物品的赢取者
 */
void updateWiner()throws AuctionException;
}
```

在该接口里定义了大量的业务逻辑方法,实际上,这些业务逻辑方法通常对应一次客户请求。这些业务逻辑方法当然不会被直接暴露出来,这些业务逻辑方法只是供前端 MVC 控制器调用,而 MVC 控制器并不直接与业务逻辑组件的实现类耦合,而仅仅只是依赖于系统的业务逻辑组件接口。当需要重构系统业务逻辑组件时,只要该组件的接口不变,则系统的功能不变,系统的控制器层也无须改变,从而把系统的业务逻辑层的改变阻止在该层以内,避免了向上扩散。

▶▶ 10.4.2 依赖注入 DAO 组件

实现业务逻辑组件,就是为 AuctionService 接口提供一个实现类,该实现类必须依赖于

DAO 组件，但这种依赖是接口层次的依赖，而不是类层次上的依赖。

因为业务逻辑组件必须依赖于 5 个 DAO 组件，而这 5 个 DAO 组件都依赖 Spring 的 IoC 容器的注入，因此在 AuctionServiceImpl 中必须提供如下 5 个 setter 方法，这 5 个 setter 方法正是依赖注入 5 个 DAO 组件所必需的方法。

下面是在业务逻辑组件中依赖注入 5 个 DAO 组件的 setter 方法片段。

```java
// 以下是该业务逻辑组件所依赖的 DAO 组件
private AuctionUserDao userDao;
private BidDao bidDao;
private ItemDao itemDao;
private KindDao kindDao;
private StateDao stateDao;
// 为业务逻辑组件依赖注入 DAO 组件所需的 setter 方法
public void setUserDao(AuctionUserDao userDao)
{
    this.userDao = userDao;
}
public void setBidDao(BidDao bidDao)
{
    this.bidDao = bidDao;
}
public void setItemDao(ItemDao itemDao)
{
    this.itemDao = itemDao;
}
public void setKindDao(KindDao kindDao)
{
    this.kindDao = kindDao;
}
public void setStateDao(StateDao stateDao)
{
    this.stateDao = stateDao;
}
```

一旦为该业务逻辑组件提供了这 5 个 setter 方法，当把业务逻辑组件部署在 Spring 容器中，并配置所依赖的 DAO 组件后，Spring 容器就可以把所需 DAO 组件注入业务逻辑组件中。

▶▶ 10.4.3 业务逻辑组件的异常处理

Spring 的异常处理哲学简化了异常的处理：所有的数据库访问异常都被包装成了 Runtime 异常，在 DAO 组件中无须显式捕捉异常，所有的异常都被推迟到业务逻辑组件中捕捉。

在业务逻辑组件中捕捉系统抛出的原始异常，这种原始异常不应该被客户端看到，甚至不应该在服务器端暴露出来。为了达到这个目的，可以使用 log4j 的日志功能：系统使用 log4j 记录业务逻辑方法中原始的异常信息，然后再抛出自定义异常。下面是本系统中自定义异常类的代码。

程序清单：codes\10\auction\src\org\crazyit\auction\exception\AuctionException.java

```java
public class AuctionException extends Exception
{
    private static final long serialVersionUID = 1L;
    // 定义一个无参数的构造器
    public AuctionException()
    {
    }
    // 定义一个带 message 参数的构造参数
    public AuctionException(String message)
    {
        super(message);
```

```
        }
    }
```

系统业务逻辑方法采用如下方式来处理逻辑。

```
try
{
    // 完成业务逻辑
    ...
}
// 捕捉异常
catch (Exception e)
{
    // 通过日志记录异常
    log.debug(e.getMessage());
    // 抛出新异常
    throw new AuctionException("底层业务异常,请重试");
}
```

业务层抛出的业务异常会传播到控制器层,而控制器则负责将该异常封装成 JSON 数据响应传给浏览器端的 JS 脚本。

▶▶ 10.4.4 处理用户竞价

当用户进行竞价时,系统不仅需要添加竞价记录,还需要向竞价用户发送通知邮件,通知该用户已经竞价成功。

下面是处理用户竞价的业务逻辑方法代码。

程序清单: codes\10\auction\src\org\crazyit\auction\service\impl\AuctionServiceImpl.java

```java
public int addBid(int itemId , Bid bid , Integer userId)
    throws AuctionException
{
    try
    {
        AuctionUser au = userDao.get(AuctionUser.class , userId);
        Item item = itemDao.get(Item.class , itemId);
        if (bid.getBidPrice() > item.getMaxPrice())
        {
            item.setMaxPrice(bid.getBidPrice());
            itemDao.save(item);
        }
        // 设置 Bid 对象的属性
        bid.setBidItem(item);
        bid.setBidUser(au);
        bid.setBidDate(new Date());
        // 持久化 Bid 对象
        bidDao.save(bid);
        // 准备发送邮件
        SimpleMailMessage msg = new SimpleMailMessage(this.message);
        msg.setTo(au.getEmail());
        msg.setText("Dear "
            + au.getUsername()
            + ", 谢谢你参与竞价,你竞价的物品是: "
            + item.getItemName());
        mailSender.send(msg);
        return bid.getId();
    }
    catch(Exception ex)
    {
        log.debug(ex.getMessage());
```

```
            throw new AuctionException("处理用户竞价出现异常,请重试");
        }
    }
```

从该方法代码不难看出,方法的前半部分是添加竞价记录,并依赖于系统的 DAO 组件提供实现;而后半部分发送通知邮件,发送通知邮件依赖于 Spring 的邮件抽象层。

发送通知邮件在实际项目中是非常重要的事情,每当用户竞价成功后,系统可以发送通知邮件让用户确认,只有用户确认竞价后该竞价才会真正生效。

当使用 Spring 邮件抽象层时,需要使用 Spring 的如下两个工具类。

- ➢ JavaMailSender:用于发送邮件。
- ➢ SimpleMailMessage:表示邮件本身。

本系统并未发送 MimeMessage 信息,所以使用 SimpleMailMessage 已经足够。本系统把邮件的 MailSender 和 SimleMailMessage 都配置在 Spring 容器中,因此必须在业务逻辑组件的代码中增加这两个组件的 setter 方法。下面是在业务逻辑组件中依赖注入邮件 MailSender 和 SimleMailMessage 的 setter 方法代码。

```java
// 依赖注入 MailSender 的 setter 方法
public void setMailSender(MailSender mailSender)
{
    this.mailSender = mailSender;
}
// 依赖注入邮件内容的 setter 方法
public void setMessage(SimpleMailMessage message)
{
    this.message = message;
}
```

当然,还应该在 Spring 容器中配置如下两个关于邮件发送的 Bean。

- ➢ mailSender:配置 Spring 发送邮件的 MailSender Bean。
- ➢ mailMessage:配置所发送的邮件本身。

下面是配置这两个邮件发送 Bean 的配置片段。

程序清单:codes\10\auction\WebContent\WEB-INF\appCtx.xml

```xml
<!-- 定义 JavaMailSenderImpl,它用于发送邮件
    指定发送邮件的 SMTP 服务器地址,
    指定登录邮箱的用户名、密码 -->
<bean id="mailSender"
    class="org.springframework.mail.javamail.JavaMailSenderImpl"
    p:host="smtp.163.com"
    p:username="spring_test"
    p:password="123abc">
    <property name="javaMailProperties">
        <props>
            <prop key="mail.smtp.auth">true</prop>
            <prop key="mail.smtp.timeout">25000</prop>
        </props>
    </property>
</bean>
<!-- 定义 SimpleMailMessage Bean,它表示一份邮件
    指定发件人地址,指定邮件标题 -->
<bean id="mailMessage"
    class="org.springframework.mail.SimpleMailMessage"
    p:from="spring_test@163.com"
    p:subject="竞价通知" />
```

从以上代码可以看出,本系统使用 163 的电子邮件系统发送通知邮件,因此要求运行系统

时服务器可以正常访问 163 的电子邮件系统，否则系统将抛出异常。当然，如果是一个企业级的应用，则应该改为使用本企业的邮件系统。

因为 163 的邮件系统要求先登录邮箱，然后才可发送邮件，故配置 MailSender 时，指定了 mail.smtp.auth 属性的值为 true，并提供登录邮箱所必需的用户名和密码。

提示：
> Spring 的邮件抽象层完全支持发送带附件、HTML 格式的邮件，如果需要发送这种"复杂"类型的邮件，则应该使用 MimeMessage 信息，而不是 SimpleMailMessage 信息。SimpleMailMessage 信息只支持普通文本内容。如果读者希望了解关于 Spring 邮件抽象层的更多知识，则可以参考 Spring 官方手册。

▶▶ 10.4.5 判断拍卖物品状态

当拍卖物品进入系统后，随着时间的流逝，拍卖物品超过了有效时间，拍卖结束，此时拍卖物品可能有两种状态：一种是被人成功赢取，另一种是流拍。不管是哪一种状态，这种拍卖物品状态的改变都应该由系统自动完成：系统每隔一段时间，判断系统中正在拍卖的物品是否到了拍卖期限，并修改其拍卖状态。

为了修改拍卖物品的状态，业务逻辑组件提供了一个 updateWiner 方法，该方法将当前时间与物品的拍卖最后期限比较，如果最后期限不晚于当前时间，则修改该物品的状态为流拍或拍卖成功。如果拍卖成功，还需要修改该物品的赢取者。该方法的代码如下：

程序清单： codes\10\auction\src\org\crazyit\auction\service\impl\AuctionServiceImpl.java

```java
/**
 * 根据时间来修改物品的状态、赢取者
 */
public void updateWiner() throws AuctionException
{
    try
    {
        List itemList = itemDao.findItemByState(1);
        for (int i = 0 ; i < itemList.size() ; i++ )
        {
            Item item = (Item)itemList.get(i);
            if (!item.getEndtime().after(new Date()))
            {
                // 根据指定物品和最高竞价来查询用户
                AuctionUser au = userDao.findByItemAndPrice(
                    item.getId() , item.getMaxPrice());
                // 如果该物品的最高竞价者不为 null
                if (au != null)
                {
                    // 将该竞价者设为赢取者
                    item.setWiner(au);
                    // 修改物品的状态为"被赢取"
                    item.setItemState(stateDao.get(State.class , 2));
                    itemDao.save(item);
                }
                else
                {
                    // 设置该物品的状态为"流拍"
                    item.setItemState(stateDao.get(State.class , 3));
                    itemDao.save(item);
                }
            }
        }
```

```
    }
    catch (Exception ex)
    {
        log.debug(ex.getMessage());
        throw new AuctionException("根据时间来修改物品的状态、赢取者出现异常,请重试");
    }
}
```

该方法并不由客户端直接调用,而是由任务调度来执行。Spring 的任务调度机制将负责每隔一段时间自动调用该方法一次,以判断拍卖物品的状态。

系统的任务调度将让 updateWiner()方法每隔一段时间执行一次,这种任务调度也可借助于 Spring 的任务调度机制来完成。

Spring 的任务调度可简单地通过 task:命令空间下的如下三个元素进行配置。

➢ task:scheduler:该元素用于配置一个执行任务调度的线程池。
➢ task:scheduled-tasks:该元素用于开启任务调度,该元素需要通过 scheduler 属性指定使用哪个线程池。
➢ task:scheduled:该元素用于指定调度属性,比如延迟多久开始调度,每隔多长时间调度一次等。

通过这三个元素即可在 Spring 中配置任务调度。下面是配置该任务调度的配置片段。

程序清单:codes\10\auction\WebContent\WEB-INF\appCtx.xml

```xml
<!-- 定义执行任务调度的线程池 -->
<task:scheduler id="myScheduler" pool-size="20"/>
<!-- 对指定 Bean 的指定方法执行实际的调度 -->
<task:scheduled-tasks scheduler="myScheduler">
    <task:scheduled ref="auctionService" method="updateWiner"
        fixed-delay="86400000"/>
</task:scheduled-tasks>
```

通过如此配置,可以保证 Spring 容器启动后,即建立任务调度,该任务调度每隔一段时间调用 AuctionService 的 updateWiner()方法一次。

> **提示:**
> 如果读者需要了解更多关于 Spring 任务调度的知识,可以参考 Spring 项目的参考手册。

▶▶ 10.4.6 事务管理

前面已经介绍过了,每个业务逻辑方法都应该在逻辑上是一个整体,具有逻辑不可分的特征,因此系统应该为每个业务逻辑方法增加事务控制。

借助于 Spring 的声明式事务管理,在业务逻辑组件的方法内无须编写事务管理代码,所有的事务管理都放在配置文件中。

> **提示:**
> 通过 Spring AOP 的支持,声明式事务成为可能。业务逻辑方法与持久层 API 彻底分离,从而让系统的业务逻辑层真正与持久层分离。当系统的持久层需要改变时,业务逻辑组件无须任何改变。

即使采用 Spring 的声明式事务管理,依然有多种配置方式可以选择,通常推荐使用 Spring 提供的 tx:和 aop:两个命名空间来配置事务管理,这也是本系统所采用的事务配置方式。

在使用 tx:和 aop:两个命名空间配置事务管理时，<tx:advice.../>负责配置事务切面 Bean，而<aop:config.../>则负责为事务切面 Bean 创建代理。这种配置方式其实是 Spring AOP 机制的一种应用。下一节将会详细介绍本应用的事务配置。

> **提示：**
> 如果读者需要了解关于 Spring AOP 的更多知识，请参阅"疯狂 Java 体系"的《轻量级 Java EE 企业应用实战》的第 8 章。

▶▶ 10.4.7 配置业务层组件

随着系统逐渐增大，系统中的各种组件越来越多，如果将系统中的全部组件都部署在同一个配置文件里，则必然导致配置文件非常庞大，难以维护。因此，我们推荐将系统中各种组件分模块、分层进行配置，从而提供更好的可维护性。

对于本系统，因为系统规模较小，故没有将系统中的组件分模块进行配置，但我们将业务逻辑组件和 DAO 组件分开在两个配置文件中进行管理。

因为业务逻辑组件涉及事务管理，所以在该配置文件里配置了业务逻辑组件、数据源、事务管理器、事务拦截器、MailSender 和 MailMessage 等组件。

具体的配置文件如下。

程序清单：codes\10\auction\WebContent\WEB-INF\appCtx.xml

```xml
<?xml version="1.0" encoding="utf-8"?>
<!-- Spring 配置文件的根元素，并指定 Schema 信息 -->
<beans xmlns="http://www.springframework.org/schema/beans"
    xmlns:p="http://www.springframework.org/schema/p"
    xmlns:aop="http://www.springframework.org/schema/aop"
    xmlns:tx="http://www.springframework.org/schema/tx"
    xmlns:task="http://www.springframework.org/schema/task"
    xmlns:xsi="http://www.w3.org/2001/XMLSchema-instance"
    xsi:schemaLocation="http://www.springframework.org/schema/beans
    http://www.springframework.org/schema/beans/spring-beans.xsd
    http://www.springframework.org/schema/aop
    http://www.springframework.org/schema/aop/spring-aop.xsd
    http://www.springframework.org/schema/tx
    http://www.springframework.org/schema/tx/spring-tx.xsd
    http://www.springframework.org/schema/task
    http://www.springframework.org/schema/task/spring-task.xsd">
    <!-- 配置 Hibernate 的局部事务管理器，使用 HibernateTransactionManager 类 -->
    <!-- 该类实现 PlatformTransactionManager 接口，是针对 Hibernate 的特定实现 -->
    <!-- 配置 HibernateTransactionManager 时需要依赖注入 SessionFactory 的引用 -->
    <bean id="transactionManager"
        class="org.springframework.orm.hibernate5.HibernateTransactionManager"
        p:sessionFactory-ref="sessionFactory" />
    <!-- 定义 JavaMailSenderImpl, 它用于发送邮件
        指定发送邮件的 SMTP 服务器地址，指定登录邮箱的用户名、密码 -->
    <bean id="mailSender"
        class="org.springframework.mail.javamail.JavaMailSenderImpl"
        p:host="smtp.163.com"
        p:username="spring_test"
        p:password="123abc">
        <property name="javaMailProperties">
            <props>
                <prop key="mail.smtp.auth">true</prop>
                <prop key="mail.smtp.timeout">25000</prop>
            </props>
        </property>
    </bean>
```

```xml
<!-- 定义SimpleMailMessage Bean，它代表了一份邮件 指定发件人地址，指定邮件标题 -->
<bean id="mailMessage"
    class="org.springframework.mail.SimpleMailMessage"
    p:from="spring_test@163.com"
    p:subject="竞价通知" />
<!-- 配置业务逻辑组件，为业务逻辑组件注入所需的DAO组件 -->
<bean id="auctionService"
    class="org.crazyit.auction.service.impl.AuctionServiceImpl"
    p:userDao-ref="auctionUserDao"
    p:bidDao-ref="bidDao"
    p:itemDao-ref="itemDao"
    p:kindDao-ref="kindDao"
    p:stateDao-ref="stateDao"
    p:mailSender-ref="mailSender"
    p:message-ref="mailMessage" />
<!-- 定义执行任务调度的线程池 -->
<task:scheduler id="myScheduler" pool-size="20"/>
<!-- 对指定Bean的指定方法执行实际的调度 -->
<task:scheduled-tasks scheduler="myScheduler">
    <task:scheduled ref="auctionService" method="updateWiner"
        fixed-delay="86400000"/>
</task:scheduled-tasks>
<!-- 配置事务切面Bean,指定事务管理器 -->
<!-- 配置事务切面Bean,指定事务管理器 -->
<tx:advice id="txAdvice"
    transaction-manager="transactionManager">
    <!-- 用于配置详细的事务语义 -->
    <tx:attributes>
        <!-- 所有以'get'开头的方法是read-only的 -->
        <tx:method name="get*" read-only="true" timeout="8"/>
        <!-- 其他方法使用默认的事务设置 -->
        <tx:method name="*" timeout="5"/>
    </tx:attributes>
</tx:advice>
<aop:config>
    <!-- 配置一个切入点，匹配指定包下所有以Impl结尾的类执行的所有方法 -->
    <aop:pointcut id="auctionPc"
        expression="execution(*
org.crazyit.auction.service.impl.*Impl.*(..))" />
    <!-- 指定在leeService切入点应用txAdvice事务切面 -->
    <aop:advisor advice-ref="txAdvice"
        pointcut-ref="auctionPc" />
</aop:config>
</beans>
```

各种组件依赖通过配置文件设置，由容器管理其依赖，从而实现系统的解耦。

10.5 开发前端JSON接口

本应用的后端Java EE部分会暴露JSON接口供前端调用，前端jQuery既可向JSON接口发送请求，也可通过JSON接口获取服务器端数据。

10.5.1 初始化Spring容器

为了让Spring管理各组件，包括DAO组件、业务逻辑组件以及前端MVC控制器，需要让Spring容器随Web应用的启动而被初始化。初始化Spring容器时，会将容器中所有Bean全部实例化。一旦Spring完成容器中Bean的创建，Spring容器中的控制器即可对外处理请求。

为了让Spring容器随Web应用的启动而被初始化，可以使用Listener配置。在web.xml

文件中增加如下配置片段。

程序清单：\codes\10\auction\WebContent\WEB-INF\web.xml

```xml
<!-- 配置 Web 应用启动时加载 Spring 容器 -->
<listener>
    <listener-class>org.springframework.web.context.ContextLoaderListener
        </listener-class>
</listener>
<context-param>
    <param-name>contextConfigLocation</param-name>
    <param-value>/WEB-INF/appCtx.xml,
        /WEB-INF/daoCtx.xml</param-value>
</context-param>
```

由于本应用将 DAO 组件、业务逻辑组件等分开配置，因此该配置片段指定了两个配置文件，两个配置文件都放在 WEB-INF 路径下，文件名分别是 appCtx.xml 和 daoCtx.xml。

增加了上面的配置片段后，Spring 容器会随 Web 应用的启动而被初始化。初始化 Spring 容器时，其中的 Bean 也会随之被初始化。

此外，还需要在 web.xml 文件中配置 Spring MVC 的核心 Servlet，该核心 Servlet 负责处理所有请求，对外暴露 JSON 操作接口，因此还需要在 web.xml 文件中配置 Spring MVC 的核心 Servlet。下面是配置 Spring MVC 核心 Servlet 的代码。

程序清单：codes\10\auction\WebContent\WEB-INF\web.xml

```xml
<!-- 配置 Spring MVC 的核心 Servlet: DispatcherServlet -->
<servlet>
    <servlet-name>springmvc</servlet-name>
<servlet-class>org.springframework.web.servlet.DispatcherServlet</servlet-class>
    <load-on-startup>1</load-on-startup>
</servlet>
<servlet-mapping>
    <servlet-name>springmvc</servlet-name>
    <url-pattern>/</url-pattern>
</servlet-mapping>
```

在该配置片段中配置了 Spring MVC 的核心 Servlet：DispatcherServlet，并指定使用该 Servlet 处理所有请求。因此根据 Spring MVC 的要求，该 Servlet 会要求提供一份 springmvc-servlet.xml 配置文件，这份配置文件用于设置 Spring 框架如何获取控制器组件，以及如何处理静态 HTML、JS、图片等资源。下面是 springmvc-servlet.xml 配置文件的代码。

程序清单：codes\10\auction\WebContent\WEB-INF\springmvc-servlet.xml

```xml
<?xml version="1.0" encoding="utf-8"?>
<beans xmlns="http://www.springframework.org/schema/beans"
    xmlns:xsi="http://www.w3.org/2001/XMLSchema-instance"
    xmlns:p="http://www.springframework.org/schema/p"
    xmlns:mvc="http://www.springframework.org/schema/mvc"
    xmlns:context="http://www.springframework.org/schema/context"
    xsi:schemaLocation="http://www.springframework.org/schema/beans
        http://www.springframework.org/schema/beans/spring-beans.xsd
        http://www.springframework.org/schema/mvc
        http://www.springframework.org/schema/mvc/spring-mvc.xsd
        http://www.springframework.org/schema/context
        http://www.springframework.org/schema/context/spring-context.xsd">
    <!-- 告诉 Spring 框架去哪些包下搜索控制器 -->
    <context:component-scan base-package="org.crazyit.auction.controller">
    </context:component-scan>
    <mvc:annotation-driven/>
```

```xml
        <!-- 定义默认的 Servlet 来处理 Web 应用目录下的静态资源 -->
        <mvc:default-servlet-handler/>
</beans>
```

从以上代码可以看出，Spring 将会在 org.crazyit.auction.controller 包及其子包下搜索控制器。

▶▶ 10.5.2 开发 Spring MVC 控制器

本例的 Spring MVC 控制器会采用注解的方式工作，因此只要为这些控制器、控制器方法增加相应的注解修饰，这些控制器即可对外暴露 JSON 接口。下面是本例的 Spring MVC 控制器代码。

程序清单：codes\10\auction\src\org\crazyit\auction\controller\AuctionController.java

```java
@Controller
@RequestMapping("/auction")
public class AuctionController
{
    // 该前端处理类所依赖的业务逻辑组件
    @Autowired
    private AuctionService auctionService;
    // 通过赢取者获取物品的方法
    @GetMapping("/getItemByWiner")
    @ResponseBody
    public Object getItemByWiner(HttpSession sess)
        throws Exception
    {
        // 从 HttpSession 中取出 userId 属性
        Integer winerId = (Integer)sess.getAttribute("userId");
        List<ItemBean> itembeans = auctionService.getItemByWiner(winerId);
        return itembeans;
    }
    // 获取所有流拍物品的方法
    @GetMapping("/getFailItems")
    @ResponseBody
    public Object getFailItems() throws Exception
    {
        return auctionService.getFailItems();
    }
    // 处理用户登录的方法
    @PostMapping(value="/loginAjax")
    @ResponseBody
    public Object validLogin(String loginUser , String loginPass
        , String verCode , HttpSession sess) throws Exception
    {
        String rand = (String)sess.getAttribute("rand");
        if (rand != null && !rand.equalsIgnoreCase(verCode))
        {
            return "-2";
        }
        int result = auctionService.validLogin(loginUser , loginPass);
        if (result > 0)
        {
            sess.setAttribute("userId" , result);
            return "1";
        }
        return "-1";
    }
    // 获取用户竞价的方法
    @GetMapping("/getBidByUser")
    @ResponseBody
```

```java
public Object getBidByUser(HttpSession sess) throws Exception
{
    // 从 HttpSession 中取出 userId 属性
    Integer userId = (Integer)sess.getAttribute("userId");
    return auctionService.getBidByUser(userId);
}
@GetMapping("/getItemsByOwner")
@ResponseBody
// 根据属主获取物品的方法
public Object getItemsByOwner(HttpSession sess) throws Exception
{
    // 从 HttpSession 中取出 userId 属性
    Integer userId = (Integer)sess.getAttribute("userId");
    return auctionService.getItemsByOwner(userId);
}
// 获取所有物品种类的方法
@GetMapping("/getAllKind")
@ResponseBody
public Object getAllKind() throws Exception
{
    return auctionService.getAllKind();
}
// 添加物品的方法
@PostMapping("/addItem")
@ResponseBody
public Object addItem(String name , String desc , String remark
    , double initPrice, int avail , int kind , HttpSession sess)
    throws Exception
{
    // 从 HttpSession 中取出 userId 属性
    Integer userId = (Integer)sess.getAttribute("userId");
    Item item = new Item();
    item.setItemName(name);
    item.setItemDesc(desc);
    item.setItemRemark(remark);
    item.setInitPrice(initPrice);
    int rowNum = auctionService.addItem(item , avail , kind , userId);
    return rowNum > 0 ? "success" : "error";
}
// 添加种类的方法
@PostMapping("/addKind")
@ResponseBody
public Object addKind(String name , String desc)
    throws Exception
{
    Kind kind = new Kind();
    kind.setKindName(name);
    kind.setKindDesc(desc);
    int rowNum = auctionService.addKind(kind);
    return rowNum>0 ? "success" : "error";
}
// 根据种类获取物品的方法
@PostMapping("/getItemsByKind")
@ResponseBody
public Object getItemsByKind(int kindId) throws Exception
{
    return auctionService.getItemsByKind(kindId);
}
// 添加竞价记录的方法
@PostMapping("/addBid")
@ResponseBody
public Object addBid(int itemId , double bidPrice , HttpSession sess)
    throws Exception
{
```

```
        Integer userId = (Integer)sess.getAttribute("userId");
        Bid bid = new Bid();
        bid.setBidPrice(bidPrice);
        int id = auctionService.addBid(itemId , bid , userId);
        return id>0 ? "success" : "error";
    }
}
```

在该代码中先定义了一个 AuctionController 类，并使用@RequestMapping("/auction")修饰该类，这意味着该控制器内的所有处理方法都位于/auction 命名空间下。比如 getItemByWiner()方法使用了 @GetMapping("/getItemByWiner")修饰，这意味着该处理方法对应的 URL 为/auction/getItemByWiner。

▶▶ 10.5.3 处理前端权限控制

在本系统中有些页面需要用户登录才能处理，因此系统会对这些页面进行权限检查。因此，本系统额外定义了一个控制器。该控制器检查 HttpSession 中是否包含用户登录 ID，如果包含登录的用户 ID，则表明用户已经登录，否则提示用户登录系统。下面是用于权限检查的控制器类。

程序清单：codes\10\auction\src\org\crazyit\auction\controller\authority\AuthController.java

```java
@Controller
@RequestMapping("/auction")
public class AuthController
{
    @RequestMapping(value="/authLogin")
    @ResponseBody
    public String preHandle(HttpSession session)throws Exception
    {
        // 1.在请求拦截执行之前 ,判断请求是否有权限
        // 取出 HttpSession 里的 userId 属性
        Integer userId = (Integer) session.getAttribute("userId");
        // 如果 HttpSession 里的 userId 属性为 null，或小于等于 0
        if (userId == null || userId <= 0)
        {
            // 如果还未登录，抛出异常
            return "false";
        }
        else
        {
            return "true";
        }
    }
}
```

接下来为了让该控制器返回结果，程序会在请求页面之前先向该控制器发送请求，只有判断用户登录之后才能继续请求目标页面。下面 goPage()函数负责页面跳转功能，该函数判断被跳转页面是否需要进行权限检查，该函数的代码如下。

程序清单：codes\10\auction\WebContent\js\index.js

```javascript
// 定义一个方法用于处理菜单功能
function goPage(pager) {
    // 如果是需要被拦截的功能先做登录校验
    (pager == "viewSucc.html" || pager == "viewOwnerItem.html"
        || pager == "viewBid.html" || pager == "addItem.html"
        || pager == "addBid.html") {
        $.post("auction/authLogin", {}, function(data) {
```

```
            if (data != "true") {
                $('#myModal').modal('show');
                $("#tip").html(
                "<span style='color:red;'>您还没有登录,请先登录再执行该操作</span>");
            } else {
                // 将 pager 装载到 ID 为 data 的元素中显示
                $("#data").load(pager);
                // 使用 History API
                history.pushState(null, null, pager);
            }
        });
    } else {
        // 将 pager 装载到 ID 为 data 的元素中显示
        $("#data").load(pager);
        history.pushState(null, null, pager);
    }
}
```

正如粗体字代码所示,只要程序访问粗体字代码所列出的那些页面,系统将会先判断用户是否登录,如果用户并未登录则会提示用户需要登录。

前面介绍的只是浏览器端 JS 的权限控制,此外还需要在前端控制器中执行权限检查。本系统考虑使用 Around Advice 来进行权限控制: Around Advice 检查调用者的 HttpSession 状态,如果 HttpSession 包含了用户登录信息,就允许调用者调用前端处理方法;否则返回提示信息,提示用户登录。

提示: Around Advice 是 AOP 编程中 Advice 的一种,关于 Spring AOP、Around Advice 的内容,请参考"疯狂 Java 体系"的《轻量级 Java EE 企业应用实战》。

该 Around Advice 类的代码如下。

程序清单: codes\10\auction\src\org\crazyit\auction\controller\authority\AuthorityInterceptor.java

```java
public class AuthorityInterceptor
{
    // 进行权限检查的方法
    public Object authority(ProceedingJoinPoint jp)
        throws Throwable
    {
        HttpSession sess = null;
        // 获取被拦截方法的全部参数
        Object[] args = jp.getArgs();
        // 遍历被拦截方法的全部参数
        for (int i = 0 ; i < args.length ; i++ )
        {
            // 找到 HttpSession 类型的参数
            if (args[i] instanceof HttpSession) sess =
                (HttpSession)args[i];
        }
        // 取出 HttpSession 里的 userId 属性
        Integer userId = (Integer)sess.getAttribute("userId");
        // 如果 HttpSession 里的 userId 属性为 null,或小于等于 0
        if(userId == null || userId <= 0)
        {
            // 如果还未登录,抛出异常
```

```java
            Map<String, String> map = new HashMap<>();
            map.put("error", "您还没有登录，请先登录系统再执行该操作");
            return map;
        }
        return jp.proceed();
    }
}
```

正如我们从上面代码所看到的，Around Advice 会检查浏览者的 HttpSession 状态，如果 HttpSession 中的 userId 为 null 或 userId 的值小于 0，则系统返回一个 Map 对象，该对象包含了提示用户登录的信息。

定义了该 Around Advice 之后，还需要将它配置在 Spring 的 MVC 控制器所在的容器中。

程序清单：codes\10\auction\WebContent\WEB-INF\springmvc-servlet.xml

```xml
<!-- 定义一个普通的 Bean 实例，该 Bean 实例将进行权限控制 -->
<bean id="authority"
    class="org.crazyit.auction.controller.authority.AuthorityInterceptor"/>
<aop:config>
    <!-- 将 authority 转换成切面 Bean -->
    <aop:aspect ref="authority">
        <!-- 定义一个 Before 增强处理，直接指定切入点表达式
             以切面 Bean 中的 authority()方法作为增强处理方法 -->
        <aop:around pointcut=
            "execution(* org.crazyit.auction.controller.*.getItemByWiner(..))
            or execution(* org.crazyit.auction.controller.*.getBidByUser(..))
            or execution(* org.crazyit.auction.controller.*.getItemsByOwner(..))
            or execution(* org.crazyit.auction.controller.*.addItem(..))
            or execution(* org.crazyit.auction.controller.*.addBid(..))"
            method="authority"/>
    </aop:aspect>
</aop:config>
```

粗体字代码指定在执行 org.crazyit.auction.controller 包下任意类的系列方法之前，先调用 authorityAspect 的 authority()方法，该方法用于进行权限控制：保证只有具有相应权限的浏览者才能调用前端处理方法。

10.6 前端整合开发

一旦完成了上面这些定义，就可以在浏览器端通过 jQuery 与前端控制器暴露的 JSON 接口交互，向前端 JSON 接口提交请求，获取前端 JSON 接口返回的数据。jQuery 还可以将前端接口返回的数据动态更新到 HTML 页面上。

▶▶ 10.6.1 定义系统首页

系统首页主要包含三大块静态内容：页面上方包含的导航条、页面下方的页脚信息和对话框，其中，对话框主要用于为各子页面弹出提示信息。该页面代码如下。

程序清单：codes\10\auction\WebContent\index.html

```html
<!DOCTYPE html>
<html>
<head>
    <meta charset="utf-8">
    <meta name="viewport" content="width=device-width, initial-scale=1">
```

```html
        <title>电子拍卖系统</title>
        <!-- 导入 Bootstrap 3 的 CSS 样式 -->
        <link rel="stylesheet" href="bootstrap/css/bootstrap.min.css" />
        <!-- 导入 Bootrap 3 的 JS 插件所依赖的 jQuery 库 -->
        <script src="jquery/jquery-3.1.1.js"></script>
        <!-- 导入 Bootstrap 3 的 JS 插件库 -->
        <script src="bootstrap/js/bootstrap.min.js"></script>
        <!-- 导入本页面的 JS 库 -->
        <script src="js/index.js"></script>
</head>
<body>
        <nav class="navbar navbar-inverse navbar-fixed-top">
            <div class="navbar-header">
                <button type="button" class="navbar-toggle collapsed"
                    data-toggle="collapse" data-target="#menu">
                    <span class="sr-only">Toggle navigation</span> <span
                        class="icon-bar"></span> <span class="icon-bar"></span> <span
                        class="icon-bar"></span>
                </button>
                <!-- 标题栏 -->
                <a class="navbar-brand" href="#">
                    <div>
                        <img alt="图书管理" src="images/fklogo.gif"
                            style="width:52px;height:52px"> <strong>电子拍卖系统</strong>
                    </div>
                </a>
            </div>
            <div class="collapse navbar-collapse" id="menu">
                <ul class="nav navbar-nav">
                    <li><a href="#" onclick="goPage('login.html');">登录</a></li>
                    <li><a href="#" onclick="goPage('viewSucc.html');">查看竞得物品</a></li>
                    <li><a href="#" onclick="goPage('viewFail.html');">浏览流拍物品</a></li>
                    <li><a href="#" onclick="goPage('viewCategory.html');">管理种类</a></li>
                    <li><a href="#" onclick="goPage('viewOwnerItem.html');">管理物品</a></li>
                    <li><a href="#" onclick="goPage('viewInBid.html');">浏览拍卖物品</a></li>
                    <li><a href="#" onclick="goPage('viewBid.html');">查看自己竞标</a></li>
                    <li><a href="#" onclick="goPage('home.html');">返回首页</a></li>
                </ul>
            </div>
        </nav>
        <div style="height: 50px;"></div>
        <div class="container">
            <div id="data" style="margin-top: 10px;">
                <!-- 此处用于动态展示各种信息 -->
            </div>
            <hr>
            <footer>
                <p align="center">
                    All Rights Reserved.&copy; <a href="http://www.crazyit.org">
                    http://www.crazyit.org</a><br />
                    版权所有 Copyright&copy;2010-2018 Yeeku.H.Lee <br />
                    如有任何问题和建议,请登录 <a
                        href="http://www.crazyit.org">http://www.crazyit.org</a><br />
                </p>
            </footer>
        </div>
        <!-- 弹出框 -->
```

```html
            <div id="myModal" class="modal bs-example-modal-sm fade">
                <div class="modal-dialog modal-sm">
                    <div class="modal-content">
                        <div class="modal-header">
                            <button type="button" class="close" data-dismiss="modal">
                                <span aria-hidden="true">&times;</span>
                            </button>
                            <h4 class="modal-title">提示</h4>
                        </div>
                        <div class="modal-body">
                            <p id="tip"></p>
                        </div>
                        <div class="modal-footer">
                            <button type="button" class="btn btn-default" data-dismiss="modal">取消</button>
                            <button id="sure" type="button" class="btn btn-primary"
                                data-dismiss="modal">确定</button>
                        </div>
                    </div>
                </div>
            </div>
        </body>
    </html>
```

在该页面代码中，在<head.../>元素内导入了 Bootstrap 的 CSS 样式单和 JS 库，以及 jQuery 的 JS 库等，这样该页面就可使用 Bootstap 和 jQuery 了。

<body.../>元素的开头部分包含一个导航条，该导航条内每个导航链接都为 onclick 事件绑定了事件处理函数，用于控制当用户单击该页面时跳转到对应的内容页面。

中间的粗体字代码处包含一个 ID 为 data 的<div.../>元素，该元素是一个容器，用于装载各功能页面。前面定义的 goPage()函数会调用 jQuery 的 load()函数装载目标页面片段，这样被装载的页面片段只要更新需要更新的部分即可。

页面上的<footer.../>元素定义页脚部分。

页面的最后部分定义了一个对话框，这个对话框用于显示提示信息，它可以被多个目标页面调用。

▶▶ 10.6.2 浏览所有流拍物品

浏览所有流拍物品需要调用前端处理组件的 getFailItems()方法，调用该方法无须执行权限检查。所有用户都可以直接调用。当用户单击页面上方的"浏览流拍物品"链接时，将发送获取所有流拍物品的请求，对应的函数如下。

程序清单：codes\10\auction\WebContent\js\viewFail.js

```javascript
// 异步加载所有的流拍物品
$(function() {
    $.get("auction/getFailItems", {}, function(data) {
        // 遍历数据并在表格中展示
        // 使用 jQuery 的方法来遍历 JSON 集合数据
        $.each(data, function() {
            // 把数据注入表格的行中
            var tr = document.createElement("tr");
            tr.align = "center";
            $("<td/>").html(this.name).appendTo(tr);
```

```
                $("<td/>").html(this.kind).appendTo(tr);
                $("<td/>").html(this.maxPrice).appendTo(tr);
                $("<td/>").html(this.remark).appendTo(tr);
                $("tbody").append(tr);
            })
        });
    })
```

在上面的代码中,使用 jQuery 的 get()方法向 auction/getFailItems 发送请求,该方法指定的回调函数将会负责迭代服务器端返回的 JSON 数据,并将数据添加到页面上的<tbody.../>元素内。

查看流拍物品的 HTML 页面代码如下。

程序清单:codes\10\auction\WebContent\viewFail.html

```html
<script src="js/viewFail.js"></script>
<div class="container">
    <div class="panel panel-primary">
        <div class="panel-heading">
            <h3 class="panel-title">所有流拍的物品</h3>
        </div>
        <div class="panel-body">
            <table class="table table-bordered">
                <thead>
                    <tr align="center">
                        <th style="text-align: center;">物品名</th>
                        <th style="text-align: center;">物品种类</th>
                        <th style="text-align: center;">初始/最高价格</th>
                        <th style="text-align: center;">物品描述</th>
                    </tr>
                </thead>
                <tbody>
                </tbody>
            </table>
        </div>
    </div>
</div>
```

从上面的页面代码可以看出,该页面只包含一个 Bootstrap 表单,在该表单内包含一个空的<tbody.../>元素,用于装载、显示从服务器端返回的流拍物品。如果系统中包含流拍物品,将可看到如图 10.10 所示的界面。

图 10.10 查看流拍物品

▶▶ 10.6.3 处理用户登录

该系统有一些功能只有登录用户才能使用。如果用户单击页面上方的"登录"链接,链接上的事件处理函数将会在目标页面上装载 login.html 页面，该页面的内容主要是一个表单——该页面不需要有完整的页面内容，只要有表单部分即可。下面是该页面的代码。

程序清单：codes\10\auction\WebContent\login.html

```html
<script src="js/login.js"></script>
<div class="container">
    <!-- 登录界面 -->
    <div class="page-header">
        <h1>用户登录</h1>
    </div>
    <form class="form-horizontal" method="post">
        <div class="form-group">
            <div class="col-sm-6">
                <input class="form-control" placeholder="用户名/邮箱" type="text"
                    id="loginUser" name="loginUser"
                    required minlength="3" maxlength="10"/>
            </div>
        </div>
        <div class="form-group">
            <div class="col-sm-6">
                <input class="form-control" placeholder="密码" id="loginPass"
                    type="password" name="loginPass"
                    required minlength="3" maxlength="10"/>
            </div>
        </div>
        <div class="form-group">
            <div class="col-sm-6">
                <div class="input-group">
                    <input class="form-control " id="vercode" name="vercode"
                        type="text" placeholder="验证码"
                        required pattern="\w{6}">
                    <span class="input-group-addon" id="basic-addon2">
                    验证码：<img src="auth.jpg" name="d" id="d" alt="验证码"/>
                    </span>
                </div>
            </div>
        </div>
        <div class="form-group">
            <div class="col-sm-6">
                <div class="btn-group btn-group-justified" role="group"
                    aria-label="...">
                    <div class="btn-group" role="group">
                        <button type="submit" id="loginBtn" class="btn btn-success">
                            <span class="glyphicon glyphicon-log-in"></span> 登录
                        </button>
                    </div>
                </div>
            </div>
        </div>
    </form>
</div>
```

　　这个页面就是一个简单的表单，当用户单击页面上的"登录"按钮时，系统会触发登录处理。登录处理由页面上加载的 login.js 负责。浏览该页面可以看到如图 10.11 所示的登录界面。

图 10.11 登录页面

由图 10.11 可看到，系统登录使用了一个随机图形验证码。使用随机图形验证码是为了增加系统安全性，防止 Cracker 暴力破解。该图形验证码实质上就是一个 Servlet，与普通的 Servlet 不同的是，该 Servlet 不生成文本内容，而是生成图形内容，其代码如下。

程序清单：codes\10\auction\src\org\crazyit\auction\web\AuthImg.java

```java
@WebServlet(urlPatterns={"/auth.jpg"})
public class AuthImg extends HttpServlet
{
    // 定义图形验证码中绘制字符的字体
    private final Font mFont =
        new Font("Arial Black", Font.PLAIN, 16);
    // 定义图形验证码的大小
    private final int IMG_WIDTH = 100;
    private final int IMG_HEIGTH = 18;
    // 定义一个获取随机颜色的方法
    private Color getRandColor(int fc,int bc)
    {
        Random random = new Random();
        if(fc > 255) fc = 255;
        if(bc > 255) bc=255;
        int r = fc + random.nextInt(bc - fc);
        int g = fc + random.nextInt(bc - fc);
        int b = fc + random.nextInt(bc - fc);
        // 得到随机颜色
        return new Color(r , g , b);
    }
    // 重写 service 方法，生成对客户端的响应
    public void service(HttpServletRequest request,
        HttpServletResponse response)
        throws ServletException, IOException
    {
        // 设置禁止缓存
        response.setHeader("Pragma","No-cache");
        response.setHeader("Cache-Control","no-cache");
        response.setDateHeader("Expires", 0);
        response.setContentType("image/jpeg");
        BufferedImage image = new BufferedImage
            (IMG_WIDTH , IMG_HEIGTH , BufferedImage.TYPE_INT_RGB);
        Graphics g = image.getGraphics();
        Random random = new Random();
        g.setColor(getRandColor(200 , 250));
```

```java
        // 填充背景色
        g.fillRect(1, 1, IMG_WIDTH - 1, IMG_HEIGTH - 1);
        // 为图形验证码绘制边框
        g.setColor(new Color(102 , 102 , 102));
        g.drawRect(0, 0, IMG_WIDTH - 1, IMG_HEIGTH - 1);
        g.setColor(getRandColor(160,200));
        // 生成随机干扰线
        for (int i = 0 ; i < 80 ; i++)
        {
            int x = random.nextInt(IMG_WIDTH - 1);
            int y = random.nextInt(IMG_HEIGTH - 1);
            int xl = random.nextInt(6) + 1;
            int yl = random.nextInt(12) + 1;
            g.drawLine(x , y , x + xl , y + yl);
        }
        g.setColor(getRandColor(160,200));
        // 生成随机干扰线
        for (int i = 0 ; i < 80 ; i++)
        {
            int x = random.nextInt(IMG_WIDTH - 1);
            int y = random.nextInt(IMG_HEIGTH - 1);
            int xl = random.nextInt(12) + 1;
            int yl = random.nextInt(6) + 1;
            g.drawLine(x , y , x - xl , y - yl);
        }
        // 设置绘制字符的字体
        g.setFont(mFont);
        // 用于保存系统生成的随机字符串
        String sRand = "";
        for (int i = 0 ; i < 6 ; i++)
        {
            String tmp = getRandomChar();
            sRand += tmp;
            // 获取随机颜色
            g.setColor(new Color(20 + random.nextInt(110)
                ,20 + random.nextInt(110)
                ,20 + random.nextInt(110)));
            // 在图片上绘制系统生成的随机字符
            g.drawString(tmp , 15 * i + 10,15);
        }
        // 获取 HttpSesssion 对象
        HttpSession session = request.getSession(true);
        // 将随机字符串放入 HttpSesssion 对象中
        session.setAttribute("rand" , sRand);
        g.dispose();
        // 向输出流中输出图片
        ImageIO.write(image, "JPEG", response.getOutputStream());
    }
    // 定义获取随机字符串方法
    private String getRandomChar()
    {
        // 生成一个 0、1、2 的随机数字
        int rand = (int)Math.round(Math.random() * 2);
        long itmp = 0;
        char ctmp = '\u0000';
        switch (rand)
        {
```

```
            // 生成大写字母
            case 1:
                itmp = Math.round(Math.random() * 25 + 65);
                ctmp = (char)itmp;
                return String.valueOf(ctmp);
            // 生成小写字母
            case 2:
                itmp = Math.round(Math.random() * 25 + 97);
                ctmp = (char)itmp;
                return String.valueOf(ctmp);
            // 生成数字
            default :
                itmp = Math.round(Math.random() * 9);
                return itmp + "";
        }
    }
}
```

编写完该 Servlet 后，使用 Annotation 将它的 URL 映射为/auth.jsp，这样即可在 HTML 页面中通过如下方式显示图形验证码：

```
<img name="d" src="auth.jsp" alt="验证码"/>
```

使用图形验证码与使用普通图片并没有太大的区别，唯一的区别是将原来指定普通图片的 src 属性改为指定图形验证码 Servlet 的 URL。

处理用户登录的 login.js 代码如下。

程序清单：codes\10\auction\WebContent\js\login.js

```javascript
// 文档加载完成以后进行异步登录
$(function() {
    // 取消对话框中两个按钮上绑定的事件处理函数
    $("#sure").unbind("click");
    $("#cancelBn").unbind("click");
    $(".form-horizontal").submit(function(){
    // 发起异步登录
    $.post("auction/loginAjax",$(".form-horizontal").serializeArray()
        , function(data) {
            if(data.error){
                $("#tip").html("<span style='color:red;'>" + data.error +"</span>");
                $('#myModal').modal('show');
                return;
            }
            switch(data)
            {
                case '-2': // 验证码不正确
                    $("#tip").html("<span style='color:red;'>
                    您输入的验证码不正确，请重新输入</span>");
                    $("#vercode").val('');
                    break;
                case '-1': // 用户名、密码不正确
                    $("#tip").html("<span style='color:red;'>
                    您输入的用户名、密码不正确，请重新输入</span>");
                    $(".form-horizontal").get(0).reset(); // 重设表单
                    break;
                case '1': // 用户名、密码正确
                    $("#tip").html("<span style='color:red;'>
                    登录成功,您可以继续使用系统了</span>");
                    // 为对话框中的"确定"按钮绑定单击事件处理函数
                    $("#sure").click(function(){
```

```
                    goPage("home.html");
                })
                break;
            }
            // 显示对话框
            $('#myModal').modal('show');
        });
        return false;
    })
})
```

在代码的开始部分取消了对话框中两个按钮上绑定的事件处理函数,接下来粗体字代码使用 jQuery 的 post()方法向 auction/loginAjax 提交异步请求,随后可处理用户的登录请求。

如果用户登录成功则显示如图 10.12 所示的提示页面。

图 10.12 登录成功

▶▶ 10.6.4 管理物品

用户只有在登录后才可以操作管理物品模块,如果未登录用户单击页面上方的"管理物品"链接,则 Spring 的 AOP 机制将负责提示用户登录。

权限检查的执行过程是、客户端调用前端处理方法,如果前端处理方法符合 Spring AOP 中指定的方法名,权限检查拦截器将检查目标方法的参数,如果调用方法时 HttpSession 中没有 userId 属性,则拦截器将返回一个 Map 对象,在该 Map 对象中封装了"您还没有登录,请先登录系统再执行操作"的错误提示信息。

当未登录用户单击"管理物品"链接(假如用户绕过了前端 JS 的权限检查)时,将看到如图 10.13 所示的提示框。

图 10.13 基于 AOP 的权限检查

如果能通过权限检查，则用户单击"管理物品"链接时，主页面将会加载 viewOwnerItem.html 页面，该页面的代码如下。

程序清单：codes\10\auction\WebContent\viewOwnerItem.html

```html
<script src="js/viewOwnerItem.js"></script>
<div class="container">
    <div class="panel panel-primary">
        <div class="panel-heading">
            <h3 class="panel-title">您当前的拍卖物品：</h3>
            <a id="addItem" ui-sref="addItem" style="margin-top: -24px"
                role="button" class="btn btn-default btn-sm pull-right"
                aria-label="添加"> <i class="glyphicon glyphicon-plus"></i>
            </a>
        </div>
        <div class="panel-body">
            <table class="table table-bordered">
                <thead>
                    <tr align="center">
                        <th style="text-align: center;">物品名</th>
                        <th style="text-align: center;">物品种类</th>
                        <th style="text-align: center;">初始/最高价格</th>
                        <th style="text-align: center;">物品描述</th>
                    </tr>
                </thead>
                <tbody>
                </tbody>
            </table>
        </div>
    </div>
</div>
```

该 HTML 页面代码只是定义了一个简单的 .panel 容器，该 .panel 容器内包含一个表格，用于装载 jQuery 从服务器端返回的数据。下面是该页面配套的 viewOwnerItem.js 文件代码。

程序清单：codes\10\auction\WebContent\js\viewOwnerItem.js

```javascript
$(function() {
    // 添加物品，绑定添加物品的方法
    $("#addItem").click(function() {
        goPage("addItem.html");
    });
    $.get("auction/getItemsByOwner", {}, function(data) {
        // 如果 data 中包含错误提示，直接显示错误提示
        if(data.error){
            $("#tip").html("<span style='color:red;'>" + data.error +"</span>");
            $('#myModal').modal('show');
            return;
        }
        // 遍历数据并在表格中展示
        // 使用 jQuery 的方法来遍历 JSON 集合数据
        $.each(data, function() {
            // 把数据注入表格的行中
            var tr = document.createElement("tr");
            tr.align = "center";
            $("<td/>").html(this.name).appendTo(tr);
            $("<td/>").html(this.kind).appendTo(tr);
            $("<td/>").html(this.maxPrice).appendTo(tr);
```

```
                $("<td/>").html(this.remark).appendTo(tr);
                $("tbody").append(tr);
            })
        });
        // 取消对话框中两个按钮上绑定的事件处理函数
        $("#sure").unbind("click");
        $("#cancelBn").unbind("click");
    })
```

上面的代码先为页面上 ID 为 addItem 的元素绑定事件处理函数，当用户单击该按钮时系统将会跳转到 addItem.html 页面。

接下来的粗体字代码使用 jQuery 的 get()方法向/auction/getItemByOwner 发送请求，获取当前用户所拥有的拍卖物品。处于路径上的 Spring MVC 控制器方法将会返回当前用户的所有物品，这些物品被封装在 JSON 数据中。

如果用户成功登录，单击"管理物品"链接，将会看到如图 10.14 所示的界面。

图 10.14　管理物品

从图 10.14 可看到表格的左上角有一个"+"链接，单击该链接将会触发 goPager()函数，该函数负责在页面上装载 addItem.html 页面。该静态页面的代码如下。

程序清单：codes\10\auction\WebContent\addItem.html

```html
<script src="js/addItem.js"></script>
<div class="container">
    <div class="panel panel-info">
        <div class="panel-heading">
            <h4 class="panel-title">添加物品</h4>
        </div>
        <div class="panel-body">
            <form class="form-horizontal">
                <div class="form-group">
                    <label for="name" class="col-sm-2 control-label">物品名：</label>
                    <div class="col-sm-4">
                        <input type="text" class="form-control" id="name" name="name"
                            minlength="2" maxlength="10" required>
                    </div>
                    <label for="price" class="col-sm-2 control-label">起拍价格：</label>
                    <div class="col-sm-4">
                        <input type="number" min="0" class="form-control" id="initPrice"
                            name="initPrice" min="0">
                    </div>
                </div>
                <div class="form-group">
```

```html
                <label for="author" class="col-sm-2 control-label">有效时间: </label>
                <div class="col-sm-4">
                    <select class="form-control" name="avail" id="avail">
                        <option value="1" selected="selected">一天</option>
                        <option value="2">二天</option>
                        <option value="3">三天</option>
                        <option value="4">四天</option>
                        <option value="5">五天</option>
                        <option value="7">一个星期</option>
                        <option value="30">一个月</option>
                        <option value="365">一年</option>
                    </select>
                </div>
                <label for="categoryId" class="col-sm-2 control-label">物品种类:
                    </label>
                <div class="col-sm-4">
                    <select class="form-control" name="kind" id="kind">
                    </select>
                </div>
            </div>
            <div class="form-group">
                <label for="price" class="col-sm-2 control-label">物品描述: </label>
                <div class="col-sm-4">
                    <textarea type="text" class="form-control" id="desc" name="desc"
                        minlength="20" required rows="4"></textarea>
                </div>
                <label for="categoryId" class="col-sm-2 control-label">物品备注: </label>
                <div class="col-sm-4">
                    <textarea type="text" class="form-control" id="remark"
                        name="remark" minlength="20" required rows="4"></textarea>
                </div>
            </div>
            <div class="form-group">
                <div class="col-sm-offset-2 col-sm-10">
                    <button type="submit" id="addItem" class="btn btn-success">
                        添加</button>
                    <button id="cancel" role="button" class="btn btn-danger">取
                        消</button>
                </div>
            </div>
        </form>
    </div>
</div>
```

该页面只是一个简单的表单页面, 表单中包含了用户需要输入的物品信息。当用户提交该表单时将会触发对应的 JS 处理函数。该 JS 脚本如下所示。

程序清单: codes\10\auction\WebContent\js\addItem.js

```javascript
// 文档加载完成以后,给下拉框绑定切换事件
$(function() {
    $.get("auction/getAllKind", {}, function(data) {
        // 遍历数据并在表格中展示
        // 使用 jQuery 的方法来遍历 JSON 集合数据
        $.each(data, function() {
            // 把数据注入下拉列表中
            $("<option/>").html(this.kindName).val(this.id).appendTo("#kind");
```

```
        })
    });
    $(".form-horizontal").submit(function(){
        $.post("auction/addItem", $(".form-horizontal").serializeArray(),
            function(data) {
                // 添加物品成功
                if (data == "success") {
                    // 成功了,先提示再跳转
                    $('#myModal').modal('show');
                    $("#tip").html("<span style='color:red;'>
                    您添加物品成功了,请问要继续吗?</span>");
                } else {
                    // 添加物品失败了
                    $('#myModal').modal('show');
                    $("#tip").html("<span style='color:red;'>添加物品失败了</span>");
                }
        });
        return false;
    });
    // 取消对话框中两个按钮上绑定的事件处理函数
    $("#sure").unbind("click");
    $("#cancelBn").unbind("click");
    // 为对话框中的"确定"按钮绑定单击事件处理函数
    $("#sure").click(function(){
        $('.form-horizontal').get(0).reset();
    })
    // 为对话框中的"取消"按钮绑定单击事件处理函数
    $("#cancelBn").click(function(){
        goPage("viewOwnerItem.html");
    })
    // 取消
    $("#cancel").click(function() {
        goPage("viewOwnerItem.html");
    });
});
```

在添加物品时,应该先加载物品种类,因为添加物品时应指定物品种类。因此,JS 脚本先向 auction/getAllKind 发送请求,该控制器方法将会返回系统所有的种类信息,系统通过 jQuery 将这些种类信息加载并显示在页面的下拉列表中,表单页面允许用户通过下拉列表选择所添加物品的种类。用户进入添加物品的表单页面时可看到如图 10.15 所示的界面。

图 10.15　添加物品的表单

当提交表单时，粗体字代码调用 jQuery 的 post 方法向服务器发送异步请求，该请求将表单数据提交到服务器的 auction/addItem，该 URL 负责处理添加物品的请求。

用户添加物品成功后即可看到如图 10.16 所示的提示信息。

如果用户单击提示框中的"确定"按钮，系统将停留在添加物品的表单页面，让用户可以继续添加物品；如果用户单击"取消"按钮，系统将返回物品列表页面，这样可以在添加物品成功后，立即在页面上看到新增的物品。

图 10.16　添加物品成功

10.6.5　管理物品种类

如果用户单击页面上方的"管理种类"链接，将进入管理物品种类模块。用户在这里会先看到系统包含的所有物品种类。用户单击"管理种类"链接时，系统会调用 goPager 函数导航到 viewCategory.html 页面，该页面用于查看当前系统的所有物品种类。

viewCategory.html 页面代码如下。

程序清单：codes\10\auction\WebContent\viewCategory.html

```html
<script src="js/viewCategory.js"></script>
<div class="container">
    <div class="panel panel-primary">
        <div class="panel-heading">
            <h3 class="panel-title">当前的物品种类如下：</h3>
            <a id="addCategory" ui-sref="addCategory" style="margin-top: -24px"
                role="button" class="btn btn-default btn-sm pull-right"
                aria-label="添加"> <i class="glyphicon glyphicon-plus"></i>
            </a>
        </div>
        <div class="panel-body">
            <table class="table table-bordered table-striped">
                <thead>
                    <tr align="center">
                        <th style="text-align: center;">种类名</th>
                        <th style="text-align: center;">种类描述</th>
                    </tr>
                </thead>
                <tbody>
                </tbody>
            </table>
        </div>
```

```
        </div>
    </div>
```

从以上代码可以看出，该页面只是一个简单的.panel 容器，该容器中包含一个表格，用于显示系统中所有的物品种类。

为了获取系统中所有的物品种类，系统会向 auction/getAllKind 发送请求，该请求是通过 jQuery 发送的异步请求。下面是该页面包含的 JS 脚本。

程序清单：codes\10\auction\WebContent\js\viewCategory.js

```javascript
// 异步加载所有物品种类
$(function() {
    $.get("auction/getAllKind", {}, function(data) {
        // 遍历数据并在表格中展示
        // 使用 jQuery 的方法来遍历 JSON 集合数据
        $.each(data, function() {
            // 把数据注入表格的行中
            var tr = document.createElement("tr");
            tr.align = "center";
            $("<td/>").html(this.kindName).appendTo(tr);
            $("<td/>").html(this.kindDesc).appendTo(tr);
            $("tbody").append(tr);
        })
    });
    // 绑定添加种类的方法
    $("#addCategory").click(function() {
        goPage("addCategory.html");
    })
})
```

从粗体字代码可以看出，该 JS 脚本会向 auction/getAllKind 发送请求，该请求将会获取系统物品种类，服务器则以 JSON 格式返回所有物品种类。接下来 jQuery 会迭代所有种类信息，并将它们显示在页面上。

进入浏览物品种类的页面，可以看到如图 10.17 所示的界面。

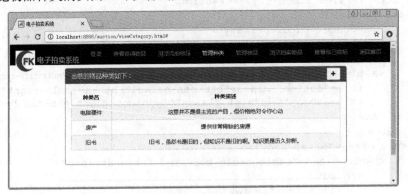

图 10.17　物品种类

如果用户单击该界面右上角的 "+" 按钮，将会触发 goPager() 函数加载 addCategory.html 页面，该页面是一个添加物品种类的表单页面。表单页面代码如下。

程序清单：codes\10\auction\WebContent\addCategory.html

```html
<script src="js/addCategory.js"></script>
<div class="container">
```

```html
            <div class="panel panel-info">
                <div class="panel-heading">
                    <h4 class="panel-title">添加种类</h4>
                </div>
                <div class="panel-body">
                    <form class="form-horizontal">
                        <div class="form-group">
                            <label for="name" class="col-sm-2 control-label">种类名：</label>
                            <div class="col-sm-10">
                                <input type="text" class="form-control" id="name" name="name"
                                    minlength="2" required>
                            </div>
                        </div>
                        <div class="form-group">
                            <label for="desc" class="col-sm-2 control-label">描述：</label>
                            <div class="col-sm-10">
                                <textarea type="text" class="form-control" id="desc" name="desc"
                                    minlength="20" required rows="4"></textarea>
                            </div>
                        </div>
                        <div class="form-group">
                            <div class="col-sm-offset-2 col-sm-10">
                                <button type="submit" id="addCategory" class="btn btn-success">
                                    添加</button>
                                <button id="cancel" role="button" class="btn btn-danger">
                                    取消</button>
                            </div>
                        </div>
                    </form>
                </div>
            </div>
```

该页面只是一个简单的表单页面，当在页面中提交表单时，系统将会使用 jQuery 的 post() 方法向服务器发送异步请求，该过程由 JS 脚本完成。下面是该 JS 脚本代码。

程序清单：codes\10\auction\WebContent\js\addCategory.js

```javascript
$(function(){
    $(".form-horizontal").submit(function(){
        $.post("auction/addKind" , $(".form-horizontal").serializeArray()
            ,function(data){
            // 添加种类成功
            if(data == "success"){
                // 成功了，先提示再跳转
                $('#myModal').modal('show');
                $("#tip").html("<span style='color:red;'>
                    您添加种类成功了,请问要继续吗?</span>");
            } else {
                // 添加种类失败了
                $('#myModal').modal('show');
                $("#tip").html("<span style='color:red;'>
                    添加种类失败了</span>");
            }
        });
        return false;
    });
```

```
        // 取消对话框中两个按钮上绑定的事件处理函数
        $("#sure").unbind("click");
        $("#cancelBn").unbind("click");
        // 为对话框中的"确定"按钮绑定单击事件处理函数
        $("#sure").click(function(){
            $('.form-horizontal').get(0).reset();
        })
        $("#cancelBn").unbind();
        // 为对话框中的"取消"按钮绑定单击事件处理函数
        $("#cancelBn").click(function(){
            goPage("viewCategory.html");
        })
        // 取消
        $("#cancel").click(function(){
            goPage("viewCategory.html");
        });
})
```

粗体字代码采用异步请求的方式提交整个表单数据，向 auction/addKind 发送异步请求，该地址则负责处理添加种类的请求。

当用户添加种类成功后，系统将弹出提示框，告诉用户添加种类成功，如图 10.18 所示。

图 10.18 添加种类成功

如果用户单击提示框中的"确定"按钮，系统将停留在添加种类的表单页面，让用户可以继续添加种类；如果用户单击"取消"按钮，系统将返回种类列表页面，这样可以在添加种类成功后，立即在页面上看到新增的物品种类。

▶▶ 10.6.6 查看竞得物品

当用户单击页面上方的"查看竞得的物品"链接时，如果用户还未登录系统，将弹出提示信息，告诉用户应先登录系统；如果用户已经登录了本系统，系统通过 goPager()函数加载 viewSucc.html 页面。该页面只是一个简单的表格页面，用于显示用户所有赢取的物品。

该页面代码如下。

程序清单：codes\10\auction\WebContent\viewSucc.html

```html
<script src="js/viewSucc.js"></script>
<div class="container">
    <div class="panel panel-primary">
        <div class="panel-heading">
            <h3 class="panel-title">您赢取的所有物品</h3>
        </div>
```

```html
        <div class="panel-body">
            <table class="table table-bordered">
                <thead>
                    <tr align="center">
                        <th style="text-align: center;">物品名</th>
                        <th style="text-align: center;">物品种类</th>
                        <th style="text-align: center;">赢取价格</th>
                        <th style="text-align: center;">物品描述</th>
                    </tr>
                </thead>
                <tbody>
                </tbody>
            </table>
        </div>
    </div>
</div>
```

该表格只包含一个表格头，表格的内容将会由 jQuery 异步获取并加载。该页面所包含的 viewSucc.js 脚本的代码如下。

程序清单：codes\10\auction\WebContent\js\viewSucc.js

```javascript
$(function() {
    $.get("auction/getItemByWiner", {}, function(data) {
        // 遍历数据并在表格中展示
        // 使用 jQuery 的方法来遍历 JSON 集合数据
        $.each(data, function() {
            if(data.error){
                $("#tip").html("<span style='color:red;'>" + data.error +"</span>");
                $('#myModal').modal('show');
                return;
            }
            // 把数据注入表格的行中
            var tr = document.createElement("tr");
            tr.align = "center";
            $("<td/>").html(this.name).appendTo(tr);
            $("<td/>").html(this.kind).appendTo(tr);
            $("<td/>").html(this.maxPrice).appendTo(tr);
            $("<td/>").html(this.remark).appendTo(tr);
            $("tbody").append(tr);
        })
    });
    // 取消对话框中两个按钮上绑定的事件处理函数
    $("#sure").unbind("click");
    $("#cancelBn").unbind("click");
})
```

从粗体字代码可以看出，该页面向 auction/getItemByWiner 发送请求，该地址将会以 JSON 格式返回当前用户所竞得的全部物品。接下来 jQuery 会迭代并显示从服务器端返回的全部物品信息。

如果当前用户已经赢取了某些物品，则当用户单击"查看竞得物品"链接时，将看到如图 10.19 所示的界面。

图 10.19 查看竞得的物品

▶▶ 10.6.7 查看自己的竞价记录

如果当前用户已经登录,则还可以查看自己的所有竞价记录。用户单击"查看自己竞标"链接时,系统将会通过 goPager()函数异步加载 viewBid.html 页面,该页面只是一个简单的表格页面。该页面代码如下。

程序清单：codes\10\auction\WebContent\viewBid.html

```html
<script src="js/viewBid.js"></script>
<div class="container">
    <div class="panel panel-primary">
        <div class="panel-heading">
            <h3 class="panel-title">您参与的全部竞价</h3>
        </div>
        <div class="panel-body">
            <table class="table table-bordered">
                <thead>
                    <tr align="center">
                        <th style="text-align: center;">物品名</th>
                        <th style="text-align: center;">竞标价格</th>
                        <th style="text-align: center;">竞标时间</th>
                        <th style="text-align: center;">竞标人</th>
                    </tr>
                </thead>
                <tbody>
                </tbody>
            </table>
        </div>
    </div>
</div>
```

该页面所包含的 JS 将会异步获取用户所有的竞价记录,并将竞价记录动态显示在页面中。下面是该页面所包含的 JS 脚本代码。

程序清单：codes\10\auction\WebContent\js\viewBid.js

```javascript
$(function() {
    $.get("auction/getBidByUser", {}, function(data) {
        // 遍历数据并在表格中展示
        // 使用 jQuery 的方法来遍历 JSON 集合数据
        $.each(data, function() {
            if(data.error){
                $("#tip").html("<span style='color:red;'>" + data.error +"</span>");
                $('#myModal').modal('show');
                return;
```

```
            }
            // 把数据注入表格的行中
            var tr = document.createElement("tr");
            tr.align = "center";
            $("<td/>").html(this.item).appendTo(tr);
            $("<td/>").html(this.price).appendTo(tr);
            $("<td/>").html(long2Date(this.bidDate)).appendTo(tr);
            $("<td/>").html(this.user).appendTo(tr);
            $("tbody").append(tr);
        })
    });
    // 取消对话框中两个按钮上绑定的事件处理函数
    $("#sure").unbind("click");
    $("#cancelBn").unbind("click");
})
```

粗体字代码将会向 auction/getBidByUser 发送异步请求，该地址将以 JSON 格式返回所有的竞价记录。接下来 jQuery 将把所有竞价记录迭代并显示在页面上。

如果用户没有登录，则查看竞价记录时将被拦截器拦截，并弹出提示，告诉用户必须先登录系统。如果用户已经登录系统，则查看竞价记录时将看到如图 10.20 所示的界面。

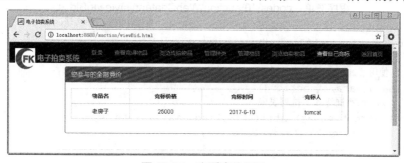

图 10.20　查看竞价记录

▶▶ 10.6.8　浏览拍卖物品

用户可以浏览当前正在拍卖的物品。在浏览正在拍卖的物品时，必须先选择想浏览的物品种类。系统通过一个列表框来显示系统中所有的物品种类，当用户单击某个物品种类时，该种类下的所有物品将显示在页面上。当用户单击"浏览拍卖物品"链接时，将进入浏览物品的模块。这时应该先获取当前物品种类，并将所有物品种类加载在页面中供用户选择。

下面是浏览拍卖物品的页面代码。

程序清单：codes\10\auction\WebContent\viewInBid.html

```
<script src="js/viewInBid.js"></script>
<div class="container">
    <div class="panel panel-primary">
        <div class="panel-heading">
            <h3 class="panel-title">浏览拍卖物品</h3>
        </div>
        <div class="panel-body">
            <select class="btn btn-default" id="kindSelect">
                <option value="0">==请选拍卖物品的种类==</option>
            </select>
            <hr>
            <table class="table table-bordered">
```

```html
                <thead>
                    <tr align="center">
                        <th style="text-align: center;">物品名</th>
                        <th style="text-align: center;">起拍时间</th>
                        <th style="text-align: center;">结束时间</th>
                        <th style="text-align: center;">最高价格</th>
                        <th style="text-align: center;">所有者</th>
                    </tr>
                </thead>
                <tbody>
                </tbody>
            </table>
        </div>
    </div>
</div>
```

页面中的粗体字代码用于加载、显示当前系统的物品种类,当用户通过该下拉列表选择指定种类时,系统将会获取该种类下所有物品信息,并将它们加载、显示在下面的表格内。

下面是该页面所包含的 JS 脚本。

程序清单:codes\10\auction\WebContent\js\viewInBid.js

```javascript
$(function() {
    $.get("auction/getAllKind", {}, function(data) {
        // 遍历数据并在下拉列表中展示
        // 使用 jQuery 的方法来遍历 JSON 集合数据
        $.each(data, function() {
            // 把数据注入下拉列表中
            $("<option/>").html(this.kindName).val(this.id)
                .appendTo("#kindSelect");
        })
    });
    $("#kindSelect").change(function() {
        if($("#kindSelect").val() == 0){
            return;
        }
        // 获取当前选中的商品类别,加载下面拍卖的商品
        $.post("auction/getItemsByKind", {kindId : this.value},
            function(data) {
                // 先清空表格之前的数据
                $("tbody").empty();
                // 遍历数据并在表格中展示
                // 使用 jQuery 的方法来遍历 JSON 集合数据
                if (data == null || data.length < 1) {
                    $('#myModal').modal('show');
                    $("#tip").html("<span style='color:red;'>
                    该种类下暂时没有竞拍物品,请重新选择</span>");
                } else {
                    $.each(data, function() {
                        // 把数据注入表格的行中
                        var tr = document.createElement("tr");
                        tr.align = "center";
                        $("<td/>").html("<a href='#' onclick='goPage(\"addBid.html\");"
                            +"curBidItem=" + JSON.stringify(this)
                            +";'>" + this.name + "</a>").appendTo(tr);
                        $("<td/>").html(long2Date(this.addTime)).appendTo(tr);
```

```
                    $("<td/>").html(long2Date(this.endTime)).appendTo(tr);
                    $("<td/>").html(this.maxPrice).appendTo(tr);
                    $("<td/>").html(this.owner).appendTo(tr);
                    $("tbody").append(tr);
                })
            }
        });
    })
    // 取消对话框中两个按钮上绑定的事件处理函数
    $("#sure").unbind("click");
    $("#cancelBn").unbind("click");
});
```

第一段代码调用 jQuery 的 get()方法向 auction/getAllKind 发送请求，该地址将会返回当前系统中所有种类信息。接下来回调函数把所有物品种类加载、显示在下拉列表中。

然后为页面上下拉列表的"change"绑定事件处理函数，当用户改变下拉列表的选项时，会触发该事件处理函数。粗体字代码向 auction/getItemsByKind 发送请求，该地址会根据物品种类来获取拍卖物品信息，系统会将返回的指定种类下的所有物品信息加载、显示在表格中。

通过上面的代码可以看出，单击"浏览拍卖物品"链接时并未获取任何物品信息，而只是将当前的所有物品种类加载到了 kindSelect 列表框中。如果用户单击"浏览拍卖物品"链接，将看到如图 10.21 所示的界面。

图 10.21 查看拍卖物品

如果用户单击的物品种类下没有对应的拍卖物品，系统将弹出提示框。如果用户单击的种类下有相应的拍卖物品，将看到如图 10.22 所示的界面。

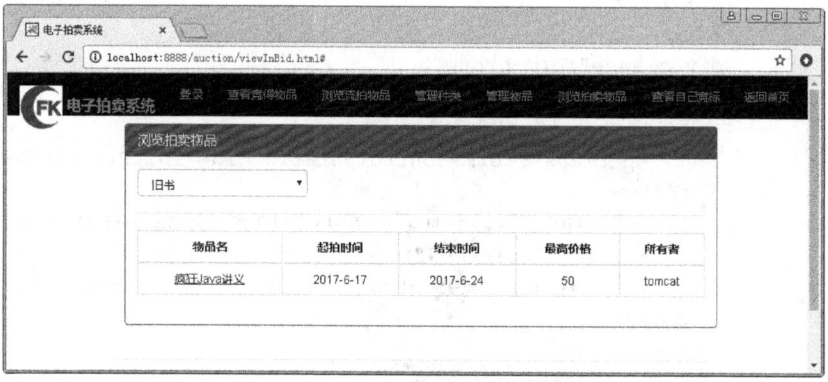

图 10.22 查看某种类下的物品

如图 10.22 所示,物品列表中的物品名是一个超链接,单击该链接将显示对应物品的详细信息,并可对该物品竞价。

▶▶ 10.6.9 参与竞价

如果单击图 10.22 所示的物品的链接,将触发 goPage()函数加载 addBid.html,并将当前物品赋值给 curBidItem 变量,这样程序可以在竞拍页面上回显当前竞拍的物品。

addBid.html 页面主要用于显示当前竞拍物品的详情,并提供一个表单控件供用户输入竞价的价格。下面是 addBid.html 页面的代码。

程序清单:codes\10\auction\WebContent\addBid.html

```html
<script src="js/addBid.js"></script>
<div class="container">
    <div class="panel panel-info">
        <div class="panel-heading">
            <h4 class="panel-title">参与竞价</h4>
        </div>
        <div class="panel-body">
            <form class="form-horizontal">
                <div class="form-group">
                    <label class="col-sm-2 control-label">物品名:</label>
                    <div class="col-sm-4">
                        <p class="form-control-static" id="nameSt"></p>
                    </div>
                    <label class="col-sm-2 control-label">物品描述:</label>
                    <div class="col-sm-4">
                        <p class="form-control-static" id="descSt"></p>
                    </div>
                </div>
                <div class="form-group">
                    <label class="col-sm-2 control-label">物品所有者:</label>
                    <div class="col-sm-4">
                        <p class="form-control-static" id="ownerSt"></p>
                    </div>
                    <label class="col-sm-2 control-label">物品种类:</label>
                    <div class="col-sm-4">
                        <p class="form-control-static" id="kindSt"></p>
                    </div>
                </div>
                <div class="form-group">
                    <label class="col-sm-2 control-label">物品起拍价:</label>
                    <div class="col-sm-4">
                        <p class="form-control-static" id="initPriceSt"></p>
                    </div>
                    <label class="col-sm-2 control-label">物品最高价:</label>
                    <div class="col-sm-4">
                        <p class="form-control-static" id="maxPriceSt"></p>
                    </div>
                </div>
                <div class="form-group">
                    <label class="col-sm-2 control-label">起卖时间:</label>
```

```html
                <div class="col-sm-4">
                    <p class="form-control-static" id="startSt"></p>
                </div>
                <label class="col-sm-2 control-label">结束时间：</label>
                <div class="col-sm-4">
                    <p class="form-control-static" id="endSt"></p>
                </div>
            </div>
            <div class="form-group">
                <label class="col-sm-2 control-label">物品备注：</label>
                <div class="col-sm-10">
                    <p class="form-control-static" id="remarkSt"></p>
                </div>
            </div>
            <div class="form-group">
                <div class="col-sm-12">
                    <p class="well">如果你有兴趣参与该物品竞价，请输入价格后提交，
                    <br>请注意，你的价格应该大于物品的当前最高价</p>
                </div>
            </div>
            <div class="form-group">
                <label for='bidPrice' class="col-sm-2 control-label">竞拍价:</label>
                <div class="col-sm-10">
                    <input type="number" class="form-control" id="bidPrice"
                        name="bidPrice" min="0" required>
                    <input type="hidden" id="itemId"
                        name="itemId">
                </div>
            </div>
            <div class="form-group">
                <div class="col-sm-offset-2 col-sm-10">
                    <button type="submit" id="addItem"
                        class="btn btn-success">竞价</button>
                    <button id="cancel" role="button"
                        class="btn btn-danger">取消</button>
                </div>
            </div>
        </form>
    </div>
</div>
</div>
```

该页面使用静态表单控件回显当前竞拍物品的信息，此外页面还提供了一个表单控件让用户输入竞拍价格，和一个隐藏域记录当前物品 ID。而该页面加载的 JS 脚本将会读取 curBidItem 变量的信息，并将当前竞拍物品的信息回显在当前页面中。

单击某个物品名，将看到如图 10.23 所示的界面。

图 10.23 查看物品详细信息

在图 10.23 所示的界面的下方，用户可以输入竞拍价格参与竞拍。如果单击"竞价"按钮，将会触发表单提交，但 jQuery 会接管表单的提交行为，改为使用异步方式提交表单。该页面的 JS 脚本代码如下。

程序清单：codes\10\auction\WebContent\js\addBid.js

```javascript
$(function() {
    // 显示当前拍卖物品的详情
    $('#nameSt').html(curBidItem.name);
    $('#descSt').html(curBidItem.desc);
    $('#kindSt').html(curBidItem.kind);
    $('#ownerSt').html(curBidItem.owner);
    $('#initPriceSt').html(curBidItem.initPrice);
    $('#maxPriceSt').html(curBidItem.maxPrice);
    $('#startSt').html(long2Date(curBidItem.addTime));
    $('#endSt').html(long2Date(curBidItem.endTime));
    $('#remarkSt').html(curBidItem.remark);
    $('#itemId').val(curBidItem.id);
    $(".form-horizontal").submit(function() {
        // 校验用户输入的竞价是否高于物品当前最高价
        if($('#bidPrice').val() <= $('#maxPriceSt').html()){
            $('#myModal').modal('show');
            $("#tip").html("<span style='color:red;'>"
                + "您的出价低于当前最高价，竞价失败！您是否需要继续竞价？</span>");
            return false;
        }
        $.post("auction/addBid", $(".form-horizontal").serializeArray(),
            function(data) {
                // 竞价成功
                if (data == "success") {
                    // 成功了，先提示再跳转
                    $('#myModal').modal('show');
                    $("#tip").html("<span style='color:red;'>"
                        您竞价成功了，请问是否继续竞价其他物品？</span>");
                } else {
```

```
                // 竞价失败了
                $('#myModal').modal('show');
                $("#tip").html("<span style='color:red;'>
                竞价失败了，请检查您的出价是否高于当前最高价</span>");
            }
        });
        return false;
    });
    // 取消对话框中两个按钮上绑定的事件处理函数
    $("#sure").unbind("click");
    $("#cancelBn").unbind("click");
    // 为对话框中的"确定"按钮绑定单击事件处理函数
    $("#sure").click(function(){
        goPage("viewInBid.html");
    })
    // 为对话框中的"取消"按钮绑定单击事件处理函数
    $("#cancelBn").click(function(){
        goPage("viewBid.html");
    })
    // 取消
    $("#cancel").click(function() {
        goPage("viewInBid.html");
    });
})
```

该 JS 脚本的第一段代码读取 curBidItem 变量的数据，并将这些数据加载在页面中显示。

当提交表单时，粗体字代码会调用 jQuery 的 post()方法向 auction/addBid 发送异步请求，并将该页面上表单内所有表单控件作为参数提交给服务器，而 auction/addBid 则负责处理用户的竞价请求。

如果用户输入的竞价高于当前物品的最高出价，则用户竞价成功，系统会显示如图 10.24 所示的提示信息。

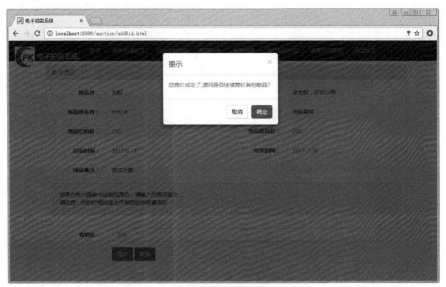

图 10.24　竞价成功

10.7　本章小结

　　本章介绍了一个完整的前端开发+后端整合项目，内容覆盖系统数据库设计、系统分析、设计，系统 DAO 层设计，业务逻辑层设计等。本章的应用是对传统 Java EE 应用的改进，而不是一个简单的前端应用。本应用还利用 Spring AOP 机制解决了前端控制器的权限检查问题。

　　此外，本应用还整合了 Spring 的邮件支持和任务调度功能。当用户竞价成功后，系统会向用户发送确认邮件；任务调度模块则周期性地检查系统中的拍卖物品，一旦发现某拍卖物品超过了拍卖的最后期限，系统会修改该物品的状态。

　　本应用的前端综合使用了 jQuery 和 Bootstrap 两个框架。其中 Bootstrap 负责生成用户界面，Bootstrap 提供了大量 CSS 样式用于简化界面开发，也提供了大量 UI 控件来"组装"界面；而 jQuery 则提供了与服务器端的异步交互能力，jQuery 既可以以异步方式向服务器提交请求，也可以以异步方式从服务器获取数据，此外，jQuery 的 DOM 支持则允许开发者动态加载、更新服务器的响应数据。